“十二五”普通高等教育本科国家级规划教材
普通高等教育“十一五”国家级规划教材

数控技术

第2版

主　编　杨有君
副主编　姜怀胜　杨振强
协　编　王仁德　王学俊　黄贤鸿
　　　　王庆鹏　周宝庆　郑贵龙
　　　　丰国虎　唐焕文
主　审　王先逵　张志弘

机械工业出版社

本书共分九章。从应用的角度出发，介绍了手工编程、图形交互式自动编程；在介绍插补等轮廓加工的数学模型之后，重点介绍了用于高速曲面加工的 NURBS 曲面的数学基础；用较大的篇幅介绍了各种伺服系统，特别对全数字交流伺服系统作了较详细的讲解；对 PLC 的内容也作了较详细的介绍，很有实用价值；在机床结构的内容中增加了倒置式车削中心、虚拟轴机床和框中框结构加工中心等机床的布局，对高速主轴、高速进给等也作了介绍。全书可以反映当代的新技术。

本书可作为本科生和研究生教材，也可作为工程技术人员的参考书。

本书有相应的 CAI 多媒体课件，授课教师可根据书末的信息反馈表进行索取。

图书在版编目（CIP）数据

数控技术/杨有君主编．—2版．—北京：机械工业出版社，2011.6（2018.11重印）

普通高等教育“十一五”国家级规划教材

ISBN 978-7-111-34516-9

Ⅰ.①数…　Ⅱ.①杨…　Ⅲ.①数控机床-高等学校-教材
Ⅳ.①TG659

中国版本图书馆 CIP 数据核字（2011）第 082804 号

机械工业出版社（北京市百万庄大街22号　邮政编码 100037）
策划编辑：刘小慧　责任编辑：刘小慧　张丹丹
版式设计：张世琴　责任校对：任秀丽
封面设计：张　静　责任印制：常天培
北京京丰印刷厂印刷
2018年11月第2版·第6次印刷
184mm×260mm·23.75印张·588千字
标准书号：ISBN 978-7-111-34516-9
定价：44.00元

凡购本书，如有缺页、倒页、脱页，由本社发行部调换

电话服务	网络服务
服务咨询热线：010-88379833	机 工 官 网：www.cmpbook.com
读者购书热线：010-88379649	机 工 官 博：weibo.com/cmp1952
	教育服务网：www.cmpedu.com
封面无防伪标均为盗版	金 书 网：www.golden-book.com

前　言

本书是教育部评定的“十二五”普通高等教育本科国家级规划教材、普通高等教育“十一五”国家级规划教材。机械工业出版社承担了出版工作并给予了资助。几年来，我们认真地收集资料，走访生产厂，查阅国内外新技术材料，精心地进行了编写工作。编写中力图做到内容新颖，能够反映现代先进技术，并有实用价值。在文字处理方面，尽力做到语言通顺、叙述简明、逻辑严谨，以不辜负教育部对出版高质量教材的要求。

数控技术发展至今，已经到了网络化、智能控制和自适应控制时代，硬件的体积减小，耗能少，速度更快，且可靠性更好，控制软件更加成熟可靠。全数字系统的应用也越来越广泛。数控精密机械的种类更加繁多，新颖的结构层出不穷。因此，本书力图更好地反映当代先进的技术水平，在内容上精心地选择，在语言和文字上认真修改推敲，努力做得更好。

从应用的角度出发，本书对手工编程、数控车床编程和图形交互式自动编程都作了较详细的介绍，读者可根据本书的内容学会几种编程的基本方法，应用时参考现场的有关资料就能工作。手工编程是根据 ISO 标准，依据日本的 FANUC、德国的 SIEMENS 和美国的 A-B、中国大森数控系统提供的材料编写而成的，涵盖了目前国内外大部分数控机械的编程内容，反映了数控编程的基本原理。图形交互式自动编程是依据大连机床集团的一个真实零件加工程序而编写的。从实例中学习更为生动易学，虽然没有包括全部的加工方法，但仍可通过书中的内容学会 Mastercam 编程的基本方法，可以独立地填写对话框中的内容，进行较复杂零件的造型和编程。

为了适应高速加工的要求，描述曲面的 NURBS 法得到越来越多的应用。本书在讲述一般的插补数学模型以后，对三维空间的数值计算给予了应有的讲解，读者可通过这些内容的学习，对数控技术有更加深入的了解，也可应用这些内容编写后台程序，对某些机械进行控制。

计算机和伺服系统是数控技术的两大核心部分，由于计算机的内容有“数字电路”、“微机原理”、“单片机”、“接口技术”以及“网络”等课程的学习，本书不再重复。伺服系统是控制运动部件的关键技术，数字交流伺服系统更是现代数控技术的前沿技术，本书都有较全面的讲解，读者可以较深入地了解这方面的内容。

PLC是数控技术的重要组成部分，本书给出的内容反映了当代最新技术，也是机床生产厂的实用技术，有实用价值，读者可把这章的内容用于实际生产中。

机床是数控对象的主体，近年来机床的结构有了很大的发展，为反映现代机床的发展情况，本书增加了倒置式车削中心、虚拟轴机床、框中框结构加工中心及数控滚齿机等机床的布局，对高速主轴、高速进给机构以及高速换刀机构都作了补充，能够反映现代的机床结构。

本书是在2005年8月出版的、由杨有君主编的《数控技术》（普通高等教育“十五”国家级规划教材）一书的基础上重新编写的。参加2005年版教材各章的编写人员是：第一章杨有君，第二章王仁德、杨有君、姜怀胜，第三章周宝庆、郑贵龙、丰国虎、杨有君、姜怀胜，第四章杨有君，第五章唐焕文，第六章王学俊、杨有君，第七章王仁德、姜怀胜、王庆鹏、杨有君，第八章黄贤鸿，第九章杨有君、姜怀胜。这次修改由杨有君和杨振强共同完成。杨振强重新编写了第七章，杨有君重新编写了第二章的第八节。

本书由王先逵教授和张志弘教授主审，并得到赵德堃教授、祝勇先生的帮助，在此表示感谢。

本书曾得到大连理工大学出版基金的资助。

本书配有相应的CAI多媒体课件，授课教师可根据书末的信息反馈表进行索取。

由于本书的编者水平有限，难免会出现不足和纰漏，敬请读者提出宝贵意见。

编　者

目　录

第一章 绪 论

数控机床是一种装有计算机数字控制系统的机床。数控系统能够处理加工程序，控制机床自动完成各种加工运动和辅助运动。与普通机床相比，数控机床能够自动换刀、自动变更切削参数，完成平面、回旋面、平面曲线和空间曲面的加工，加工精度和生产率都比较高，因而应用日益广泛。

一、数控机床的组成

一般来说，数控机床由机械部分、数字控制系统、液压和气压传动系统、冷却润滑及排屑装置等组成。机械部分因各种机床的结构不同而有差别，它主要包括机床的支承件、工作台、滑座、导轨、主轴部件、刀库和装刀机构及传动机构等。数字控制系统包括数字计算机、伺服系统、检测系统、PC 控制部分等。计算机用来完成加工过程中各种数据的计算，利用这些数据由伺服系统完成各坐标轴的运动控制；检测系统用来检测运动部件的坐标位置，将测量的数据提供给计算机，与计算机插补运算的数据进行比较，控制机床各坐标轴的运动位置；PC 控制部分用来控制电器开关器件，例如主电动机及其他控制电动机的起动与停止、各类液压与气压阀的动作、换刀机构的动作、切削液的供给与停止、照明控制等。数控机床是由程序控制的，各种控制软件及零件的编程工作是数控机床加工的重要组成部分。图 1-1 所示为立式加工中心简图，三个进给伺服电动机 4、6、1 分别驱动纵向工作台 8、横向工作台 7、主轴箱 10，沿 *X*、*Y*、*Z* 向运动。*X*、*Y*、*Z* 是互相垂直的坐标轴，因而当机床三坐标联动时，可以加工空间曲面。

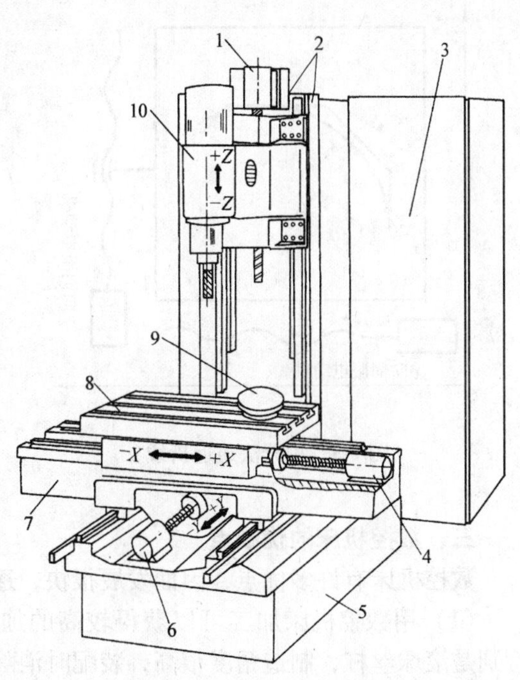

图 1-1 立式加工中心简图

1—*Z* 向电动机 2—立柱 3—数控柜 4—*X* 向电动机 5—底座 6—*Y* 向电动机 7—横向工作台 8—纵向工作台 9—工件 10—主轴箱

二、数控机床的加工运动

机械加工是由切削的主运动和进给运动共同完成的。控制主运动可以得到合理的切削速度，控制进给运动则可得到各种不同的加工表面。数控机床的坐标运动是进给运动。在三坐标的数控机床中，各坐标的运动方向通常是相互垂直的，即各自沿笛卡儿坐标系的 *X*、*Y*、*Z* 轴的正负方向移动。如何控制这些坐标运动来完成各种不同的空间曲面的加工，是数字控制的主要任务。在三维空间坐标系中，空间任何一点都可以用 *X*、*Y*、*Z* 的坐标值来表示，一条空间曲线也可以用三维函数表示。怎样控制各坐标轴的运动才能完成曲面加工呢？下面用二维空间的曲线加工方法加以说明。加工曲线时，刀具的运动轨迹与理论上的曲线（包括直线）不吻合，而是一条逼近折线。由于各种插补的计算公式不同，因此逼近的折线也不同，通常有下面几种情况。图 1-2 所示是逐点比较法逼近折线，被加工曲线 *AB* 是由 Δx_i 和 Δy_i 组成的折线逼近的。Δx_i 和 Δy_i 分别是工作台沿 *X* 向和 *Y* 向各移动一步的距离，工作时，*X*、*Y* 两向电动机不同时转动，而是先后衔接交替工作，因而形成的是线段间相互垂直的折线。折线的拐点多数不在曲线 *AB* 上，步长 Δx_i 和 Δy_i 越短，逼近精度越高。图 1-3 所示是用积分法（DDA 法）逼近折线，若各坐标方向的脉冲当量相同，则 Δx_i 和 Δy_i 绝对值相等。工作时两个方向的电动机可交替地带动工作台一步一步地移动，也可同时带动工作台移动。交替工作时，刀具轨迹平行于 *X* 轴或 *Y* 轴；同时工作时，刀具轨迹与坐标轴成 45°。积分法逼近折线的拐点多在理论曲线的两侧，也可能在曲线上。图 1-4 所示是用时间分割法逼近折线。两个坐标方向同时移动，步长 *f* 为定值，由进给速度求出。每走一步的时间也为定值，例如 4ms，则 Δx_i 和 Δy_i 可由 *f* 求出，两个方向的每步移动速度也与 Δx_i 和 Δy_i 的大小有关，工作时，两个电动机同时转动，因而合成 *f* 线段。如此一步一步地工作，可形成由弦线组成的折线，以此来逼近 *AB* 曲线。折线的拐点在理论曲线 *AB* 上。

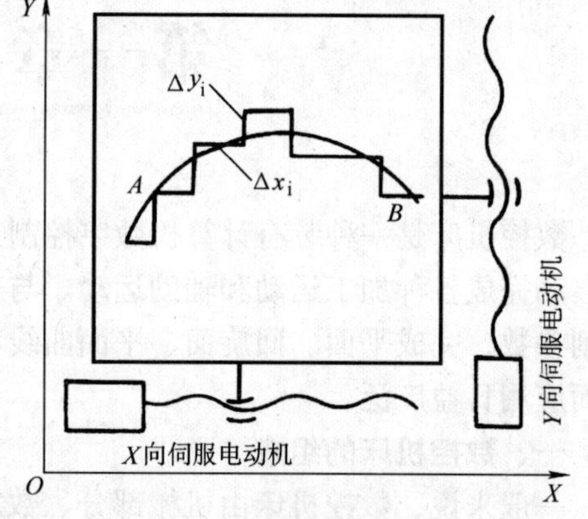

图 1-2　逐点比较法逼近折线

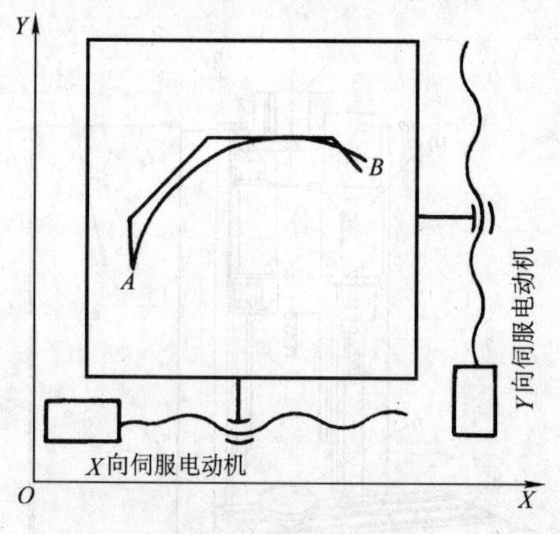

图 1-3　积分法逼近折线

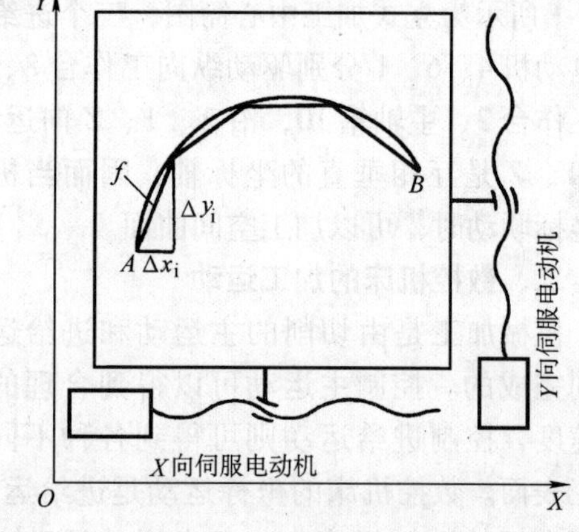

图 1-4　时间分割法逼近折线

三、数控机床的优缺点

数控机床有许多优点，因而发展很快，逐渐成为机械加工的主导机床。其主要优点有：

（1）用数控机床加工可以获得较高的加工精度，加工质量稳定　数控机床的传动件，特别是滚珠丝杠，制造精度很高，装配时消除了传动间隙，并采用了提高刚度的措施，因而传动精度很高。采用伺服电动机、力矩电动机、直线电动机驱动的系统，没有机械传动误差，传动精度更高。机床导轨采用滚动导轨或粘贴有摩擦因数很小，且动、静摩擦因数很接近，以聚四氟乙烯为基体的合成材料，因而减小了摩擦阻力，消除了低速爬行。在闭环、半闭环伺服系统中，装有精度很高的位置检测元件，并随时把位置误差反馈给计算机，使之能够及时地进行误差校正，因而使数控机床获得很高的加工精度。数控机床的一切动作都是由程序支配的，与手工操作比较，数控机床没有人为干扰，因而加工质量稳定。

（2）具有较高的生产率　在数控机床上装有自动换刀、自动变换工件方位和自动检测等机构，可实现在一次装夹中完成全部加工工序，减少装卸刀具、装卸工件及调整机床的辅助时间，并可在同一台机床上进行粗、精加工。采用更大功率的主电动机和新型刀具，提高了切削速度，缩短了加工时间。在数控机床上使用的刀具通常是不重磨装夹式刀具，有很硬的表面涂层，因而切削速度较高。采用对刀仪对刀，使刀尖的位置精度很高，每一把刀具都有很精确的长度数据，为自动换刀提供必要的条件。在加工中心的刀库中备有足够数量的刀具，可实现快速自动换刀，换刀速度一般都在几秒到十几秒之间，有的可达 0.8s。空行程的速度在 15m/min 以上，有些达到 240m/min，因而辅助时间很短。与普通机床相比，数控机床的生产率可提高 2～3 倍，甚至可提高几十倍。

（3）功能多　许多数控机床具有很多加工功能，如在一台机床上可以进行钻孔、镗孔、铣平面、铣槽、铣凸轮曲线及各种轮廓线，甚至刻字。除装夹面外，可对六面体的五个面进行加工，有时还能对与坐标平面成一定角度的平面进行加工。有的机床有双主轴，两个主轴严格同步、同心回转，在不停车的情况下自动更换装夹面，可实现六面体的全部加工。在一次装夹下完成多种加工，可消除因重复装夹而带来的误差，也减少了测量和装夹的辅助时间。

（4）对不同零件的适应性强　在同一台机床上可适应不同品种及尺寸规格零件的自动加工。改变被加工零件的品种时只需更换加工程序。

（5）能够完成普通机床不能完成的复杂表面的加工　有些空间曲面，例如螺旋桨表面，用普通机床加工很困难，而用五坐标联动数控机床加工就很方便，并可得到很高的曲面精度；采用数控仿形加工曲面也很方便，且可重复应用，有镜像加工功能。

（6）数控机床可大大减轻工人的劳动强度，并有较高的经济效益。

数控机床也有如下缺点：

（1）价格昂贵　一次投资较多，价格昂贵。

（2）维修和操作较复杂　数控机床是高技术产品，一定要求具有较高技术水平的工人和维修人员进行操作和维修。

数控机床适用于多品种，中、小批量生产和对形状比较复杂、精度要求较高的零件加工，也适用于对产品更新频繁、生产周期要求短的零件加工。用数控机床可以组成自动化车间和自动化工厂（FA），目前应用较多的是组成柔性自动生产线（FML）、柔性制造单元（FMC）和柔性制造系统（FMS）。

四、数控机床的分类

数控技术除广泛用于各种机床（包括齿轮加工机床）外，也用于各种机械的运动控制。由于控制系统和传感元件的发展，机床的智能化程度越来越高，工艺范围也更为广泛。从控制原理和主要性能上看，数控机床可按下列方法分类。

1. 按工艺用途分类

按工艺特点可分为普通数控机床和加工中心。

普通数控机床有数控车床、数控镗铣床、数控磨床、数控齿轮加工机床、数控压力加工机床、数控电加工机床等。

加工中心是带有刀库和自动换刀机械手的数控机床，在一台机床上可实现不同工艺加工，通常可完成钻、扩、铰、攻螺纹、镗、铣等多工序加工。为扩大加工范围和减少辅助时间，有些加工中心还能自动更换工作台、刀库和主轴。车铣中心由数控车床发展而来，它有车铣功能。

简易数控机床是在普通机床上进行数控化改造而来的，利用普通机床的一些原有机构，把进给系统改装为伺服电动机和滚珠丝杠机构，由简易数控装置控制。由于其机械部分和数控部分都很便宜，因而整机的价格较低。用量较大的是简易数控车床。

2. 按加工路线分类

按加工路线可分为点位控制数控机床和轮廓加工数控机床。

（1）点位控制数控机床　只要求机床的移动部件从一点到另一点的定位精度，对其移动路线不作要求。这种机床主要用在孔加工机床中，如钻床、镗床、冲床等，因为这些机床只要求获得孔系坐标位置精度，不要求从一孔到另一孔的运动轨迹精度。为提高生产率，空行程时要快速移动（图1-5）。

（2）轮廓加工数控机床　这种机床的数控系统能够同时控制多个坐标轴联合动作，对不同形状的工件轮廓表面进行加工，如数控车床能够车削各种回转体表面，数控铣床能铣削轮廓表面（图1-6）。这类机床不但能够加工各种回转曲面、三维曲面，有的还能加工螺旋桨表面，并且可达到很高的加工精度。

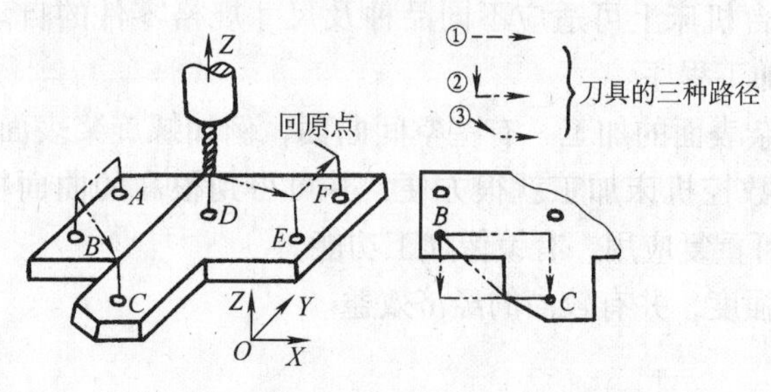

图1-5　数控钻床的工作原理图

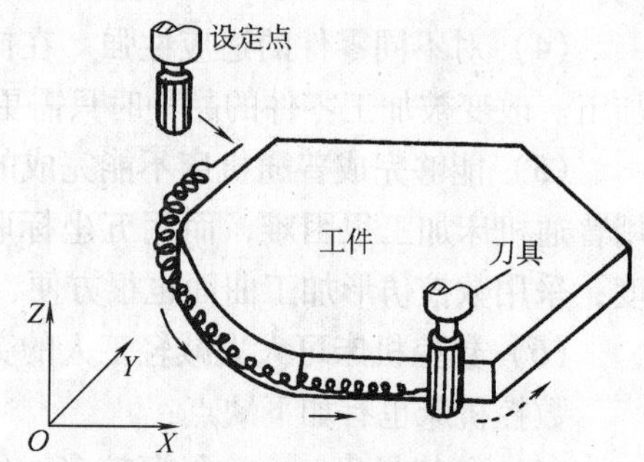

图1-6　两坐标轮廓控制系统的工作原理图

3. 按有无检测装置分类

按有无检测装置可分为开环、全闭环和半闭环控制系统的数控机床。

1）开环控制系统的数控机床没有位置检测装置，因此加工精度较低，通常由步进电动机驱动。这种系统结构简单、价格便宜，适用于精度要求不高的数控机床。

2）全闭环控制系统的数控机床装有位置检测装置，且位置检测装置（如光栅尺）装在床身和移动部件上，可以把坐标移动的准确位置检测出来并反馈给计算机，因此，装有全闭环控制系统的数控机床加工精度很高。

3）半闭环控制系统的数控机床也有位置检测元件，与全闭环控制系统的数控机床不同之处在于检测元件为圆盘形（如编码盘），装在伺服电动机的尾部，用测量电动机转角的方式检测坐标位置。由于电动机到工作台之间的传动部件有间隙、弹性变形和热变形等因素，因而检测数据与实际坐标值有误差。但由于半闭环控制系统具有价格较便宜、结构较简单、安装调试方便且检测元件不易受到损害等优点，多用于加工精度要求不太高的数控机床上。

4. 按可联动的坐标轴数分类

按可联动的坐标轴数分类，有两轴、三轴、四轴、五轴联动的数控机床等。由于可联动的坐标轴数不同，机床的加工能力区别很大，例如镗铣床，如果只有两坐标轴联动，则只能加工平面曲线表面；若能三坐标轴联动，则能加工三维空间曲面。在加工多维曲面时，为使刀具能合理地切削，刀具的回转中心线也要转动，因此需要更多的坐标轴联动。五轴联动的镗铣床能够加工螺旋桨表面。在了解坐标轴联动数时，要考查控制软件的功能。机床所具有的坐标轴数，不等于坐标轴联动数。机床所具有的伺服电动机数也不等于坐标轴联动数。所谓坐标轴联动数，是指由同一个插补程序控制的移动坐标轴数。这些坐标轴的移动规律是由所加工的轮廓表面来规定的。

五、数控机床的发展

1952 年美国 PARSONS 公司与麻省理工学院合作试制了世界上第一台三坐标数控立式铣床。1954 年美国 Bendix-Cooperation 公司生产出第一台工业用数控机床。最初的数控机床由电子管控制，随后经历了用晶体管控制、集成电路控制（NC）、计算机控制（CNC），直到用微处理器控制（MNC）。第一代采用电子管，第二代采用晶体管，第三代采用小规模集成电路，从 20 世纪 70 年代开始，小型计算机用于数控系统，成为第四代数控系统，这个阶段称为 CNC 阶段。1974 年微处理器开始用于数控系统，发展到第五代。从 20 世纪末到今天，在生产中使用较多的数控系统还是第五代数控系统。随着个人计算机的飞速发展，芯片的集成度越来越高，功能越来越强，成本也越来越低，软件和外围器件又越快越好，出现了以个人计算机（PC 机）为平台的数控系统，从而进入到第六代数控系统。第五代数控系统的 CPU 采用 80286、80386 芯片，用 DOS3.3、DOS6.2 软件。第六代数控系统采用现代个人计算机（PC 机），用 Windows 95、Windows 98 或 Windows 2000 操作系统。第五代数控系统的存储量小，只有 32KB、64KB。为解决此问题，采用 RS232、RS485 接口，与计算机通信传输。由于受到通信瓶颈限制，不能进行高速进给。当插补线段长度小于 0.05mm 时，加速度只有每分钟几百毫米，不能满足高速进给的需要。而第六代数控系统的存储量可达 120GB 以上，CAD、CAM 的加工代码可通过网络传到硬盘上，网络速度比 RS232 接口速度提高了几千倍，加工数据可在加工前全部存储到硬盘上，避免了边加工、边传送数据的缺点，解决了高速、高精度加工的问题，也不需要曲线和样条插补。第五代数控系统的显示器分辨率低、价格高、维修困难。第六代数控系统用标准的计算机显示器，分辨率高、价格低、可靠性好。第六代数控系统具有网络通信功能。

数控机床的发展主要体现在以下三个方面：高生产率、高精度和网络化。

1. 高生产率

高生产率体现在高速加工和机床的复合化两个方面。

（1）高速加工　提高主轴转速和进给速度是数控机床发展的一个特征。

1）提高主轴转速。主轴转速与主轴轴承的中径 d_m 有关。d_m 与其转速 n 的乘积称为 $d_m n$ 值，它是评定轴类旋转速度的唯一标准。$d_m n$ 值相同时，轴颈越小，转速越高。目前主轴的最高 $d_m n$ 值可达 $(1.5\sim2)\times10^6\text{mm}\cdot\text{r/min}$。当主轴轴承中径 d_m 为 100mm 时，主轴的最高转速可达 20000r/min。主轴的高转速，有时受主轴轴承的极限转速限制。采用小球轴承，因球的重量轻，可提高主轴轴承的极限转速。采用重量轻的陶瓷球轴承，可使主轴轴承的极限转速进一步提高。近年来，出现了流体动、静压轴承和磁悬浮轴承，可最大限度地消除机械摩擦，使主轴的转速更高。采用电主轴，使电动机的转子与主轴连成一体，没有了电动机与主轴间的齿轮或带传动带来的速度限制、振动和噪声等问题。磁悬浮轴承电主轴在空气中回转，其 $d_m n$ 值可高出滚动轴承的 1~4 倍，最高线速度可达 200m/s（陶瓷轴承为 80m/s）。现在的电主轴多为异步电动机，转子发热冷却困难，而永磁同步电动机的电主轴，转子是永久磁铁，因而不发热。为减小装刀后主轴的振动，出现了主轴在线自动平衡装置，每换刀一次，进行一次包括刀具重量在内的自动动平衡，在一秒钟内可消除 80%~99% 由动不平衡引起的振动。为减小主轴组件的温升，高速主轴都采用主轴内冷技术，有些还装有轴承外圈、电动机定子的冷却装置。

2）提高进给速度。提高进给速度主要体现在采用高速精密滚珠丝杠、直线电动机和计算机快速数据处理等几个方面。采用一般滚珠丝杠的最高进给速度只有 20~30m/min，加速度小于（0.1~0.3）g。新型高速滚珠丝杠的进给速度可提高到 60~120m/min，加（减）速度可达（1~2）g。其特点是：采用多头大导程大直径丝杠，增大导程可提高进给速度，但使丝杠的螺旋角增大。为使丝杠的螺旋角不增加太大，必须增大丝杠的直径。提高丝杠和螺母之间的相对速度，有的线速度已达到 100~120m/min，$d_m n$（丝杠滚道中径和转速的乘积）值达到 200000mm·r/min。为减小回珠器对丝杠提高速度的影响，采用三维型导珠管，沿内螺纹导程角方向插入螺母体内并与滚道相切。有的在螺母内设置封闭槽，改进滚珠反向循环。为减小滚动体的惯量，采用重量轻的陶瓷滚珠或小直径滚珠。为减少滚动体间的摩擦，在滚珠链各相邻滚珠之间加入隔圈。为防止细长杆高速回转时失稳，让丝杠固定而由螺母回转，将螺母与伺服电动机的转子刚性连接在一起，使螺母旋转的同时也作移动。还有的用螺母与丝杠互为反向回转来实现高速直线运动。其最大移动速度可达 120m/min。最大加速度小于 3g。为减小丝杠传动副的温升，高速滚珠丝杠都采用空心内冷结构。

直线电动机使移动件和支承件间没有传动件，靠电磁力驱动移动部件，称为“零传动”。采用直线电动机机床的进给速度可达 60~200m/min，加速度达（2~10）g。早期的直线电动机多用永磁同步电动机，其传动品质好，但防磁难度大。近来多用矢量控制的异步电动机，其传动品质好，防磁难度降低。直线电动机使机械结构简化而电气控制更为复杂。

高速进给要求数控系统的运算速度快、采样周期很短（有些系统的速度环、位置环为 0.1ms），还要求数控系统具有足够的超前路径加（减）速优化预处理能力，即应具有超前程序段预处理能力，有些系统可提前处理 2500 个程序段。在多轴联动控制时，可根据预处理缓冲区里的 G 代码规定的内容进行加（减）速优化处理。为保证加工速度，第六代数控系统可在每秒钟内进行 2000~10000 次进给速度的改变。

（2）机床向复合化发展　复合化就是将加工工件的所有工序尽可能的集中在一台机床上完成，这就节省了辅助时间，提高了生产率，也使机床的结构发生了变化。20 世纪 70 年代出现了车削中心，在数控车床的回转刀架上增加了动力刀架，能驱动刀具作回转运动，可进行钻、扩、铰、攻螺纹、镗、铣等加工，并使主轴具有 C 轴功能。20 世纪 80 年代又出现了双主轴车削中心，两个主轴同步同心回转，当一个主轴夹持的工件加工完后，主轴不停止转动，另一个主轴移动过来，同步夹紧已加工端，再继续加工，可实现回转件的全部加工，提高了生产率。20 世纪 90 年代出现的车铣中心，增加了大功率刀具驱动轴。刀具驱动轴具有 B 轴和 Y 轴功能，有刀库和换刀机构，能进行车、铣、钻、镗等加工。有的车铣中心在回转刀架上安装了第二主轴和砂轮轴，可实现外磨。在第二主轴上也可安装齿轮刀具，加工带轴的齿轮和蜗轮，甚至可实现 X、Y、Z、B、C 五轴联动，用指形铣刀加工弧齿锥齿轮等。到了21世纪，出现了将一台立式车床、一台立式加工中心和一台卧式加工中心集成在一起的复合机床，还有由加工中心和棒料车床集成的复合化机床。

2. 高精度

早期数控机床的加工精度为0.01mm的数量级，到目前为止已经发展到0.001μm的数量级，提高了 10^4 数量级。在全闭环的数控机床中，坐标检测装置多是光栅测量尺。测量尺的分辨率都在1μm以上，运动件的定位精度可达1～2μm。在超高精加工的数控机床中采用激光直线测量装置，测量精度可达0.001μm级；在切深方向的进给采用电致（磁致）伸缩材料，进给精度很高。有的公司在主轴端部装有轴向尺寸传感器，可与机床数控系统连接，进行轴向尺寸补偿。在机床上装有多种监控、检测装置，如红外线、声发射、温度测量、功率测量、激光检测等，对加工精度、刀具的磨损与破坏和工件的装夹等进行监控，提高了机床的综合性能，使之能够更为精确、可靠地自动工作。

3. 网络化

在第六代开放式系统中，安装网络通信以及配套的软件可实现网络化制造。有资料显示，在多种小批量生产中，一台数控机床实际上只有25%的时间在切削。联网后可提高到65%，使生产率提高2.6倍。联网可使企业与企业之间进行跨地区的协同设计、协同制造、信息共享、远程监控、远程服务，以及进行企业与社会间的供应、销售和服务。网络化能够为制造商提供完整的生产数据信息，数据传递速度得到很大的提高。通过网络可将工件的加工程序传送给异地机床，进行远程控制加工，也可以进行远程诊断并发出指令进行调整。这就使各地区某些分散的数控机床通过网络联系在一起，相互协调，统一优化调度，使产品加工不局限在某个工厂内，而成为社会化的产品。

网络和数控机床的融合已使制造业进一步发展，近期国际上经常使用的一个名词“e制造”，即数字化制造。e不仅有电子的含义，还表示网络化、电子商务、电子银行、电子邮件、电子政务等。e制造实现了IT（信息技术）与MT（制造技术）的融合。数控机床只是工作母机本身的数字化，不过是e制造中的一个环节。当然，它是一个非常重要的环节。

我国从1958年开始研制数控机床，20世纪70年代初得到广泛发展。数控技术在车床、铣床、钻床、镗床、磨床、齿轮加工机床、电加工机床等方面得到应用，并制造出加工中心。经过40年的跌宕起伏，我国数控机床的发展已经由成长期进入成熟期，成为当代机械制造业的主流装备。目前我国可向市场供应的数控机床有1500多种，覆盖了超重型机床、高精度机床、特种加工机床、锻压机床、前沿高技术机床等领域，可与日本、德国、意大利、美国并驾齐驱。数控系统经过多年的市场激烈竞争，已经形成由日本的发那科（FANUC）公司占市场50%、德国的SIEMENS公司占市场25%的垄断局面。我国从20世纪90年代末开始掌握基于通用32位工业控制机开放式体系结构的数控系统，一举登上当代同一起跑线，开发出能与加工中心、复合车削机床、齿轮机床配套的数控系统，特别是能够控制五轴联动并具备网络化远程监测、诊断、操作功能的数控系统，并开发出弧齿锥齿轮数控加工、三维激光视觉检测、螺旋桨七轴五联动加工和独创的空间曲面插补软件。目前批量投入市场的国产数控系统，具有性能价格比的优势，正在改变国外强手在中国市场上的垄断局面。

习　题

1. 数控机床由哪几部分组成？
2. 数控机床怎样完成直线和曲线加工？试述书中介绍的几种逼近方法的特点。
3. 试述数控机床的优缺点。
4. 数控机床是怎样分类的？
5. 数控机床发展至今共有几代？怎样划分的？
6. 数控机床有哪几方面的发展？
7. 都有哪些方法来提高主轴的转速和进给速度？
8. 提高数控机床加工精度的办法有哪些？
9. 试述数控机床复合化发展的情况。
10. 试述网络化和e制造的含义。
11. 试述我国数控机床的发展情况。

第二章　零件加工程序的编制

第一节　概　述

数控机床是由计算机控制的，而计算机又必须通过程序来控制。零件加工程序是控制机床运动的源程序，它提供零件加工时机床各种运动和操作的全部信息，主要包括加工工序各坐标的运动行程、速度、联动状态、主轴的转速和转向、刀具的更换、切削液的打开和关闭以及排屑等。

零件加工程序的语言，在国际上大部分已经标准化了（ISO 标准），世界各国都用这些标准语言编程。但有些尚未标准化，为今后技术进一步发展留有余地。对那些没有标准化的语言，各生产厂家略有不同。本书所讲的一些语言和语句格式，是根据日本 FANUC、德国 SIEMENS 以及美国 A-B 公司提供的材料编写的。不同类型的数控系统、不同厂家生产的机床编程方法都不尽相同，请读者应用时，一定要参考机床编程说明书。

一、数控机床程序编制的内容和步骤

数控机床编程的主要内容有：分析零件图样、确定加工工艺过程、进行数学处理、编写程序清单、制作控制介质、进行程序检查、输入程序以及工件试切。

数控机床编程的步骤如图 2-1 所示。

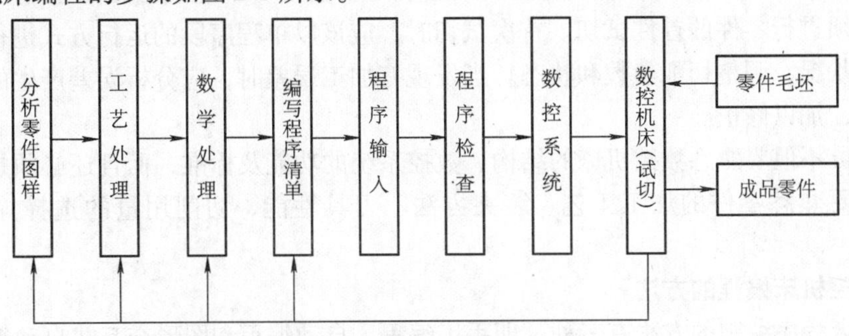

图 2-1　数控机床编程的步骤

1. 分析零件图样和确定工艺方案

根据图样对零件的几何形状尺寸、技术要求进行分析，明确加工的内容及要求，确定加工方案、确定加工顺序、设计夹具、选择刀具、确定合理的进给路线及选择合理的切削用量等。同时还应发挥数控系统的功能和数控机床本身的能力，正确选择对刀点、切入方式，尽量减少诸如换刀、转位等辅助时间。

2. 数学处理

编程前，根据零件的几何特征，先建立一个工件坐标系，根据零件图样的要求，制订加工路线，在建立的工件坐标系上，首先计算出刀具的运动轨迹。对于形状比较简单的零件

（如由直线和圆弧组成的零件），只需计算出几何元素的起点、终点、圆弧的圆心、两几何元素的交点或切点的坐标值；但对于形状比较复杂的零件（如由非圆曲线、曲面组成的零件），当数控系统的插补功能不能满足零件的几何形状时，就需要计算出曲面或曲线上很多离散点，在点与点之间用直线段或圆弧段逼近，根据要求的精度计算出其节点间的距离。这种情况一般要用计算机来完成数值计算的工作。

3. 编写零件程序清单

加工路线和工艺参数确定以后，根据数控系统规定的指令代码及程序段格式，逐段编写零件程序清单。此外，还应填写有关的工艺文件，如数控加工工序卡片、数控刀具明细表、工件安装和零点设定卡片、数控加工程序单等。

4. 程序输入

以前，数控机床上使用的控制介质一般为穿孔纸带，穿孔纸带是按照国际标准化组织（International Organization for Standardization，简称 ISO）或美国电子工业学会（Electronic Industries Association，简称 EIA）标准代码制成的。穿孔纸带上的程序代码，通过纸带阅读装置送入数控系统。现代数控机床，多用键盘、光盘、磁盘和 U 盘把程序直接输入到计算机中。在通信控制的数控机床中，程序可以由计算机接口传送。如果需要保留程序，可复制到磁盘或录制到磁带上。

5. 程序校验与首件试切

程序清单必须经过校验和试切才能正式使用。校验的方法是将程序内容输入到数控装置中，让机床空刀运转，若是平面工件，还可以用笔代刀，以坐标纸代替工件，画出加工路线，以检查机床的运动轨迹是否正确。在有图形显示功能的数控机床上，用模拟刀具切削过程的方法进行检验。但这些方法只能检验出运动是否正确，不能查出被加工零件的加工精度，因此必须进行零件的首件试切。首次试切时，应该以单程序段的运行方式进行加工，随时监视加工状况，调整切削参数和状态。当发现有加工误差时，应分析误差产生的原因，找出问题所在，加以修正。

编程人员不但要熟悉数控机床的结构、数控系统的功能及标准，而且还必须是一名好的工艺人员，要熟悉零件的加工工艺、装夹方法、刀具性能、切削用量的选择等方面的知识。

二、数控机床编程的方法

数控机床程序编制的方法有三种，即手工编程、自动编程和图形交互式自动编程。

1. 手工编程

手工编程即由人工完成零件的图样分析、工艺处理、数值计算、书写程序清单，直到程序的输入和检验。

手工编程一般适用于点位加工或几何形状不太复杂的零件。对于加工轮廓的几何形状不是由简单的直线和圆弧组成的复杂零件，特别是求解空间曲面的离散点时，由于数值计算复杂、编程工作量大、校对困难，采用这种编程方法就很难完成或根本无法实现。而用自动编程或图形交互式自动编程就容易实现。根据统计，手工编程所用的时间与数控机床加工该零件所用的时间之比大约为 30∶1，手工编程所花费的时间要多得多。

2. 自动编程

所谓“自动编程”，就是使用计算机或程编机，完成零件程序编制的过程。在这个过程中，编程人员只是根据零件图样和工艺要求，使用规定的语言，用手工编写出一个描述零件加工要求的程序，并将其输入到计算机或程编机中，计算机或程编机自动地进行数值计算，并编译出零件加工程序。根据要求还可以自动地打印程序清单，制作出控制介质，或直接将零件程序传送到数控机床。有些装置还能绘制出零件图形和刀具轨迹，供编程人员检查程序是否正确，需要时可以及时修改。由于自动编程能够完成烦琐的数值计算和人工难以完成的工作，且效率可提高几十倍甚至上百倍，因而对于较复杂的零件采用“自动编程”的方法就更加方便。

3. *图形交互式自动编程*

图形交互式自动编程是利用被加工零件的二维和三维图形，由专用软件用窗口对话框的方式生成加工程序，对复杂的曲面加工更为方便。

第二节　数控机床编程的基础知识

为了满足设计、制造、维修和普及的需要，在输入代码、坐标系统、加工指令、辅助功能及程序格式方面，国际上已经形成了两个通用的标准，即国际标准化组织标准和美国电子工业学会标准。我国原机械工业部根据 ISO 标准制定了 JB/T 3051—1999《数控机床　坐标和运动方向的命名》等国家标准。但是由于各个数控生产厂家所使用的标准并不完全统一，所使用的代码、指令及其含义不完全相同，因此在编程时还必须按所用数控机床编程手册中的规定进行编程。

1. *程序结构与格式*

数控机床每完成一个工件的加工，需执行一个完整的程序。每个程序由若干个程序段组成。零件程序段是由序号、若干字和结束符号组成。每个字又由字母和数字组成。有些字母也叫代码，它表示某种功能，如 G 代码、M 代码；有些字母表示坐标，如 X、Y、Z、U、V、W、A、B、C；还有一些表示其他功能的符号，在后文中将会遇到。下面就是一个程序段的例子：

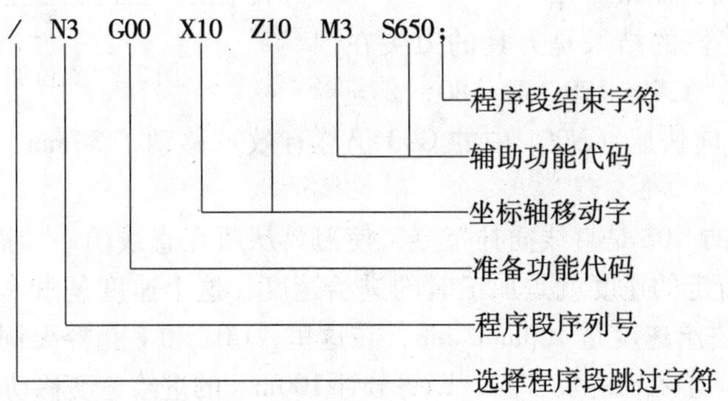

为了说明加工程序的组成，用下面的加工图例（图 2-2）来加以说明。

假设 $X_0=0$，$Y_0=0$，$Z_0=100$，$X_i=100$，$Y_i=80$，$Z_i=35$，用同一把钻头加工 *A*、*B* 两孔。加工程序可以编写成如下形式：

```
O2001;                                                    程序名
N001  G91  G00  X100.000  Y80.000  M03  S650;             程序开始
N002  Z-33.000;
N003  G01  Z-26.000  F100;
N004  G00  Z26.000;
N005  X50.000  Y30.000;                                   程序体
N006  G01  Z-17.000;
N007  G04  F2;
N008  G00  Z50.000;
N009  X-150.000  Y-110.00;
N010  M02;                                                程序结束
```

O2001 是程序名，放在程序的开头。为了能在存储器中找到该程序，每个程序都要有一个程序名。不同的数控系统有不同规定。FANUC 系统一般都采用英文字母 O 作为程序名首字母。而 Allen Bradley 的数控系统则把英文字母 O 作为子程序的地址标识，主程序则可以用任何字符数字来命名。SIEMENS 数控系统大部分是以% 作为程序名的首字母。程序名是一个完整程序存放在内存中的首地址标识符。

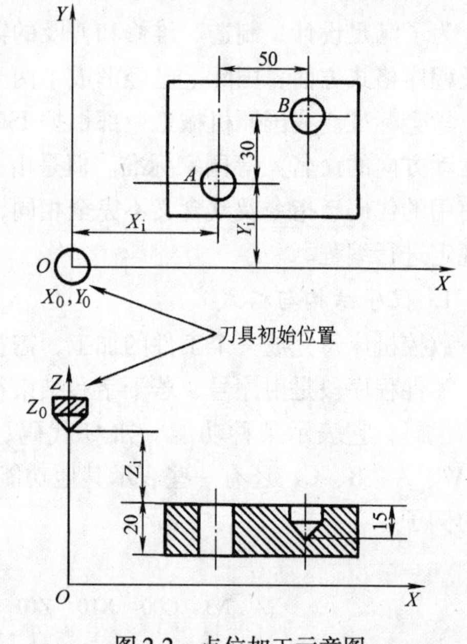

图 2-2　点位加工示意图

N001 程序段中的 G91 表示刀具移动的距离是以增量方式，即相对坐标值表示的；G00 X100.000　Y80.000 表示刀具以空行程速度（快速）从原来位置向 X 轴正方向移动 100mm，向 Y 轴正方向移动 80mm。此程序段执行完毕，刀具已经从原来位置（$X_0=0$，$Y_0=0$，$Z_0=100$）移动到 A 孔的中心线上方（$X=100$，$Y=80$，$Z=100$）。M03 指示主轴正向旋转，S650 表示主轴的转速为 650r/min。

执行 N002 程序段的结果是刀具的刀尖在 N001 结束的位置上（$X=100$，$Y=80$，$Z=100$）沿 Z 轴的负方向快速（N001 中的 G00 仍然有效）移动了 33mm，到达 $X=100$、$Y=80$、$Z=67$ 处。

N003 程序段中的 G01 是直线插补指令，使刀具从所在直线的一端沿着直线（或斜线）走到另一端，刀具行走的速度就是加工时的进给速度，这个速度是由本程序段中的 F 指令指定的。F100 表示进给速度是 100mm/min，在这里，G01 和 F 指令要同时出现。执行本程序段的结果是刀尖沿着 Z 轴的负方向，以每分钟 100mm 的进给速度移动了 26mm，到达 $X=100$、$Y=80$、$Z=41$ 点。从图 2-2 可以看出，工作前刀尖到工件表面的距离是 $Z_i=35$mm，执行 N002 后，刀尖移动了 33mm，此时刀尖到工件表面的距离是 2mm。预留这 2mm 距离的目的是保证刀具快速移动时不会碰到工件表面。工件的厚度是 20mm，由于钻头的前端是圆锥形状，因此在钻通孔时，刀尖至少要超出工件底面一个锥状的长度，在此取 4mm，这样直线插补的距离就是(2+20+4)mm=26mm。这个程序段中的Z-26.000就是根据这一结果得来的。

N004程序段中的G00指令使钻头沿Z轴正向快速移动26mm，返回到距工件上表面2mm处。

N005程序段（N004程序段G00指令仍然有效）使钻头以A孔为起点沿X轴和Y轴的正方向移动50mm和30mm，到达B孔的中心线上（$X=150$，$Y=110$，$Z=67$）。

N006程序段是钻B孔，孔深15mm，刀尖在上表面距离2mm处，因此直线插补值为Z轴负方向17mm。

N007程序段中的G04是暂停指令，F值是暂停时间，可以有两种表示方法。一是时间单位s(秒)，二是主轴的旋转圈数。此例中时间单位是s。执行此程序段后，钻头在B孔的底部暂停2s，进行光整加工。(这里所用的字母F与N003程序段所用的字母F相同，但意义不同)

N008程序段指令使钻头向Z轴的正方向快速移动50mm，返回到距工件表面35mm处。

N009程序段使钻头沿X轴和Y轴的负方向快速移动150mm和110mm，回到X_0、Y_0和Z_0（$X=0$，$Y=0$，$Z=100$）处。

N010程序段中的M02是程序结束指令。

通过上述实际加工程序的例子，可以看出，数控机床要自动完成某种加工工艺过程，必须按特定的顺序执行程序。

由上述实际加工程序实例，不难了解零件加工程序的结构与格式。一段程序要包含以下三部分：

(1) 程序标号字(N字) 也称之为程序段号，用以识别和区分程序段的标号。用地址码N和后面的若干位数字来表示。例如，N008就表示该程序段的标号为008。在大部分数控系统中，可以对所有的程序段标号，也可以对一些特定的程序段标号，但不是所有的程序段都要标号，程序段标号方便了程序查找。另外，对于程序跳转，标号是必要的。程序段标号与程序的执行顺序无关，不管有无标号，程序都是按排列的先后次序执行。通常标号是按程序的排列次序给出的。

(2) 程序段的结束符号 这里使用“;”号作为程序段的结束符号。有些系统使用“*”号或“LF”作结束符号。任何一个程序段都必须有结束符号，没有结束符号的语句是错误的。计算机不执行含有错误的程序段。

(3) 程序段的主体部分 一段程序中，除程序号和结束符号外的其余部分是程序主体部分。主体部分规定了一段完整的加工过程，它包含了各种控制信息和数据。它由一个以上功能字组成。主要的功能字有准备功能字、坐标字、辅助功能字、进给功能字、主轴转速功能字和刀具功能字等。

2. 功能字

(1) 准备功能字(G字) G功能是使数控机床作某种操作的指令，用地址G和两位数字来表示，从G00~G99共100种（见表2-1）。有时G字还带有一个小数位。它们中的许多已被定为工业标准代码。G代码有模态和非模态之分。模态G代码：一旦执行就一直保持有效，直到被同一模态组的另一个G代码替代为止；非模态G代码：只有在它所在的程序段内有效。

表 2-1 G 代码表

代码	功能	功能保持到被取消或取代	功能仅在出现段内有效
G00	点定位	a	
G01	直线插补	a	
G02	顺时针方向圆弧插补	a	
G03	逆时针方向圆弧插补	a	
G04	暂停		○
G05	不指定	#	#
G06	抛物线插补	a	
G07	不指定	#	#
G08	加速		○
G09	减速		○
G10 ~ G16	不指定	#	#
G17	XY 平面选择	c	
G18	ZX 平面选择	c	
G19	YZ 平面选择	c	
G20 ~ G32	不指定	#	#
G33	等螺距的螺纹切削	a	
G34	增螺距的螺纹切削	a	
G35	减螺距的螺纹切削	a	
G36 ~ G39	永不指定	#	#
G40	注销刀具补偿或刀具偏置	d	
G41	刀具补偿——左	d	
G42	刀具补偿——右	d	
G43	刀具偏置——正	#(d)	#
G44	刀具偏置——负	#(d)	#
G45	刀具偏置(在第Ⅰ象限)+/+	#(d)	#
G46	刀具偏置(在第Ⅳ象限)+/-	#(d)	#
G47	刀具偏置(在第Ⅲ象限)-/-	#(d)	#
G48	刀具偏置(在第Ⅱ象限)-/+	#(d)	#
G49	刀具(沿 Y 轴正向)偏置 0/+	#(d)	#
G50	刀具(沿 Y 轴负向)偏置 0/-	#(d)	#
G51	刀具(沿 X 轴正向)偏置 +/0	#(d)	#
G52	刀具(沿 X 轴负向)偏置 -/0	#(d)	#
G53	注销直线偏移	f	
G54	(原点沿 X 轴)直线偏移	f	
G55	(原点沿 Y 轴)直线偏移	f	
G56	(原点沿 Z 轴)直线偏移	f	
G57	(原点沿 XY 轴)直线偏移	f	
G58	(原点沿 XZ 轴)直线偏移	f	
G59	(原点沿 YZ 轴)直线偏移	f	
G60	准确定位 1(精)	h	
G61	准确定位 2(中)	h	

（续）

代　码	功　能	功能保持到被取消或取代	功能仅在出现段内有效	代　码	功　能	功能保持到被取消或取代	功能仅在出现段内有效
G62	快速定位(粗)	h		G88	镗孔循环，有暂停，主轴停	e	
G63	攻螺纹方式		○				
G64～G67	不指定	#	#	G89	镗孔循环，有暂停，进给返回	e	
G68	刀具偏置，内角	#(d)	#				
G69	刀具偏置，外角	#(d)	#	G90	绝对尺寸	j	
G70～G79	不指定	#	#	G91	增量尺寸	j	
G80	注销固定循环	e		G92	预置寄存，不运动		○
G81	钻孔循环，划中心	e		G93	进给率，时间倒数	k	
G82	钻孔循环，扩孔	e		G94	每分钟进给	k	
G83	深孔钻孔循环	e		G95	主轴每转进给	k	
G84	攻螺纹循环	e		G96	主轴恒线速度	i	
G85	镗孔循环	e		G97	主轴每分钟转数，注销 G96	i	
G86	镗孔循环，在底部主轴停	e					
G87	反镗循环，在底部主轴停	e		G98	不指定	#	#
				G99	不指定	#	#

注：1. 指定功能代码中，凡有小写字母 a、b、c 等指示的，为同一类型的代码。在程序中，这种功能指令为保持型的，可以为同类字母的指令所代替。

2. “不指定”代码，即在将来修订标准时，可能对它规定功能。

3. “永不指定”代码，即在本标准内，将来也不指定。

4. “○”表示功能仅在所出现的程序段内有用。

5. “#”表示若选作特殊用途，则须在程序格式解释中说明。

6. 本表参照标准 JB/T 3208—1999 编写，功能栏（）内的内容，是为便于对功能的理解而附加的说明，一切内容均以部颁标准为准。

（2）坐标字　坐标字由坐标名和带“+”“-”符号的绝对坐标值（或增量坐标值）构成。坐标名有 X、Y、Z、U、V、W、P、Q、R、A、B、C、I、J、K 等。

例如：X20　Y-40

在此，符号“+”可以省略。

表示坐标名的英文字母含义如下：

X、Y、Z：坐标系的主坐标字符。

U、V、W：分别对应平行于 X、Y、Z 坐标轴的第二坐标字符。

P、Q、R：分别对应平行于 X、Y、Z 坐标轴的第三坐标字符。

A、B、C：分别对应绕 X、Y、Z 坐标轴的转动坐标字符。

I、J、K：圆弧中心坐标字符，永远是圆弧的圆心相对起点的增量坐标，分别对应平行于 X、Y 和 Z 轴的坐标。

（3）进给功能字(F 字)　它由地址码 F 和后面表示进给速度值的若干位数字构成。用它规定直线插补 G01 和圆弧插补 G02/G03 方式下刀具中心的进给运动速度。进给速度是指沿各坐标轴方向速度的矢量和。进给速度的单位取决于数控系统的工作方式和用户的规定，它可以是 mm/min、in/min、(°)/min、r/min、mm/r、in/r。例如在米制编程的零件程序中，F220 就表示进给速度为 220mm/min。

（4）主轴转速功能字(S 字) S 字用来规定主轴转速，它由字母 S 和后面的若干位数字组成，这个数值就是主轴的转速值，单位是 r/min。例如：S300 表示主轴的转速为 300r/min。

（5）刀具功能字(T 字) T 地址字后有若干位数值，数值是刀具编号。例如选 3 号刀具，刀具功能字为 T3。

（6）辅助功能字(M 代码) 格式是 M 地址字后有 2 位数值，有 M00 ~ M99 共 100 个字，它们中的大部分已经国际标准化（ISO 标准），通常称它们为 M 代码。

当在同一程序段中，既有辅助功能代码，又有坐标运动指令时，控制系统将根据机床参数来决定以下几种执行顺序：

1）辅助功能代码与坐标移动指令同时执行。

2）在执行坐标移动指令之前执行辅助功能，通常称之为“前置”。

3）在坐标移动指令完成以后执行辅助功能，称为“后置”。

每一个辅助功能（M 代码）的执行顺序在数控机床的编程手册中都有明确的规定。

和 G 代码一样，M 代码也分成模态和非模态两种。模态 M 代码：一旦执行就一直保持有效，直到同一模态组的另一个 M 代码执行为止。非模态 M 代码：只在它所在的程序段内有效。M 代码可以分成两大类，一是基本 M 代码，另一类是用户 M 代码。基本 M 代码是由数控系统定义的，用户 M 代码则是由数控机床制造商定义的。下面简介数控系统最基本的几个 M 代码。

1）M00：程序停止指令。当程序执行到含有 M00 程序段时，先执行该程序段的其他指令，最后执行 M00 指令，但不返回程序开始处，再启动后，接着执行后面的程序。

2）M01：可选择程序停止指令。M01 和 M00 相同，只不过是 M01 要求外部有一个控制开关。如果这个外部可选择停止开关处于关的位置，则控制系统就忽略该程序段中的 M01。

3）M02：程序结束指令。现代的数控系统，零件加工程序都先输入到计算机内存中，执行程序时从内存中调出，按先后顺序执行，这时，M02 和 M30 代码的功能就是一样的。执行到 M02（或 M30）时程序执行停止，指针重新设置到第一个程序段。再启动时，从第一句再次执行该零件程序。早期的数控系统带有纸带阅读机，程序从纸带上输入，这时 M02 功能只是程序结束，但不倒带。要想重新执行程序，必须倒带后再启动。

4）M30：程序结束并倒带。M30 与 M02 不同之处在于，当使用纸带阅读机输入执行零件程序时，若遇到 M30，不但停止零件程序的执行，纸带会自动倒带到程序的开始处，再次启动时，该零件程序就再次从头执行。

（7）刀具偏置字(D 字和 H 字) 在程序中 D 字后接一个数值，是刀具半径偏置号码，填在刀具半径偏置表中，是半径偏置值的地址。当使刀具半径补偿激活时（G41，G42），就可调出刀具半径的补偿值。

H 字后接一个数值，是刀具长度偏置号码，填在长度偏置表中，是地址。当编程使 Z 坐标轴运行时，可用相应的代码（G43、G44）调出刀具长度的偏置值。

第三节　坐　标　系

一、坐标轴

数控机床的坐标系采用直角笛卡儿坐标系，为编程方便，对坐标轴的名称和正负方向都有统一规定，符合右手法则，如图 2-3 所示。

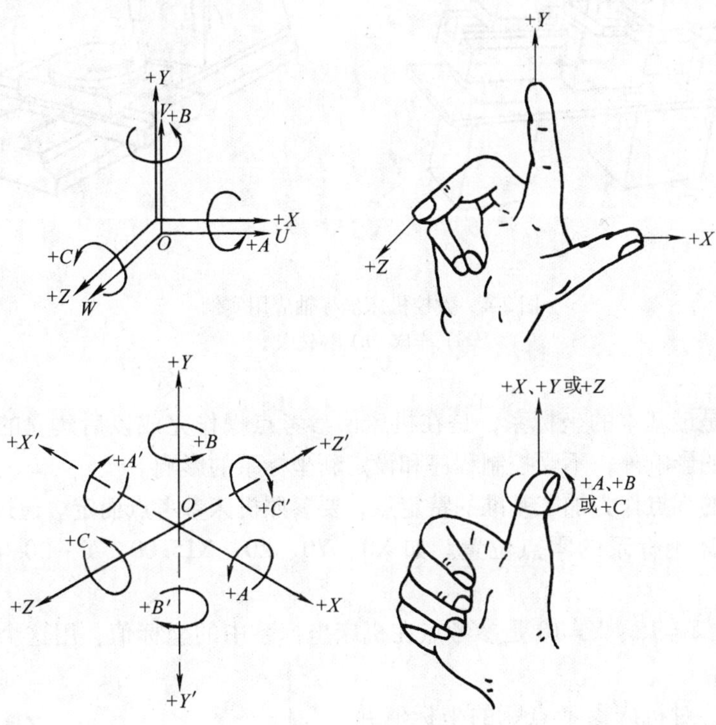

图 2-3　右手坐标系

无论哪一种数控机床，都规定 Z 轴作为平行于主轴中心线的坐标轴，如果一台机床有多根主轴，应选择垂直于工件装夹面的主轴为 Z 轴。

X 轴通常选择平行于工件装夹面，且与主要切削进给方向平行的轴。

旋转坐标 A、B、C 的方向分别对应 X、Y、Z 轴，按右手螺旋方向确定。图 2-4a、b 所示为数控机床坐标轴应用实例。

二、坐标系

在坐标系中，坐标轴的方向确定以后，接着是确定坐标零点的位置，只有当坐标零点确定后，坐标系统才算确定了，加工程序就在这个坐标系内运行。可见，由于坐标零点不同，即使是执行同一段程序，刀具在机床上的加工位置也是不同的。

由于数控系统类型不同，所规定的建立坐标系的方法也不同，下面介绍几种情况。

1. 机床坐标系

它的坐标零点在机床上某一点，是固定不变的，机床出厂时已确定。机床的基准点、换刀点、托板的交换点、机床限位开关或挡块的位置都是机床上固有的点，这些点在机床坐标系中都是固定点。

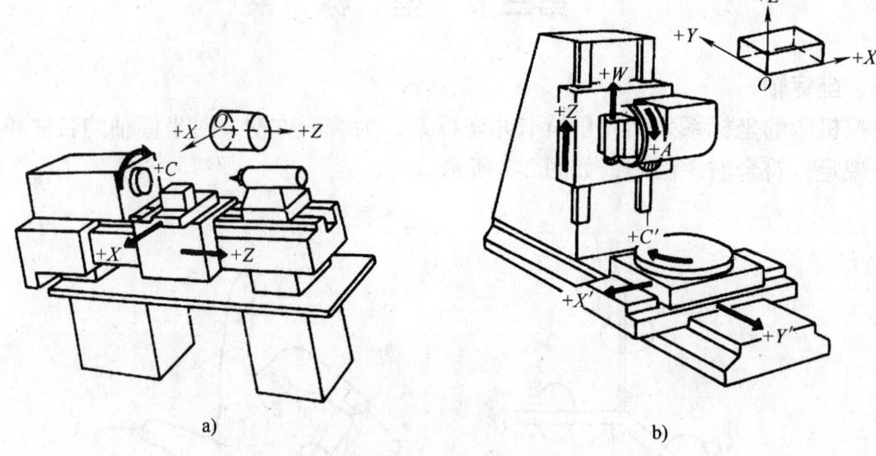

图 2-4 数控机床坐标轴应用实例

a）车床 b）镗铣床

机床坐标系是最基本的坐标系，是在机床回参考点操作完成以后建立的。一旦建立起来，除了受断电的影响外，不受控制程序和设定新坐标系的影响。

机床坐标系的零点作为加工基准的特定点，要参照机床参考点而定。通过给机床参考点赋值可以给出机床坐标系的零点位置。如 X0、Y0、Z0；X15.00、Y－20.000、Z－2.256 等。

在图 2-5 中，$X=15$、$Y=10$ 是参考点在机床坐标系中的坐标值，用这个坐标值确定机床坐标系的零点。

要注意的是，对机床参考点赋的坐标值并不影响机床参考点的位置。机床参考点的位置是由机床制造商设定的。

有些数控系统把选用机床坐标系的指令设定为 G53。它是非模态指令，只能在绝对方式下（G90）才有效。如果控制系统处于相对方式（G91），将忽略 G53 代码和同一程序段中的其他任何坐标字。

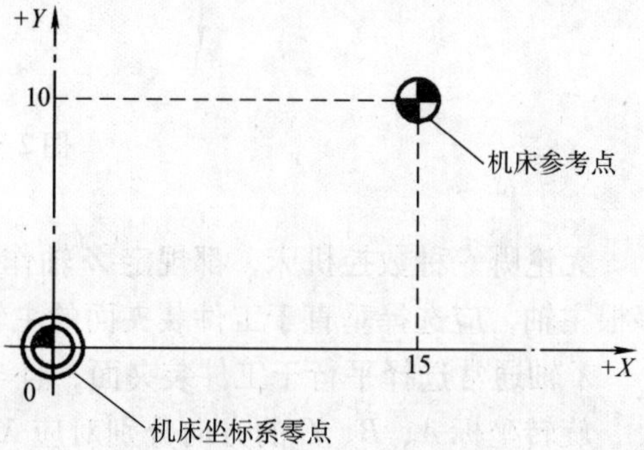

+Y
10
机床参考点
0
15
+X
机床坐标系零点

图 2-5 机床坐标系的确定

2. 工件坐标系

工件坐标系是程序编制人员在编程时使用的。程序编制人员以工件上的某一点为坐标零点，建立一个新坐标系，在这个坐标系内编程可以简化坐标计算，减少错误，缩短程序长度。但在实际加工中，操作者在机床上装好工件之后，要测量该工件坐标系的零点和基本机床坐标系原点的距离，并把测得的距离在数控系统中预先设定，这个设定值叫工件零点偏置。在刀具移动时，工件坐标系零点偏置便加到按工件坐标系编写的程序坐标值上。对于编程者来说，只是按图样上的坐标来编程，而不必事先考虑该工件在机床坐标系中的具体位置，如图 2-6 所示。

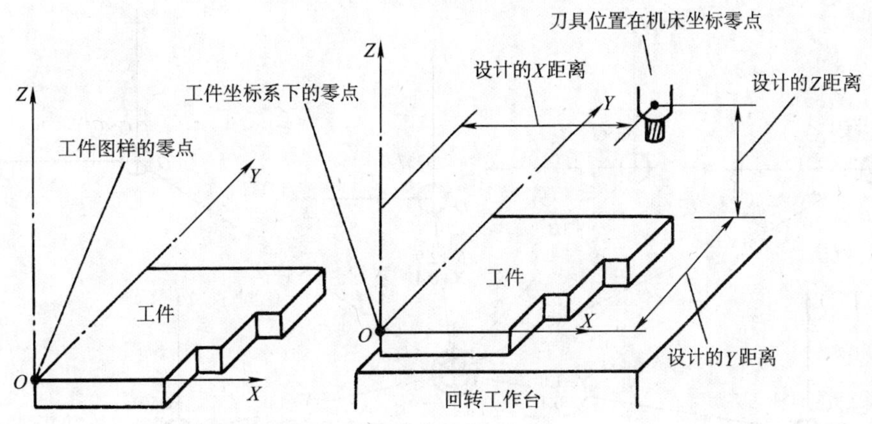

图 2-6 工件坐标系

一般的数控系统可以设定几个工件坐标系。例如美国 A-B 的 9 系列数控系统就可以设定九个工件坐标系，它们是 G54、G55、G56、G57、G58、G59、G59.1、G59.2、G59.3。使用它们以前，应将各工件坐标系的零点偏置值事先存在偏置表中。它们是同一组模态指令，也就是说，同时只能有一个有效。在图 2-7 中，通过给机床参考点赋坐标值 $X=-3$，$Y=-2$，定义了机床坐标系，然后在机床坐标系中用坐标值 $X=3$、$Y=2$ 定义 G54 工件坐标系的零点位置。零件程序中的坐标位置就是 G54 工件坐标系的坐标值。不同的零件可有不同的坐标系。图 2-8 是多个工件坐标系的例子。

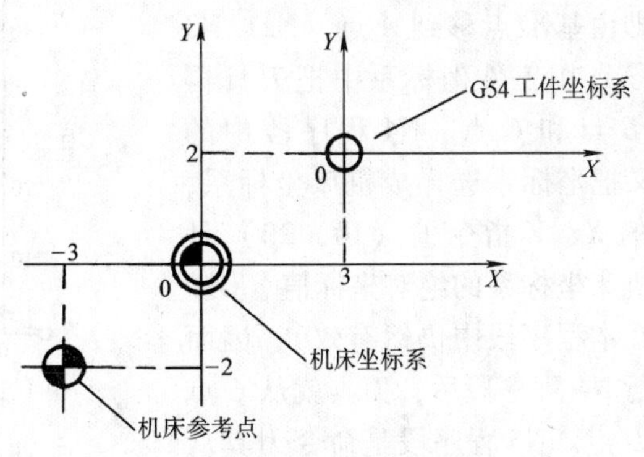

图 2-7 工件坐标系的定义

下面以一个实际程序为例，说明工件坐标系与机床坐标系的关系。如图 2-9 所示，设刀具已在基准点（-6，0），要使刀具在两个坐标系中运动，移动的顺序是从基准点到 A 点再到 B 点、C 点、D 点，再经 O_1 点返回基准点。程序如下：

程序	显示值 X	显示值 Y	说明
N1 G00 G90 G54 X10 Y10;	X：30.000	Y：20.000	从起始点到 A 点
N2 G01 X30 F100;	50.000	20.000	到 B 点 G54 坐标系
N3 X10 Y20;	30.000	30.000	到 C 点 G54 坐标系
N4 G00 G53 X10 Y20;	10.000	20.000	到 D 点 G53 坐标系
N5 X0 Y0;	20.000	10.000	到 O_1 点 G54 坐标系
N6 G28 X0 Y0;	-6.000	0	返回到基准点

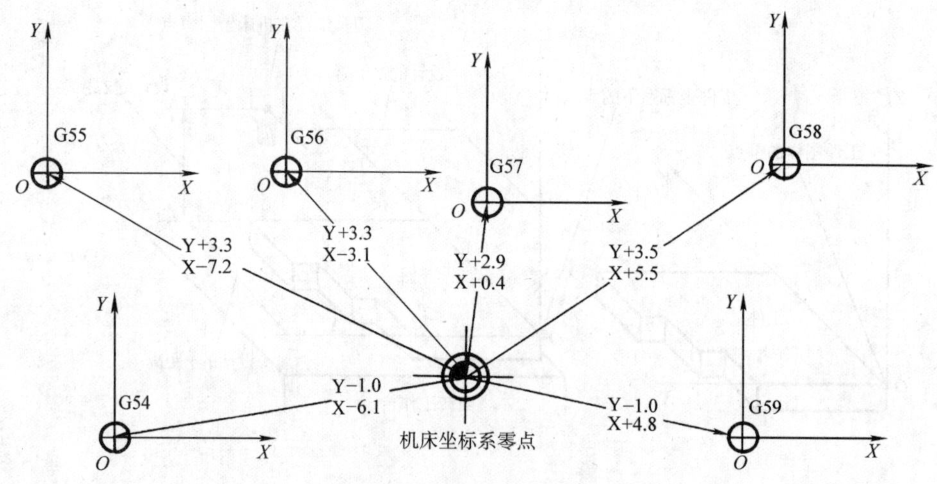

图 2-8　工件坐标系举例

分析上述程序不难看出：N1 程序段是命令刀具按工件坐标系的坐标指令值运动，其结果是把刀具由移动前的位置（-6，0）按绝对坐标方式快速移到工件坐标系（由 G54 选择的）内的 $X=10\text{mm}$，$Y=10\text{mm}$ 点，即由基准点移到 A 点。N2、N3 程序段是在工件坐标系中把刀具再移到 B 点和 C 点。N4 程序段中的 G53 又把坐标系选择成机床坐标系，这里的 X、Y 指令值（10，20）是基本机床坐标系的绝对坐标值（G90 指令在本程序段中仍然有效），因而在执行 N4 程序段后，刀具就从 C 点移到 D 点。N5 程序段是命令刀具从 D 点移动到工件坐标系零点（X0，Y0），由于 G53 是非模态指令，G54 是模态指令，N5 程序段中的坐标值是 G54 坐标系而不是 G53 的。N6 程序段中的 G28 是自动返回基准点指令，程序段中的运行指令 X0、Y0 是刀具返回途中要经过的点，执行 N6 程序段后，刀具经过 G54 坐标系中 X0、Y0 点返回基准点（-6，0）。

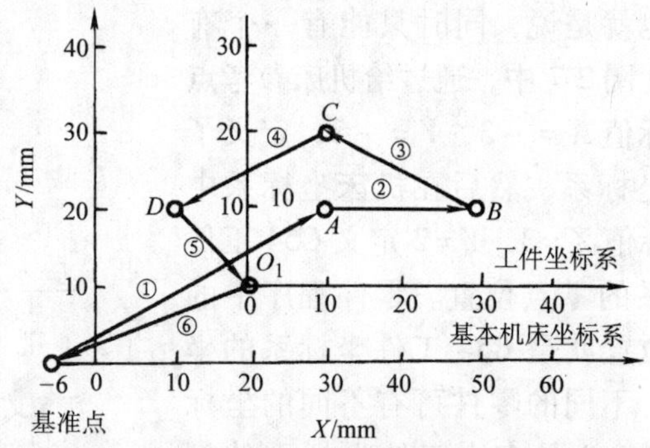

图 2-9　工件坐标系与机床坐标系的关系

工件坐标系与工件坐标系的关系如图 2-10 所示。

程序	说明
G54;	激活 G54 工件坐标系
G00　X20　Y20;	刀具移动到 G54 工件坐标系中的 $X=20$、$Y=20$ 点
G55　X10　Y10;	刀具移动到 G55 工件坐标系中的 $X=10$、$Y=10$ 点
X3　Y2;	刀具运动到 G55 工件坐标系中的 $X=3$、$Y=2$ 点

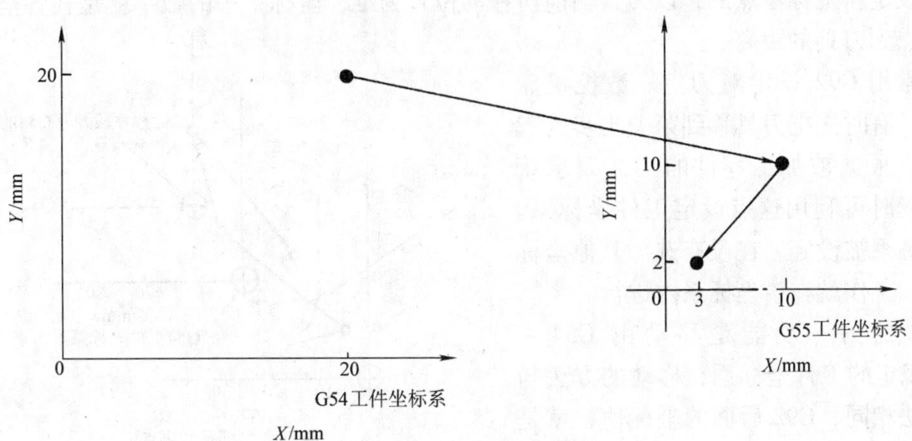

图 2-10　改变工件坐标系

可以使用多种方法来改变偏置表中的工件坐标系的零点值，常用的是手动修改和通过程序来修改。A-B9 系列数控系统的程序修改指令格式是：

G10　L2　P__　X__　Y__　Z__；

这里G10：建立或修改工件坐标系零点相对机床坐标系零点的偏置指令；

L2：通知数控系统将要改变坐标系偏置表；

P__：指定要修改哪一个工件坐标系的代码，P 后面是一位自然数，P1～P9 分别代表 G54～G59. 3 九个工件坐标系；

X__　Y__　Z__：工件坐标系零点相对于机床坐标系零点偏置量。

3. 设定工件坐标系

在上述例子中，确定 G54 等工件坐标系时需人工输入坐标零点偏置量，很不方便。用设定工件坐标系指令可自动地把工件坐标系的零点设定在机床坐标系的任何点，不需要人工输入零点偏置量。有些数控机床不设基本机床坐标系，只用设定工件坐标系。用这种方法编写零件加工程序很方便。ISO 标准规定，设定工件坐标系的选择指令是 G92（非模态）。

假设刀具已处在机床的某一位置，如图 2-11 所示的 A 点，编程时可用如下程序段设定坐标系：

Ni　G92　X0　Y0；

或　Nj　G92　X100. 000　Y100. 000；

G92 后面的坐标值是把刀具的当前位置设定在新坐标系中的坐标值，Ni 程序段设定的坐标系是把刀具所在的位置 A 点，设定在该坐标系的 $X=0$、$Y=0$ 坐标点上。Nj 程序段设定的坐标系是把 A 点设定在该坐标系的 $X=100$mm、$Y=100$mm 点上，如图 2-11 所示。带有 G92 的程序段不使机床运动部件按坐标数值运动。它后面的坐标字

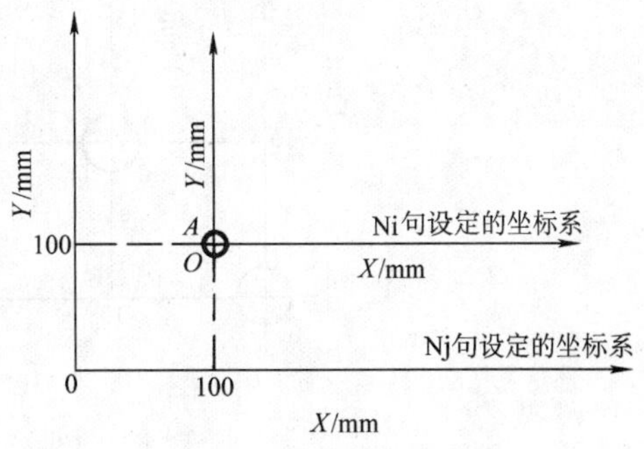

图 2-11　设定工件坐标系

是用来设定新坐标零点的，以刀具当前所在的位置为准，坐标字中的数字就是在各坐标方向上新零点到刀具的距离。

通常用 G92 设定对刀点。数控机床工作时，有时先把刀具移到第一工步的起始点上，根据被加工零件的工艺要求编程，编程时可利用这点设定工件坐标系。一旦坐标系被设定，在没有选择其他坐标系以前，工作就在该坐标系内进行。

G92 的另一功能是移动由 G54 ~ G59.3 规定的工件坐标系，移动的方法与上述方法相同，G92 后面的坐标值，就是工件坐标系移动后的坐标值。

执行下列程序时，由图 2-12 可以看到由 G92 移动 G54、G55 工件坐标系的情况。

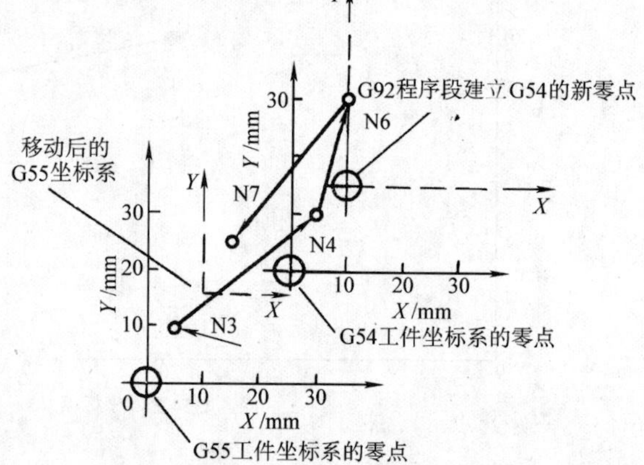

图 2-12 用 G92 移动工件坐标系

程序	说明
N3 G55 X5 Y10;	在 G55 工件坐标系下将刀具移到 $X=5$、$Y=10$ 点
N4 G54 X5 Y10;	在 G54 工件坐标系下将刀具移到 $X=5$、$Y=10$ 点
N5 G92 X-5 Y-5;	将 G54、G55 坐标系都移动一个相同的量，使得刀具位置在新的 G54 坐标系下的坐标为 $X=-5$、$Y=-5$
N6 X0 Y15;	在新的 G54 坐标系下将刀具移到 $X=0$、$Y=15$ 点
N7 G55 X5 Y10;	在新的 G55 坐标系下将刀具移到 $X=5$、$Y=10$ 点

4. 工件坐标系的零点偏置

用 G52 指令可将工件坐标系的零点偏置一个增量值，它的格式是：

G52 X__ Y__ Z__;

执行上述指令可将当前坐标系零点从原来的位置偏移一个 X__、Y__、Z__距离。

G52 后面的坐标值是工件坐标系零点的移动值，而 G92 后面的坐标值是刀具在新坐标系中的坐标值，这是两者的区别，它们的共同之处是都不产生坐标移动，但工件坐标系位置值改变了，如图 2-13 所示。

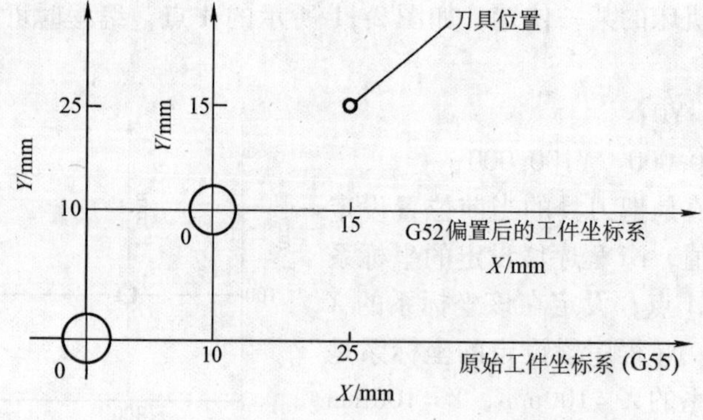

图 2-13 工件坐标系的零点偏置

程序	刀具在原始工件坐标系中的位置	刀具在偏置后工件坐标系中的位置
N5　G01　G55　X25　Y25；	$X=25$、$Y=25$	$X=25$、$Y=25$
N6　G52　X10　Y10；	$X=25$、$Y=25$	$X=15$、$Y=15$

可用以下几种方式取消工件坐标系的零点偏置：

1）用 G52　X0　Y0　Z0。

2）用 G92 移动有零点偏置的工件坐标系。

3）程序执行结束，遇到 M30 或 M02 代码。

第四节　常用编程指令

在数控机床加工中，常用 G 指令、M 指令、T 指令和 S 指令来控制各种加工操作。通常把 G 指令称为准备功能指令代码，M 指令称为辅助功能指令代码，它们各有 100 种指令功能，用跟在其后的 0 ~ 99 个数字区分。G00 ~ G99 的功能见表 2-1，M00 ~ M99 的功能见表 2-2。下面仅介绍其中常用的 G 指令。

表 2-2　M 代码表

代码	功能	功能开始		功能保持到被注销或取代	功能仅在所出现的程序段用
		与程序段指令同时开始	在程序段指令运动完成后开始		
M00	程序停止		○		○
M01	计划停止		○		○
M02	程序结束		○		○
M03	主轴顺时针方向(运转)	○		○	
M04	主轴逆时针方向(运转)	○		○	
M05	主轴停止		○	○	
M06	换刀	#	#		○
M07	2 号冷却液开	○		○	
M08	1 号冷却液开	○		○	
M09	冷却液关		○	○	
M10	夹紧(滑座、工件、夹具、主轴等)	#	#	○	
M11	松开(滑座、工件、夹具、主轴等)	#	#	○	
M12	不指定	#	#	#	#
M13	主轴顺时针方向(运转)及冷却液开	○		○	
M14	主轴逆时针方向(运转)及冷却液开	○		○	
M15	正运动	○			○
M16	负运动	○			○
M17 ~ M18	不指定	#	#	#	#

（续）

代　码	功　能	功能开始		功能保持到被注销或取代	功能仅在所出现的程序段用
		与程序段指令同时开始	在程序段指令运动完成后开始		
M19	主轴定向停止		○	○	
M20 ~ M29	永不指定	#	#	#	#
M30	纸带结束		○		○
M31	互锁旁路	#	#		○
M32 ~ M35	不指定	#	#	#	#
M36	进给范围 1	○		○	
M37	进给范围 2	○		○	
M38	主轴速度范围 1	○		○	
M39	主轴速度范围 2	○		○	
M40 ~ M45	如有需要作为齿轮换挡，此外不指定	#	#	#	#
M46 ~ M47	不指定	#	#	#	#
M48	注销 M49		○	○	
M49	进给率修正旁路	○		○	
M50	3 号冷却液开	○		○	
M51	4 号冷却液开	○		○	
M52 ~ M54	不指定	#	#	#	#
M55	刀具直线位移，位置 1	○		○	
M56	刀具直线位移，位置 2	○		○	
M57 ~ M59	不指定	#	#	#	#
M60	更换工件		○		○
M61	工件直线位移，位置 1	○		○	
M62	工件直线位移，位置 2	○		○	
M63 ~ M70	不指定	#	#	#	#
M71	工件角度位移，位置 1	○		○	
M72	工件角度位移，位置 2	○		○	
M73 ~ M89	不指定	#	#	#	#
M90 ~ M99	永不指定	#	#	#	#

注：1. 本表参照标准 JB/T 3208—1999 编写，功能栏（）内的内容，是为便于对功能的理解而附加的说明。

2. “#”表示如果选作特殊用途，必须在程序说明中标明。

3. M90 ~ M99 可指定为特殊用途。

4. “不指定”代码，即在将来修订标准时，可能对它规定功能。

数控机床在进行轮廓加工时采用的是插补方法。所谓插补就是根据某段轮廓线（曲线或直线）的端点坐标值，把该轮廓线细分成许多小段，根据加工精度不同，每小段的长度可以是几微米到几毫米。插补运算就是计算每一小段端点的坐标值。由于插补计算的方法不同，有不同的数学模型。数控系统生产厂家根据所选用的数学模型已经编好了计算程序，这里讲述的编程指令就是调用这些程序进行计算并控制机床坐标运动。

一、快速定位方式 G00

快速定位方式格式如下：

G00　X__　Y__　Z__；（模态）

G00 指令的运动轨迹是直线，它后面的坐标值是终点坐标值，可以是绝对方式或增量方式。该指令的运动速度由数控系统确定，不能由程序改变，但可用倍率开关改变。不同的系统有不同的速度，一般都在 10～30m/min 之间，有的已达到 60m/min，甚至在 100m/min 以上。指令速度是刀具相对工件的速度，各坐标方向的移动速度是它的分量。

二、直线插补方式 G01

直线插补方式的格式如下：

G01　X__　Y__　Z__　F__；

G01 是直线插补指令，它后面的坐标值是直线的终点坐标值，可以是绝对坐标值或相对坐标值。F 字是速度指令，可由 F 后面的数字改变直线插补速度。在程序中最先出现的插补指令（G01、G02、G03）一定跟有 F 指令，否则出错，但后面出现的插补指令可省略。如需改变速度则不能省略。

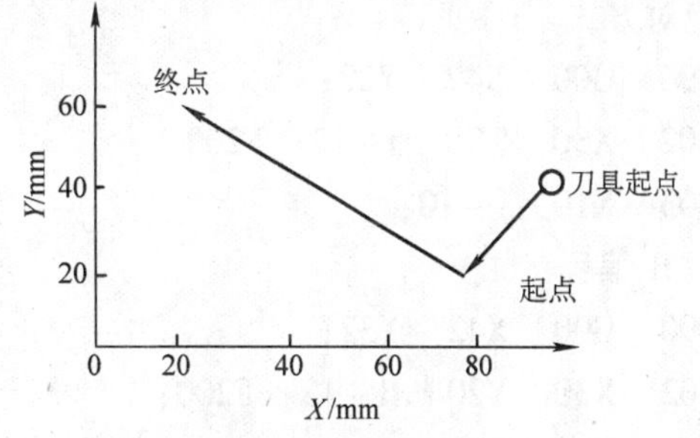

图 2-14　直线插补

在图 2-14 中，刀具的起点坐标是 $X=100$，$Y=40$，直线的起点和终点坐标分别是 $X=80$、$Y=20$，$X=20$，$Y=60$。程序如下：

绝对方式	增量方式
Ni　G90　G00　X80　Y20；	Ni　G91　G00　X-20　Y-20；
Ni+1　G01　X20　Y60　F200；	Ni+1　G01　X-60　Y40　F200；
Ni+2　M30；	Ni+2　M30；

三、圆弧插补指令 G02、G03

数控机床加工的轮廓通常是圆弧，或由圆弧组成的曲线，因此圆弧最为常见。圆弧插补加工指令是 G02 和 G03。G02 是指令刀具相对工件按顺时针方向加工圆弧，称顺圆弧插补指令。反之，G03 指令是逆时针方向加工圆弧，称逆圆弧插补指令。圆弧插补指令格式如下：

在 *XY* 平面内进行的圆弧插补为：

G17　$\begin{Bmatrix}\text{G02}\\\text{G03}\end{Bmatrix}$　X__　Y__　I__　J__　（R__）　F__；

在 *ZX* 平面内进行的圆弧插补为：

G18　$\begin{Bmatrix}\text{G02}\\\text{G03}\end{Bmatrix}$　X__　Z__　I__　K__　（R__）　F__；

在 *YZ* 平面内进行的圆弧插补为：

$$G19\begin{Bmatrix}G02\\G03\end{Bmatrix}\ Y\_\_\ \ Z\_\_\ \ J\_\_\ \ K\_\_\ \ (R\_\_)\ \ F\_\_;$$

其中：

X、Y、Z：坐标字中的数值，可为绝对坐标值（G90）或相对圆弧起点的终点增量值（G91）。

I、J、K：坐标字中的数值是圆弧中心相对圆弧起点的坐标值，无论系统处于什么方式（G90 或 G91）下，这些值总是增量值。I 为平行 *X* 轴、J 为平行 *Y* 轴、K 为平行 *Z* 轴的坐标字。

R：坐标字中的数值是圆弧半径值，该值的正负号决定了圆弧的大小。若圆弧小于或等于 180°，则 R 为正值；若圆弧大于 180°，则 R 为负值。

F：指令字是设定圆弧插补的进给速度，它是刀具轨迹切线方向的进给速度。

圆弧插补加工前，首先要使刀具对准圆弧的起点。因此在圆弧插补程序段中，只要求该圆弧终点的 *X*、*Y* 或 *Z* 的坐标值（相对坐标值或绝对坐标值）和圆弧中心 *I*、*J* 或 *K* 的坐标值或圆弧的半径 *R* 值，就能完整地给出表达圆弧特征的一切量。

例 2-1 对图 2-15 中的图形编程，刀具起始点的坐标为：*X* = 50，*Y* = 42。

绝对方式	增量方式
G90 G00 X42 Y32；	G91 G00 X－8 Y－10；
G02 X30 Y20 J－12 F200；	G02 X－12 Y－12 J－12 F200；
G03 X10 I－10；	G03 X－20 I－10；
用 R 编程	
G90 G00 X42 Y32；	G91 G00 X－8 Y－10；
G02 X30 Y20 R－12 F200；	G02 X－12 Y－12 R－12 F200；
C03 X10 R10；	G03 X－20 R10；

若某个方向上的坐标增量值为 0，则在程序中可以省略，上例 G02 程序段中省略了 I0，G03 程序段中省略了 Y 字和 J0。有些系统不能用 R 编程，有些系统可用 I、J、K 或 R 两种格式编程。但如果圆弧的终点和起点相同（即一个整圆），由于数控系统无法用 R 确定圆弧中心的位置，这时，只能使用 I、J、K 确定圆弧中心的方式来编程。

四、确定插补平面指令 G17、G18、G19

在圆弧插补时，由于圆弧是平面曲线，为了能够加工不同坐标平面内的圆弧，首先要进行平面选择。不仅如此，在铣刀补偿、工件坐标系的旋转，以及许多固定循环中，控制系统都要求在一个确定的平面内进行操作。因此，有必要进行平面选择。

平面选择可由程序段中的坐标字确定，也可由 G17、G18、G19 确定。若程序段中出现两个相互垂直的坐标字，则可决定平面，但不能出现三个方向的坐标字。平面选择见表 2-3。

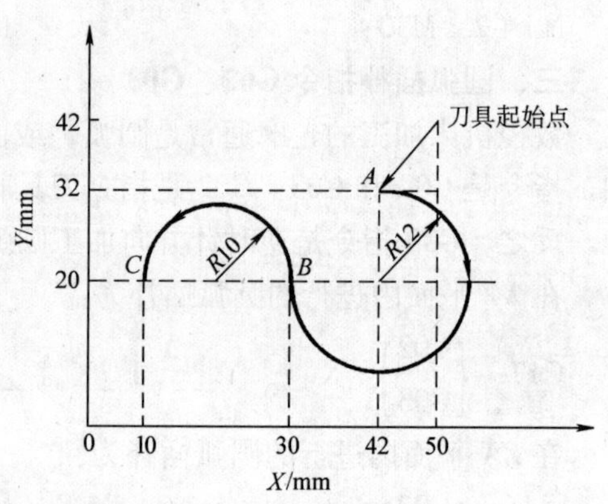

图 2-15 圆弧插补

在程序执行完 M02 或 M30 指令时，当控制系统复位操作或者系统上电时，G17 有效。

在一个程序段中，平面选择指令 G17、G18、G19 要与坐标字 X、Y、Z、I、J、K 对应正确，否则数控系统会发出报警信号。

表 2-3　平面选择

所选平面	功能代码	程序中的坐标字
XY	G17	X＿Y＿；X＿J＿；I＿Y＿；I＿J＿；
ZX	G18	X＿Z＿；X＿K＿；I＿Z＿；I＿K＿；
YZ	G19	Y＿Z＿；Y＿K＿；J＿Z＿；J＿K＿；

图 2-16 表示了 *X*、*Y*、*Z* 和 *I*、*J*、*K* 方向。圆弧插补指令 G02、G03 的插补方向和插补平面选择指令 G17、G18、G19 之间的关系，编程时要注意应用。

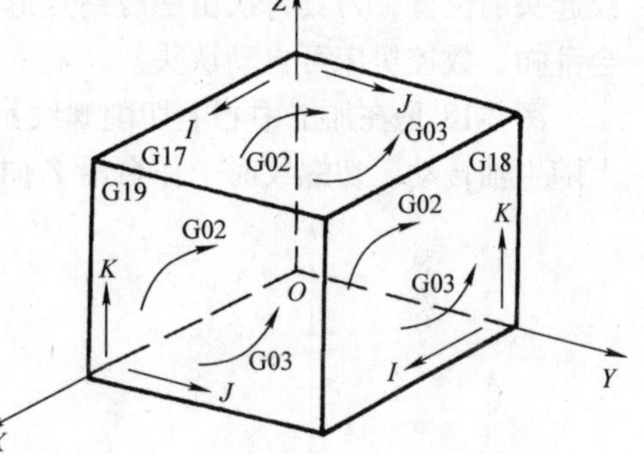

图 2-16　圆弧插补与平面选择

五、螺旋线加工

有些数控系统可利用 G02、G03 指令进行三维螺旋线加工，即在选定的插补平面内完成圆弧插补的同时在垂直于该平面的第三维方向上进行直线插补。

语句格式如下：

绕 *Z* 轴的螺旋线是在 *XY* 平面内的圆弧插补和 *Z* 轴的直线插补：

G17　$\begin{Bmatrix} \text{G02} \\ \text{G03} \end{Bmatrix}$　X＿　Y＿　Z＿　R＿　（I＿　J＿）　F＿；

绕 *Y* 轴的螺旋线：

G18　$\begin{Bmatrix} \text{G02} \\ \text{G03} \end{Bmatrix}$　X＿　Z＿　Y＿　R＿　（I＿　K＿）　F＿；

绕 *X* 轴的螺旋线：

G19　$\begin{Bmatrix} \text{G02} \\ \text{G03} \end{Bmatrix}$　Y＿　Z＿　X＿　R＿　（J＿　K＿）　F＿；

其中：

X、Y、Z：在绝对方式（G90）下为螺旋线终点的坐标值，在相对方式（G91）下为相对于螺旋线起点的终点增量值。该螺旋线在圆弧插补平面内的投影形成一条圆弧曲线。在选择平面内的两个坐标值就是这条圆弧线的终点坐标值，另外一个坐标值就是螺旋上升方向的终点坐标值，它产生螺旋线的导程。

I、J、K：它们确定投影圆弧的中心相对于起始点的位置，这些值总是增量值，不考虑坐标方式（G90 或 G91）。

R：用来定义圆弧半径，R 值的正负决定了圆弧的中心位置。若圆弧角小于或等于 180°，则 R 为正；若圆弧角大于 180°，则 R 为负。用 R 时不用 I、J、K 确定圆心。

F：螺旋插补进给率。与圆弧插补相同，它是刀具轨迹切线方向的进给速度。

图 2-17 中的 *AB* 为一条螺旋线，起点 *A* 的坐标为 $X=10$、$Y=0$、$Z=0$，终点 *B* 的坐标为 $X=0$，$Y=10$，$Z=5$。圆弧插补平面为 *XY* 面，插补圆弧 *AB′* 是 *AB* 在 *XY* 平面上的投影。*B′*

点的坐标值是 $X=0$，$Y=10$，$Z=0$。从 A 点到 B' 点是逆时针方向。加工前要把刀具移到螺旋线的起点 A 处，则加工程序如下：

G90 G17 G03 X0 Y10 Z5 I-10 F100;

加工时，数控系统在 XY 平面内对圆弧 AB' 进行插补运算，同时在 Z 向进行与圆弧回转角度同步的直线插补运算，终点坐标为 5。

六、切削螺纹指令 G33（模态）

数控车床、数控镗铣床和加工中心等都有切削螺纹的功能。具有切削螺纹功能的机床，主轴上都连接编码器，主轴旋转时由编码器记录主轴的初始位置、转角、转数和旋转速度。由于切削螺纹时要多次重复进行，因此螺纹认头是很必要的。所谓认头就是记住刀具相对螺纹起头的位置，刀具每次由螺纹终点返回起点位置再次切削螺纹时必须对准螺纹头，否则就会乱扣。数控机床可自动认头。

图 2-18 是在加工中心上切削螺纹示意图。将工件固定在工作台上，将刀具安装到主轴上随主轴转动，切螺纹时工作台沿 Z 向移动。加工程序如下：

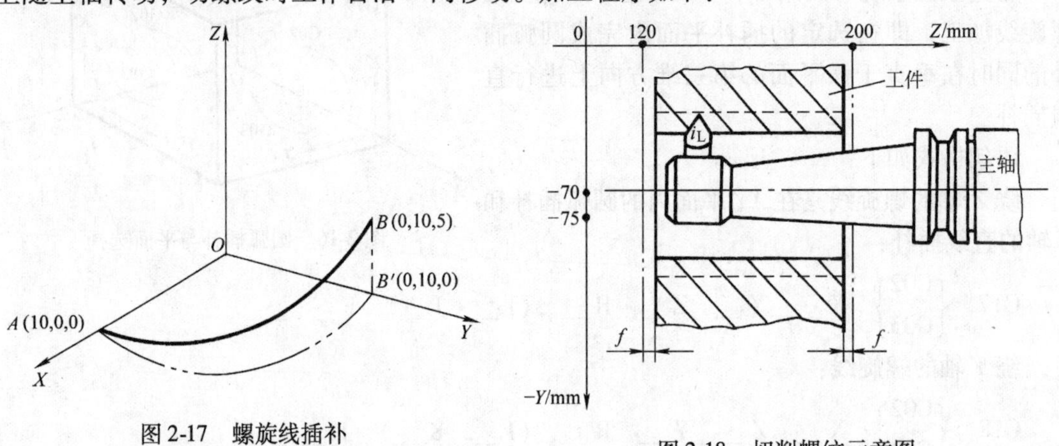

图 2-17 螺旋线插补

图 2-18 切削螺纹示意图

程序	说明
N1 G90 G00 Y-70.0;	刀具定位在螺孔中心
N2 Z200.00 S45 M03;	主轴正转，刀具移近孔端面
N3 G33 Z120.0 F5.0;	进行第一次螺纹切削，导程 $F=5$mm
N4 M19;	主轴定向
N5 G00 Y-75.0;	刀具从 Y 向退出
N6 Z200.0 M00;	刀具退至孔端，程序暂停，调刀
N7 Y-70.0 M03;	刀具对准孔中心，启动主轴
N8 G04 X2.0;	暂停 2s，便于主轴速度达到额定值（此处 X 是暂停字）
N9 G33 Z120.0 F5.0;	进行第二次螺纹切削
N10 M19;	主轴定向
N11 G00 Y-75.0;	刀具从 Y 向退出
N12 Z200.0 M00;	刀具退至孔端，程序暂停，调刀

N13　Y-70.0　M03；	刀具对准孔中心，启动主轴
N14　G04　X2.0；	暂停2s，便于主轴速度达到额定值
N15　G33　Z120.0　F5.0；	进行第三次螺纹切削
N16　M19；	主轴定向
⋮	⋮
Nn　M30；	程序结束

N2程序段中的S45是主轴转速指令，它令主轴的转速为45r/min，M03是命令主轴转向为正。N3程序段是切削螺纹，G33是切削螺纹指令，Z120.0表示被切削螺纹的中心线是Z轴方向，切螺纹时进给到达坐标系的$Z=120.0$处，F5.0是规定导程为5mm。N4程序段中的M19是主轴定向指令，它令主轴每次都停止在同一个角度位置，以便于退刀时刀具退回到加工螺纹的起始位置。

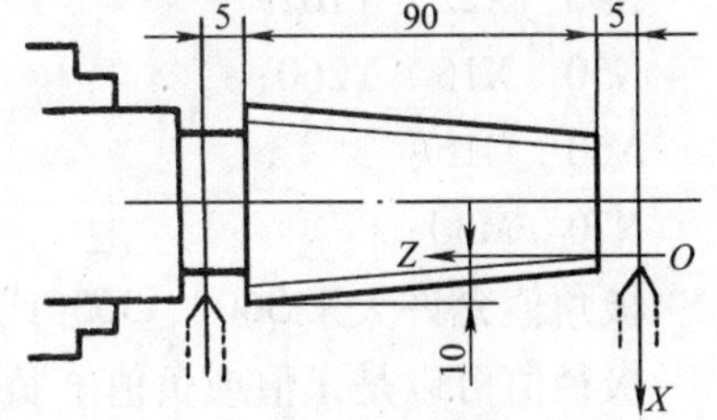

图2-19　切削锥螺纹示意图

切削锥螺纹时，工件相对刀具要沿Z和X（或Y）两个方向移动。因为螺纹中心线通常和主轴中心线重合，因此Z向移动总是关联导程，而X（或Y）向移动则产生锥度。图2-19为在数控车床上切削锥螺纹示意图。设螺纹导程为4mm，其他尺寸按图2-19中所示，则切削螺纹的程序段为：

G90　G33　X10　Z100　F4；

如前所述，可以看出螺纹加工程序的一般格式为：

G33　X__　（Y__）　Z__　F__；

若为直螺纹，可省略X__（或Y__），这里指令导程的字是F__。有的标准规定螺纹导程用I__，J__，K__字，有些数控机床还可以加工英制螺纹和不等距螺纹，这里不作介绍，应用时请查阅有关数控机床说明书。

七、极坐标编程

极坐标编程是用极坐标（极角和极径）方式编写程序。用极坐标矢量的端点确定加工位置。各个数控系统对极坐标的编程指令和使用的G代码，都有自己的定义。在此以美国A-B的9系列数控系统为例，介绍极坐标的编程方法。在这种数控系统中，G16和G15分别为启动和停止极坐标编程指令，它们为模态代码。

指令格式：

G16；

X__　Y__；（或X__　Z__；或Y__　Z__；）

G15；

在XY和ZX平面内，X后面的数值是极径，Y或Z后面的数值是极角。在YZ平面内，Y后面的数值是极径，Z后面的数值是极角。极角的单位是“度”，逆时针为正，顺时针为负。

极径和极角的值与增量方式（G91）或绝对方式（G90）有关，也可以将增量方式和绝对方式混合使用。

在增量方式（G91）下，极径的起点是当前刀具位置，极角是相对于上一次编程角度的增量值。在刚进入极坐标编程方式时，极角的起始边是当前有效平面的第一个坐标轴，缺省表示极角为零。第一坐标轴的含义是 *XY*、*ZX* 平面的 *X* 轴，*YZ* 平面的 *Y* 轴。图 2-20a 所示为增量方式极坐标编程。在绝对方式（G90）下，极径的起点是坐标系的原点，极角的起始边永远是当前有效平面的第一个坐标轴，如图 2-20b 所示。

在图 2-20 中，两种方式的刀具运行轨迹均为 0→*A*→*B*→*C*。

增量方式	绝对方式
N10 G91 G00 X0 Y0；	N10 G90 G00 X0 Y0；
N20 G01 X10 Y10 F150；	N20 G01 X10 Y10 F150；
N30 G16；	N30 G16；
N40 X22 Y10；	N40 X22 Y10；
N50 X15 Y260；	N50 X15 Y80；
N60 G15；	N60 G15；
N70 M30；	N70 M30；

极角值允许大于 360°、365°或 725°与 5°结果相同。

极径值可以是正值或负值。负值与正值相差 180°。

在极坐标编程段中，若后一段中的极径或极角值与前一段的相同，则在后一段程序中可以省略不写，但不能全部省略，程序段中至少要出现一个极坐标字。

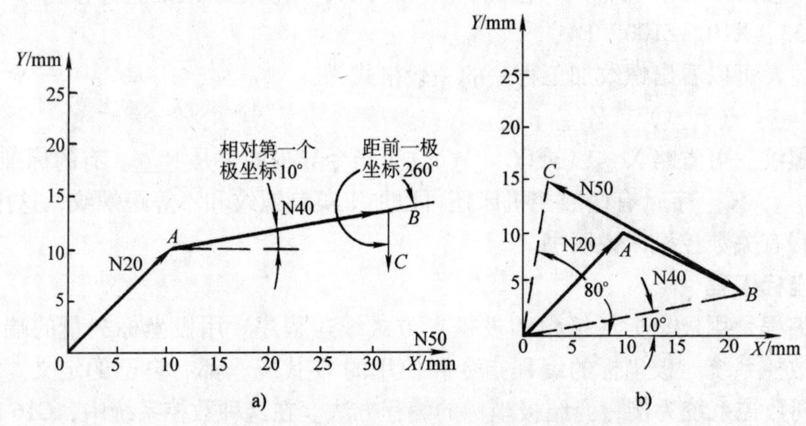

图 2-20 增量方式和绝对方式极坐标编程

a）增量方式极坐标编程 b）绝对方式极坐标编程

下面是一个可省略极坐标字的极坐标程序段（图 2-21）：

省略 X 坐标字	省略 Y 坐标字
N10 G00 X10 Y5；	N10 G00 X10 Y5；
N20 G01 G91 G16 F100；	N20 G01 G91 G16 F100；
N30 X20 Y45；	N30 X20 Y45；
N40 Y90；	N40 Y90；
N50 Y90；	N50 X20；
N60 Y90；	N60 X20；
N70 M30；	N70 M30；

在极坐标编程中，为编程方便，可以从增量方式转换到绝对方式，或从绝对方式转换成增量方式。在对图 2-22 所示零件编程时，极径用绝对方式，极角用增量方式，能够简化程序。

```
N10  G90  G01  X0  Y0  Z0  F100;
N20  G16;
N30  G90  X10  Y0;
N40  G81  G91  Y30  Z10  R5  L12;
N50  G15;
N60  M30;
```

N40 程序段中的 G81 是钻孔循环指令，Y30 是极角，Z10 是钻孔深度，R5 是钻头趋近工作表面的距离，L12 是循环次数。执行 N40 段程序时，刀具每钻完一个孔就以 O 点为中心转过 30°，循环 12 次，完成 12 个孔的加工。

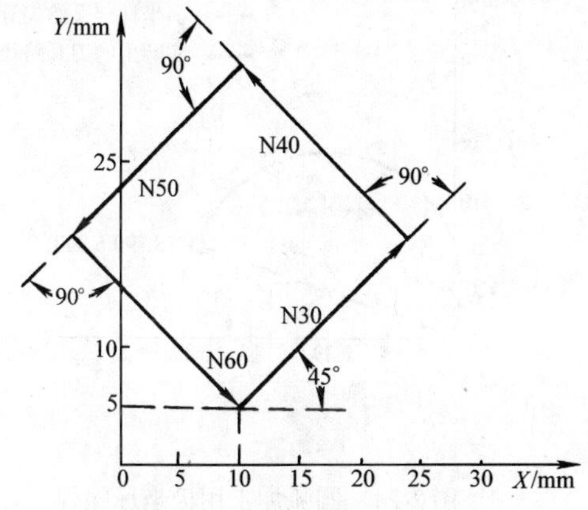

图 2-21　只有角度的极坐标编程

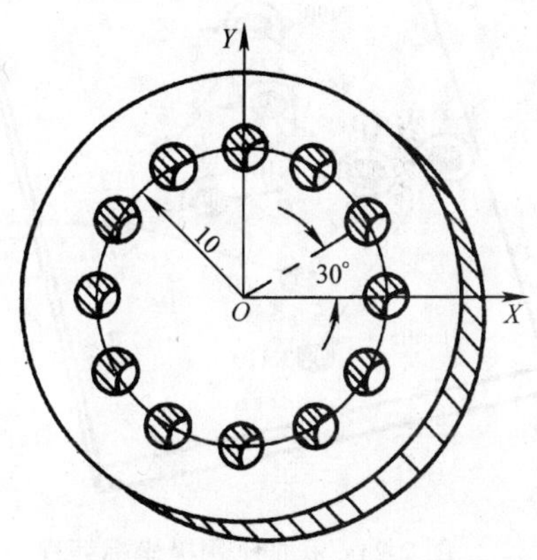

图 2-22　螺栓孔加工（增量方式和绝对方式转换）

在对图 2-23 所示的极坐标编程时，极角为绝对坐标，极径为增量坐标。

程序	说明
N10　G00　X0　Y0;	快速移到 X0　Y0 位置
N20　G90　G81　X3　Y0　R3　Z10　F500;	在 X3　Y0 处钻孔
N30　G16;	要进行极坐标编程
N40　X4　G90　Y135;	到 135°位置、极径为 4 位置处钻孔
N50　Y225;	到 225°位置、极径为 4 位置处钻孔
N60　Y315;	到 315°位置、极径为 4 位置处钻孔
N70　G15　X6　Y0;	取消极坐标编程，移到 X6　Y0 位置处钻孔
N80　G16;	要进行极坐标编程
N90　G91　X8　G90　Y135;	到极径为 8、极角为 135°的位置处钻孔
N100　Y225;	到 225、极径为 8 位置处钻孔
N110　Y315;	到 315、极径为 8 位置处钻孔
N120　G15;	取消极坐标编程
N130　M30;	程序结束

N20 程序段中的 G81（模态）是钻孔循环指令，它对后面的程序段一直有效，直到出现 G80 指令或程序结束才无效。

在圆弧加工时，可用极坐标字指令圆的终点位置，但圆心位置仍然用 I __ J __ K __表示，与直角坐标系的表示方法相同。在圆弧加工程序段中，包含极坐标字和直角坐标字。

如对图 2-24 所示的极坐标编程：

G00　X0　Y0；

G91　G16　F100；

G02　X20　Y20　I9. 397　J3. 42；

G15；

M30；

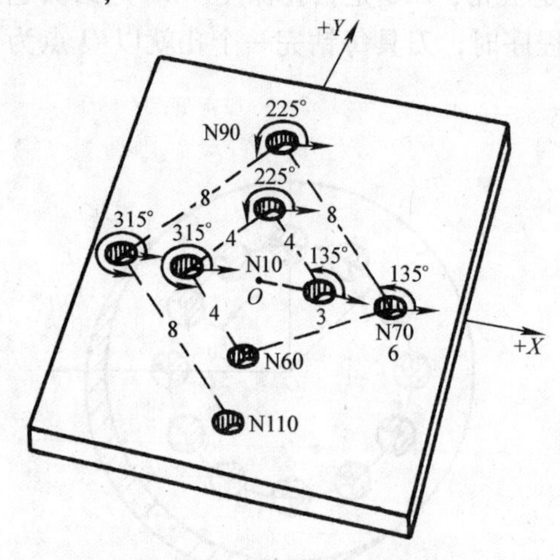

图 2-23　孔加工用极坐标编程

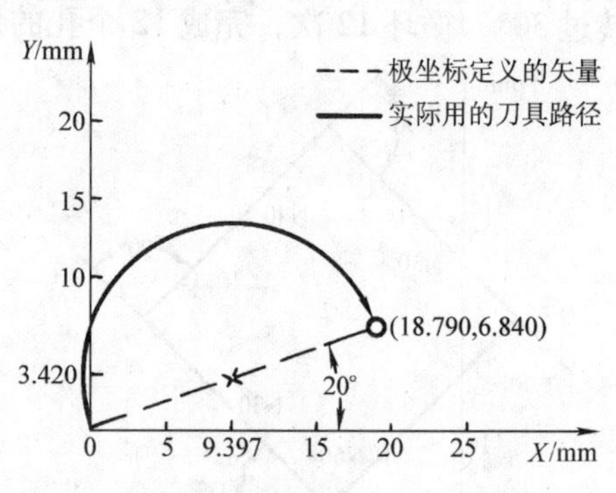

图 2-24　圆弧加工用极坐标编程

八、刀具长度偏置指令 G43、G44、G49（模态）

通常，数控车床的刀具装到回转刀架上，加工中心、数控镗铣床、数控钻床等刀具则装到主轴上。由于各种刀体的长度不同，装刀后刀尖的位置各不相同，即使是同一把刀具（如钻头）由于重磨变短，重装后切削刃的位置也发生变化。如果用长度不同的刀具加工同一工件表面，则确定刀尖位置是非常重要的。为解决这一问题，编程时把刀尖的位置都设在同一基准上，一般刀尖基准是刀柄测量线（有时也用装刀锥孔的前端面），程序都以这个基准来编制。刀尖的实际位置由 G43 和 G44 来修正。

指令格式：

G43　H __　Z __；

G44　H __　Z __；

G43 是正向偏置指令，G44 是负向偏置指令，G43、G44 与 H 字同时使用，缺一不可，用来控制 Z 坐标移动量。但因它们是模态代码，可在以后出现的程序段中省略不写。H 后面的数是多位自然数，H 字是内存地址，在该地址中装有刀具的偏置量（测量基准到刀尖的距离）。G43 的作用是刀具在作 Z 向移动时，使刀具的移动距离等于 Z 值 + H 地址中的值，而 G44 的作用则是使刀具的移动距离等于 Z 值 − H 地址中的值。图 2-25 所示为刀具长度偏置示意图。

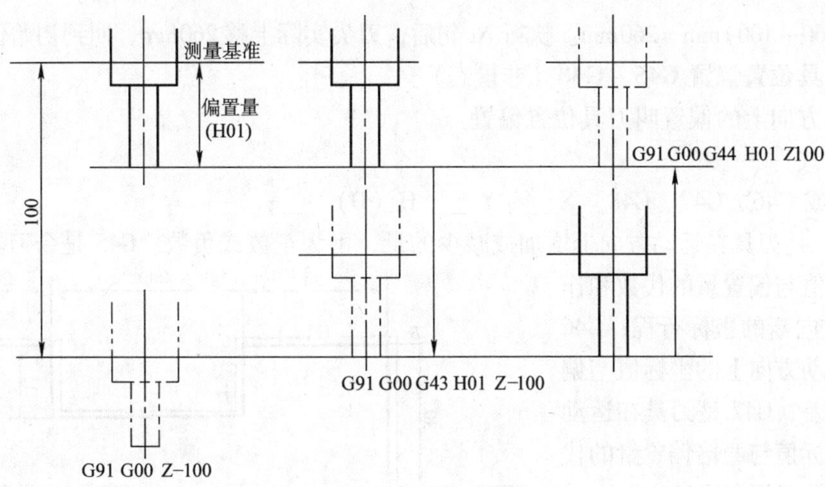

图 2-25　刀具长度偏置示意图

刀具长度偏置的取消：

1）用 H00 取消，H00 地址中的值总是零。

2）用 G49 代码取消。G49 代码是取消刀具长度偏置代码，它的作用是使模态代码 G43、G44 无效，但不能取消 H 字。

要注意的是，只能在线性程序段才能使刀具偏置有效，即 G00 和 G01 方式。

图 2-26 所示为一用铣刀加工 *ABCDA* 轮廓线示意图。立铣刀装在主轴上。铣刀测量基准面Ⅰ到工件上表面的距离为 350mm。要加工Ⅲ、Ⅳ面，必须将刀具从基准面Ⅰ移近工件上表面，再作 *Z* 向切入进给。这两个动作程序如下：

N1　G91　G00　G43　H01　Z－348；

N2　G01　Z－12　F100；

⋮

Ni　G00　G49　Z360；

从图 2-26 可以看出：铣刀端面Ⅱ到工件上表面的距离是(350－100)mm＝250mm，但 N1 程序段中 Z 坐标字中的数值是－348，如果按这个数值指令 *Z* 向运动，则刀具要下降 348mm，显然不对。G43 和紧跟在后面的字 H __修正了这个错误。在此，H01 地址中的刀具偏置量是 100mm，指令 G43 是令所在句中的坐标值加上地址 H01 中的偏置量，即(－348＋100)mm＝－248mm，这个相加结果就是主轴沿 *Z* 向以 G00 方式按 G91 指令的相对坐标值移动了－248mm。执行完第一个程序段后，铣刀端部距工件上表面 2mm 的距离，工件的Ⅳ面到上表面是 10mm。下一个程序段中刀具 *Z* 向直线插补距离应是 12mm，从而完成了刀具的加工切入。完成加工后，用 Ni 句可使刀具回到原始位置，句中 G49 取消刀具偏置的作用是把 N1 句中用 G43 加上的 H01 地址中的值从 *Z* 值中

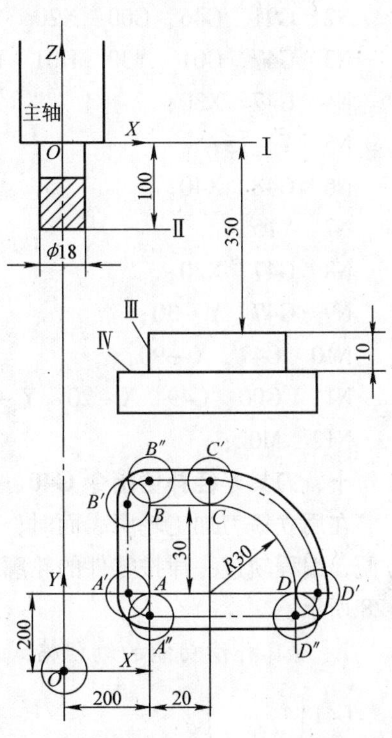

图 2-26　铣刀加工示意图

减掉，即(360－100)mm＝260mm。执行 Ni 句后，刀尖实际上移 260mm，回到初始位置。

九、刀具位置偏置 G45～G48（非模态）

在运动方向上的偏置叫刀具位置偏置。

指令格式：

G45（或 G46、G47、G48）X＿ Y＿ H（D） ＿；

H（D）是刀具在运动方向上增加或减少的量，可为正数或负数。G45 是令刀具在运动方向上的坐标值与偏置量的代数和作为 X 或 Y 方向新的坐标行程；G46 是刀具在运动方向上的坐标值与偏置量的代数差；G47 是刀具在运动方向上的坐标值与两倍偏置量的代数和；G48 是刀具在运动方向上的坐标值与两倍偏置量的代数差。

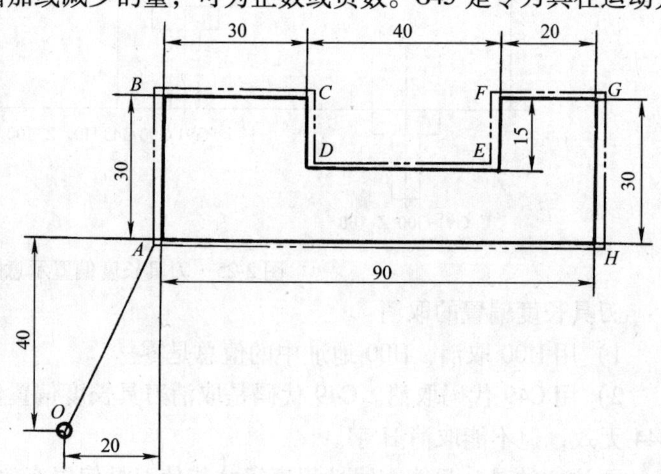

图 2-27 G45～G48 偏置例图

两坐标联动时刀具位置偏置对两个坐标同时生效。G49 取消偏置指令在这里仍然有效。

例 2-2 根据图 2-27 所示的运动轨迹编写加工程序。

H01＝r

程序		
N1 M06 T01；	换刀	
N2 G91 G46 G00 X20 Y40 H01；	$O \to A$	$X=20-r$，$Y=40-r$
N3 G47 G01 Y30 H01 F100；	$A \to B$	Y 向刀具运行的距离是 $30+2r$
N4 G47 X30；	$B \to C$	X 向刀具运行的距离是 $30+2r$
N5 Y－15；	$C \to D$	
N6 G48 X40；	$D \to E$	X 向进给距离是 $40-2r$
N7 Y15；	$E \to F$	
N8 G47 X20；	$F \to G$	X 向进给距离是 $20+2r$
N9 G47 Y－30；	$G \to H$	Y 向进给距离是 $-(30+2r)$
N10 G47 X－90；	$H \to A$	X 向进给距离是 $-(90+2r)$
N11 G00 G49 X－20 Y－40；	$A \to O$	取消偏置
N12 M02；		程序结束

十、刀具半径补偿指令 G40、G41、G42（模态）

在用立铣刀加工轮廓表面时，铣刀中心线到被加工表面的距离等于刀具半径值。为编程方便，编程轨迹一律按零件的轮廓线编写，而刀具中心线轨迹则按半径补偿指令偏置，如图 2-28 所示。

1. 刀具补偿功能的编程格式

G41 } D＿ { X＿ Y＿；
G42 }   X＿ Z＿；
            Y＿ Z＿；

其中：

G41：左侧刀具半径补偿指令。

G42：右侧刀具半径补偿指令。

G40：取消刀具半径补偿指令。

X、Y、Z：建立刀具半径补偿运动的终点坐标值。半径补偿仅能在规定的平面内进行，坐标平面可由坐标字选择，也可由 G17、G18、G19 选择。若建立刀具半径补偿的编程轨迹平行于坐标轴，则可省略坐标轴为零的坐标字。

D＿：偏置号，D 后是多位自然数，每一个偏置号都是内存地址，在这些地址中存放刀具半径值。D00 地址中的值永远是零。

刀具半径补偿的建立，只能在 G00 或 G01 方式下完成，不能在 G02、G03 或其他曲线插补方式下进行。刀具半径补偿一旦建立，在没被取消之前一直有效。编程曲线永远是铣刀回转圆的包络线。

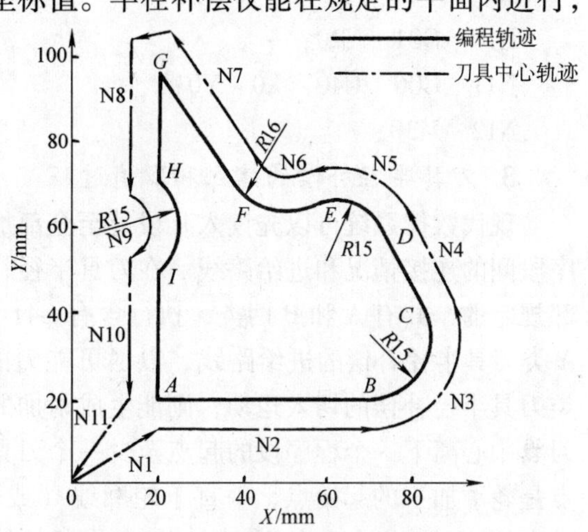

图 2-28 用刀具半径补偿加工轮廓线

2. 刀具半径补偿编程举例

例 2-3 对图 2-26 所示零件编程。图中装刀的基准点是 *O*，铣刀长度是 100mm，半径是 9mm。编写加工 *ABCDA* 轮廓线的程序。

程序	说明
D01 = 9	
N1 G92 X0 Y0 Z0；	设定坐标系
N2 G91 G00 G41 D01 X200 Y200；	建立刀具半径补偿
N3 G43 H01 Z－348；	建立刀具长度偏置
N4 G01 Z－12 F100；	*Z* 向切入
N5 Y30；	加工 *AB* 轮廓
N6 X20；	加工 *BC* 轮廓
N7 G02 X30 Y－30 I0 J－30；	加工 *CD* 轮廓
N8 G01 X－50；	加工 *DA* 轮廓
N9 G00 G49 Z360；	刀具 *Z* 向退回同时取消长度偏置
N10 G40 X－200 Y－200；	刀具回原点同时取消半径补偿
N11 M30；	程序结束

例 2-4 根据图 2-28 编程，假设 D01 = 5mm。

程序	说明
N0 G90 G00 X0 Y0；	确定 X0 Y0 为刀具当前位置
N1 G00 G42 X20 Y20 D01；	快速到开始点和设补偿方向向右
N2 G01 X70 F1000；	加工 *AB* 段
N3 G03 X82.99 Y42.5 R15；	加工 *BC* 段
N4 G01 X72.99 Y62.5；	加工 *CD* 段

```
N5   G03   X59.33   Y66.16   R15;          加工 DE 段
N6   G02   X38.521   Y69.797   R16;        加工 EF 段
N7   G01   X20   Y95;                      加工 FG 段
N8   Y71.18;                               加工 GH 段
N9   G02   Y48.82   R15;                   加工 HI 段
N10   G01   Y20;                           加工 IA 段
N11   G00   G40   X0   Y0;                 快速回到起始点，取消补偿
N12   M30;                                 程序结束
```

3. *刀具半径补偿的建立和取消过程*

现代数控系统可以先读入几段甚至全部加工程序，进行分析，在加工前就能处理完各程序段间的连接情况和进给路线。在刀具半径补偿的建立和取消过程中，进给路线是由系统内部规定的，共有 A 和 B 两类，执行含有 G41、G42 的程序段就是建立刀具半径补偿的过程。A 类刀具半径补偿的进给路线，以尽可能短的轨迹到达它的补偿位置，如图 2-29a 所示。B 类刀具半径补偿的切入运动，则能生成附加的运动程序段，在整个切入运动过程中始终保持刀具中心离下一个程序段的起点至少一个刀具半径的距离，如图 2-30a 所示。切入运动的终点是轮廓加工的起始点，垂直于轮廓线（或轮廓曲线的切线）方向。G41 指令在前进方向的左侧，G42 指令在右侧。取消刀具半径补偿的指令是 G40，也可用 D00，因为 D00 地址中的半径值是零。建立一个零值半径补偿，等于取消半径补偿。取消半径补偿的退出路线，与轮廓线的终点和刀具退出后的到达点有关，A 类退出路线如图 2-29b 所示，B 类退出路线如图 2-30b 所示。

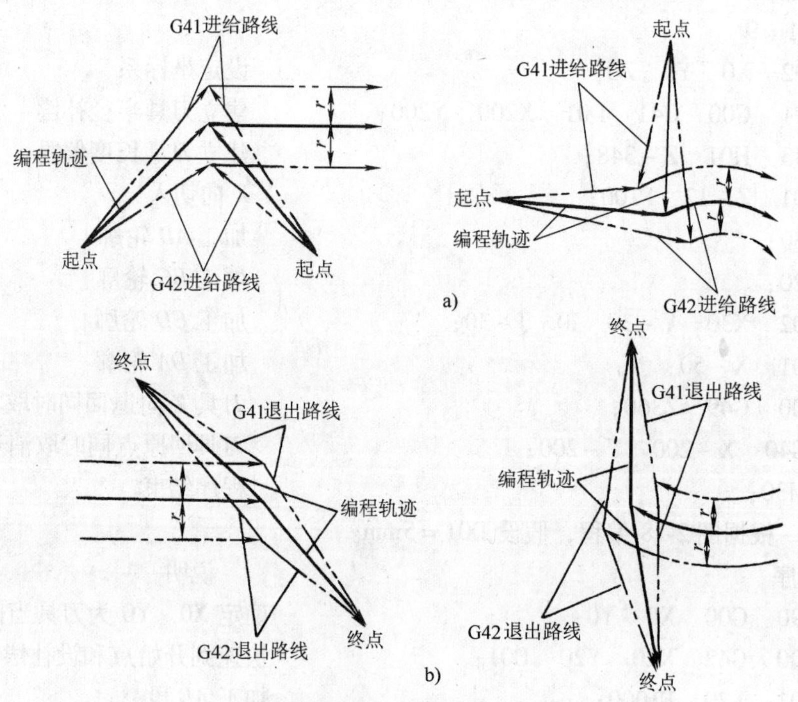

图 2-29　A 类半径补偿的建立和取消

a) A 类建立刀具半径补偿进给路线　b) A 类取消刀具半径补偿退出路线

生成直线程序段
270°≤θ≤360°

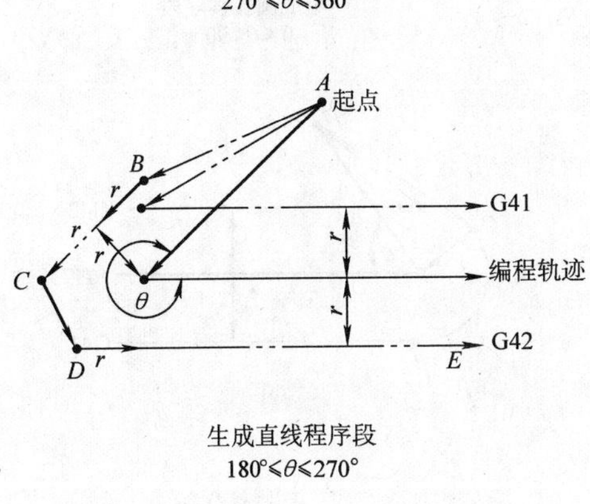

生成直线程序段
180°≤θ≤270°

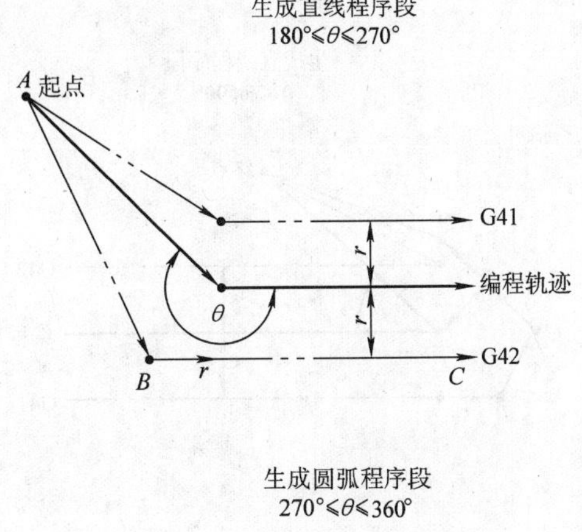

生成直线程序段
180°≤θ≤270°

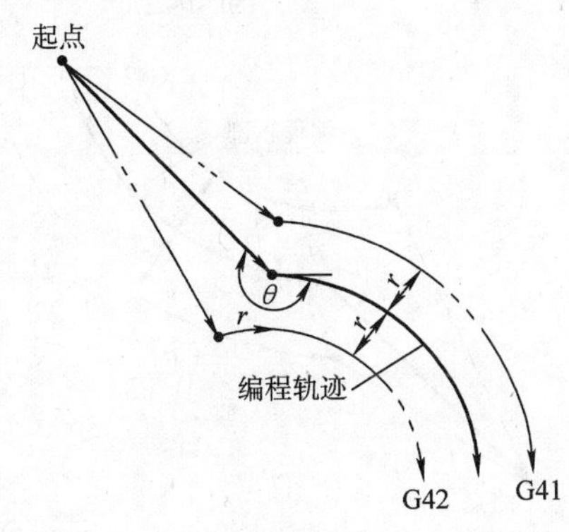

生成圆弧程序段
270°≤θ≤360°

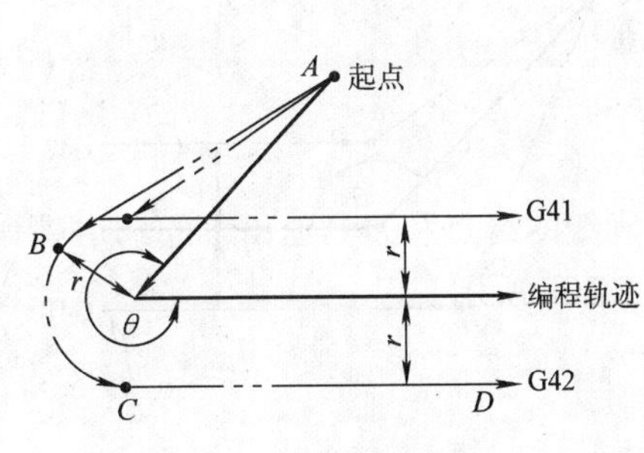

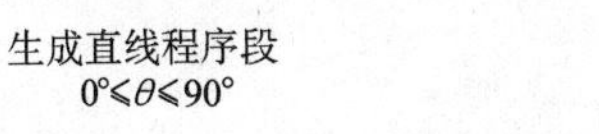

生成直线程序段
0°≤θ≤90°

生成圆弧程序段
0°≤θ≤90°

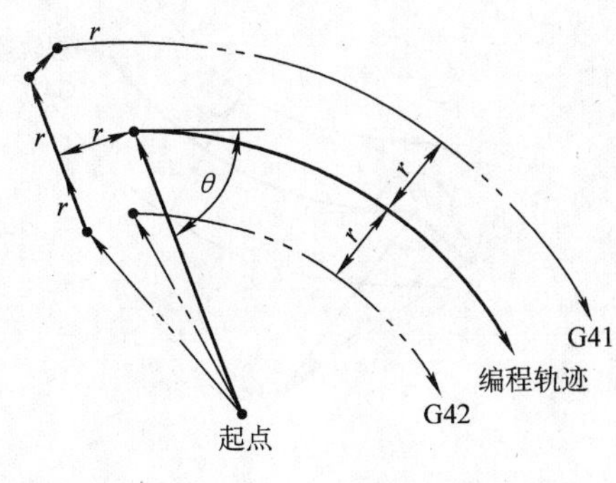

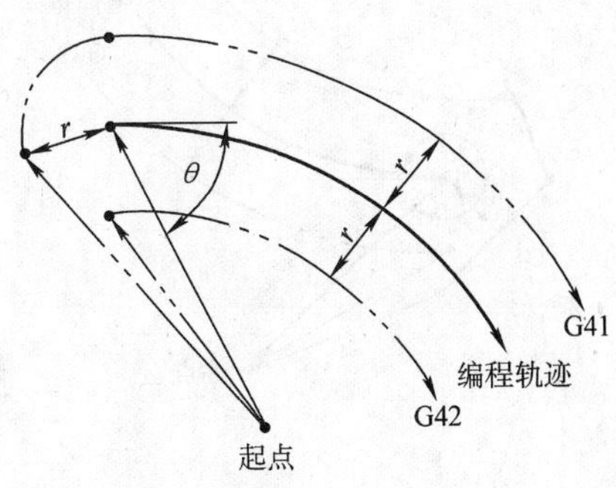

a)

图 2-30　B 类半径补偿的建立和取消

a）B 类建立刀具半径补偿的进给路线

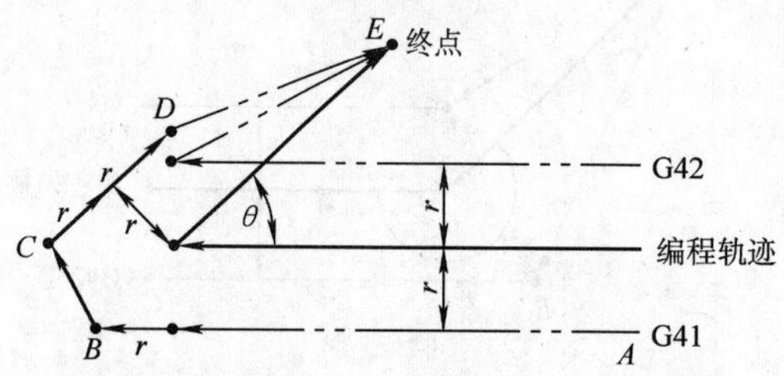

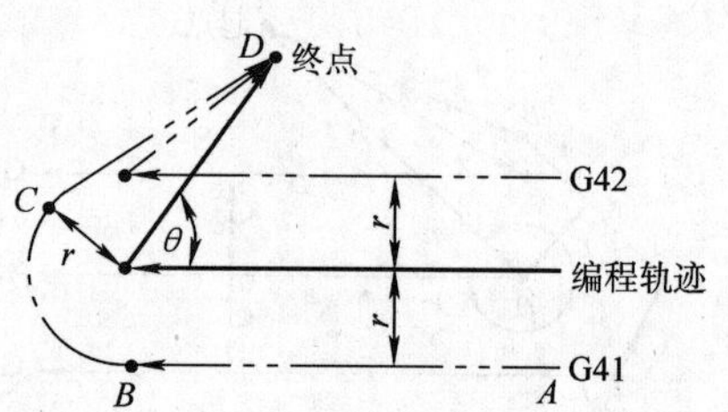

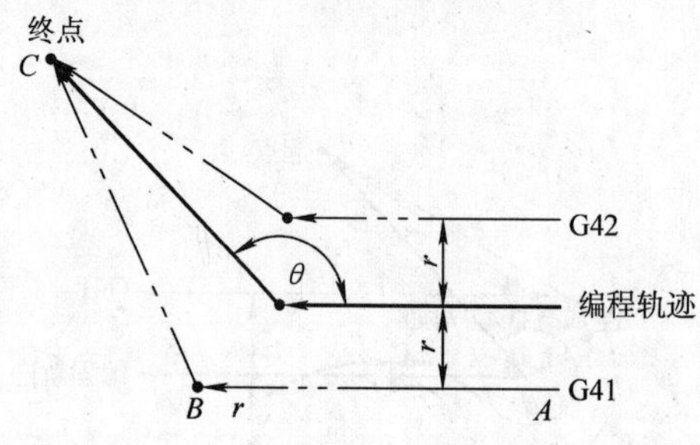

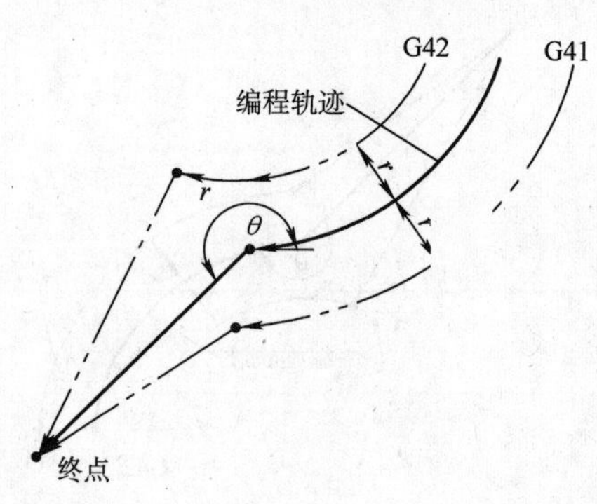

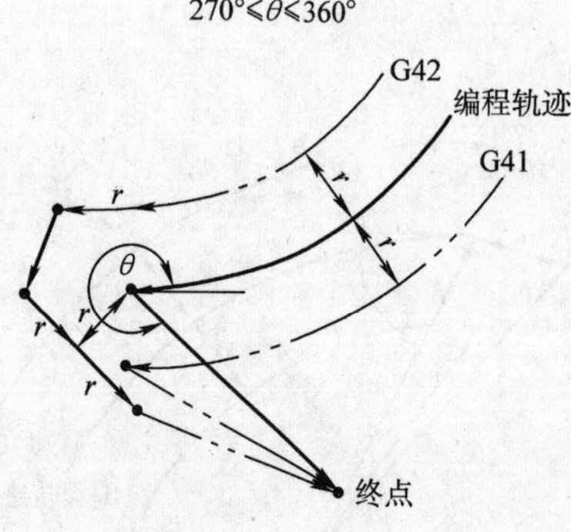

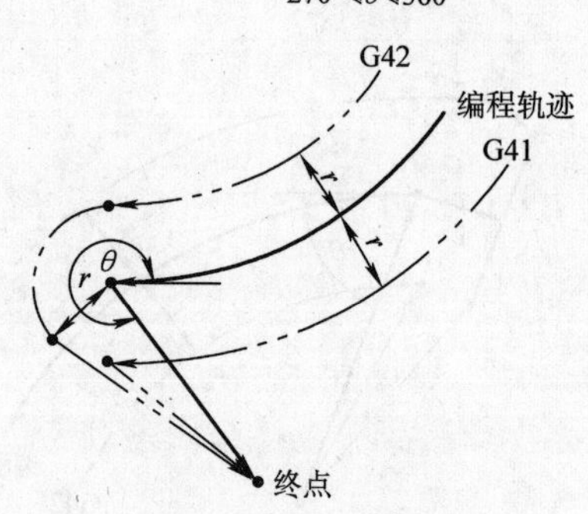

b)

图 2-30 B 类半径补偿的建立和取消（续）
b）B 类取消刀具半径的退出路线

4. 编程轨迹拐角处刀具中心的运动轨迹

带有半径补偿的刀具中心轨迹，在拐角处是由系统内部自动生成的，不是由零件加工程序给出的。各种不同系统有不同的生成办法，这里仅以简图方式说明拐角轨迹的几种形式，如图 2-31 所示。拐角轨迹转接点的计算在本书第三章有简要介绍。

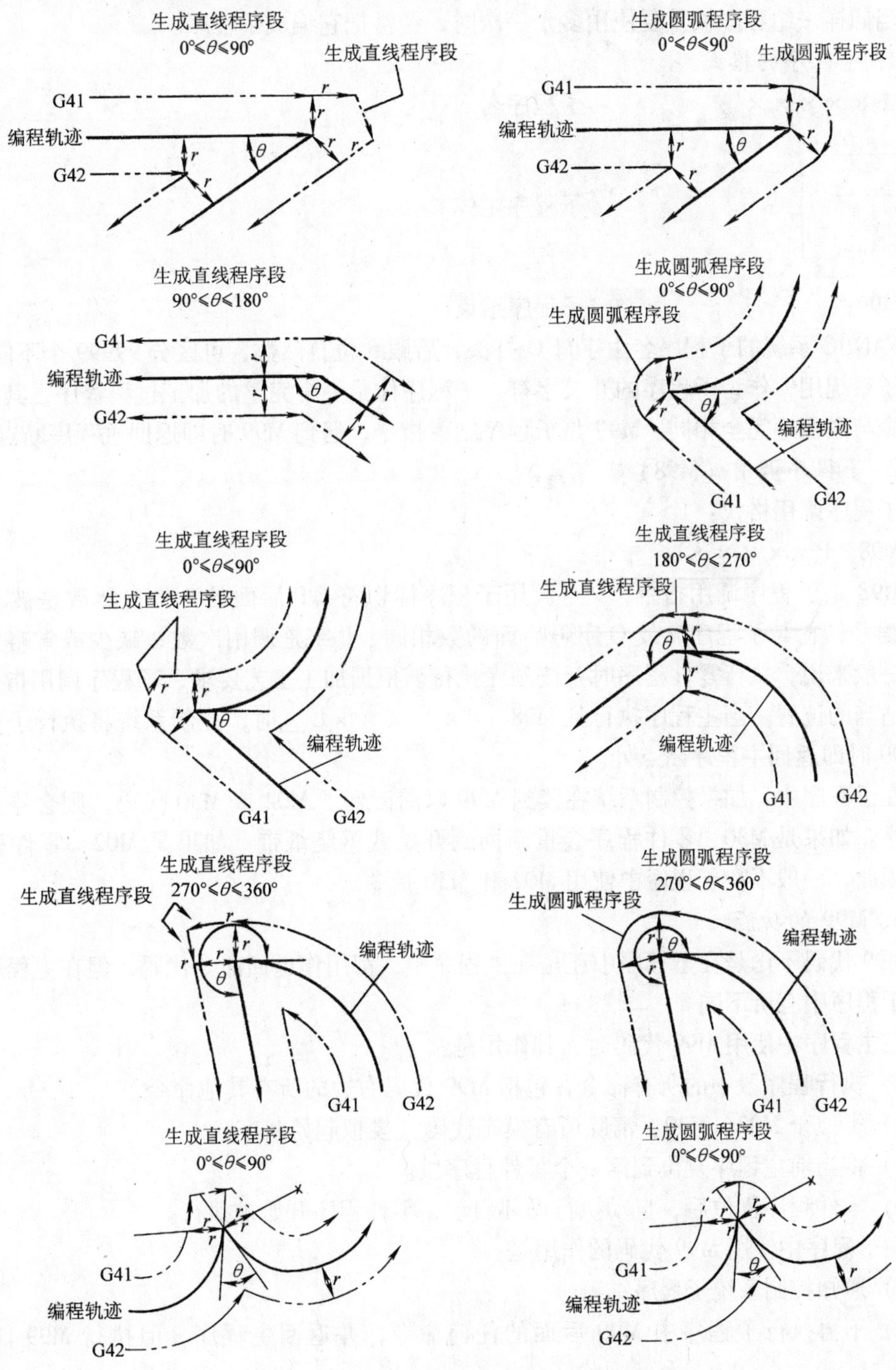

图 2-31　带有半径补偿的刀具中心线在拐角处的轨迹

第五节 子程序和固定循环

一、子程序

当同样一组程序被重复使用多于一次时，经常把它编成子程序。

1. 子程序的格式

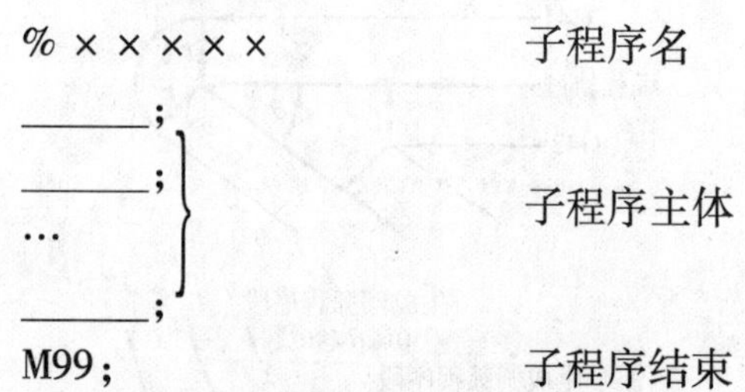

FANUC 系统的子程序名由字母 O 打头，后跟 5 位自然数，可区分 99999 个不同子程序。西门子系统用% 作为子程序的开头字符。子程序体是一个完整的加工过程程序，其格式和所用指令与主程序完全相同。M99 是子程序结束指令，遇到 M99 时即返回主程序断点。

2. 子程序调用（M98）

子程序调用格式：

M98　P×××××L__;

M98 是子程序调用指令，P 是调用子程序标识符，P 后面的 5 位自然数是被调用子程序的编号，它与子程序% 或 O 字母后面的数相同，L 字是调用次数，缺少或省略为 1 次。

一般来说，执行零件程序时都按顺序执行。根据加工工艺要求，子程序调用指令放在主程序适当的位置。当主程序执行到 M98　P×××××L__时，控制系统将执行子程序。遇到 M99 时即返回主程序断点处。

在子程序中，如果控制系统在读到 M99 以前读到了 M02 或 M30 代码，则会停止执行零件程序。如果是 M30，零件程序会重新回到开始或重绕纸带；如果是 M02，零件程序将结束。因此，一般不在子程序中使用 M02 和 M30 指令。

3. M99 的功能

M99 代码不论是在子程序中还是在主程序中，都用作返回命令代码，但在主程序中使用和在子程序中有所不同。

在主程序中使用 M99 代码时，其作用是：

1）执行程序段中的所有命令，包括 M99 代码右边的所有其他命令。

2）类似于 M02、M30，清除所有模态代码（模拟起始状态）。

3）将当前主程序复位到第一个零件程序段。

4）零件程序复位后，自动执行循环启动，零件程序开始被执行。

在子程序中使用 M99 代码的作用是：

1）通知控制系统子程序结束。

2）不再执行子程序中 M99 后面的任何命令，并返回主程序。但执行 M99 前面的指令。

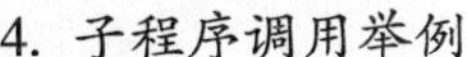

4. 子程序调用举例

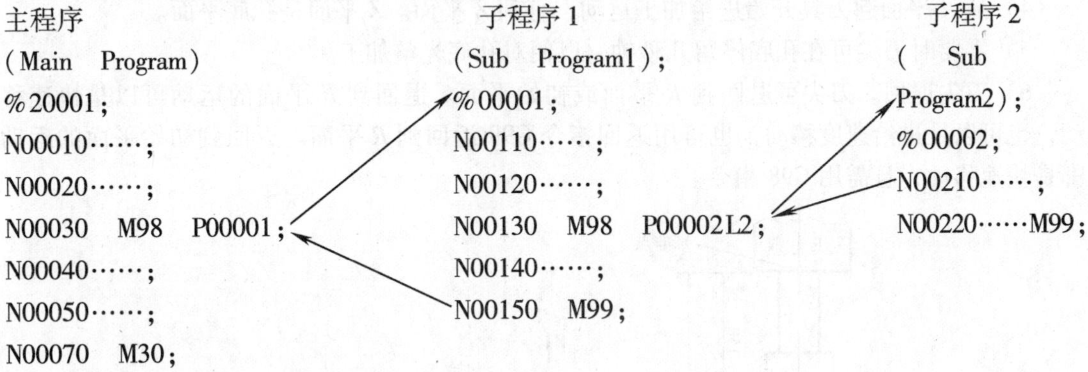

5. 子程序嵌套

子程序最多可嵌套四级，如图2-32所示。

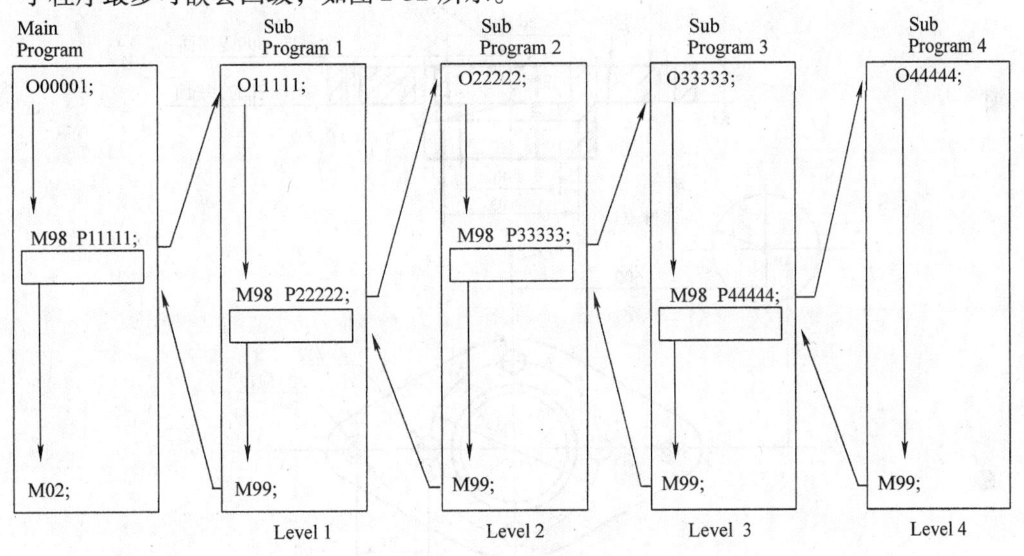

图2-32　子程序嵌套

二、固定循环

有些加工操作的工艺顺序是固定不变的，如钻孔、镗孔、攻螺纹等孔加工工艺，变化的只是坐标尺寸、移动速度、主轴旋转等。对于这类加工，可以编成固定形式的程序，用规定的G代码区分，可多次使用，称之为固定循环功能。为解释固定循环程序的特征，先以镗削循环为例加以说明。

1. 镗削循环的工艺路线

在图2-33中，用镗刀镗削ϕ100mm孔，其工艺过程如下：

1）设定工件坐标系。

2）把刀具从基准点（换刀点）移到初始点。初始点是位于被加工孔的中心线上，且到工件上表面有一定距离的点。刀具移到初始点前，要用G43（或G44）建立刀具长度偏置。过初始点平行于*XY*平面的平面叫做初始平面。

3）把刀尖快速引进到*R*平面，*R*平面是过*R*点且平行于*XY*平面的平面。*R*点是在被加工孔的中心线上距工件上表面几毫米（2~5mm）的点，这个点也是防止刀具快速趋近时碰到工件表面的点。

4）从 R 平面起刀具开始进给加工运动，直到 Z 平面。Z 平面是孔底平面。

5）需要时刀尖可在孔底停留几秒钟，以便对孔底光整加工。

6）刀尖退回。刀尖可退回到 R 平面或初始平面。退回到 R 平面的运动可以是快速移动，也可以是进给速度移动，也可用返回指令 G99 返回到 R 平面。返回到初始平面的运动都是快速移动，且需用 G98 指令。

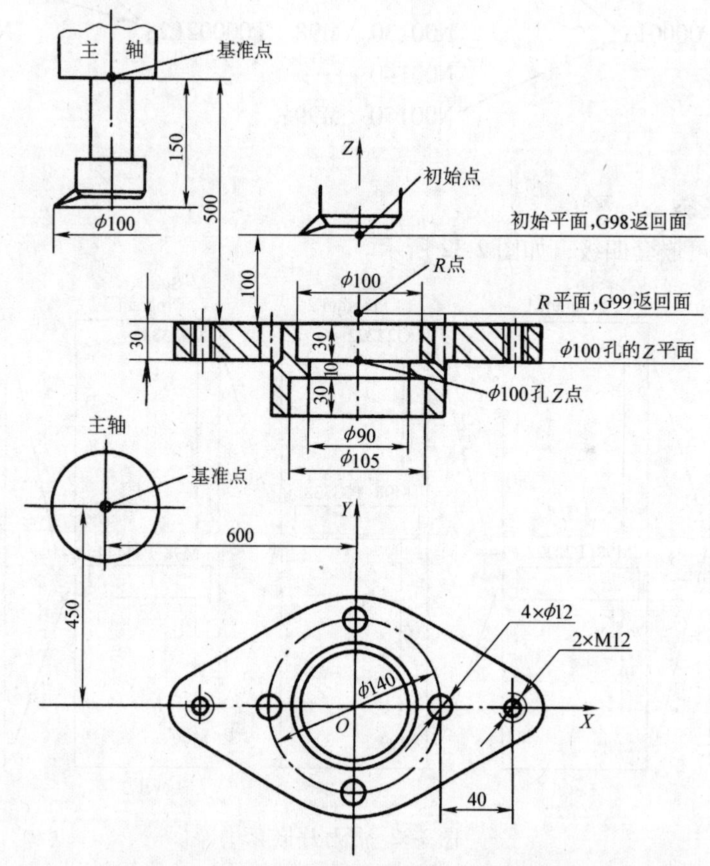

图 2-33 用钻、镗、攻螺纹固定循环加工的例图

2. 镗削循环程序

1）G85：镗孔循环，无暂停，工退。

G89：镗孔循环，延时，工退。

指令格式：

G85 X__ Y__ Z__ R__ F__ L__;

G89 X__ Y__ Z__ R__ P__ F__ L__;

X 字、Y 字是把刀具移动到初始点的坐标移动字，X __ Y __到达的终点就是初始点，X 值和 Y 值可是绝对坐标值（用 G90 方式）或相对坐标值（用 G91 方式）。Z 值是孔底坐标值，G90 方式为绝对坐标值，G91 方式是从 R 平面到孔底的增量坐标值；R 值是 R 点的坐标值，G90 方式为绝对坐标值，G91 方式是从初始点到 R 点的增量坐标值。P 字是刀具在孔底停留时间，单位是 ms，不用小数点，在 G85 中不出现 P 字。F 值是进给速度。L 值是循环

次数，在 G90 方式下，L 值是在同一个位置循环的次数；在 G91 方式下，L 值是刀具在 R 平面上接续移动并加工孔的循环次数，移动距离由所在程序段中的 X、Y 坐标值来确定，每移动一次，循环镗孔一次。L 值为 0 时不作循环运动，为 1 时可缺省。

G85、G89 返回方式是：以工进速度返回到 R 平面，也可用 G98 指令返回到初始点。G85 和 G89 只有一点不同，G89 是使刀具在孔底停留 P 字给出的时间，而 G85 使刀具在孔底不停留。

例 2-5　加工图 2-33 中的 ϕ100mm 孔。刀具长度为 150mm，令 H01 = 150。

绝对方式：

程序	说明
N1　G92　X－600　Y450　Z500；	设定工件坐标系
N2　G90　G00　G43　H01　Z100　M03　S500；	建立刀具长度偏置，主轴旋转
N3　G85　X0　Y0　Z－30　R5　F100；	刀具快移到初始平面，加工 ϕ100mm 孔，加工到孔底后用工进速度返回到 R 点
N4　G80　G00　H00　Z500　M05；	取消刀具长度偏置，取消固定循环，刀具上移，主轴停转
N5　G28　X0　Y0；	返回基准点
N6　M00；	程序停止

相对方式：

程序	说明
N1　G92　X－600　Y450　Z500；	设定工件坐标系
N2　G91　G00　G43　H01　Z－400　M03　S500；	建立刀具长度偏置，主轴旋转
N3　G89　X600　Y－450　Z－35　R－95　P3000　F100；	刀具移到初始点，加工 ϕ100mm 孔，在孔底停 3s，工退到 R 点，这里的 Z 值是相对 R 的增量值
N4　G80　G00　H00　Z495　M05；	取消固定循环，取消刀具长度偏置，刀具上移，主轴停转
N5　G28　X0　Y0；	返回基准点
N6　M00；	程序停止

上例中的 G80 是取消固定循环指令，如果不用 G80 指令，N4 程序段仍然执行 G85 循环。G28 是返回基准点指令。G28 后面的坐标字是返回基准点的路过点，而不是刀具到达的终点，刀具到达的终点是基准点（换刀点）。在 G90 方式下，坐标字的值是绝对坐标值；在 G91 方式下是刀具起点到路过点的相对坐标值。上例中路过点和刀具起点是同一点，且在 Z 轴上，因此都是 X0、Y0。

2）G86：镗削循环，主轴停止，快退。

指令格式：

G86　X__　Y__　Z__　P__　R__　F__　L__；

G86 程序段中字的意义与 G85、G89 相同。G86 与 G85 的运动区别是 G86 方式加工到孔底时主轴停转，刀具在孔底停留 P 字规定的时间，快退到 R 平面（用 G99 指令时）或快退到初始平面（用 G98 指令时）后主轴自动启动。

例 2-6 用 G86 加工图 2-33 中 ϕ100mm 孔的程序为：

N1 G92 X-600 Y450 Z500;

N2 G91 G00 G43 H01 Z-400 M03 S500;

N3 G98 G86 X600 Y-450 Z-35 R-95 P2000 F100;

N4 G80 G28 H00 G00 Z495 M05 M00;

执行 N3 程序段时，刀具沿正 X 方向走 600mm，沿负 Y 方向走 450mm，到达初始点，再由初始点快进到 R 点，然后再用进给速度加工到孔底。刀具在孔底停留 2s，停止转动，最后快退到初始点。

3）G88：镗削循环，主轴停止，手动退出。

指令格式：

G88 X__ Y__ Z__ P__ R__ F__ L__;

G88 程序段中，字的意义与 G86 相同。G88 指令的特征是：刀具到达孔底后延时 P 字规定的时间后主轴停转，系统进入保持状态。所谓保持状态就是系统暂停自动执行程序。这时，可以实行手动操作，例如退刀测量孔径，调整刀尖位置等。手动之后按系统规定的启动按钮，系统就会自动进入循环状态，继续执行，刀具快退到 R 点（G99 方式）或初始点（G98 方式），然后使主轴正转，如图 2-34 所示。

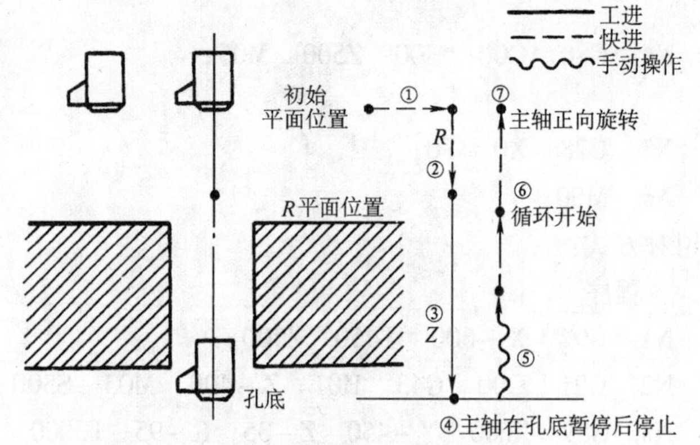

图 2-34 G88 镗削循环、主轴停止、手动退出

例 2-7 用 G88 方式加工图 2-33 中的 ϕ100mm 孔的程序为：

N1 G92 X-600 Y450 Z500;

N2 G90 G00 G43 H01 Z100 M03 S500;

N3 G99 G88 X0 Y0 Z-30 R5 P2000 F100 L3;

N4 G80 G28 G49 G00 Z500 M05 M00;

执行 N3 程序段时，刀具沿正 X 方向快移 600mm，沿负 Y 方向快移 450mm，到达初始点，再快进到 R 点，工进到孔底 Z 平面，延时 2s 后主轴停止，进入保持状态，这时可以手动操作。手动后按启动按钮，不管刀具被手调到什么位置，都快速回到 R 点（若为 G98 方式，则回到初始点），回到循环状态。L3 表示 G90 方式下的循环次数是 3 次，因此可对 ϕ100mm 孔进行三次循环加工。

4）G76：精镗循环，主轴停转，让刀，快退。

指令格式：

G76 X__ Y__ Z__ I__ J__ R__ P__ F__ L__;

G76 X__ Y__ Z__ Q__ R__ P__ F__ L__;

G76 与上述不同之处是刀具到达孔底后有让刀运动，避免快退时刀尖划伤工件表面。用 G76 时，主轴上一定要装有准停装置，主轴每次都准确地停在同一位置。但由于不同的刀具装到主轴上时刀尖相对主轴的位置不相同，因此，让刀方向也不相同。若装刀时能够保证刀尖到主轴中心线的垂线平行于 *X* 轴或 *Y* 轴，则可用 Q __字定义让刀量。否则必须在 *I*、*J* 两个方向上定义让刀量，如图 2-35b 所示。具体的操作方法必须参考机床说明书。

5）G87：反镗循环。

指令格式：

G87　X__　Y__　Z__　I__　J__　R__　F__；

G87　X__　Y__　Z__　Q__　R__　F__；

如图 2-35a 所示，运动过程是：

①由 X、Y 字将铣刀引入到初始点。

②由 I、J（或者 Q）字给出的让刀量让刀。

③快进到 *R* 平面（这时 *R* 平面在孔的底平面之下）。

④消除让刀，使孔轴线与刀具旋转轴线重合。

⑤使主轴正转。

⑥工进反镗到 *Z* 平面。

⑦主轴准停，让刀。

⑧快退到初始平面（在 G99 有效时也退到初始平面）。

⑨消除让刀。

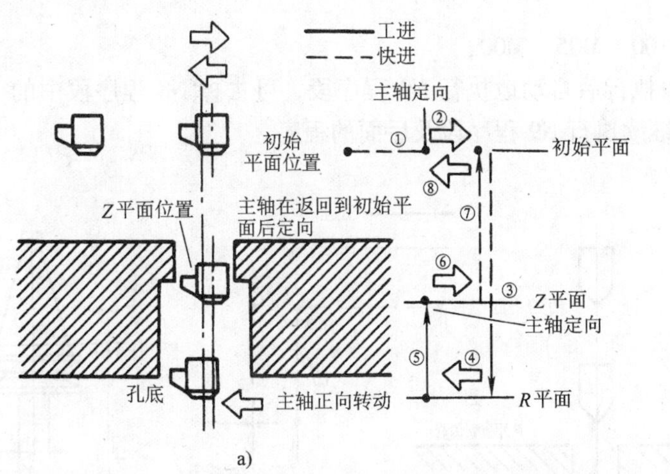

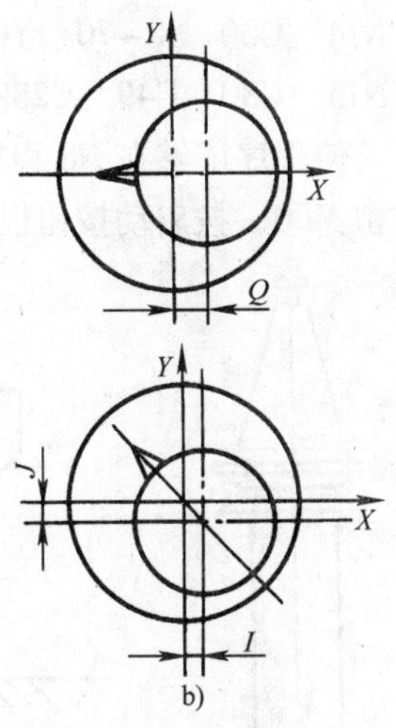

图 2-35　G87 反镗循环

例 2-8　用图 2-36 所示的镗刀加工图 2-33 中 ϕ105mm 孔。刀具编号 T02，H02 = 180。接续例 2-6 的 G86 加工程序实例，把 N4 程序段中的 M00 去掉，继续编写程序：

程序	说明
N5　T02　M06；	把 T02 刀具换上
N6　H02　Z－400　M03　S400；	按 N2 的 G91 方式，G43 模态指令建立刀具偏置
N7　G87　X600　Y－450　Z33　R－173　Q10　F100；	
N8　G28　G80　G49　G00　Z0　M05　M00；	

N7 程序段中的 R－173 是使 *R* 平面低于工件底面 3mm，这时 *R* 平面在工件下面而不在上面，Q10 的作用是刀具单向让刀 10mm，使刀能够通过 ϕ90mm 孔；Z33 是从下面的 *R* 平面

到 ϕ105mm 孔底的距离。

3. 钻孔循环程序

1）G81：钻孔循环、不延时、快退。

G82：钻孔循环、延时、快退。

指令格式：

G81 X__ Y__ Z__ R__ F__ L__;

G82 X__ Y__ Z__ R__ P__ F__ L__;

G81 和 G82 程序中字的意义与镗孔循环相同。工作循环如图 2-37 所示。

例 2-9 用图 2-38 中的钻头，钻削图 2-33 中的 4 个 ϕ12mm 孔。钻头的刀具刀号为 T03，长度偏置 H03 = 125。

接续例 2-8 中的 N8 程序段继续编写程序：

N9 T03 M06;

N10 G90 G43 H03 Z100 M03 S800;

N11 G99 G81 X0 Y70 Z-35 R3 F200;

N12 G00 X70 Y0;

N13 G00 X0 Y-70;

N14 G00 X-70 Y0;

N15 G80 G49 G28 Z100 M05 M00;

若使程序能够在 N8 程序段执行后自动地执行 N9 程序段，可去掉 N8 程序段中的 M00。若保留 M00，按启动按钮也能继续执行 N9 程序段及后面的程序。

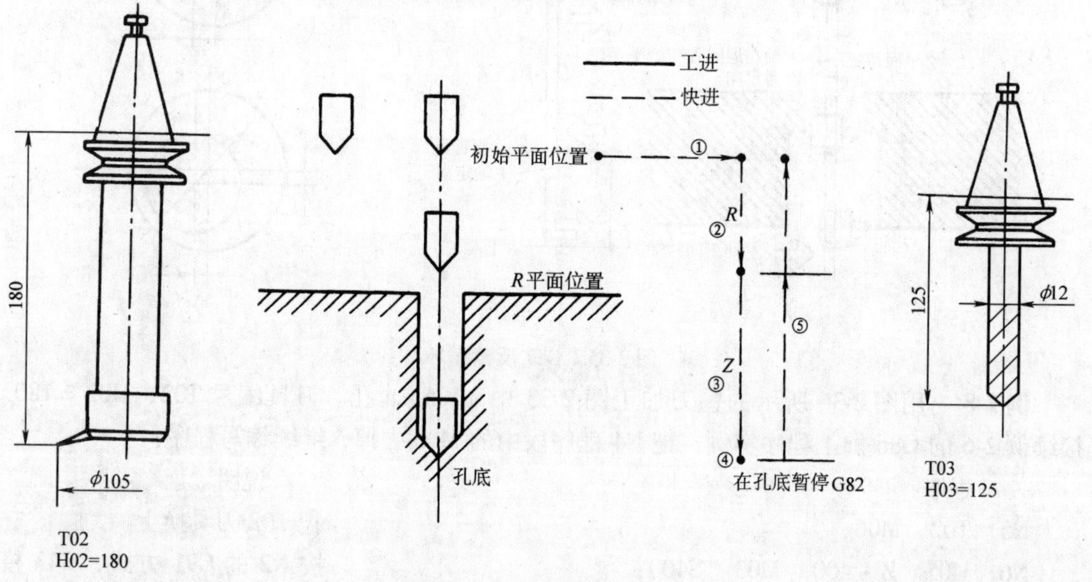

图 2-36 镗刀　　图 2-37 G81、G82 钻孔循环　　图 2-38 钻头

N11 程序段中的 Z-35 是使钻头超出底面 5mm，保证钻头尖部锥形部分超过底面；R3 是定义 *R* 平面距上表面为 3mm，以免快进时刀尖碰到工件。

2）G83：深孔往复排屑钻孔循环、不延时、快退。

G73：深孔往复排屑钻孔循环、可延时、快退。

指令格式：

G83　X＿　Y＿　Z＿　R＿　Q＿　F＿　L＿；

G73　X＿　Y＿　Z＿　R＿　Q＿　P＿　F＿　L＿；

Q 字的意义是每次排屑前的钻孔深度，其余字的意义与前述相同。

G83、G73 深孔往复排屑钻孔循环过程如图 2-39a、b 所示。钻深孔时不能一次钻到 Z 字定义的底部，必须多次往复钻削，每次只能钻削 Q 字给出的深度，然后快退排屑。若不能及时排屑，定会因切屑的堵塞而使钻头断裂。Q 值永远是增量值，在 G90 方式下也是增量值，且用正值，不用负值。Q 值的大小与钻头直径有关，较粗的钻头 Q 值大些。但 Q 值不能太大，以免产生切屑堵塞而使钻头断裂。G83 和 G73 的不同之处有两点：第一点是 G73 钻到孔底时可延时停留 P 字定义的时间，而 G83 不能。第二点是 G83 每次钻削 Q 字定义的深度后，钻头快速退回到 R 平面，然后快进到距离上次钻孔底面由 d 字规定的位置，每次钻头快进时都不是快进到上次钻孔的孔底，而要留有一定的距离 d，以免碰坏钻尖。而 G73 则不退到 R 平面，而是快速退回 d 字给出的距离。d 值不是由程序给出的，而是由系统安装者或机床操作者在设置参数时设定的。G83 和 G73 每次排屑后的工进距离都是 $Q+d$。钻头钻孔完毕（钻到 Z 字规定的深度后），便快速退回到初始平面。

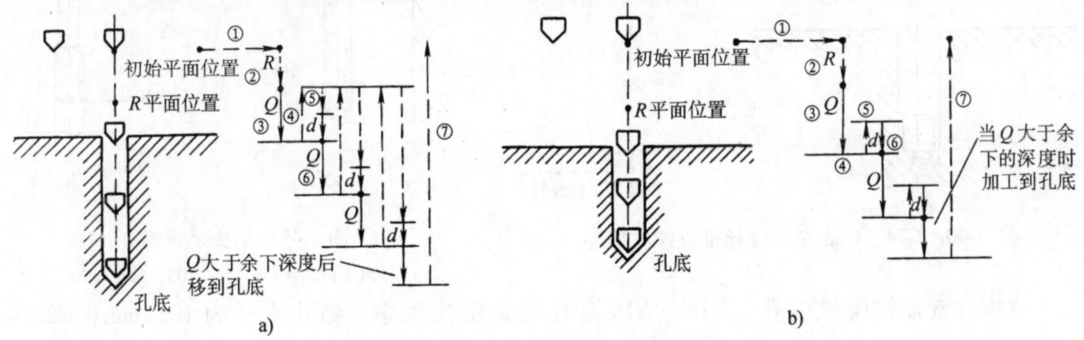

图 2-39　G83、G73 深孔钻削循环

a) G83 深孔往复排屑钻孔循环　b) G73 深孔往复排屑钻孔循环

4. 内螺纹攻螺纹程序

数控机床攻螺纹时是将丝锥装在主轴上，主轴的转速和进给速度的对应关系，应和丝锥导程一致。普通攻螺纹时，丝锥可浮动，以便攻螺纹时丝锥按螺纹导程自由进给。刚性攻螺纹时，无此要求。

G84：右旋丝锥攻螺纹循环指令。

G74：左旋丝锥攻螺纹循环指令。

指令格式：

G84　X＿Y＿Z＿P＿R＿F＿L＿；

G74　X＿Y＿Z＿P＿R＿F＿L＿；

程序中 Z 字为被攻螺纹孔的孔底坐标，可为绝对方式（G90）或相对方式（G91）。P 字为主轴更换旋转方向时的停留时间，这时主轴停转，主轴换向点有孔底和孔上两点。F 字为每转进给量，等于螺纹导程。其余字的意义与前述相同。

攻螺纹循环过程如图 2-40 所示。

例 2-10 用 M12 丝锥攻图 2-33 中的 M12 两孔，所用刀具参数如图 2-41 所示。

接续钻孔程序：

N16 T04 M06；

N17 G91 G43 H04 X270 Y-450 Z-400 M03 S800；

N18 G99 G81 X220 Y0 Z-38 R-97 F200 L2；

N19 G80 H00 G28 Z100 M05；

N20 T05 M06；

N21 H05 X270 Y-450 Z-400 M03；

N22 G99 G84 X220 Y0 Z-38 R-97 F1.75 L2；

N23 G80 G49 G28 Z100 M05；

N24 M30；

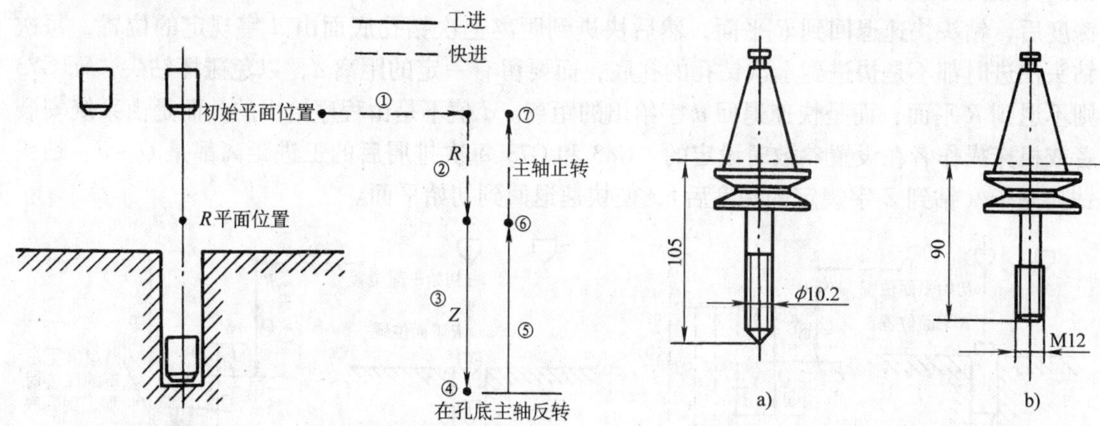

图 2-40 G74、G84 左右旋丝锥攻螺纹循环

图 2-41 钻头、丝锥

a）T04 H04 = 150 b）T05 H05 = 90

攻螺纹前需钻螺纹内孔，N16～N19 程序段是钻孔程序，钻孔直径为 10.2mm，N20～N23 是攻螺纹循环。N22 程序段命令刀具在正 *X* 方向运行 220mm 后到达初始点，初始点位于左侧螺纹孔中心线上，距工件表面 100mm 处。R-97 是命令刀具下降 97mm 到达 *R* 点，*R* 点距工件表面 3mm。Z-38 是命令丝锥端部的最低点要超出工件底面 5mm，以保证丝锥端部倒角部分超过底面。F1.75 是每转进给量，它等于丝锥导程。L2 是重复两次，在 G91 方式下，攻螺纹完成一个螺纹孔（左侧螺纹孔），丝锥端部回到 *R* 平面后，按 N22 程序段中 X220、Y0 坐标字中的坐标移动量，主轴移到右侧螺纹孔中心线上的 *R* 点，进行第二次攻螺纹。由于 L2 字的作用，N22 程序段要重复两次工作，主轴要按 X220、Y0 字坐标值移动两次。由于图 2-33 中的两个螺纹孔在 *X* 坐标轴上相距 220mm，因此 N22 程序段中的 *X* 值为 220，*Y* 值为 0。为使第一次执行 N22 程序段时丝锥能够定位在左侧螺纹孔上，N21 程序段中的 *X* 值应为 600 - 110 - 220 = 270，*Y* 值为 -450。由于基准点到工件表面的 *Z* 向距离是 500mm，初始点到工件表面的距离为 100mm（由编程人员确定），因此 N21 程序段中的 *Z* 值定为 -400。由于 H05 = 90（刀具长度），N17 程序段中的 G43 模态代码在 N21 程序段中仍然有效，因此，在执行了 N21 程序段后，就建立了刀具偏置。

三、变量 *R*

有的系统用变量 *R* 编程，用变量 *R* 代替某些值编写加工程序，对某种类型的零件进行加工有一定的通用性，使用起来很方便，有时比固定循环、子程序更为灵活。

1）变量 R 用在除地址 N 和 G 之外的其他任何地方，用来直接代替数字。变量 R 最多有 10 个，用 R_i 表示（$i=0\sim9$），如：XR_1、ZR_2、FR_4 等。R 可在主程序和子程序中应用。它在执行主程序前由 MDI（Manual Data Input，人工数据输入）和 DPL 给定。

2）变量 R 可为正数和负数。负数称为变量值的补数。

3）常数加变量的值。在地址后写上一个数字和变量 R_i，则在执行该段程序时把数字和变量 R_i 的和作为应用值。如：I－1200R_9，$R_9=5000$，则 I 值为 $-1200+5000=3800$。

Y8000-R_0 和 Y8000R_{-0}两种形式的写法不同，但结果是一样的。若 $R_0=3000$，则 Y 值为 $8000-3000=5000$。

4）变量链重写变量值。在变量 R_i 之后再写上一个变量 R_j 就成为变量链重写变量值形式，其作用是：在 R_i 的值使用一次后把 R_i 的值与 R_j 的值相加作为新的 R_i 值，第二次和以后的每次应用后 R_i 的值都要和 R_j 相加，重写 R_i 的值。R_i 和 R_j 可为正值也可为负值，它们的和是代数和。从下面的例句中可以看出变量链重写变量值的过程。如果 $R_8$10000（等同于 $R_8=10000$）、R_9-1000，子程序为：L8300 G01 G91 Z-100-R_8R_9；若子程序被调用四次，则每次调用后 Z 和 R_8 的值变化如下，而 R_9 的值不变。

第一次调用时：Z 为 -10100，R_8 为 10000；第一次调用后：R_8 为 9000。

第二次调用时：Z 为 -9100，R_8 为 9000；第二次调用后：R_8 为 8000。

第三次调用时：Z 为 -8100，R_8 为 8000；第三次调用后：R_8 为 7000。

第四次调用时：Z 为 -7100，R_8 为 7000；第四次调用后：R_8 为 6000。

例 2-11 用变量 R 链重写变量值方式编写加工图 2-42 所示的内圆表面子程序。

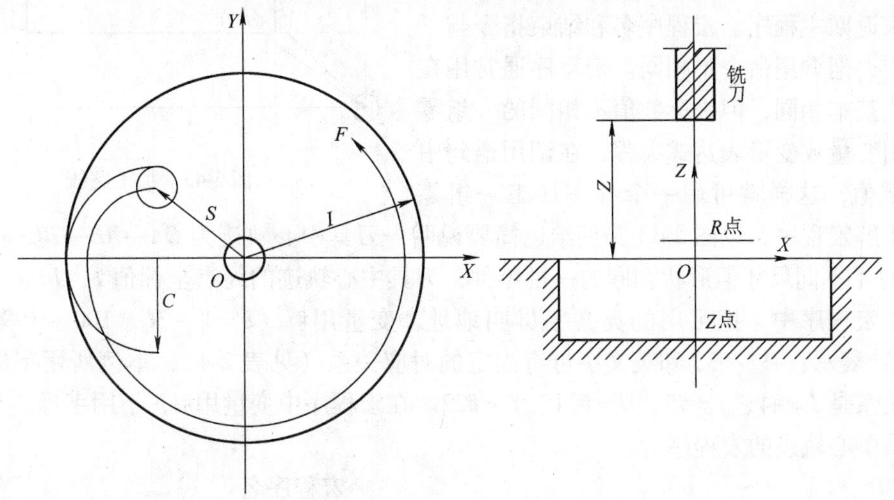

图 2-42 用铣刀铣内圆表面

$R_1=I$（圆弧半径），$R_9=C$（趋近圆半径），R_2 为刀具半径补偿值。

子程序：L0200

N1 $R_0$0R_1-R_9 * $R_1=R_1-R_9$

N2 G01 G64 G91 G17 G41 DR_2 X－R_1 YR_9 * 刀具移动到趋近圆的起点建立刀补

N3 $R_0 0 R_1 R_9$ * $R_1 = R_1 + R_9$

N4 G03 X $-R_9$ Y $-R_9$ I0 J $-R_9$ * 沿趋近圆加工到半径为 I 圆的切点

N5 X0 Y0 IR_1 J0 * 加工半径为 I 圆的整圆

N6 XR_9 Y $-R_9$ IR_9 J0 * 刀具沿趋近圆切出

N7 $R_0 0 R_1 - R_9$ * $R_1 = R_1 - R_9$

N8 G00 D00 XR_1 YR_9 * 刀具退到圆心，消除刀具半径补偿

N9 $R_0 0 R_1 R_9$ M17 * $R_1 = R_1 + R_9$，子程序结束

第六节 用户宏程序

一、概述

在某种功能的零件加工程序中，用变量代替某些数值，和用这些变量的运算和赋值过程而编写的程序叫做宏程序。宏程序的作用与子程序相类似，它具有某种通用功能，由主程序的专用语句调用，执行完宏程序后再返回主程序。

宏程序由三部分组成：①宏程序名：字母 O 后接 5 位自然数；②宏程序主体；③宏程序结束指令 M99。如果在宏程序中遇有 M02、M30 时，程序结束返回主程序。宏程序名和结束指令与子程序相同，但调用命令不相同。宏程序通常用在加工路线基本相同，但坐标数值不相同的一组零件中。用变量或变量表达式编程，在调用语句中给变量赋值，这样就可用一个程序加工一组零件。为了解宏程序，以图 2-43 为例给以简要说明。刀具中心轨迹为 $OA \to AB \to BC \to CD \to DA \to AO$，对于不同尺寸但形状相同的一批零件，刀具中心轨迹的终点坐标值 I、J、U、V 是不同的。在宏程序中，把可用的英文字母叫地址，变量用#i（$i = 1 \sim 36$，$100 \sim 199$，$500 \sim 599$，…）表示。#1 ~ #33 和英文字母有固定的对应关系（见表 2-4），本例所用字母与变量的对应关系是 I = #4、J = #5、U = #21、V = #22。在宏程序中变量用#i，不用字母。

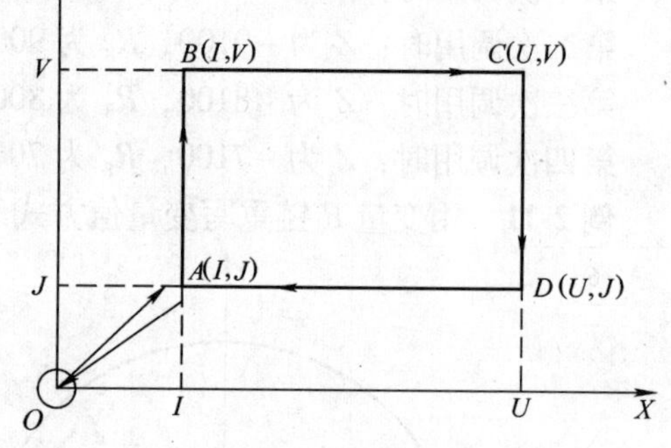

图 2-43 加工路线

刀具中心轨迹的宏程序为：

O9801; 宏程序名

N1 G91 G00 X#4 Y#5; 刀具由 O 点至 A 点（用#4、#5 而不用 I、J）

N2 G01 Y（#22 - #5）; 由 $A \to B$（用#22、#5 而不用 V、J）

N3 X（#21 - #4）; $B \to C$（用#21、#4 而不用 U、I）

N4 Y（#5 - #22）; $C \to D$（用#5、#22 而不用 J、V）

N6 X（#4 - #21）; $D \to A$（用#4、#21 而不用 I、U）

N7 G00 X - #4 Y - #5; $A \to O$

N9 M99; 结束指令

对于一个已给定轮廓尺寸的工件，#4、#5、#21、#22 的值可通过调用给 *I*、*J*、*U*、*V* 赋值语句来完成。若 *AB* = *CD* = 20，*BC* = *AD* = 40，*OI* = 20，*OJ* = 20，则可用如下语句调用 O9801 程序：

G65　P9801　I20.0　J20.0　U60.0　V40.0；

P 字母后的数字与宏程序名的数字相同。

二、变量

变量有三类：局部变量、公用变量和系统变量。

（1）局部变量　#1～#33 是用户在宏程序中局部使用的变量，共 33 个。在有些系统中，这些变量可在一个宏程序中使用，也可在另外几个宏程序中重复使用。当它们有嵌套关系时，包括主程序在内，同一个变量最多可重复用 5 次，因此，最多有 4 层嵌套。重复用的变量在各自的程序中互不影响，但在同一个程序中不能重复使用。

每一个局部变量都对应一个字母地址，以便在调用语句中赋值，见表 2-4。由表可以看出：I、J、K 变量共有 10 组，有些地址与 I、J、K 共用一个变量。

表 2-4　局部变量表

变量	地址		变量	地址		变量	地址	
#1	A		#12		K	#23	W	J
#2	B		#13	M	I	#24	X	K
#3	C		#14		J	#25	Y	I
#4	I		#15		K	#26	Z	J
#5	J		#16		I	#27		K
#6	K		#17	Q	J	#28		I
#7	D	I	#18	R	K	#29		J
#8	E	J	#19	S	I	#30		K
#9	F	K	#20	T	J	#31		I
#10		I	#21	U	K	#32		J
#11	H	J	#22	V	I	#33		K

在同一个调用语句中可同时对 I、J、K 地址进行多次赋值，被赋值的变量与 I、J、K 在表中的排列顺序有关，排列在前面的地址从变量号较小的开始赋值，如：

G65　P__　K5　K10　I8　I6　J3　J4　J5；

赋值结果为：#6 = 5，#9 = 10，#10 = 8，#13 = 6，#14 = 3，#17 = 4，#20 = 5。

局部变量在系统上电、复位、急停及执行 M02、M30 指令后都有被置零。

除 I、J、K 外，其他地址在同一段程序中被赋值多次时，最后的赋值有效。

（2）公用变量　#100～#199、#500～#699 两个区域中的变量是公用变量。公用变量直接用#*i* 赋值和调用，可通过操作面板赋值。它们能够在任何主程序、子程序中被调用。#100～#199 区域中的变量是非保持型变量，断电后被清除；#500～#699 区域中的变量是保持型变量，断电后仍被保存。

（3）系统变量　系统变量是系统固定用途的变量，它们可被任何程序使用。有些是只读的，有些可以赋值或修改。系统变量的用途见表 2-5。

表 2-5 系统变量用途

变量号码	用途	变量号码	用途	
#1000 ~ #1035	输入接口信号	#5091 ~ #5094	探针循环位置	
#1100 ~ #1135	输出接口信号	#5095 ~ #5096	探针头长度及半径	
#2000 ~ #2999	刀具半径补偿量	#5101 ~ #5109	当前跟随误差	
#3000，#3006	报警，信息	#5201 ~ #5209	外部偏置量	
#3001，#3002	定时，时钟	#5221 ~ #5229	G54	工件坐标系原点在基本机床坐标系中的坐标值
#3003，#3004	单步，连续控制	#5241 ~ #5249	G55	
#3007	镜像加工	#5261 ~ #5269	G56	
#4001 ~ #4120	模态信息	#5281 ~ #5289	G57	
#5001 ~ #5009	程序段各轴终点坐标（工件坐标系）	#5301 ~ #5309	G58	
#5021 ~ #5029	工件坐标系现行位置坐标	#5321 ~ #5329	G59	
#5041 ~ #5049	机床坐标系现行位置坐标	#5341 ~ #5349	G59.1	
#5061 ~ #5069	跳转信号时的位置（工件坐标系）	#5361 ~ #5369	G59.2	
#5071 ~ #5079	跳转信号时的位置（机床坐标系）	#5381 ~ #5389	G59.3	
#5081 ~ #5089	有效的刀具长度偏置			

变量#2000 ~ #2999 的用途是刀具半径补偿量。零件程序中半径补偿号 D 字母后面的数值与 2000 相加可得到补偿值的地址；如 D08 的值可由#[2000 + 08]得到，#2000 中的值永远是零，因此 D00 的值永远为零。

三、变量的运算

在宏程序中对变量可进行数值运算和逻辑运算。数值运算包括加、减、乘、除等算术运算，SIN（正弦）、COS（余弦）、TAN（正切）、ATAN（反正切）、ASIN（反正弦）、ACOS（反余弦）、SQRT（平方根）、LN（以 e 为底的对数）和 EXP（指数）等函数运算，以及 BIN（从二进制到十进制转换）、BCD（从十进制到二进制转换）、ROUND（四舍五入取整）、FIX（舍去小数位取整）、FUP（小数进位取整）、MOD（取余）、ABS（绝对值）等数据处理。

数值运算的格式为：

#i = <运算式>

如：#101 = #2 + #8 * COS[#1]

运算式可以是简单的算术运算、函数运算，也可以是算术-函数混合式。

逻辑运算可以是：AND（与）、OR（或）、XOR（异或）、EQ（等于）、NE（不等于）、GT（大于）、LT（小于）、GE（大于或等于）、LE（小于或等于）。与、或、异或用于二进制运算，大小比较的逻辑运算用于条件语句或循环语句。

四、转移和循环命令

（1）无条件转移命令

指令格式：

GOTO n;

n 为转移到程序段的顺序号。例如：GOTO 10，转移到 N10 程序段。

（2）条件转移语句

指令格式：

IF（转移条件）GOTO n;

转移条件可以是 EQ、NE、GT、LT、GE、LE，如：

```
IF #i EQ #j GOTO 991;            条件成立转移到 N991
IF #i LT #j GOTO 992;            条件成立转移到 N992
IF #4 GE 100 GOTO 20;            条件成立转移到 N20
```

条件不成立继续执行下句。

(3) 无条件循环语句

指令格式：

```
DO m;
  ⋮
END m;
```

m 是循环标识号，是自然数，前后两个 m 必须相同。若循环体内无转移语句或程序段跳过符号（/），将产生死循环。因此，常在循环体内增加条件转移语句。

例如：

```
#12 =0;
#17 =1;
DO 1;
IF[#12 GT 13]GOTO 5;
#12 =#12 +#17;
END 1;
N5…
```

程序段跳过符号，是当跳过按钮按下时，计算机不执行带有“/”号程序。

(4) 条件循环语句

指令格式：

```
WHILE（循环条件）DO m;
  ⋮
END m;
```

当循环条件为真时，执行 DO m 与 END m 之间的程序，循环条件为假时，执行 END m 后面的语句。

例如：

```
#10 =1;
#1 =20;
WHILE[#10 LE #1]DO 2;
  ⋮
#10 =#10 +1;
END 2;
```

五、宏程序调用命令

1. 非模态调用

指令格式：G65 P__ L__ A__ B__ …;

G65 是非模态调用命令；P 后跟被调用的宏程序号，5 位自然数；L 后的数值是宏程序执行次数，默认为1；A __ B __…是局部变量地址，可用表2-4中局部变量的任何地址，但不能用表中没有的字母G、L、N、O、P。

非模态调用的宏程序只能在被调用后执行L次。执行G65后面的程序时不再调用。

2. 模态调用

指令格式：G66 P __ L __ A __ B __…；

…X __…；

…X __ Y __…；

…Z __…；

⋮

G67；

G66是模态调用命令；P后跟被调用的宏程序号，与宏程序名O后的数字相同；L后的数值是每次调用宏程序执行次数，默认为1；A __ B __…是局部变量地址，不能用字母G、L、N、O、P。

G67是取消宏调用命令。

若G66所在的程序段中含有坐标移动字，则在执行完坐标移动后调用宏程序。

模态调用可多次调用，每次调用执行L次，不仅在G66所在程序段中调用，也在后面接续的程序段中调用，每执行一句调用一次，直到遇有G67指令为止。宏程序是在执行完坐标移动指令后被调用。

有些系统规定，调用宏程序时，局部变量地址后的数值必须用小数点，如：

G65 P9110…D5…；错误

G65 P9110…D5. …；正确

执行次数L及局部变量均可用表达式赋值，如：

G66 P1002 L[#1 +1]A[12 * 6]B[SIN#10]；

六、用户宏程序举例

例2-12 图2-42是用铣刀铣内圆表面时的情况。当把刀具引到圆心的上方以后，可调用下面的宏程序加工。图2-42中I为被加工圆的半径；C趋近圆半径，省略后取$I/2$；R是快速趋近位置；Z为孔底面位置Z点；F为进给速度；S为快速进给速度，省略$S=3F$；D为刀具补偿号码；Q为切削方向，默认为G41方式，$Q=1$为G42方式；M指示R、Z方式，$M=1$为相对方式，默认为绝对方式。

指令格式：

G65 P9110 I __ D __ R __ Z __ F __ C __ S __ Q __ M __；

该命令中的字母与变量的对应关系可由表2-4查得：I=#4，D=#7，R=#18，Z=#26，F=#9，C=#3，S=#19，Q=#17，M=#13。程序中的#5003、#4001、#4003、#3000、#2000、#2400、#2600的含义见表2-5。

程序	说明
O9110(CIRCLE FINISH)；	
IF[#4 * #7 * #9] EQ 0 GOTO 990；	若I、D、F赋值为<空>或0时，报警
IF[#18EQ0] GOTO 990；	若没有R、Z的赋值，报警
IF[#26EQ0] GOTO 990；	

```
    #33 = #5003;                              Z轴坐标值赋给#33
    #32 = #4001;      }                       读取模态指令并存入#32、#31
    #31 = #4003;      }
    M98  P9100;                               刀补量的读入
    IF[#4LE#30]  GOTO  991;                   加工孔半径≤刀具直径时,报警
    IF[#3NE0]  GOTO  10;                      接近加工圆半径被指定时,转向N10
    #3 = #4/2;                                加工孔半径的1/2作为接近加工圆
N10  IF[#3LE#30]  GOTO  991;                  接近加工圆半径≤刀具直径时,报警
    IF[#3GT#4]  GOTO  992;                    接近加工圆半径>加工孔半径时,报警
    IF[#19NE0]  GOTO  20;                     若S被指定,转向N20
      #19 = #9  *  3;                                S = F×3
N20  IF[#13EQ1]  GOTO  30;                    有M1的指定,转向N30
    IF[#18LT#26]  GOTO  992;                  R<Z点(孔底点)时,报警
    IF[#33LT#18]  GOTO  992;                  刀具端点的Z值<R点值时,报警
    #5 = [#33 - #18];                         ABS(绝对坐标方式)时的Z-R值
    #6 = ABS[#18 - #26];                      绝对方式R-Z点值
    GOTO  40;                                 转向N40
N30#5 = ABS[#18];  }                          INC(相对坐标方式)时的R、Z的读入
    #6 = ABS[#26]; }
N40  G91  G00  G17  Z-#5;                     向R点快速移动
    G01  Z-#6  F[#9/2];                       切削进给到Z点(F/2)
    IF[#17EQ1]  GOTO  50;                     若有Q1指定,则转向N50
    G41  X-[#4-#3]Y#3  D#7  F#19;             以G01方式到达趋近圆起点,建立半径补偿
    G03  X-#3  Y-#3  J-#3  F#9;               逆时针圆弧切削趋近圆(CCW)(G41)
      I#4;                                    逆时针圆弧切削半径为I的整圆
      X#3  Y-#3  I#3;                         逆时针圆弧切出趋近圆
    G01  G40  X[#4-#3]Y#3  F#19;              回零点,消除半径补偿
    GOTO  60;                                 转向N60句程序
N50  G42  X-[#4-#3]Y-#3  D#7  F#19;  }
    G02  X-#3  Y#3  J#3  F#9;        }        CW(顺时针圆弧切削时)的程序(G42)
      I#4;                           }
      X#3  Y#3  I#3;
    G01  G40  X[#4-#3]Y-#3  F#19;
N60  G00  Z[#5+#6];                           返回到原高度
      GOTO  999;                              转向N999
N990  #3000 = 140(NOT  ASSIGNED);  }
N991  #3000 = 141(OFFSET  ERROR);  }          报警信息
N992  #3000 = 142(DATA  ERROR);    }
N999  G#32  G#31  F#9  M99;                   恢复模态指令
```

其中读入刀补和程序为：

```
O9100(CALL  OFFSET)；
N1  #30=[#2000+#7]；
N2  IF[#512  NE  1]  GOTO  4；
N3  #30=[#2000+#7]+[#2600+#7]；        给出大于或等于刀具直径的值
N4  IF[#512  NE  2]  GOTO  6；
N5  #30=[#2400+#7]+[#2600+#7]；        给出大于或等于另一刀具直径的值
N6  M99；
```

在本例中，公共变量#512 的设定为 <空> 或 0，在具有刀补 B 或 C 功能的系统上则需设定为 1 或 2。

例 2-13 图 2-44 是用立铣刀铣方槽的加工示意图。铣刀半径为 r。工件左下角的坐标位置为 X_0、Y_0、Z_0，加工前刀具引进位置是 $X=X_0+K+r$、$Y=Y_0+K+r$、$Z=R$。工艺路线是：①刀具沿 Z 向切入深度 Q；②沿 X 向切削到 $I-K-r$；③沿 Y 向移动一个接近 $T*2r$ 的距离，T 为吃刀宽度与刀具直径之比；④刀具移到 $X=X_0+K+r$ 的位置；⑤刀具再沿 Y 向切削。如此往复多次，直到完成一层加工。在下一层加工时，刀具重复上一层的动作，直到全部完成切削加工。每一层的进给深度为 Q。

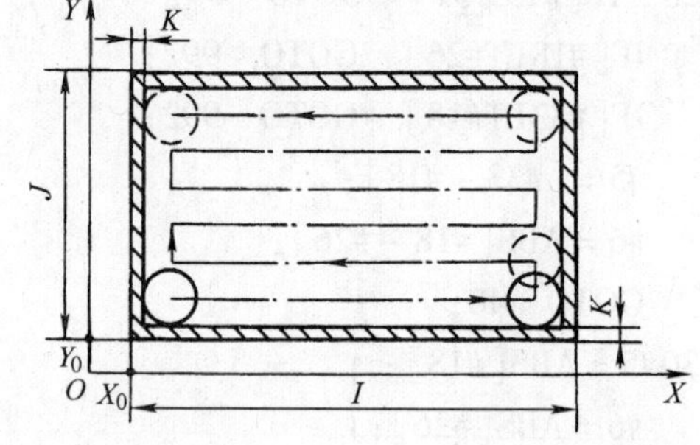

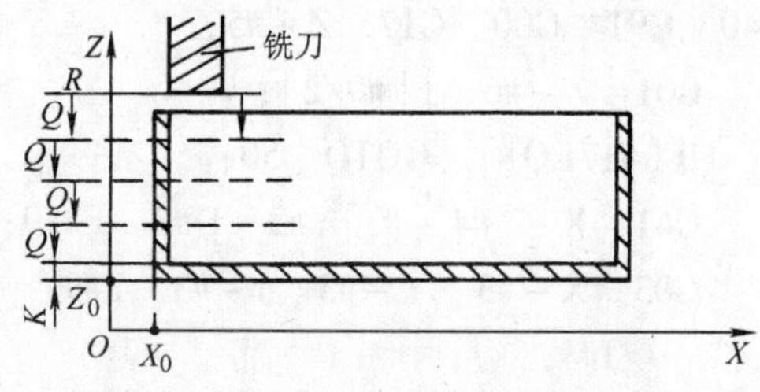

图 2-44 用立铣刀铣方槽

在下面宏程序中应用的局部变量地址与变量的关系与表 2-4 一致，即 X=#24、Y=#25、Z=#26、I=#4、J=#5、K=#6、R=#18、Q=#17、T=#20、D=#7（刀具补偿号）、F=#9（XY 平面进给速度）、E=#8（Z 向进给速度）。其他变量为中间变量。中间变量用来存放某些计算结果，供后面的程序使用。下列程序用的中间变量有：#27、#28、#29、#30、#31、#10、#11、#12、#13、#14、#15。在同一宏程序中，中间变量不能与调用指令宏程序中所用的局部变量重复。

宏程序：

```
O9802;                                宏程序名
  #27=[#2000+#7];                     刀具半径补偿值 r
  #28=#6+#27;                         K+r 存入#28 中
  #29=#5-2*#28;                       J-2(K+r)
  #30=2*#27*#20;                      刀具直径×T
  #31=FUP[#29/#30];                   XY 平面铣刀往复总次数(FUP:小数进位取整)
  #32=#29/#31;                        每次切削宽度
  #10=#24+#28;                        X 初值+K+r
```

```
    #11 = #25 + #28;                          Y初值 + K + r
    #12 = #24 + #4 - #28;                     X初值 + I - (K + r)
    #13 = #26 + #6;                           Z初值 + K
    G00  X#10  Y#11;                          把刀具引到XY平面起始加工点
    Z#18;                                     刀具到Z向起始点R
    #14 = #18;                                把R值赋值到#14中
    DO  1;                                    加工循环开始
    #14 = #14 - #17;                          R - Q,每切削一次减去一次Q
    IF  [#14  GE  #13]  GOTO  1;              若R - Q≥Z初值 + K,转移至N1
    #14 = #13;
N1  G01  Z  #14  F  #8;                       Z向切入深度为Q
    X#12  F#9;                                X向进给
    #15 = 1;                                  进给往复次数记数
    WHILE  [#15  LE  #31]  DO  2;             每一层切削循环开始
    Y  [#11 + #15 *  #32];                    Y向进给
    IF  [#15  AND  1  EQ  0]  GOTO  2;        如果进给往返次数为单数,X向返回
    X#10;
    GOTO  3;
N2  X  #12;                                   如果Y向进给次数为双数,X向到#12位置
N3  #15 = #15 + 1;                            进给往返次数记数
    END  2;
    G00  Z  #18;                              刀具抬起
    X#10  Y#11;                               刀具回到起始加工点
    IF  [#14  LE  #13]  GOTO  4;              到达切削总深度则结束
    G00  Z  [#14 + 1]  F  [8 *  #8];          刀具沿Z向快进到距切削表面1mm位置
    END  1;                                   返回DO  1句进行下一层加工
N4  M99;                                      程序结束返回主程序
```

对于一个具体的被加工零件，各坐标尺寸是已知的，如果图2-44中的尺寸为：$X_0=10$、$Y_0=10$、$Z_0=5$、$R=50$、$I=110$、$J=55$、$K=5$、$T=80$、$r=10$，刀具偏置号$D=15$，取进给速度$F=200$，Z向进给速度$E=100$。则调用指令为：

```
G65  P9802  X10  Y10  Z5  R50  I110  J55  K5  T80  D15  F0200  E0100;
```

第七节　编 程 举 例

图2-45所示为一被加工零件简图，换刀基准点和工艺顺序在图中都已标明，所用刀具列于表2-6，工件坐标系（G54）的坐标原点在圆心O点。编写零件加工程序如下：

```
N1  G80  T01  M06;                            消除固定循环,换刀(端面铣刀)
N2  G54  G90  G00  X-145.0;
```

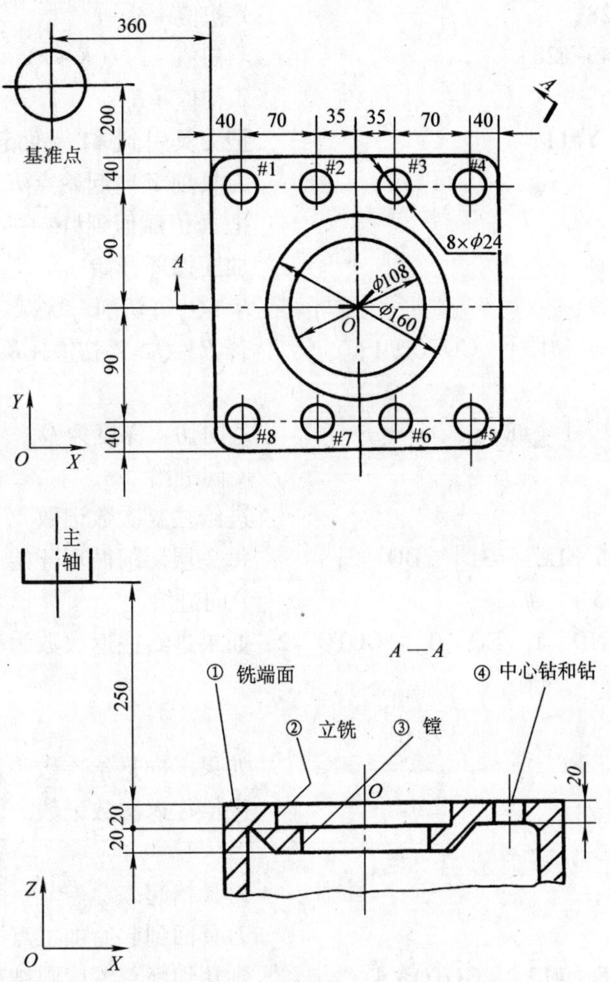

图 2-45 被加工零件简图

开始加工点 = 机床零点 = 换刀位置

N3 G45 D11 Y135.0;	Y 向刀具偏置
N4 G43 H01 Z0 S50 M03;	刀具长度偏置
N6 G01 G45 D11 Y－135.0 F380;	Y 向进给，端铣加工
N7 G00 G91 X60.0;	X 向移动 60mm（铣刀半径）的距离
N8 G01 G90 G45 Y135.0;	端铣加工
N9 G00 G91 X60.0;	X 向进刀
N10 G01 G90 G45 Y－135.0;	端铣加工
N11 G00 G91 X60.0;	进刀
N12 G01 G90 G45 Y135.0;	端铣加工
N13 G00 G91 X60.0;	进刀
N14 G01 G90 G45 Y－135.0…;	铣削加工

N15 G00 H00 Z250.0 M05; 消除刀具长度补偿,主轴停转

N16 G28 D00 Y-135.0; 消除偏置,回基准点

N17 T02 M06; 换上02号刀

N18 X0 Y0 S53 M03; 到圆的中心位置,主轴正转

N19 H02 Z20.0; 刀具长度偏置

N20 G65 P9110 I80 D12 R2 Z-20 F100 S200; 调09110宏程序加工ϕ160mm孔

N21 G90 G00 H00 Z250.0 M05; 消除刀具长度补偿,主轴停转

N22 G28 Y0; 回基准点

N23 T03 M06; 换上03号刀

N24 X0 Y0 S40 M03; 到圆的中心位置,主轴启动

N25 H03 Z20; 刀具长度补偿

N26 G98 G85 R-15.0 Z-45.0 F50; 镗孔循环

N27 G80 G00 H00 Z250.0 M05; 消除刀具长度补偿,主轴停转

N28 G28 Y0; 返回基准点

N29 T04 M06;

N30 X-105.0 Y90.0 H04 Z20.0 S58 M03; 定位到#1孔,刀具长度偏置,主轴正转

N31 G99 G81 R2.0 Z-3.0 F100; 钻中心孔循环

N32 G91 X70.0; 加工#2孔

N33 G91 X70.0; 加工#3孔

N34 G91 X70.0; 加工#4孔

N35 G91 Y-180.0; 加工#5孔

N36 G91 X-70.0; 加工#6孔

N37 G91 X-70.0; 加工#7孔

N38 G91 X-70.0; 加工#8孔

N39 G80 G90 H00 Z250.0 M05; 消除固定循环,消除刀具长度补偿,主轴停转

N40 G28 Y-90.0; 回基准点

N41 T05 M06; 换刀

N42 X-105.0 Y90.0 H05 Z20.0 S54 M03; 定位到#1孔位置,刀具长度偏置,主轴启动

N43 G99 G81 R2.0 Z-25.0 F100; 钻孔循环

N44 G91 X70.0 L03; 钻#2、#3、#4孔

N45 G91 Y-180.0; 钻#5孔

N46 G91 X-70.0 L03; 钻#6、#7、#8孔

N47 G80 G90 H00 Z250.0 M05; 消除固定循环,消除刀具长度补偿,主轴停转

N48 G28 G91 X0 Y0 M02; 回基准点,程序结束

表2-6 加工刀具

刀具号	主轴速度	刀具长度/mm 刀具直径/mm	刀具补偿号	补偿量
端面铣刀 (01)	50	刀具长度 150 刀具直径 ϕ120	H01 D11	+150000 +60000
立铣刀 (02)	53	刀具长度 140 刀具直径 ϕ30	H02 D12	+140000 +15000
镗刀 (03)	40	刀具长度 160 刀具直径 ϕ180	H03	+160000
中心钻 (04)	58	刀具长度 120 刀具直径 ϕ3	H04	+120000
钻头 (05)	54	刀具长度 180 刀具直径 ϕ24	H05	+180000
工件零点偏置的设定 G54 X505000 Y -330000 Z -250000				

第八节　数控车床的程序编制

数控车床的程序编制与加工中心的程序编制有很多相同之处，如程序的格式是一样的，大多数G代码、M代码是一样的，S、T、F功能字是一样的。由于车削加工方式的特点，也有些专用的加工程序。下面以大连大森数控技术发展中心有限公司的车床为例，说明数控车床的编程特点。

一、功能代码

1. 准备功能（G代码，见表2-7）

表2-7　G代码功能表

代码	组	功　能	代码	组	功　能
G00	B	定位（快速）	G54	M	设定工件坐标系
G01	B	直线插补（切削进给）	G55	M	设定工件坐标系
G02	B	顺时针圆弧插补（CW）	G56	M	设定工件坐标系
G03	B	逆时针圆弧插补（CCW）	G57	M	设定工件坐标系
G04	A	暂停	G58	M	设定工件坐标系
G09	A	停止并进行定位检查	G59	M	设定工件坐标系
G20	F	英制单位	G70		精加工循环
G21	F	米制单位	G71		纵向粗车自动循环
G22	E	存储行程极限2检查功能ON	G72		横向粗车自动循环
G23	E	存储行程极限2检查功能OFF	G73		依外形切削自动循环
G28	A	返回至参考点位置	G74		纵向断续切削固定循环
G29	A	从参考点位置返回	G75		内外圆切槽循环
G30	A	返回到第2、第3、第4参考点	G76		螺纹复合切削循环
G32	B	螺纹切削	G90	I	外径切削的固定循环
G40	G	取消刀尖R补偿	G92	I	螺纹切削的固定循环
G41	G	刀尖R补偿（向左）	G94	I	端面切削的固定循环
G42	G	刀尖R补偿（向右）	G96	J	恒线速切削
G50	A	坐标系设定	G97		取消恒线速切削
G52	B	本地坐标系的设定和取消	G98	F	每分钟进给
G53	B	机械坐标系	G99	F	主轴每转进给

2. 辅助功能（M代码，见表2-8）

表2-8　M代码功能表

代　码	名　　称	功　　能
M00	程序停止	执行完所在程序段后，停止程序运行
M01	选择性停止	当打开选择停止开关后，功能同M00，否则程序不停
M02	程序终止	执行M02指令后，NC变为复位状态

（续）

代码	名称	功能
M03	主轴正转启动	控制机床主轴的正转、反转和停止
M04	主轴反转启动	
M05	主轴停止转动	
M08	冷却启动	控制冷却电动机的启动和停止
M09	冷却停止	
M30	程序结束	程序结束，返回到程序的开头处
M98	子程序调用	
M99	子程序返回	

3. 主轴功能（S 功能）

指令格式：S＿＿＿＿；

用S后四位数指定主轴的转速。

例如：M03　S1000，指定主轴正转，转速为1000r/min。

　　　M04　S1000；指定主轴反转，转速为1000r/min。

4. 刀具功能（T 功能）

指令格式：T＿＿＿＿；

用T后四位数指定刀具功能，前两位数是刀具号，后两位数是刀补组号。

例如：T0201，前两位02是刀具号，后两位01是刀尖补偿组号。

执行T指令，机床按刀具号换刀，系统按刀尖补偿组号给出刀尖补偿值。

当T指令和移动指令在同一个程序段时，指令执行的方式有两种：

1）移动指令和T指令同时执行。

2）移动指令执行完后再执行T指令。

机床采用哪一种方式，要根据机床的结构、刀库及换刀方式，由机床制造厂决定。

二、坐标系

数控车床坐标系用右手笛卡儿坐标系确定，平行于主轴轴线方向为 Z 轴，垂直于主轴轴线方向为 X 轴，刀具远离工件方向为正。数控车床共有以下几种坐标系：机械坐标系（G53）、工件坐标系（G54～G59）、设定工件坐标系（G50）和本地坐标系（G52）。

1. 机械坐标系 G53

机械坐标系的零点是车床生产厂家在机床制造时确定的，是机床加工的基准点，它与参考点密切相关。车床的参考点通常设在刀架离主轴端部在 X 轴、Z 轴方向最远的点，便于车削加工和装卸工件。机床起动后进行返回参考点操作，机械坐标系零点也就确定了。坐标系一旦建立，只要不切断电源，坐标系就不会改变。

2. 工件坐标系 G54～G59

六种工件坐标系的零点可通过参数决定：

机械坐标系零点＋G54偏置＝G54工件坐标系零点

机械坐标系零点＋G55偏置＝G55工件坐标系零点

机械坐标系零点＋G56偏置＝G56工件坐标系零点

机械坐标系零点 + G57 偏置 = G57 工件坐标系零点

机械坐标系零点 + G58 偏置 = G58 工件坐标系零点

机械坐标系零点 + G59 偏置 = G59 工件坐标系零点

3. 设定工件坐标系 G50

指令格式：G50　X x　Z z；

和第三节所述的 G92 指令一样，G50 后面的 x 值、z 值是用来设定工件坐标系零点的值。用 G50 设定工件坐标系时，刀具已经处在机床的某一位置，G50 后面的 x 值、z 值不是使刀具移动的坐标值，刀具是不移动的，而是所设的新坐标系中刀具所处位置的坐标值。这样就可在加工过程中根据刀具所处的位置随时设定坐标系，对零件的编程和加工都很方便。

4. 本地坐标系 G52

本地坐标系（G52）与工件坐标系（G54 ~ G59）密切相关，只有在工件坐标系内才有作用。

指令格式：G52　X x　Z z；

G52 后的 x 值和 z 值是工件坐标系（G54 ~ G59 之一）内的坐标值，这两个值所指示的点是本地坐标系的零点，建立本地坐标系后，它所在的工件坐标系失效，此时刀具不动。G52 的作用有三点：

1）执行 G52　X x　Z z 指令，在所在的工件坐标系（G54 ~ G59 之一）内建立本地坐标系，G52 后面的 x 值、z 值是所在工件坐标系的坐标值，这两个坐标值所确定的点，是建立的本地坐标系的零点。

2）执行 G52　X0　Z0 指令，取消本地坐标系，返回工件坐标系。

3）执行 G52（G52 后无坐标字）指令，取消所在的工件坐标系，返回上一级坐标系。

编程举例（图 2-46）：

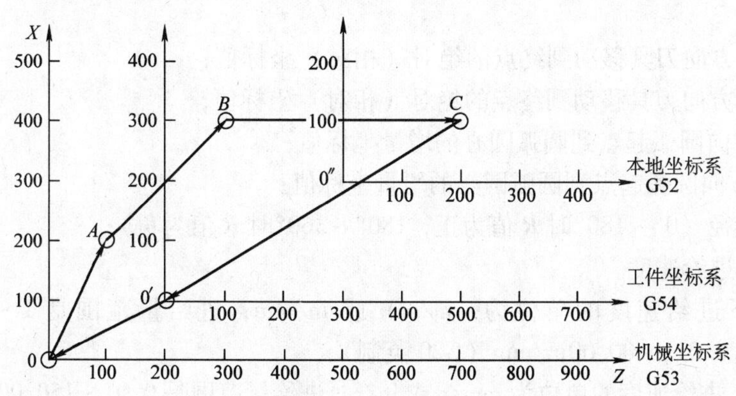

图 2-46　坐标系的关系

N1　G01　X200　Z100　F100；	刀具移动到机械坐标系的 A 点
N2　G54；	激活 G54 坐标系（刀具不移动）
N3　X300　Z100；	刀具移到 G54 坐标系内的 B 点
N4　G52　X200　Z300；	用 G52 指令建立本地坐标系，零点为 0″
N5　X100　Z200；	刀具移到本地坐标系内的 C 点
N6　G52　X0　Z0；	取消本地坐标系，G54 重新有效

N7 X0 Z0; 刀具移到 G54 坐标系内的 0′点

N8 G52; 取消 G54 坐标系

N9 X0 Z0; 刀具移到机械坐标系（G53）的 0 点

三、常用编程指令

1. 位置定位（快速进给）指令 G00

指令格式：

G00 X x Z z; 绝对坐标方式

G00 U u W w; 相对坐标方式

2. 直线插补指令 G01

指令格式：

G01 X x Z z F f; 绝对坐标方式

G01 U u W w F f; 相对坐标方式

3. 圆弧插补指令 G02、G03

指令格式：

G02 X x Z z I i K k F f; 绝对坐标方式

G02 U u W w I i K k F f; 相对坐标方式

G03 X x Z z I i K k F f; 绝对坐标方式

G03 U u W w I i K k F f; 相对坐标方式

G02 X x Z z R r F f; 绝对坐标方式

G02 U u W w R r F f; 相对坐标方式

G03 X x Z z R r F f; 绝对坐标方式

G03 U u W w R r F f; 相对坐标方式

其中：

x (u)为 X 方向刀具移动到终点的绝对（相对）坐标值；

z (w)为 Z 方向刀具移动到终点的绝对（相对）坐标值；

i 为 X 轴方向圆弧起点到圆弧圆心的增量坐标值；

k 为 Z 轴方向圆弧起点到圆弧圆心的增量坐标值；

r 为圆弧半径（0°~180°时 R 值为正，180°~360°时 R 值为负）；

f 为切削的进给速度。

G98 方式下进给速度的单位为 mm/min 或 in/min，进给量范围是 1~15000mm/min（G21 米制）和 0.01~600.00in/min（G20 英制）。

G99 方式下进给速度的单位为 mm/r 或 in/r，进给量范围是 0.01~150.00mm/r（G21 米制）和 0.001~50.00in/r（G20 英制）。

图 2-47 所示圆弧插补加工程序如下：

N1 G98 G21 G50 X40 Z5; 建立坐标系

N2 M03 S400; 主轴正转，转速为 400r/min

N3 G00 X0; 刀尖移动到 $Z=5$，$X=0$ 位置

N4 G01 Z0 F60; 刀具 $-Z$ 向切削加工 5mm

N5 G03 U24 W-24 R15; 加工半径为 15mm 的球面

N6 G02 X26 Z-31 R5;	顺圆弧加工曲面
N7 G01 Z-40;	加工柱面
N8 X32;	加工端面
N9 G00 X40 Z5;	退刀
N10 M30;	程序结束

由于这些零件的径向尺寸，无论是测量尺寸还是编程尺寸，都是以直径值来表示的，所以数控车床采用直径编程方式，即规定用绝对值编程时，*X* 为直径值；用相对值编程时，则以刀具径向实际位移量的 2 倍值为直径值。对于不同的数控车床和数控系统，其编程基础与前面是相同的，个别有差别的地方，则要参照具体机床的用户手册或编程手册。

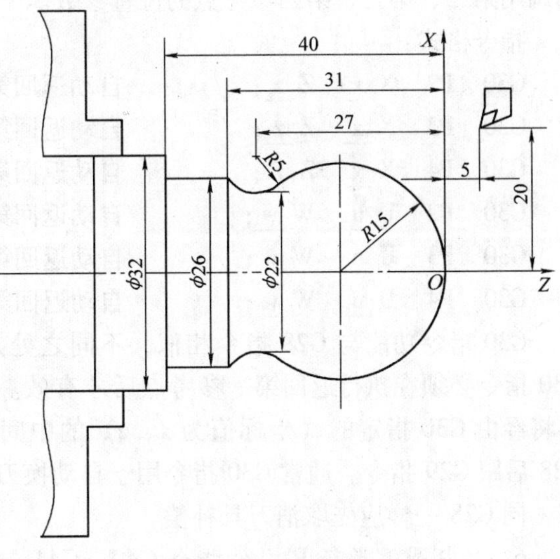

图 2-47 圆弧插补加工

4. *精确定位指令* G09

在切削加工过程中，刀具进给方向发生变化时，或进给速度发生急剧变化时，会影响加工精度，也会使机床发生振动，这时在刀具拐点处需要加减速处理。为达到要求的加工精度，在拐点处刀具应停止运动，然后再执行下一段程序。即机床在执行含有 G09 指令的程序段时，刀具在接近指令终点位置时会减速、停止，NC 在检测到刀具到位信号后才继续执行下一段程序。由于 G09 是控制加工精度的指令，所以它一定出现在含有 G01、G02、G03 指令的程序段中。

5. *参考点返回指令* G28、G29、G30

机床参考点是可以任意设定的，设定的位置主要根据机床加工或换刀的需要。设定的方法有两种：其一，根据刀柄上某一点或将刀具刀尖等坐标位置存入参数中，来设定机床参考点；其二，用调整机床上各相应的挡铁位置来设定机床参考点。通常，参考点选作机床坐标的零点，在使用手动返回参考点功能时，刀具即可在机床 *X*、*Z* 坐标参考点定位，这时返回参考点指示灯亮，表明刀具在机床的参考点位置。

（1）自动返回参考点指令 G28

指令格式：G28 Z <u>z</u> X <u>x</u>；

其中：x、z 为 G53 坐标系中刀具经过的中间点位置的绝对坐标值。指令执行后，所有的受控轴都将快速定位到中间点，然后再从中间点移到参考点。G28 指令一般用于自动换刀，所以使用 G28 指令时，应取消刀具的补偿功能。

（2）从参考点自动返回指令 G29

指令格式：G29 Z <u>z</u> X <u>x</u>；

G29 指令一般紧跟在 G28 指令后使用。指令中的 x、z 坐标值是执行完 G29 后，刀具应到达的（G53 坐标系）坐标点。它的动作顺序是从参考点快速到达 G28 指令的中间点，再从中间点移动到 G29 指令的点定位，其动作与 G00 动作相同。

（3）第二、第三、第四参考点返回指令 G30

用 G28 返回的参考点通常是距车床主轴端部在 X、Z 轴方向最远的点，在加工短轴和盘类零件时，刀具离主轴的端部较近，返回参考点时，要移动很长的距离。为提高加工效率，减少空行程距离，根据被加工零件长度要求，设置第二、第三、第四参考点是很必要的。第二、第三、第四参考点的位置用预置参数的办法输入到计算机内，用地址 P2、P3、P4 来分别调用第二、第三、第四参考点的位置参数。

指令格式：

G30　P2　X x　Z z；　　自动返回第二参考点（G53 坐标系中的绝对坐标值）
G30　P3　X x　Z z；　　自动返回第三参考点（G53 坐标系中的绝对坐标值）
G30　P4　X x　Z z；　　自动返回第四参考点（G53 坐标系中的绝对坐标值）
G30　P2　U u　W w；　　自动返回第二参考点（G53 坐标系中的相对坐标值）
G30　P3　U u　W w；　　自动返回第三参考点（G53 坐标系中的相对坐标值）
G30　P4　U u　W w；　　自动返回第四参考点（G53 坐标系中的相对坐标值）

G30 指令功能与 G28 指令相似，不同之处是刀具自动返回第二、第三、第四参考点，G30 指令必须在执行返回第一参考点后才有效。如果 G30 指令后面直接跟 G29 指令，则刀具将经由 G30 指定的（坐标值为 x、z）的中间点移动到 G29 指令的返回点定位，类似于 G28 后跟 G29 指令。通常 G30 指令用于自动换刀位置与参考点不同的场合，而且在使用 G30 前，同 G28 一样应先取消刀具补偿。

6. 刀尖圆弧半径 R 补偿指令 G40、G41、G42

通常车刀的刀尖都不是理论的尖角，都有一小段圆弧（或横刃），用对刀仪测量刀具时会出现刀尖的虚点，这个刀尖虚点是没有切削刃的，在 X 轴方向车削端面或在 Z 轴方向车削外圆时没有影响，但在车削锥面和圆弧时由于刀尖切削点的位置变化，会造成过切或残留现象。

在图 2-48 中，有剖面线的部分是车刀切削时的残留和过切部分。对刀仪测量刀尖的 x、z 数值时，利用刀尖底面和侧面的两个点，两个测量面是互相垂直的，刀尖上两个测量面的交点，就是刀尖虚点，这个点没有切削刃。当刀具回参考点时，刀具行走的距离是由 x、z 坐标值决定的，两个坐标值的交点就是刀尖虚点。当刀具从参考点返回定位时的定位点也是刀尖虚点，刀具切削加工时，刀尖沿编程曲线进刀切削时的点还是刀尖虚点，因为刀尖虚点没有切削刃，实际切削点是刀尖圆弧上的点，这就使刀尖的编程点（刀尖虚点）与实际切削点不是同一个点，尤其是在切削圆弧或锥面时，刀尖圆弧上的实际切削点还在不断地变化，因而会产生残留和过切现象。

在图 2-48 中，刀尖虚点沿编程曲线移动，实际切削刃不在编程曲线上，因此产生阴影部分的过切和残留现象。

为了解决刀尖虚点对加工的影响，现代车床编程采用刀尖圆弧半径补偿的办法。与第四节标题“十”所述的内容类似，刀尖圆弧半径补偿的格式为：

G40　X x　Z z；　　清除刀尖圆弧半径 R 补偿
G41　X x　Z z；　　刀尖圆弧半径 R 左侧补偿
G42　X x　Z z；　　刀尖圆弧半径 R 右侧补偿

刀尖圆弧半径 R 补偿的建立和消除必须在有 G00、G01 指令的程序段进行。

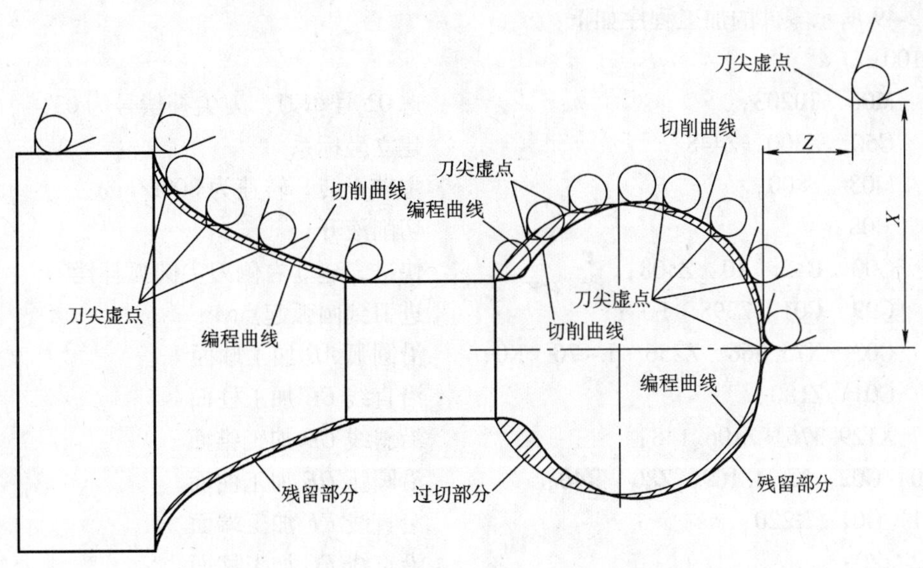

图 2-48　车刀切削时的残留和过切现象

刀尖圆弧半径 R 的值应先存入计算机内，加工时由选刀指令 T 调用。用刀尖圆弧半径 R 补偿时，T 指令是 4 位，如 T0203，前两位是刀具号，后两位是存储刀尖圆弧半径值的内存地址，加工时由程序调用圆弧半径 R 的值。

图 2-49 所示为刀尖圆弧半径 R 补偿实例。加工时，刀具沿刀尖圆弧中心路径进刀，圆弧中心路径是在法线方向上与编程曲线偏离 R 距离的曲线，不同曲线之间的交接点要经计算给出，图 2-49 中的 a、b、c、d、e、f、f'、g 点都是在执行 G42（或 G41）指令时由计算机计算得到的。有了这些点，刀尖圆弧中心的路径才能正确无误。

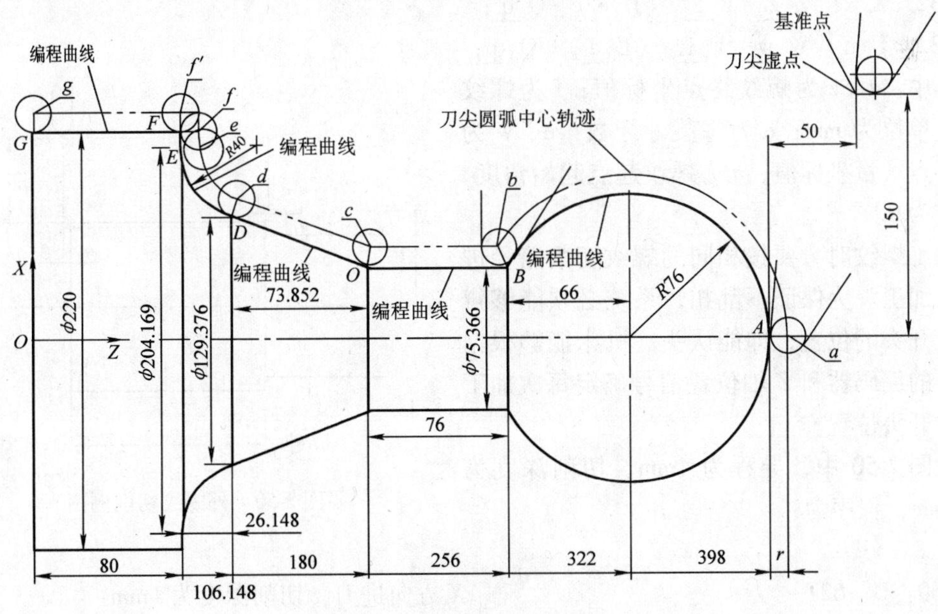

图 2-49　刀尖圆弧半径 R 补偿实例

图2-49 所示零件的加工程序如下：

```
O0100;
N1  M06  T0203;                           选02号车刀，刀尖补偿号为03
N2  G50  X300  Z448;                      建立坐标系
N3  M03  S800;                            主轴正转，转速为800r/min
N4  M08;                                  切削液开
N5  G00  G42  X0  Z408;                   快进，建立右侧刀尖圆弧补偿
N6  G99  G01  Z398  F0.1;                 进刀到圆弧起点A
N7  G03  X75.366  Z256  I-76  K0;         沿圆弧AB加工球面
N8  G01  Z180;                            沿直线BC加工柱面
N9  X129.376  Z106.148;                   沿斜线CD加工锥面
N10  G02  X204.169  Z80  R40;             沿圆弧DE加工曲面
N11  G01  X220;                           沿直线EF加工端面
N12  Z0;                                  沿直线FG加工柱面
N13  G00  G40  X250  Z80;                 退刀，消除刀尖半径补偿
N14  M09  M05;                            切削液停，主轴停
N15  G28  U0  W0;                         返回参考点
N16  M30;                                 程序结束
```

7. 螺纹切削指令 G32

指令格式：

G32 X x Z z F f (E e)；

G32 U u W w F f (E e)；

G32 X x Z z F f (E e) Q q；

G32 U u W w F f (E e) Q q；

其中：x、z 为螺纹终点坐标值；f 为螺纹导程，单位为 mm；e 为每英寸牙数；u、w 为螺纹终点增量坐标值；q 为螺纹起点起始角度，不指定为 0。

加工螺纹时，要按相同的螺纹切削路径进行多次加工。为保证不乱扣，系统必须能够辨认螺纹开头的位置，即能认头。机床能够根据主轴上的编码器和 Z 轴位置信号确定每次加工螺纹的开头位置。

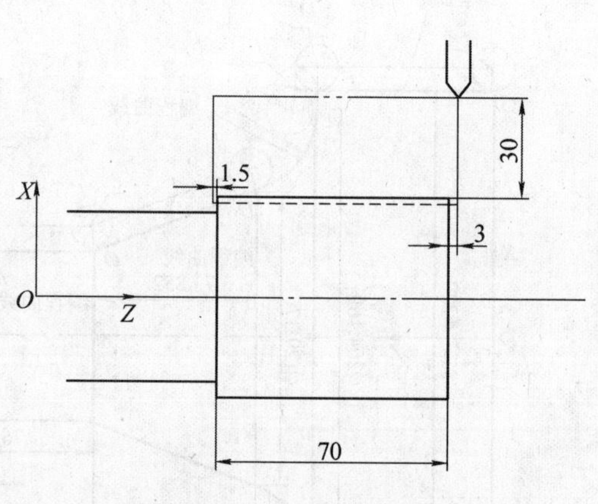

图2-50 外螺纹切削例图

在图 2-50 中，导程为 4mm，切削深度为 2.165mm，程序为：

```
      ⋮
G00  U-62;                     X方向进刀，切削深度为1mm
G32  W-74.5  F4;               第一次切螺纹，导程为4mm
G00  U62;                      X方向退刀
```

```
W74.5;                    Z 方向退刀
U-64;                     X 方向进刀，切削深度为 2mm
G32  W-74.5;              第二次切螺纹
G00  U64;                 X 方向退刀
W74.5;                    Z 方向退刀
U-64.33;                  X 方向进刀，切削深度为 2.165mm
G32  W-74.5;              第三次切螺纹
G00  U64.33;              X 方向退刀
G74.5;                    Z 方向退刀
  ⋮
```

在图 2-51 中，导程为 3.5mm，切削深度为 1.0825mm，程序为：

```
  ⋮
G00  X12.5;                   X 方向进刀，切削深度为 0.75mm
G32  X41.5  W-43  F3.5;       第一次切锥螺纹
G00  X50;                     X 方向退刀
     W43;                     Z 方向退刀
     X12;                     X 方向进刀，切削深度为 1mm
G32  X41  W-43;               第二次切锥螺纹
G00  X50;                     X 方向退刀
     W43;                     Z 方向退刀
     X11.835;                 X 方向进刀，切削深度为 1.0825mm
G32  X40.835  W-43;           第三次切锥螺纹
G00  X50;                     X 方向退刀
     W43;                     Z 方向退刀
  ⋮
```

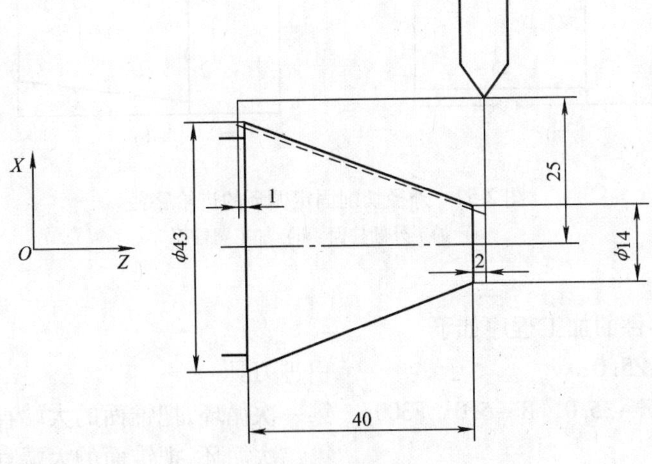

图 2-51　锥螺纹加工例图

四、车削固定循环

1. 外径切削固定循环指令 G90

外径加工固定循环可进行柱面和锥面切削，只执行一个循环。

格式：

G90 X x Z z R r F f； 绝对坐标方式

G90 U u W w R r F f； 相对坐标方式

其中：x(u)、z(w)为外径切削终点的绝对（相对）坐标值；

r 为锥面的小径和大径在半径上的差，即切削始点与切削终点在 X 轴方向的坐标增量（半径值），圆柱面切削循环时，R 为零，可省略；

f 为进给速度。

G90 指令只执行一次循环，进行柱面或锥面加工。图 2-52 所示为外径切削固定循环的进给路径，首先把刀具引进到 *A* 点，执行 G90 指令时，刀尖就按 *A*→*B*→*C*→*D*→*A* 路径循环一次，回到 *A* 点。路径中的①、④段是刀具快移路径，②、③段是刀具切削加工路径，刀具按 f 给定的进给速度加工。*A* 点的位置不是 G90 指令确定的，而是手工编程时由人工确定。*A* 点应距毛坯外表面和端面有几毫米的距离，以保证引进刀具时刀尖不碰撞工件，加工时刀具的切入、切出长度又不大。*C* 点是 G90 指令中 x(u) 和 z(w) 为给定的终点坐标值，刀尖走到 *C* 点后沿路径③切出。*B* 点是切削加工的起点，*B* 点的位置是根据 *C* 点和 *A* 点的位置由计算机给出的。切锥面时指令中要有 *r* 值。*r* 值是切入端工件端面半径减去切出端工件半径的值，若切入端工件端面半径小于切出端工件半径则 *r* 为负值。

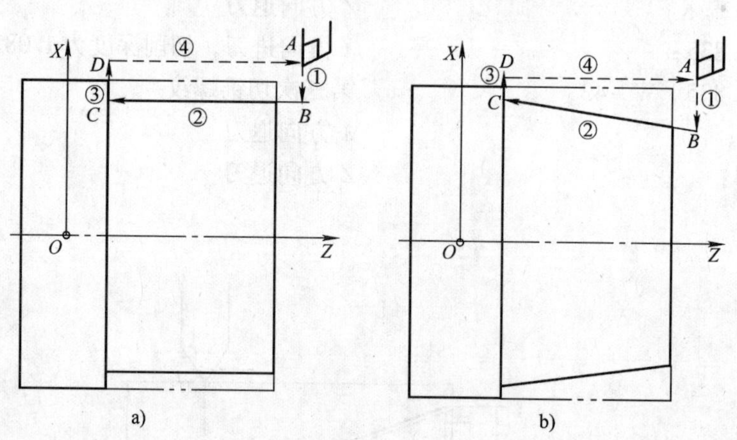

图 2-52 外径切削固定循环的进给路径

a）加工外圆柱面 b）加工圆锥面

编程举例：

图 2-53 所示零件的加工程序如下：

G00 X70.0 Z5.0；	引进刀具
G90 X60.0 Z−35.0 R−5.0 F300；	第一次循环，把锥面的大端直径加工到 ϕ60mm
X50.0；	第二次循环，把锥面的大端直径加工到 ϕ50mm
G00 X100.0 Z100.0；	退刀

2. 端面切削固定循环指令 G94

G94 指令和 G90 指令的功能类似，不同之处是它用于端面切削，可进行与 Z 轴垂直或有一定斜度端面的单循环加工。

指令格式：

G94　X x　Z z　R r　F f；　绝对坐标方式

G94　U u　W w　R r　F f；　相对坐标方式

其中：x(u)、z(w)为端面切削终点的绝对（相对）坐标值；

r 为锥端面切削的起点相对于终点在 Z 方向的坐标增量，当 Z 向的起点坐标值小于终点坐标值时，r 为负值；

f 为进给速度。

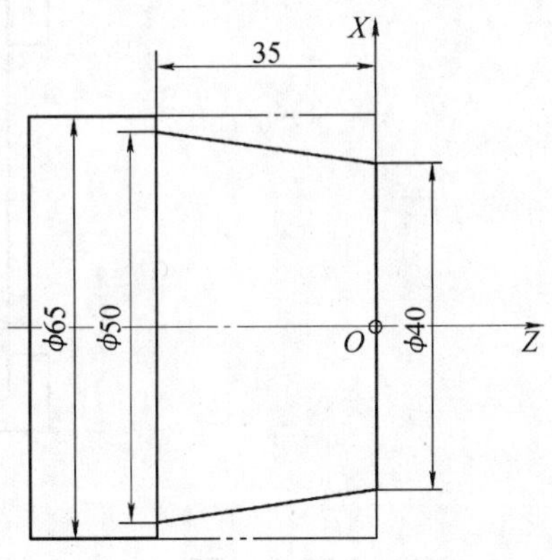

图 2-53　用 G90 指令加工锥面例图

图 2-54 所示为端面切削固定循环路径图，切削路径是 A→B→C→D→A。A 点是由前一段程序给定的，G94 指令程序段给出 C 点的绝对坐标值（x，z）或增量坐标值（u，w）、r 值。路径中的①、④段是刀具快移路径，②、③段是刀具按 f 给定的进给速度进行切削加工的路径。B 点和 D 点是系统根据 C 点的数据和 r 值给出的。当 r 为零时，切直端面。

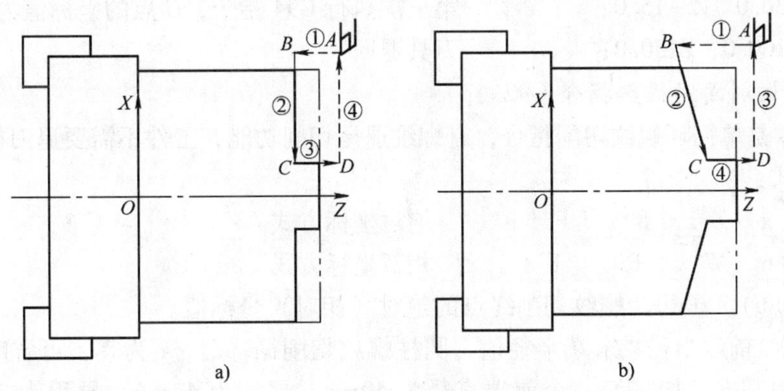

图 2-54　端面切削固定循环路径图

a）直端面　b）锥端面

在图 2-55 中，Z 方向端面切出的总厚度是 15mm，一次循环不能完成，需执行 3 次 G94 指令。

程序如下：

```
G00  X85.0  Z5.0;                 把刀具引进到 A 点
G94  X30.0  Z-5.0  F300;          第一次执行 G94 指令，C 点的坐标值为 X30、Z-5
            Z-10.0;               第二次执行 G94 指令，C 点的坐标值为 X30、Z-10
            Z-15.0;               第三次执行 G94 指令，C 点的坐标值为 X30、Z-15
G00  X100.0  Z150.0;              刀具退回
```

用上述程序加工时 A、D 点的位置不变，会重复切削已经加工的面，为避免产生这个问题，可用如下的程序：

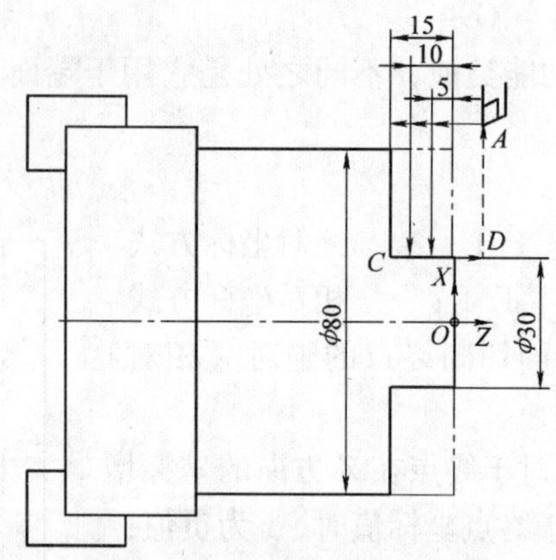

图 2-55 端面切削固定循环例图

G00 X85.0 Z5.0;	把刀具引进到 *A* 点
G94 X30.0 Z-5.0 F300;	第一次执行 G94 指令，*C* 点的坐标值为 X30、Z-5
G00 Z-5.0;	把 *A*、*D* 点移到 Z-5.0 的位置
G94 X30.0 Z-10.0;	第二次执行 G94 指令，*C* 点的坐标值为 X30、Z-10
G00 Z-10.0;	把 *A*、*D* 点移到 Z-10.0 的位置
G94 X30.0 Z-15.0;	第三次执行 G94 指令，*C* 点的坐标值为 X30、Z-15
G00 X100.0 Z150.0;	刀具退回

3. 螺纹切削固定循环指令 G92

G92 指令是单循环螺纹切削指令，有螺纹退尾切削功能，工件不需要退刀槽。

指令格式：

G92 X<u>x</u> Z<u>z</u> R<u>r</u> F<u>f</u>; 绝对坐标方式

G92 U<u>u</u> W<u>w</u> R<u>r</u> F<u>f</u>; 相对坐标方式

其中：x(u)、z(w)为螺纹切削终点的绝对（相对）坐标值。

r 为锥螺纹前端半径减末端半径值，圆柱螺纹切削循环时，r 为零，可省略。编程以前端直径尺寸为基准。如需编一个前端直径为 40mm、尾端为 42mm、导程为 2mm、长度为 20mm 的锥螺纹，那么 r 就是(20-21)mm=-1mm，所以 r 为-1mm，程序为：G92 X40.0 W-20.0 F2.0 R-1。

f 为螺纹导程（在进行螺纹切削时进给倍率无效）。

图 2-56 是用 G92 指令切削螺纹固定循环的路径图，顺序是 *A*→*B*→*C*→*D*→*A*。*C* 点是程序中 *x*、*z*（或 u、w）的给定值，*A* 点是前一段程序的刀具到达点，是螺纹切削起点，给定时要考虑切入和退出的距离。路径中的①、③、④段是刀具快移路径，②段是按导程 f 进行螺纹切削的路径。

图 2-57 所示零件的加工程序如下：

O0008;	程序名
N010 T0101;	换刀
N020 M03 S300;	主轴正转
N030 G00 X80.0 Z2.0;	刀具快移到 *A* 点

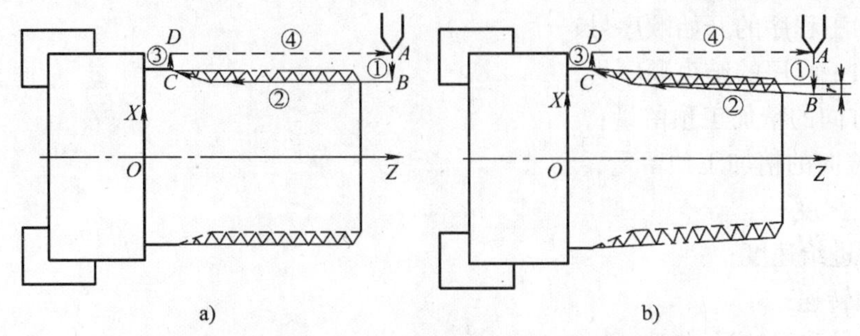

图 2-56 用 G92 指令切削螺纹固定循环路径图
a）G92 切削直螺纹固定循环 b）G92 切削锥螺纹固定循环

N040 G92 X59.2 Z-80.0 F1.5；	刀尖在 X59.2 的深度切螺纹，第一次循环
N050 X58.6；	刀尖在 X58.6 的深度切螺纹，第二次循环
N060 X58.4；	刀尖在 X58.4 的深度切螺纹，第三次循环
N070 X100.0 Z50.0；	退刀
N080 M05；	主轴停转
N090 M30；	程序结束

从上例可以看出：G92 指令可以重复使用，每次循环结束都回到 A 点，下一次循环从 A 点开始，重复时能够自动认头，不会乱扣。每次循环的切入深度由所执行的程序段给定。

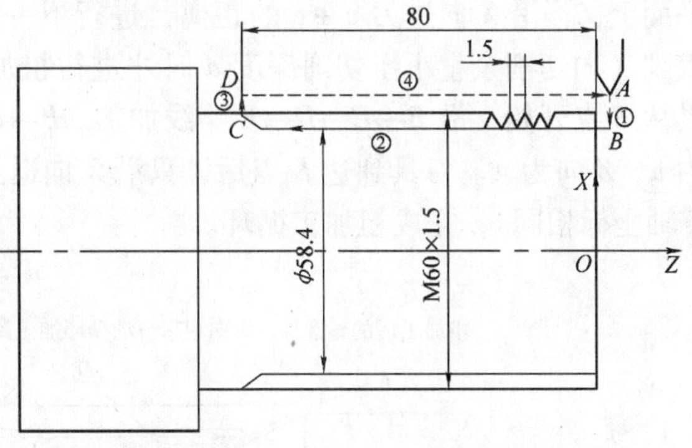

图 2-57 用 G92 指令切削螺纹例图

G32 和 G92 都能切削直螺纹和锥螺纹，两个指令功能类似，不同之处是 G32 只有螺纹加工的一段路径，没有进刀、退刀和返回起始点路径，编程时须有进刀、退刀和返回起始点的程序段。而 G92 则包括了全部循环路径，但它只能循环一次。后面将要讲述的 G76 指令则能进行螺纹加工的多次循环。

五、复合型车削自动循环

G70～G76 是 CNC 车床多次固定循环指令，与单次固定循环指令一样，可以用于必须重复多次加工才能加工到规定尺寸的典型工序。该指令主要用于铸、锻毛坯的粗车和棒料车阶梯较大的轴及螺纹加工。

1. 纵向粗车自动循环指令 G71

在车削加工中，经常用纵向切削方式切除毛坯上的多余材料。在数控机床上，纵向粗车自动循环是常用的粗加工程序，尤其是在车削轴向尺寸较长的棒料毛坯时，纵向车削粗加工是合理的工艺方法。G71 不但可以用于外圆加工，还可用于内孔加工。

格式：G71 P<u>p</u> Q<u>q</u> U<u>u</u> W<u>w</u> D<u>d</u> A<u>a</u> F<u>f</u> S<u>s</u> T<u>t</u>；

其中：

a 为精加工子程序号码（精加工程序包含在 G71 指令的程序中可以省略）；

p 为精加工程序的开始顺序号；

q 为精加工程序的结束顺序号；

u 为 X 方向的精加工预留量；

w 为 Z 方向的精加工预留量；

d 为切削深度；

f 为车削进给速度；

s 为主轴转速；

t 为刀具号和刀补号；

e 为刀具退出量，相关参数由 MDI 方式输入，不在 G71 指令中。

循环的每次切削后刀具要沿 45°退出，刀具在 X 方向的退出量 e 是用参数设定的。有的系统中 G71 指令分两段程序给出，第一段程序中给出 e 值，不需参数设定。

图 2-58 所示为纵向粗车自动循环加工路径的示意图，执行 G71 指令前，刀尖要由前面的程序引进到加工起点 A，A 点是编程者设定的点，应与工件端面和外圆表面有几毫米的距离，以免引进刀具时刀尖触碰工件。执行 G71 指令时，刀具首先从 A 点沿负 X 方向进刀，切削深度为 d，再沿负 Z 方向进行切削加工，进给速度为 f。当刀具加工到距工件轮廓表面 w 时，沿 45°退出，X 方向退出距离为 e，然后，刀具沿 Z 向快退到过 A 点且与 Z 轴垂直的平面上，再沿 X 向进刀 $d+e$ 的距离，进行下一次切削加工。如此进行多次粗车加工循环，直到 X 向切削余量小于切削深度 d 时才进行粗加工的最后一次加工。最后一次粗加工，刀具从 B 点开始，沿 $B \to C \to D \to E$ 路线加工。$B \to C \to D \to E$ 路线与精加工路径的距离是：X 向为 u，Z 向为 w。刀具到达 E 点后，只沿 X 向退刀到 F 点，最后快退到 A 点（F 点和 A 点的 X 轴坐标相同），完成粗加工循环。

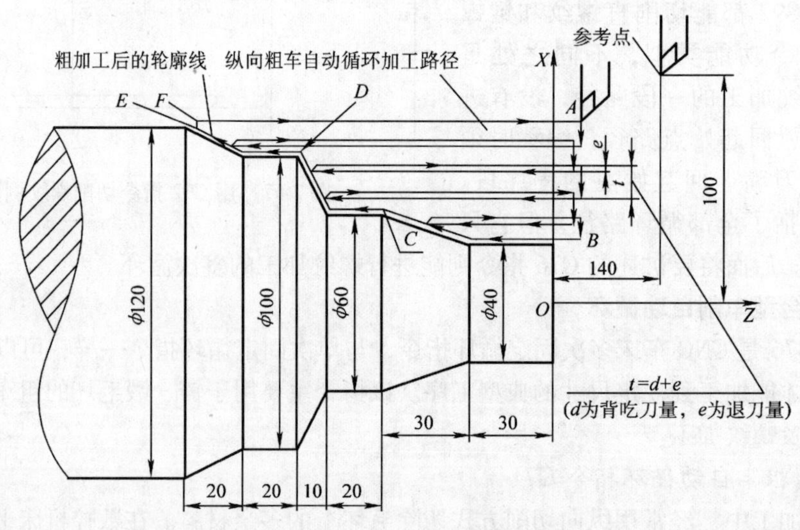

图 2-58 纵向粗车自动循环加工路径

有的系统 G71 指令的路径与上述稍有不同，其主要是：刀具引进到 A 点开始执行 G71 指令时，刀具要先后退一个精加工预留量的距离，X 方向后退量为 u，Z 方向后退量为 w，然后进行粗加工循环。

G71 指令路径的计算条件是必须有该零件的精加工程序和刀具的切削深度，计算机根据精加工路径和刀具的切削深度计算出粗加工循环路径，完成粗加工循环。粗加工时只能是 Z 轴一个轴移动。切削深度的确定应根据被加工材料、切削速度、进给量、刀具和冷却情况等因素确定，最好根据切削用量手册选用，也可参考有关切削原理的书籍给出的公式计算。凭经验给出的切削用量不一定是最优值。循环次数等于最大粗车余量除以切削深度（取整），通常最大粗车余量都不是切削深度的整数倍，取整后小数部分的粗车余量由 G71 循环的最后一次加工完成。最后一次加工路径按照工件表面形状进给，进给后留有精加工余量。精加工需用 G70 指令完成，精加工程序可跟在 G71 指令的后面，也可作为子程序放在主程序外，用 G70 指令调用，实现复合循环加工。

编程举例：

图 2-58 所示零件的加工程序如下：

```
N010  G50  X200  Z140  T0101;                    建立工件坐标系
N020  G00  X124  Z4;                             将刀具引进到端面预切点
N030  G96  S120;                                 指令主轴转速、恒速切削
N040  G01  Z2  F100;                             Z 向进给
N050  X-1;                                       切削端面
N060  G00  Z3;                                   Z 向退刀
N070  X124;                                      X 向退刀
N071  G01  Z0;                                   Z 向进刀
N072  X-1;                                       第二次切断面
N075  G00  Z2;                                   Z 向退刀
N076  X124;                                      刀具退到 A 点
N080  G71  P090  Q150  U2  W2  D6  F200;         纵向切削粗车自动循环
N090  G00  X40;                                  精加工程序开始，从 A 点进刀
N100  G01  W-30  F400;                           精加工 φ40mm 柱面
N110  X60  Z-60;                                 精加工锥面
N120  Z-80;                                      精加工 φ60mm 柱面
N130  X100  Z-90;                                精加工锥面
N140  Z-110;                                     精加工 φ100mm 柱面
N150  X120  Z-130;                               精加工锥面
N160  G00  X124;                                 退刀到 A 点
N170  X200  Z140;                                回参考点
N180  M02;                                       程序停止
```

有的系统 G71 指令分两段书写。

指令格式：

G71 U(<u>Δd</u>) R(<u>e</u>);

G71 P<u>p</u> Q<u>q</u> U(<u>Δu</u>) W(<u>Δw</u>) F<u>f</u> S<u>s</u> T<u>t</u>;

其中：

Δd 为车削深度，无符号，该参数为模态值；

e 为退刀量，该参数为模态值；

p 为精车削程序第一段程序号；

q 为精车削程序最后一段程序号；

Δu 为 X 方向精车预留量的距离和方向；

Δw 为 Z 方向精车预留量的距离和方向；

粗车过程中从程序段号 p 到 q 之间包括的任何 f、s、t 功能都被忽略，只有 G71 指令中指定的 f、s、t 功能有效。

图 2-58 所示零件也可用 G71 两段程序编写：

粗车深度定为 5mm，退刀量为 1mm，精车削预留量：X 方向为 0.5mm，Z 方向为 0.25mm，粗车进给率为 0.3mm/r，主轴转速为 550r/min，数控程序编写如下：

程序	说明
N6 G50 X200.0 Z140.0；	定义程序零点
N8 G30 U0 W0；	回第二参考点
N10 T0100 M08；	换 01 号粗车刀，切削液开
N12 G00 X124.0 Z2.0；	刀具快速走到粗车循环起始点
N14 G71 U5.0 R1.0；	定义 G71 粗车循环，切削深度 5mm，退刀量 1mm
N16 G71 P18 Q30 U0.5 W0.25 F0.3 S550；	粗车主轴转速 550r/min，进给率 0.3mm/r，程序段号 N18 到 N30 定义精车削刀具轨迹
N18 G00 X40.0；	精加工程序开始，从 A 点进刀
N20 G01 W-30.0 F0.15；	精加工 ϕ40mm 柱面
N22 X60.0 W-30.0；	精加工锥面
N24 W-20.0；	精加工 ϕ60mm 柱面
N26 X100.0 W-10.0；	精加工锥面
N28 W-20.0；	精加工 ϕ100mm 柱面
N30 X120.0 W-20.0；	精加工锥面
N32 G30 U0 W0；	回第二参考点
N34 T0303；	调 03 号精车刀，刀补号为 03
N36 G70 P18 Q30；	粗车后精车削
N38 X200.0 Z140.0；	回参考点
N40 M02；	程序停止

2. 精车循环指令 G70

指令格式：

G70 A_a_ P_p_ Q_q_；

其中：

a 为精加工子程序名；

p 为精加工程序的开始顺序号；

q 为精加工程序的结束顺序号。

G70 指令经常和 G71、G72、G93 等指令同时应用，粗加工之后用来调用精加工程序。执行 G70 指令，就能将 A __字给出子程序名的子程序调出执行，也可调用 P __字给出的程序号和 Q __字给出的程序号之间的程序加工。

编程注意事项：①精车过程中的 f、s、t 在程序段号 p 到 q 之间指定；②在车削循环期间，刀尖半径补偿功能有效；③在 p 和 q 之间的程序段不能调用子程序；④有的系统指定车削余量 u 和 w 可分几次进行精车。

3. 横向粗车自动循环指令 G72

G72 指令的含义与 G71 相同，不同之处是刀具平行于 *X* 轴方向切削，它采用从外径往轴心方向切削端面的方式粗车循环，该循环方式适于圆柱棒料毛坯端面方向粗车。粗切加工时只能是 *Z* 轴一个轴移动。

指令格式：

G72　P p　Q q　U u　W w　D d　A a　F f　S s　T t；

用棒料毛坯加工零件，该指令中字的含义与 G71 相同。

编程举例：

图 2-59 所示零件的加工程序为：

```
N010  G50  X220.0  Z190.0;                                      建立工件坐标系
N020  G00  X168.0  Z132.0;                                      刀具移到A点
N030  G72  P014  Q019  U2.0  W2.0  D7.0  A00005  F200;          横向粗车循环加工
N040  G70  P014  Q019  A00005  F100;                            精车加工
N050  M30;                                                      程序结束
O0005;                                                          子程序号
```

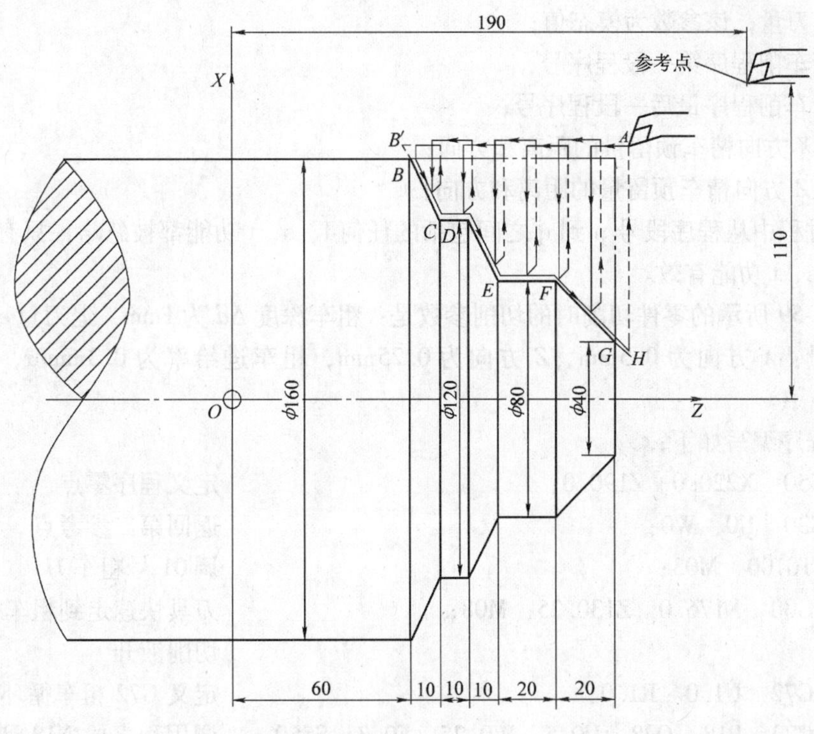

图 2-59　横向粗车加工路径

```
N014  G00  Z58.0;                              刀具从A点移到B′点
N015  G01  X120.0  W12.0  F100;                精加工锥面
N016  W10.0;                                   精加工φ120mm柱面
N017  X80.0  W10.0;                            精加工锥面
N018  W20.0;                                   精加工φ80mm柱面
N019  X36.0  W22.0;                            精加工锥面
N020  M30;                                     程序结束
```

在横向粗车自动循环以后，精加工之前，刀尖在 *A* 点，精加工开始时要把刀尖引到 *B*′点，加工时刀具从 *B*′点到 *C* 点，而不是从 *B* 点到 *C* 点。从程序中可以看出：N020 程序段中的 X168、Z132，表明刀尖到外圆表面的距离是 4mm，到端面的距离是 2mm；N014 程序段中的 Z58.0（此时 X 为 168），表明刀尖在 *B*′点，刀尖到 *B* 点的距离，在 *X* 方向为 4mm，*Z* 方向为 2mm，*B*′点在 *BC* 连线的延长线上，这就保证了刀尖一定经过 *B* 点到达 *C* 点。N019 程序段中 X36.0 W22.0 表明，程序的终点坐标值不是端面上的 *G* 点，而是端面外的 *H* 点，*H* 点在 *FG* 的延长线上。刀具加工时留一点切入、切出距离是合理的。

有的系统 G72 指令分两段书写。

指令格式：

G72　U(<u>Δd</u>)　R(<u>e</u>)；

G72　P<u>p</u>　Q<u>q</u>　U(<u>Δu</u>)　W(<u>Δw</u>)　F<u>f</u>　S<u>s</u>　T<u>t</u>；

其中：

Δd 为车削深度，无符号，该参数为模态值；

e 为退刀量，该参数为模态值；

p 为精车削程序第一段程序号；

q 为精车削程序最后一段程序号；

Δu 为 *X* 方向精车预留量的距离和方向；

Δw 为 *Z* 方向精车预留量的距离和方向；

粗车过程中从程序段号 p 到 q 之间包括的任何 f、s、t 功能都被忽略，只有 G72 指令中指定的 f、s、t 功能有效。

对图 2-59 所示的零件切削时的切削参数是：粗车深度 Δd 为 1mm，退刀量 e 为 1mm，精车削预留量：*X* 方向为 0.5mm，*Z* 方向为 0.25mm，粗车进给率为 0.3mm/r，主轴转速为 550r/min。

数控程序编写如下：

```
N6   G50  X220.0  Z190.0;                          定义程序零点
N8   G30  U0  W0;                                  返回第二参考点
N10  T0100  M03;                                   调01号粗车刀
N12  G00  X176.0  Z130.25  M08;                    刀具快速走到粗车循环起始点，
                                                   切削液开
N14  G72  U1.0  R1.0;                              定义G72粗车循环
N16  G72  P18  Q28  U0.5  W0.25  F0.3  S550;       调用程序段N18到N28进行粗
                                                   车
```

N18　G00　Z56.0；	快速走到精车起始点，N20 到 N28 定义精车刀具轨迹
N20　G01　X120.0　W12.0；	精加工锥面（B'点→C点）
N22　W10.0；	精加工 ϕ120mm 柱面（C点→D点）
N24　X80.0　W10.0；	精加工锥面（D点→E点）
N26　W20.0；	精加工 ϕ80mm 柱面（E点→F点）
N28　X36.0　W22.0；	精加工锥面（F点→H点）
N32　G30　U0　W0；	返回第二参考点
N34　T0303；	调 03 号精车刀
N36　G70　P18　Q28；	粗车后精车削
N38　G30　U0　W0　M09；	返回第二参考点，切削液停
N40　M30；	程序结束

4. 依工件外形粗车循环指令 G73

依工件外形粗车循环的进给路径是和工件外形一样的。有些铸件和锻件的毛坯形状和工件的形状类似，各处的粗加工余量也相差不大，采用 G73 指令加工最合理。这种粗车循环各处的切深变化不大，进给路径又与工件表面形状一致，因此效率较高。

指令格式：

G73　P<u>p</u>　Q<u>q</u>　U<u>u</u>　W<u>w</u>　I<u>i</u>　K<u>k</u>　D<u>d</u>　A<u>a</u>　F<u>f</u>　S<u>s</u>　T<u>t</u>；

其中：

p 为精加工程序的开始顺序号；

q 为精加工程序的结束顺序号；

i 为 X 轴方向的退刀距离及方向；

k 为 Z 轴方向的退刀距离及方向；

u 为 X 轴方向的精加工余量（直径值）；

w 为 Z 轴方向的精加工余量；

d 为分割次数；

a 为精加工子程序号码（精加工程序包含在 G73 指令的程序中，可省略）；

f 为车削进给速度；

s 为主轴转速；

t 为刀具号和刀补号。

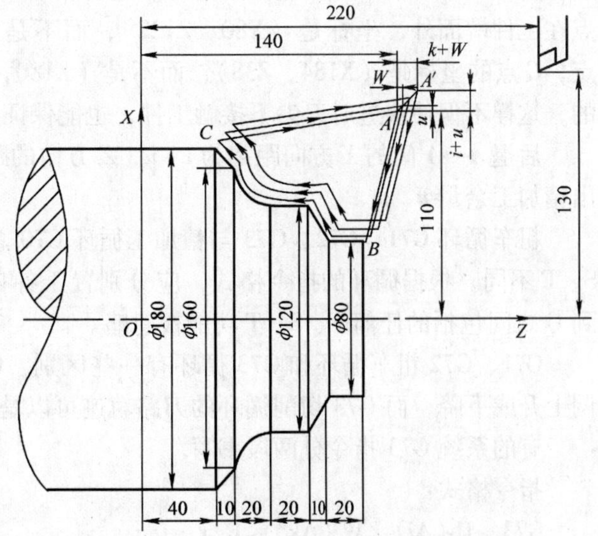

图 2-60　依工件外形粗车循环例图

图 2-60 展示了 G73 的加工路径，从用 G73 编写的程序中可进一步理解 G73 指令的加工过程。指令中：X 方向退刀量 i = 14mm，Z 方向退刀量 k = 14mm。精车削预留量：X 方向 u = 4mm，Z 方向

$w=2$mm，分割次数 $d=3$，粗车进给速度 $f=200$mm/min，主轴转速 $s=180$r/min。

加工程序如下：

```
N010  G54  X260  Z220;                                      建立工件坐标系
N020  G30  U0  W0  T0100  M03  M08;                         回第二参考点，换刀，主轴正转，
                                                            切削液开
N030  G00  X220  Z140;                                      进刀到A点
N040  G73  P001  Q006  U4.0  W2.0  I14.0  K14.0  D5  A00006  F200  S180;
                                                            依工件外形粗车循环加工
N050  G70  P001  Q006  A00006  F100;                        精车加工
N060  M30;                                                  程序结束

O0006;                                                      子程序号
N001  G00  X80  Z122;                                       刀具从A点快移到B点
N002  G01  W-22  F100;                                      加工φ80mm柱面
N003  X120  W-10;                                           加工锥面
N004  W-20;                                                 加工φ120mm柱面
N005  G02  X160  W-20  R20;                                 加工圆弧面
N006  G01  X184  W-12;                                      加工大径为φ180mm的锥面
N007  M30;                                                  程序结束
```

执行 G73 指令时，每一次加工循环的路径形状是相同的，只是位置不同，每完成一次循环就把加工循环路径向工件移动一段距离，这段距离与 i、k 和 d 有关。

从程序中可以看出，刀具首先引到 A 点，开始执行 G73 指令，计算机根据该指令给出的参数和精加工程序，计算出依工件外形粗车循环路径，并给出刀具起始点 A' 点的位置，刀具从 A 点退到 A' 点，开始进行粗车循环加工。粗车循环加工完毕后，刀具退到 A 点，开始执行 G70 指令所调用的精加工程序，进行精加工。精加工时，刀具的加工起点是 B 点，B 点在工件端面外，坐标是（X80，Z122），而不是（X80，Z120）。精加工路径的终点是 C 点，C 点的坐标是（X184，Z38），而不是（X180，Z40）。刀具切入、切出留有余量是必需的，这样不但使快进时刀尖不接触工件，也能保证加工质量。

后退 $A \to A'$ 间的 X 方向距离为 $i+u$，Z 方向的距离是 $k+w$，这样粗加工循环之后自动留出精加工余量 u、w。

粗车循环 G71、G72、G73 与精加工循环 G70 总是成对出现的，只是两者的切削参数 T、S、F 不同。根据循环的指令格式，应分别置于各自的指令段内。粗车过程中，程序段号 P 到 Q 之间包括的任何 F、S、T 功能被忽略。

G71、G72 粗车循环和 G73 循环有一些区别。G71、G72 粗车循环的刀路轨迹只能是单调上升或下降，而 G73 切削循环的刀路轨迹可以是波浪形的。

有的系统 G73 指令分两段书写。

指令格式：

G73　U（Δi）　W（Δk）　R r；

G73　P p　Q q　U（Δu）　W（Δw）　F f　S s　T t；

其中：

Δi 为沿 X 轴的退刀距离和方向，该参数为模态量，直到指定另一个值前保持不变；

Δk 为沿 Z 轴的退刀距离和方向，该参数为模态量，直到指定另一个值前保持不变；

r 为分割次数，与粗车削重复次数相同，该参数为模态量；

p 为精车削程序第一段程序号；

q 为精车削程序最后一段程序号；

Δu 为 X 方向精车预留量的距离和方向；

Δw 为 Z 方向精车预留量的距离和方向。

粗车过程中从程序段号 p 到 q 之间包括的任何 f、s、t 功能被忽略，只有 G73 指令中指定的 f、s、t 功能有效。

对图 2-60 所示零件的加工程序为：

X 向退刀量 $\Delta i = 14$mm，Z 向退刀量 $\Delta k = 14$mm，精车削预留量：X 方向 $\Delta u = 0.5$mm，Z 方向 $\Delta w = 0.25$mm，分割次数 $r = 3$，粗车进给率 $f = 0.3$mm/r，主轴转速 $s = 180$r/min，数控程序编写如下：

```
N10  G50  X260.0  Z220.0;                              建立工件坐标系
N12  G30  U0  W0  T0100  M03  M08;                     返回第二参考点，换 1 号刀，
                                                       切削液开
N14  G00  X220.0  Z140.0;                              快速走到车削循环起始点
N16  G73  U14.0  W14.0  R3;                            定义 G73 粗车循环，分割次
                                                       数为 3
N18  G73  P20  Q30  U0.5  W0.25  F0.3  S180;           G73 循环起始段，N20 到 N30
                                                       为精车程序
N20  G00  X80.0  W-20.0;                               快速走到精车始点
N22  G01  W-20.0  F0.15;                               加工 φ80mm 柱面
N24  X120.0  W-10.0;                                   加工锥面
N26  W-20.0;                                           加工 φ120mm 柱面
N28  G02  X160.0  W-20.0  R20.0;                       加工圆弧面
G30  G01  X180.0  W-10.0;                              加工锥面
N32  G30  U0  W0  T0202;                               返回第二参考点，换 2 号刀，
                                                       刀补号为 2
N34  G70  P20  Q30;                                    精车
N36  G30  U0  W0  M09;                                 返回第二参考点，切削液闭
N38  M30;                                              程序结束
```

5. 纵向断续切削固定循环指令 G74

纵向断续切削固定循环本来用于端面纵向断续切削，但实际多用于深孔钻削加工，故也称之为深孔钻削循环。其指令动作如图 2-61 所示。

指令格式：

G74　X(U)　<u>x(u)</u>　Z(W)　<u>z(w)</u>　I <u>i</u>　K <u>k</u>　D <u>d</u>　F <u>f</u>；

其中：

x 为 B 点 X 坐标；

u 为 $A \to B$ 增量值；

z 为 C 点的 Z 坐标；

w 为 $A \to C$ 的增量值；

i 为 X 方向的移动量（无符号指定）；

k 为 Z 方向的切削量（无符号指定）；

d 为切削到终点时的退刀量；

f 为进给速度；

e 为刀具退出量，相关参数由 MDI 方式输入。

图 2-61 所示为纵向断续切削固定循环路径图，从图中可以看出：每个循环，刀具从 A 点开始进给加工，并在 Z 方向实际切削 k 移动量后退回 e 量，然后再进给 $k+e$ 移动量；当纵向移动到达 C 点后，退回到 A' 点，X 向退刀量为 d，完成一个循环。此后在 X 方向进刀 i 距离，执行下一个循环。最后一个循环 X 向进刀距离为 i'，由 B 点开始。

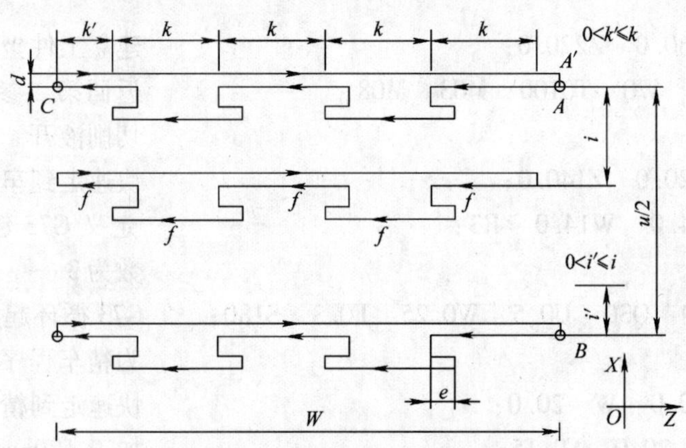

图 2-61 纵向断续切削固定循环路径图

这种循环用于纵向断续加工。当 $x(u)$、i、d 为零时，为钻深孔加工。

如图 2-62 所示，要在车床上钻削直径为 10mm、深为 92mm 的孔，其程序为：

```
N01  G50  X50.0  Z135.0;                  建立工件坐标系
N02  G00  X0  Z104.0;                     钻头快速趋近
N03  G74  Z8.0  K5.0  F0.1  S800;         用 G74 指令钻削循环
N04  G00  X50.0  Z135.0;                  刀具快速退至参考点
```

6. 外径切槽固定循环指令 G75

G75 是外径切槽循环指令。G75 指令与 G74 指令动作类似，只是切削方向旋转 90°。这种循环可用于端面断续切削，如果将 Z(W)和 K、D 省略，则 X 轴的动作可用于外径沟槽的断续切削，其动作如图 2-63 所示。

指令格式：

G75 X(U) <u>x(u)</u> Z(W) <u>z(w)</u> I <u>i</u> K <u>k</u> D <u>d</u> F <u>f</u>；

各参数的意义同 G74。

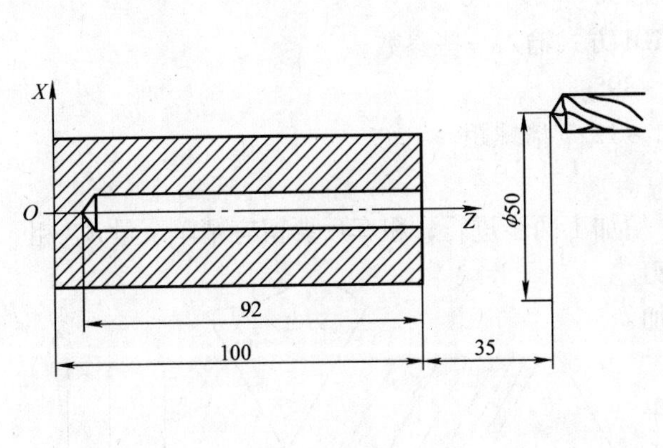

图 2-62　用 G74 钻孔例图

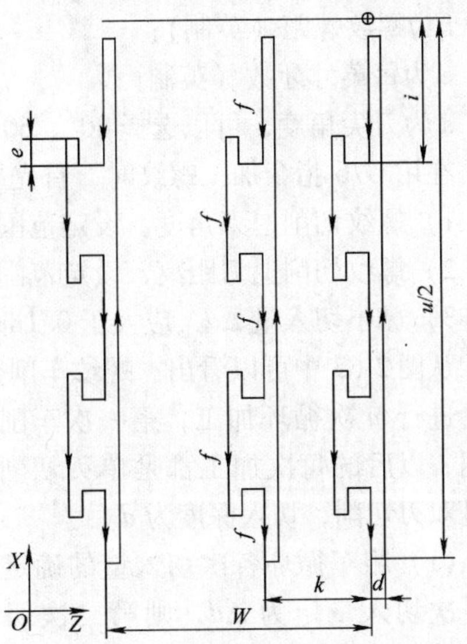

图 2-63　G75 指令路径图

编程实例：

图 2-64 所示为用 G75 指令切槽的实例，刀具宽度为 4mm，*X* 方向分 3 次加工，*Z* 方向分 5 次加工，其程序为：

N01　G50　X60.0　Z96.0；	建立工件坐标系
N02　G00　X41.0　Z36.0　S600；	刀具快速趋近
N03　G75　X20.0　Z20.0　I4.0　K4.0　F2.5；	用 G75 指令切槽
N04　X90.0　Z125.0；	刀具快速退至参考点

7. 螺纹切削自动循环指令 G76

指令格式：

G76　X(U)x(u)　Z(W)z(w)　I i　K k　D Δd　F(E)f(e)　A a；

其中：

x(u)为螺纹部分的 *X* 轴终点坐标值，x 是绝对坐标值，u 是增量坐标值；

z(w)为螺纹部分的 *Z* 轴终点坐标值，z 是绝对坐标值，w 是增量坐标值；

i 为螺纹两端半径差，即螺纹切削起始点与切削终点的半径差，加工圆柱螺纹时，i=0，加工锥螺纹时，当 *X* 向切削起始点坐标小于切削终点坐标时，i 为负，反之为正；

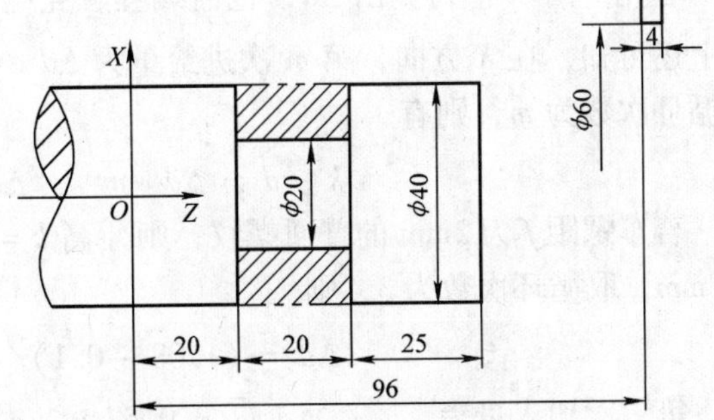

图 2-64　用 G75 指令切槽例图

k 为螺纹牙高（在半径方向牙顶与牙底之差），牙高 k 可由有关手册查得，也可由螺距×0.54 得到；

Δd为第一次切入量（半径值指定）；

f 为螺纹螺距（英制）；

e 为每英寸牙数（英制）；

a 为刀尖角度，可以选择 80°、60°、55°、30°、29°、0°。

在用 G76 指令加工螺纹时，首先要用 MDI 方式输入一些参数；

1）螺纹切削退刀角度，设定范围为0°～89°。

2）螺纹切削退刀距离，设定范围为0.1～12.7 倍螺距。

3）最小切入量 Δd_{min}应大于 0.1mm。

从图 2-65 中可以看出：螺纹车削分粗、精加工两步进行，粗车后要留有精车余量 d，粗车要进行 m 次循环加工，第一次车削是双刃切削，以后的每次加工都是单刃切削。精加工是双刃切削，切入深度为 d。

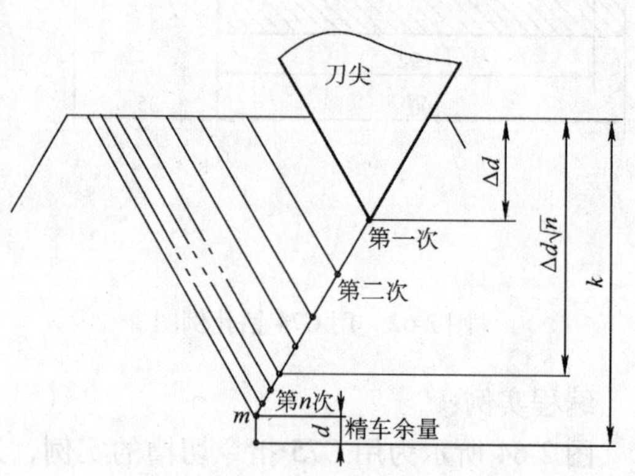

图 2-65　切螺纹时刀尖切削情况

（1）粗车循环各次切入量的确定　如果第一次切入量定为 Δd，则第二次切入量为 $\Delta d\sqrt{2}$，……第 n 次切入量为 $\Delta d\sqrt{n}$。如果相邻两次切入量之差小于最小切入量 Δd_{min}，则用最小切入量。但若最后一次进刀的切入量与前一次进刀的切入量之差（$\Delta d\sqrt{n}-\Delta d\sqrt{n-1}$）小于最小设定切入量 Δd_{min}，就不用最小切入量，而用差值。

第二次到第 m 次（最后一次）切入量是根据第一次切入量 Δd 计算确定的，第一次切入量 Δd 是怎样定的呢？确定的方法与编程者的生产经验有关，是由编程者确定的。螺纹的螺距大时，刀具大，Δd 要大些，螺距小时，Δd 要小些。可先确定 Δd，也可先确定循环次数 m，由 m 算出 Δd。

在 G76 指令中，要给出螺纹的牙高 k，$k-d$ 是第 m 次切入量，如果凭经验给定 Δd 一个值，切削次数 m 就定了。

若先给出 m 值再算出 Δd，也需编程者凭经验给出合理的 m 值，螺距大时，m 要大些。从上述可知，在 X 方向，第 m 次进给量为 $\Delta d\sqrt{m}$，如果螺纹的牙高为 k，精车余量为 d，给定循环次数为 m，则有

$$k-d=\Delta d\sqrt{m}\qquad \Delta d=(k-d)/\sqrt{m}$$

若车螺距 f 为 2mm 的普通螺纹，则牙高 $k=f\times0.54=2\times0.54\text{mm}=1.08\text{mm}$，如果 $d=0.1\text{mm}$，取循环次数为 3，则

$$\Delta d=(1.08-0.1)/\sqrt{3}\text{mm}=0.57\text{mm}$$

第二次切入量为　$\Delta d\sqrt{2}=0.57\times1.41\text{mm}=0.81\text{mm}$

第三次切入量为　$\Delta d\sqrt{3}=0.57\times1.73\text{mm}=0.98\text{mm}$

第三次切入量减去第二次切入量为$(0.98-0.81)\text{mm}=0.17\text{mm}>0.1\text{mm}$（大于最小切入量）

（2）切入方式　从图 2-65 中可以看出，螺纹车刀进刀时是切削刃的一边沿着螺纹牙型

线的一边进给的，第一刀是双刃切削，第二刀以后就是单侧切削刃切削，这样可减轻刀尖的负担，也可提高加工质量。因为牙型线是斜的，每次循环刀具都要在 Z 向移动一点距离，这个距离为 $\Delta d\sqrt{n}\cdot\tan\alpha$（$\alpha$ 为刀尖角/2）。

（3）编程举例 图 2-66 所示零件的加工程序如下：

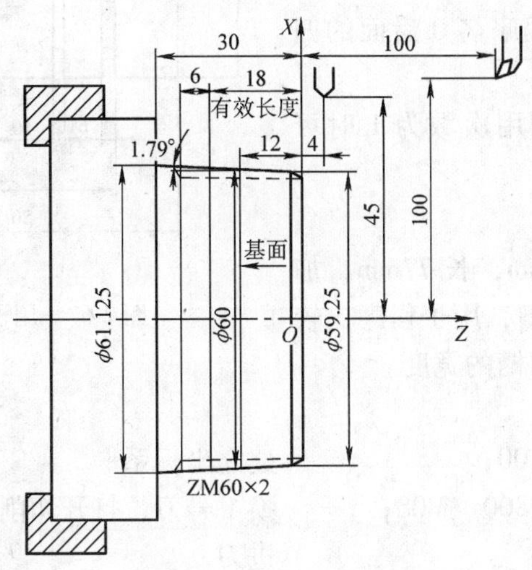

图 2-66 G76 指令应用例图

```
%1010;
N01  T0101;                                    换 1 号刀，确定其坐标系
N02  G00  X200  Z100;                          到程序起点或换刀点位置
N03  M03  S400;                                主轴以 400r/min 正转
N04  G00  X90  Z4;                             到简单循环的起点位置
N05  G90  X61.125  Z-30  I0.94  F80;           加工锥螺纹外表面
N06  G00  X200  Z100  W05;                     到程序起点或换刀点位置
N07  T0202;                                    换 2 号刀，确定其坐标系
N08  M03  S300;                                主轴以 300r/min 正转
N09  G00  X90  Z4;                             到螺纹循环的起点位置
N10  G76  X60.75  Z-24  I0.75  K1.299  D0.75  F2  A60;
                                               加工螺纹循环
N11  G00  X200  Z100;                          返回程序起点位置或换刀点位置
N12  M05;                                      主轴停
N13  M30;                                      程序结束并复位
```

六、子程序

子程序和主程序的编写方法一样，储存于内存中，使用时由主程序调用，在执行子程序时也可调用下一级子程序，数控车床最多允许四级嵌套。

主程序和子程序的开头都有程序名，程序名的格式相同，程序内容的编写方法和格式完全相同。不同之处是：主程序的结尾用 M02、M30 指令，子程序的结尾用 M99 指令。系统在执行程序时遇到 M99 指令返回上一级程序。当系统读到 M02 时，则停止执行程序，读到 M30 时程序结束。

子程序的调用指令是 M98，格式是：

M98　P <u>p</u>　L <u>l</u>；

其中：

p 为子程序序号（子程序名 0 后面的四位数）；

l 为重复执行次数，调用次数为 1 时可省略。

子程序应用举例：

已知毛坯直径为 ϕ32mm，长 77mm，加工如图 2-67 所示的不等距槽，用子程序比较好，切槽刀的宽度等于被切槽的宽度。

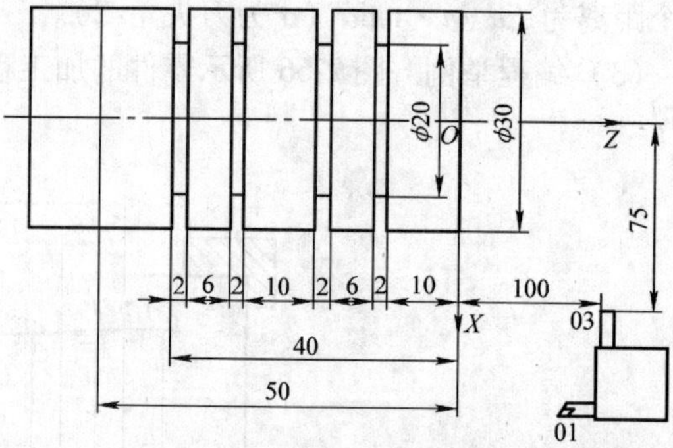

图 2-67　用子程序切不等距槽

程序为：

程序	说明
N010　G50　X150　Z100；	建立坐标系
N020　T0101　M03　S800　M08；	换 1 号刀，打开切削液
N030　G00　X35　Z0；	进刀
N040　G01　X0　F0.3；	切端面
N050　G00　X30　Z2；	退刀
N060　G01　Z－55　F0.3；	切外圆
N070　G00　X150　Z100；	返回
N080　X32　Z0　T0303　S400；	换 3 号刀，趋近工件，主轴转
N090　M98　P15　L02；	调用 015 子程序，重复两次
N100　G00　W－12；	刀具移到（X32，Z－52）的位置
N110　G01　X0　F0.12；	切断
N120　G04　X2；	暂停 2s
N130　G00　X32；	退刀
N140　X150　Z100　M09；	返回，切削液停
N150　M30；	程序结束
O15	程序名
N201　G00　W－12；	切刀左刃在 X＝32 处左移 12mm，第一次调用时移到（X32，Z－12）处，第二次调用时移到（X32，Z－32）处
N202　G01　U－12　F0.15；	切槽
N203　G04　X1.；	在槽底停留 1s
N204　G00　U12；	切刀退回，第一次调用时退到（X32，Z－12）处，第二次调用时退到（X32，Z－32）处
N205　W－8；	切刀在 X＝32 处再左移 8mm，第一次调用时

	移到（X32，Z－20）处，第二次调用时移到（X32，Z－40）处
N206　G01　U－12　F0.15；	切槽
N207　G04　X1.；	在槽底停留 1s
N208　G00　U12；	刀具退回，第一次调用时退到（X32，Z－20）处，第二次调用时退到（X32，Z－40）处
N209　M99；	返回上一级程序

上述子程序被调用两次。第一次调用前，刀具（以刀具左刃为准）处在主程序 N080 句指令的位置，即在（X32，Z0）的位置，调用子程序时，首先执行 N201 句指令，指令中的 W－12 使刀具左移 12mm，第一次调用时刀具处在（X32，Z－12）处切槽，执行 N205 句时，W－8 使刀具再左移 8mm，第一次调用时刀具处在（X32，Z－20）的位置；第二次调用前刀具就处在这个位置，当第二次调用再执行 N201 句时，W－12 使刀具再左移 12mm，刀具就处在（X32，Z－32）的位置。

七、综合编程实例

在图 2-68 中，有剖面线的部分是毛坯切出部分，首先用 G94 指令加工端面，再用 G71 指令粗车外表面，用 G02 指令加工圆弧，用 G76 指令加工螺纹，最后用 G74 指令进行深孔加工，孔深为 300mm，孔径为 ϕ10。

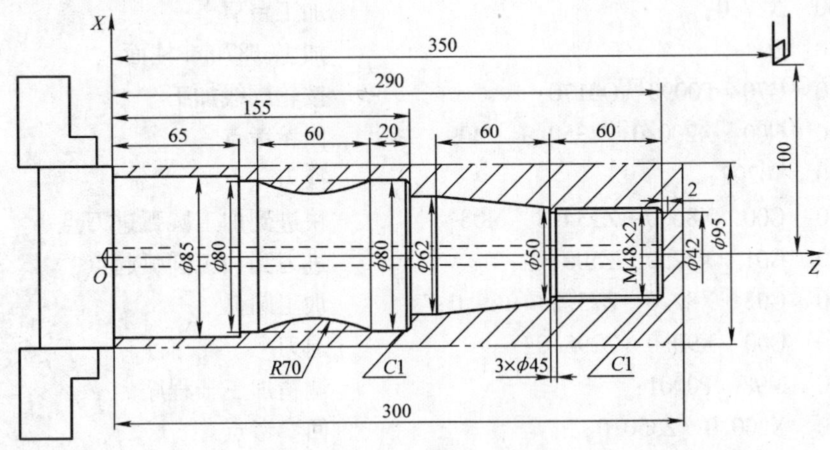

图 2-68　综合编程零件图

加工前要用 MDI 方式输入一些参数，见表 2-9。

表 2-9　用 MDI 方式输入一些参数

大森数控参数地址	参　数	用　处
S0311	e	G71 指令退刀量
S0314	e	G74 指令返回量
S0318		G76 指令退刀角度，0°～89°
S0319		G76 指令退刀距离，0.1～12.7 倍螺距
S0320		G76 指令最小切入量

编程如下：

```
N0010  G50  X200.0  Z350.0;                       建立工件坐标系
N0020  T0101  M08  M03  S800;                     换刀，切削液开，主轴正转 800r/min
N0030  G00  X100.0  Z305.0;                       把刀具引进到端面加工起始切削点
N0040  G94  X-1.0  Z296.0  F300;                  第一次执行 G94 指令，切削深度为 4mm
N0050               Z292.0;                       第二次执行 G94 指令，切削深度为 4mm
N0060               Z290.0;                       第三次执行 G94 指令，切削深度为 2mm
N0070  G00  X100.0  Z295.0;                       刀具退回
N0080  G71  P0090  Q0170  U1.0  W1.0  D3.0  F200;
                                                  纵向粗车自动循环
N0090  G00  X50.0;                                到精加工程序开始点（X50，Z295）
N0100  G01  Z231.0  F400;                         加工 φ50mm 柱面
N0110  X52.0;                                     加工台肩
N0120  X64.0  Z170.0;                             加工锥面
N0130  Z156.0;                                    加工 φ64mm 柱面
N0140  X82.0;                                     加工台肩
N0150  Z66.0;                                     加工 φ82mm 柱面
N0160  X87.0;                                     加工台肩
N0170  Z0.;                                       加工 φ87mm 柱面
N0180  G70  P0090  Q0170;                         按轮廓线加工
N0190  G00  X200.0  Z350.0  M09;                  回参考点
N0200  T0202;                                     换刀
N0210  G00  X86.0  Z134.8  M08;                   快进到加工圆弧进刀点
N0220  G01  X82.0  F500;                          进刀到加工圆弧起点
N0230  G02  X82.0  Z75.2  R69.0;                  加工圆弧
N0240  G00  X90.0  Z295.0;                        退刀
N0250  M98  P0001;                                调精加工子程序
N0260  X200.0  Z350.0;                            回参考点
N0270  M09  M05;                                  切削液停，主轴停
N0280  T0303;                                     换切槽刀
N0290  M03  S350  M08;                            切削液开，主轴正转，转速为 350r/min
N0300  G00  X55.0  Z230.0;                        到切槽起点
N0310  G01  X45.0  F0.16;                         切槽
N0320  G04  X1.0;                                 刀具在槽底停 1s
N0330  G00  X55.0;                                刀具从槽中退出
N0340  X200.0  Z350.0;                            回参考点
N0350  M09  M05;                                  主轴、切削液停
N0360  T0404;                                     换螺纹刀
N0370  M03  M08  S600;                            切削液开，主轴正转，转速为 600r/min
```

```
N0380  G00  X52.0  Z296.0;                              刀具引进到循环起点
N0390  G76  X48  Z232.0  I0.  K1.3  D0.75  F2  A60;
                                                        加工螺纹循环
N0400  G00  X200.0  Z350.0;                             回参考点
N0410  M09  M05;                                        切削液停，主轴停
N0420  T0505;                                           换上中心钻头
N0430  M03  M08  S1000;                                 切削液开，主轴正转，转速为1000r/min
N0440  G00  X0.  Z295.0;                                快移到加工起点
N0450  G01  W-10.0  F0.12;                              钻中心孔
N0460  G00  W10.0;                                      中心钻退出
N0470  X200.0  Z350.0;                                  回参考点
N0480  M09;                                             切削液停
N0490  T0606;                                           换上钻头
N0500  M08;                                             切削液开
N0510  G00  X0.  Z295.0;                                钻头快进到加工起点
N0520  G74  Z-8.0  K5.0  F0.1;                          用G74指令钻削循环
N0530  G00  Z295.0;                                     钻头退出
N0540  X200.0  Z350.0;                                  刀具快速退至参考点
N0550  M09  M05;
N0560  T0101;
N0570  M30;

O0001
N001  G00  X42.0  Z292.0;                               快速引进刀具
N002  G01  G99  X48.0  Z289.0  F0.05;                   倒角
N003  W-59.0;                                           加工φ48mm柱面
N004  X50.0;                                            加工台肩
N005  X62.0  W-60.0;                                    加工锥面
N006  Z155.0;                                           加工φ62mm柱面
N007  X78.0;                                            加工台肩
N008  X80.0  W-1.0;                                     倒角
N009  W-19;                                             加工φ80mm柱面
N010  G02  U0.  W-60.0  R70.0;                          加工弧面
N011  G01  Z65.0;                                       加工φ80mm柱面
N012  X85.0;                                            加工台肩
N013  Z0.;                                              加工φ85mm柱面
N014  G00  X100.0;                                      退刀
N015  M99;                                              返回主程序
```

习题

1. 试述编程的三种方法。

2. 程序中有哪些功能字？

3. 什么是机床坐标系？什么是工件坐标系？它们是如何建立的？都用什么指令？绝对坐标和相对坐标有什么区别？各用什么指令？

4. 在加工图 2-69 所示的零件时，刀具在什么位置用 G92 指令可把 G54 坐标原点设置在原 G54 坐标系中 $Y=0$、$X=-110$ 的地方？此时 G55 坐标系的原坐标是多少？若刀具已经在基准点位置，怎样编写程序？

5. 什么是模态指令？什么是非模态指令？用表 2-10 中的 02 号刀具，用 G02、G03 指令加工图 2-69 中的 ϕ180mm 孔，编写加工程序。

6. 程序段 G91 G00 Z－120 H01，其中 H01＝30，执行此程序段后，刀具实际位移值是多少？

7. 程序段 G91 G00 X－38 H03，其中 H03＝5，执行此程序段后，刀具实际位移值是多少？

8. 根据表 2-10 提供的刀具从换刀位置起，编写加工图 2-69 中平面Ⅲ的程序。

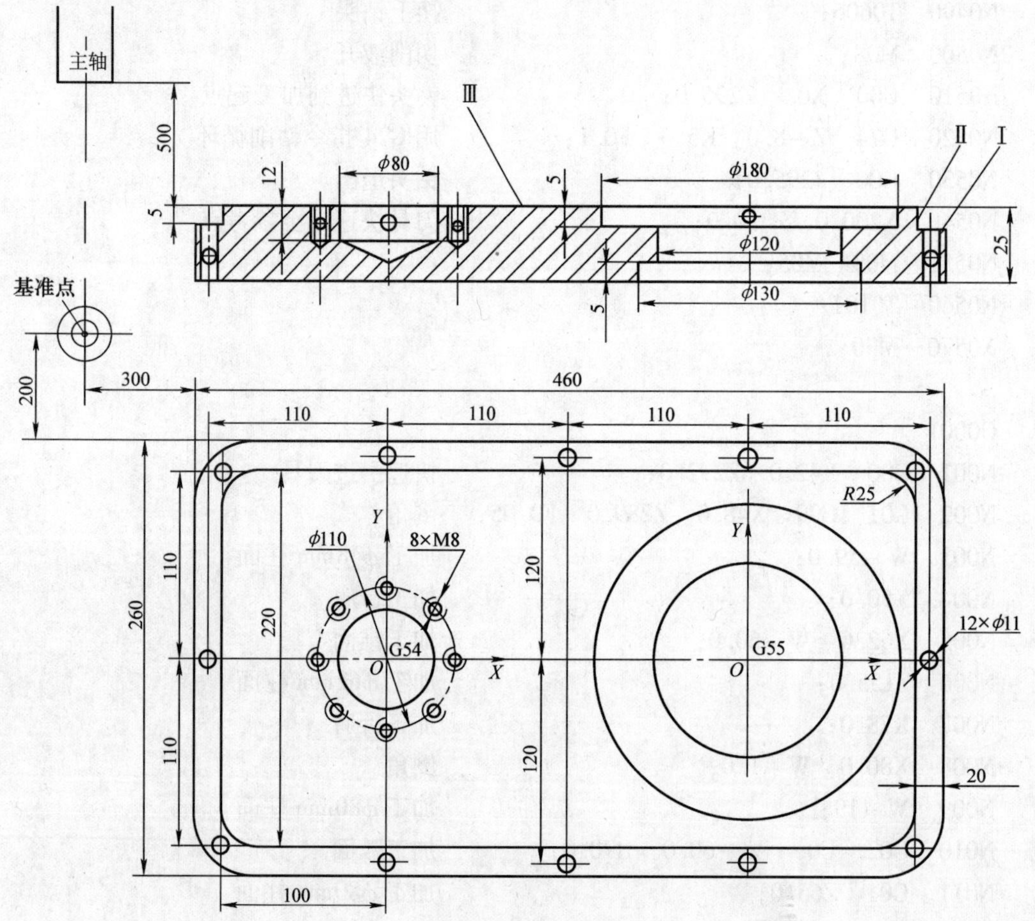

图 2-69 第二章习题用零件图

9. 根据表 2-10 提供的刀具从换刀位置起，编写加工图 2-69 中Ⅰ、Ⅱ面的加工程序，要写出顺时针和逆时针方向的两种加工程序。

表 2-10　加工图 2-69 零件所用的刀具表

刀　具									
刀具号	01	02	03	04	05	06	07	08	09
刀具直径	60	30	3	11	7.2	8	120	130	80
半径补偿号	D01	D02	D03	D04	D05	D06	D07	D08	D09
刀具长度	180	150	120	160	150	140	200	190	180
长度补偿号	H01	H02	H03	H04	H05	H06	H07	H08	H09

10. 用增量坐标和绝对坐标两种方式及极坐标方法编写加工图 2-69 中 8 个 M8 的螺纹孔。
11. 用子程序和固定循环，编写加工图 2-69 中 12 个 ϕ11mm 的孔的程序。
12. 用子程序和固定循环，编写加工图 2-69 中 ϕ120mm、ϕ130mm 和 ϕ80mm 的孔的程序。
13. 不用子程序和固定循环，编写加工图 2-69 中 ϕ120mm、ϕ130mm 和 ϕ80mm 的孔的程序。
14. 参照图 2-43 的方法，用子程序和不用子程序两种方法，编写加工图 2-69 中 ϕ180mm 的孔的程序。
15. 用变量 R 的变量链重写变量的方法，编写加工图 2-69 中 ϕ180mm 的孔的程序。
16. 变量有哪几类？都使用什么变量符号？局部变量的字母和符号的对应关系是怎样的？
17. 变量可进行什么运算？转移和循环语句有哪些？宏程序有几种调用方式和格式？
18. 用宏程序编写加工图 2-69 中的Ⅰ、Ⅱ面和 ϕ180mm 的孔的程序。
19. 车床 G53、G54 ~ G59、G50、G52 坐标系都是怎样建立的？G52 坐标系有什么特点？
20. 车削加工什么时候有残留和过切现象？为什么？
21. 用什么方法解决残留和过切问题？
22. 简述车削固定循环 G90、G94、G92 指令格式、特点和功能。循环起点 A 建在什么地方好？
23. 车削复合型固定循环有哪几种？分别简述指令格式、指令中各字的意义。各用于什么工件的加工？
24. 车床车削螺纹有哪三种指令？区别在哪里？
25. 编写图 2-70 所示零件的加工程序。
26. 编写图 2-71 所示零件的加工程序。
27. 编写图 2-72 所示零件的加工程序。
28. 编写图 2-73 所示零件的加工程序。

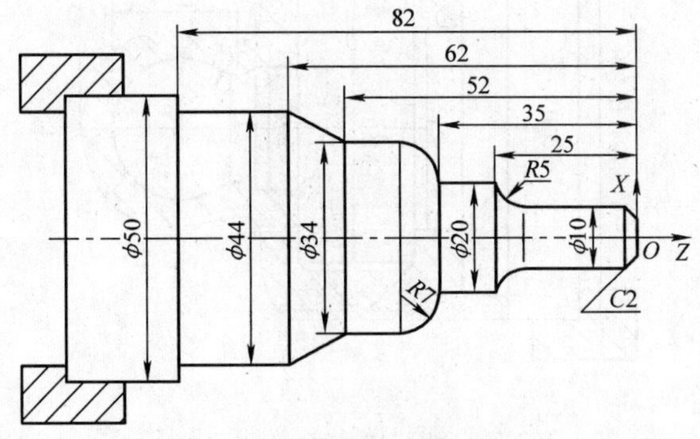

图 2-70　第二章习题 25 用零件图

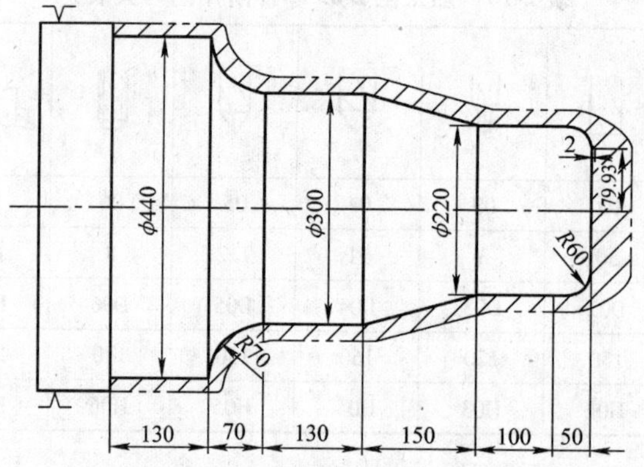

图 2-71　第二章习题 26 用零件图

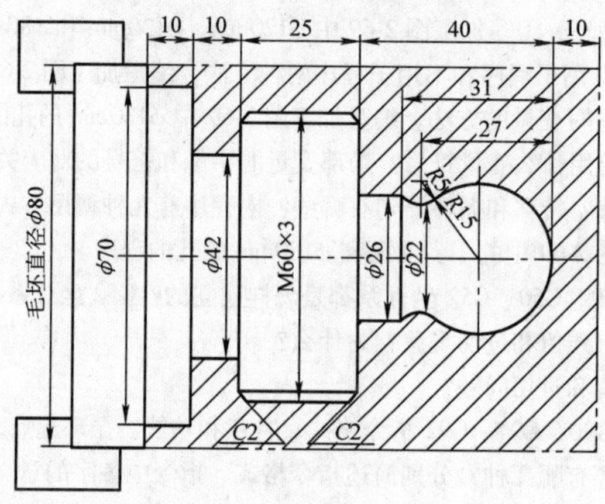

图 2-72　第二章习题 27 用零件图

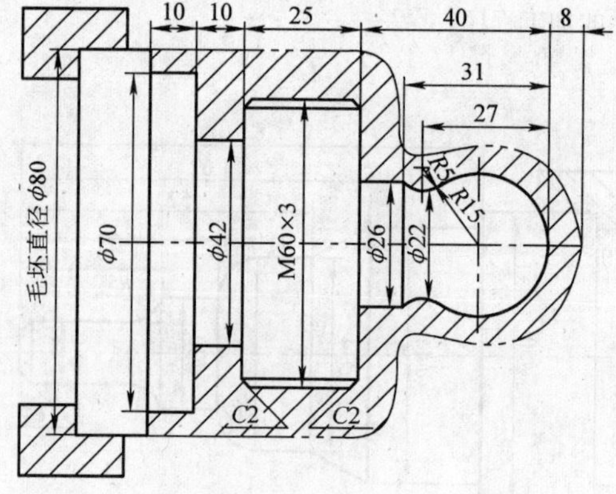

图 2-73　第二章习题 28 用零件图

第三章　图形交互式自动编程

第一节　概　　述

APT 自动编程语言于 1959 年开始用于生产，后来又有不断地更新和扩充，形成了诸如 APTⅡ、APTⅢ、APT-AC、APT-/SS 等版本。有些国家也开发了基于 APT 语言的自动编程语言，如美国的 APAPT，德国的 EXAPT-1、EXAPT-2、EXAPT-3，英国的 2CL，法国的 IFAPT-P、IFAPT-C，日本的 FAPT、HAPT，我国的 SKC、ZCX、ZBC-1、ZKY 等。自动编程程序简练，交点计算方便，进给控制灵活，给较复杂零件的加工带来了方便。但是，采用 APT 语言描述零件的几何形状时没有图形显示，不直观，尤其在描述几何形状复杂的零件时容易出错。CAD 出现之后，20 世纪 70 年代出现的图像数控编程软件，推动了 CAD/CAM 的发展。20 世纪 80 年代出现了 CAD/CAM 一体化集成化软件，推动了数控编程技术向集成化和智能化发展，也给数控加工向网络化发展提供了很好的软件环境。图形交互式自动编程是集成化 CAD/CAE/CAM 系统，可大大减少编程错误，提高编程效率和可靠性。对于较复杂的零件，这种编程方法的编程时间大约为 APT 编程的 25% ~30%。

目前使用最多的图形交互式自动编程系统有：美国 CNC SoftWare 软件公司的 Mastercam，PTC 公司的 Pro/E，IBM 公司的 CATIA，UGS 公司的 UGNX，Unigraphics 公司的 UGⅡ；以色列的 Cimatron 等。这些系统都有自己的造型模块、加工参数输入模块、刀具轨迹生成模块、三维加工动态仿真模块和后置处理模块。系统能够对被加工零件进行二维、三维造型，正确的造型给出被加工表面进给轨迹的数据。也可利用图形转换功能把 AutoCAD 等绘图软件绘制的二维和三维零件图转换到 Mastercam 系统或其他图形交互式自动编程系统内，再利用人机交互方式输入加工工艺参数、刀具数据、机床数据、工件坐标系的设定、进给平面的设定等，系统就能自动生成刀具加工轨迹。为了检验刀具轨迹是否正确合理，可用三维动态仿真模块进行仿真，并随时可以修正。进给路线确定后要进行后置处理，把它转换成能控制数控机床运动的语言，即本书第二章所讲述的手工编程语言。另外，通过机床上的通信接口，可以把控制程序输入到机床的数控系统中，就可以控制机床进行加工了。

为了说明图形交互式自动编程的基本原理，下面用 Mastercam 系统对一个实用零件进行造型，选用刀具、机床，生成刀具加工轨迹和生成加工程序的过程来加以讲解。由于篇幅的限制，这里不能作过多地说明，也不能介绍 Pro/E 等其他软件，应用时请参阅其他有关书籍。

一、Mastercam 简介

Mastercam 软件是美国 CNC SoftWare 所研制开发的 CAD/CAM 系统，自从 1984 年诞生以来，得到世界各国的广泛应用，它的装机量是世界第一。本章以 Mastercam 9.0 为例，说明它的特点和应用。

Mastercam 9.0 包括三个功能模块，分别是：Design（设计）模块，Mill（铣）和 Lathe（车）模块。用户通过 CAD 模块进行图形的绘制，然后通过 CAM 模块编制刀具路径，通过后置处理转换成 NC 程序，传送至数控机床中进行加工。另外，它还可以模拟加工和计算加工时间。

二、Mastercam 界面

Mastercam 9.0 的工作界面窗口分为：绘图区、主菜单区、辅助菜单区、工具栏区、提示区五大部分，如图 3-1 所示。屏幕最大的是绘图区，此区用于绘图和修改图形。左边是主菜单区和辅助菜单区。屏幕的顶部是工具栏区，用来快速选择菜单。屏幕下面的空白区是提示区，它显示系统数据和参数。

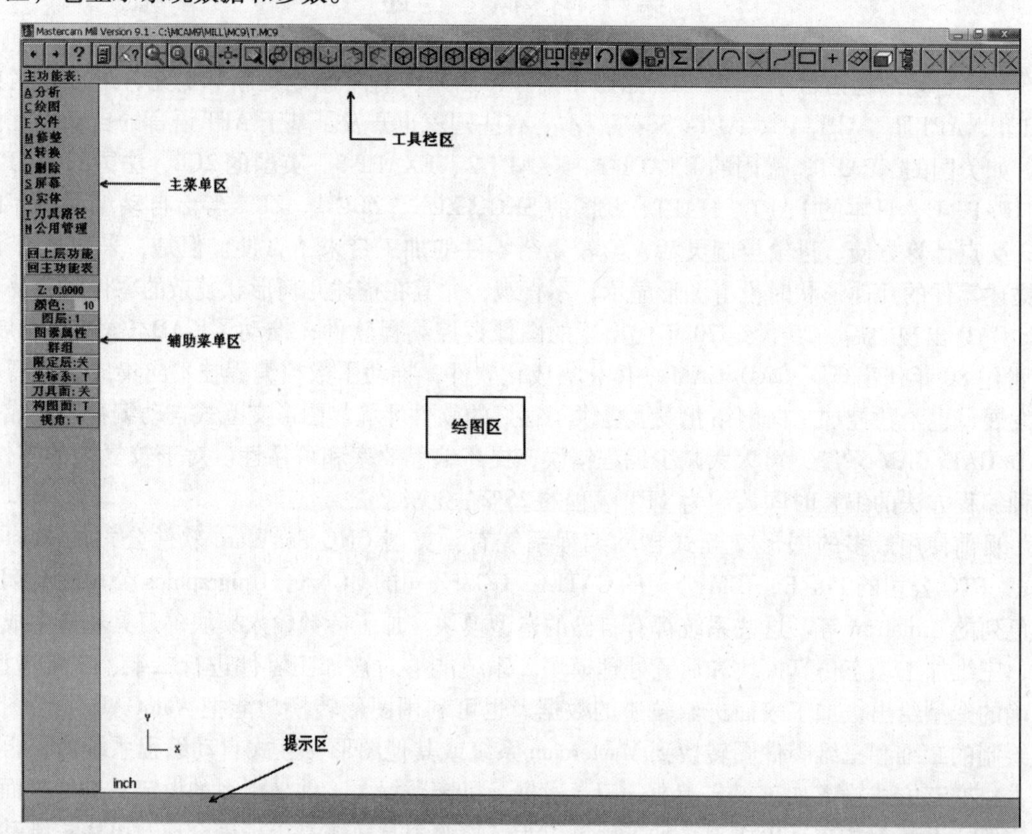

图 3-1 Mastercam 主窗口

1. 主菜单区

主菜单如图 3-2 所示。主菜单的主要功能如下：

分析：它可以显示绘图区已选择图素的位置、尺寸和相关资料。

绘图：在绘图区创建图形至系统的数据库。

文件：处理文档。可以储存、编辑、打印等。

修整：用这个指令可以修改屏幕上的图形，如倒圆角、修剪、打断、连接等。

转换：用镜像、旋转、比例、平移、偏置和其他指令来转换屏幕上的图形。

删除：可以从屏幕上和数据库中删除图素。

屏幕：可以改变屏幕上图形的显示方式。

主功能表:
A 分析
C 绘图
F 文件
M 修整
X 转换
D 删除
S 屏幕
O 实体
T 刀具路径
N 公用管理

图 3-2 主菜单

实体：可以用挤压、旋转、扫描、举升、倒圆角、外壳、修剪等方法绘制实体模型。

刀具路径：进入刀具路径菜单，选择刀具路径的选项。

公用管理：用于刀具路径的显示管理、加工过程仿真、自动生成数控加工代码。

主菜单的指令是级联的，当从主菜单选择一个选项时，另一个菜单就会在此菜单的基础上显示，可以通过相继的菜单层进行选择，直到完成。

2. 辅助菜单区

辅助菜单是为了便于改变各项操作的设置。

下面介绍辅助菜单中的各个选项，如图 3-3 所示。

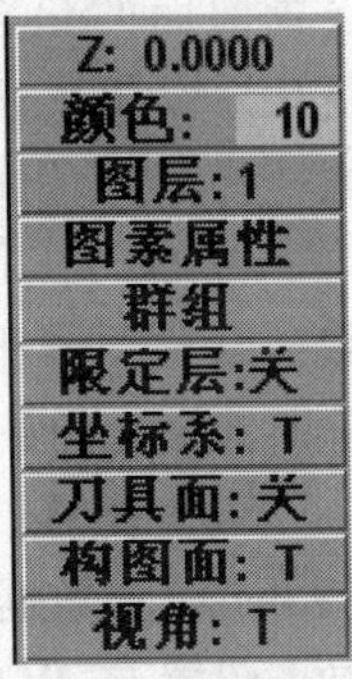

图 3-3 辅助菜单

Z: 0.000 ：显示和设置当前构图平面的工作深度。

颜色：显示和设置当前构图平面所使用的颜色。

图层：在此可以定义当前的工作层，控制图素在工作区的显示等。

图素属性：设置当前构图平面的线型和线宽度。

群组：将许多图素放在一起作为一个组。

限定层：设置可以选择的图元所在的层。

刀具面：设置刀具平面。

构图面：显示和设置当前的构图平面。

视角：显示和设置当前的观察视角。

3. 提示区

屏幕下面的空白处就是提示区，它显示系统数据和输入数据，也能显示主菜单中的提示。当对 Mastercam 中的任意一个对象进行操作时，都将在它上面显示相关执行信息。

4. 工具栏区

工具栏在 Mastercam 9.0 中提供了另外一种工作方式，所有按钮都安排在屏幕的上方，可以通过按下一页，转向下一页的图标。

在工具栏中每一个按钮用一个图像或一个数字标记，如（Screen-fit，屏幕适合）。如果不知道按钮的名字，就可以把光标移到按钮上停留几秒钟，系统就会显示该按钮的名字。

5. 绘图区

绘图区就是进行绘图的区域，是用户进行绘图、渲染等工作的场所。

三、Mastercam 系统设置

在使用 Mastercam 之前可以设置系统的默认值，系统将这些设置的值储存在一个文件（*.CFG）中。进入系统后，首先应该选择是用 MILL9.CFG（英制），还是用 MILL9M.CFG（公制），然后再设置其他项目。Mastercam 的系统设置主要包括以下几个方面：内存配置、公差设置、传输参数的设置、文件参数的设置、打印设置、工具栏和快捷键的设置、CAD 的设置、启动退出设置、屏幕显示设置、NC 设置及属性设置。在属性设置中可以设置颜色、属性管理和图层管理等。由于篇幅所限，下面仅就内存配置、公差设置、NC 设置给予简要说明。

1. 内存配置

选择屏幕──→配置，就进入系统规划（System Configuration）对话框，单击内存配置选项，可进行系统内存设置，如图 3-4 所示。设置各项内容的含义如下：

1）目前内存配置：分配给 Mastercam 的内存总数，此项是系统中给定的，不能进行设置。

2）每条曲线的最多点数：设置每条曲线的最多点数，曲线比较复杂时，设置的值就应该大一些。

3）每个曲面的最多片数：设置曲面的最多片数，曲面越复杂，设置的值相应地就应该大一些。

4）最大可恢复删除的次数：设置图素删除后再恢复删除时能恢复的最多的图素数量。

5）资料库配置大小（KBytes）：数据库配置的千字节数。设置与 MC9 文件关联的数据大小。

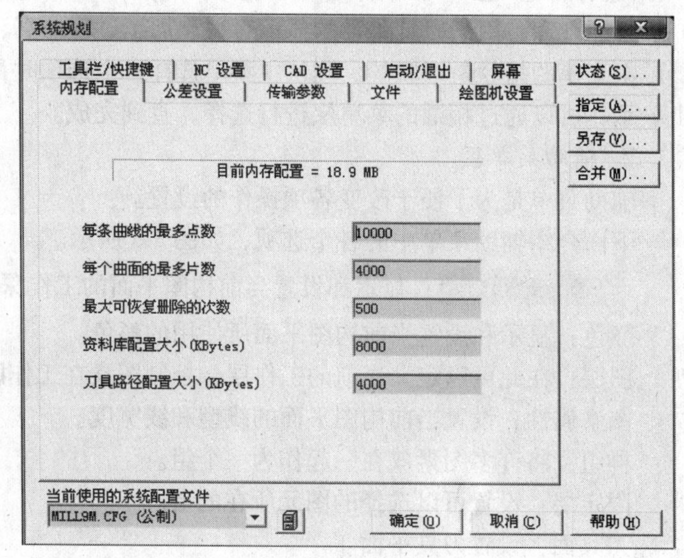

图 3-4 内存设置选项卡

6）刀具路径配置大小（KBytes）：刀具路径配置的千字节数。设置刀具路径操作的大小。

2. 公差设置

为 Mastercam 的不同位置设置默认公差值，选择公制和英制单位时的默认公差值是不一样的。可以对默认的值进行调整。

选择系统规划对话框中的公差设置选项，可进行公差设置，如图 3-5 所示。各项设置内容的意义如下：

1）系统公差：系统可区分的最小距离，是系统能创建直线的最小长度。

2）串联最大公差：图素串联时，两图素端部串联点间的最大距离。

3）最小弧长：能创建圆弧的最小长度。

4）曲线的最小步进距离：沿曲线（或圆弧）刀具路径的最小步长。

5）曲线的最大步进距离：沿曲线（或圆弧）刀具路径的最大步长。

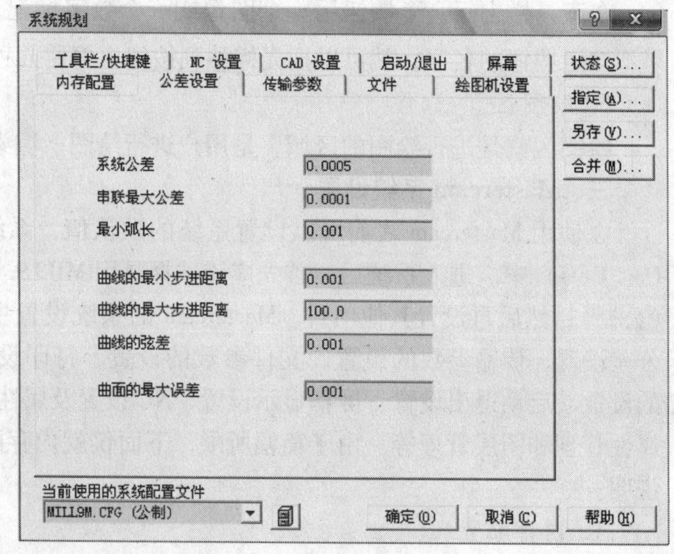

图 3-5 公差设置选项卡

6）曲线的弦差：用直线代

替曲线时，直线与曲线间的最大距离。

7）曲面的最大误差：曲面与该曲面生成线间的最大距离。

3. NC 设置

选择系统规划对话框中的 NC 设置选项，可进行 NC 设置，设置生成 NCI 文件和 NC 程序时的有关参数，如机械原点、排列顺序、刀具显示参数等。图 3-6 所示为 NC 设置选项卡。部分选项的意义如下：

1）机械原点：填入 X、Y、Z 数值，设置机械原点的坐标值。机械原点是指更换刀具或程序完成时刀具返回的位置。

2）程序段号：设置程序的起始行号和行号的增量值。

3）汇入操作时，使用既有的刀具：当刀具与输入的操作文件相匹配时使用当前的刀具。若该项未被选中，由用户选择刀具。

4）读取文件时，将后置处理程序还原成默认值：将系统默认的后处理器作为打开文件的后处理器。

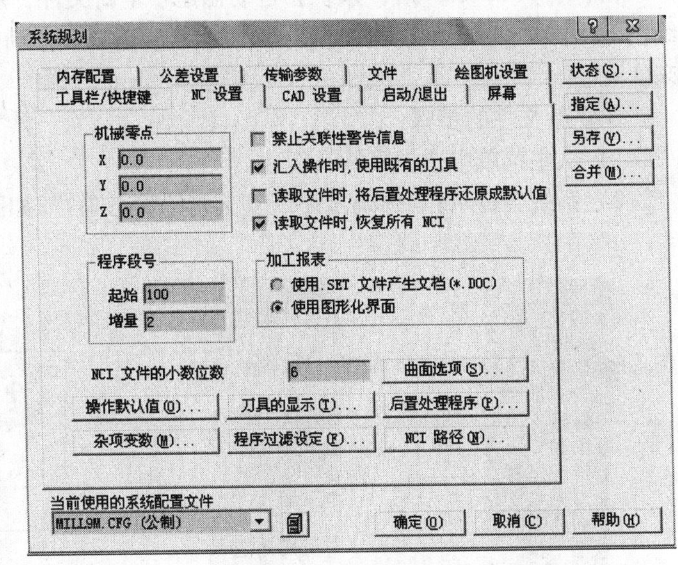

图 3-6　NC 设置选项卡

5）后置处理程序：设置后处理过程中 NCI、NC 文件的存储、编辑及机器数据的传输方式。

6）刀具的显示：设置刀具路径模拟时刀具的显示参数。

7）程序过滤设定：可设置 NCI 文件的过滤参数，如公差（=0.025mm）、过滤参数（100）、最小圆弧半径（0.012mm）、最大圆弧半径（2500mm）等。删除多余的点和多余的刀具路径。

8）操作默认值：设置铣削刀具路径、钻削刀具路径、挖槽刀具路径和工作设置的初始化默认参数。

9）杂项变数：设置多项变量的默认值，包含 10 个整数和 10 个实数值，在创建 NCI 文件时先写在文件的开始位置，后处理后系统连接每个值到相应的变量中。

10）NCI 路径：刀具路径。打开下级菜单可设置各种情况时的刀具路径。

11）NCI 文件的小数位数：设置 NCI 文件中数值的小数点位数，在 3 ~ 9 范围内输入值。

4. 其他设置

选择屏幕，其他设置如图 3-7 所示。

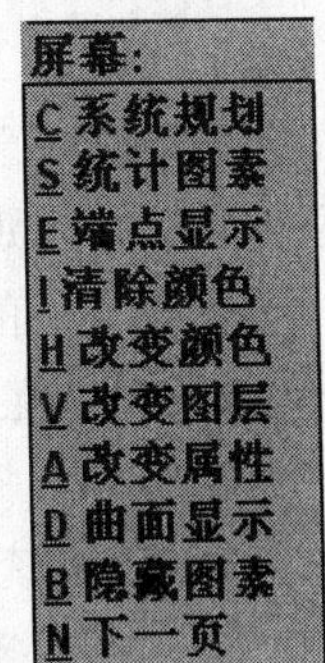

图 3-7　其他设置

四、Mastercam 文件管理

Mastercam 提供了丰富的文档管理功能，位于 File 菜单中，包括如何创建新文件、保存文件、转换文件、打开文件和浏览文件等基本操作。当选择文件时，显示如图 3-8 所示的菜单。

1. 建立新文件

在启动 Mastercam 后，系统会自动创建一个新文件，用户可以直接在绘图区进行图形的绘制等操作。如果已经在编辑一个文件，想要建立一个新文件，则可以通过选择文件→新建来实现。

建立新文件的步骤：

1）从主菜单中选择文件→新建。

2）系统会提示："你确定要恢复至初始状态吗？"如图 3-9 所示。

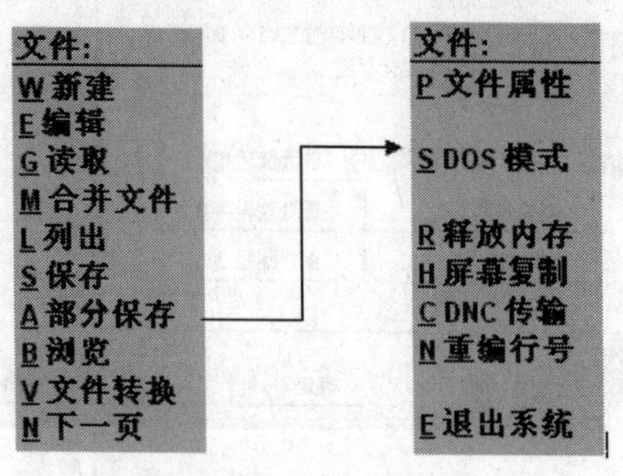

图 3-8 文件管理菜单

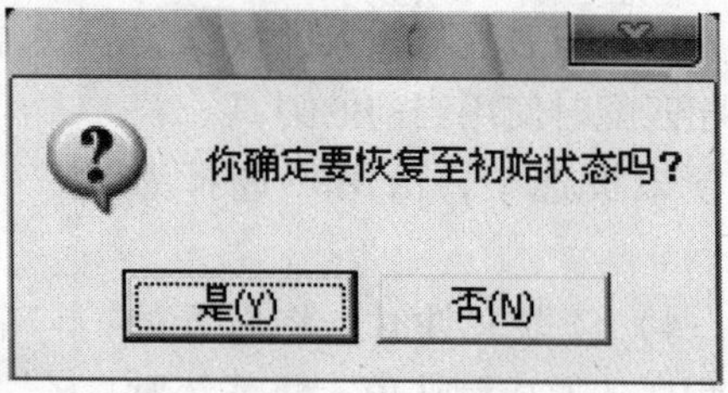

你确定要恢复至初始状态吗？

是(Y) 否(N)

图 3-9 初始化图形选择

3）选择 是(Y)，初始化 Mastercam 9；选择 否(N)，取消该操作。

2. 打开文件

当选择读取，打开读取对话框，指定要选取的文件名，指定文件类型。

打开文件的步骤：

1）从主菜单中选择文件→读取，打开读取对话框。

2）指定文件的类型，在读取对话框中选取一个文件，如图 3-10 所示。

3）选择打开。

3. 保存文件

该选项用于存储现在所有在屏幕上的图形，并保存为 MC9 文件。若现在的文件是来自以前的版本，那么系统会提示一个信息，保留文件并存储为 MC9 文件。

保存文件的步骤：

1）从主菜单中选择文件→保存，在打开的写入对话框中输入名字。

2）输入一个文件名，然后选择保存。

3）若系统提示（图 3-11），则说明此文件名已赋予其他的文件。

4）选 是(Y)，表示用现在的名字代替原来的名字。

5）选 否(N)，返回到写入对话框，重复步骤 2）。

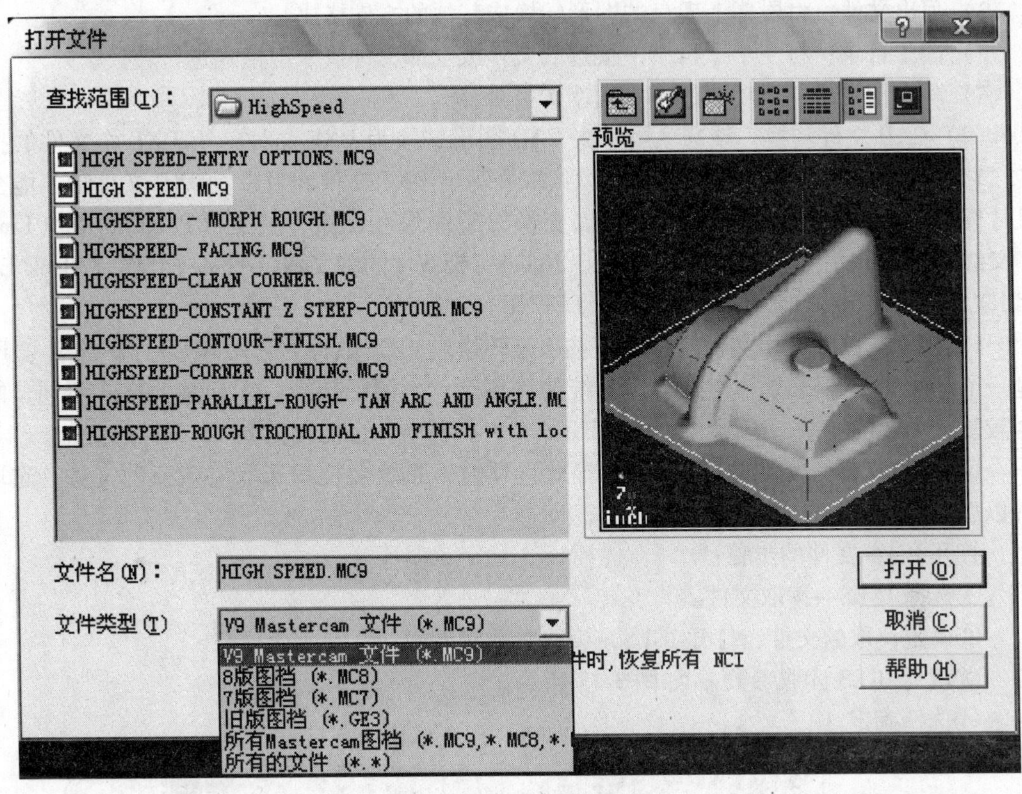

图 3-10 读取选项卡

图 3-11 保存文件时的系统提示

4. 转换文件

该选项是将图形文件引进系统的数据库或输出可见的屏幕图形至其他系统。系统可以读写下列文件：Ascii、CADL、DXF、IGES、NFL、STL、VDA、T和其他的旧文件，如：GEO、OLD、GE3、286、Mv7材料、Tv7刀具等，如图3-12所示。

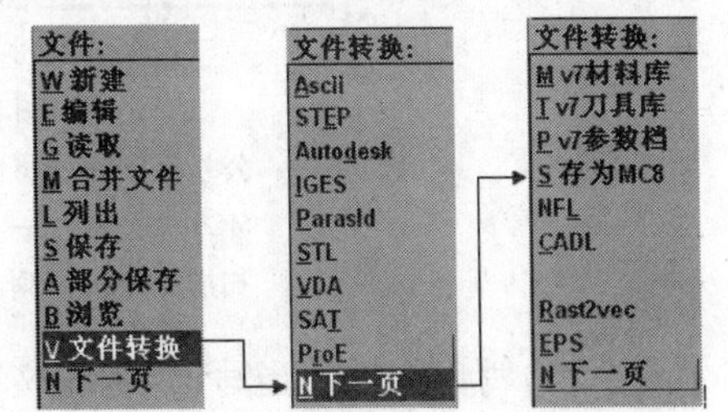

图 3-12 转换文件菜单

(1) 转换选项 下列选项可用于所有文件的转换：

1) 读取文件：选择一个文件，将其读至Mastercam 9系统中。

2）写出文件：将屏幕上现存的图形转换成其他的文件格式。

3）读子目录：将一个子目录中被选的文件或全部文件按一定格式进行转换。

4）写出子目录：该功能的特点同读子目录。

（2）CAD 文件转换　该选项用于将 CAD 图形转换为 DXF 文件，用 DXF 作文件的扩展名，它与 AutoCAD 图形相互交换，可以读取和写出 DXF 文件和目录。DXF 文件除了能交换尺寸标注、图形颜色和图层外，还可以交换以下图形和图素，如点（Point）、线（Line）、多义线（Polyline）、圆弧（Arc）、圆（Circle）、带宽度的多义线（Trace）、块（Block END-BLK）、插入（Insert）、角顶（Vertex SEPEND）。

（3）IGES 国际通用文件转换　该选项是转换成 IGES 文件，它用 IGES 作扩展名 。IGES 是一个标准的文件格式，用于 CAD 系统的许多全比例图形转换。它和其他格式不同，能适合较复杂图形的转换，能读出、写出 IGES 文件和目录，也能扫描 IGES 文件的信息。

1）读取文件：当 IGES 菜单中选择此选项时，系统会提示选取要转换的文件，选取文件以后，打开 IGES，读取参数对话框。

打开 IGES 文件的步骤：

①选择 IGES→读取文件。

②确定读取的文件，打开 IGES，读取参数对话框。

③填写 IGES 读取参数 ，如图 3-13 所示。

④选择确定。

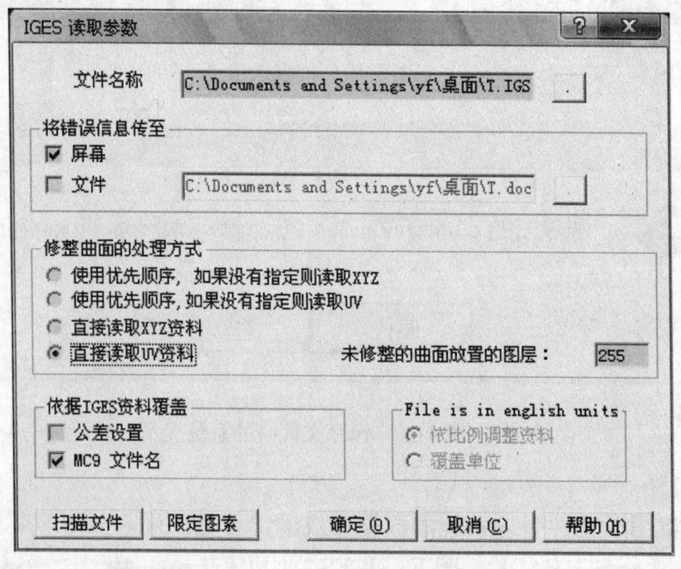

图 3-13　IGES 读取参数对话框

图中：公差设置—— 将 IGES 文件的公差作为 MC9 文件的公差。

MC9 文件名 —— 将 IGES 文件的文件名作为 MC9 文件的文件名。

扫描文件—— 列出所选择的 IGES 文件的有关信息。

2）写出文件：当写出 IGES 文件时，可选输出空格图素，也可以选择在文件的每行端点，还可用回车和行进给符。

```
d:\mcam8\common\temp\IGSCAN.TMP
File  Edit
File Information:
   Sending CAD system = MASTERCAM
   Units = MM
   Tolerance =  5E-005:
T.IGS contains:
   14 Circular Arc (Type 100) entities (*)
   16 Line (Type 110) entities (*)
   20 Point (Type 116) entities (*)
    1 Transformation Matrix (Type 124) entity (*)
   92 Rational B-Spline Curve (Type 126) entities (*)
   46 Rational B-Spline Surface (Type 128) entities (*)
   46 Curve on a Parametric Surface (Type 142) entities (*)
   43 Trimmed Parametric Surface (Type 144) entities (*)
    1 Property (Type 406) entity

* = supported by Mastercam
```

图 3-14　查看的 IGES 文件

3）扫描文件：该选项让我们选择一个 IGES 文件来查看它的内容。

查看步骤：

①选择 IGES→扫描文件。

②确定要查看的 IGES 文件。

③选择打开，如图 3-14 所示。

（4）AutoCAD 图形与 Mastercam 图形的转换　该选项用于＊. DWG\ ＊. DXF 格式的文件与＊. MC9 文件之间的转换，是一个转换器。转换的菜单如图 3-15 所示。

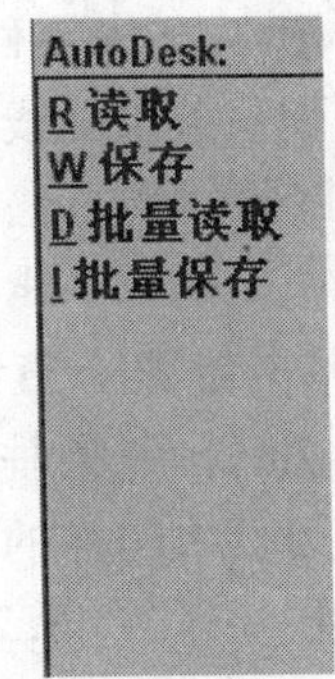

图 3-15　AutoCAD 图形与 Mastercam 图形的转换菜单

第二节　Mastercam 造型应用实例

实体造型就是将零件图样的二维图形画成三维图形，它包含了二维零件图中的全部内容，各图素的尺寸应为二维图的公称尺寸与上、下公差尺寸平均值的代数和。例如：二维图的尺寸为 $109^{+0.02}_{-0.01}$，上、下公差的中间值为 $[(+0.02)+(-0.01)]/2=+0.005$，三维图素的尺寸应为 109.005。三维造型给出了零件表面各点的全部坐标值，为自动生成加工路径提供了必要的依据。

这里将通过实例来讲述如何应用 Mastercam 进行造型。零件实例如图 3-16 所示。

图 3-16　被加工零件图形

单击该软件安装后所生成的文件 MC9 中的 CHI 图标，将显示界面由英文切换至中文状态。

一、零件二维三维图

零件的造型尺寸如图 3-17 所示。

二、曲面造型

1. 绘制造型曲线

1）打开 Mastercam 9→mill 模块，选择**档案→建立新档：模型 . MC9**。

2）打开**作图层别**对话框，将图层 1 命名为粗实线，图层 2 命名为尺寸线，图层 3 命名为曲面，图层 4 命名为实体。

3）打开**图素属性**对话框，设置颜色为蓝色、层别为 1、线型为粗实线、线宽为默认线宽。

4）单击键盘上的 F9 键，系统会自动在绘图区建立坐标系。

5）将视图面和构图面转换到**前视图**，作图深度设为 0。

6）单击**绘图→直线→水平线**，根据图 3-17 中零件的尺寸，在绘图区画一条水平线，输入坐标值 0；用同样的方法，绘制另一条 $Y=-37$ 的水平线。

7）单击**绘图→直线→垂直线**，在绘图区画一条垂直线，输入坐标值 0，用同样的方法，再绘制两条 $X=-13.2$ 和 $X=-24.6$的垂直线，这样就会产生交点 1 和交点 2，绘制好的图形如图 3-18 所示。

8）单击**绘图→直线→极坐标线**，在绘图区捕捉交点 1 为起始位置，输入角度值 262，输入长度值 30，这样就绘出一条极坐标线。

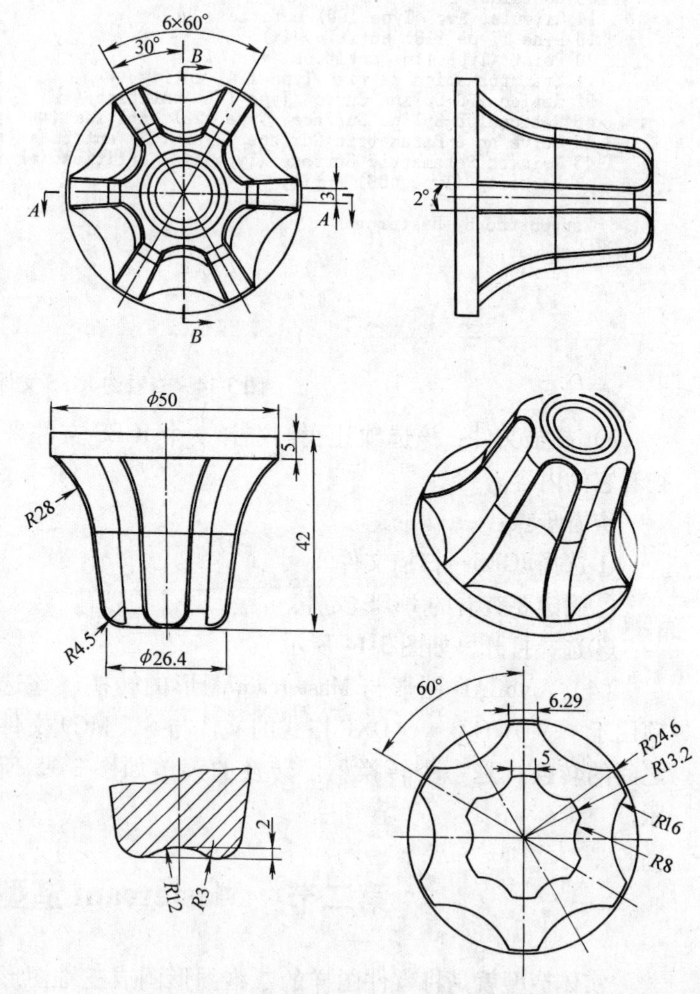

图 3-17 零件的造型尺寸

9）单击**绘图→圆弧→切弧→经过一点**，在绘图区拾取上面绘制的极坐标线为所切的物体，捕捉交点 2 为切弧所经过的点，输入半径值 28，选择极坐标线和交点 2 之间的圆弧为要保留的圆弧。

10）单击**绘图→圆弧→点半径圆**，输入半径值 12，输入圆心坐标值 $X=0$、$Y=10$，绘制好的图形如图 3-19 所示。

11）单击**修整→修剪延伸→单一物体**，就可以对单一物体进行修剪。选择要修剪的图素时，应该选择要保留的部分，再选择目标图素，这样才可正确地进行修剪。修剪后单击删除，删掉值为 13.2 和 24.6 的两条垂直线。单击键盘上的 F9 键，关闭坐标系，修整后得到图 3-20a 中的曲线 1。

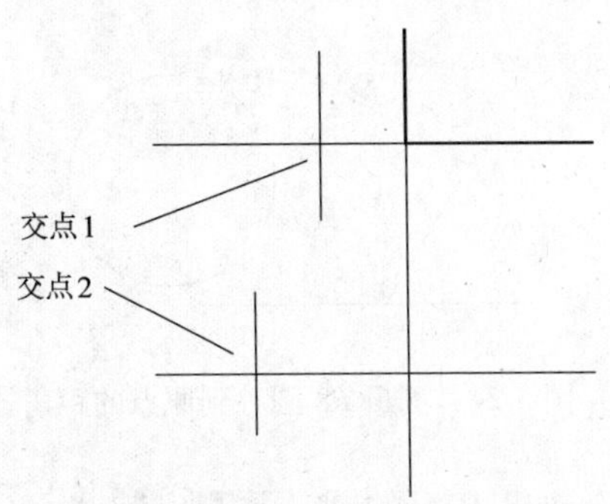

图 3-18 绘制曲线的两个点

图 3-19 绘制弧和直线

12）单击**绘图→倒圆角**，单击圆角半径，输入值为 4.5，选择修整方式为 Y，选择极坐标线和与其相交的水平线为倒圆角图素，这样就会在两图素之间倒出一个半径为 4.5 的圆弧，用同样的方法在值为 0 的水平线和半径为 12 的圆弧之间倒出半径为 3 的圆角，如图 3-20b 所示。

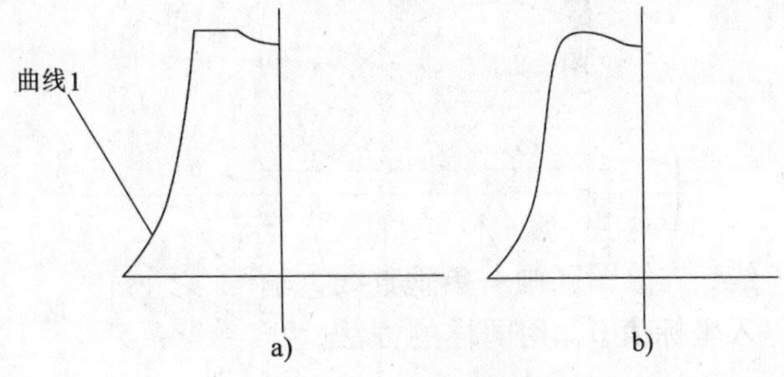

图 3-20 绘制曲线

13）将视图面和构图面转换到俯视图，将作图深度设置为 0，单击**绘图→直线→极坐标线**，选择原点为起始位置，输入角度值 0，输入长度值 30，绘制出一条极坐标线。用同样的方法再绘制一条起始位置为原点、角度为 60°、长度为 30 的极坐标线，如图 3-21 所示。

14）将上面绘制的两条直线向 60°夹角的内侧偏移 2.5，以原点为中心绘制 *R*13.20 的圆，如图 3-22 所示。

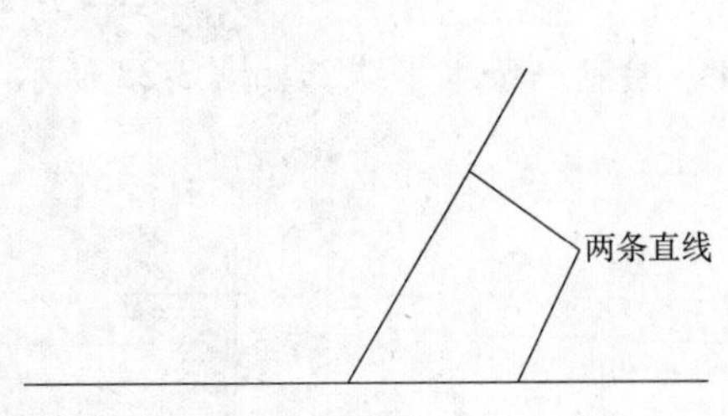

图 3-21 绘制极坐标线

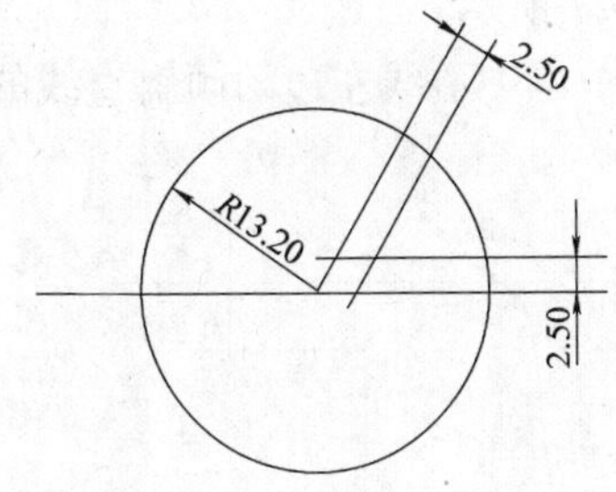

图 3-22 绘制 *R*13.20 的圆

15）分别以偏移后的两条直线和圆弧的交点为中心绘制两个 *R*8 的圆，以这两个圆的外交点为圆心绘制 *R*8 的圆，如图 3-23 所示。

16）删除辅助图素，只保留最后绘制的 *R*8 的圆，此圆就是所需要的圆。测出圆中心到原点的距离为 19.211，如图 3-24 所示。

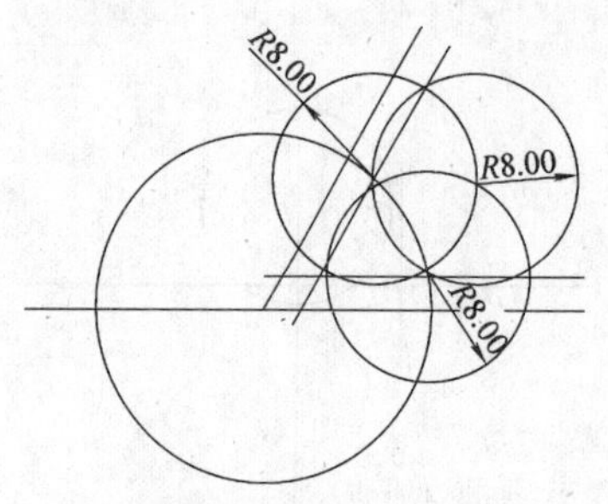

图 3-23 绘制 R8 的圆

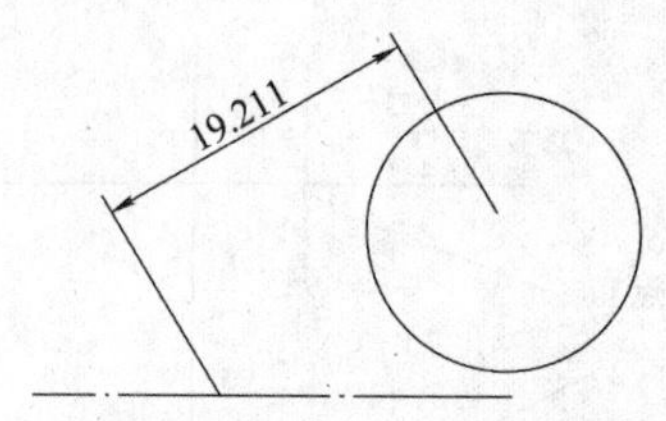

图 3-24 测量 R8 圆心到原点的距离

17）将作图深度设置为 -37，依照上面的方法绘制出 R16 的圆，并测出其圆心到原点的距离为 35.594，如图 3-25 所示。

18）删除整理后的图形，如图 3-26 所示。

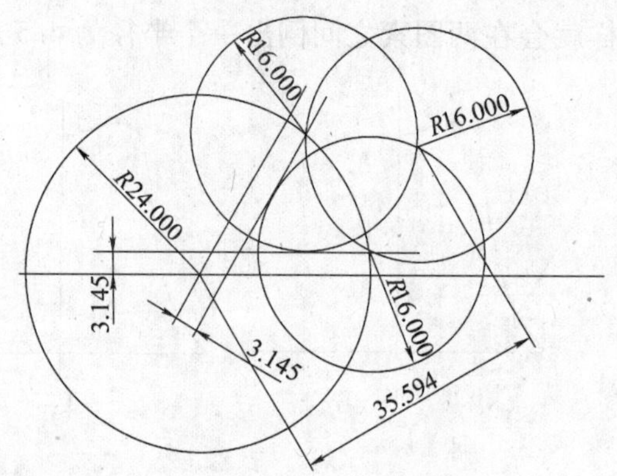

图 3-25 绘制 R16 圆

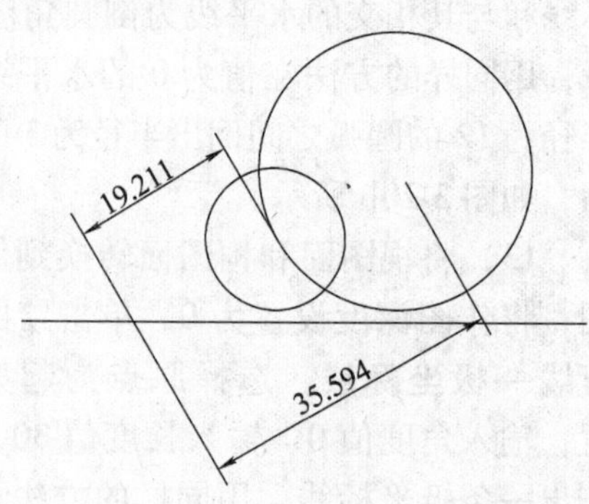

图 3-26 R8、R16 圆和原点的位置关系

19）将视图面和构图面转换到前视图，将作图深度设置为 0，绘制两条坐标值为 $X=11.211$（19.211 -8）和 $X=19.594$（35.594 -16）的垂直线，就产生了交点 3 和交点 4，如图 3-27 所示。

20）以中心线左边的倾斜直线的下端点为基准，绘制一条水平线，如图 3-28 所示。

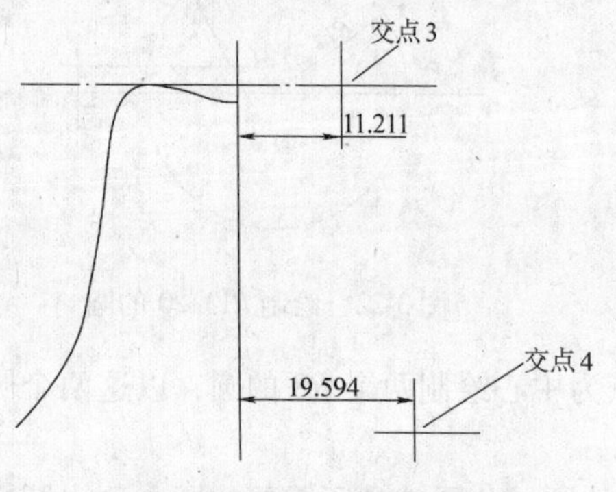

图 3-27 绘制上、下两点

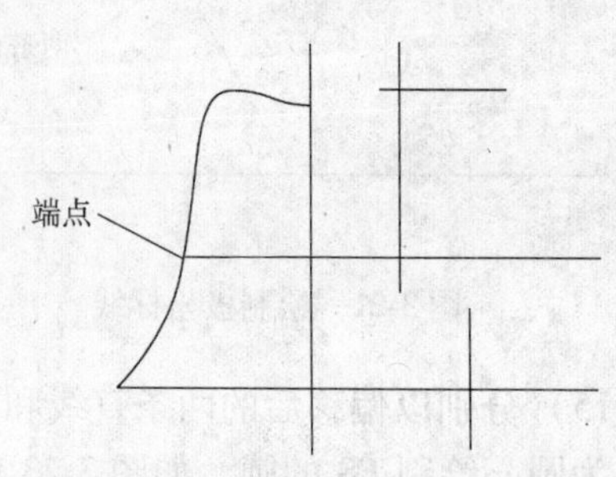

图 3-28 绘制通过切点的水平线

21）以交点 3 为基点，绘制一条极坐标线，角度为 −82°，长度为 25，得到交点 5，如图 3-29 所示。

22）以交点 4 和交点 5 为端点绘制一条直线，如图 3-30 所示。

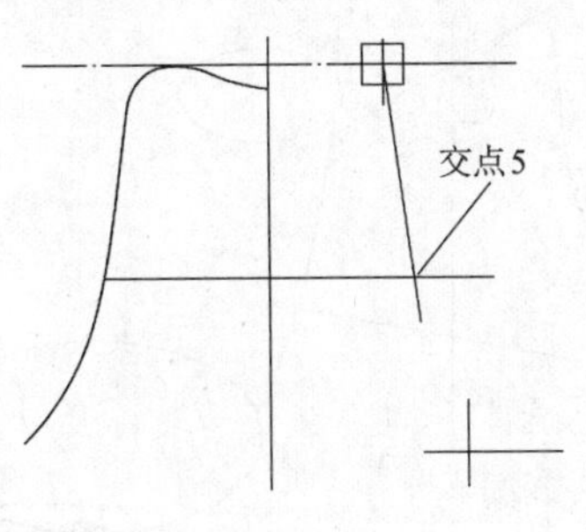

图 3-29　绘制斜线

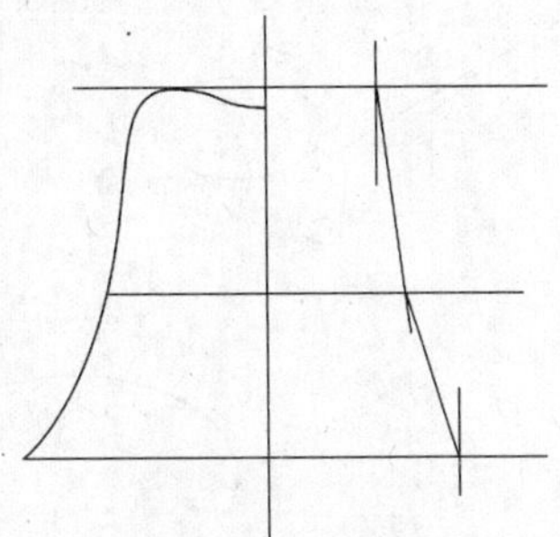

图 3-30　绘制弧的弦线

23）单击**绘图→直线→法线→经过一点**，选择上面绘制的直线作为法线的对象，在绘图区捕捉所选直线的中点为起始位置，输入线长为 50，选择保留右边的法线，绘出如图 3-31 所示的一条法线。

24）依照上面的方法，以交点 5 为起点绘制交点 3 和交点 5 之间直线的法线，角度为 8°，长度为 50。这样，两条法线相交于交点 6，如图 3-32 所示。

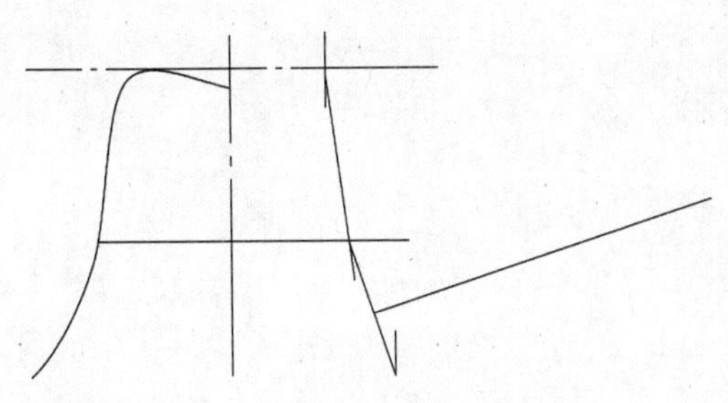

图 3-31　绘制弦线的中垂线

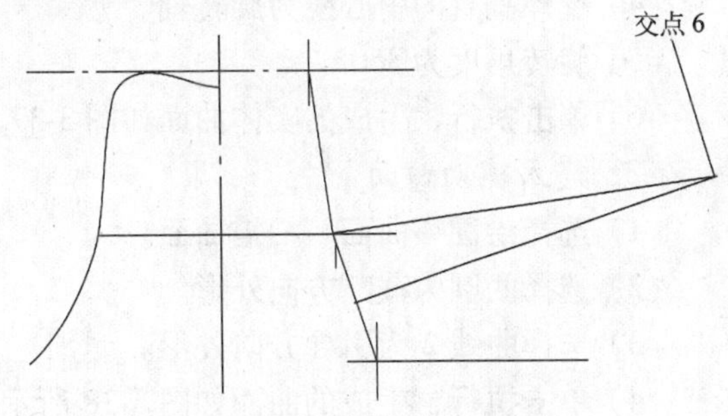

图 3-32　用作图法找出圆弧中心

25）选择**绘图→圆弧→点边界圆**，选择交点 6 为圆心，交点 5 为圆弧端点，绘制一个圆弧，如图 3-33 所示。

26）删除、修剪整理后保留曲线 2，如图 3-34 所示。

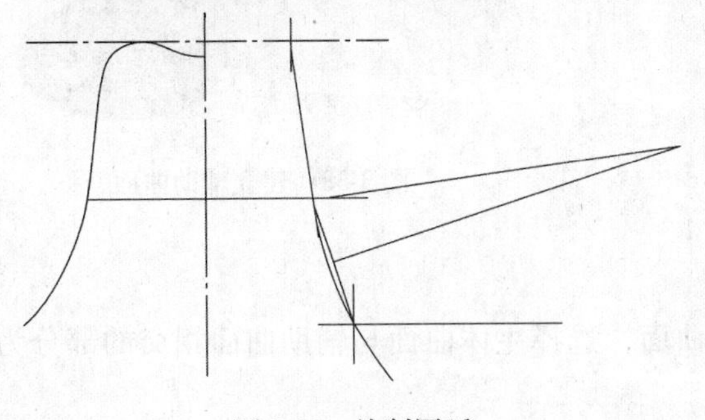

图 3-33　绘制圆弧

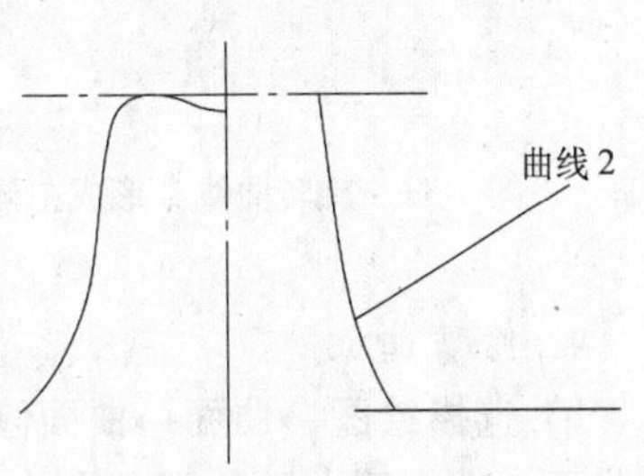

图 3-34　完成曲线 2 的绘制

27）将视图切换至**等角视图**，如图 3-35 所示。

28）在主功能表中选择**转换→旋转**，选择曲线 2 为旋转对象，选择原点为旋转基点，输入旋转角度 30°。旋转后的曲线如图 3-36 所示。

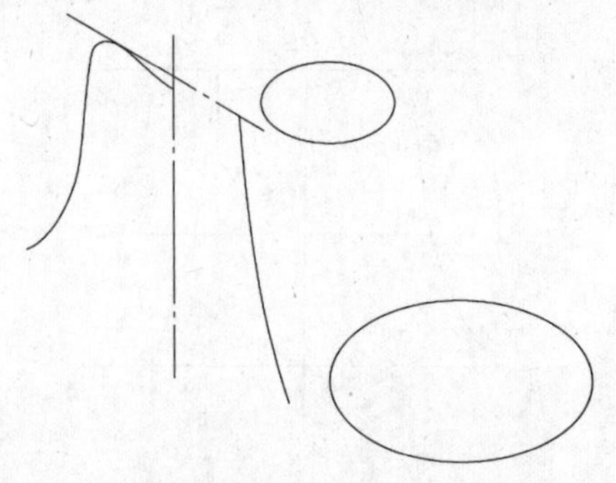

图 3-35　将视图切换至等角视图

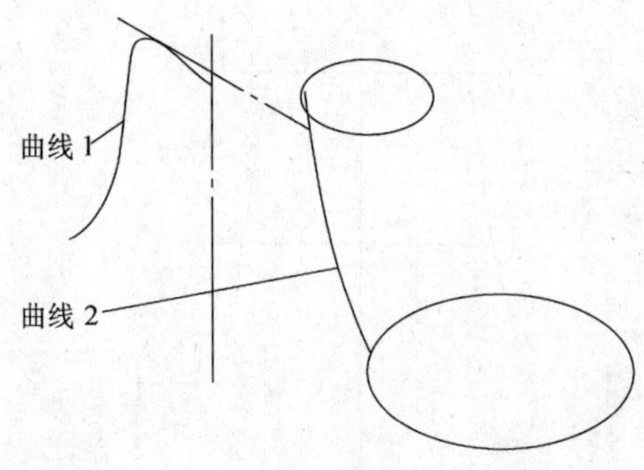

图 3-36　旋转曲线 2

2. 建立主体曲面

1）将视图面和构图面转换到**等角视图**。

2）选择**绘图→曲面→旋转曲面**。

3）选择曲线 1 为旋转图素。

4）选择垂直的中心线为旋转轴。

5）旋转角度为 360°。

6）单击**执行**，生成的实体曲面如图 3-37 所示。

3. 建立辅助曲面

1）选择**绘图→曲面→扫描曲面**。

2）选择两圆为截断方向外形。

3）选择曲线 2 为引导方向外形。

4）单击**执行**，生成的曲面如图 3-38 所示。

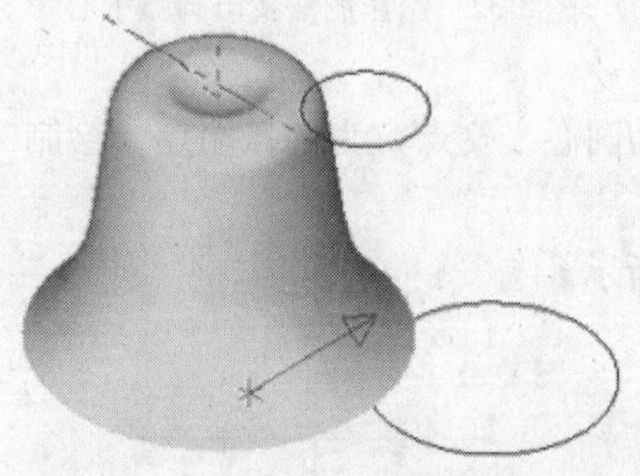

图 3-37　旋转曲线 1 形成主体曲面

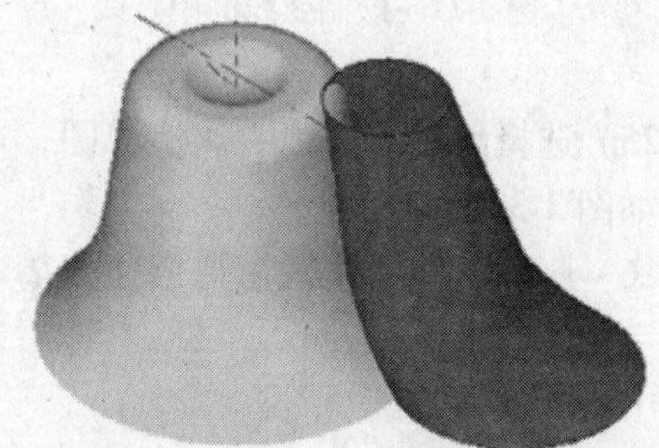

图 3-38　建立辅助曲面

4. 修剪曲面

1）选择**绘图→曲面→曲面修剪→至曲面**，选择主体曲面与辅助曲面相交的部分为第一组曲面，选中后曲面的颜色变为红色。

2）选择辅助曲面为第二组曲面。

3）选择第一组曲面的保留部分。

4）选择第二组曲面的保留部分。

5）修剪后的曲面如图 3-39 所示。

5. *曲面倒圆角*

1）选择**绘图→曲面→曲面倒圆角→曲面/曲面**，选择主体曲面与辅助曲面相邻的部分为第一组曲面。

2）选择凹下的辅助曲面部分为第二组曲面。

3）输入倒圆角半径 *R*0.5，选择**正向切换→单一**。

4）选择**切换方向**。

5）依次选择各选中的曲面，调整其方向，使之向里，选择**修剪**方式，倒角后的曲面如图 3-40 所示，箭头所指曲面为圆角。

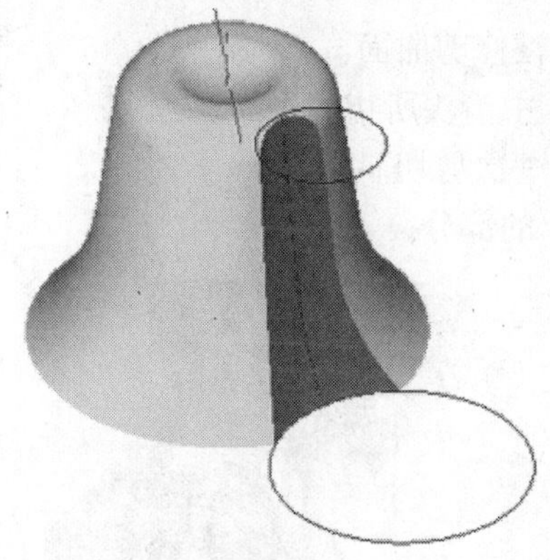

图 3-39　修剪后的曲面

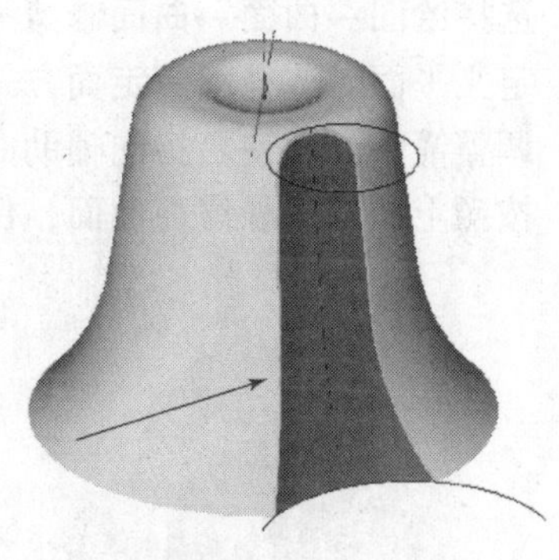

图 3-40　倒角后的曲面

6. *旋转曲面*

1）将视图面和构图面转换到**前视图**，将作图深度设置为 0。选择**绘图→矩形→两点**，单击选项，就会打开矩形的选项对话框，参照图 3-41 进行设置，设置完成后单击确定。

2）在绘图区绘制一个包含曲面在内的矩形，产生一个平面，如图 3-42 所示。

3）将视图面和构图面转换到**等角视图**，如图 3-43 所示。

4）选择**转换→旋转**，选择上面绘制的矩形平面为旋转对象，旋转基点为原点，旋转角度为 60°，旋转次数为 1 次，选择复制。生成一个如图 3-44 所示的平面。

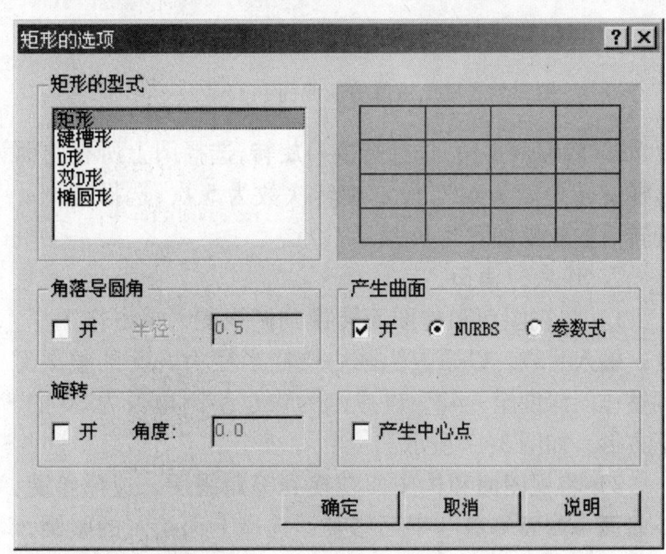

图 3-41　矩形的选项对话框

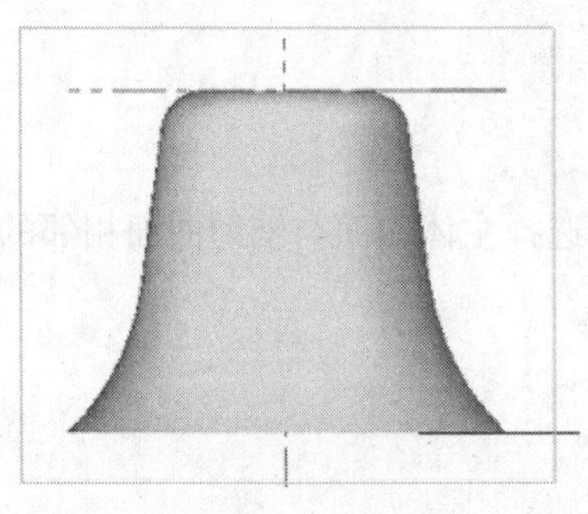

图 3-42 绘制矩形

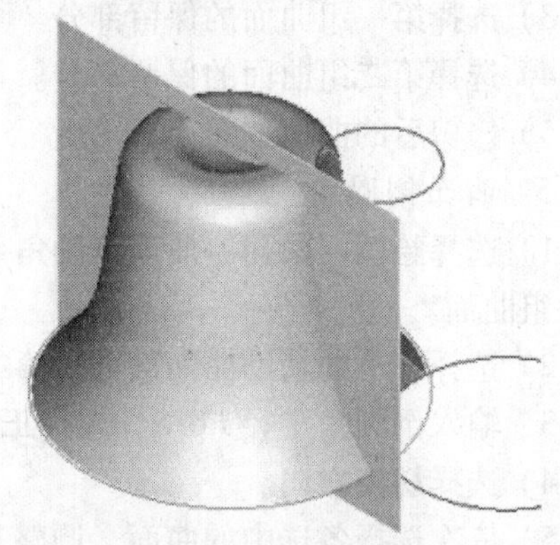

图 3-43 转到等角视图

5）选择**绘图→曲面→曲面修剪→至平面**，选择被修剪曲面。

6）定义平面时选择**图素定面**方式，选择图 3-44 中箭头所指的平面。

7）调整箭头方向使之指向辅助曲面一侧，进行一次剪切。

8）按照上面的步骤修剪曲面，保留图 3-45 所示的部分。

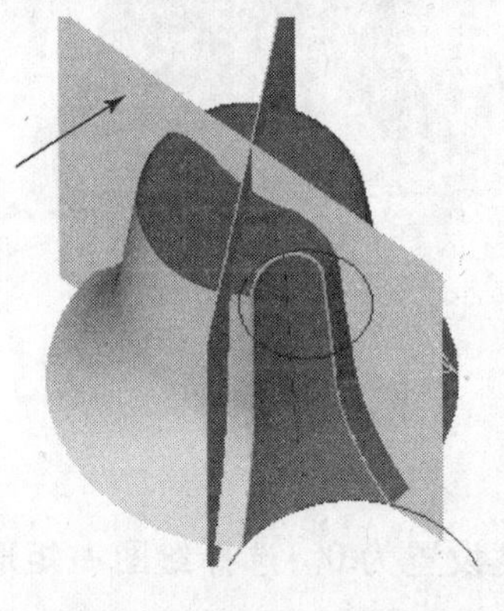

图 3-44 确定被修剪的曲面

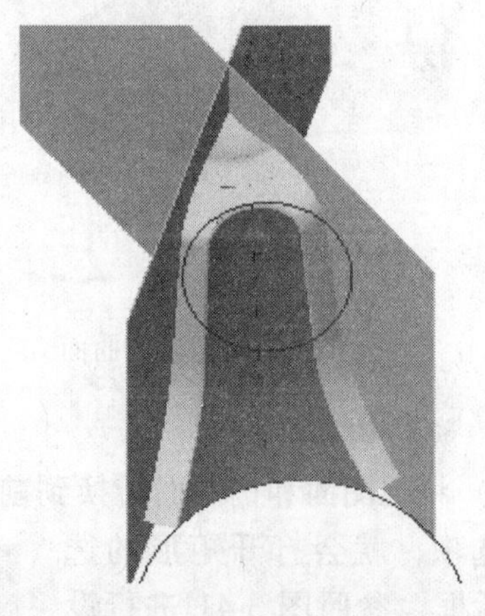

图 3-45 剪切后的效果

9）隐藏两平面，选择**转换→旋转**，选择图上所有曲面为旋转对象，选择旋转基点为原点，选择旋转角度为 60°，设定旋转次数为 5 次，选择复制。旋转后的效果如图 3-46 所示。

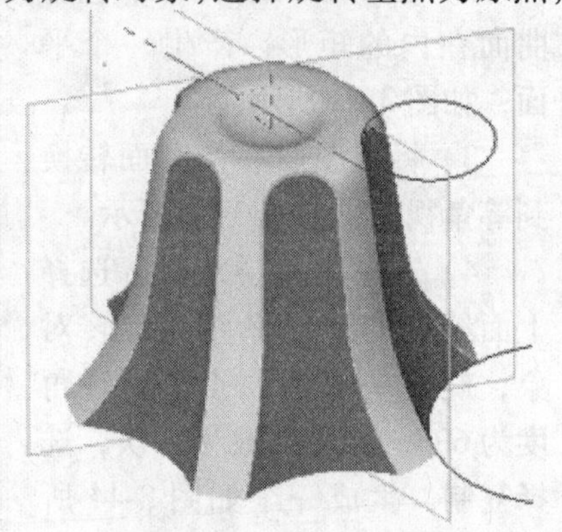

图 3-46 旋转后的效果

7. 作底座曲面

1）将视图面和构图面转换到俯视图，单击作图深度，输入 -37。以原点为圆心绘制半径为 *R*25 的整圆，调整作图深度至 -42，以原点为中点绘制边长为 60 的正方形，如图 3-47 所示。

2）将视图面和构图面转换到**等角视图**，选择**绘图→曲面→曲面修剪→平面修整**，选择上面绘制的整圆，作出一个圆面。用同样的方法将绘制的正方形作出一个平面。

3）选择**绘图→曲面→牵引曲面**，选择上面所作的整圆为牵引图素。设定牵引长度为5，生成牵引曲面如图3-48所示。

至此完成了该零件的曲面造型。

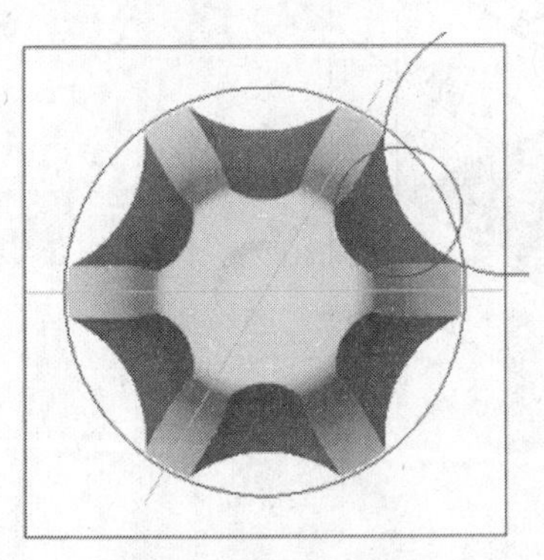

图3-47　绘制圆和正方形

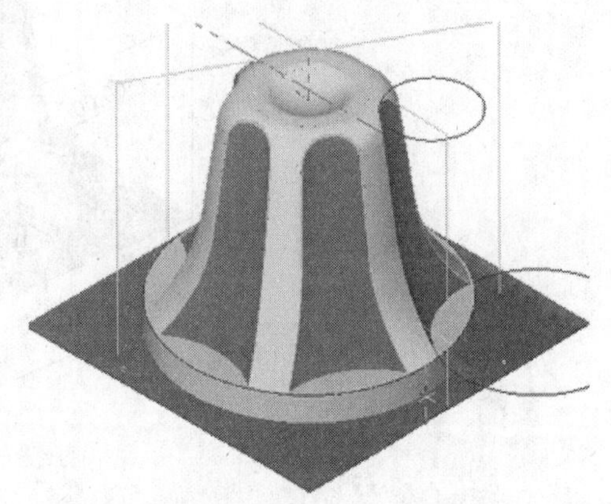

图3-48　绘制圆柱面

第三节　加工工艺、机床和刀具参数的输入

一、工件毛坯的装夹

根据工件尺寸、坯料尺寸选择60mm×60mm×60mm（边长60mm）的正方体，也可选择直径为60mm、高度为60mm的圆柱形毛坯。装夹深度为15mm。坐标原点位于工件上表面中心，用工作台上的台虎钳装夹。图3-49a是毛坯和工件的位置关系，图3-49b是设置毛坯对话框，可设置毛坯的坐标尺寸、坐标原点等参数。在对话框的X、Y、Z输入框中输入毛坯的尺寸；在工件原点栏中输入工件坐标系原点X、Y、Z的坐标值，这个原点坐标值最好和造型零件的原点坐标值相同。计算机读入零件造型和毛坯尺寸及坐标原点后，为自动生成加工路径提供了图形数据基础。

对图3-49b对话框中的其他内容简介如下：

刀具补偿号之设定：当选中增加选项，并在刀长和半径输入框中填值，系统就将输入的值作为刀具长度和直径的偏置值；若选择依照刀具选项，则使用刀具本身定义的值作为偏置值。

进给计算：当选择材质后，系统将根据工件的材料计算进给量；若选择依照刀具选项，则根据刀具计算进给量。

由切削原理可知，切削加工的三要素是切削深度、进给量和切削速度，而这三要素的确定主要取决于刀具材料和工件材料。因此在计算切削深度、进给量和切削速度时必须考虑刀具材料和工件材料这两个因素。例如：切削不锈钢和铝材，选用高速钢刀具时的切削参数是不同的，而用高速钢刀具和硬质合金刀具切削不锈钢材料时，切削参数也是不同的。

最大转速（RPM）：用来输入刀具的最高转速。

自动调整圆弧（G2/G3）的进给速度：是限制圆弧加工时的最大进给量，其进给量最大不得超过线性加工进给量。

圆弧的最小进给速度：输入框中输入最小圆弧进给量。

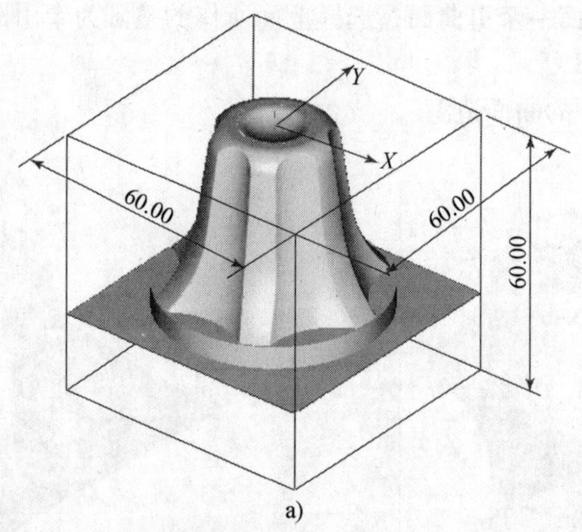

a)

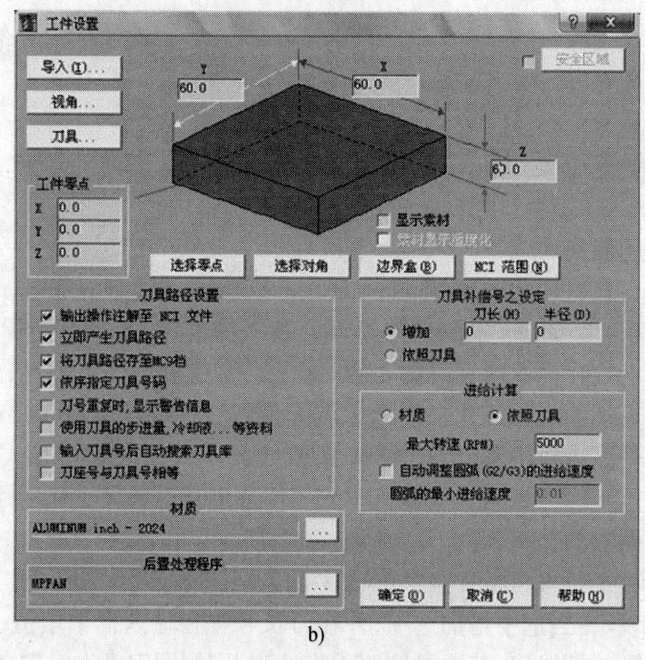

b)

图 3-49 工件设定选项卡

a）工件在毛坯中的位置 b）工件设置对话框

二、机床选择

本加工实例选用的加工设备是大连机床集团研制生产的 VDL1000A 立式加工中心，该机床可实现 X、Y、Z 三轴联动，其主要技术参数见表 3-1。

三、选择刀具

加工中心的刀库中可以安装很多刀具，在某一个工件加工之前，必须把需要的刀具安装到刀库中，加工时再把所需刀具换到主轴上。刀具要有很高的几何形状精度和尺寸精度，主要是切削刃部分的形状、尺寸精度和刀具长度的尺寸精度。精加工刀具的精度要求应高于 1μm。换刀以后数控系统用刀具长度补偿指令把刀尖顶部设定在同一个平面上，用半径补偿的方法保证不因刀具半径的不同而影响零件编程轨迹的变化。加工时有时要用到圆头刀、球头刀、圆弧铣刀等加工曲面，为了保证加工精度，这些刀具的几何形状和尺寸都要精确。不同的刀具，尺寸是不完全相同的，即使是同一把刀具，重磨后的尺寸也要变化。这是任何图形交互式自动编程系统都不可能提供的，因此必须用人机交互的办法把刀具的数据输入到系统中。Mastercam 系统提供了输入刀具数据的窗口，刀具参数选项卡给出了刀具参数输入窗口，刀具类型选项卡列出了各种类型的刀具。编程者可以通过这些窗口输入刀具的几何尺寸和切削加工的数据。在刀库中，每一把刀具都有一个号码，数控机床换刀时根据程序中给出的刀具号码换刀。刀具一旦被选中，事先输入给刀具的所有参数都可以被利用。

表 3-1　机床参数表

数控系统	FANUC—0i 数控系统	
行程范围	X	1000mm
	Y	500mm
	Z	630mm
主轴最高转速	7500r/min	
主轴功率	7.5/11kW	
导轨类型	高精度直线滚动导轨	

在本实例中，选用 $\phi10R1$ 圆鼻刀来进行粗加工，选用 $\phi6$ 球刀和 $\phi8$ 平刀进行精加工。具体切削参数见表 3-2。

表 3-2　刀具参数表

刀具	主轴转速/min	进给速度/(mm/min)	切削深度/mm	切削宽度/mm	刀具长度/mm	刀具号	补偿号	
$\phi8$ 平刀	5000	500	1.5	4	≥45	T01	H01	D01
$\phi6$ 球刀	6000	720	0.25		≥20	T02	H02	D02
$\phi10R1$ 圆鼻刀	6000	500	0.25	7.5	≥45	T03	H03	D03

四、制订加工工艺

不同的工件有不同的加工工艺，任何一个软件系统都不能给出一个具体零件的工艺方案，必须用人机交互的方式给出。根据零件的特点应给出工件材料，粗、精加工性质，加工余量和加工方式等。制订加工工艺要正确合理，要掌握足够的加工知识才能做好。加工余量、切削速度、切削深度和进给量都有手册可查，不能随便选择。本例的工艺选择如下：

1）材料：模具钢。

2）加工过程分为粗加工和精加工。

3）粗加工的加工余量为 0.25mm。

4）粗加工切削方式：挖槽铣削粗加工。

5）精加工铣削方式：放射状铣削方式、2D 扫描铣削方式、等高路径铣削方式和挖槽方式。

第四节　编　程

一、粗加工路径生成

1）选择：**刀具路径→曲面加工→粗加工→挖槽粗加工→所有的曲面→执行。**

2）在刀具图表框内单击鼠标右键，**从刀具库中选取刀具**。

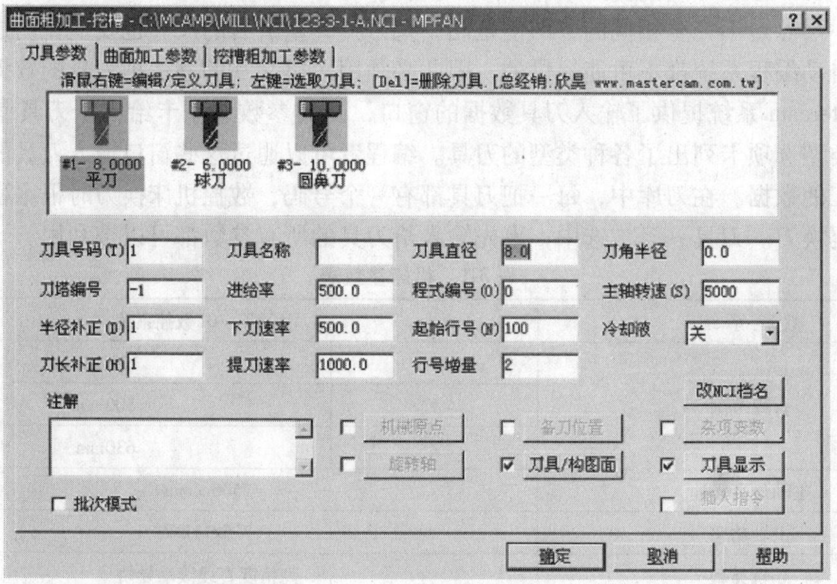

图 3-50 刀具参数选项卡（一）

3）选择直径为 $\phi 8$ 的平刀。

4）设定**刀具参数**，如图 3-50 所示。

在图 3-50 中填写的数据与表 3-2 中给出的数据一致，表 3-2 中未列出的参数意义如下：

“程式编号”：程序号，可设置任意一个四位数作为程式的编号。

“起始行号”：生成的加工程序的起始行号。

“行号增量”：相邻两个程序段之间的行号增加值。

“刀角半径”：圆柱铣刀侧面和底面间切削刃的圆角半径。

5）**曲面加工参数**设定如图 3-51 所示。在图 3-51 中：

“安全高度”是刀具端点到工件表面的距离，在三坐标的数控机床上，这个高度上的刀具可以在 *XY* 平面上向任何位置移动而不和工件或夹具相干涉。进刀和退刀时刀具都要经过这个高度上的点，需要时刀具还在这个高度上停留。

“进给下刀位置”是开始进给加工时刀尖到被加工表面的距离，加工时刀具先从“安全高度”快速移动到“进给下刀位置”，再用进给速度加工。

“刀具的切削范围”中的“刀具位置”，是设定刀具中心与毛坯外边的位置关系，“中”是指令刀具的中心在毛坯的边界线上，“内”、“外”是指令刀具中心在毛坯边线的内侧或外侧，而刀具周边一定在毛坯边线上。

6）选择边长为 60mm 的正方形为刀具切削范围。

7）设定**挖槽粗加工参数**，如图 3-52 所示。

图 3-52 中给出了“双向切削”、“等距环切”、“平行环切”、“平行环切清角”、“高速切削”、“螺旋切削”、“单向切削”等几种进给路线。本例选用“双向切削”方式，将产生一组来回的直线刀具路径。图3-52中的“切削间距”是相邻进给路线之间的距离，有两种

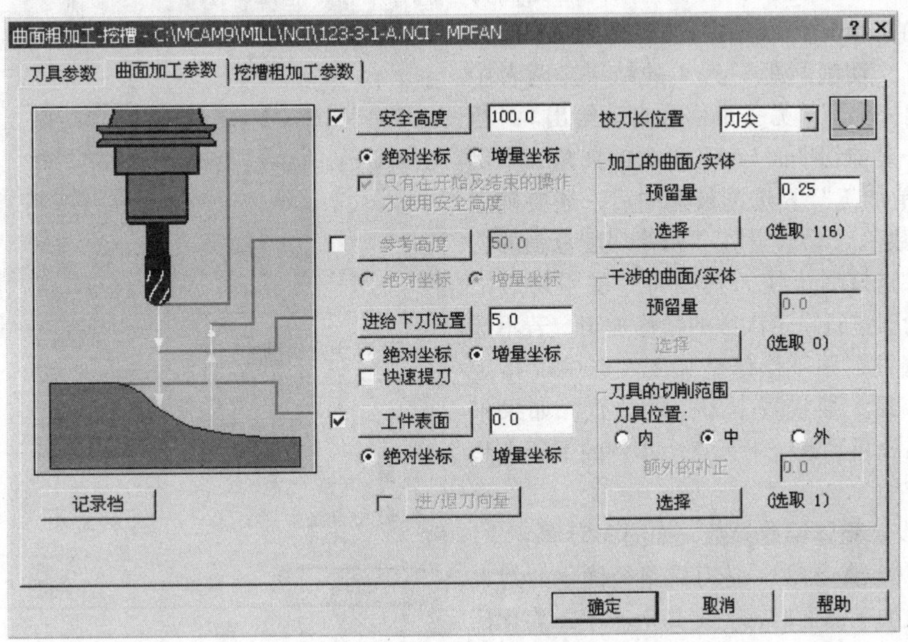

图 3-51　曲面加工参数选项卡

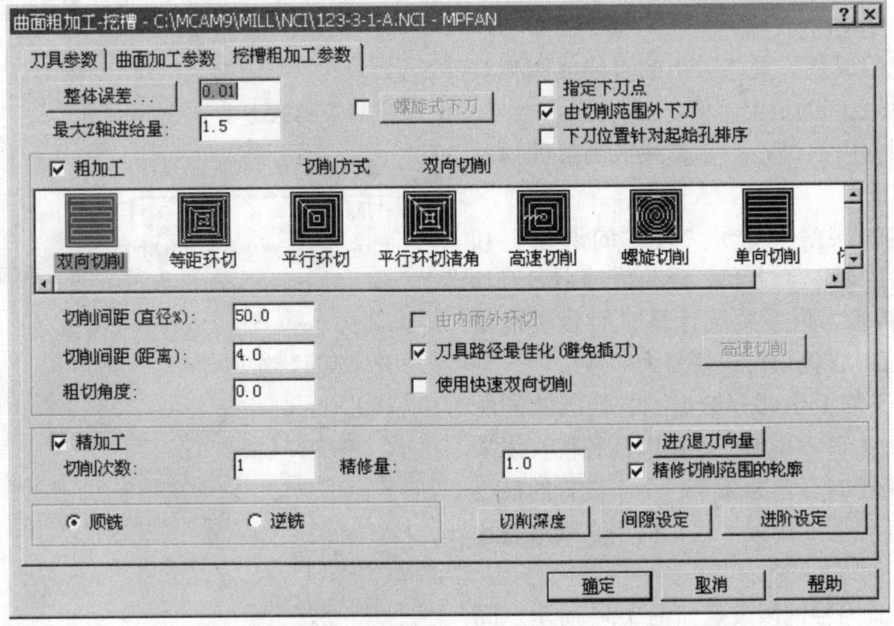

图 3-52　挖槽粗加工参数选项卡

确定方式，可用长度尺寸 mm 给定，也可用刀具直径的百分比给定，两者互相联系。由于在图 3-50 中已经设定刀具直径，因此若给出刀具直径的百分比为 50，对于直径为 $\phi 8$ 的刀具，则有“切削间距”为 4 的结果。两者中只要给出一个值，另一个值会自动给出。“粗切角度”是被切平面与 *XY* 平面的夹角，本例为 0。“精加工”复选框被选中后，还要确定“切削次数”、“精修量”、“精修切削范围的轮廓”等，选好后可使刀具在每一层粗切后沿工件的轮廓进行设定次数的精修加工，若不选中该复选框，则不作修整加工。选中“指定下刀点”后，要设置下刀点的位置，如果不选，则系统自动确定下刀点。本例的下刀点是系统确定的。

8）设置**整体误差参数**，如图 3-53 所示。

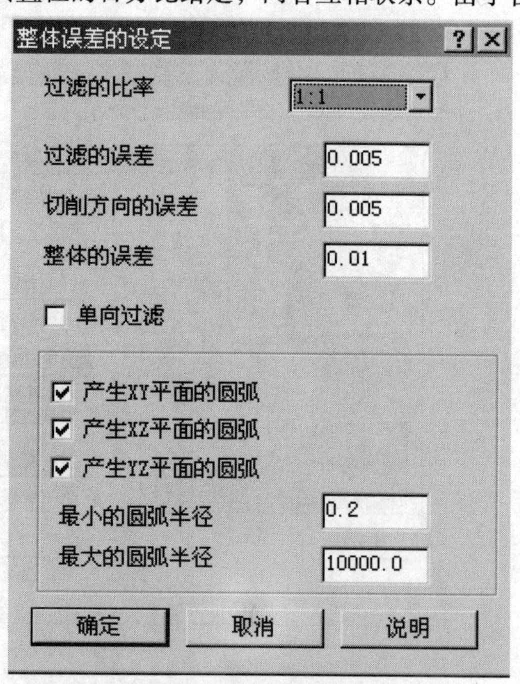

图 3-53 整体误差的设定

“整体误差参数”是刀具路径优化的约束条件，粗加工曲面时，为提高生产率，简化计算机的计算，常把刀具的进给路线用长直线和大圆弧来代替曲线，因而会带来较大的加工误差。为使误差限制在给定的范围内，系统设置了图 3-53 的内容。

“过滤的误差”是指采用的直线或圆弧与被替代曲线之间的最大差值。

“切削方向的误差”是直线或圆弧的插补误差。

“整体的误差”等于“过滤的误差”和“切削方向的误差”之和。误差值越小，刀具路径就越精确，但是系统计算时间会成倍增加。粗加工时误差值可设置得大一些。

图 3-53 的下半部分给出了替代圆弧的所在平面和最大、最小半径。用圆弧替代直线来调整刀具路径时，当圆弧半径小于设置的最小半径或大于设置的最大半径，仍用直线来表达刀具路径。

9）刀具路径**间隙设定**如图 3-54 所示。间隙是因两曲面相邻边缘间的距离而设置的，用来调整刀具路径。两曲面相邻边缘间的距离是由零件造型所决定的，是固定不变的。这里设置的间隙用来和零件上的间隙相比较，形成不

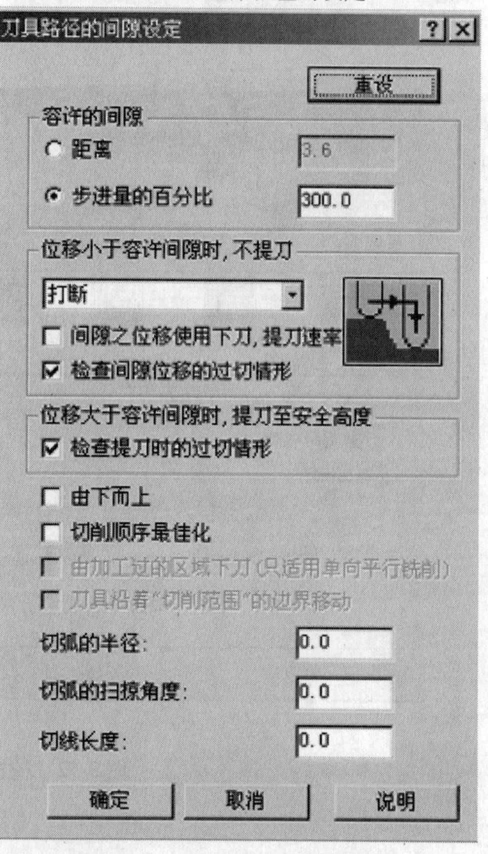

图 3-54 刀具路径的间隙设定

同的加工路径。对话框中设置内容的意义如下：

“容许的间隙”：可以直接设置距离尺寸，也可以用刀具直径的百分比计算。

“位移小于容许间隙时,不提刀”:用于设置当移动量小于容许间隙时刀具不提刀的移动形式,有以下四种选择：

1）直接：刀具从一个曲面的终点直接移动到下一个曲面的起点。

2）打断：刀具上升到“进给下刀位置”越过实际间隙，再下降到下一个曲面的起点。

3）平滑：刀具平滑地越过间隙，不固定移动方式，刀具不能突然变向，避免产生冲击。

4）跟随曲面：刀具从一个曲面的终点沿曲面边缘移动到另一个曲面的刀具路径起点。

“切弧的半径”、“切弧的扫掠角度”、“切线长度”是在进刀点和退刀点设置进退刀圆弧的参数。本例不设进退刀圆弧，因此，填入的数值都为零。

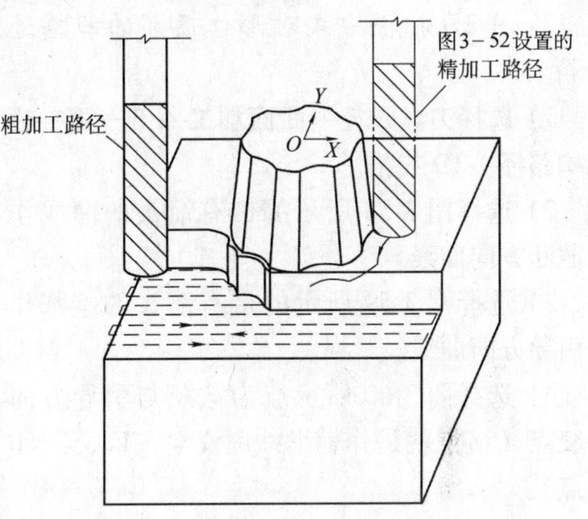

图 3-55　粗加工路径示意图

10）单击确定，生成粗加工刀具路径如图 3-55 所示。

二、顶面精加工路径生成

1. 作辅助曲线

1）将视图面和构图面转换到前视图。

2）单击作图深度，输入 0。

3）作一条 $Y = -12$ 的垂直线（由图 3-17 可知，顶圆半径 $R = 13.2$，外缘倒圆角半径 $R = 4.5$,根据这两个值确定 $Y = -12$）。

4）选择曲线 1（图 3-20）上的水平线部分并将其向外延伸，直到超出上一步所作的垂直线，如图 3-56 所示。

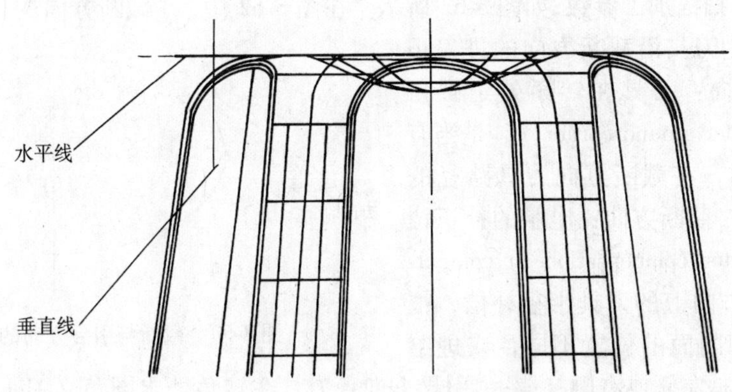

图 3-56　顶面加工作辅助线

5）以垂直线为边界修剪延伸的水平线后，删除垂直线。

6）将视图面和构图面转换到俯视图。

7）单击作图深度，输入0。

8）以原点为圆心作一半径为 $R12$ 的整圆，作为以后用的引导方向曲线，如图3-57所示。

2. 用2D扫描方式对形体顶部的凹槽进行精加工

1）选择**刀具路径→曲面加工→下一页→线架构路径→2D扫描**。

2）选择图3-58所示的带有箭头的曲线作为截断方向曲线。

3）选择图3-59所示的带有箭头的整圆作为引导方向曲线。

4）选择图3-60所示点为截断与引导方向的交点（该点就是作辅助线时 $Y = -12$、$Z = 0$ 的点）。

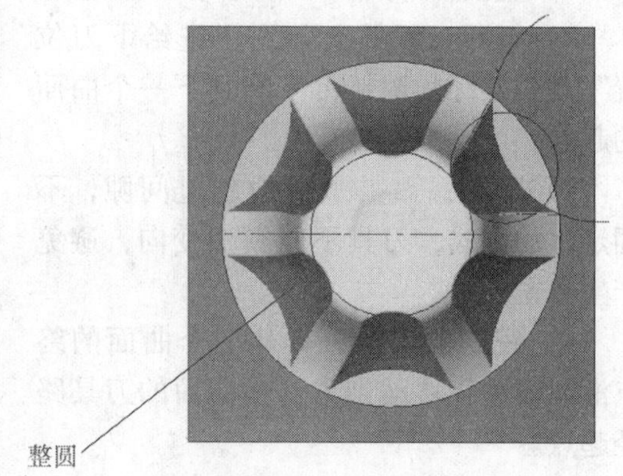

图3-57 作 $R12$ 的圆

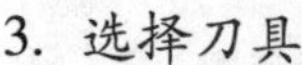

3. 选择刀具

1）选择直径为 $\phi 6$ 的球刀。

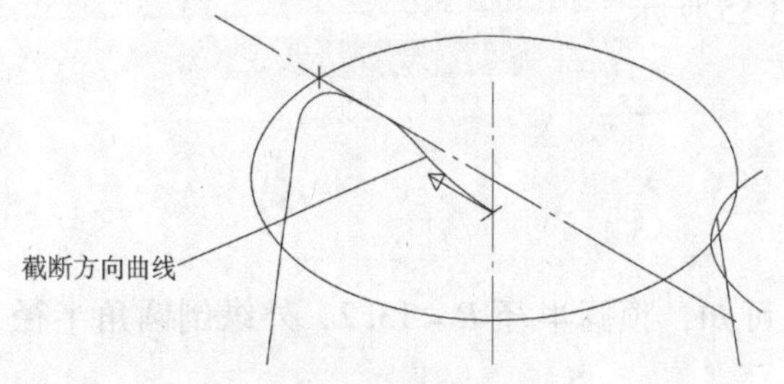

图3-58 选择截断方向曲线

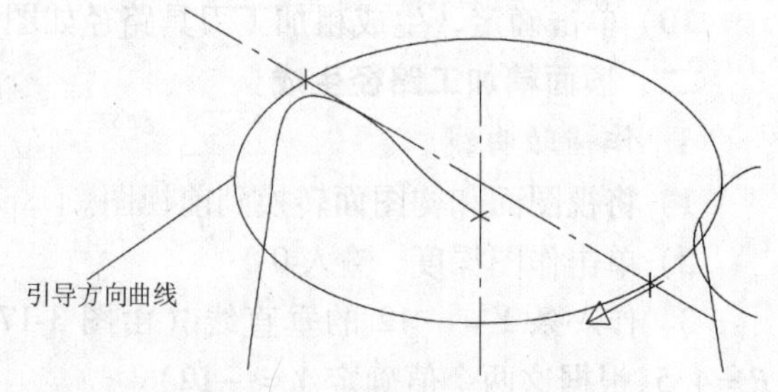

图3-59 选择引导方向曲线

2）**刀具参数**设定如图3-61所示。

3）设定**2D扫描加工参数**，如图3-62所示。在图3-62中，“截断方向的切削量（Across cut distance）”是刀具沿截断方向的进刀距离；“截断方向：刀具在转角处走圆角（Across：roll cutter around corners）”是当有刀具半径补偿时，在截断方向刀具路径的拐角处走圆角；“截断方向：电脑的补正位置（Across：cutter compensation in computer）”是在截断方向上的刀具半径补偿，根据刀具中心与切削面的位置不同，或进给方向不同，可以是左侧或右侧补偿；“引导方向：刀具在转角处走圆角（Along：rol cutter around corners）”、“引导方向：电脑的补正位置（Along cutter compensation in computer）”与

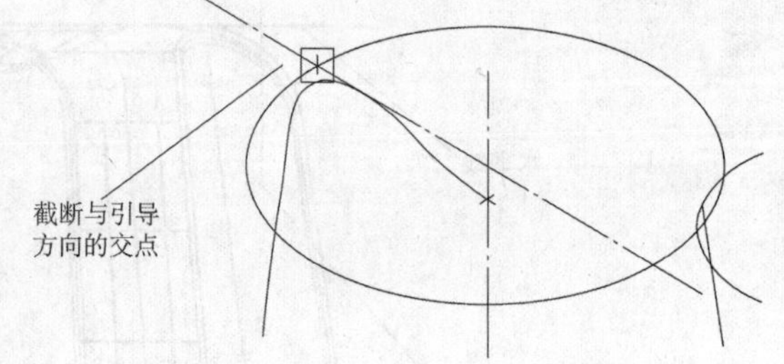

图3-60 截断与引导方向的交点

截断方向意义相同。

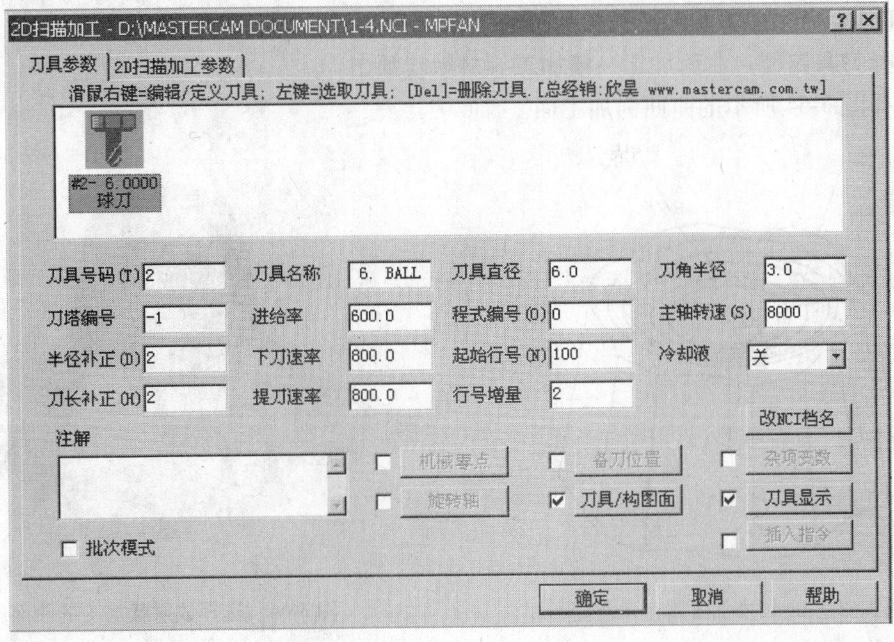

图 3-61 刀具参数选项卡（二）

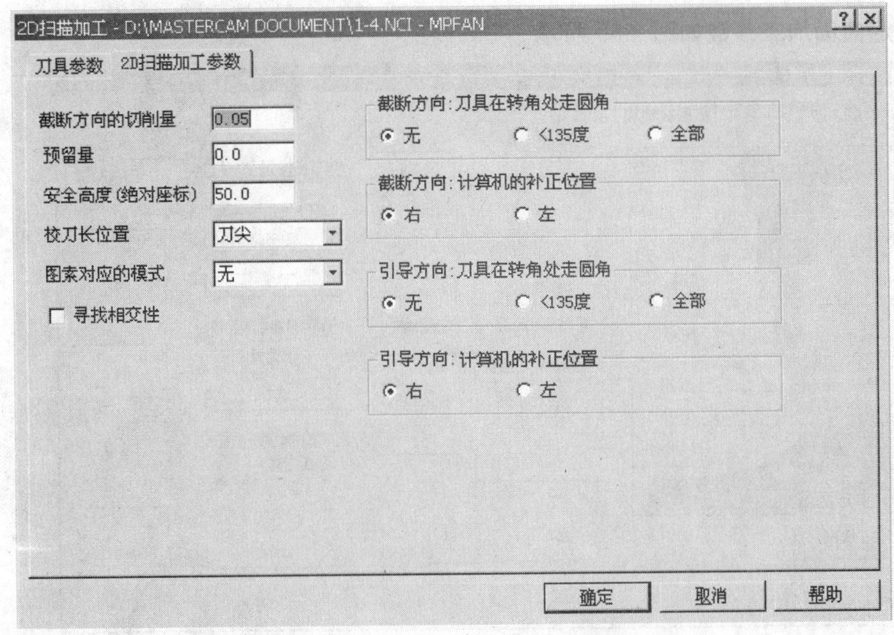

图 3-62 2*D* 扫描加工参数选项卡

4）单击确定，生成加工路径如图 3-63 所示。

2D 扫描加工是线架加工的一种，其特点是刀具沿引导方向进给，当刀具走到终点时在截断方向进刀，进刀后再沿引导方向加工。

三、用放射状加工方式加工形体的顶面圆角部分

1）选择**刀具路径→曲面加工→精加工→放射状加工**。

2）选择图 3-64 所示的曲面为加工面。

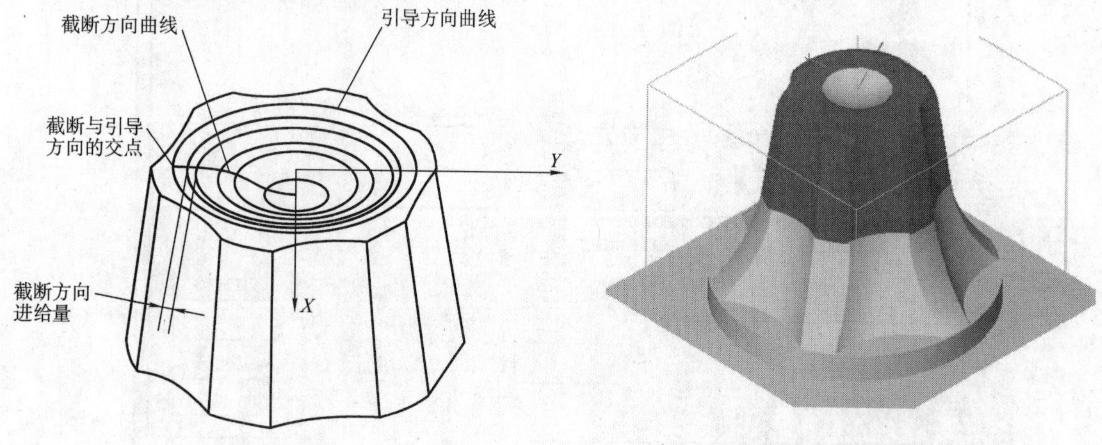

图 3-63 2D 扫描加工路径示意图

图 3-64 选择放射状加工的曲面

3）选择直径为 $\phi 6$ 的球刀。

4）刀具参数表与表 3-2 相同。

5）设定**曲面加工参数**如图 3-65 所示。

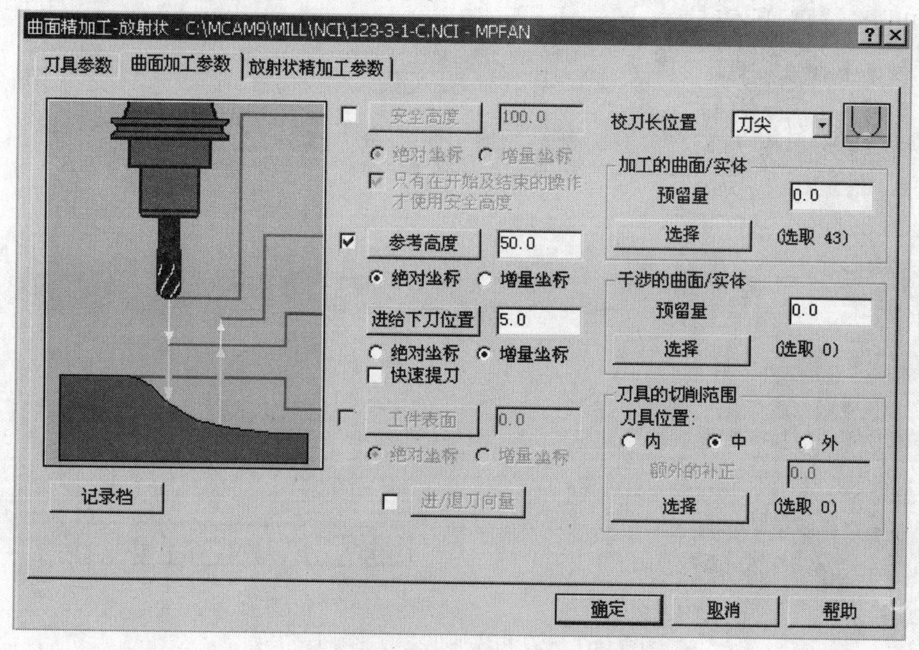

图 3-65 曲面加工参数选项卡

6）设定**放射状精加工参数**如图 3-66 所示。

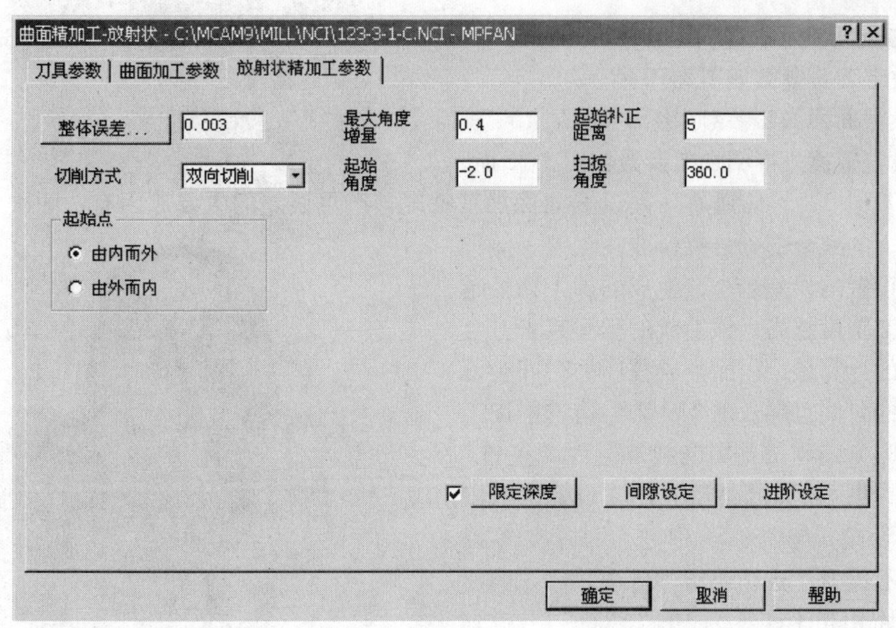

图 3-66　放射状精加工参数选项卡

7）单击限定深度前的复选框，设置限定深度如图 3-67 所示。

8）单击确定，生成的刀具路径如图 3-68 所示。

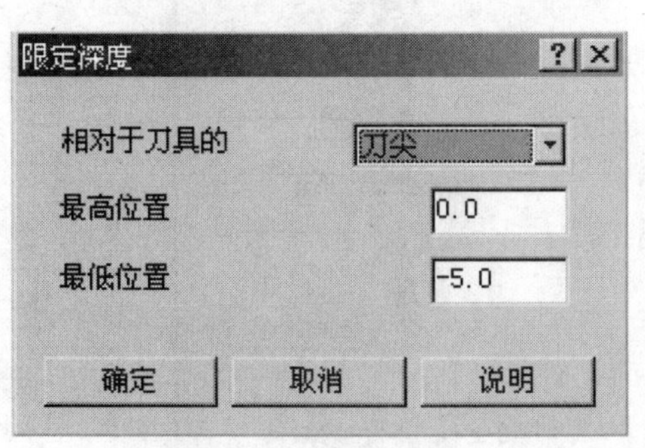

图 3-67　限定深度对话框

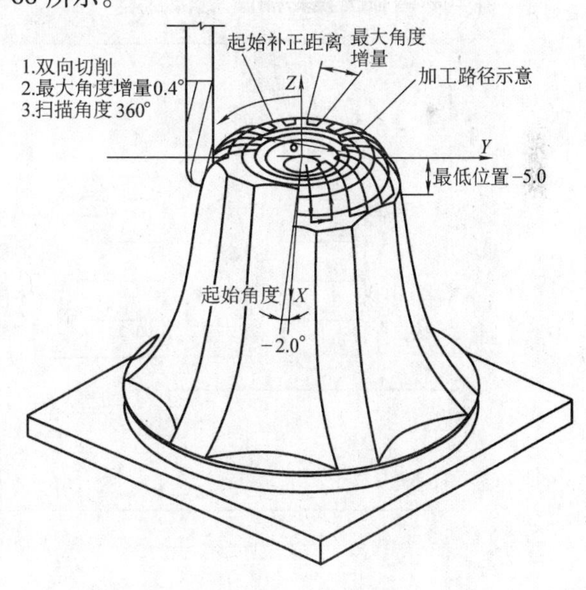

图 3-68　放射加工刀具路径示意图

四、等高外形精加工形体表面

1）选择**刀具路径→曲面加工→精加工→等高外形**。

2）选择如图 3-69 所示的加工面。

3）选择直径为 $\phi10$，圆角为 $R1$ 的圆鼻刀。

4）设定**刀具参数**如图 3-70 所示。

5）设定**曲面加工参数**如图 3-71 所示。

6）设定**等高外形精加工参数**如图 3-72 所示。

图 3-72 中，“整体误差”是设置曲面加工精度，产生误差的主要原因有：两次 Z 向进给之间留下的残余部分、拟合曲线误差、插补误差等。设置的误差越小，生成的加工路径越密集，加工精度越高，但生成的程序越长，会增加系统的计算量，因而生成程序的时间会延长，加工的时间也越长。“顺铣”指铣削加工时主切削力方向和进给方向相同，而“逆铣”则相反。“两区段间的路径”用来设置两区段间的路径形式。与图 3-54 中“位移小于容许间隙时，不提刀”选项组中的各项相同，高速回圈、斜插相当于图 3-54 中“打断”下拉列表中的平滑、直接，其他两项也对应相同。“进/退刀切弧”用于改善切入、切出时的切削条件，使刀具在切线方向进入被切工件表面，保护被加工表面。参看本书第二章图 2-42。

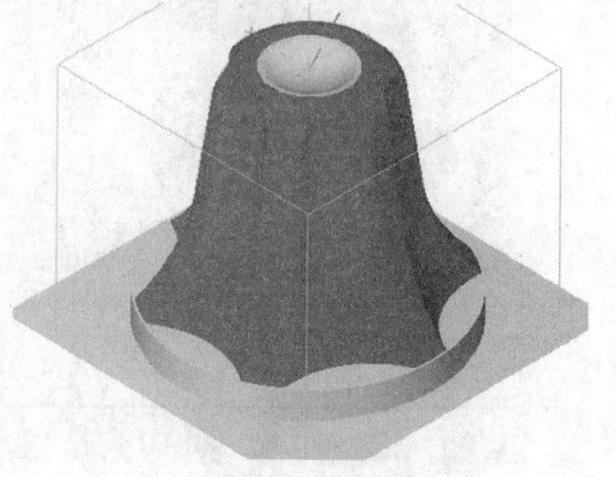

图 3-69 选择等高外形精加工曲面

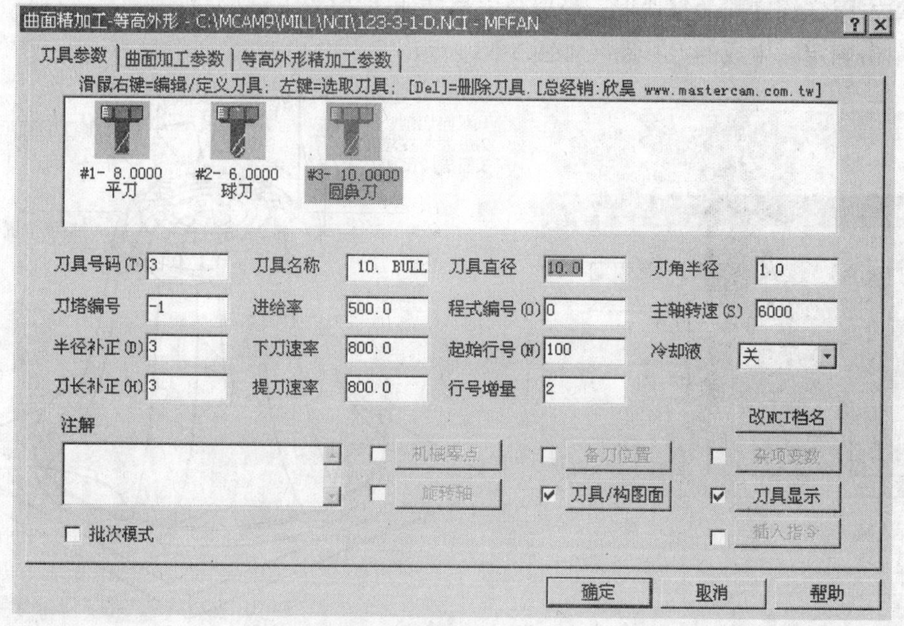

图 3-70 等高外形精加工参数选项卡

7）设置**整体误差参数**如图 3-73 所示。

8）单击图 3-72 浅平面加工复选框。

9）设置**浅平面加工参数**如图 3-74 所示。

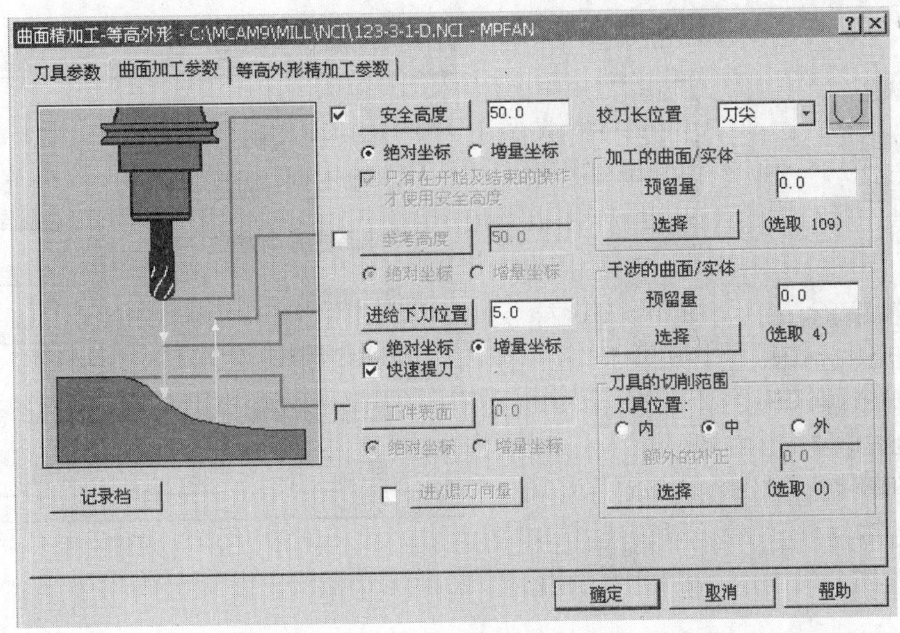

图 3-71　等高外形精加工参数选项卡

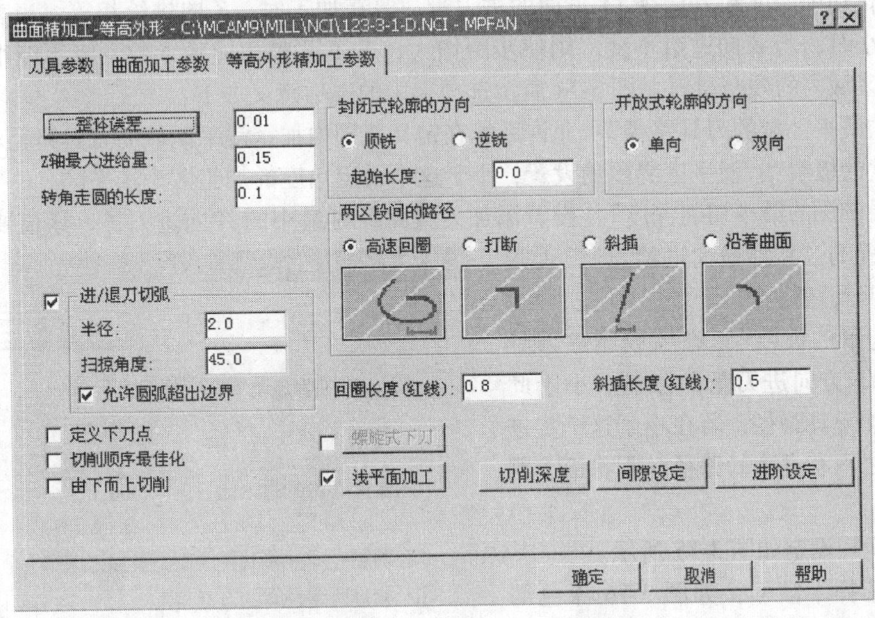

图 3-72　设定等高外形精加工参数选项卡

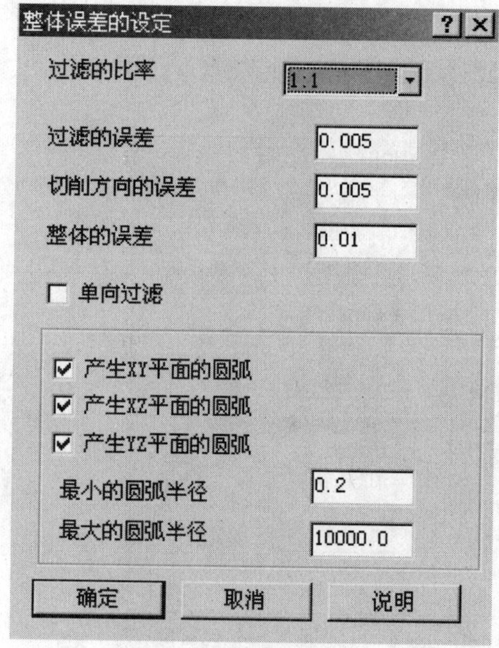

图 3-73　整体误差的设定

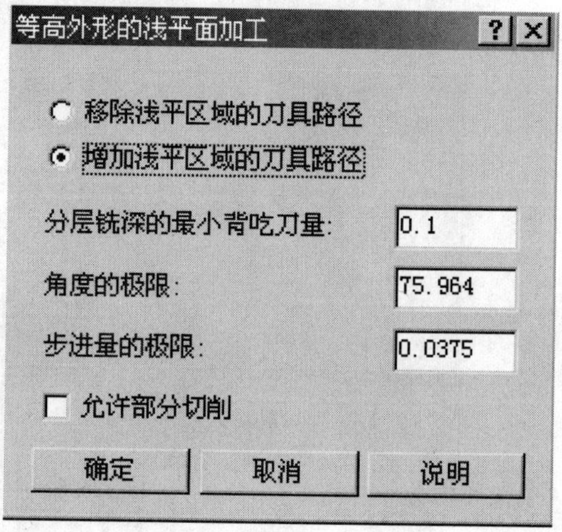

等高外形的浅平面加工
移除浅平区域的刀具路径
增加浅平区域的刀具路径
分层铣深的最小背吃刀量:
0.1
角度的极限:
75.964
步进量的极限:
0.0375
允许部分切削
确定
取消
说明

图 3-74　设定等高外形的浅平面加工参数

在图 3-72 中，设置的“Z 轴最大进给量”是 0.15、“整体误差”是 0.01。系统根据这些条件优化切削深度和刀具在 *XY* 方向的进刀量。等高加工时，*Z* 向进给相等。当工件表面的斜度变小时，若 *Z* 向进给不变，则使步距增大，若不调整相应的参数，将不能很好地切除浅平面区域内的残余材料。图 3-74 所示选项卡中的选项意义如下：

“增加浅平区域的刀具路径”：允许系统在定义范围内加密浅平区域的刀具路径。

“角度的极限”：浅平区界限的设置，小于这个设定角度的加工区为浅平区。

“分层铣深的最小切削深度”：设置添加刀具路径时最小的 *Z* 向进刀量，该值要小于图 3-72 中设置的“Z 轴最大进给量”，否则不能添加刀具路径。

“步进量的极限”：添加或删除刀具路径时，*XY* 方向进刀量的限制。小于此值时不添加刀具路径；若在小于这个步进量的极限之内有过密的路径，则将给予删除。

10）**间隙设定**如图 3-75 所示。

11）选择干涉面，如图 3-76 深色部分所示。刀具在加工形体表面时会自动避开这些干涉面。

12）单击确定，生成刀具路径如图 3-77 所示。

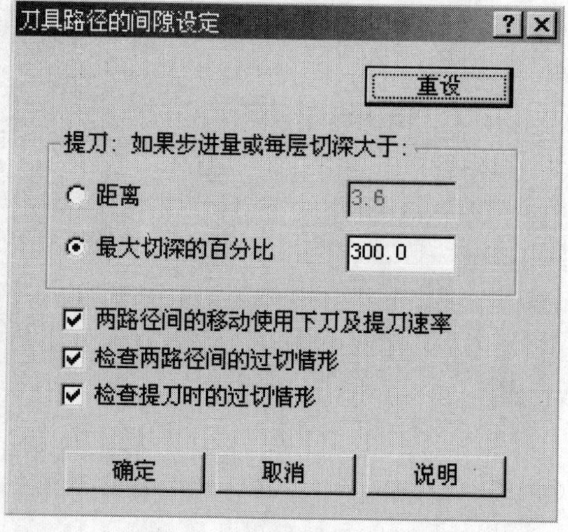

图 3-75　刀具路径的间隙设定

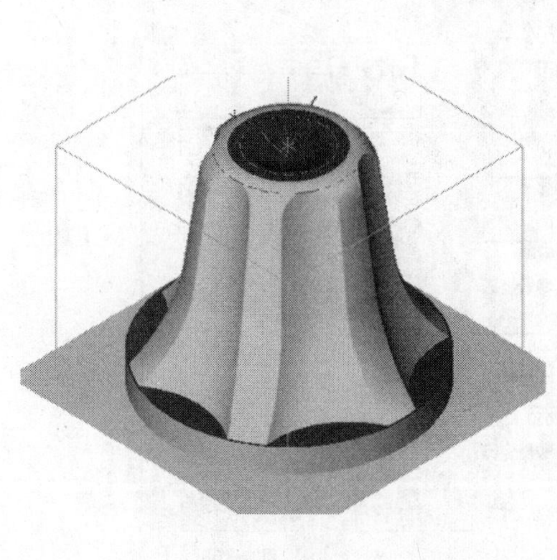
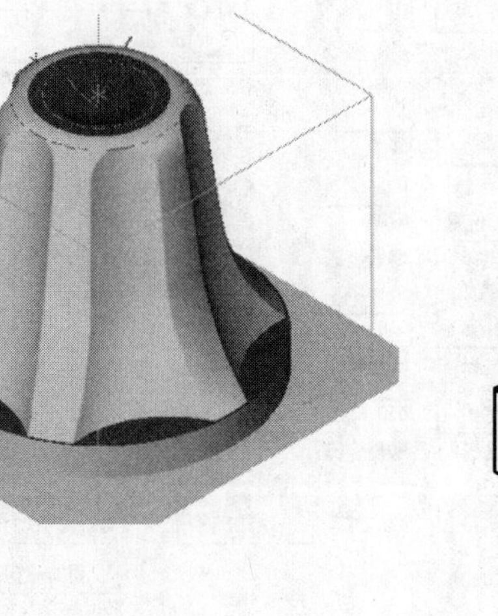

图 3-76 确定干涉面

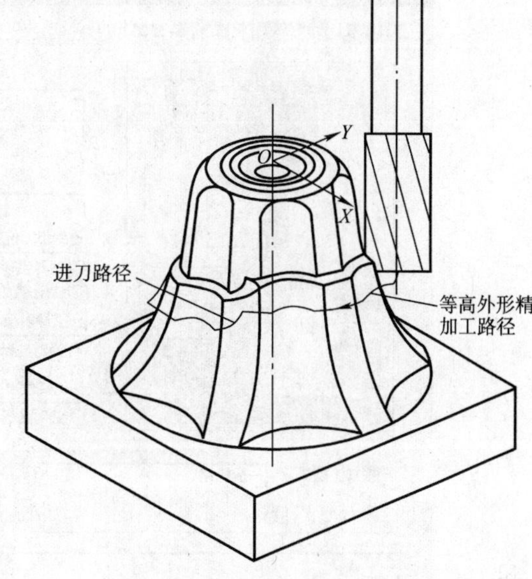

图 3-77 生成刀具路径的示意图

五、底面圆台部分的精加工

1）将视图面和构图面转换到俯视图。

2）单击作图深度，输入 -42。

3）以原点为中心绘制一边长为 70mm 的正方形框。

4）选择**刀具路径→挖槽**。

5）选择正方形边框为外边界，如图 3-78 所示。

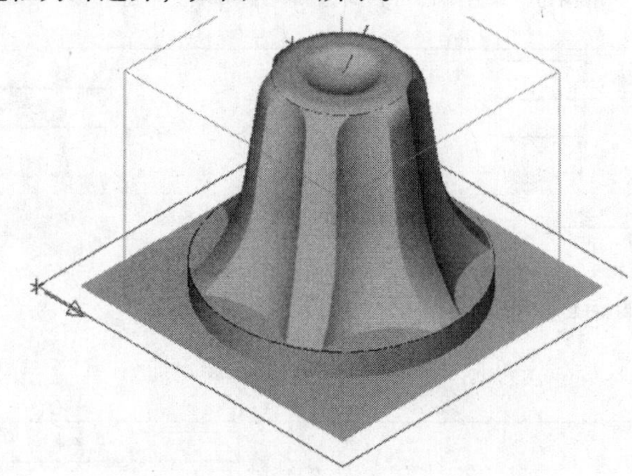

图 3-78 底面圆台加工的界限设定

6）选择直径 ϕ50mm 的圆为内边界。

7）选择 ϕ8 的平刀，刀具参数与前面的 ϕ8 相同。

8）设定**挖槽参数**，如图 3-79 所示。

9）设定**粗铣/精修参数**，如图 3-80 所示。

10）单击确定，生成刀具路径如图 3-81 所示。

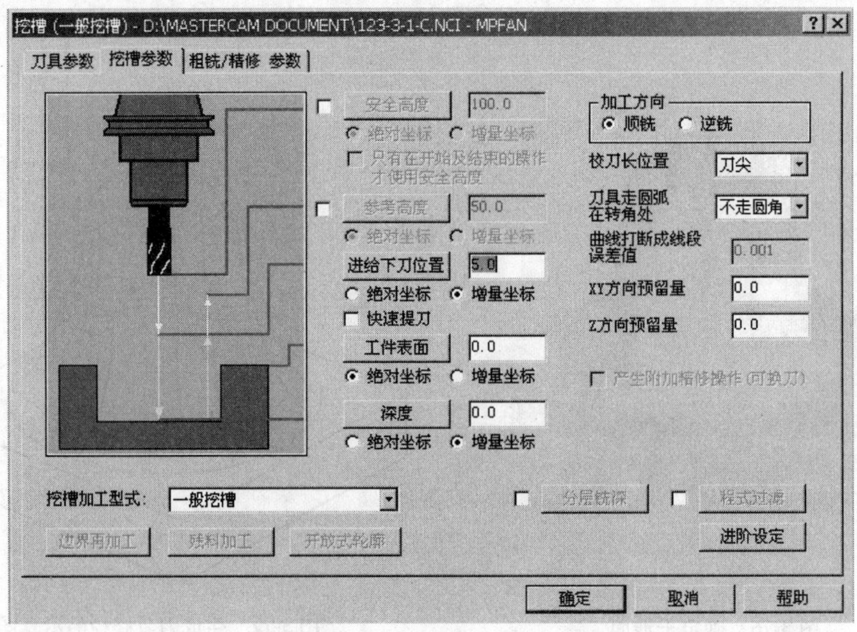

图 3-79　设定挖槽参数选项卡

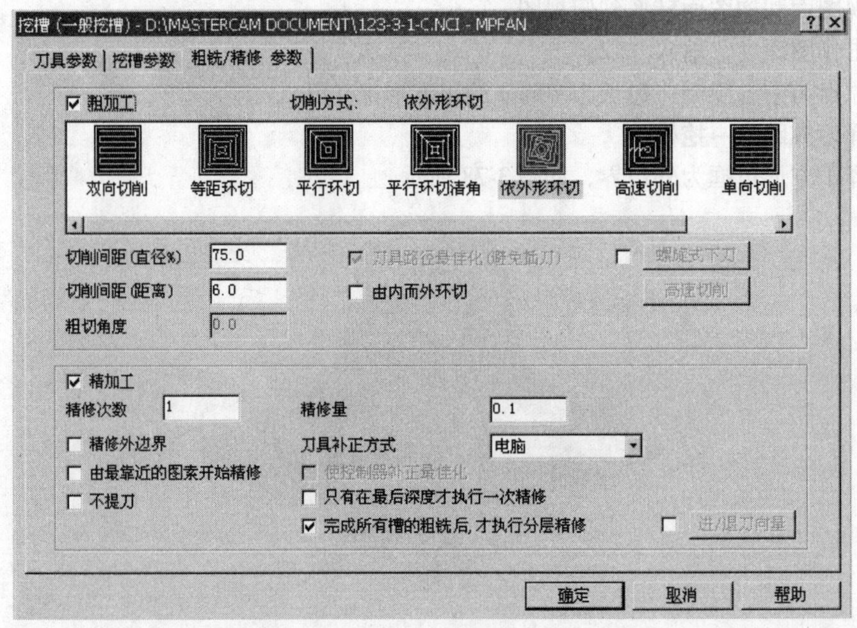

图 3-80　设定粗铣精修参数选项卡

六、加工路径的模拟、修改和执行

选择**刀具路径→操作管理**，打开操作管理员，选择相应的加工参数重新设定，如图 3-82 所示。单击实体切削验证，即可进行实体加工模拟。

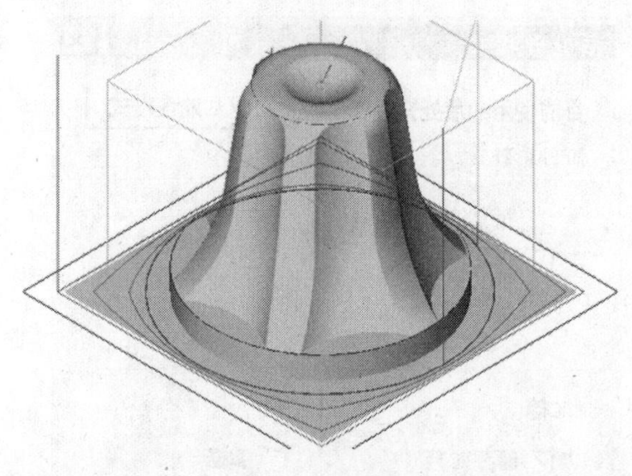

图 3-81　刀具路径

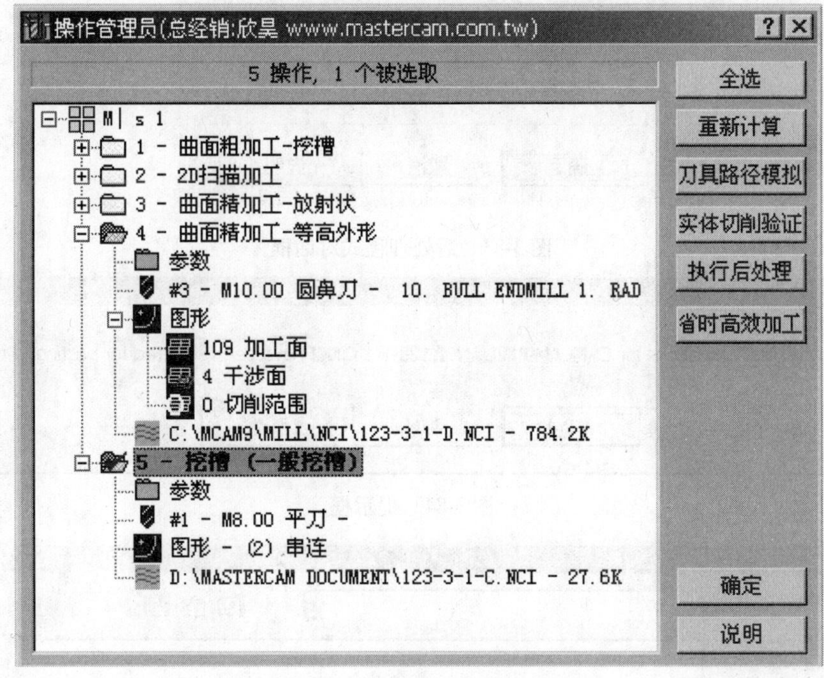

图 3-82　操作管理员对话框

第五节　后 置 处 理

选择第一个程序，单击执行后置处理，弹出后处理程式对话框，如图 3-83 所示。设定后，单击确定，此时系统弹出图 3-84 所示的提示框，提示是否要处理所有的程序，选择否。之后，系统还会弹出保存 NC 程序对话框，如图 3-85 所示，选择要保存的目标文件夹，输入 NC 程序的程序名：xzla，单击保存即可。

按照上面的方法，依次处理所有的程序。至此，这个零件的造型及加工程序的编制全部结束。

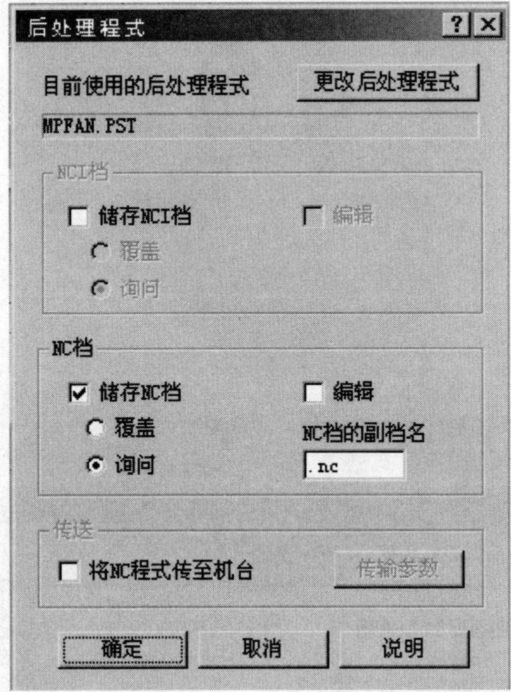

图 3-83　后处理程式对话框

图 3-84　提示框

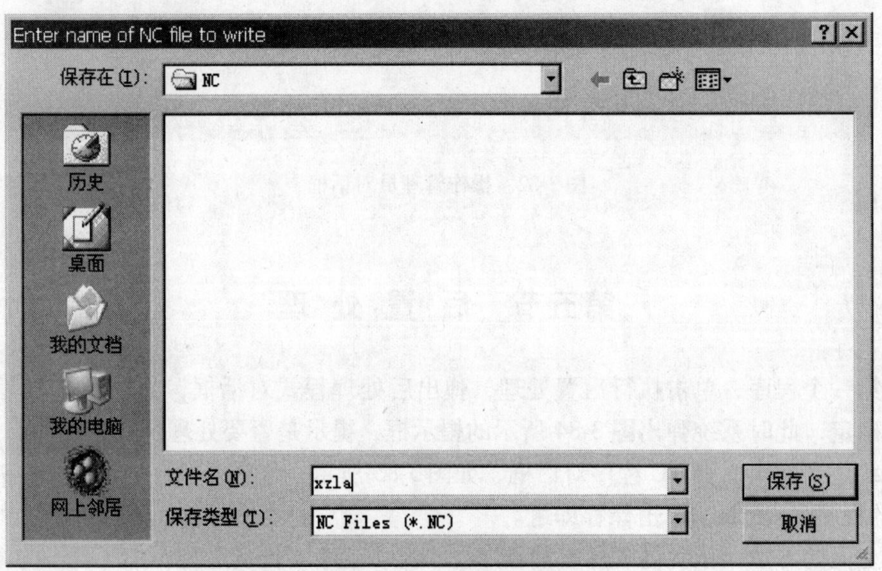

图 3-85　保存 NC 程序对话框

程序列表：

1. 挖槽粗加工程序

```
%
O0001                                                          程序名
(PROGRAM   NAME -   XZLA)
(DATE = DD - MM - YY  - 10 - 01 - 05   TIME = HH:MM - 09:16)   日期、时间
N100   G21                                                     公制(英制 G20)
N102   G0   G17   G40   G49   G80   G90
(TOOL  -  1 DIA.  OFF.  - 1 LEN.  - 1 DIA.  - 8.)              刀具说明
N104   T1   M6
N106   G0   G90   G54   X38.   Y -29.  S5000   M3
N108   G43   H1   Z100.
N110   Z5.
N112   G1   Z0.   F500.
N114   X -29.
N116   Y -25.133
N118   X29.
N120   Y -21.267
N122   X -29.
N124   Y -17.4
N126   X29.
N128   Y -13.533
N130   X8.166
N132   G3   X12.505   Y -9.667   R15.806
N134   G1   X29.
N136   Y -5.8
 ⋮
N8772   X3.873
N8774   G3   X0.   Y30.   R8.
N8776   G1   X -30.
N8778   Y -30.
N8780   X30.
N8782   Y30.
N8784   X0.
N8786   G3   X -3.873   Y29.   R8.
N8788   G1   Z -36.55   F1000.
N8790   G0   Z100.
N8792   M5
N8794   G91   G28   Z0.
```

```
N8796   G28   X0.   Y0.
N8798   M30
%
```

2. 2D 扫描精加工程序

```
%
O0002
(PROGRAM  NAME -  XZLB)
(DATE = DD - MM - YY  - 10 - 01 - 05   TIME = HH:MM  - 09:20)
N100   G21
N102   G0   G17   G40   G49   G80   G90
(TOOL  - 2 DIA.  OFF.  - 2 LEN.  - 2 DIA.  - 6. )
N104   T2   M6
N106   G0   G90   G54   X - 13.029   Y0.   S5000   M3
N108   G43   H2   Z50.
N110   G1   Z - 1.011   F800.
N112   G3   X13.029   R13.029   F1600.
N114   X - 13.029   R13.029
N116   G1   Z - .986
N118   X - 12.985   F800.
N120   G3   X12.985   R12.985   F1600.
N122   X - 12.985   R12.985
N124   G1   Z - .961
N126   X - 12.942   F800.
N128   G3   X12.942   R12.942   F1600.
N130   X - 12.942   R12.942
N132   G1   Z - .937
N134   X - 12.898   F800.
N136   G3   X12.898   R12.898   F1600.
N138   X - 12.898   R12.898
⋮
N2192   X - .11   R.11
N2194   G1   X - .06
N2196   Z - 2.   F800.
N2198   G3   X.06   R.06   F1600.
N2200   X - .06   R.06
N2202   G1   X - .01
N2204   F800.
N2206   X.01   F1600.
N2208   X - .01
```

```
N2210  G0  Z50.
N2212  M5
N2214  G91  G28  Z0.
N2216  G28  X0.  Y0.
N2218  M30
%
```

3. 放射状精加工程序

```
%
O0003
(PROGRAM  NAME -  XZLC)
(DATE = DD - MM - YY  - 10 - 01 - 05  TIME = HH:MM  - 09:26)
N100  G21
N102  G0  G17  G40  G49  G80  G90
(TOOL  - 2 DIA.  OFF.  - 2 LEN.  - 2 DIA.  - 6.)
N104  T2  M6
N106  G0  G90  G54  X4.997  Y -.174  S5000  M3
N108  G43  H2  Z50.
N110  Z4.462
N112  G1  Z -.538  F800.
N114  X5.041  Y -.176  Z -.518  F1600.
N116  X5.33  Y -.186  Z -.398
N118  X5.627  Y -.196  Z -.293
N120  X5.929  Y -.207  Z -.203
N122  X6.235  Y -.218  Z -.13
N124  X6.544  Y -.229  Z -.073
N126  X6.855  Y -.239  Z -.032
N128  X7.166  Y -.25  Z -.008
N130  X7.46  Y -.261  Z0.
N132  X7.471
N134  X9.273  Y -.324
N136  X9.277
N138  X9.282
N140  X9.592  Y -.335  Z -.006
N142  X9.905  Y -.346  Z -.026
N144  X10.222  Y -.357  Z -.059
N146  X10.541  Y -.368  Z -.107
N148  X10.862  Y -.379  Z -.169
N150  X11.183  Y -.391  Z -.245
N152  X11.504  Y -.402  Z -.337
```

```
N154   X11.824   Y-.413   Z-.444
⋮
N6732   X6.853   Y-.287   Z-.032
N6734   X6.543   Y-.274   Z-.073
N6736   X6.233   Y-.261   Z-.13
N6738   X5.927   Y-.248   Z-.203
N6740   X5.626   Y-.236   Z-.293
N6742   X5.329   Y-.223   Z-.398
N6744   X5.04   Y-.211   Z-.518
N6746   X4.996   Y-.209   Z-.539
N6748   Z4.461   F800.
N6750   G0   Z50.
N6752   M5
N6754   G91   G28   Z0.
N6756   G28   X0.   Y0.
N6758   M30
%
```

4. 等高路径精加工程序

```
%
O0004
(PROGRAM   NAME -   XZLD)
(DATE=DD-MM-YY - 10-01-05   TIME=HH:MM - 10:00)
N100   G21
N102   G0   G17   G40   G49   G80   G90
( 10. BULL   ENDMILL 1.   RAD   TOOL - 3 DIA. OFF. - 3 LEN. - 3 DIA. - 10.)
N104   T3   M6
N106   G0   G90   G54   X-9.355   Y-11.978   S6000   M3
N108   G43   H3   Z50.
N110   Z5.
N112   G1   Z0.   F800.
N114   G3   X-9.988   Y-10.584   R2.   F500.
N116   G1   X-10.346   Y-10.235   Z-.15
N118   G2   X10.346   Y10.235   R14.553
N120   X-10.346   Y-10.235   R14.553
N122   G1   X-10.314   Y-10.351
N124   G3   X-9.629   Y-12.58   R32.107
N126   G1   X-9.487   Y-12.929
N128   X-9.376   Y-13.101
N130   X-9.312   Y-13.038
```

```
N132  X-9.307  Y-12.677
N134  G3  X-9.971  Y-11.298  R2.
N136  G1  X-10.342  Y-10.962  Z-.3
N138  G2  X10.226  Y11.07  R15.071
N140  X-10.226  Y-11.07  R15.071
N142  G1  X-10.342  Y-10.962
N144  G3  X-11.775  Y-10.425  R2.
N146  G1  X-12.322  Y-10.595
N148  X-12.467  Y-11.
N150  X-12.292  Y-11.562
N152  X-11.882  Y-12.201
⋮
N1628  X-10.683  Y-26.908  R4.36
N1630  X-11.643  Y-26.567  R4.867
N1632  X-17.582  Y-23.064  R28.714
N1634  X-17.961  Y-22.707  R3.269
N1636  X-19.044  Y-21.101  R5.261
N1638  X-19.519  Y-18.782  R5.71
N1640  X-19.483  Y-17.807  R28.702
N1642  G3  X-24.565  Y-8.323  R10.967
N1644  X-26.07  Y-8.043  R2.
N1646  G0  Z-32.
N1648  Z50.
N1650  M5
N1652  G91  G28  Z0.
N1654  G28  X0.  Y0.
N1656  M30
%
```

5. 底面挖槽精加工程序

```
%
O0005
(PROGRAM  NAME -  XZLE)
(DATE=DD-MM-YY - 10-01-05  TIME=HH:MM - 10:00)
N100  G21
N102  G0  G17  G40  G49  G80  G90
(TOOL - 1 DIA. OFF. - 1 LEN. - 1 DIA. - 8.)
N104  T1  M6
N106  G0  G90  G54  X-30.9  Y-30.9  S4774  M3
N108  G43  H1  Z5.
```

```
N110  G1  Z-42.  F954.8
N112  Y30.9  F1909.6
N114  X30.9
N116  Y-30.9
N118  X-30.9
N120  X-30.878  Y-29.505
N122  X-30.859  Y-28.112
N124  X-30.843  Y-26.722
N126  X-30.83  Y-25.335
N128  X-30.819  Y-23.95
N130  X-30.811  Y-22.567
N132  X-30.805  Y-21.186
N134  X-30.8  Y-19.807
N136  X-30.798  Y-18.43
N138  X-30.797  Y-17.056
N140  Y-15.682
N142  X-30.798  Y-14.311
N144  X-30.8  Y-12.941
⋮
N982  X4.574  Y28.771
N984  X5.575  Y28.592
N986  X6.568  Y28.377
N988  X7.55  Y28.127
N990  X8.522  Y27.842
N992  X9.482  Y27.522
N994  X9.479  Y27.513
N996  G2  X29.1  Y0.  R29.1
N998  X-20.577  Y-20.577  R29.1
N1000  X9.479  Y27.513  R29.1
N1002  G1  Z-37.  F954.8
N1004  G0  Z5.
N1006  X29.  Y0.
N1008  G1  Z-42.
N1010  G2  X-29.  R29.  F1909.6
N1012  X29.  R29.
N1014  G1  Z-37.  F954.8
N1016  M5
N1018  G91  G0  G28  Z0.
N1020  G28  X0.  Y0.
```

N1022　M30

%

习　题

1. 比较手工编程、APT 语言自动编程、图形交互式自动编程的优缺点。它们各用于什么样的工件?
2. 图形交互式自动编程主要有哪些软件?
3. Master cam 的界面都有哪些内容?
4. 内存、公差和 NC 主要都设置了哪些内容?
5. 读懂造型应用实例中的二维三维图，试述三维造型的过程。
6. 在计算机上装上 Master cam 软件，模仿书中的步骤，在计算机上作例图的三维造型。
7. 加工时怎样选择机床、刀具、切削速度、切削深度、切削宽度和主轴的转速?
8. 怎样填写图 3-50、图 3-51 和图 3-52 中的内容?
9. 试述图 3-53、图 3-54 各填写项的意义。
10. 根据粗加工填写对话框的过程，说明粗加工生成的路径。
11. 说明顶面精加工路径生成的过程和特点。
12. 简述放射性加工方式的特点，各对话框填写项的意义。
13. 说明等高加工的特点，为什么要增加浅平加工?
14. 两区段间的路径有哪几种方式? 各自的特点是什么?
15. 试述底面圆台部分路径的生成过程。
16. 读懂各种加工路径后置处理后的加工程序，比较和手工编程内容的异同。

第四章　轮廓加工的数学基础

在 CNC 数控机床上，各种轮廓加工都是通过插补计算实现的。插补计算的任务就是对轮廓线的起点到终点之间再密集地计算出有限个坐标点，刀具沿着这些坐标点移动，来逼近理论轮廓。

插补方法可分为两大类：脉冲增量插补和数据采样插补。

脉冲增量插补是控制单个脉冲输出规律的插补方法。每输出一个脉冲，移动部件都要相应地移动一定的距离，这个距离称为脉冲当量，因此，脉冲增量插补也叫做行程标量插补。如逐点比较法、数字积分法。根据加工精度的不同，脉冲当量可取 0.01 ~ 0.001mm。移动部件的移动速度与脉冲当量和脉冲输出频率有关，假如脉冲输出频率最高为几万赫兹，那么，当脉冲当量为 0.001mm 时，最高移动速度也只有 2m/min 左右。

脉冲增量插补通常用于步进电动机控制系统。

数据采样插补法（也称数字增量插补法）是在规定时间（称作插补时间）内，计算出各坐标方向的增量值（ΔX，ΔY，ΔZ）、刀具所在的坐标位置及其他一些需要的值。这些数据严格限制在一个插补时间内（如 4ms）计算完毕，送给伺服系统，再由伺服系统控制移动部件运动。移动部件也必须在下一个插补时间内走完插补计算给出的行程，因此数据采样插补也称作时间标量插补。

由于数据采样插补法是用数值量控制机床运动的，因此，机床各坐标方向的运动速度与插补运算给出的数值量和插补时间有关。根据计算机运行速度和加工精度不同，有些系统的插补时间选用 12ms、10.24ms、8ms、4ms、2ms 等，对于运行速度较快的计算机，有的选得更小。现代数控机床的进给速度已超过 15m/min，达到 30m/min，有些已达到 60m/min。机床进给速度越快，插补时间越短。

数据采样插补法适用于直流伺服电动机和交流伺服电动机的闭环或半闭环控制系统。

第一节　逐点比较法的直线和圆弧插补原理

一、直线插补原理

加工图 4-1 所示的平面斜线 AB，斜线起点 A 的坐标为（X_0，Y_0），斜线 AB 的终点 B 的坐标为（X_e，Y_e），则此直线方程为

$$\frac{X-X_0}{Y-Y_0}=\frac{X_e-X_0}{Y_e-Y_0}$$

取判别函数 $F=(Y-Y_0)(X_e-X_0)-(X-X_0)(Y_e-Y_0)$。

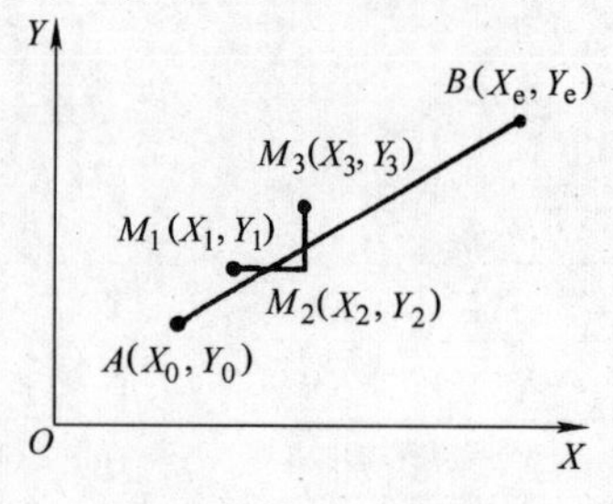

图 4-1　直线插补

用逐点比较法加工时，首先把被加工线段的 X_e-X_0 和 Y_e-Y_0 的长度单位换算成脉冲数值（长度值除以脉冲当量），脉冲当量通常取 0.01mm、0.001mm 或 0.0001mm，每

一次只在一个坐标方向给出一个脉冲，使运动件在该坐标方向上进给一步，因此刀具的运动轨迹是折线，而不是斜线 AB。折线拐点 M 与斜线 AB 之间的位置关系有如下三种情况：

1）M 点在 AB 线的上方，判别函数 $F>0$。

2）M 点在 AB 线上，$F=0$。

3）M 点在 AB 线的下方，$F<0$。

为控制方便，将 $F=0$ 和 $F>0$ 两种情况作为 $F\geqslant0$ 一种方式判别。当判别函数 $F\geqslant0$ 时，刀具一定处在 AB 线的上方，或在 AB 线上。如图 4-1 中的 M_1（X_1，Y_1）点，这时刀具只有沿 $+X$ 方向进给才更接近 AB 线。因此，根据这个判别结果，计算机在 X 轴方向输出一个脉冲，使刀具在 $+X$ 方向前进一个脉冲当量的距离。到达 M_2 点。刀具在 M_2 点的判别式为

$$\begin{aligned}F_2&=(Y_2-Y_0)(X_e-X_0)-(X_2-X_0)(Y_e-Y_0)\\&=(Y_1-Y_0)(X_e-X_0)-(X_1+1-X_0)(Y_e-Y_0)\\&=(Y_1-Y_0)(X_e-X_0)-(X_1-X_0)(Y_e-Y_0)-(Y_e-Y_0)\\&=F_1-(Y_e-Y_0)\end{aligned}$$

F 判别式中的 X_i、$Y_i(i=1\sim n)$ 值应是脉冲数量值，而不是 AB 线的长度值。

若 $F_2<0$，判定 M_2 点处在 AB 线的下方，则应向 Y 方向送出一个脉冲，使刀具向 $+Y$ 方向移动一步，到达 M_3 点。此时判别式为

$$\begin{aligned}F_3&=(Y_3-Y_0)(X_e-X_0)-(X_3-X_0)(Y_e-Y_0)\\&=(Y_2+1-Y_0)(X_e-X_0)-(X_2-X_0)(Y_e-Y_0)\\&=(Y_2-Y_0)(X_e-X_0)-(X_2-X_0)(Y_e-Y_0)+(X_e-X_0)\\&=F_2+(X_e-X_0)\end{aligned}$$

由上述 M_2、M_3 点的判别式可知：

在第一象限插补时，若沿 X 方向走一步，则

$$F_{i+1}=F_i-(Y_e-Y_0)$$

若沿 Y 方向走一步，则

$$F_{i+1}=F_i+(X_e-X_0)$$

偏差值 F_{i+1} 的计算只用到前一点的偏差值 F_i 和斜线的长度在坐标方向的投影（X_e-X_0）或（Y_e-Y_0）。

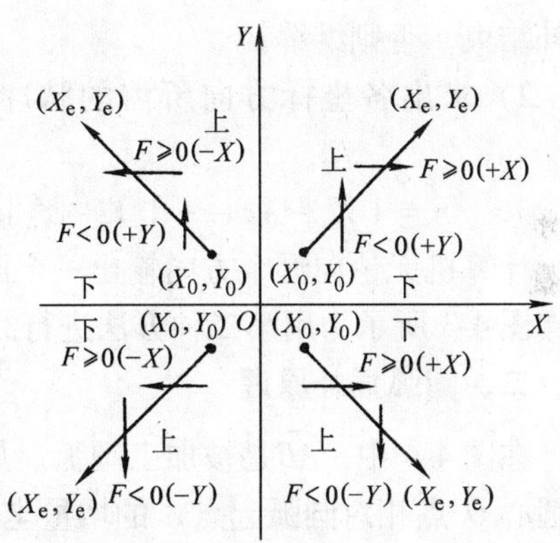

图 4-2　四个象限的步进方向

图 4-2 是象限的划分规则，根据对线段加工方向的不同来判别它所处的象限，见表 4-1。

表 4-1　象限的判别和电动机的转向

象限 / 方向	第一象限	第二象限	第三象限	第四象限
(X_e-X_0)	>0	<0	<0	>0
(Y_e-Y_0)	>0	>0	<0	<0
X 向的电动机	正转	反转	反转	正转
Y 向的电动机	正转	正转	反转	反转

对于四个象限可共用如下判别式：

沿 X 方向走一步，则

$$F_{i+1}=F_i-|(Y_e-Y_0)|$$

沿 Y 方向走一步，则

$$F_{i+1}=F_i+|(X_e-X_0)|$$

上述两式中(X_e-X_0)、(Y_e-Y_0)都用绝对值，不考虑符号。但(X_e-X_0)、(Y_e-Y_0)是有符号的，它影响刀具相对于工件移动方向。对刀具相对工件的移动方向的控制可根据线段所处的象限来决定，若线段处在第三象限，在 X 或 Y 方向输出脉冲时，使步进电动机反转即可，而判别式和脉冲分配方式与第一象限相同；若线段处在第二象限，可使 X 向电动机反转，而 Y 向电动机正转；第四象限使 Y 向电动机反转，X 向电动机正转，见表4-1。

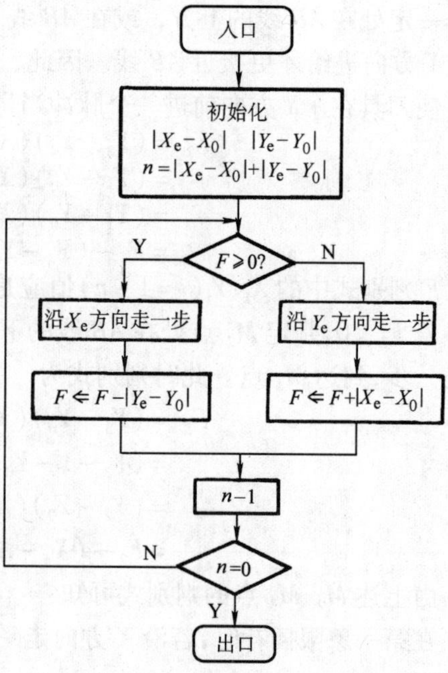

直线插补的终点判断可采用如下两种方法之一：

1）每走一步都要计算 $|X_i-X_0|$ 和 $|Y_i-Y_0|$ 的数值，并判断 $|X_i-X_0|\geqslant|X_e-X_0|$ 且 $|Y_i-Y_0|\geqslant|Y_e-Y_0|$ 是否成立，若成立，则插补结束，否则继续。

2）求出各坐标方向所需的脉冲数总和 n，即

$$n=|X_e-X_0|+|Y_e-Y_0|$$

计算机无论向哪个方向输出一个脉冲，都进行 $n-1$ 次计算，直到 $n=0$ 为止。图4-3所示为用第二种方法进行终点判别的插补流程图。

入口
初始化
$|X_e-X_0|$ $|Y_e-Y_0|$
$n=|X_e-X_0|+|Y_e-Y_0|$
$F\geqslant0$?
Y
N
沿 X_e 方向走一步
沿 Y_e 方向走一步
$F\Leftarrow F-|Y_e-Y_0|$
$F\Leftarrow F+|X_e-X_0|$
$n-1$
$n=0$
N
Y
出口

图4-3 四个象限直线插补框图

二、圆弧插补原理

在图4-4中，$\overset{\frown}{AB}$是被加工圆弧。加工程序中给出的已知条件通常是 A 点、B 点的坐标值和圆心 O'点相对圆弧起点 A 的增量坐标值。由图4-4可知：圆心 O'点相对 A 点的增量坐标值为 $-I_0$，$-J_0$。改变符号后就成为 A 点相对 O'点的增量值 I_0、J_0。由此可求出圆弧的半径 R 值：$R^2=I_0^2+J_0^2$。在以圆心 O'点为原点的 I、J 坐标系中，圆的方程可表示为：$I^2+J^2=R^2$。设刀具已位于 M_i 点，则 M_i 点对圆弧$\overset{\frown}{AB}$的位置有如下三种情况：

1）M_i 在圆弧外侧，则 $O'M_i>R$，$I_i^2+J_i^2-R^2>0$。

2）M_i 在圆弧上，则 $O'M_i=R$，$I_i^2+J_i^2-R^2=0$。

3）M_i 在圆弧内侧，则 $O'M_i<R$，$I_i^2+J_i^2-R^2<0$。

M_i 点的判别式可写成如下形式

$$F_i=I_i^2+J_i^2-R^2$$

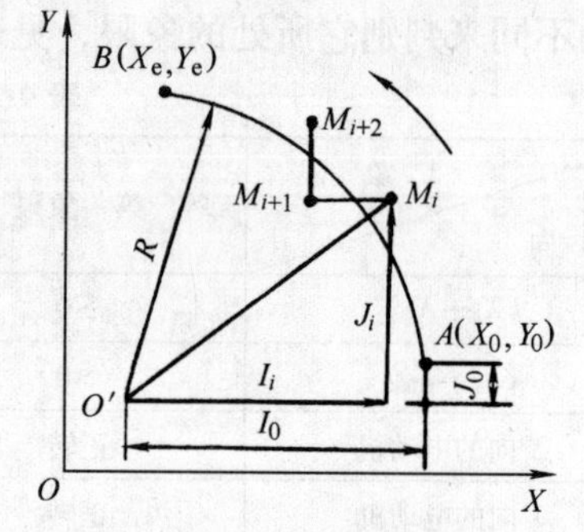

图4-4 圆弧插补

若 $F_i>0$，则 M_i 点在圆的外侧。这时计算机应送给 X

方向步进电动机一个脉冲，对于图 4-4 中的$\widehat{AB}$弧，它是在第一象限逆时针方向加工，应使电动机反向转一步，刀具相对工件沿 $-X$ 方向走一个脉冲当量的距离，到达 M_{i+1}点。M_{i+1}点对圆心 O'点的坐标为

$$I_{i+1}=I_i-1,\ J_{i+1}=J_i$$

判别式为

$$F_{i+1}=I_{i+1}^2+J_{i+1}^2-R^2=(I_i-1)^2+J_i^2-R^2$$
$$=I_i^2-2I_i+1+J_i^2-R^2=F_i-2I_i+1$$

若 $F_{i+1}<0$，则说明 M_{i+1}点在圆内，这时计算机应送给 Y 向步进电动机一个脉冲，使正转一步，刀具沿 $+Y$ 方向前进一个脉冲当量的距离，到达 M_{i+2}点。M_{i+2}点的位置是

$$I_{i+2}=I_{i+1},\ J_{i+2}=J_{i+1}+1$$

判别式为

$$F_{i+2}=I_{i+2}^2+J_{i+2}^2-R^2=I_{i+1}^2+(J_{i+1}+1)^2-R^2$$
$$=I_{i+1}^2+J_{i+1}^2-R^2+2J_{i+1}+1=F_{i+1}+2J_{i+1}+1$$

若 $F_{i+2}>0$,则应向 $-X$ 方向走一步;若 $F_{i+2}<0$,则应再在 $+Y$ 方向走一步。

上述为在第一象限逆时针加工圆弧(称逆圆弧)的情况。而在第一象限顺时针加工圆弧(顺圆弧)和在第二、三、四象限加工顺圆弧和逆圆弧时,判别式都不相同。带符号运算时,无论在哪个象限工作,归纳起来有如下四种情况:

1）沿 $+X$ 方向走一步

$$I_{i+1}=I_i+1$$
$$F_{i+1}=F_i+2I_i+1$$

2）沿 $-X$ 方向走一步

$$I_{i+1}=I_i-1$$
$$F_{i+1}=F_i-2I_i+1$$

3）沿 $+Y$ 方向走一步

$$J_{i+1}=J_i+1$$
$$F_{i+1}=F_i+2J_i+1$$

4）沿 $-Y$ 方向走一步

$$J_{i+1}=J_i-1$$
$$F_{i+1}=F_i-2J_i+1$$

图 4-5 是在四个象限内进行顺、逆圆加工时，判别式符号和进给方向的关系。象限是以被加工圆弧圆心为原点的坐标系划分的。若编写零件加工程序时所用的坐标系不以圆心为原点，则象限的划分就不能用这个坐标系。以圆心为原点的坐标系是根据加工程序给出的已知条件自动建立的，圆弧加工完毕，坐标系自动取消。例如：在 XY 坐标平面内，给出的圆弧起点相对圆心的增量坐标值 I_0、J_0，在插补计算过程中不断算出的 I_i、J_i 值，都是以圆心为

原点的坐标系中的坐标值。

根据 I_i、J_i 的符号来判别圆弧所在的象限，见表 4-2。过象限时的标志是 I_i、J_i 中的一个是零。

根据图 4-5 给出的判别式的正、负号与进给方向的关系，和表 4-2 给出的象限和 I_i、J_i 符号的关系，可对四个象限的顺、逆圆弧加工编写出插补程序。

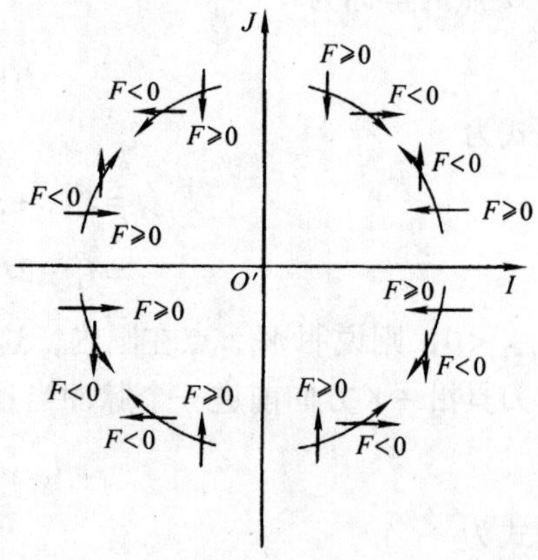

图 4-5 判别式符号和进给方向的关系

逐点比较法圆弧插补的终点，可根据圆弧终点对圆心坐标值判定。例如：在 *XY* 平面内，圆弧终点相对圆心的坐标为（I_e，J_e），在插补运算过程中，I_i、J_i 的值总是不断地作 +1 或 -1变化。当满足 $I_e - I_i = 0$ 且 $J_e - J_i = 0$ 条件时，就到达终点。由于 I_i、J_i、I_e、J_e 是带符号的值，因此，不管终点在哪个象限都适用。由于零件加工程序给出的值总是以毫米为单位的，因此，必须在初始化时，把以毫米为单位的长度被脉冲当量除后取整，化为脉冲的数字量。

表 4-2 象限判别和电动机转向

		第一象限	第二象限	第三象限	第四象限
I_i 的符号		+	−	−	+
J_i 的符号		+	+	−	−
X 向电动机	顺圆	+	+	−	−
	逆圆	−	−	+	+
Y 向电动机	顺圆	−	+	+	−
	逆圆	+	−	−	+

第二节 数字积分插补方法

用数字积分插补方法可以实现一次、二次及高次曲线插补，脉冲分配均匀，容易实现多坐标联动控制，因此应用广泛。

数字积分插补中用的数字积分器又称数字微分分析器（DDA），是根据数字中的积分几何概念，将函数的积分运算变成变量的求和运算。求积分的过程是用数的累加近似，如果脉冲当量足够小，则用求和运算来代替积分运算，所引起的误差可以控制在容许的范围内。

一、数字积分法的直线插补

图 4-6 所示为数字积分直线插补框图，它由被积函数寄存器 J_X、J_Y，累加器 J_{RX}、J_{RY} 及全加器 J_Σ 组成。它们的作用可用加工图 4-7 中的直线 *AB* 来加以说明。

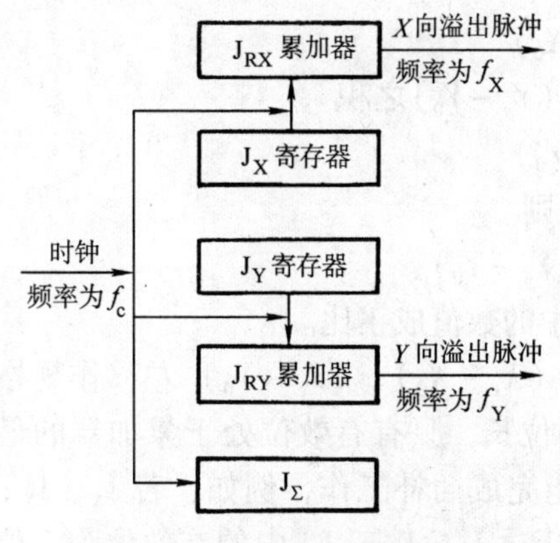

图4-6　数字积分直线插补框图

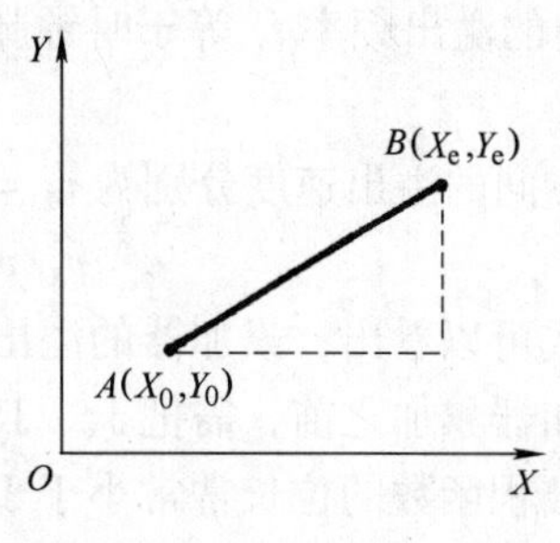

图4-7　直线插补

首先把（X_e-X_0）、（Y_e-Y_0）的值初始化处理，即把以毫米为单位的数值除以脉冲当量，变成脉冲数字量。然后把（X_e-X_0）值输入 J_X 寄存器，（Y_e-Y_0）值输入 J_Y 寄存器。每出现一个时钟脉冲，J_X 中的内容要进入 J_{RX} 累加器中累加，J_Y 中的内容要进入 J_{RY} 中累加，在从 A 点到 B 点的加工过程中，要给出 n 个时钟脉冲，J_{RX}、J_{RY} 累加器要作 n 次累加，在 J_{RX} 溢出端要溢出（X_e-X_0）个脉冲，在 J_{RY} 溢出端要溢出（Y_e-Y_0）个脉冲。对每一个时钟脉冲，全加器 J_Σ 都要作加一运算，当 $J_\Sigma=n$ 时，加工结束。

由于累加器的累加过程类似积分过程，因此称作数字积分法，J_X、J_Y 中的数也叫被积函数。

从上述的数字积分器工作过程可以看出，数字积分器必须满足下述要求才能正确工作：

1）输入的 n 个时钟脉冲必须使 J_{RX} 端溢出（X_e-X_0）个脉冲，J_{RY} 端溢出（Y_e-Y_0）个脉冲。

2）J_{RX} 端溢出脉冲的速度与 J_{RY} 端溢出脉冲的速度之比，必须等于（X_e-X_0）/（Y_e-Y_0）才能保证加工轨迹与 AB 线吻合。

上述的 n 值是累加器 J_{RX}、J_{RY}，寄存器 J_X、J_Y 有效位的最大容量值。若寄存器为16位，（X_e-X_0）的数值（二进制）的字长为8位，它占用 J_X 中的8位，（Y_e-Y_0）的字长为6位，它的有效位也是8，则 $n=2^8$。有效位的位长是两个坐标方向的坐标值大者的二进制数位长，且各寄存器都相同。寄存器 J_X、J_Y 的位长通常与累加器 J_{RX}、J_{RY} 的位长相等，它所用的有效位也与累加器的有效位相等。由于被加工线段 AB 的长短不同，所以累加器的有效位长也随之变化。加工线段的最大长度，是它在各坐标方向投影值的大者，等于寄存器的最大容量值。例如：对16位的累加器和寄存器，它的最大容量是 $2^{16}-1$，最多能输出65535个脉冲，若脉冲当量为0.001mm，则（X_e-X_0）或（Y_e-Y_0）中的大者不能大于65.535mm。

若（X_e-X_0）=101B、（Y_e-Y_0）=10B，则它们占用寄存器和累加器中的3位，有效位为3位，$n=2^3=8$，当累加器作8次累加后，在 J_{RX} 端必定溢出5个脉冲，在 J_{RY} 端溢出两个脉冲。若3位初始值都为零的二进制数，如每次都作加1计算，则加到第8次时，这个1必然进位到第4位，而前3位仍然是零。由于101B是1的5倍，010B是1的2倍，它们分别与初始值为零的数累加8次后必然从第4位分别溢出5个1和两个1，因此，对于（X_e-X_0）和（Y_e-Y_0）的任何数值，在经过 n 次累加后，从高位溢出1的数量必然等于它们本身的数值。

X 向的溢出频率 f_X 等于时钟脉冲频率 f_c 与 $n/$（X_e-X_0）之积

$$f_X = f_c n/(X_e - X_0)$$

Y方向的溢出频率f_Y等于时钟脉冲频率f_c与$n/(Y_e - Y_0)$之积

$$f_Y = f_c n/(Y_e - Y_0)$$

X、Y方向的溢出速度分别为$v_X = 1/f_X$，$v_Y = 1/f_Y$，则

$$v_X/v_Y = (X_e - X_0)/(Y_e - Y_0)$$

由上式可以看出，累加器的溢出脉冲速度与其中的数值成正比。

在累加器累加之前，需把J_X、J_Y中的被积函数（$X_e - X_0$）、（$Y_e - Y_0$）左移作规格化处理，由于被积函数的位长常常小于J_X、J_Y寄存器的位长，只有有效位处于累加器的最左端（高位）时，才能及时地溢出脉冲，n次累加后才能完成插补工作，例如：若J_X、J_Y、J_{RX}、J_{RY}是8位，（$X_e - X_0$）=101B，（$Y_e - Y_0$）=10B，J_X、J_Y、J_{RX}、J_{RY}中的有效位为3位，若没有作左移规格化处理，则J_X、J_Y中的数据情况如图4-8a所示，这样的数据格式，需进行2^N（N=寄存器位数）累加才能溢出正确的脉冲数。若N=8，需累加2^8=256次。在这256次累加中，（$2^8 - 2^3$）=248次累加溢出为零，只有最后的2^3次累加才能溢出需要的脉冲，这显然是不行的。左移规格化处理，是把有效位移到被积函数寄存器的最左端，使它们占据高位。如图4-8b所示，由于被积函数处在高位端，因而累加n次后就能完成积分插补计算。左移的位数M等于寄存器位数N减去被积函数有效位数N1，即M=N−N1。对其他象限的直线加工，可通过对电动机转向的控制来实现。

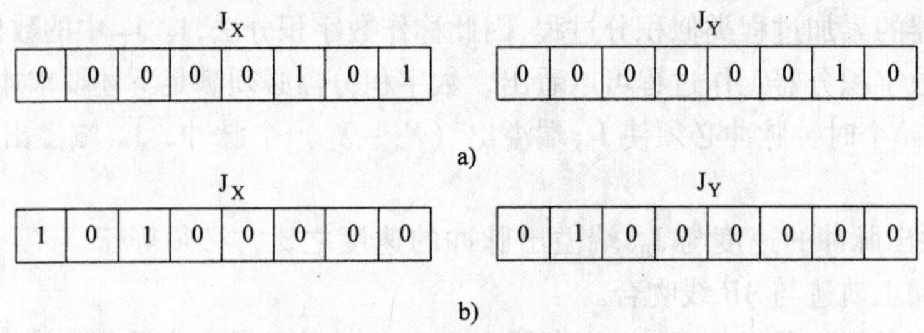

图4-8 左移规格化处理

二、数字积分的圆弧插补

假设，在XY平面内逆时针方向加工圆弧$\widehat{AB}$，如图4-9所示，圆心为O'，A点对圆心的坐标为I_A、J_A。P_i点为圆上任意一点，相对O'点的坐标为I_i、J_i。圆的方程为

$$I^2 + J^2 = R^2$$

参量方程为

$$I_i = R\cos t$$

$$J_i = R\sin t$$

在P_i点刀具沿各坐标方向的速度分量为

$$v_X = \frac{dI_i}{dt} = -R\sin t = -J_i$$

$$v_Y=\frac{\mathrm{d}J_i}{\mathrm{d}t}=R\cos t=I_i$$

由上式可以看出：圆弧上任意一点在 X 方向的速度分量的绝对值 $|v_X|$，等于该点在 Y 方向的瞬时坐标值 J_i；在 Y 方向的速度分量 v_Y，等于该点在 X 方向的瞬时坐标值 I_i；v_X、v_Y 是随 P_i 点的位置变化而变化的。

$$\mathrm{d}I_i=-J_i\mathrm{d}t$$

$$\mathrm{d}J_i=I_i\mathrm{d}t$$

用累加和代替积分，得

$$I_i=\sum_{i=1}^{m}-J_i\Delta t$$

$$J_i=\sum_{i=1}^{m}I_i\Delta t$$

式中　m——从 A 点到 P_i 点的累加次数。

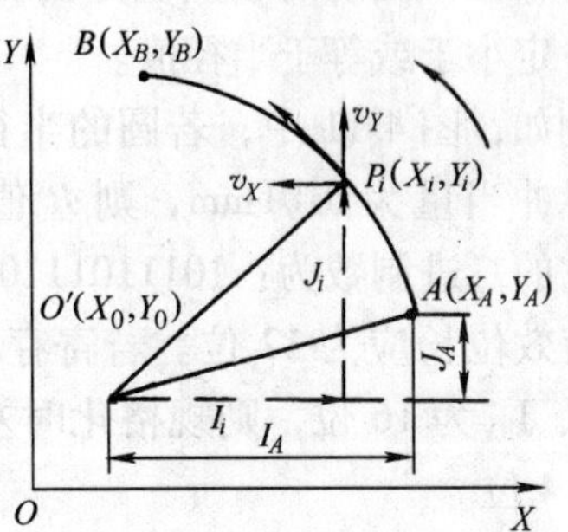

图 4-9　数字积分圆弧插补

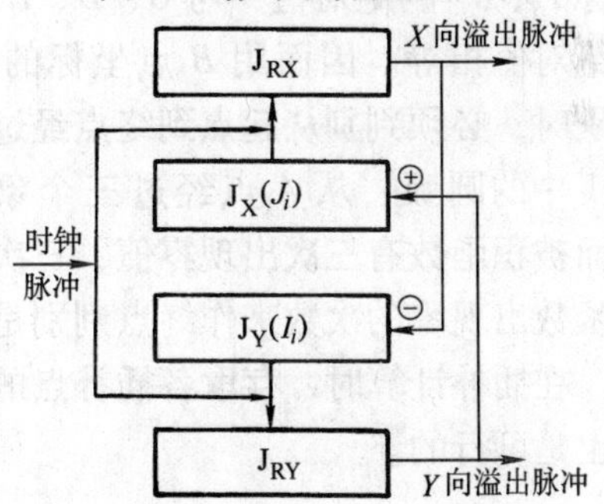

图 4-10　圆弧插补器原理简图

图 4-10 是圆弧插补器原理简图。插补运算开始前，在 J_X 寄存器中装入圆弧起点 A 对圆心 O'的 Y 向增量值 J_A，而在 J_Y 寄存器中装入 I_A 值。J_{RX}、J_{RY} 中清零。插补开始时，使时钟脉冲有效，对应每一个时钟脉冲，J_X、J_Y 中的被积函数都要对应进入 J_{RX}、J_{RY} 中累加。当累加器 J_{RX} 有脉冲溢出时，要在 J_Y 寄存器中减 1；而当累加器 J_{RY} 中有脉冲溢出时，需在 J_X 寄存器中加 1。这是因为 X 向溢出脉冲使 X 向步进电动机反转一步，在 X 方向减小一个脉冲当量值，使 I_i 比 I_{i-1} 少一个 1，因而，J_X 中的值要减 1。同理，当 Y 方向的步进电动机正向走一步时，应使 J_i 比 J_{i-1} 增加一个 1。

上述为第一象限逆圆插补情况。对于顺圆插补和其他象限的顺、逆圆插补，与上述的原理基本相同，不同之处是溢出脉冲使被积函数作加 1 或减 1 运算要由圆弧的顺逆加工和它所在的象限来决定，见表 4-3。

表 4-3　被积函数加 1 或减 1 与电动机转向

象限	第一象限		第二象限		第三象限		第四象限	
方向	顺	逆	顺	逆	顺	逆	顺	逆
J_X 寄存器（J_i 值）	−	+	+	−	−	+	+	−
J_Y 寄存器（I_i 值）	+	−	−	+	+	−	−	+
X 轴进给方向	+	−	−	+	+	−	−	+
Y 轴进给方向	−	+	−	+	+	−	−	+

圆弧插补时，插补器中被积函数 I_i、J_i 是坐标的绝对值，在对四个象限顺、逆圆弧加工时，I_i、J_i 的绝对值变小的要减 1，变大的要加 1。

与直线插补类似，J_X、J_Y 寄存器中的被积函数，也要作左移规格化处理。左移时，有效位要占据寄存器的最高位。

两个被积函数中一定有一个是作减1运算的，当它减到零时表明过象限，一定要变为加1运算，而另一个作加1运算的被积函数，过象限后要作减1运算，因而减1的次数，最多等于有效位的容量，不能大于这个容量。有效位的容量，要能容纳圆弧半径的值。过象限时，寄存器中出现的最大值是圆弧半径值。初始值是圆弧起点到圆心在坐标轴方向的投影值，一定小于或等于半径值。

例如，图4-11中，若圆的半径 $R=30\text{mm}$，系统的脉冲当量为0.01mm，则 R 值就为3000个脉冲，它的二进制数为：101110111000，字长12位，因而有效位长应为12位。若寄存器 J_X、J_Y，累加器 J_{RX}、J_{RY} 为16位，则规格化时左移的位数为 $16-12=4$ 位。

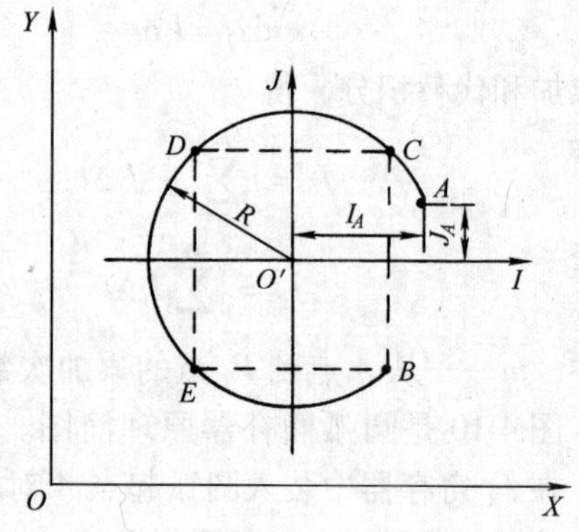

图4-11 圆弧加工终点判别

由图4-11可以看出，圆弧终点 B 点相对圆心坐标 I_B、J_B 的绝对值，与 C、D、E 点对圆心坐标的绝对值相等。因而用 B 点坐标的绝对值作终点判别时，必须判别从起点到终点经过几个象限。图4-11中的圆弧，从 A 点经过三个象限到达 B 点，因而被积函数有三次出现零值，三次改变加1减1运算。因此，利用终点坐标的绝对值和被积函数出现零的次数来作终点判别是可行的。

在插补计算时，存取各插补点的有符号坐标值与 B 点有符号坐标值相比较，作终点判别也是可行的。

第三节 时间分割法插补原理

随着直流伺服技术和交流伺服技术的发展，全功能数控机床都采用半闭环或闭环系统。在这些系统中，通常都采用数字增量插补法（也称数据采样法）。这种方法是根据计算机运算速度，确定一个时间间隔，称为插补周期（小于20ms），在一个插补周期内完成一次插补运算，为各坐标方向的运动提供一组数据，使机床在各坐标方向上同时完成一次微小的运动。在一个插补时间内，也要对机床各坐标方向上的实际运动增量值进行采样，提供给计算机进行比较。与脉冲增量法相比，用数字增量法的进给速度较快，时间分割插补法属此类。

一、两坐标联动直线插补原理

在图4-12中，刀具沿 AP 线从 A 点走到 P 点。在 OXY 坐标系中，斜线 AP 在 X 方向上的投影为 AB，在 Y 方向上的投影为 PB，由于 $AB>PB$，因此称 X 坐标为主坐标，称 Y 向坐标为非主坐标。确定主坐标的目的，是要确定 α。斜线与主坐标方向的夹角是 α。

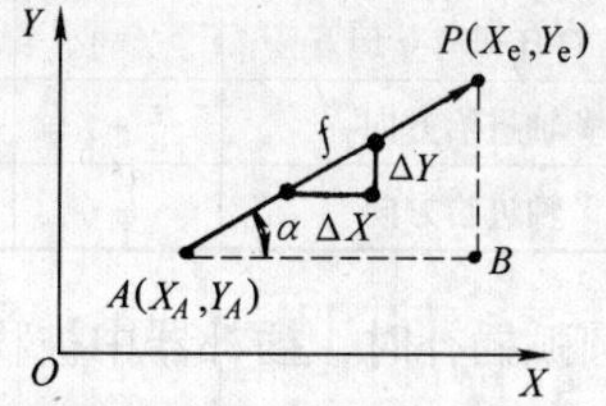

图4-12 两坐标联动的直线插补

用时间分割法进行插补运算时，要知道一次插补进给量。一次插补进给量与进给速度和插补时间（插补周期）有关。进给速度 F 由零件程序中给定。插补时间由系统确定，每一个系统都有一个确定的插补时间，例如：FANUC—7CNC 系统的插补时间为 8ms。

一次插补进给量与进给速度和插补时间有如下关系

$$f=\frac{F}{60}\times\frac{\Delta t}{1000} \tag{4-1}$$

式中 f——每个插补周期的进给量，单位为 mm；

F——进给速度，单位为 mm/min；

Δt——插补时间，单位为 ms。

直线插补时，要计算出每一个插补周期内 X、Y 坐标方向的增量值 ΔX、ΔY。由图 4-12 可知

$$\tan\alpha=\frac{PB}{AB}$$

PB 和 AB 的长度可由已知点 $A(X_A、Y_A)$ 和 $P(X_e、Y_e)$ 的坐标值求得：$AB=(X_e-X_A)$，$PB=(Y_e-Y_A)$。

$$\cos\alpha=1/(1+\tan^2\alpha)^{\frac{1}{2}}=1/[1+(Y_e-Y_A)^2/(X_e-X_A)^2]^{\frac{1}{2}}$$

因此

$$\Delta X=f\cos\alpha$$

$$\Delta Y=\frac{Y_e-Y_A}{X_e-X_A}\Delta X$$

X、Y 两个坐标方向的速度之比为

$$\left(\frac{\Delta Y}{\Delta t}\right)\Big/\left(\frac{\Delta X}{\Delta t}\right)=\frac{\Delta Y}{\Delta X}=\frac{Y_e-Y_A}{X_e-X_A}$$

由于在同一个插补周期内，刀具在 X、Y 方向同时按上述计算的距离和速度运动，因而刀具运动的轨迹与理想斜线是吻合的。

二、圆弧插补原理

在图 4-13 中，若刀具从 A 点逆时针方向加工圆弧$\overset{\frown}{AB}$，圆心为 O' 点。在经过 i（$i=1$，…，n。n 为$\overset{\frown}{AB}$弧插补次数总和）次插补后，刀具所在位置与圆心相对坐标值为 I_i、J_i，则

$$I_i^2+J_i^2=R^2$$

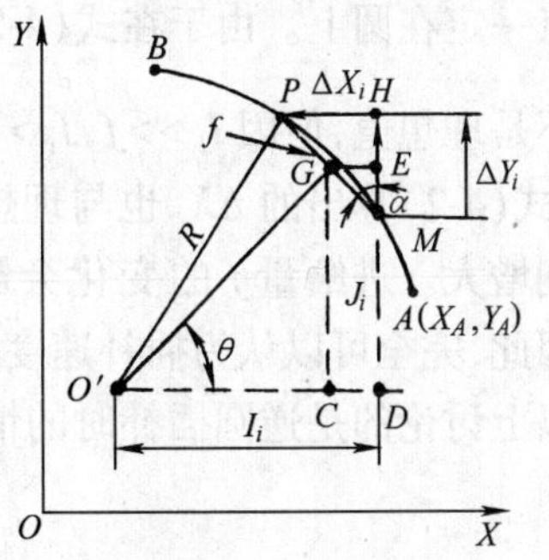

图 4-13 圆弧插补原理

由于每个插补周期刀具沿 X、Y 方向分别移动 ΔX_i、ΔY_i 的距离，第 i 次插补后，刀具从 M（I_i，J_i）点经过一个插补周期到达 P 点，在 X、Y 坐标方向分别移动了 ΔX_i、ΔY_i 的距离，这时 $(I_i+\Delta X_i)^2+(J_i+\Delta Y_i)^2=R^2$。

上两式相减得

$$(I_i+\Delta X_i)^2+(J_i+\Delta Y_i)^2-I_i^2-J_i^2=0$$

整理得

$$\Delta X_i=\frac{-(2J_i+\Delta Y_i)\Delta Y_i}{2I_i+\Delta X_i} \tag{4-2}$$

在图 4-13 中，过圆心作 MP 的垂线 $O'G$，垂足为 G，过 G 点作 ΔY_i 的垂线交于 E 点，过 G 点

作 X 轴垂线交 I_i 于 C 点，由于 G 点是 MP 的中点，因此 E 点是 ΔY_i 的中点，GE 等于 $\Delta X_i/2$。在 $\triangle O'CG$ 中

$$\tan\theta = CG/O'C = (J_i + \Delta Y_i/2)/(I_i + \Delta X_i/2) \tag{4-3}$$

在 $\triangle MHP$ 中，$MH = \Delta Y_i$，$PH = \Delta X_i$，MP 是 ΔX_i、ΔY_i 的向量和，它等于每个插补周期 Δt 时间内的进给量 f，它与进给速度 F 和 Δt 有关，可由式(4-1)求出，即 $MP = f$。

$$\left.\begin{aligned}\Delta Y_i &= f\cos\alpha\\ \Delta X_i &= f\sin\alpha\end{aligned}\right\} \tag{4-4}$$

由图 4-13 可知，$\triangle O'CG \backsim \triangle MHP$，因此，$\theta = \alpha$。将式(4-4)中的值代入式(4-3)可写成如下形式

$$\tan\theta = \tan\alpha = \left(J_i + \frac{1}{2}f\cos\alpha\right)\Big/\left(I_i - \frac{1}{2}f\sin\alpha\right)$$

α 的大小与 M 点的位置有关，在加工过程中，它是变量。为简化计算，用 45°代替 α 值，并用$\frac{23}{64}$代替$\frac{1}{2}\cos45°$和$\frac{1}{2}\sin45°$，因此

$$\tan\alpha = \frac{J_i + \frac{1}{2}f\cos45°}{I_i - \frac{1}{2}f\sin45°} = \frac{J_i + \frac{23}{64}f}{I_i - \frac{23}{64}f} \tag{4-5}$$

$$\cos\alpha = \frac{1}{\sqrt{1+\tan^2\alpha}} \tag{4-6}$$

在插补过程中，用式(4-5)、式(4-6)求出 $\cos\alpha$，再用式(4-4)求出 ΔY_i，最后用式(4-2)算出 ΔX_i，而不用式(4-4)算出 ΔX_i。由于式(4-2)是由圆的方程推导出来的，因此只要等式成立，求出的点一定在圆上。由于在式(4-5)中用$\frac{23}{64}$代替$\frac{1}{2}\cos45°$和$\frac{1}{2}\sin45°$，因此 $\tan\alpha$、$\cos\alpha$ 和 ΔY_i 的值都不是理想值，但因 $I_i >> f$，$J_i >> f$，所以误差不大。在插补计算的过程中，由于 ΔY_i 不够准确，用式(4-2)算出的 ΔX_i 也与理想的值不相等，它们的向量和不等于 f 值，在 θ 接近 0°和 90°时差别增大。进给量 f 的变化会影响进给速度的变化。由于变化很小，小于命令进给量的 1%，因此，完全可以认为插补速度是均匀的。

以上讨论的是逆圆插补时的情况，顺圆插补时的公式如下

$$\left.\begin{aligned}\tan\alpha &= \frac{I_i + \frac{23}{64}f}{J_i - \frac{23}{64}f}\\ \cos\alpha &= \frac{1}{\sqrt{1+\tan^2\alpha}}\\ \Delta X_i &= f\cos\alpha\\ \Delta Y_i &= \frac{-(2I_i + \Delta X_i)\Delta X_i}{2J_i + \Delta Y_i}\end{aligned}\right\} \tag{4-7}$$

上述的顺圆插补和逆圆插补公式，在四个象限中都适用，式中的 I_i、J_i 要用绝对值，求出的 ΔX_i、ΔY_i 也是绝对值。但由于圆弧所在的象限不同，ΔX_i、ΔY_i 的符号是不同的，为正确给出它

们的符号,需判别圆弧所处的象限。根据圆弧上的点与圆心相对坐标值 I_i、J_i 的符号可以判别该点所处的象限,再根据插补点所处的象限,给出 ΔX_i、ΔY_i 的符号,控制伺服电动机的转向和行程,见表 4-4。

表 4-4　象限的判别及进给方向

加工方向	顺圆加工				逆圆加工			
I_i 的符号	+	−	−	+	+	−	−	+
J_i 的符号	+	+	−	−	+	+	−	−
象限	Ⅰ	Ⅱ	Ⅲ	Ⅳ	Ⅰ	Ⅱ	Ⅲ	Ⅳ
ΔX_i 的符号	+	+	−	−	−	−	+	+
ΔY_i 的符号	−	+	+	−	+	−	−	+

I_i、J_i 的值,可根据圆弧起点坐标 I_0、J_0 的值,由下列的递推公式算出(带符号计算)

$$\left.\begin{aligned}I_i &= I_{i-1} + \Delta X_i \\ J_i &= J_{i-1} + \Delta Y_i\end{aligned}\right\}(i = 1, \cdots n, n \text{ 为从起点到终点插补的次数总和})$$

是否到达终点,可利用 I_i、J_i 的有符号值与圆弧终点坐标 I_e、J_e 的有符号值相比较来判别。

时间分割法是用圆的内接多边形逼近圆,它所造成的误差如图 4-14 所示。由图可知

$$e_r = R\left(1 - \cos\frac{\delta}{2}\right)$$

对 $\cos\dfrac{\delta}{2}$ 用幂级数展开,得

$$e_r = R\left\{1 - \left[1 - \frac{(\delta/2)^2}{2!} + \frac{(\delta/2)^4}{4!}\cdots\right]\right\} \approx \frac{\delta^2}{8}R$$

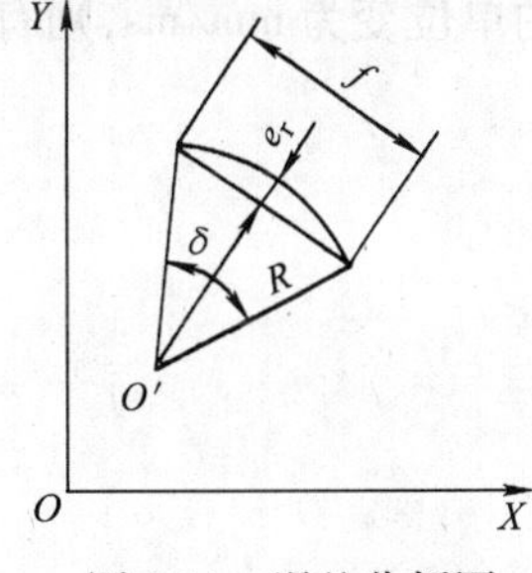

图 4-14　误差分析图

弦线的长度 f 可由式(4-1)用零件加工程序中给出的进给速度指令 F 和插补周期 Δt 求出。圆弧半径 R 为已知值,则

$$\delta = f/R$$

$$e_r = f^2/(8R)$$

为保证加工精度要求,必须使 $f \leqslant \sqrt{8e_rR}$,若使 $e_r < 0.001\text{mm}$,当 $\Delta t = 8\text{ms}$ 时,进给速度指令(单位为 mm/min)F 必须满足下式

$$F \leqslant \sqrt{450000R}$$

第四节　扩展 DDA 插补原理

扩展 DDA 是数据采样插补法,每隔一个插补周期(例如 4ms)计算出各坐标方向上的一次增量值。它是在 DDA 积分法的基础上发展起来的,它的精度较高,运行速度快,可用于多坐标控制。

一、直线插补原理

图 4-15 中的 P_0P_e 是一被加工的直线,设刀具已在起点 P_0 处,加工程序中给出的已知值是终点 P_e 的坐标值(X_e,Z_e)和进给速度 F(单位是 mm/min)。加工时刀具的坐标值为

$$X = X_0 + \int_0^t F_X \mathrm{d}t$$

$$Z = Z_0 + \int_0^t F_Z \mathrm{d}t$$

式中 F_X、F_Z——F 在 X、Z 坐标方向的分量。

在插补过程中，计算机应在插补时间 Δt 内给出各坐标方向的增量值 ΔX_i、ΔZ_i，因此，实际的刀具位置为

$$X = X_0 + \sum_{i=0}^{n} \Delta X_i$$

$$Z = Z_0 + \sum_{i=0}^{n} \Delta Z_i$$

式中 i——从 P_0 点开始计数的插补运算次数；

n——加工到 P_i 点的插补次数总和。

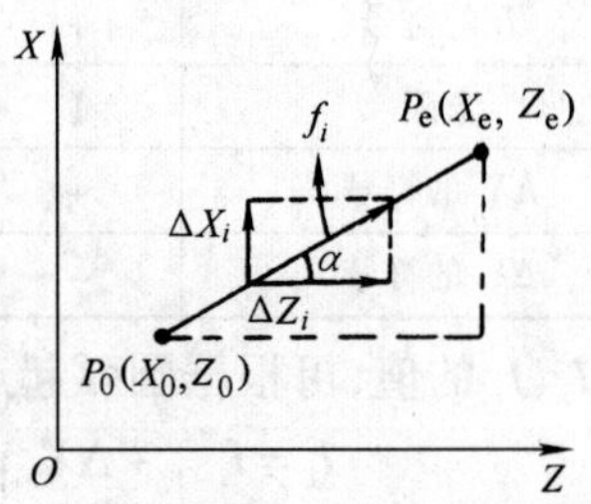

图 4-15 直线插补

由于程序给定的进给速度 F 的大小及直线的斜率均不同，因此，ΔX_i、ΔZ_i 值随之变化。由图 4-15 可知：$f_i = F\Delta t$，插补时间 Δt 是以 ms 计算的，而 F 的单位为 mm/min，把 f_i 的单位变为 mm/ms，则有

$$f_i = \frac{F\Delta t}{60000}$$

$$\Delta X_i = f_i \sin\alpha$$

$$\Delta Z_i = f_i \cos\alpha$$

又

$$\sin\alpha = \frac{X_e - X_0}{\sqrt{(X_e - X_0)^2 + (Z_e - Z_0)^2}}$$

$$\cos\alpha = \frac{Z_e - Z_0}{\sqrt{(X_e - X_0)^2 + (Z_e - Z_0)^2}}$$

因此

$$\Delta X_i = \frac{\Delta t}{60000} \frac{F(X_e - X_0)}{\sqrt{(X_e - X_0)^2 + (Z_e - Z_0)^2}}$$

$$\Delta Z_i = \frac{\Delta t}{60000} \frac{F(Z_e - Z_0)}{\sqrt{(Z_e - Z_0)^2 + (X_e - X_0)^2}}$$

在直线插补时，F_i 的斜率是不变的，斜率为上述两式之比，即

$$\frac{\Delta X_i}{\Delta Z_i} = \frac{X_e - X_0}{Z_e - Z_0}$$

由上式可知，f_i 的斜率等于给定直线的斜率。

每次插补计算的坐标值为

$$X_i = X_{i-1} + \Delta X_i$$

$$Z_i = Z_{i-1} + \Delta Z_i$$

二、圆弧插补原理

加工程序中给出的圆弧插补的已知条件，通常是圆弧的起点和终点坐标值，圆心对圆弧

起点的相对坐标值（有些系统还要求给出半径值）和进给速度值。如加工图 4-16 中的弧 $\overset{\frown}{AB}$，首先要根据零件加工程序中给出的进给速度 F 值计算出每个插补周期 Δt 时间内的进给量 f 值（单位为 mm/ms），即

$$f=\frac{F\Delta t}{60000}$$

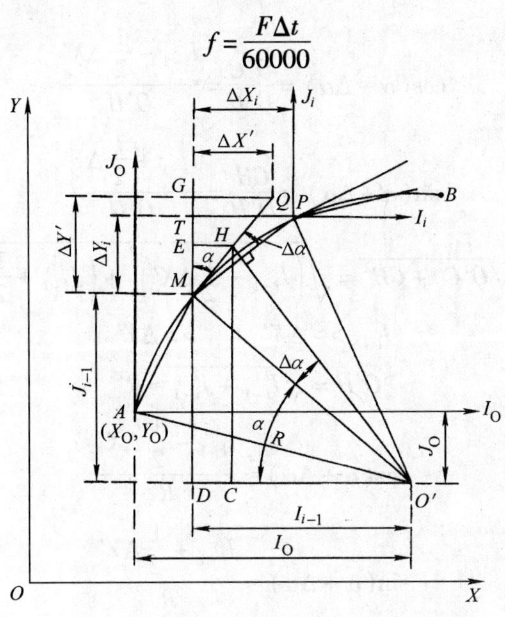

图 4-16　第 I 象限顺圆弧加工时插补原理

图 4-16 是扩展 DDA 原理图，刀具从 A 点起顺时针方向加工圆弧 $\overset{\frown}{AB}$，经过 n 个插补周期后到达 B 点。因此

$$\overset{\frown}{AB}\approx\sum_{i=1}^{n}f_i$$

式中　f_i——第 i 次插补进给量，$f_i=f$。

图 4-16 中，M 点是第 $i-1$ 次插补时刀具到达的位置，P 点是刀具第 i 次插补时到达的位置，MQ 是 $O'M$ 的垂线。$MP=MQ=f$。由图可知

$$\left.\begin{aligned}\Delta Y'&=MQ\cos\alpha\approx f\frac{I_{i-1}}{O'M}=f\frac{I_{i-1}}{R}\\ \Delta X'&=MQ\sin\alpha\approx f\frac{J_{i-1}}{O'M}=f\frac{J_{i-1}}{R}\end{aligned}\right\}\tag{4-8}$$

若用 $\Delta X'$ 和 $\Delta Y'$ 作为第 i 次插补周期的 X 和 Y 方向的进给量，则刀具到达 Q 点。此时 MQ 垂直 $O'M$，若 M 点在圆弧上，则 MQ 是过 M 点圆弧的切线，但 M 点总是在圆弧外部（证明从略），因此 MQ 平行于圆弧切线。由于每次插补 Q 点的误差总是大于 M 点的误差，因此，用 $\Delta X'$ 和 $\Delta Y'$ 作每个插补周期的 X、Y 坐标方向上的进给量将使插补误差越来越大。为提高插补精度，扩展 DDA 的方法是：过 MQ 中点 H 和圆心 O' 连线，过 M 点作 $O'H$ 的垂线 MP，且使 $MP=f$，MP 在 X、Y 方向的分量为 ΔX_i 和 ΔY_i。用 ΔX_i 和 ΔY_i 作为 X、Y 方向的进给量，则刀具可从 M 点到达 P 点。刀具沿 MP 线移动可有效提高插补精度。用扩展 DDA 法求 ΔX_i 和 ΔY_i 的表达式的过程如下：由图 4-16 可知

$$\triangle MPT\backsim\triangle O'HC$$

$$O'C = O'D - CD = O'D - EH = I_{i-1} - \frac{1}{2}\Delta X'$$

$$CH = DM + ME = J_{i-1} + \frac{1}{2}\Delta Y'$$

$$\cos(\alpha + \Delta\alpha) = \frac{O'C}{O'H} = \frac{I_{i-1} - \frac{1}{2}\Delta X'}{O'H}$$

$$\sin(\alpha + \Delta\alpha) = \frac{CH}{O'H} = \frac{J_{i-1} + \frac{1}{2}\Delta Y'}{O'H}$$

$$O'H = \sqrt{O'C^2 + CH^2} = \sqrt{\left(I_{i-1} - \frac{1}{2}\Delta X'\right)^2 + \left(J_{i-1} + \frac{1}{2}\Delta Y'\right)^2}$$

由于

$$I_{i-1} >> \Delta X', J_{i-1} >> \Delta Y'$$

取

$$O'H = \sqrt{I_{i-1}^2 + J_{i-1}^2} \approx R$$

所以

$$\cos(\alpha + \Delta\alpha) \approx \frac{I_{i-1} - \frac{1}{2}\Delta X'}{R}$$

$$\sin(\alpha + \Delta\alpha) \approx \frac{J_{i-1} + \frac{1}{2}\Delta Y'}{R}$$

在△MPT中

$$\left.\begin{aligned} \Delta X_i &= PT = MP\sin(\alpha + \Delta\alpha) = f\frac{J_{i-1} + \frac{1}{2}\Delta Y'}{R} \\ \Delta Y_i &= MT = MP\cos(\alpha + \Delta\alpha) = f\frac{I_{i-1} - \frac{1}{2}\Delta X'}{R} \end{aligned}\right\} \tag{4-9}$$

把 $\Delta X' = f\frac{J_{i-1}}{R}, \Delta Y' = f\frac{I_{i-1}}{R}$代入上式得

$$\left.\begin{aligned} \Delta X_i &= \frac{f}{R}\left(J_{i-1} + \frac{f}{2R}I_{i-1}\right) \\ \Delta Y_i &= \frac{f}{R}\left(I_{i-1} - \frac{f}{2R}J_{i-1}\right) \end{aligned}\right\} \tag{4-10}$$

在圆弧插补时,I_i 和 J_i 是刀具位置相对圆心的增量坐标值,I 对应 X 方向,J 对应 Y 方向(K 对应 Z 方向)。在插补过程中 I_i 和 J_i 是不断变化的,即

$$\left.\begin{aligned} I_i &= I_{i-1} - \Delta X_i \\ J_i &= J_{i-1} + \Delta Y_i \end{aligned}\right\}(i = 1, \cdots, n) \tag{4-11}$$

刀具在 OXY 坐标系中的位置为

$$\left.\begin{aligned} X_i &= X_0 + \sum_{i=1}^{n} \Delta X_i \\ Y_i &= Y_0 + \sum_{i=1}^{n} \Delta Y_i \end{aligned}\right\} \tag{4-12}$$

迭代公式

$$\left.\begin{aligned}X_i &= X_{i-1} + \Delta X_i \\ Y_i &= Y_{i-1} + \Delta Y_i\end{aligned}\right\} \tag{4-13}$$

若圆弧只在同一个象限内，则插补公式不发生变化。当圆弧处在不同的象限时，刀具刚过象限的瞬间公式要发生变化，式（4-10）适合第Ⅰ象限、第Ⅲ象限的顺圆弧（G02）加工和第Ⅱ、第Ⅳ象限的逆圆弧（G03）加工。而当刀具在第Ⅰ象限、第Ⅲ象限进行逆圆弧（G03）加工和第Ⅱ、第Ⅳ象限作顺圆弧（G02）加工时，要用下面的公式

$$\left.\begin{aligned}\Delta X_i &= \frac{f}{R}\left(J_{i-1} - \frac{f}{2R}I_{i-1}\right) \\ \Delta Y_i &= \frac{f}{R}\left(I_{i-1} + \frac{f}{2R}J_{i-1}\right)\end{aligned}\right\} \tag{4-14}$$

式（4-10）和式（4-14）只有一处不同，即$\frac{f}{2R}$前面的+、-号不同，因此在过象限时只要改变$\frac{f}{2R}$前面的+、-号，就更换了公式，可得到ΔX_i和ΔY_i正确的绝对值。

在利用式（4-10）和式（4-14）计算ΔX_i和ΔY_i时，$\frac{f}{R}$和$\frac{f}{2R}$是不变的，而I_{i-1}和J_{i-1}是变化的，尽管I_{i-1}和J_{i-1}本身有正负变化，但计算时只取绝对值，不考虑它们的符号。因此，计算的结果只能是ΔX_i和ΔY_i的绝对值。

式（4-11）~式（4-13）适用于各象限的顺、逆圆弧插补计算，是有符号计算。由于各象限的ΔX_i、ΔY_i、I_{i-1}、J_{i-1}的符号要发生变化，因此，计算时要注意各变量的正、负号。表4-5列出了这些变量的符号变化情况。

在圆弧加工时，象限的划分是根据I_i、J_i坐标系确定的，在加工过程中，I_i、J_i坐标系是不断移动的，刀具在切削圆弧时的位置总是I_i、J_i坐标系的零点。

表4-5　I_i、J_i、ΔX_i、ΔY_i在不同象限中的符号

加工方向	顺圆弧（G02）				逆圆弧（G03）			
象限	Ⅰ	Ⅱ	Ⅲ	Ⅳ	Ⅰ	Ⅱ	Ⅲ	Ⅳ
ΔX_i	+	-	-	+	+	-	-	+
ΔY_i	+	+	-	-	+	+	-	-
I_i	+	+	-	-	-	-	+	+
J_i	-	+	+	-	+	-	-	+

由于刀具在圆弧上的切点到圆心的增量坐标值是I_i、J_i值，因此，当I_i、J_i中的某一个值为零时一定是圆弧过象限位置。对于同一个圆弧的同一个点，在顺圆弧和逆圆弧加工时，它所处的象限是不同的。圆弧处在不同象限的插补原理如图4-17所示。顺圆弧加工时，位于第Ⅰ象限圆弧的圆心在第Ⅳ象限，第Ⅱ象限圆弧的圆心在第Ⅰ象限，第Ⅲ象限圆弧的圆心在第Ⅱ象限，第Ⅳ象限圆弧的圆心在第Ⅲ象限；逆圆弧加工时第Ⅰ、Ⅱ、Ⅲ、Ⅳ象限的圆弧圆心分别在第Ⅱ、Ⅲ、Ⅳ、Ⅰ象限内。过象限时圆心在坐标轴上。

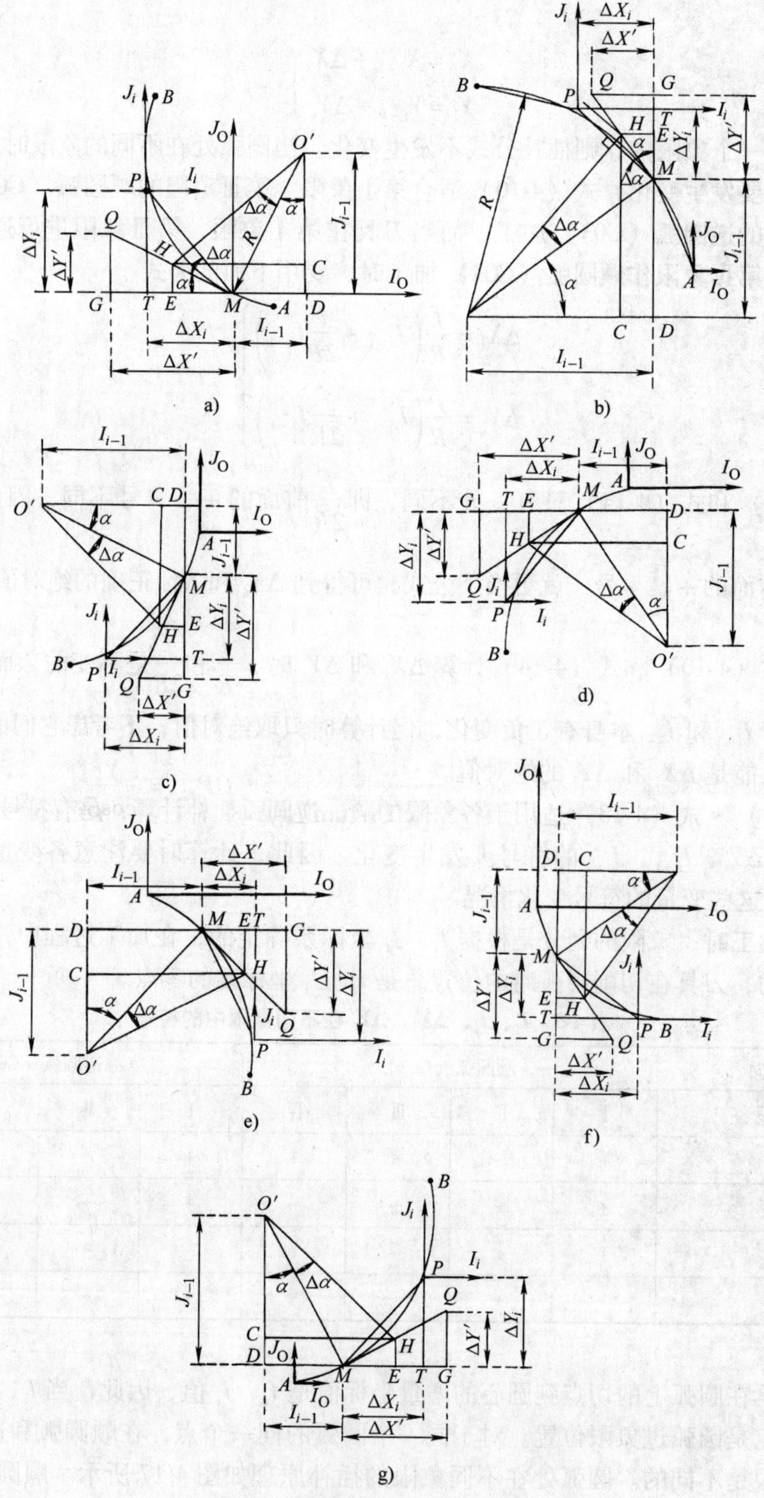

图 4-17 各象限顺、逆圆弧插补原理

a）第Ⅱ象限顺圆 b）第Ⅱ象限逆圆 c）第Ⅲ象限顺圆 d）第Ⅲ象限逆圆

e）第Ⅳ象限顺圆 f）第Ⅳ象限逆圆 g）第Ⅰ象限顺圆

第五节 三坐标联动直线和螺旋线插补原理

一、三坐标联动直线插补原理

三坐标联动直线插补是在两坐标联动直线插补的基础上，再计算一个坐标的插补进给量。首先根据三个轴的增量值，区分出最长轴、长轴和短轴。增量值最大的为最长轴，最小的为短轴。首先算出最长轴的插补进给量，然后以最长轴为基准，算出长轴和短轴的插补进给量。

如图 4-18 所示，设空间 P 点的坐标为（x，y，z），其中 $|x| \geqslant |y| \geqslant |z|$，则称 X 轴为最长轴，Y 轴为长轴，Z 轴为短轴。刀具沿直线 OP 从 O 点到达 P 点，由于 O 点为坐标原点，则在本例中从 O 点到 P 点的增量坐标值为 x、y、z。三坐标联动时要求 X、Y、Z 三个方向的运动速度保持一定的比例关系。刀具沿 OP 方向一次插补移动量 f_i 可由式（4-1）算出，在插补计算中要按比例分配给各轴。

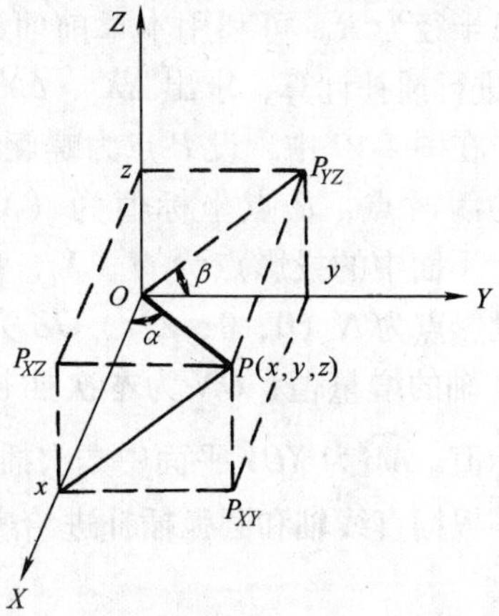

图 4-18 三坐标联动直线插补原理

设在 ZOY 平面中，长轴 Y 与 OP_{YZ} 的夹角为 β。因为三个轴的增量值分别为 x、y、z，则

$$\tan\beta = \frac{z}{y} \qquad \cos\beta = \frac{1}{\sqrt{1+\tan^2\beta}} \qquad OP_{YZ} = \frac{y}{\cos\beta}$$

在$\triangle OxP$ 中，设 OP 与 Ox 夹角为 α。

因为

$$\angle OxP = 90° \qquad xP = OP_{YZ} = \frac{y}{\cos\beta}$$

所以

$$\tan\alpha = \frac{xP}{Ox} = \frac{OP_{YZ}}{x} = \frac{y}{x}\,\frac{1}{\cos\beta}$$

$$\cos\alpha = \frac{1}{\sqrt{1+\tan^2\alpha}}$$

由此，可求出最长轴的插补进给量 ΔX_i 为

$$\Delta X_i = f_i\cos\alpha$$

为使三个轴能同时到达终点，必须满足

$$\frac{\Delta X_i}{x} = \frac{\Delta Y_i}{y} = \frac{\Delta Z_i}{z}$$

则可求出长轴和短轴的插补进给量 ΔY_i、ΔZ_i，即

$$\Delta Y_i = \frac{y}{x}\Delta X_i \qquad \Delta Z_i = \frac{z}{x}\Delta X_i$$

二、螺旋线插补原理

三坐标联动螺旋线插补是两个轴进行两坐标联动圆弧插补，第三轴进行直线插补的合成运动。如图 4-19 所示，设 X 轴和 Y 轴在 XOY 平面上作圆弧插补，Z 轴垂直 XOY 平面作直线插补，从而使刀具沿螺旋线轨迹从 A 点移动到 B 点。

为简化螺旋线插补计算，利用两坐标联动圆弧插补计算程序，规定螺旋线插补时，指令速度是指圆弧平面中圆弧切线方向的速度。要使刀具从 A 点沿螺旋线轨迹移到 B 点，则要使直线轴的进给速度与圆弧插补速度保持一定比例关系，要同时到达终点。

螺旋线 AB 为已知线，两端点 A、B 在 XOY 平面上的投影及投影的圆弧半径也是已知的，由图 4-19 可知，A、A'点是螺旋线 AB 在 XOY 平面上的投影，圆弧半径为 R。可利用本章前面讲过的方法对圆弧 AA'进行插补计算，求出 ΔX_i、ΔY_i。

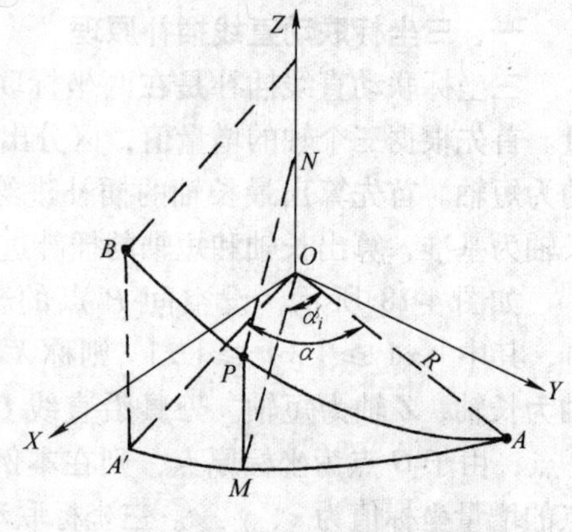

图 4-19 螺旋线插补原理

在图 4-19 中，设 P 点为螺旋线插补中某次插补后的瞬时点，P 点坐标值为（X_i，Y_i，Z_i），它在 XOY 平面中的投影点为 M（X_i，Y_i，0），在 Z 轴上的投影点为 N（0，0，Z_i），OZ 为螺旋线 AB 终点 B 在 Z 轴的增量值，ON 为本次插补后在 Z 轴的瞬时坐标值，$\widehat{AM}$为 XOY 平面中本次插补后的瞬时弧长。

根据直线轴和圆弧插补进给速度的比例关系，则有

$$ON = \widehat{AM}\frac{OZ}{\widehat{AA'}}$$

设$\widehat{AM}$所对圆心角为 α_i，$\widehat{AA'}$所对圆心角为 α，则

$$Z_i = ON = \frac{\alpha_i}{\alpha}Z$$

由此可求得直线轴的插补进给量 ΔZ_i，即

$$\Delta Z_i = Z_i - Z_{i-1}$$

其中 Z_{i-1}为直线轴上次插补后瞬时坐标值。可以看出，ΔZ_i 只与 Z、α、α_i 有关。α、α_i 可以通过三角函数运算求出。实际处理时，由于直线的增量值 Z 和圆弧平面编程轨迹的起点、终点均为程序段中给定，因而，可以在对程序预处理中，先将增量角 α、Z/α 计算好，放在固定单元。插补运算时，在求出 ΔX_i、ΔY_i 的同时，只需进行瞬时转角 α_i 和直线轴的插补进给量 ΔZ_i 的计算，这样可大大减少插补工作量，提高插补速度。

第六节 刀具半径补偿的坐标计算

在第二章中已经讲述了刀具半径补偿的编程指令，以及刀具半径补偿建立和取消时刀具中心点的运动轨迹。本节将要介绍刀具半径补偿的坐标计算。在轮廓加工过程中，刀具半径补偿分三个过程：①刀具半径补偿的建立；②刀具半径补偿的进行；③刀具半径补偿的取消。在这三个过程中，刀具中心的轨迹都是根据被加工工件的轮廓计算的。通常，工件轮廓是由直线和圆弧组成的。加工直线时，刀具中心线是工件轮廓的平行线且两者距离等于刀具半径值；加工圆弧时，工件轮廓与刀具中心轨迹之间径向距离是刀具半径值。本节将要介绍的半径补偿计算，是计算刀具半径补偿建立和取消时刀具中心点与工件轮廓起点和终点的位置关系；工件轮廓拐角时刀具中心拐点与工件轮廓拐点的位置关系。由于轮廓线的拐点可以

是直线与直线、直线与圆弧、圆弧与圆弧的交点；拐角的角度大小又不同；又由于刀具半径补偿可以是左侧（G41）或右侧（G42）偏置，因此，计算公式很多，下面仅介绍部分计算公式。

一、直线两端处刀具中心的位置

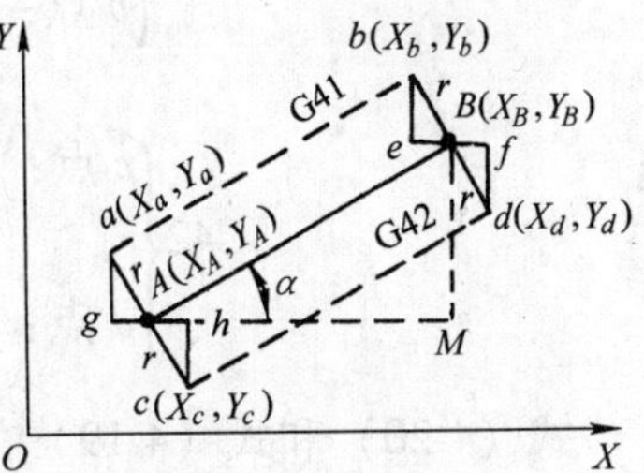

图 4-20　直线两端刀具位置

若用半径为 r 的立铣刀加工图 4-20 中的直线 AB，刀具中心的轨迹在刀具左侧偏置时（G41 方式）是 ab 直线；右侧偏置（G42 方式）时是 cd 线，只要计算出端点 a、b 或 c、d 的坐标值，就可使刀具准确移动。过 A 点作垂直于 AB 线的 ac，并使直线 $Aa=Ac=r$，过 B 点作垂直于 AB 线的 bd，使 $Bb=Bd=r$。A 点、B 点的坐标值 X_A、Y_A、X_B、Y_B 已由零件程序中给出，因此

a 点：$X_a=X_A-Ag$　　$Y_a=Y_A+ga$

b 点：$X_b=X_B-Be$　　$Y_b=Y_B+eb$

c 点：$X_c=X_A+Ah$　　$Y_c=Y_A-hc$

d 点：$X_d=X_B+Bf$　　$Y_d=Y_B-fd$

由图 4-20 可知：$\triangle agA$、$\triangle beB$、$\triangle chA$、$\triangle dfB$ 都与 $\triangle AMB$ 相似；$AM=X_B-X_A$，$MB=Y_B-Y_A$，于是有

$$\cos\alpha=\frac{AM}{AB}=\frac{X_B-X_A}{\sqrt{(X_B-X_A)^2+(Y_B-Y_A)^2}} \tag{4-15}$$

$$\sin\alpha=\frac{MB}{AB}=\frac{Y_B-Y_A}{\sqrt{(X_B-X_A)^2+(Y_B-Y_A)^2}} \tag{4-16}$$

因此

$$\text{G41}\begin{cases} a\text{ 点：}X_a=X_A-r\sin\alpha & Y_a=Y_A+r\cos\alpha \\ b\text{ 点：}X_b=X_B-r\sin\alpha & Y_b=Y_B+r\cos\alpha \end{cases} \tag{4-17}$$

$$\text{G42}\begin{cases} c\text{ 点：}X_c=X_A+r\sin\alpha & Y_c=Y_A-r\cos\alpha \\ d\text{ 点：}X_d=X_B+r\sin\alpha & Y_b=Y_B-r\cos\alpha \end{cases} \tag{4-18}$$

若把式（4-18）中的 r 值的符号改为负号，则和式（4-17）完全一样，因此在实际应用中，只用式（4-17）计算直线端点处的刀具中心位置，在 G41 方式下 r 取正值，在 G42 方式下 r 取负值。

式（4-15）~式（4-17）适合于各种不同方向的直线，当 X_B-X_A、Y_B-Y_A 为负值时，$\cos\alpha$ 和 $\sin\alpha$ 为负值，当 AB 线平行于 X 轴时，$\cos\alpha=1$，$\sin\alpha=0$，当 AB 线平行于 Y 轴时，$\cos\alpha=0$，$\sin\alpha=1$。

二、圆弧两端点处刀具中心的位置

在图 4-21 中，$\overset{\frown}{AB}$是工件轮廓线，圆心为 O'，半径为 R，加工方向是从 A 点到 B 点，刀具半径为 r，G41 方式时，刀具中心轨迹是弧$\overset{\frown}{ab}$，G42 方式时是弧$\overset{\frown}{cd}$。加工时需求出 a、b 点或 c、d 点坐标值 X_a、Y_a、X_b、Y_b 或 X_c、Y_c、X_d、Y_d。A 点的坐标值 X_A、Y_A，B 点的坐标值 X_B、Y_B 及圆心 O'点的坐标值 $X_{O'}$、$Y_{O'}$已由程序给出，是已知值。由图 4-21 可知

$$
\text{G41}\begin{cases} a\text{ 点}: X_a = X_A + r\dfrac{X_A - X_{O'}}{R} \quad Y_a = Y_A + r\dfrac{Y_A - Y_{O'}}{R} \\ b\text{ 点}: X_b = X_B + r\dfrac{X_B - X_{O'}}{R} \quad Y_b = Y_B + r\dfrac{Y_B - Y_{O'}}{R} \end{cases} \tag{4-19}
$$

$$
\text{G42}\begin{cases} c\text{ 点}: X_c = X_A - r\dfrac{X_A - X_{O'}}{R} \quad Y_c = Y_A - r\dfrac{Y_A - Y_{O'}}{R} \\ d\text{ 点}: X_d = X_B - r\dfrac{X_B - X_{O'}}{R} \quad Y_d = Y_B - r\dfrac{Y_B - Y_{O'}}{R} \end{cases} \tag{4-20}
$$

式（4-20）和式（4-19）的组成项完全相同，只要把式（4-20）中的 r 改变符号就可利用式（4-19）代替式（4-20）。顺圆弧 G41 方式和逆圆弧 G42 方式 r 为正值；顺圆弧 G42 方式和逆圆弧 G41 方式 r 为负值。

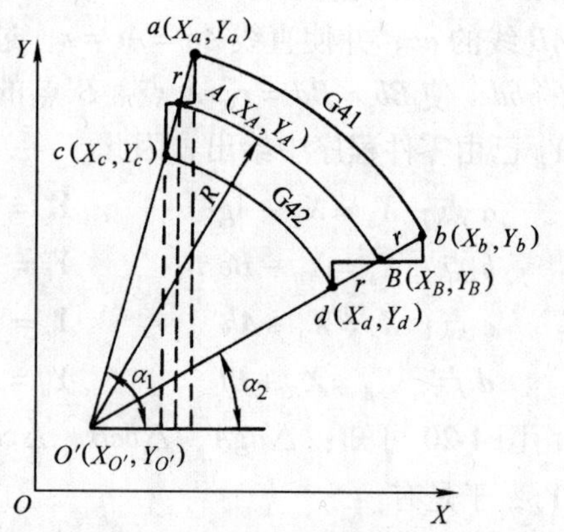

图 4-21 圆弧两端刀具位置

三、转接向量计算

工件轮廓有拐角时，拐点可以是直线与直线、直线与圆弧、圆弧与圆弧的交点，如图 4-22 ~ 图 4-24 所示。直线拐角时，拐角的大小等于两直线向量的夹角；直线与圆弧连接时，拐角的大小等于直线向量与拐点处圆弧切线向量的夹角；圆弧与圆弧连接时，拐角的大小等于两圆弧在交点处切线向量的夹角，由于两向量夹角不同，以及 G41、G42 偏置方向不同，使刀具中心轨迹的转接方式有所不同，共有三种转接方式。

（1）缩短型　在 G41 方式下两向量夹角 α 在 0° ~ 180°之间，以及在 G42 方式下两向量夹角 α 在 180° ~ 360°之间是缩短型，如图 4-22a、b 和图 4-24a、b 及图 4-23c、d 所示，刀具中心在 C 点转折，没有到达由式（4-17）算出的 B 点，比只加工 OA 直线时少走 CB 的距离，也比单程加工 AF 直线少走 DC 的距离。

（2）伸长型　在 G41 方式下，两向量的夹角 α 在 270° ~ 360°之间；在 G42 方式下，两向量的夹角 α 在 0° ~ 90°之间，如图 4-22d、图 4-23a 及图 4-24d 所示。刀具中心越过由式（4-17）算出的 B 点，在 C 点转折，多走 BC 的距离；也比单独加工 AF 直线多走 CD 的距离。

（3）插入型　在 G41 方式下，两向量的夹角 α 在 180° ~ 270°之间；在 G42 方式下，两向量夹角 α 在 90° ~ 180°之间，如图 4-22c、图 4-23b 及图 4-24c 所示，刀具中心在 C 点和 C' 点两次转折，CC' 是插入直线，必须保证 $BC = C'D = r$（刀具半径）。

1. 伸长型和插入型转接交点计算

对于伸长型和插入型转接交点 C 和 C' 的计算，适合于直线与直线、直线与圆弧、圆弧与圆弧的连接方式，但对于缩短型，由于连接线的不同，算法是不同的。

（1）伸长型转接交点 C 的坐标计算　图 4-23a 是 G42 方式，由图可知，$AB = AD = r$（刀具半径），$AB \perp AG$，$AD \perp AF$，$BB' \perp AX$，又 $\angle XAG = \alpha_1$，因此

$$\angle BAD = \angle GAF = \alpha = \alpha_2 - \alpha_1,\quad \angle ABB' = \alpha_1$$

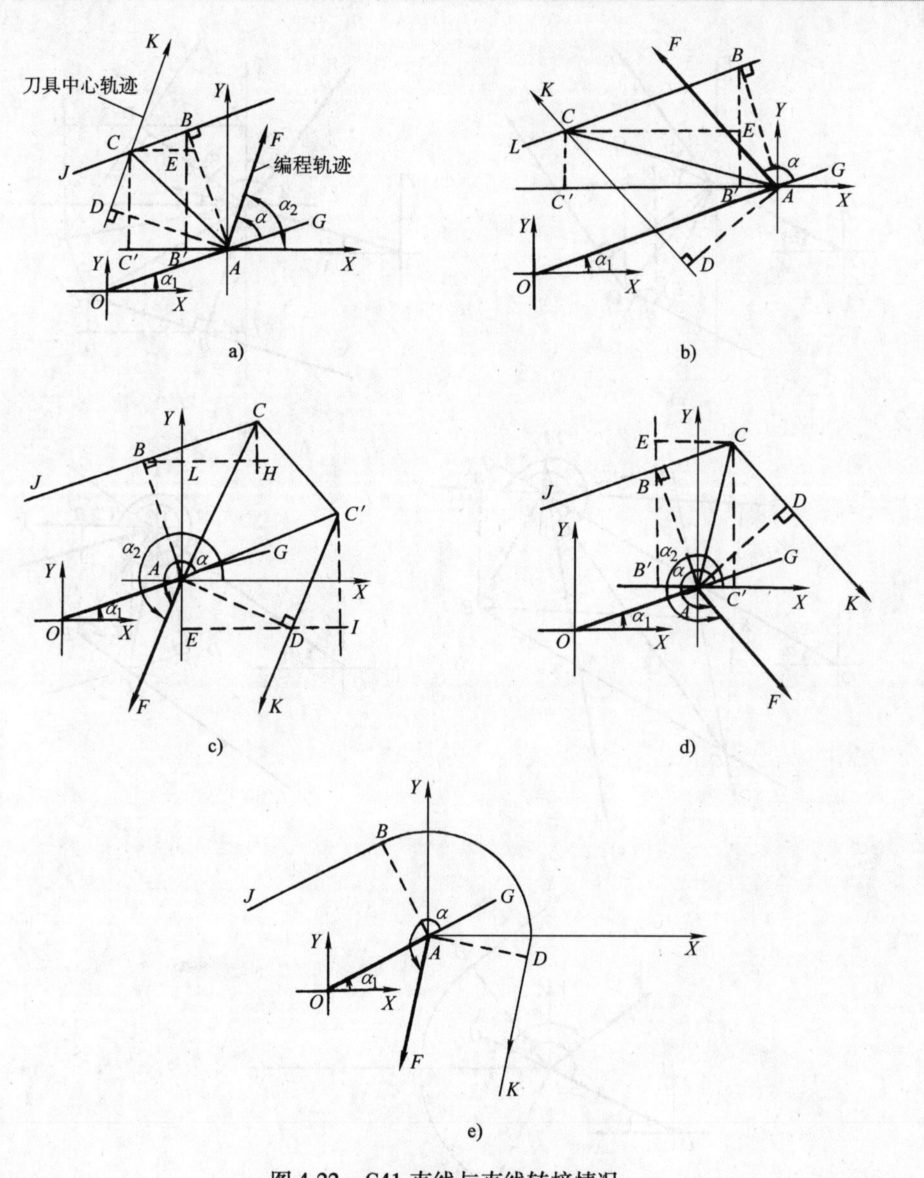

图 4-22　G41 直线与直线转接情况

因为
$$\triangle ABC \cong \triangle ACD$$
所以
$$\angle BAC = (1/2)\angle BAD = (1/2)(\alpha_2 - \alpha_1)$$
$$BC = AB\tan\left(\frac{\alpha_2 - \alpha_1}{2}\right) = r\tan\left(\frac{\alpha_2 - \alpha_1}{2}\right) \tag{4-21}$$
因为
$$EC /\!/ OX,\ BC /\!/ OA$$
所以
$$\angle BCE = \alpha_1$$
$$EC = BC\cos\alpha_1 \tag{4-22}$$
将式（4-21）代入式（4-22）中，得
$$EC = B'C' = r\tan\left(\frac{\alpha_2 - \alpha_1}{2}\right)\cos\alpha_1$$

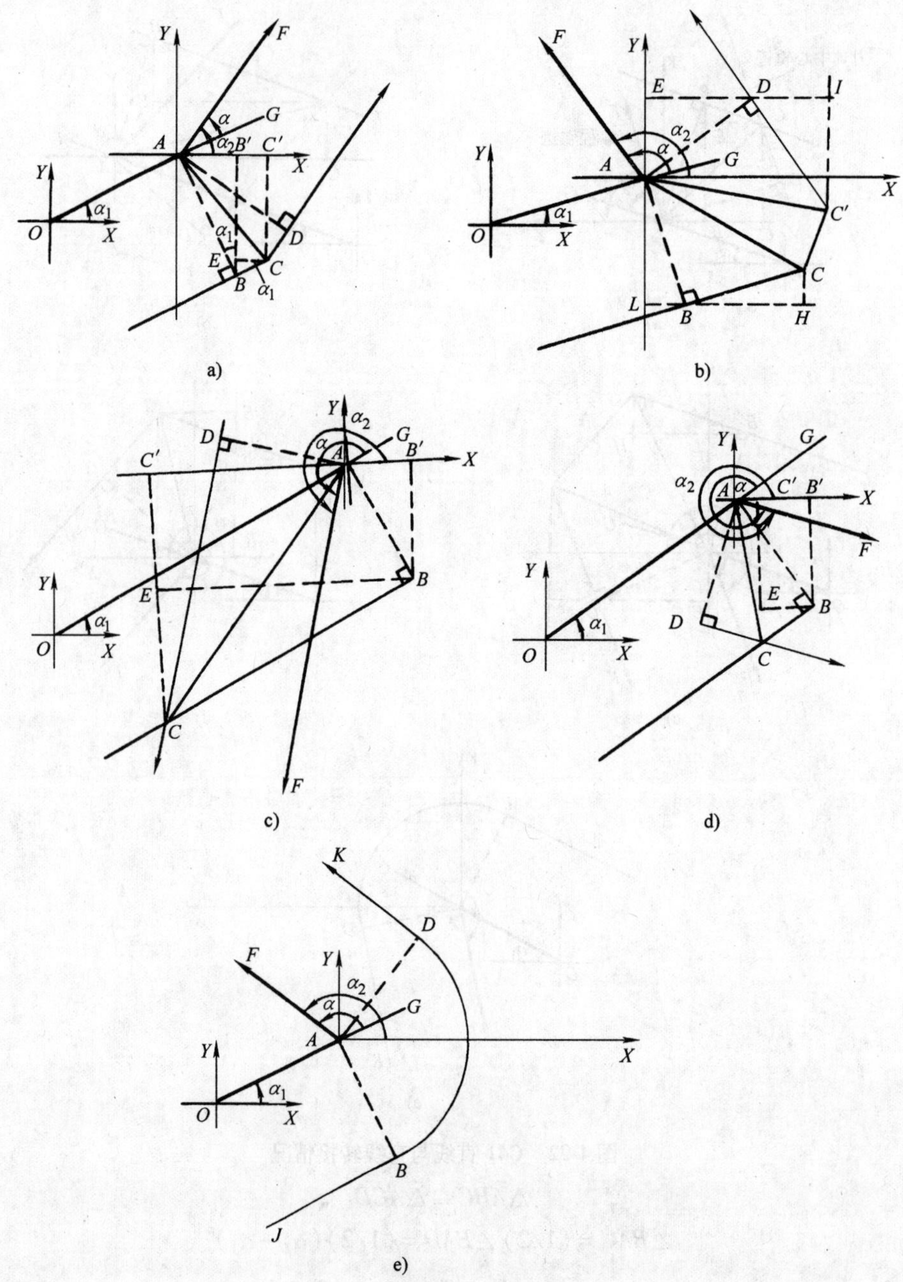

图 4-23 G42 直线与直线转接情况

令 AC 在 X 轴和 Y 轴的投影为 $(AC)_X$、$(AC)_Y$，则

$$(AC)_X = AB' + B'C' = AB\sin\angle ABB' + B'C'$$

$$= r\sin\alpha_1 + r\tan\left(\frac{\alpha_2 - \alpha_1}{2}\right)\cos\alpha_1 = r\frac{\sin\alpha_1 + \sin\alpha_2}{1 + \cos(\alpha_2 - \alpha_1)}$$

同理，可求得 AC 在 Y 轴上的投影 $(AC)_Y$ 为

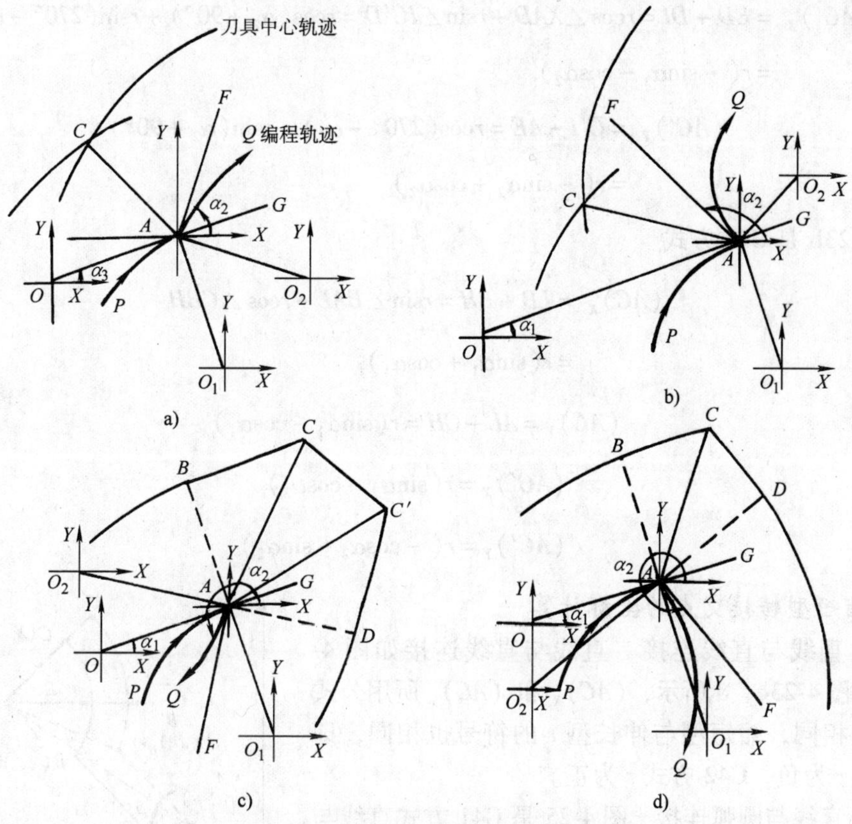

图 4-24 G41 圆弧接圆弧时的转接情况

$$(AC)_Y = r\frac{-\cos\alpha_1 - \cos\alpha_2}{1+\cos\ (\alpha_2-\alpha_1)}$$

上两式中 α_1 和 α_2 是以 X 坐标轴正向为起始边，逆时针方向对轮廓线向量的夹角，在图 4-22d 和图 4-24d 中，$\alpha_2>270°$。

在 G41 方式时上式中 r 的符号为负。

$(AC)_X$、$(AC)_Y$ 是 C 点对 A 点的坐标值，由于 A 点在工件坐标系中的坐标值已由程序中给出，因此可求出 C 点对工件坐标系的坐标值。

（2）插入型转接交点 C、C' 的坐标计算　根据刀具偏置方向（G41、G42）不同，计算方式也不相同。图 4-22c 是 G41 方式。

由于

$$AB=BC=AD=DC'=r \qquad AB\perp OA \qquad AD\perp AF$$

则有

$$\begin{aligned}(AC)_X &= BH-BL=BC\cos\angle CBH-AB\sin\angle BAY\\ &= r(\cos\alpha_1-\sin\alpha_1)\\ (AC)_Y &= AL+HC=AB\cos\angle BAY+BC\sin\angle CBH\\ &= r(\cos\alpha_1+\sin\alpha_1)\end{aligned}$$

$$(AC')_X = ED + DI = r\cos\angle XAD + r\sin\angle IC'D = r\cos(\alpha_2 + 90°) + r\sin(270° - \alpha_2)$$
$$= r(-\sin\alpha_2 - \cos\alpha_2)$$
$$(AC')_Y = C'I - AE = r\cos(270° - \alpha_2) - r\sin(\alpha_2 + 90°)$$
$$= r(-\sin\alpha_2 + \cos\alpha_2)$$

图4-23b 是 G42 方式

$$(AC)_X = LB + BH = r\sin\angle BAL + r\cos\angle CBH$$
$$= r(\sin\alpha_1 + \cos\alpha_1)$$
$$(AC)_Y = AL - CH = r(\sin\alpha_1 - \cos\alpha_1)$$

同理
$$(AC')_X = r(\sin\alpha_2 - \cos\alpha_2)$$
$$(AC')_Y = r(-\cos\alpha_2 - \sin\alpha_2)$$

2. 缩短型转接交点的坐标计算

（1）直线与直线连接　直线与直线连接如图4-22a、b，图4-23c、d 所示，$(AC)_X$ 和 $(AC)_Y$ 所用公式与伸长型相同，缩短型与伸长型 r 的符号也相同，即 G41 方式 r 为负，G42 方式 r 为正。

（2）直线与圆弧连接　图4-25 是 G41 方式直线与圆弧连接形式，工件轮廓线是 ABC，B 点是直线与圆弧的交点，O'点是圆弧中心，$A(X_A,Y_A)$、$B(X_B,Y_B)$、$C(X_C,Y_C)$、$O'(X_{O'},Y_{O'})$为已知点，$A'(X_{A'},Y_{A'})$点可用式(4-17)求得，也是已知点。由图4-25 可知

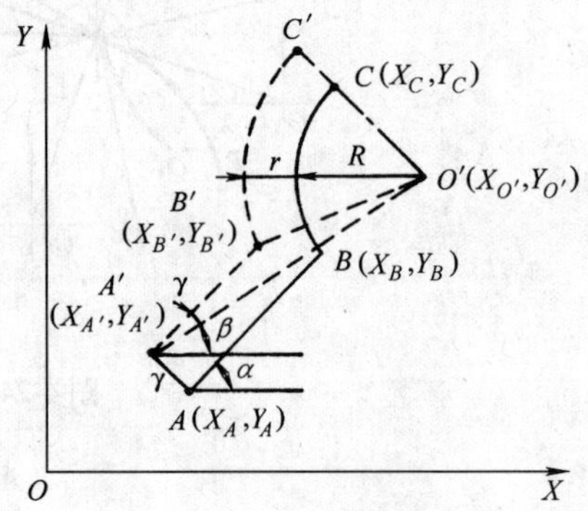

图4-25　直线与圆弧转接交点

$$\sin\alpha = \frac{Y_B - Y_A}{\sqrt{(Y_B - Y_A)^2 + (X_B - X_A)^2}}$$

$$\cos\alpha = \frac{X_B - X_A}{\sqrt{(X_B - X_A)^2 + (Y_B - Y_A)^2}}$$

$$\sin\beta = \frac{Y_{O'} - Y_{A'}}{\sqrt{(X_{O'} - X_{A'})^2 + (Y_{O'} - Y_{A'})^2}}$$

$$\cos\beta = \frac{X_{O'} - X_{A'}}{\sqrt{(X_{O'} - X_{A'})^2 + (Y_{O'} - Y_{A'})^2}}$$

$$\gamma = \alpha - \beta$$

在$\triangle A'O'B'$中，已知$A'O'$，$O'B' = R + r$（r = 刀具半径）。根据余弦定理可求出$A'B'$的模

$$\cos\gamma = \frac{|A'B'|^2 + |A'O'|^2 - |O'B'|^2}{2|A'B'||A'O'|}$$

$$|A'B'|^2-2|A'B'||A'O'|\cos\gamma+|A'O'|^2-(R+r)^2=0$$

$$|A'B'|=|A'O'|\cos\gamma\pm\sqrt{|A'O'|^2\cos^2\gamma-|A'O'|^2+(R+r)^2}$$

$$=|A'O'|\cos\gamma\pm\sqrt{(R+r)^2-|A'O'|^2\sin^2\gamma}$$

$$\cos\gamma=\cos(\alpha-\beta)=\cos\alpha\cos\beta+\sin\alpha\sin\beta$$

由上式可求得直线与圆弧的两个交点,离 B 点近的为 B' 点,$A'B'$ 在 X 轴和 Y 轴上的投影为

$$|A'B'|_X=|A'B'|\cos\alpha$$

$$|A'B'|_Y=|A'B'|\sin\alpha$$

B' 点的坐标为

$$X_{B'}=X_{A'}+|A'B'|_X$$

$$Y_{B'}=Y_{A'}+|A'B'|_Y$$

根据上述方法，还可求出 G42 方式直线与圆弧的转接交点，以及 G41、G42 方式圆弧与直线的转接交点。

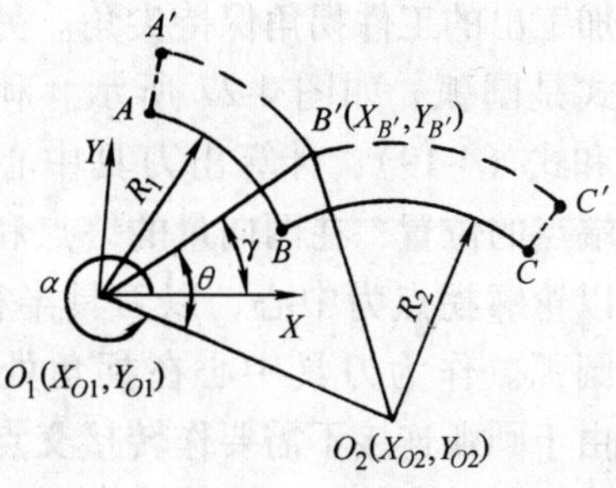

图 4-26　圆弧与圆弧转接交点

(3) 圆弧与圆弧连接　图 4-26 是 G41 方式顺圆弧与顺圆弧连接时刀具中心转接点计算图。O_1 圆弧的半径为 R_1，O_2 圆弧半径为 R_2，刀具半径为 r,则 $O_1B'=R_1+r$,$O_2B'=R_2+r$;$O_1(X_{O1},Y_{O1})$、$O_2(X_{O2},Y_{O2})$ 为已知点,则△O_1O_2B' 的三个边为已知边,根据余弦定理可求出∠$O_2O_1B'=\theta$

$$\cos\theta=\frac{|O_1O_2|^2+|O_1B'|^2-|O_2B'|^2}{2|O_1O_2||O_1B'|}=\frac{|O_1O_2|^2+(R_1+r)^2-(R_2+r)^2}{2|O_1O_2|(R_1+r)}$$

$$|O_1O_2|=\sqrt{(X_{O2}-X_{O1})^2+(Y_{O2}-Y_{O1})^2}$$

$$\sin\theta=\sqrt{1-\cos^2\theta}$$

α 是 XO_1 坐标轴与 O_1O_2 的夹角(逆时针),则有

$$\cos\alpha=\frac{X_{O2}-X_{O1}}{|O_1O_2|}\qquad\sin\alpha=\frac{Y_{O2}-Y_{O1}}{|O_1O_2|}$$

$$\gamma=\alpha+\theta$$

$$\cos\gamma=\cos(\alpha+\theta)=\cos\alpha\cos\theta-\sin\alpha\sin\theta$$

$$\sin\gamma=\sin(\alpha+\theta)=\sin\alpha\cos\theta+\sin\theta\cos\alpha$$

因此

$$|O_1B'|_X=|R_1+r|\cos\gamma$$

$$|O_1B'|_Y=|R_1+r|\sin\gamma$$

B' 点的坐标为

$$X_{B'} = X_{O1} + (O_1B')_X$$

$$Y_{B'} = Y_{O1} + (O_1B')_Y$$

根据上述的方法可求出 G42 方式及其他 G41、G42 方式顺圆或逆圆相交时的转接计算。

四、轮廓拐角处刀具中心的圆弧连接

上述的刀具中心转接方式都是折线，所推导的计算公式是求折线拐点的坐标值，FANUC 系统的 C 机能属于这种方法，在伸长型和插入型时加工出的工件拐角保持尖角。另外一种转接方式是圆弧，如图 4-27 所示。利用式（4-17）和式（4-19），计算出刀具中心在直线或圆弧端点的位置，在两向量的终点和起点连接处，以轮廓拐点为中心，以刀具半径为半径，插入圆弧。作为刀具中心在拐角处的运动轨迹，由于圆弧连接不需要作转接交点的复杂计算，因而简单方便，但因刀具圆周在作圆弧拐角时与轮廓拐角相接触，因而不能得到完好的尖角。

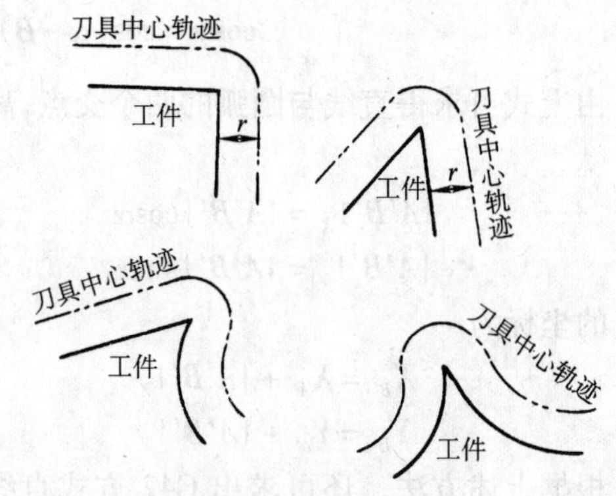

图 4-27 拐角的圆弧连接

对于缩短型，插入的圆弧将使刀具产生过切现象，这是圆弧连接的弊病。如图 4-28 所示，两向量相连接时，刀具中心相对前一向量的终点和后一向量的起点位置，都是由式（4-17）或式（4-19）计算得出，插入的圆弧又是刀具中心移动轨迹，因而对于缩短型必然产生过切现象。利用圆弧连接件编程时，应把编程轨迹改成有过渡圆弧的形式，如图 4-29 所示。过渡圆弧要大于或等于刀具半径，并且与原来的工件轮廓线相切。

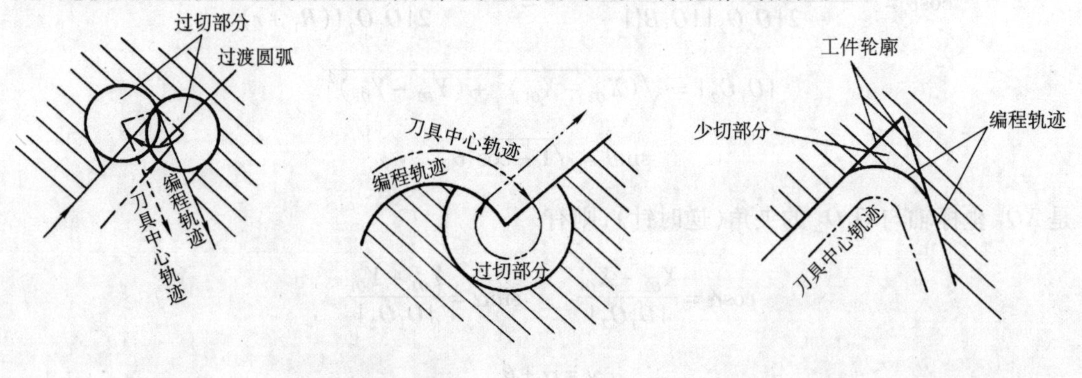

图 4-28 过切现象　　图 4-29 增加过渡圆弧防止过切

习 题

1. 试述脉冲增量插补和数据采样插补的特点。
2. 推导逐点比较法的直线和圆弧插补计算公式，怎样判别过象限和控制电动机转向？
3. 在数字积分插补时，为什么要进行数据初始化和左移规格化处理？必须满足什么条件才能正确工作？
4. 数字积分的直线插补器和圆弧插补器有何异同？试述其插补原理和过象限控制。
5. 用推导公式方式说明时间分割法的直线和圆弧插补时计算的各点一定在线上。

6. 时间分割法的圆弧插补的公式中用 23/64 代替 cos45°/2 和 sin45°/2，在哪里会产生最大误差？为什么计算的点仍在弧上？对插补长度有多大的影响？

7. 时间分割法的圆弧插补时，象限和进给方向是怎样判别的？误差是怎样计算的？

8. 推导三坐标联动直线插补计算公式。

9. 试述螺旋线插补的特点，插补点 ΔZ 的计算方法。

10. 在个人计算机上用一种语言编写时间分割法的圆弧插补程序，并在显示器上显示效果。

11. 复述直线和圆弧端点半径补偿时刀具中心的计算公式。

12. 半径补偿时刀具中心在拐角处有几种转接方式？推导其中一种转接方式的计算公式。

13. 什么时候会产生过切？应采取什么措施避免过切？

第五章　数控加工与编程的数值计算方法

数控加工与数控编程理论实质上是曲线、曲面几何学在机械制造业的一种应用。在数控加工中，不仅会遇到简单曲线和曲面［如直线、圆弧、（椭）球面等］的描述及其数学处理问题，在飞机、轮船、汽车等的设计和制造过程中，还常常会遇到复杂曲线、曲面的描述及其数学处理问题。这里所说的复杂曲线（曲面），指的是形状比较复杂，不能用二次方程来描述的曲线（曲面），即通常所说的自由曲线（曲面）。本章将对它们作简要介绍。重点是自由曲线和曲面的描述及相关的数值计算方法。

第一节　引言　　基点和节点的计算

对机械零件图形进行数学处理是数控加工与编程之前的主要工作之一，然后，才能对有关几何元素进行定义与处理。掌握数控加工与编程的数值计算方法，对于数控程序的编制、调试与检查及数控加工都是有用的。

现代数控加工与编程涉及曲线、曲面的参数描述，曲线、曲面的几何形状分析，曲线、曲面的基点、节点计算及刀位点轨迹计算等内容，限于篇幅，本书不可能对上述内容作全面详细的介绍，只能对其中比较重要又比较基本的部分内容作一介绍。

机械加工中所遇到的复杂曲线或曲面一般难以获得其准确的解析表达式，常常是用一定数量的离散型值点来描述其形状。这就需要选择适当的数学方法来拟合实际的曲线或曲面，然后根据得到的近似曲线或曲面方程来进行与数控编程有关的各种计算。

对于从实物模型上通过测量得到的离散的型值点所代表的曲线（曲面），如何将其用解析式来近似表达，已有多种数学方法。早期的有拉格朗日插值法、最小二乘逼近和伯恩斯坦逼近等方法，它们在理论上虽然比较成熟，但计算量大，数值稳定性差，对自由曲线（曲面）的拟合能力弱。比较常用的是 B 样条曲线（曲面），Bezier 曲线（曲面），Coons 曲面和 NURBS 曲线（曲面），它们比早期的方法有了较大的进步，具有数值稳定性好，对自由曲线（曲面）的拟合能力强，光顺性好，处理速度快等优点，特别是 NURBS 曲线（曲面）更加灵活，逼近程度更好，被认为是 CAD、CAM 中最有前途的曲线（曲面）模型，下面几节将对这些曲线（曲面）作详细介绍。

一、基点的计算

机械零件是由几种不同的几何元素构成的，如直线、圆弧、二次曲线与列表（点）曲线等。

各个几何元素之间的连接点称为基点，例如：两直线的交点，直线与圆弧的交点或切点，圆弧与圆弧的交（切）点，圆弧与一般二次曲线的交（切）点等。显而易见，相邻两个基点之间仅有一个几何元素。对于由若干直线与圆弧组成的（平面）零件，由于数控系统一般都具有直线插补与圆弧插补功能，所以数值计算比较简单，这时主要是计算确定基点坐标、圆弧的中心点（圆心）坐标。

二、节点的计算

对于由自由曲线构成的机械零件，一般的数控系统不具备自由曲线的插补功能，这时数值计算就要复杂一些。通常的做法是：将组成机械零件的轮廓曲线，按照加工精度的要求，适当进行分割，然后用直线或圆弧来逼近所给定的曲线，称逼近直（曲）线段的交（切）点为节点。在编写程序时，应按照节点划分程序段。

对于立体型面的机械零件，应按照加工精度的要求，将曲面划分为不同的加工截面，各加工截面上轮廓曲线也需要计算基点与节点。

三、基点计算举例

例 5-1 求直线与圆弧的交（切）点坐标。

设直线方程为 $y = kx + b$，以点 x_0、y_0 为圆心，半径为 R 的圆方程为

$$(x - x_0)^2 + (y - y_0)^2 = R^2 \tag{5-1}$$

直线与圆弧的交（切）点 c 的坐标为（x_c，y_c）（图 5-1)，求（x_c，y_c）。由于 c 点是直线与圆弧的交（切）点，所以它的坐标（x_c，y_c）满足下面的联立方程组

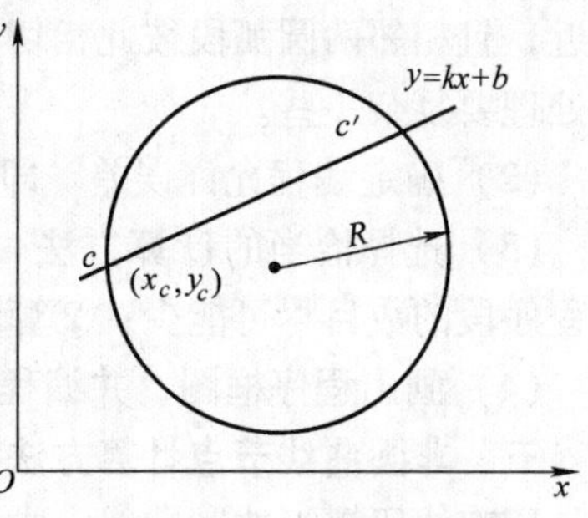

图 5-1 直线与圆弧相交

$$\left.\begin{aligned} (x_c - x_0)^2 + (y_c - y_0)^2 = R^2 \\ y_c = kx_c + b \end{aligned}\right\} \tag{5-2}$$

将由式（5-2）的第二个式子确定的 y_c 代入第一个式子，消去 y_c，并进行整理，可得到

$$(1 + k^2)x_c^2 + 2[k(b - y_0) - x_0]x_c + x_0^2 + (b - y_0)^2 - R^2 = 0 \tag{5-3}$$

令

$$\left.\begin{aligned} A &= 1 + k^2 \\ B &= 2[k(b - y_0) - x_0] \\ C &= x_0^2 + (b - y_0)^2 - R^2 \end{aligned}\right\} \tag{5-4}$$

则有

$$Ax_c^2 + Bx_c + C = 0 \tag{5-3'}$$

因此可求得 c 点的坐标为

$$\left.\begin{aligned} x_c &= \frac{-B \pm \sqrt{B^2 - 4AC}}{2A} \\ y_c &= kx_c + b \end{aligned}\right\} \tag{5-5}$$

注意：上式中取“+”号时，得到 c'点的坐标。

当直线与圆弧相切时，$B^2 - 4AC = 0$，方程式（5-3′）仅有一个重根，切点 c 的坐标为

$$\left.\begin{aligned} x_c &= -B/2A \\ y_c &= kx_c + b \end{aligned}\right\} \tag{5-5'}$$

上面介绍的求直线与圆弧的交（切）点的方法，称为联立方程组法，它自然可以推广应用于求圆弧与圆弧的交（切）点以及一般的求两条二次曲线的交点或切点的情况，为节省篇幅，此处从略。读者可仿照上例导出相应的基点计算公式。

四、非圆曲线节点坐标的计算

非圆曲线是指除直线与圆之外，可用 $y=f(x)$ 表示的平面（轮廓）曲线，有时，也用极坐标形式 $\rho=\rho(\theta)$ 表示或用参数方程的形式表示。显然，通过坐标变换，后两种形式可变换为 $y=f(x)$ 的形式。这类机械零件的加工，以平面凸轮类零件为主，其数值计算可按以下步骤进行。

（1）选择插补方式　采用分段直线逼近，优点是数学处理比较简单；缺点是：①各直线段间节点处存在尖角，使加工表面质量变差；②要计算的节点数据较多。若采用分段圆弧逼近，且相邻两圆弧段彼此相切，由于一阶导线连续，工件表面光滑，加工质量较高，但数学处理要复杂一些。

（2）确定编程允许误差　即应使 $\delta \leqslant \delta^*$（$\delta^*$ 为允许误差）。

（3）选择恰当的计算方法　主要考虑两点：①尽可能按等误差条件，确定节点位置，使程序段的数目尽可能少；②算法较简单，易于编程计算。

（4）画出程序框图，并编程计算。

五、非圆曲线节点计算方法举例

用直线段逼近非圆曲线，常用的计算方法有等间距法、等程序段法、等误差法等。

（1）等间距法　它是将任一坐标轴划分为相等间距的一种方法。一般沿 x 轴方向取 $\Delta x=h$ 为等间距长。若已知 x_i，则由曲线方程 $y=f(x)$ 可计算出 $y_i=f(x_i)$，由 $x_{i+1}=x_i+h$，可求得 $y_{i+1}=f(x_i+h)$，如此进行下去，即可求得一系列点，x_i 即为所求节点。

（2）等程序段法　就是使每个程序段的线段长度相等的一种方法。如图 5-2 所示，由于零件轮廓曲线 $y=f(x)$ 的曲率各处不同，因此，首先应求出该曲线的最小曲率半径 $R_{\min}$，然后，根据 $R_{\min}$ 和 δ^* 确定允许步长 h，从曲线的起点 a 开始，按等步长 h 依次分割曲线，得到 b、c、d、…点，它们即为所求的节点，而 $ab=bc=cd=\cdots=h$ 即为所求的直线段。

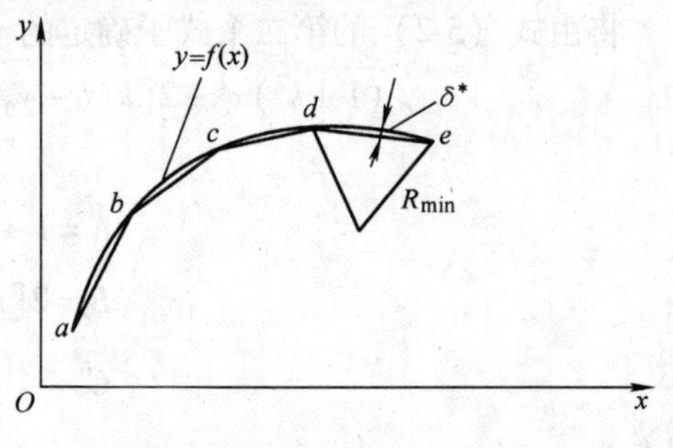

图 5-2　等程序法示意图

下面以图 5-2 为例，说明用等程序法的具体计算过程。

1）求最小的曲率半径 $R_{\min}$

因为
$$R=(1+y'^2)^{3/2}/y'' \tag{5-6}$$

所以
$$R'=3(1+y'^2)^{1/2}y'y''-(1+y'^2)^{3/2}y''' \tag{5-7}$$

令 $R'=0$，经化简可得到

$$3y'y''-(1+y'^2)y'''=0 \tag{5-8}$$

由上式求出 y^*，并将它代入式（5-6），即可求出 $R_{\min}$。

2）确定允许步长 h

以 $R_{\min}$ 为半径，作一圆弧，如图 5-2 中 $\overset{\frown}{de}$ 段，由图易得

$$h=2\sqrt{R_{\min}^2-(R_{\min}-\delta^*)^2}\approx 2\sqrt{2R_{\min}\delta^*} \tag{5-9}$$

3）求曲线起点 a 的坐标（x_a，y_a）及下一个点 b 的坐标（x_b，y_b）

以 a 点为圆心，以 h 为半径，画一圆，它与曲线 $y=f(x)$ 的交点，即为所求的 b 点，其坐标（x_b，y_b）可通过求解如下的联立方程组得到

$$\left.\begin{aligned}(x-x_a)^2+(y-y_a)^2=h^2\\ y=f(x)\end{aligned}\right\} \tag{5-10}$$

(3) 等误差法　它是使任意相邻两节点间的逼近误差均为等误差的一种计算方法。由于各程序段的误差 δ 均相同，所以程序段的数目最少，但计算过程较复杂，需用计算机才能完成。

用圆弧段逼近非圆曲线，常用的计算方法有曲率圆法、三点圆法、相切圆法等。因篇幅所限，不再详述。有兴趣的读者，可参阅有关书籍或论文。

第二节　三次参数样条曲线

一、三次样条函数

在区间［a，b］上给定 n 个点：x_1，x_2，…，x_n，得到一个分割 Δ：$a=x_1<x_2<\cdots<x_n=b$，称在区间［a，b］上满足下列条件的函数 $S(x)$ 为三次样条函数：

1）在每一个子区间［x_i，x_{i+1}］（$i=1, 2, \cdots, n-1$）上，$S(x)$都是三次函数。

2）在整个区间$[a, b]$上，$S(x)$连续，且具有连续的一阶和二阶导数，记为 $S(x)\in C^2[a, b]$。

若对给定的一组型值点$(x_i, y_i)$$(i=1, 2, \cdots, n)$，样条函数 $S(x)$同时满足插值条件 $S(x_i)=y_i$，$i=1, 2, \cdots, n$，则称 $S(x)$为插值三次样条函数。

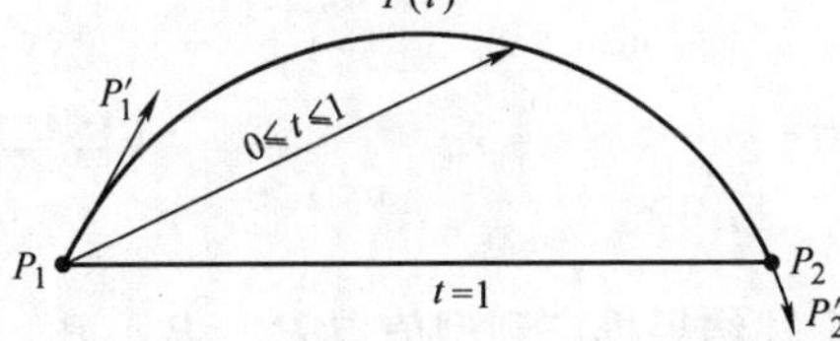

图 5-3　以弦长为参数的三次样条曲线

二、三次参数样条曲线方程

工程上常用的是以弦长 t 为参数的三次样条函数。如图 5-3 所示，若已知两端点 P_1 与 P_2 点，且具有相同的切向量 P'_1 与 P'_2 的三次参数样条曲线方程为

$$\begin{aligned}P(t)&=(2t^3-3t^2+1)P_1+(-2t^3+3t^2)P_2+(t^3-2t^2+t)P'_1+(t^3-t^2)P'_2\\&=B_1(t)P_1+B_2(t)P_2+B_3(t)P'_1+B_4(t)P'_2\end{aligned} \tag{5-11}$$

其中 $B_i(t)$$(i=1, 2, 3, 4)$称为三次参数样条曲线的基函数。$t$ 表示曲线始点与曲线段上任一点之间的弦长，$t\in[0,1]$。上式可利用 $P(0)=P_1$，$P(1)=P_2$，$P'(0)=P'_1$，$P'(1)=P'_2$ 这四个条件得到。

三、两段曲线光滑连接的条件

由上述可见：要构造一条三次参数样条曲线需要给出两端点的坐标与切向量，若要构造一条通过多个型值点的光滑曲线，就要给出这些型值点的坐标及其切向量，这样要求的初始条件太多。事实上，只要给出各型值点的坐标和两个端点的切向量，就可根据曲线光滑连接条件构造出通过各型值点的光滑曲线，中间各连接点的切向量可由型值点坐标确定，方法如下：

设曲线 $P_1=P_1(t)$、$P_2=P_2(t)$分别通过点 P_1、P_2 和 P_2、P_3，要求两曲线在 P_2 点光滑

连接，即

$$\left.\begin{aligned}P'_1(1)=P'_2(0)\\P''_1(1)=P''_2(0)\end{aligned}\right\}\tag{5-12}$$

注意到

$$P'_1(t)=(6t^2-6t)P_1+(-6t^2+6t)P_2+(3t^2-4t+1)P'_1+(3t^2-2t)P'_2$$

所以

$$P'_1(1)=P'_2,P'_2(0)=P'_2$$

又

$$P''_1(t)=6(2t-1)P_1+6(-2t+1)P_2+(6t-4)P'_1+(6t-2)P'_2$$

所以

$$P''_1(1)=6P_1-6P_2+2P'_1+4P'_2$$
$$P''_2(0)=-6P_2+6P_3-4P'_2-2P'_3$$

将上述结果代入式(5-12)，经整理化简后可得

$$P'_1+4P'_2+P'_3=3(P_3-P_1)\tag{5-13}$$

或写成

$$(1,4,1)\begin{bmatrix}P'_1\\P'_2\\P'_3\end{bmatrix}=3(P_3-P_1)\tag{5-13'}$$

将上述结果推广到型值点 P_2，P_3，P_4，…，P_{n-2}，P_{n-1}，P_n，则可得到

$$\begin{pmatrix}1&4&1&0&0&\cdots&0\\0&1&4&1&0&\cdots&0\\\vdots&&&&&&\vdots\\0&\cdots&0&1&4&1&0\\0&\cdots&&0&1&4&1\end{pmatrix}\begin{pmatrix}P'_1\\P'_2\\\vdots\\P'_{n-1}\\P'_n\end{pmatrix}=3\begin{pmatrix}P_3-P_1\\P_4-P_2\\\vdots\\P_{n-1}-P_{n-3}\\P_n-P_{n-2}\end{pmatrix}\tag{5-14}$$

上式含有 n 个未知量，即 $P'_1,\cdots,P'_n$，但只有 $n-2$ 个方程，要求解它，还需补充两个端点条件。

四、端点条件

(1) 夹持端　即直接给出两个端点的切向量 P'_1、P'_n，这时式 (5-14) 成为 $n-2$ 个未知量、$n-2$ 个方程的线性方程组。

(2) 自由端　由于自由端曲率为零，即二阶导数为零，由此可得到

$$\left.\begin{aligned}P''_1(0)=-6P_1+6P_2-4P'_1-2P'_2=0\\P''_{n-1}(1)=6P_{n-1}-6P_n+2P'_{n-1}+4P'_n=0\end{aligned}\right\}\tag{5-15}$$

经化简可得

$$\left.\begin{aligned}2P'_1+P'_2=3(P_2-P_1)\\P'_{n-1}+2P'_n=3(P_n-P_{n-1})\end{aligned}\right\}\tag{5-15'}$$

将上式与式(5-14)合在一起,得到含有 n 个未知量、n 个方程的线性方程组,求解它即可求得 $P'_1,\cdots,P'_n$。式(5-14)与式(5-15′)也可写成

$$\begin{pmatrix} 2 & 1 & 0 & 0 & \cdots & & 0 \\ 1 & 4 & 1 & 0 & \cdots & & 0 \\ \vdots & & & & & & \vdots \\ 0 & 0 & \cdots & 0 & 1 & 4 & 1 \\ 0 & 0 & \cdots & 0 & 0 & 1 & 2 \end{pmatrix} \begin{pmatrix} P'_1 \\ P'_2 \\ \vdots \\ P'_{n-1} \\ P'_n \end{pmatrix} = 3 \begin{pmatrix} P_2 - P_1 \\ P_3 - P_1 \\ \vdots \\ P_{n-1} - P_{n-2} \\ P_n - P_{n-1} \end{pmatrix} \tag{5-16}$$

五、三次参数样条曲线的特点

由上述可见：以弦长 t 为参数的三次参数样条曲线通过所有的型值点，所以其插值效果好，计算也不困难，用追赶法即可求得式（5-16）的解，因此应用较广。例如，美国波音公司的 FMILL 系统就是以三次参数样条曲线为基础研制的。

第三节　Bezier 曲线

Bezier 曲线是工程设计和机械制造中常用的一种曲线，由法国雷诺汽车公司的工程师 Bezier 提出，故称为 Bezier 曲线。

一、Bezier 曲线方程

设 P_0，P_1，…，P_n 为 Bezier 曲线特征多边形的控制顶点，则该特征多边形所定义的 Bezier 曲线方程为

$$r(t) = \sum_{i=0}^{n} P_i B_i^n(t) \quad t \in [0,1] \tag{5-17}$$

它是一个 n 次多项式，其中 $B_i^n(t)$ 为基函数，且

$$B_i^n(t) = C_n^i t^i (1-t)^{n-i} \quad i = 0,\ 1,\ \cdots,\ n \tag{5-18}$$

式中　C_n^i——二项式系数。

一般是用分段低次 Bezier 曲线连接成光滑的样条曲线，常用的是 $n=2$, 3 时的 Bezier 曲线，即 $\forall t \in [0,\ 1]$，有

$$r(t) = (1-t)^2 P_0 + 2t(1-t)P_1 + t^2 P_2 \tag{5-19}$$

$$r(t) = (1-t)^3 P_0 + 3t(1-t)^2 P_1 + 3t^2(1-t)P_2 + t^3 P_3 \tag{5-20}$$

由式(5-20)易得　$r(0) = P_0 \quad r(1) = P_3$

即三次 Bezier 曲线通过首末两个顶点，事实上这一结论对 n 次 Bezier 曲线也成立。由式（5-20）求导还可以得到

$$\left.\begin{aligned} r'(0) &= 3(P_1 - P_0) \\ r'(1) &= 3(P_3 - P_2) \end{aligned}\right\} \tag{5-21}$$

这说明：三次 Bezier 曲线在 P_0 点与边 P_0P_1 相切，在 P_3 点与边 P_2P_3 相切，它可以看做是三次参数样条曲线的一个特例。

二、Bezier 曲线段光滑连接的条件

要想用三次 Bezier 曲线段来表示由多个型值点确定的曲线光滑连接，需满足一定条件。例如，要使由 P_1，P_2，P_3，P_4 四点确定的三次 Bezier 曲线 $r_1 = r_1(t)$ 和由 P_4，P_5，P_6，P_7 四点确定的 Bezier 曲线 $r_2 = r_2(t)$ 在 P_4 点处光滑连接，第一段曲线终点的切向量为 P_3P_4，第二段曲线起点的切向量为 P_4P_5，只要 P_3P_4 与 P_4P_5 共线即可（图 5-4），即

$$P_3P_4 = kP_4P_5 \quad (k>0) \tag{5-22}$$

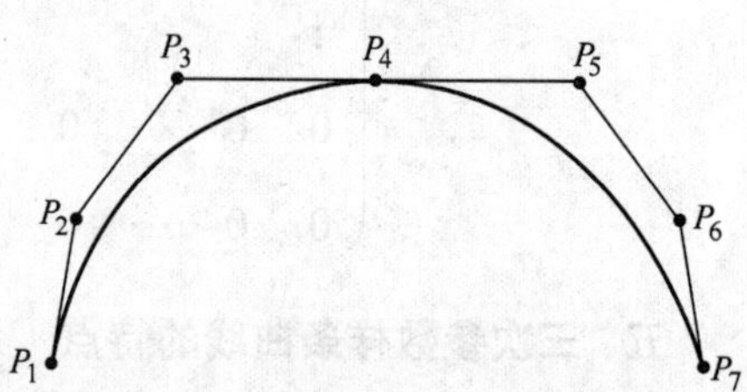

图 5-4 Bezier 曲线段连续性条件

三、Bezier 曲线的性质

（1）端点性质　在式（5-17）中，令 $t=0$ 和 $t=1$，可得

$$r(0) = P_0 \quad r(1) = P_n \tag{5-23}$$

这说明 Bezier 曲线通过特征多边形的起点和终点。将式（5-17）两边对 t 求导，并令 $t=0$ 和 $t=1$，可得

$$r'(0) = n(P_1 - P_0) \quad r'(1) = n(P_n - P_{n-1}) \tag{5-24}$$

说明 n 次 Bezier 曲线在 P_0 点与边 P_0P_1 相切，在 P_n 点与边 $P_{n-1}P_n$ 相切。

（2）对称性　在保持 n 次 Bezier 曲线特征多边形各控制顶点位置不变的条件下，如果把各点次序颠倒过来，即把下标为 i 的点 P_i 改为下标为 $n-i$ 的点 P_{n-i}，则 n 次 Bezier 曲线不会改变，只是曲线的走向恰好相反，这个性质称为曲线的对称性。

（3）凸包性　包含集合 Ω 的最小凸集称为集合 Ω 的凸包，在机械加工中，凸包是指包含特征多边形所有控制顶点的最小凸多边形。

因为由式（5-18）定义的基函数 $B_i^n \geqslant 0$，且

$$\sum_{i=0}^{n} B_i^n(t) = \sum_{i=0}^{n} C_n^i t^i (1-t)^{n-i} = (1-t+t)^n = 1$$

所以 n 次 Bezier 曲线 $r=r(t)$ 是 P_0，P_1，…，P_n 的凸组合，因此 $r=r(t)$ 位于其控制顶点 P_0，P_1，…，P_n 构成的凸包之内。这一性质称为 Bezier 曲线的凸包性。

第四节　B 样条曲线

Bezier 曲线虽有不少优点，但也存在一些不足，例如：

1）不便于作局部修改，改变某一控制顶点，对整个曲线都会有影响。

2）当 n 较大时，特征多边形对曲线的控制减弱，若用低次曲线段表示由多个型值点形成的曲线光滑连接时，连接点与两侧的型值点必须满足一定条件。

为克服上述缺点，20 世纪 70 年代初期以来，不少学者对 Bezier 曲线进行了改进，其中之一是用新的基函数来代替 Bezier 曲线的基函数，得到了下面的 B 样条曲线。

一、B 样条曲线方程

设节点序列 $T=\{t_0, t_1, \cdots, t_m\}$，其中 $t_i \leqslant t_{i+1}$，P 次 B 样条基函数定义为

$$N_i^P(t) = \frac{t-t_i}{t_{i+P}-t_i} N_i^{P-1}(t) + \frac{t_{i+P+1}-t}{t_{i+P+1}-t_{i+1}} N_{i+1}^{P-1}(t) \tag{5-25}$$

而
$$N_i^0(t)=\begin{cases}1 & t\in[t_i,\ t_{i+1}]\\0 & 否则\end{cases}$$

在式（5-25）中，规定 $0/0=0$，$t_0=0$，$t_m=1$。

若特征多边形的控制顶点为 P_0，P_1，…，P_n，$T=\{0,\ 0,\ 0,\ 0,\ t_4,\ t_5,\ \cdots,\ t_{m-4},\ 1,\ 1,\ 1,\ 1\}$，则三次 B 样条曲线方程为

$$r(t)=\sum_{i=0}^{n}P_iN_i^3(t)\quad t\in[0,1] \tag{5-26}$$

n 与 m 之间满足 $m=n+4$。

二、三次 B 样条曲线的性质

（1）端点性质　由式（5-25）、式（5-26）可得：$r(0)=P(0)$，$r(1)=P_n$，这说明三次 B 样条曲线通过特征多边形的起点 P_0 和终点 P_n。

由式（5-25）、式（5-26）还可得到

$$\left.\begin{aligned}r'(0)&=3(P_1-P_0)/t_4\\r'(1)&=3(P_n-P_{n-1})/(1-t_{m-4})\end{aligned}\right\} \tag{5-27}$$

上式说明：三次 B 样条曲线在起点 P_0 处与边 P_0P_1 相切，在终点 P_n 处与边 $P_{n-1}P_n$ 相切。

（2）整体凸包性与强凸包性　即整条曲线落在由 P_0，…，P_n 形成的凸包之内，而且每一条曲线段都位于定义该曲线段的 4 个顶点的凸包之内。

（3）具有与 Bezier 曲线类似的对称性。

（4）局部支撑性质　由式（5-25）、式（5-26）可知：对三次 B 样条曲线，其次数不随特征多边形控制顶点数的增加而增大，这就避免了 Bezier 曲线次数随控制顶点数的增加而增大的不足。同时，N_i^p（t）仅在［t_i，t_{i+1}］不等于零，因此改变其控制顶点 P_i 只对这个局部产生影响，这个性质称为 B 样条曲线的局部支撑性质。

（5）当没有内点时，即只有 4 重起点和 4 重终点时，三次 B 样条曲线就退化为一条 Bezier 曲线，也就是说：B 样条曲线可视为 Bezier 曲线的一种推广和改进。

第五节　NURBS 曲线与曲面

在三次 B 样条曲线方程式（5-26）中，通过引入一个可调的参数 $\omega_i\geqslant0$（称为权因子）可使前述的方法更加灵活，从而可以精确地控制曲线的形状，这就是下面将要介绍的 NURBS 方法。

一、NURBS 曲线方程

在三次 B 样条曲线方程中，若在每一个控制顶点 P_i 处乘上一个因子 $\omega_i\geqslant0$，并保持节点序列不变，就可得到三次 NURBS 曲线方程如下

$$r(t)=\sum_{i=0}^{n}R_i^3(t)P_i\quad t\in[0,1] \tag{5-28}$$

其中

$$R_i^3(t)=\omega_iN_i^3(t)\Big/\sum_{i=0}^{n}N_i^3(t)\omega_i \tag{5-29}$$

二、NURBS 曲线的性质

（1）端点性质　NURBS 曲线与三次 B 样条曲线一样，具有端点插值性，即 $r(0)=P_0$，

$r(1)=P_1$，且在端点处与特征多边形的边相切。

（2）凸包性和局部支撑性质　与三次 B 样条曲线一样，具有凸包性和局部支撑性质。

（3）具有对投影变换的不变性　即对曲线施行一个投影变换等价于对控制顶点施行同样的投影变换。

（4）能精确地表示所有的二次曲线　NURBS 方法能精确地表示所有的二次曲线，包括直线、圆、椭圆、抛物线、双曲线等标准的几何曲线，因而在 CAD/CAM 系统中，所有的曲线可以用统一的曲线方程来表达，这给数学处理和各分系统之间的数据交换带来了极大的方便。

（5）无内节点的 NURBS 曲线即为有理 Bezier 曲线。

三、NURBS 曲面方程

设 P_{ij}（$i=0, 1, \cdots, n$; $j=0, 1, \cdots, m$）为三维空间中给定的一组控制顶点，与三次 NURBS 曲线方程类似，三次 NURBS 曲面方程为

$$r(u,v)=\sum_{i=0}^{n}\sum_{j=0}^{m}R_{ij}^{3}(u,v)P_{ij}\quad 0\leqslant u、v\leqslant 1$$

其中

$$R_{ij}^{3}(u,v)=\omega_{ij}N_{i}^{3}(u)N_{j}^{3}(v)\Big/\sum_{i=0}^{n}\sum_{j=0}^{m}N_{i}^{3}(u)N_{j}^{3}(v)\omega_{ij}$$

三次 NURBS 曲面与三次 NURBS 曲线具有类似的性质，如具有端点的插值性、凸包性、局部支撑性质等，为节省篇幅，不再重述。

第六节　双三次参数曲面（孔斯曲面）

像汽车车身这种比较复杂的自由曲面，无法用一个简单的曲面方程来精确地描述，但可以用沿两个方向的和两组平行平面与曲面交线来近似表达，近似的程度取决于两平行平面的间距。间距越小，所得交线就越密，表示的曲面就越精确。这就是说：可以用沿两个方向的两组曲线的曲线网来表示曲面。如果用一张曲面难以描述某个物体的外形时，可以将它划分为若干张曲面片，然后将这些曲面片按要求光滑连接起来。为此需要用到有双参数的三次样条曲线的曲面，简称为双三次参数曲面，即孔斯（Coons）曲面。

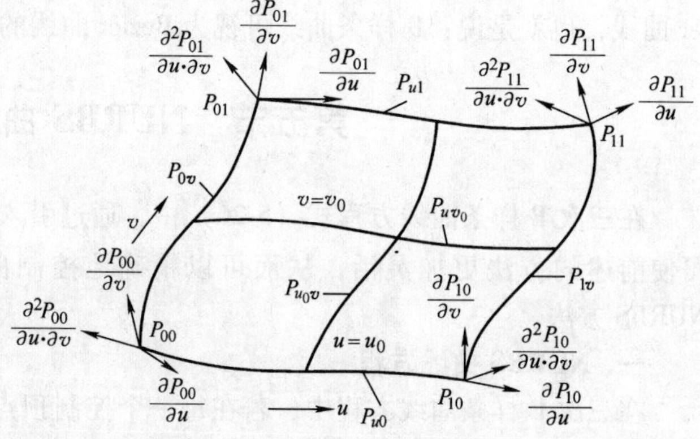

图 5-5　双三次参数曲面片（孔斯曲面）

在图 5-5 中，由四个角点 P_{00}，P_{01}，P_{10}，P_{11} 构成的曲面片可视为两个参数 $u\in[0, 1]$，$v\in[0, 1]$ 的参数曲面，令 $v=v_0$，让 u 从 0 连续变化到 1，则可得到曲面上的一条参数曲线 $P(u, v_0)$；再让 v_0 从 0 连续变化到 1 时，则这无限多条参数曲线就可形成一张曲面。根据上述想法，即可得到孔斯曲面的方程

$$r(u,v)=UBQB^{T}V^{T} \tag{5-30}$$

其中

$$U=[u^3,u^2,u,1] \qquad u\in[0,1]$$
$$V=[v^3,v^2,v,1] \qquad v\in[0,1]$$

B 为三次参数样条曲线系数矩阵，由式(5-31)确定，B^{T} 为 B 的转置，V^{T} 为 V 的转置。

$$B=\begin{pmatrix} 2 & -2 & 1 & 1 \\ -3 & 3 & -2 & -1 \\ 0 & 0 & 1 & 0 \\ 1 & 0 & 0 & 0 \end{pmatrix} \tag{5-31}$$

$$Q=\begin{pmatrix} P_{00} & P_{01} & \frac{\partial P_{00}}{\partial v} & \frac{\partial P_{01}}{\partial v} \\ P_{10} & P_{11} & \frac{\partial P_{10}}{\partial v} & \frac{\partial P_{11}}{\partial v} \\ \frac{\partial P_{00}}{\partial u} & \frac{\partial P_{01}}{\partial u} & \frac{\partial^2 P_{00}}{\partial u\partial v} & \frac{\partial^2 P_{01}}{\partial u\partial v} \\ \frac{\partial P_{10}}{\partial u} & \frac{\partial P_{11}}{\partial u} & \frac{\partial^2 P_{10}}{\partial u\partial v} & \frac{\partial^2 P_{11}}{\partial u\partial v} \end{pmatrix} \tag{5-32}$$

在式（5-32）中，位于右下角的四个元素是表示曲面片在四个角点处扭曲程度的矢量，称为扭矢，其模均很小，在实际应用中，可近似取为零矢量，以简化计算。

第七节　Bezier 曲面与 B 样条曲面

一、Bezier 曲面方程

设 Bezier 曲面的特征网格控制顶点为 P_{ij}（$i=0, 1, \cdots, n$; $j=0, 1, 2, \cdots, m$），则由该特征网格定义的 Bezier 曲面方程为

$$r(u,w)=\sum_{i=0}^{n}\sum_{j=0}^{m}P_{ij}B_i^n(u)B_i^m(w) \quad (u,w)\in[0,1]\times[0,1] \tag{5-33}$$

式中　$B_i^n(u)$，$B_j^m(w)$——基函数，由式(5-18)确定。

当 $n=m=3$ 时，式（5-33）为双三次 Bezier 曲面方程，这是最常用的一种曲面，其矩阵形式为

$$r(u,w)=UMBM^{T}W^{T} \tag{5-34}$$

其中 B 为特征网格控制顶点矩阵，即

$$B=\begin{pmatrix} P_{00} & P_{01} & P_{02} & P_{03} \\ P_{10} & P_{11} & P_{12} & P_{13} \\ P_{20} & P_{21} & P_{22} & P_{23} \\ P_{30} & P_{31} & P_{32} & P_{33} \end{pmatrix}$$

$$U=(u^3,u^2,u,1) \quad w=(w^3,w^2,w,1)$$

$$M=\begin{pmatrix}-1 & 3 & -3 & 1\\ 3 & -6 & 3 & 0\\ -3 & 3 & 0 & 0\\ 1 & 0 & 0 & 0\end{pmatrix}$$

二、两块 Bezier 曲面片光滑连接的条件

要使两块 Bezier 曲面片光滑地拼接在一起，必须使两曲面公共边两侧对应点共线，且共线线段长度的比值为一个常数，即

$$P_{i2}P_{i3}=kP_{i3}P_{i4}\quad (i=0,\ 1,\ 2,\ 3)\quad k>0$$

三、Bezier 曲面的性质

(1) 端点性质　$r(0,\ 0)=P_{00}$，$r(0,\ 1)=P_{0m}$，$r(1,\ 0)=P_{n0}$，$r(1,\ 1)=P_{nm}$，这说明 P_{00}，P_{0m}，P_{n0}，P_{nm}是 Bezier 曲面 $r=r(u,\ w)$的四个端点，如图 5-6 所示，这里 $n=m=3$。

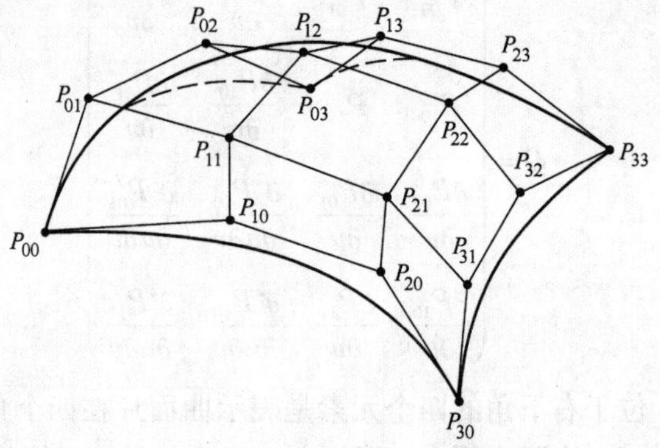

图 5-6　双三次 Bezier 曲面

(2) 边界线性质　Bezier 曲面的四条边界线 $r=r(0,\ w)$，$r=r(u,\ 0)$，$r=r(1,\ w)$，$r=r(u,\ 1)$是以 $P_{00}P_{01}P_{02}\cdots P_{0m}$，$P_{00}P_{10}P_{20}\cdots P_{n0}$，$P_{n1}P_{n2}\cdots P_{nm}$与 $P_{0m}P_{1m}P_{2m}\cdots P_{nm}$为特征多边形的 Bezier 曲线。

(3) 端点的切平面性质　$\Delta P_{00}P_{01}P_{10}$，$\Delta P_{0m}P_{1m}P_{0,m-1}$，$\Delta P_{nm}P_{n-1,m}P_{n,m-1}$与 $\Delta P_{m0}P_{n-1,0}P_{n1}$所在的平面分别在点 P_{00}、P_{0m}、P_{nm}与 P_{m0}处和曲面 $r=r(u,\ w)$ 相切。

(4) Bezier 曲面与 Bezier 曲线一样，同样具有凸包性和仿射不变性。

四、B 样条曲面方程

若特征网格的控制顶点为 P_{ij} $(i=0,\ 1,\ 2,\ \cdots,\ n;\ j=0,\ 1,\ 2,\ \cdots,\ m)$，三次 B 样条基函数为$N_i^3$ (u),N_j^3 (v) [参看第四节式 (5-25)]，则三次 B 样条曲面方程为

$$r(u,v)\ =\ \sum_{i=0}^{n}\sum_{j=0}^{m}P_{ij}N_i^3(u)N_j^3(v)\quad (u,v)\in[0,1]\times[0,1]\tag{5-35}$$

五、三次 B 样条曲面到三次 Bezier 曲面的转换

这种转换在 B 样条曲面 BOX 求交方法中常常要用到。其基本思路是：将曲面问题分解为一系列曲线问题来求解。将式 (5-35) 改写为

$$r(u,v)\ =\ \sum_i N_i^3(u)\left[\ \sum_j P_{ij}N_i^3(v)\right]$$

对每个确定的 i，方括号 [ ] 内的部分描述了变量为 v 的一条 B 样条曲线。利用单变量

方法先将它转换为 Bezier 形式。这种做法相当于把 B 样条曲面特征网格一行一行地看成为单变量 B 样条曲线特征多边形，然后再将它转换为分段的 Bezier 形式。这样得到的 Bezier 多边形族就构成了曲面的分段 Bezier 网格，如图 5-7 所示。

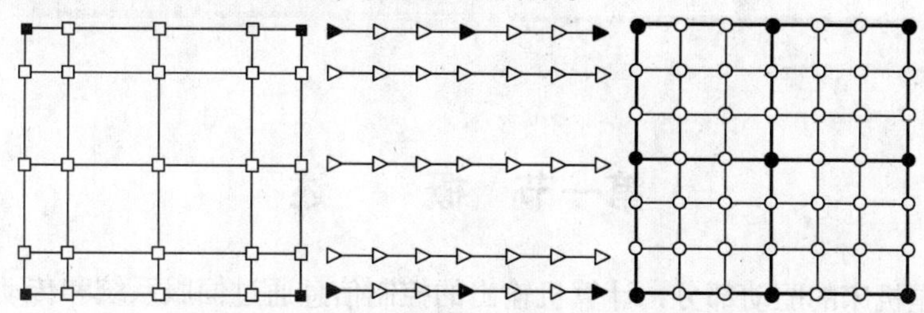

图 5-7 三次 B 样条曲面到三次 Bezier 曲面的转换

习 题

1. 试述基点和节点的定义，并举例说明。

2. 导出如下两直线交点坐标（X_C、Y_C）的计算公式：

L_1：$y=k_1x+b_1$ L_2：$y=k_2x+b_2$

3. 求直线 L（$y=x+2$）与圆 $x^2+y^2=4x+6$ 的交点坐标，并作图。

4. 在第 3 题中，若直线 L 的方程为 $y=kx+b$，问当参数 k、b 为何值时直线 L 与圆相切？

5. 设零件轮廓曲线方程为 $y=x^3+2x^2-5x+4$，允许误差 $\delta^*=0.03$，曲线的起点 a 为（1，2）。求该曲线的最小曲率半径 $R_{\min}$ 及允许步长 h。若采用等程序法按等步长 h 分割该曲线，试求出所得到的各节点（至少计算两个节点）。

6. 当 $n=4$ 时，试导出式（5-14）和式（5-15′）。

7. 查阅有关计算方法的书，给出用追赶法求解式（5-16）的计算步骤，并编写计算程序。

8. 说明三次参数样条曲线、Bezier 曲线和 B 样条曲线的优缺点。

9. 设节点序列 $T=\{t_0, t_1, \cdots, t_9\}$，写出三次 B 样条曲线的基函数 $N_i^p(t)$ 及三次 B 样条曲线方程。

10. 证明 Bezier 曲线的基函数 $B_n^i(t)=C_n^i t^i(1-t)^{n-i}$ 具有如下性质：

（1）$\sum_{i=0}^{n} B_n^i(t)=1$。

（2）对 $[0,1]$ 中任意的 t，均有 $B_n^i(t)\geqslant 0$。

（3）对 $[1, n-1]$ 中的任何整数 i，有

$$B_n^i(t)=(1-t)B_{n-1}^i(t)+tB_{n-1}^{i-1}(t)。$$

11. 若特征多边形的控制顶点为 P_0，P_1，…，P_6，$\omega_i\geqslant 0$，$i=0, 1, \cdots, 6$，则

（1）根据式（5-25）、式（5-29）和式（5-28）具体写出各个基函数 $N_i^p(t)$、$R_i^3(t)$ 和三次 NURBS 曲线方程。

（2）证明 $\sum_{i=0}^{6} R_i^3(t)=1 \quad t\in[0, 1]$。

（3）证明 $R_i^3(t)\geqslant 0 \quad t\in[0,1] \quad i=0, 1, \cdots, 6$。

（注：第 7、10 题为较难的题）

第六章　数控机床的检测装置

第一节　概　　述

伺服系统是机床的驱动部分，计算机输出的控制信息通过伺服系统和传动装置变成机床运动，实现数控机床的各种加工运动。位置伺服的准确性决定了加工精度，在闭环和半闭环系统中，位置伺服控制是以直线位移或转角位移为控制对象的自动控制，检测装置是检测机床的位移值，数控系统据此建立反馈，使伺服系统控制机床向减小偏差方向移动。

一、开环、闭环、半闭环系统

开环系统无检测装置，用步进电动机驱动（图 6-1a），每输入一个指令脉冲，步进电动机就旋转一定角度，它的旋转速度由指令脉冲频率控制，转角大小由脉冲个数决定。对应每

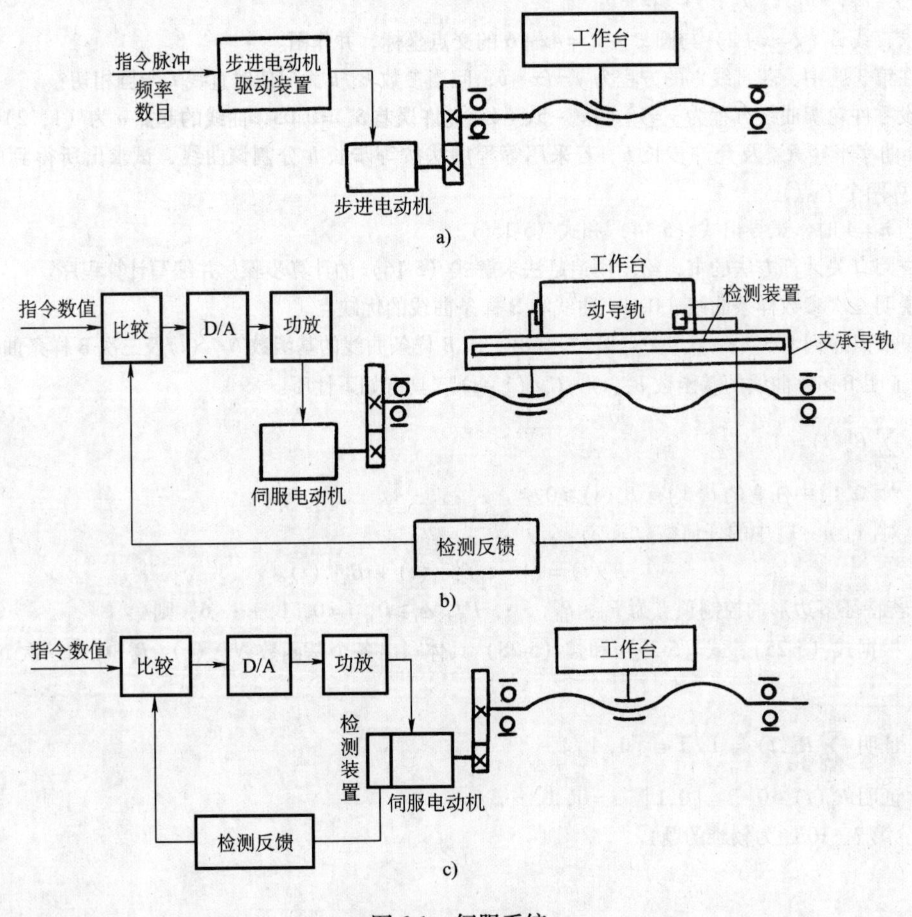

图 6-1　伺服系统

a）开环系统　b）闭环系统　c）半闭环系统

一个脉冲，步进电动机转过一个步距角，并使工作台相对刀具移动一个距离，这个距离叫脉冲当量。加工时刀具相对工件移动距离等于脉冲当量乘以指令脉冲数。由于传动件有间隙和弹性变形，当阻力（包括摩擦力、切削力、惯性力）发生变化时，刀具相对工件的实际移动距离与指令值存在误差，这就是加工误差。由于开环系统没有检测装置，这个误差无法测出和补偿，因此开环系统加工精度不高，适用于驱动力较小的中小型机床和电加工机床。

闭环伺服系统（图 6-1b）和半闭环伺服系统（图 6-1c）有检测装置。闭环系统的检测装置装在带动刀具或工件移动的部件上，如工作台的支承导轨和动导轨上。它可直接检测移动部件的移动距离。由于系统中采用了检测数据反馈和误差补偿技术，因而可很精确地控制移动件的距离。半闭环系统和闭环系统的区别是半闭环系统中的检测元件装在伺服电动机上，在伺服电动机的尾部装有编码器和测速发电机，分别检测移动部件的位移和速度。由于从电动机到工作台还要经过齿轮和滚珠丝杠副传动，这些传动件又不可避免地存在受力变形和传动间隙等问题，因而半闭环系统控制精度不如闭环系统。

闭环控制系统所用的检测元件有光栅、磁尺和感应同步器等测量装置。由于测量元件通常是装在工作台上，因而测量元件的长度应等于导轨的长度。由于测量元件造价高、使用维修困难，因而使用受到限制。而半闭环系统简单可靠、价格便宜、调整方便，故应用较多。随着对数控机床的加工精度要求越来越高，闭环系统应用会更广泛。

二、数控机床对检测装置的要求

在闭环和半闭环系统中，测量装置是保证机床加工精度的关键。数控机床对位置检测装置有以下几点要求：

（1）满足数控机床的精度和速度要求　随着数控机床的发展，其精度和速度越来越高。从精度上讲，某些数控机床的定位精度已达到 ±0.0015mm/300m，一般数控机床精度要求在 ±0.002 ~0.01mm/m 之间，测量系统的分辨率在 0.001 ~0.0001mm 之间；从速度上讲，进给速度已从 10 ~30m/min 提高到 60 ~120m/min，主轴转速也达到 10000r/min，有些高达 100000r/min，因此要求检测装置必须满足数控机床高精度和高速度的要求。

（2）工作可靠　测量装置应能抗各种电磁干扰，基准尺对温湿度敏感性低，温湿度变化对测量精度影响小。

（3）便于安装和维护　测量装置安装时要保证要求的安装精度，由于受使用环境影响，整个测量装置要求有较好的防尘、防油雾、防切屑等措施。

三、检测装置常用类型

目前，在半闭环和闭环系统中，位置检测装置常用类型见表 6-1。

表 6-1　常用测量装置类型

分类	光电式		电磁式	
	增量式	绝对式	增量式	绝对式
回转式	光电编码器 圆光栅	编码盘	旋转变压器 圆盘感应同步器	多极旋转变压器 三速圆感应同步器
直线式	计量光栅	编码尺多通道透射光栅	直线感应同步器	三速感应同步器

(1) 增量式　测量位移的增量值，测量装置输出的是脉冲，一个脉冲是一个测量单位，任何一个对中点都可作为测量始点，实际位移值靠对脉冲计数取得。由于测量装置输出的是脉冲，只能反映有没有移动，不能表示移动方向，因此必须有方向判别电路判别移动方向。

其缺点是一旦计数有误，此后结果全错，发生故障时（如断电、断刀等），事故排除后，再也找不到正确位置；其优点是装置简单，能做到较高精度。如增量式光电编码器、磁尺、光栅等。

(2) 绝对式　测量位移量绝对值，测量装置的输出能够代表移动件当前的实际位置（坐标值），移动的方向靠当前值和历史记忆取得。

其缺点是结构复杂，难以做到较高精度；其优点是后续处理方便，如编码盘等。

第二节　增量式光电编码器和绝对式编码盘

一、增量式光电编码器

1. 工作原理

增量式光电编码器能够把回转件的旋转方向、旋转角度和旋转速度准确检测出来。图6-2是它的工作原理图。在可转动的圆盘上刻有许多节距相等的辐射状窄缝，与它相对应的有两组静止不动的窄缝群，这些窄缝群的节距与圆盘节距相等，窄缝宽度占节距一半。两组静止的窄缝群位置相互错开1/4节距，这样，就可保证当一组窄缝群全部遮住圆盘窄缝时，另一组窄缝群刚好遮住圆盘上窄缝的一半。当圆盘转动时，从两组检测窄缝上通过的光强度呈正弦规律变化，因此，装在检测窄缝对面的光电接收器上产生的电流也呈正弦规律变化。由于两组检测窄缝相差1/4节距，所以A、B两个光电接收器输出波形在相位上相差90°。

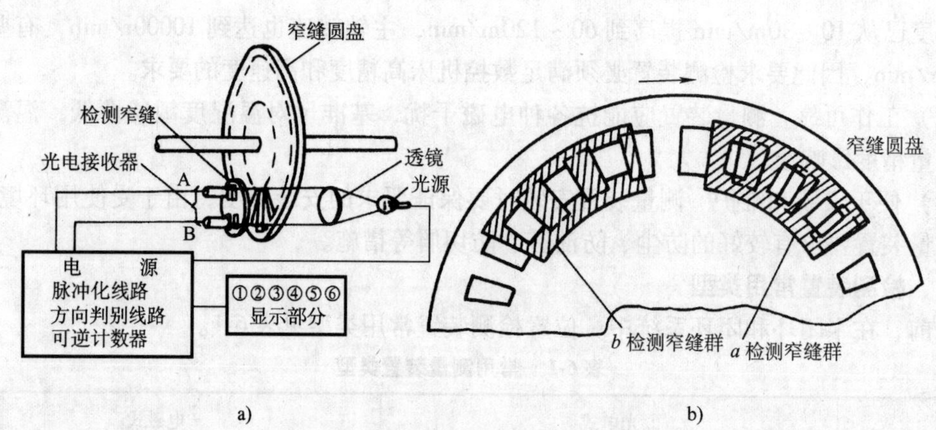

图6-2　增量式光电编码器工作原理图

图6-3是光电输出波形和信号处理线路的框图。其中图6-3a是信号处理线路框图，b图是输出波形图。光电接收器A、B输出的正弦波信号经施密特触发器后变成a、b两组方波信号。a组方波信号又分两路输出：一路直接经微分电路，在方波的上升沿形成脉冲信号d，

再由门电路输出，形成正向脉冲f；另一路经反相器形成相位相反的方波c，再经微分电路形成脉冲信号e，由门电路送出后形成反向脉冲g。b组方波直接连到两个门电路的控制端，作为门电路的选通信号，因为由相位相差90°的两个正弦波整形得到，所以可以检测圆盘的旋转方向。若圆盘正转时，b组信号超前90°，反转时它就滞后90°。当b组信号超前90°时，它的方波正半波对应不经反相器a组方波的上升沿，正半波又使门电路选通，因此d组脉冲可以通过门电路形成正向脉冲f；而c组方波的上升沿对应b组方波负半波，此时虽然微分电路输出e脉冲，但门电路关闭，不能输出反向脉冲g。当圆盘反转时，情况正好相反，能够输出反向脉冲g，不能输出正向脉冲f。

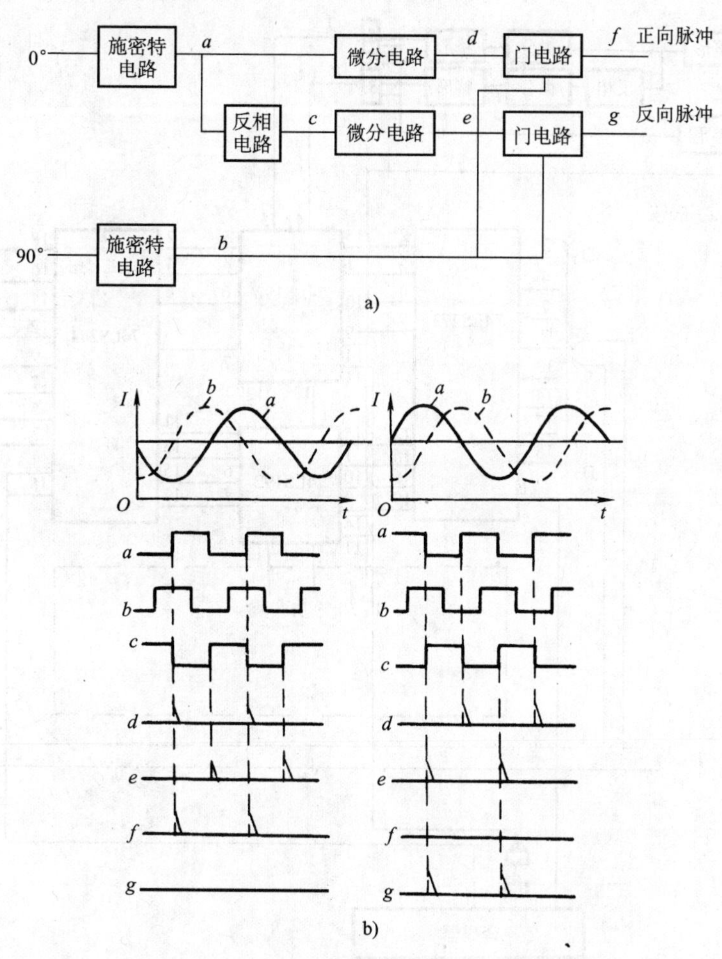

图 6-3　光电输出波形和信号处理线路的框图

a）信号处理线路框图　b）输出波形图

2. 位置和转速测量

（1）位置测量　把输出的脉冲f和g，分别输入到可逆计数器的正、反计数端进行计数，可检测到输出脉冲的数量，把这个数量乘以分辨率（转角/脉冲）就可测出圆盘转过的角度。为了能够得到绝对转角，在起始位置，对可逆计数器清零。

在进行直线距离测量时，通常把它装在伺服电动机轴上，伺服电动机又与滚珠丝杠相连，当伺服电动机转动时，由滚珠丝杠带动工作台或刀具移动，这时编码器的转角对应直线移动部件的移动量，因此可根据伺服电动机到丝杠的传动以及丝杠的导程来计算移动部件的位置。

图 6-4 是增量式编码器转角测量电路原理图，正向脉冲 f 接可逆计数器 74LS192 的加计数端 5，反向脉冲 g 接减计数端 4。计数器的输出端接三态缓存缓冲器 74LS244 的输入端，这样就可把检测到的脉冲个数变成二进制数由 74LS244 送出，供 CPU 读取。74LS273 是锁存器，它的作用是对计数器预置数。

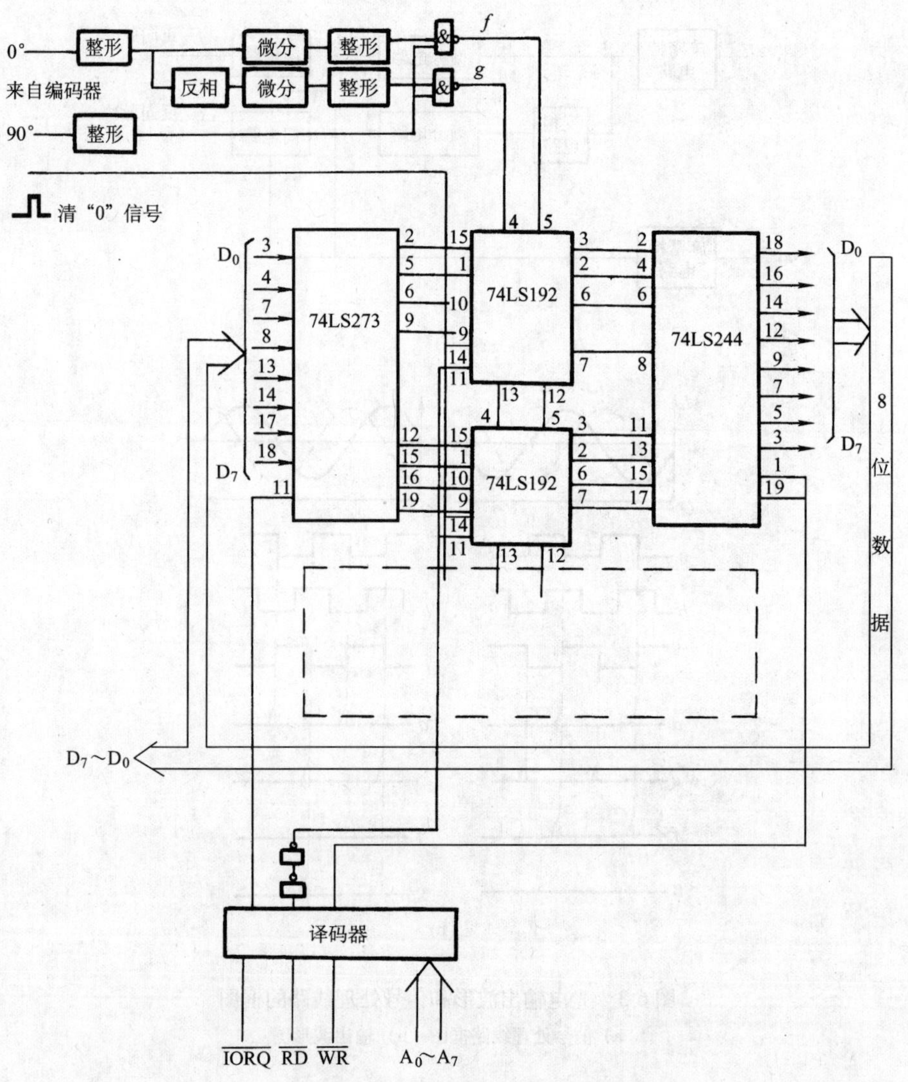

图 6-4 增量式编码器转角测量电路原理图

（2）转速测量 转速可由编码器发出的脉冲频率或周期测量。利用脉冲频率测量是在给定的时间内对编码器发出的脉冲计数，然后由下式求出其转速（单位为 r/min）：

$$n=\frac{N_1}{N}\frac{60}{t}$$

式中　t——测速采样时间，单位为 s；

N_1——t 时间内测得脉冲个数；

N——编码器每转脉冲数。

编码器每转脉冲数，与所用编码器型号有关，数控机床上常用 LF 型编码器，每转脉冲数有 20～5000 共 36 档，有些机床采用 1024P/r、2000P/r、2500P/r 或 3000P/r。

图 6-5 是用脉冲频率法测转速原理图，在给定 t 时间内，使门电路选通，编码器输出脉冲允许进入计数器计数，这样可算出 t 时间内编码器平均转速。

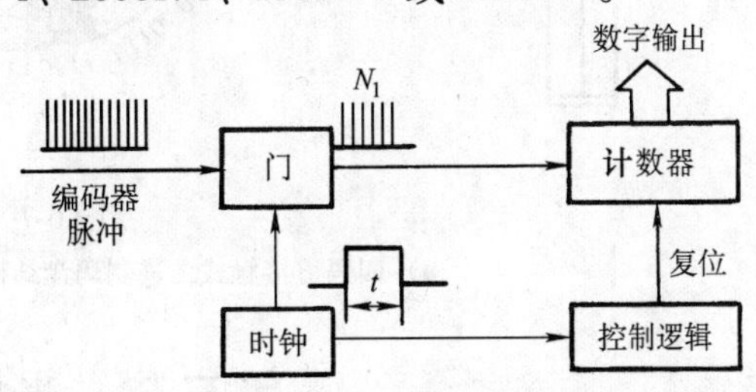

图 6-5　用脉冲频率法测转速原理图

利用脉冲周期测量转速，在编码器的一个脉冲间隔内（脉冲周期）采集标准时钟脉冲的个数来计算其转速，转速 n（单位为 r/min）可由下述公式计算：

$$n=\frac{60}{2N_2NT}$$

式中　N——编码器每转脉冲数；

N_2——编码器一个脉冲间隔内标准时钟脉冲输出个数；

T——标准时钟脉冲周期，单位为 s。

图 6-6 是用脉冲周期测速原理图，当编码器输出脉冲正半周时选通门电路，标准时钟脉冲通过控制门进入计数器计数，计数器输出 N_2，即可用上式计算出其转速。

二、编码盘测量装置

图 6-7a 是四码道接触式二进制编码盘结构及工作原理图，黑的部分为导电部分表示 1，白的部分为绝缘部分表示 0，四个码道都装有电刷，最里一圈是公共极，由于四个码道产生四位二进制数，码盘每转一周产生 0000～1111 十六个二进制数，因此把码盘圆周分成十六等份。当码盘旋转时，四个电刷依次输出十六个二进制编码 0000～1111，编码代表实际角位移，码盘分辨率与码道多少有关，n 位码道角分辨率为 $\theta=360°/2^n$，四码道码盘分辨率为 $\theta=360°/2^4=22.5°$。

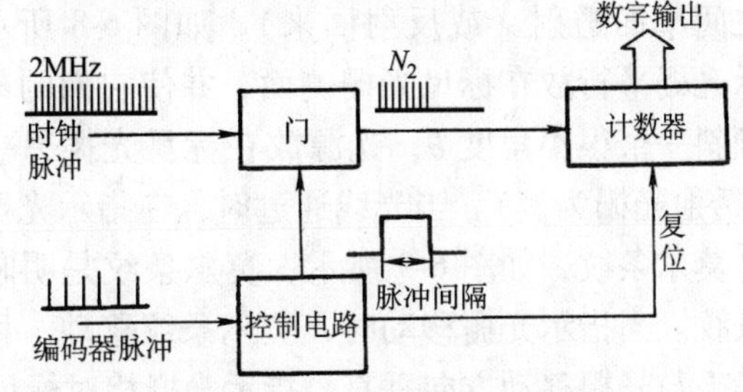

图 6-6　用脉冲周期测速原理图

二进制码盘盘上图案变化较大，容易产生读数错误，图 6-7b 是葛莱码盘，相邻图案只有一个扇块变化，能把读数错误控制在一位。

编码盘测量装置是绝对式测量，码道多时结构复杂，不易做到高精度。

除上述接触式码盘外，还有光电式和电磁式编码盘。接触式易磨损，不易高速；光电式和电磁式是非接触式，允许较高速度。

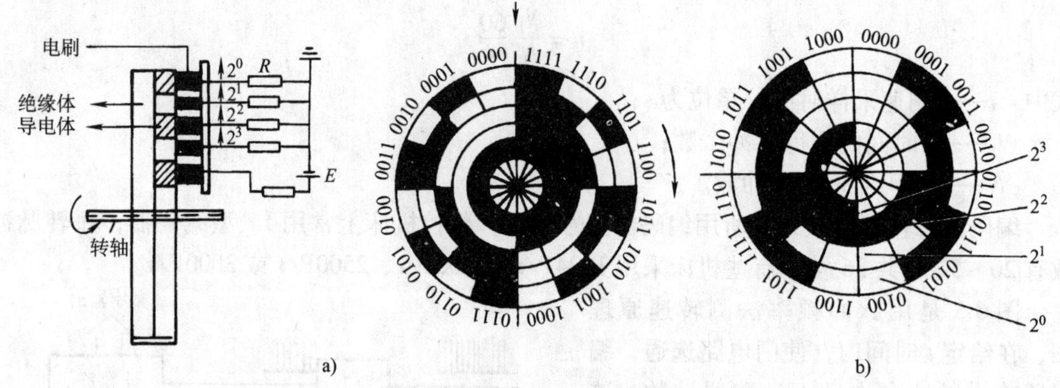

图 6-7 码盘

a）四码道接触式二进制码盘结构及工作原理图 b）葛莱码盘

第三节 光栅测量装置

光栅测量装置应用较多，它的测量精度可达 ±1μm，响应速度快，量程宽。光栅有直线光栅和圆光栅，分别用来测量直线位移和角位移。

一、光栅测量的工作原理

光栅装置的结构是由标尺光栅和指示光栅组成的，在标尺光栅和指示光栅上都有密度相同的许多刻线，称为光栅条纹，光栅条纹的密度一般为每毫米25、50、100、250 条。对于透射光栅，这些刻线不透光（对于反射光栅，这些刻线不反光）。光线由两刻线之间窄面透射（或反射回来），如图 6-8 所示。把指示光栅平行放在标尺光栅侧面，并使它们的刻线相对倾斜一个很小角度 θ，光源放在标尺光栅另一侧面（以透射光栅为例）。当光线通过时，在指示光栅上会产生莫尔条纹，如图 6-9 所示，莫尔条纹是明暗相间的条纹。当指示光栅移动时，莫尔条纹移动，移动方向几乎与光栅移动方向垂直。指示光栅相对标尺光栅移动一个刻线距离，莫尔条纹也移动一个莫尔条纹间距。莫尔条纹间距与刻线间距关系如下：

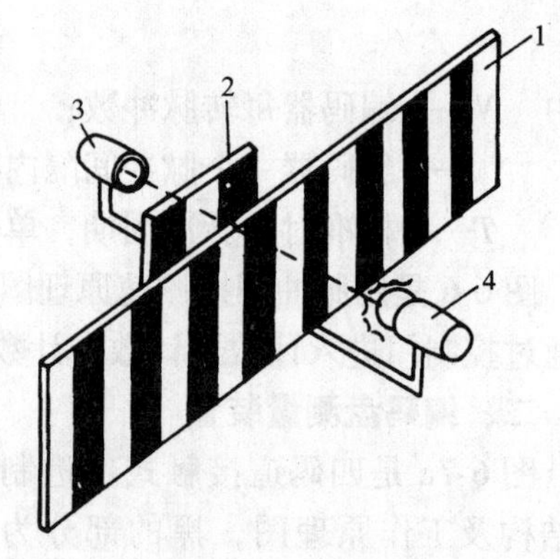

图 6-8 光栅条纹

1—标尺光栅 2—指示光栅

3—光电接收器 4—光源

$$W \approx \frac{P}{\theta}$$

式中 W——莫尔条纹间距；

P——两尺刻线间距；

θ——两尺间相对倾斜角，单位为 rad。

莫尔条纹具有放大效应，若 $P = 0.01\text{mm}$、$\theta = 0.001$，则 $W \approx 10\text{mm}$，相当于把两尺刻线距离放大 1000 倍。

光电元件和指示光栅一起移动。当移动时，光电元件接收光线受莫尔条纹影响呈正弦规律变化，因此光电元件产生按正弦规律变化的电流（电压）。

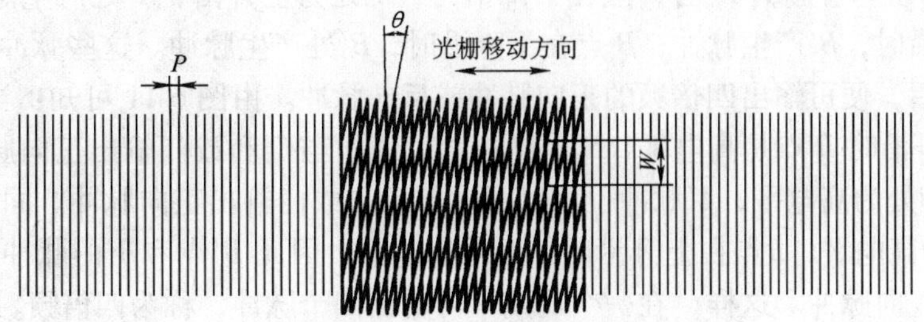

图 6-9　莫尔条纹示意图

光栅有玻璃透射光栅和金属反射光栅。玻璃透射光栅是在光学玻璃的表面上涂上一层感光材料或金属镀膜，再在涂层上刻出光栅条纹，用刻蜡、腐蚀、涂黑等办法制成光栅条纹。金属反射光栅是在钢尺或不锈钢带的表面，光整加工成反射光很强的镜面，用照相腐蚀工艺制作光栅。金属反射光栅线膨胀系数容易做到与机床材料一致，安装调整方便，易于制成较长光栅。

二、光栅测量装置的数字变换线路

图 6-10 是光栅测量系统简图。图中有 a、b、c、d 四块光电池接收莫尔条纹光信号，每相邻两块之间距离为 $W/4$，四块光电池的距离之和正好等于莫尔条纹间距 W。同一时刻每块光电池感光强度不同，当莫尔条纹移动时，由于在 W 内通过光线强度呈正弦波变化，所以每块光电池产生的电流（电压）也是正弦波，由于它们之间距离为 $W/4$，所以相邻两块光电池产生正弦波电信号相位相差 90°，即图中的 a、b，b、c，c、d 和 d、a 之间的电信号波形相位相差 90°。由此可知 a、c 及 b、d 间的相位差 180°。把 a、c 的输出接到同一差动放大器两个输入端，把 b、d 的输出接到另一差动放大器上，可获得两组相位相差 90°的放大信号。再经变换电路处理后可得到正向脉冲和反向脉冲。

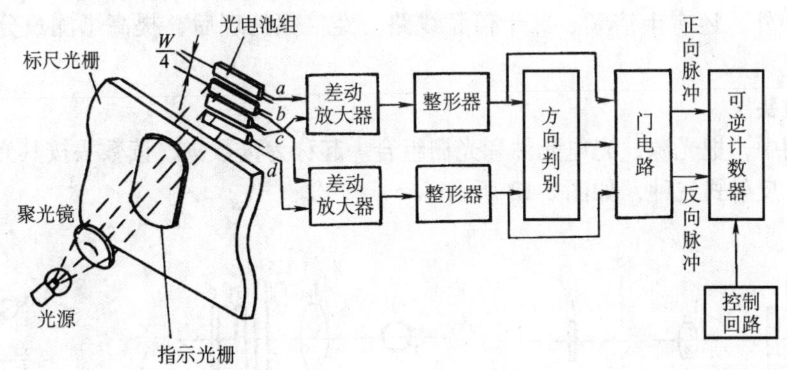

图 6-10　光栅测量系统简图

图 6-11 是数字变换电路和变换后的波形图。光电信号经差动放大器放大后进入整形电路，整形后的方波，一路直接进入微分电路产生脉冲，另一路反相后再进入微分电路产生脉冲。图 6-11 中四个微分电路对应一个莫尔条纹间距，先后产生四个脉冲信号。当 A 点在方

波上升沿时，A'处产生脉冲，当A点在下降沿时，$\overline{A}$处为上升沿，$\overline{A}'$处产生脉冲。同理，B点在方波上升沿时，B'产生脉冲；B点在下降沿时，$\overline{B}'$处产生脉冲。这些脉冲信号再经组合逻辑电路处理后，便可输出四倍频的正向脉冲或反向脉冲。由图 6-11 可知：当正向移动时，A点在方波上升沿时B点是高电平，A'点脉冲可以通过与门和或门输出正向脉冲；$\overline{A}$点在方波的上升沿时$\overline{B}$处为高电平，$\overline{A}'$脉冲也可以通过与门和或门输出正向脉冲。同理，当B点在上升沿时，$\overline{A}$为高电平，$\overline{B}$点在上升沿时，A为高电平，因此B'点和$\overline{B}'$的脉冲也可分别由与门和或门输出正向脉冲。这样，在一个周期中可输出四个脉冲，称为四倍频。

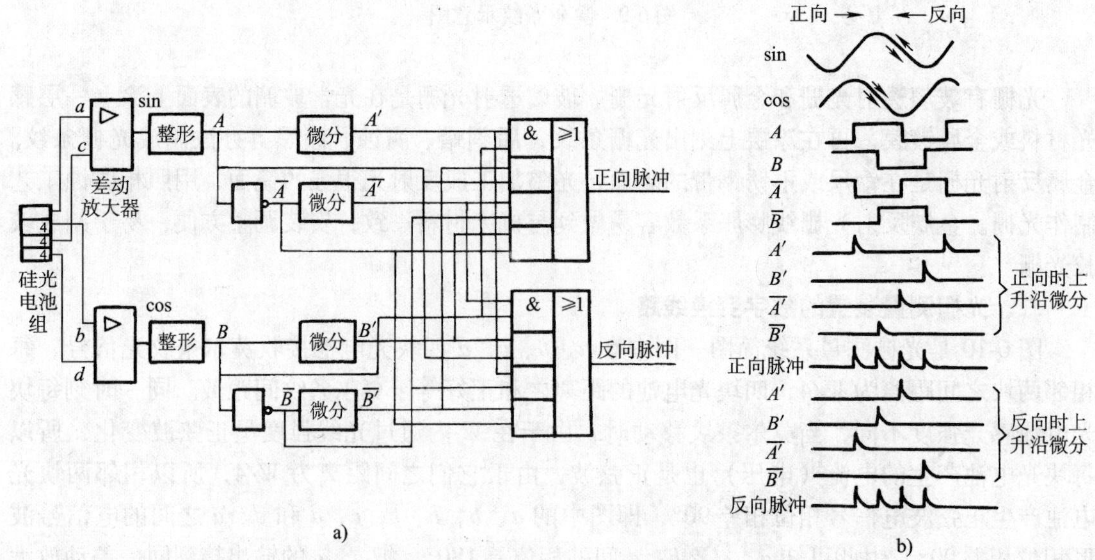

图 6-11　数字变换电路和变换后的波形图

a）原理框图　b）波形图

除四倍频外，还有十倍频、二十倍频线路。经倍频处理后，提高了测量分辨率和测量精度。

三、读数头

实际应用中，把光源、光电元件和光栅组合一起称为读数头，读数头按其光路分为分光式、直射式、反射式三种，如图 6-12 所示。

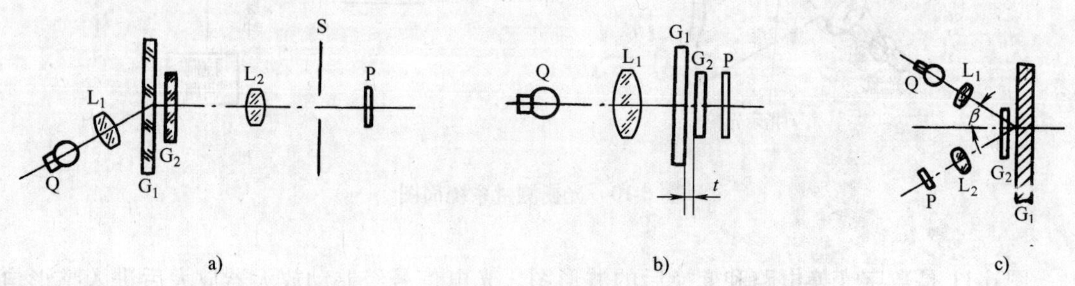

图 6-12　读数头

a）分光式　b）直射式　c）反射式

对于分光式和直射式读数头，光源 Q 发出的光经透镜 L_1 变成平行光，照射在光栅 G_1 和 G_2 上，由透镜 L_2 把 G_2 形成的莫尔条纹聚焦在焦平面的光电管 P 上。

对于反射式读数头，平行光以与光栅法平面成 β 入射角照射在光栅 G_1 反射面上，反射光在 G_2 上形成莫尔条纹，经 L_2 聚焦在焦平面的光电管 P 上。

四、等倍透镜系统

光栅栅距很小，两光栅间距也很小，如果不能保证标尺光栅和指示光栅之间的安装间距，就不能得到正确信号，因此在实际使用中常采用等倍透镜系统，它是在指示光栅 G_1 和标尺光栅 G_2 之间装上等倍透镜 L_3 和 L_4，这样，G_1 的像以同样大小投影在 G_2 上形成莫尔条纹，满足安装要求，如图 6-13 所示。

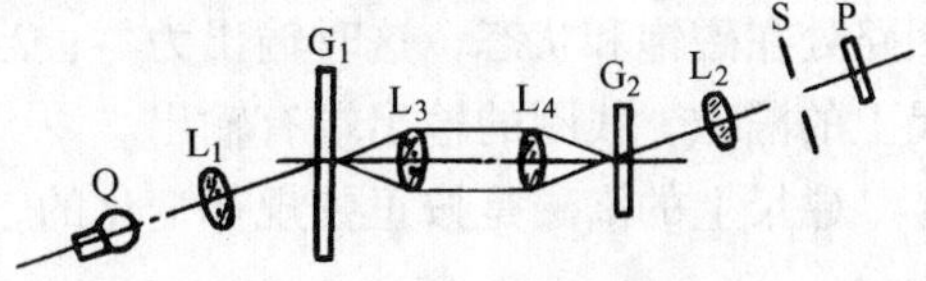

图 6-13　等倍透镜系统

第四节　磁尺测量装置

磁尺测量装置是用磁性标尺代替光栅，用电磁方法计磁波数目的一种测量方法。

一、磁尺测量装置的组成和工作原理

磁尺测量装置是由磁性标尺、读取磁头和检测线路组成。

磁性标尺是在非导磁材料的基体上，涂敷或镀上一层很薄的磁膜（导磁材料），在磁膜上记录一定波长的矩形波或正弦波，以此作为测量的基准刻度，磁化信号的节距（周期）一般有 0. 05mm、0. 10mm、0. 20mm、1mm 等几种。

读取磁头是进行磁—电转换的变换器，它把记录在磁性标尺上的磁化信号检测出来送至检测线路，其原理与录音磁带相同，但录音磁带的磁头（称为速度响应型磁头，见图 6-14a），只有在磁头和磁带之间有一定相对运动速度时，才能检测出磁化信号，这种磁头只能用于动态测量。而检测数控机床位置时，阅读速度是各种各样的，在低速甚至静止时也必须能够进行阅读，为此采用磁通响应型磁头，如图 6-14b 所示，磁通响应型磁头是在速度响应型磁头的铁心回路中，加入带有励磁线圈的饱和铁心，在励磁线圈中通以高频励磁电流，使读取线圈的输出信号振幅受到调制。

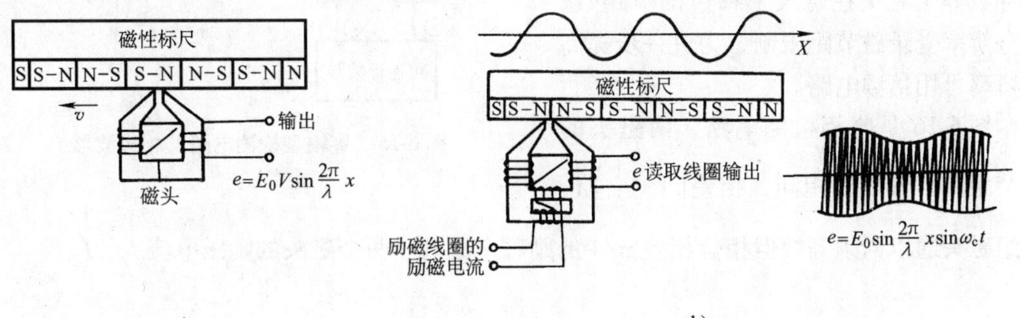

图 6-14　读取磁头原理图

a）速度响应型磁头　b）磁通响应型磁头

在图 6-14b 中，有两个磁回路：一个是绕有励磁线圈的密封磁回路，叫励磁回路；另一个是绕有读取线圈的磁回路，叫读取回路。后一个磁回路中的磁通受磁尺上的漏磁大小和励磁回路磁饱和状态影响。当励磁回路的铁心处在磁饱和状态时，铁心磁阻无穷大，无论磁尺的漏磁有多大，读取回路都无磁力线通过，这时无输出信号。当励磁电流处在峰值时，励磁回路处在磁饱和状态，这时输出为零；当励磁电流从峰值变到零时，读取回路能够检测到磁尺上的漏磁，线圈的输出端有输出。

磁尺上的漏磁是按正弦规律变化的，若磁化节距为 λ，最大漏磁为 ϕ_0，则 x 处的漏磁 ϕ 为

$$\phi = \phi_0 \sin \frac{2\pi}{\lambda} x$$

励磁电流的频率通常是 5kHz，在每一周期内有正负两个峰值，两次为零，因此读取漏磁信号的频率是励磁频率的 2 倍，而读取信号的幅值与磁尺进入磁头的漏磁大小有关。若用 ω_c 表示励磁电流两倍频，I_0 为励磁电流幅值，则励磁电流 I 为：$I = I_0 \sin \frac{\omega_c}{2} t$。磁通的变化规律与电流的变化规律相同。

磁头上读取线圈的输出电压 e 的波形如图 6-14b 的右图所示，其值为

$$e = E_0 \sin \frac{2\pi}{\lambda} x \sin \omega_c t$$

式中 E_0——输出电压幅值。

图 6-15 是鉴幅型检测电路及相应波形图。两组磁头通以同频、同相、同幅值的励磁电流，由于两组磁头的安装位置相差$\left(n+\frac{1}{4}\right)\lambda$（$n$ 为正整数），因此检波整形后的方波相差 90°相位。将其中一组方波微分变成脉冲信号，另一组方波作为与门 G_1、G_2 的开门信号送入计数器计数，则可把检测信号数字化。鉴幅电路检测的脉冲数等于磁头在磁尺上移过的节距数。其分辨率受录磁节距限制，为进一步提高分辨率可用倍频电路。

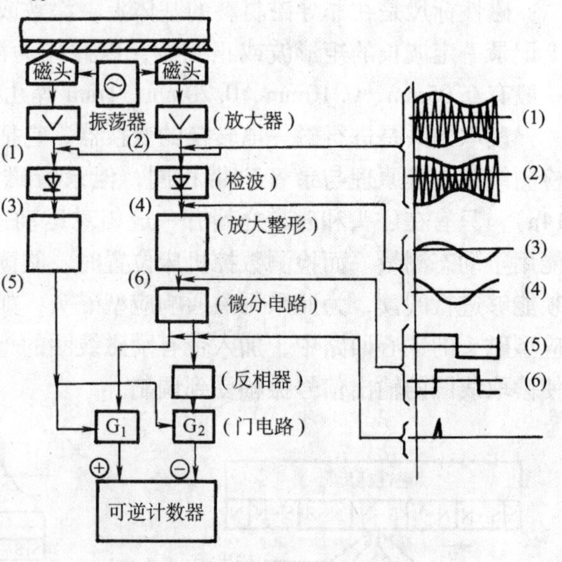

图 6-15 鉴幅型检测电路及相应波形

图 6-16 是鉴相检测电路，两磁头的安装距离与鉴幅型相同，相差$\left(n+\frac{1}{4}\right)\lambda$，两组磁头通以同频等幅但相位相差 π/4 的励磁交流电。两个磁头的励磁电流 I_1、I_2 为

$$I_1 = I_0 \sin \frac{\omega_c}{2} t$$

$$I_2 = I_0 \sin \left(\frac{\omega_c}{2} t - \frac{\pi}{4}\right)$$

两组磁头的输出电压为

$$e_1 = E_0 \sin \frac{2\pi}{\lambda} x \cos \omega_c t$$

$$e_2 = E_0 \cos \frac{2\pi}{\lambda} x \sin \omega_c t$$

式中　x——标尺相对磁头的移动距离。

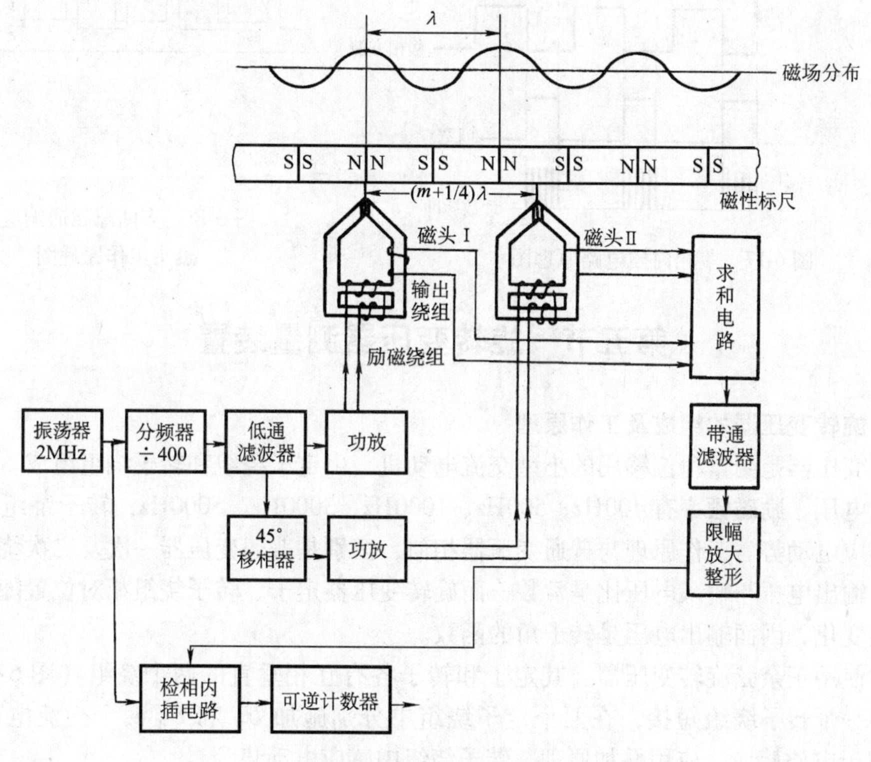

图 6-16　鉴相检测电路

e_1、e_2 在求和的电路中相加得

$$e = e_1 + e_2 = E_0 \sin\left(\omega_c t + \frac{2\pi}{\lambda} x\right)$$

电压 e 的相位与 x 有关，将它放大整形变成方波后，进入鉴相电路。在鉴相电路中，把它和基本方波的相位相比较，若相位不同，则在两方波的上升沿之间插入频率为 2MHz 的脉冲，如图 6-17 所示。两波相位相差越大，则插入脉冲越多。两波相位差为零，则无插入脉冲，这样就可检测位移量 x 的值，检测精度可达 1 ~ 0.1μm。

二、多间隙磁通响应型磁头

如果用一个磁通响应型磁头读取磁尺上的磁化信号，输出信号往往很微弱，且由于磁膜的非线性，往往难以实现。将几个磁头串联起来组成多间隙响应型磁头，如图 6-18 所示，以提高输出信号幅度，提高测量分辨率及准确性。

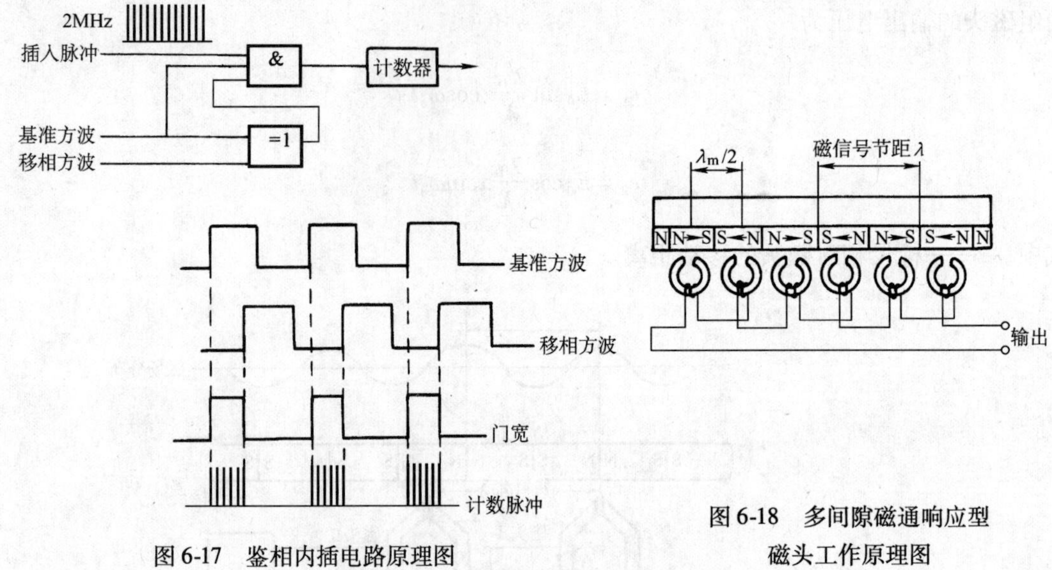

图 6-17 鉴相内插电路原理图

图 6-18 多间隙磁通响应型磁头工作原理图

第五节 旋转变压器测量装置

一、旋转变压器的组成及工作原理

旋转变压器是测量角位移用的小型交流电动机，由定子绕组和转子绕组组成。定子绕组接受励磁电压，励磁频率有400Hz、500Hz、1000Hz、3000Hz、5000Hz；转子绕组通过电磁耦合而感应电动势。工作原理与普通变压器相似，区别是普通变压器一次及二次绕组位置相对固定，输出电压与输入电压比是常数，而旋转变压器定子、转子绕组相对位置随转子角位移而发生变化，因而输出电压是转子角的函数。

通常使用正余弦旋转变压器，其定子和转子各有互相垂直的两个绕组（图 6-19a）。如果将其中一个转子绕组短接，在两个定子绕组中分别施加 U_A 和 U_B 两个交流电压（图 6-19b），由于电磁感应，应用叠加原理，转子绕组中感应电动势为

$$E = kU_A \sin\theta + kU_B \cos\theta$$

式中 k——旋转变压器电压比。

对定子绕组加以不同形式的励磁电压，可以得到两种典型应用的工作方式。

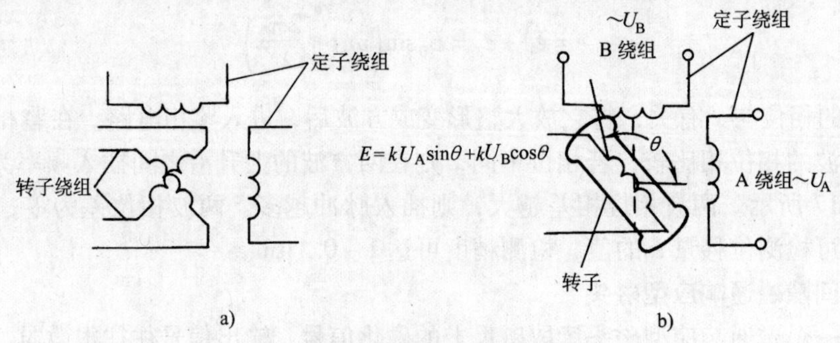

图 6-19 旋转变压器

a）正、余弦旋转变压器 b）工作原理

二、相位工作方式

用函数发生器使两个定子绕组加以同频、同幅但相位相差 π/2 的交流电压（图 6-20），即

$$U_A = u_m \sin(\omega t + \theta_0)$$
$$U_B = u_m \cos(\omega t + \theta_0)$$

式中　θ_0——指令角。

则转子绕组上感应电动势为

$$\begin{aligned} E &= kU_A \sin\theta + kU_B \cos\theta \\ &= ku_m \sin(\omega t + \theta_0)\sin\theta + ku_m \cos(\omega t + \theta_0)\cos\theta \\ &= ku_m \cos[\omega t + (\theta_0 - \theta)] \end{aligned}$$

由于旋转变压器转子转轴是和被测轴连接在一起的，并且上式中 k、u_m、ω 均为常数，转子绕组输出电压的相位角（$\theta_0 - \theta$）就反映了转轴转角 θ 对指令角 θ_0（基准相位角）的跟随程度，当 $\theta_0 - \theta = 0$ 时，表明指令位置与实际位置相同，无跟随误差；若 $\theta_0 - \theta \neq 0$，则两者不一致，存在跟随误差。利用其相位差作为伺服驱动的控制信号，控制执行元件向减少相位差的方向移动。

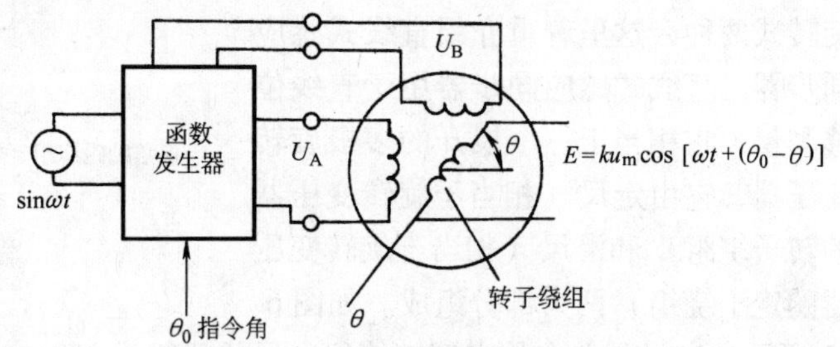

图 6-20　相位工作方式

三、幅值工作方式

用函数发生器使两个定子绕组通以同频、同相位但幅值不同的交流励磁电压，如图 6-21 所示，即

$$U_A = u_m \cos\theta_0 \sin\omega t；\text{幅值为 } u_m \cos\theta_0$$
$$U_B = -u_m \sin\theta_0 \sin\omega t；\text{幅值为} -u_m \sin\theta_0$$

式中　θ_0——指令角。

则转子绕组上感应电动势为

$$\begin{aligned} E &= kU_A \sin\theta + kU_B \cos\theta = ku_m \cos\theta_0 \sin\theta \sin\omega t - ku_m \sin\theta_0 \cos\theta \sin\omega t \\ &= ku_m \sin(\theta - \theta_0) \sin\omega t \end{aligned}$$

由于旋转变压器转子转轴是和被测轴连接在一起的，并且上式中 k、u_m、ω 均为常数，这样转子输出电压的幅值 $ku_m \sin(\theta - \theta_0)$ 就反映了转轴的转角 θ 对指令角 θ_0 的跟随程度，当幅值为 0 时，即 $\theta_0 - \theta = 0$，表明指令位置与实际位置相同，无跟随误差；若幅值不为 0，则指令位置与实际位置不相同，存在跟随误差。利用幅值作为伺服驱

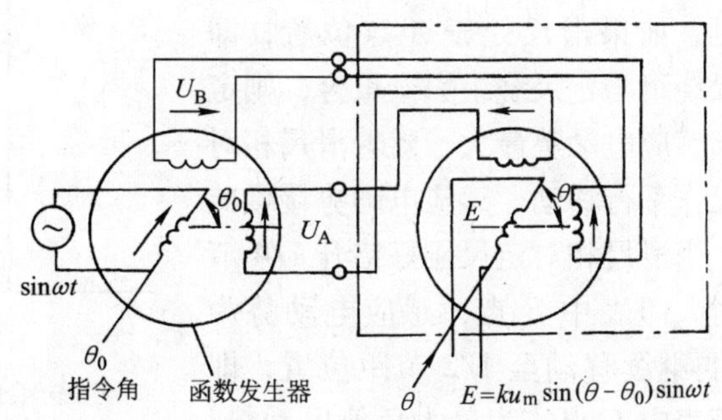

图 6-21　幅值工作方式

动的控制信号，控制执行元件向减少偏差方向移动。

第六节 感应同步器测量装置

感应同步器测量装置是一种非接触电磁测量装置。它可以测量角位移或直线位移，输出的是模拟量，抗干扰能力强，对环境要求低，结构简单，测量大量程时，接长方便，成本低，其工作原理与旋转变压器相同。

一、感应同步器测量装置的组成及工作原理

感应同步器测量装置分为直线式和旋转式两种，这里着重介绍直线式感应同步器。直线式感应同步器用于直线位移测量，它相当于一个展开的多极旋转变压器，它由定尺（相当于旋转变压器的转子绕组）和滑尺（相当于旋转变压器的定子绕组）两大部分组成。如图 6-22 所示，定尺是单向均匀感应绕组，尺长一般为 250mm，绕组节距 2τ 通常为 2mm。滑尺上有两组励磁绕组，一组叫正弦绕组，另一组叫余弦绕组，两绕组节距与定尺相同，并且相互错开 1/4 节距排列，一个节距相当于旋转变压器的一转（称为 360°电角度），这样两励磁绕组之间相差 90°电角度。

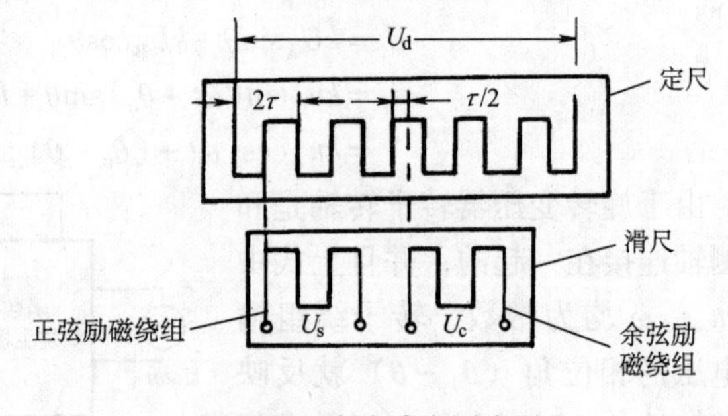

图 6-22 直线感应同步器

使滑尺与定尺相互平行，并保持一定的间距，向滑尺加以交流励磁电压，则在滑尺绕组中产生励磁电流，绕组周围产生按正弦规律变化的磁场，由电磁感应，在定尺上感应出感应电动势，当滑尺与定尺间产生相对位移时，由于电磁耦合的变化，使定尺上感应电动势随位移的变化而变化。表 6-2 列出定尺感应电动势与定尺、滑尺之间相对位置的关系。由表可见，如果滑尺处于 A 点位置，即滑尺绕组与定尺绕组完全重合，则定尺上感应电动势最大。随着滑尺相对定尺作平行移动，感应电动势慢慢减小，当滑尺相对定尺刚好错开 1/4 节距时，即表中 B 点，感应电动势为 0。再继续移动至 1/2 节距位置，即移至表中 C 点，为最大负值电动势。再移至 3/4 节距，即移至表中 D 点

表 6-2 定尺感应电动势与定尺、滑尺之间相对位置的关系

定尺		
滑尺位置	A	
	B	$\frac{1}{4}$
	C	$\frac{2}{4}$
	D	$\frac{3}{4}$
	E	1 节距
电磁耦合度		Y, A, E, B, O, D, X, C

时，感应电动势又变为0。移至1个节距，即移至表中E点时，又恢复初始状态，与A点位置完全相同。这样，滑尺在移动1个节距内，感应电动势变化了一个余弦周期。

同旋转变压器工作方式相似，根据滑尺中励磁绕组供电方式不同，感应同步器分为相位工作方式和幅值工作方式。

（1）相位工作方式　给滑尺正弦绕组和余弦绕组加以同频、同幅但相位相差$\pi/2$的交流励磁电压，即

$$u_s = u_m \sin\omega t$$
$$u_c = u_m \cos\omega t$$

由于两绕组在定尺绕组的感应电压滞后滑尺的励磁电压90°电角度，再考虑两尺间位置变化的机械角θ，则两绕组在定尺上的感应电动势分别为

$$E_s = ku_m \cos\omega t \cos\theta$$
$$E_c = -ku_m \sin\omega t \sin\theta$$

叠加后为

$$\begin{aligned} u_d &= E_s + E_c = ku_m(\cos\omega t\cos\theta - \sin\omega t\sin\theta) \\ &= ku_m\cos(\omega t + \theta) \end{aligned}$$

$$\theta = \frac{x}{2\tau}2\pi = \frac{\pi x}{\tau}$$

式中　k——耦合系数；

2τ——节距；

x——滑尺相对于定尺的位移。

由于k、u_m、ω为常数，所以定尺输出电压的相位角θ反映了位移增量Δx。

（2）幅值工作方式　给滑尺正弦绕组和余弦绕组加以同相位、同频率但幅值不同的励磁电压，即

$$u_s = u_m \sin\theta_0 \sin\omega t$$
$$u_c = u_m \cos\theta_0 \sin\omega t$$

则两绕组在定尺上感应电动势为

$$E_s = ku_m \sin\theta_0 \cos\theta \cos\omega t$$

$$E_c = ku_m \cos\theta_0 \cos\left(\theta + \frac{\pi}{2}\right)\cos\omega t = -ku_m \cos\theta_0 \sin\theta \cos\omega t$$

$$\theta = \frac{\pi x}{\tau}$$

在定尺上叠加电压u_d为

$$\begin{aligned} u_d &= E_s + E_c = ku_m(\sin\theta_0\cos\theta - \cos\theta_0\sin\theta)\cos\omega t \\ &= ku_m\sin(\theta_0 - \theta)\cos\omega t \end{aligned}$$

在滑尺移动过程中，节距内任一$u_d = 0$、$\theta = \theta_0$的点称为节距零点。若改变滑尺的位置，$\theta \neq \theta_0$，则在定尺上会感应出电动势

$$u_d = ku_m \sin\Delta\theta \cos\omega t$$

当$\Delta\theta$很小时

$$u_d \approx ku_m \Delta\theta \cos\omega t$$

由

$$\Delta\theta = \Delta x \frac{\pi}{\tau}$$

式中 Δx——定尺和滑尺的相对位移增量。

则

$$u_d = ku_m \Delta x \frac{\pi}{\tau} \cos\omega t$$

u_d 的幅值与 Δx 成正比，因此可通过测定 u_d 幅值来测定位移量 Δx 的大小。

在幅值工作方式中，每当改变一个 Δx 位移增量，就有误差电压 u_d，当 u_d 超过某一预先整定门槛电平就会产生脉冲信号，并以此来修正励磁信号 u_s、u_c，使误差信号重新降到门槛电平以下（相当于节距零点）。这样就把位移量转化为数字量，实现了位移测量。

二、感应同步器测量系统

1. 鉴相测量系统

当感应同步器工作在相位工作方式时，位移指令值是以相位角度值给定的。如果以指令值相位信号作为基准相位信号，给感应同步器动尺中两绕组供电，则定尺感应电动势相位反映了工作台实际位移，基准相位与感应相位差表明实际位置与指令位置差距，用其作为伺服驱动的控制信号，控制执行元件向减小误差方向移动。

感应同步器鉴相测量系统包括：脉冲-相位变换器、励磁供电线路、测量信号放大器和鉴相器等。其原理框图如图 6-23 所示。

其中，脉冲-相位变换器的作用是将输入指令脉冲转换成相位值，其原理框图如图 6-24 所示。

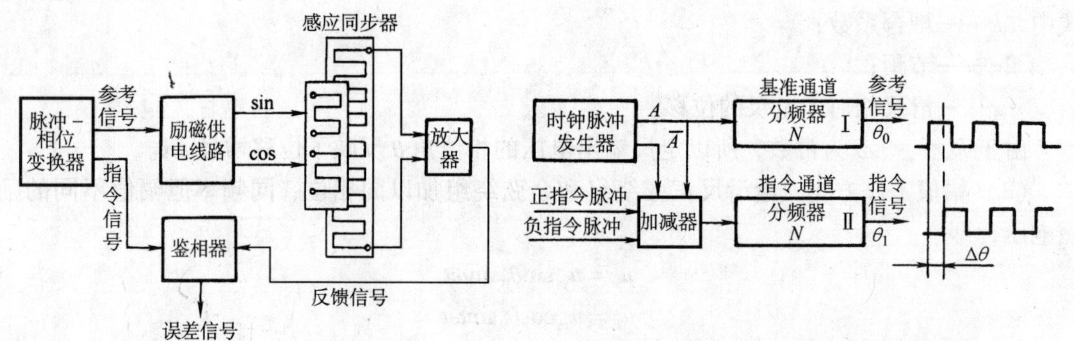

图 6-23 鉴相测量系统原理框图　　图 6-24 脉冲-相位变换器基本原理框图

基准时钟脉冲发生器产生基准脉冲信号 A，一路进入分频器Ⅰ（基准分频），经 N 分频后产生参考信号方波，与基准信号有确定的相位关系。另一路经脉冲加减器，根据指令正负进行加减，再进入分频器Ⅱ（指令调相分频），经 N 分频后输出指令方波信号，如果没有指令脉冲，由于两分频器具有相同的分频系数，接收 N 脉冲后，会同时产生方波信号，相位相同。当加入 n 个正向指令脉冲时（不允许和基准时钟脉冲重合），由于分频器Ⅰ仍每接收 N 个基准时钟脉冲产生一个矩形波，而指令调相分频器Ⅱ在同一时间内对 $(N+n)$ 个脉冲分频，因而输出$\left(1+\frac{n}{N}\right)$个矩形波，即后者比前者相位超前$\frac{n}{N}$度。反之，加入 n 个反向脉冲，分频器Ⅱ输出为$\left(1-\frac{n}{N}\right)$个矩形波，即后者比前者相位落后$\frac{n}{N}$度。由此可见，分频器Ⅱ输出的矩形波对分频器Ⅰ参考信号的相位有变化。相位移动数值正比于加入进给脉冲数 n，而方向取决于进给脉冲符号。

如果感应同步器节距 $2\tau=2\mathrm{mm}$，脉冲当量 $\delta=0.001\mathrm{mm}$，即相当于$\frac{\delta}{2\tau}\times360°=\frac{0.001}{2}\times360°=0.18°$相位移，那么应选择分频系数 $N=\frac{360°}{0.18°}=2000$。

脉冲加减法器是脉冲-相位变换器的关键部分，它具有向基准脉冲中加入或抵消脉冲的作用。图 6-25 是一种脉冲加减器，A 及 $\overline{A}$ 为基准脉冲发生器发出的在相位上错开 180°的两个同频时钟脉冲，A 为主脉冲，通过与非门 I 输出，$\overline{A}$ 为加减脉冲同步信号。当没有指令脉冲（$\pm x$ 为零）时，与非门 I 开，A 脉冲通过。当有指令脉冲 $-x$（指令脉冲与 A 脉冲同步）时，触发器 Q_1 变为“1”，接着 Q_2 在 $\overline{A}$ 上升沿变为“1”，Q_2 封锁门 Ⅰ，扣除一个 A 序列脉冲。如果来一个 $+x$ 指令脉冲，触发器 Q_3 在 $\overline{A}$ 上升沿变为“1”，接着 Q_4 变为“1”，打开门Ⅱ，使 A 序列脉冲加入一个 $\overline{A}$ 序列脉冲。

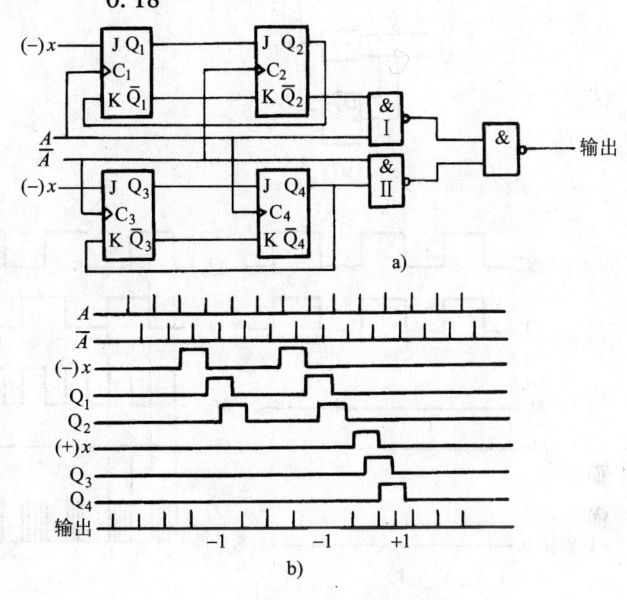

图 6-25　脉冲加减器

a）脉冲加减器原理图　b）脉冲加减器时序图

图 6-24 中，基准通道分频器 I 输出的参考信号作为相位基准供给励磁供电线路，再由励磁供电线路分解成两个相位相差 90°的方波，经滤波放大得到正弦及余弦励磁电压供给滑尺的两个绕组，如图 6-26 所示。

鉴相器的作用是鉴别指令信号与反馈信号相位，并判断相位差的大小和方向。这里介绍一种使用异或门和 D 触发器组成的鉴相器，如图 6-27 所示。

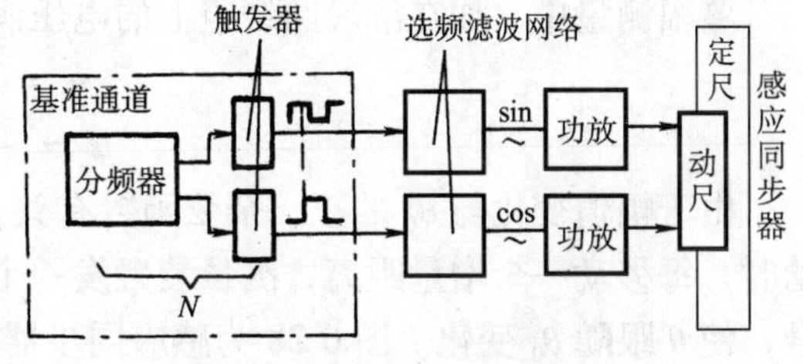

图 6-26　励磁供电线路

当指令信号 Q_0 与反馈信号 Q 相位相同时，鉴相器输出 M_1 为低电平，D 触发器输出高电平，D 触发器输出表明相位方向，指令信号 Q_0 比反馈信号 Q 超前时，M_1 有脉冲输出，脉冲宽度等于超前时间，D 触发器输出高电平。指令脉冲 Q_0 比反馈脉冲 Q 滞后时，M_1 有脉冲输出，D 触发器输出低电平。M_1 输出脉冲宽度为 Q_0 上升沿比 Q 上升沿滞后的时间。

由于 M_1 输出的脉冲宽度反映了 Q_0 和 Q 的相位差，因此可把这个脉冲变换成与脉宽成正比的数字量，用这个数字量作为反馈信号，来控制机床的位移。在图 6-27 中，M_1 和 2MHz 的时钟脉冲输入到与门的输入端，当 M_1 为高电平时，与门输出时钟脉冲，输出的脉冲数与 M_1 的脉宽成正比，把这个脉冲数用计数器计数，并在每一个插补时间内把计数器的数值作为反馈量供伺服系统，可实现闭环控制。

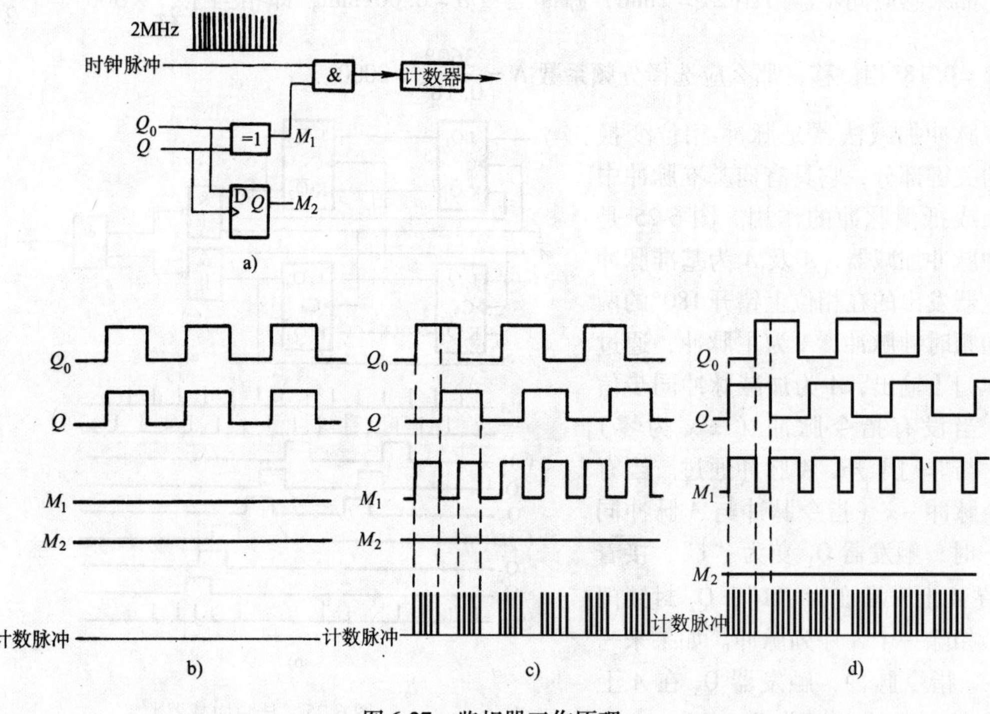

图 6-27 鉴相器工作原理

a）鉴相器原理图 b）、c）、d）相位相同、Q_0 比 Q 超前、滞后时，输入与输出的关系

2. 鉴幅测量系统

在幅值工作状态下，通过鉴别定尺绕组输出误差信号的幅值，就可进行位移测量。因此在鉴幅测量系统中作为比较器的是鉴幅器，或称门槛电路。

鉴幅测量中，加在滑尺两绕组上的电压满足

$$u_s = u_m \sin\theta_0$$

$$u_c = -u_m \cos\theta_0$$

由于幅值变化与 θ_0 的正、余弦函数有关，所以要不断修正 θ_0。而当定尺和滑尺相对运动时，每移动一个增量距离，测量装置发一个脉冲，这些脉冲不断自动修改滑尺绕组励磁信号，使 θ 跟随 θ_0 变化。图 6-28 为感应同步器测量系统框图，定尺绕组输出误差信号经放大后送给误差变换器。误差变换器的作用是辨别误差方向和产生实际位移脉冲值。误差变换器包含门槛电路，其整定是根据分辨率确定的。例如，若系统分辨率要求 0.01mm，门槛值应整定在 0.007mm，即位移 0.007mm 产生误差信号经放大刚好达到门槛电平。一旦定尺上输出感应电动势超过门槛时，便会产生输出脉冲，这些脉冲一方面作为实际位移值送脉冲混合器，另一方面作用于正、余弦信号发生器修正其电压幅值，使其满足按 θ_0 正、余弦规律变化。

脉冲混合器将指令脉冲与反馈脉冲比较，得到跟随误差，经 D/A 变换后为模拟信号，控制伺服机构带动工作台移动。

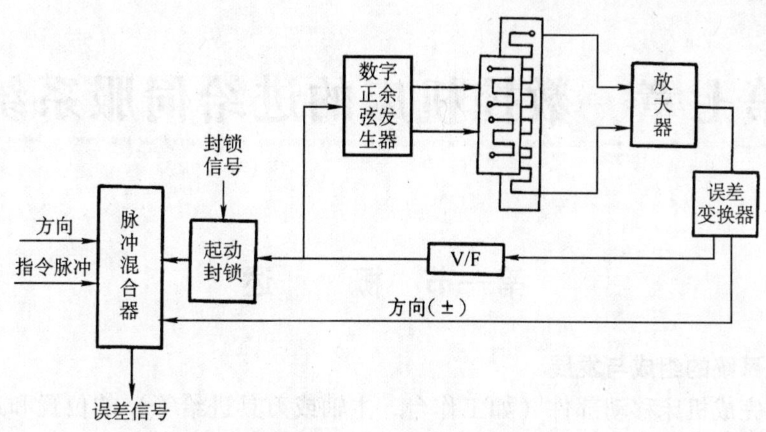

图 6-28　感应同步器测量系统框图

习　题

1. 测量装置的作用是什么?

2. 间接测量和直接测量有何区别?

3. 增量测量和绝对测量有何区别?

4. 接触式码盘码道数 8 个，当前位置输出编码数为 10001100，问相对 0 点转过多少角度?

5. 用光电脉冲编码器测某轴转速，2min 测得 17800 个脉冲，已知此编码器每转 950 个脉冲，轴的转速是多少?

6. 用光栅测量位移，光栅发出 22500 时，测得距离 112.5mm，光栅的分辨率是多少?

7. 某一数控车床使用步进电动机作为进给驱动，步进电动机的步距角为 1.8°，丝杠的螺距为 4mm，编码器与主轴连接方式如图 6-29 所示，其中 $z_1=80$、$z_2=40$、$z_3=40$、$z_4=20$，编码器为 1500P/r，问加工螺距 $P=6$mm 螺纹时，工作台走一个脉冲当量时，对应的编码器脉冲是多少个?

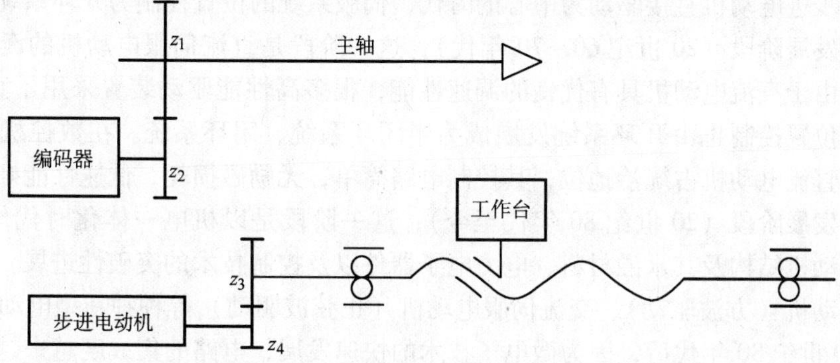

图 6-29　第 7 题附图

第七章　数控机床的进给伺服系统

第一节　概　　述

一、伺服系统的组成与发展

伺服系统完成机床移动部件（如工作台、主轴或刀具进给等）的位置和速度控制。它接收计算机输出的插补命令（可以为模拟量，也可以为一系列的脉冲串），将插补命令转换为机械位移。伺服系统是数控机床的重要组成部分，它的性能直接影响数控机床的精度和工作台的速度等技术指标。

伺服系统通常可分为开环系统和闭环系统。开环系统通常使用步进电动机，而闭环系统通常使用直流伺服电动机、交流伺服电动机或直线电动机。在开环系统中，插补脉冲经功率放大后直接控制步进电动机，在步进电动机轴上或工作台上没有速度或位置反馈信号。由输出脉冲的频率控制步进电动机的速度，由输出脉冲的数量控制工作台的位移。在闭环伺服系统中，带有反馈回路，由速度检测组件来测量工作台或电动机的速度，由位置检测组件来测量工作台的位置，从而完成速度和位置的闭环调节。

伺服系统的发展紧密地与伺服电动机的不同发展阶段相联系，伺服电动机至今已有50多年的发展历史，经历了三个主要发展阶段：

第一个发展阶段（20世纪60年代以前）：此阶段是以步进电动机驱动的液压伺服电动机或以功率步进电动机直接驱动为中心的时代，伺服系统的位置控制为开环系统。

第二个发展阶段（20世纪60~70年代）：这一阶段是直流伺服电动机的诞生和全盛发展的时代，由于直流电动机具有优良的调速性能，很多高性能驱动装置采用了直流电动机，伺服系统的位置控制也由开环系统发展成为半闭环系统、闭环系统。在数控机床的应用领域，永磁式直流电动机占统治地位，其控制电路简单，无励磁损耗，低速性能好。

第三个发展阶段（20世纪80年代至今）：这一阶段是以机电一体化时代作为背景的，由于伺服电动机结构及其永磁材料、电力电子器件以及控制技术的突破性进展，出现了无刷直流伺服电动机（方波驱动）、交流伺服电动机（正弦波驱动）等种种新型电动机。

进入20世纪80年代后，因为微电子技术的快速发展，电路的集成度越来越高，对伺服系统产生了很重要的影响，交流伺服系统的控制方式迅速向微机控制方向发展，并经历了从模拟式、模拟数字混合式，直到今天的全数字化的发展阶段。智能化的全数字伺服将成为伺服控制的一个发展趋势。

伺服系统控制器的实现方式在数字控制中也在由硬件方式向着软件方式发展；在软件方式中也是从伺服系统的外环向内环，进而向接近电动机环路的更深层发展。

二、数控机床对伺服系统的基本要求

随着数控技术的发展，数控机床对伺服系统提出了很高的要求。这些要求包括如下几方面：

1. 高精度

由于数控机床的动作是由伺服电动机直接驱动的，为了保证移动部件的定位精度和轮廓加工精度，要求它有足够高的定位精度。一般要求定位精度为0.01～0.001mm；高档设备的定位精度要求达到0.1μm以上。

2. 快速响应

快速响应是伺服系统的动态性能，反映了系统的跟踪精度。目前数控机床的插补时间都在10ms以内，在这么短时间内指令变化一次，要求伺服电动机迅速加减速，并具有很小的超调量。

3. 调速范围宽

目前数控机床一般要求进给伺服系统的调速范围是0～30m/min，使用直线电动机的系统，最高快进速度已达到240m/min。若考虑到有的系统中安装减速齿轮副的减速作用，伺服电动机要有更宽的调速范围。对于主轴电动机，因使用无级调速，要求有1∶100～1∶1000范围内的恒转矩调速以及1∶10以上的恒功率调速。

4. 低速大转矩

机床在低速切削时，切削深度和进给速度都较大，要求主轴电动机输出的转矩较大。现代的数控机床，通常是伺服电动机与丝杠直连，没有降速齿轮，这就要求进给电动机在低速时能输出较大的转矩。

5. 惯量匹配

移动部件加速和降速时都有较大的惯量，由于要求系统的快速响应性能好，因而电动机的惯量要与移动部件的惯量匹配。通常要求电动机的惯量不小于移动部件的惯量的1/3。

6. 较强的过载能力

由于电动机加减速时要求有很快的响应速度，而使电动机可能在过载的条件下工作，这就要求电动机有较强的抗过载能力。通常要求在数分钟内过载4～6倍而不损坏。

三、模拟控制与数字控制

实际中应用的伺服系统，从控制信号的形式来看，可分为模拟控制和数字控制两种。模拟控制是指控制系统采用模拟器件，其控制信号是连续变化的，控制功能可连续地作用到被控对象。数字控制是指控制信号是离散化的，因而其控制功能是离散进行的，系统采用数字器件搭建而成。但也有伺服系统兼取连续和离散两种信号形式，组成了所谓混合式伺服控制。

在模拟控制伺服系统中，输入的指令信号和输出信号都是模拟量，中间的调节器是模拟式的，系统中的电流以及转速的检测信号也都是模拟量。因此，使用模拟控制的伺服系统具有以下特点：

1）因为控制信号的连续性，控制系统的实时性相当强，故其对控制信号的响应非常快。

2）虽然系统受内部渐变噪声以及外部扰动的影响，会产生输出误差，但在电磁兼容性设计良好的情况下，这种误差不会破坏系统的正常工作。

3）整个系统的造价相对便宜，而且控制系统内部和输出状态及其变化容易用仪器仪表观察和记录。

然而，模拟控制系统在高精度伺服控制中的应用，却因为存在着如下所述的致命缺点而受到限制：

1）系统由具有分散性的模拟电子器件构成，其工作点调整困难，不能准确地整定到设定值，从而导致由伺服装置控制的各坐标轴间产生增益误差。

2）模拟器件的工作状态极易受环境温度的影响而产生漂移，破坏已经调整好的运行状态。所以，这样的系统很难达到高精度控制的要求。

3）模拟控制伺服系统基本上由硬件组成，缺乏复杂的计算能力，无法发挥软件技术的优势，很难应用现代控制理论的相应成果来改善伺服系统的性能。

从伺服控制技术的发展历史中不难发现，模拟控制系统相对比较成熟，在数控机床、工业机器人等机电一体化装置中得到了极为广泛的应用，到目前为止仍占据一大部分市场，其快速性和低成本对用户有着很大的吸引力。但是随着机电一体化甚至光机电一体化产品的发展，模拟控制技术由于其本身固有的缺点，已经不能满足高精度、高柔性的控制要求，从而促进了数字控制技术的出现和发展。而且由于近二十年来大规模集成电路、微处理器等技术的迅速发展及成本的降低，更是为数字控制技术建立坚实的基础。因此，近年来数字控制技术蓬勃发展，并在机电一体化产品中得到了广泛应用。其主要有以下的优点：

1）可显著改善控制的可靠性和稳定性。集成电路和大规模集成电路的平均无故障时间（MTBF）大大长于分立组件电子电路。信息传递采用数字信号，不易受温度等环境条件的影响。

2）其数字信号的接口方便与上位计算机建立联系，更易于使伺服系统纳入整个自动化系统，便于控制。

3）提高了信息存储、监控、诊断以及分级控制的能力，使伺服系统更趋于智能化。

4）具有强大的计算能力，可充分发挥软件技术的优势，使系统具有较高的柔性，容易应用现代控制理论等先进技术和算法，使系统具有更高的性能和智能化。

相对于模拟控制系统，数字控制也存在响应速度存在上限、成本较高等不足之处。在实际应用中，应针对具体情况采用不同的方式。但是，随着微电子技术的发展，微控制器的计算能力有了很大的提高，成本也随之下降，使得数字控制的优势越来越明显。随着科学技术的不断创新和发展，数字控制以及智能控制技术将是今后的发展方向。

第二节　步进电动机伺服系统

步进电动机伺服系统是典型的开环伺服系统，其结构示意如图 7-1 所示。在这种开环伺服系统中，执行组件步进电动机把进给脉冲转换为机械角位移，并由传动丝杠带动工作台移动。由于系统中没有位置和速度检测环节，因此它的精度主要由步进电动机的步距角和与之相连的丝杠等传动机构的精度所决定，故相对于有反馈回路的闭环伺服系统，其精度较低。步进电动机的最高运行速度通常要比伺服电动机低，并且在低速时容易产生振动，影响加工精度。但步进电动机开环伺服系统的控制和结构简单、成本低廉、调整容易，故多应用在速度和精度要求不太高的场合。步进电动机细分技术的应用，使其开环伺服系统的定位精度明显提高，并且降低了它的低速振动，使它在中低速开环伺服系统中得到了更广泛的应用。

图 7-1 步进电动机开环伺服系统结构示意图

一、步进电动机的结构和工作原理

1. 步进电动机的分类及基本结构

按照电动机结构分为三种：永磁式（PM）、反应式（VR）和混合式（HB）。永磁式步进电动机一般为两相，转矩和体积较小，步距角一般为7.5°或15°，如永磁式爪极步进电动机，多用于价格低廉的消费性产品。反应式步进电动机又叫做可变磁阻步进电动机，一般为三相，可实现较大转矩输出，步距角比永磁式的要小，但噪声和振动都很大。反应式的转子中无绕组，由定子磁场对转子产生的感应电磁力矩实现步进运动。反应式步进电动机有较高的力矩转动惯量比，步进频率较高，频率响应快，不通电时可以自由转动，结构简单，寿命长。混合式步进电动机具有步距角小、有较高的起动和运行频率、消耗功小、效率高、不通电时有定位转矩、不能自由转动等特点，广泛应用于机床数控系统、打印机、软盘机、硬盘机和其他数控装置中。按输出力矩大小分为伺服式和功率式。伺服式只能驱动小负载，一般与液压转矩放大器配用，才能驱动机床等较大负载。功率式可以直接驱动较大负载。各相绕组分布形式分为径向式和轴向式。径向式步进电动机各相绕组按圆周依次排列，轴向式步进电动机各相绕组按轴向依次排列。

2. 步进电动机的工作原理

从图 7-2 中可以看出，在定子上有六个大极，每个极上绕有绕组。每对对称的大极绕组形成一相控制绕组，共形成 A、B、C 三相绕组。极间夹角为60°。在每个大极上，面向转子的部分分布着多个小齿，这些小齿呈梳状排列，大小相同，间距相等。转子上均布 40 个齿，大小和间距与大齿上的相同。当某相（如 A 相）上的定子和转子上的小齿由于通电电磁力使之对齐时，另外两相（B 相、C 相）上的小齿分别向前或向后产生 1/3 齿的错齿。这种错齿是实现步进旋转的根本原因。这时如果在 A 相断电的同时，另外的 B、C 两相中的某一相通电，则电动机的这个相由于电磁吸力的作用使之对齐，产生旋转。步进电动机每走一步，旋转的角度是错齿的角度。错齿角度越小，所产生的步距角越小，步进精度越高。现在步进电动机的步距角通常为 3°、1.8°、1.5°、0.9°、0.5°～0.09°等。步距角越小，步进电动机结构越复杂。

由步进电动机的结构了解到，要使步进电动机能连续转动，必须按某种规律分别向各相通电。步进电动机的步进过程如图 7-3 所示。假设图中是一个三相反应式步进电动机，每个大极只有一个齿，转子有四个齿，分别称 0、1、2、3 齿。直流电源开关分别对 A、B、C 三相通电。图 7-3 所示的整个步进循环过程由表 7-1 可显见。

把对一相绕组一次通电的操作称为一拍，则对三相绕组 A、B、C 轮流通电共包括三拍，才使转子转过一个齿，转一齿所需的拍数为工作拍数。对 A、B、C 三相轮流通电一次称为一个通电周期。所以一个通电周期，步进电动机转动一个齿距。对于三相步进电动机，如果三拍转过一个齿，称为三相三拍工作方式。

由于按 A—B—C—A 相序顺序轮流通电，则磁场逆时针旋转，转子也逆时针旋转，反之则顺时针转动。

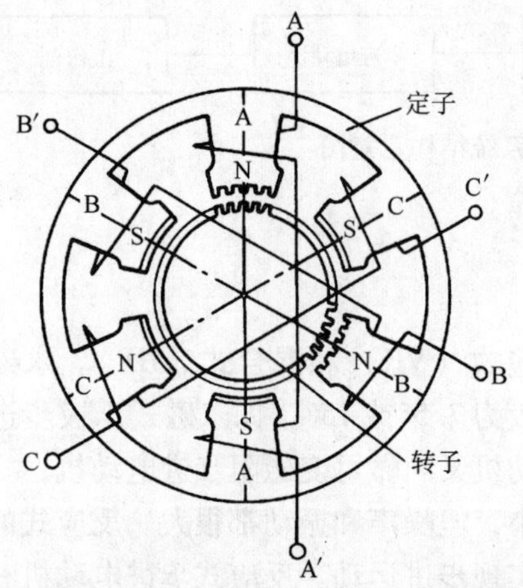

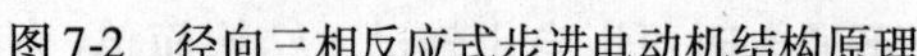

图 7-2 径向三相反应式步进电动机结构原理

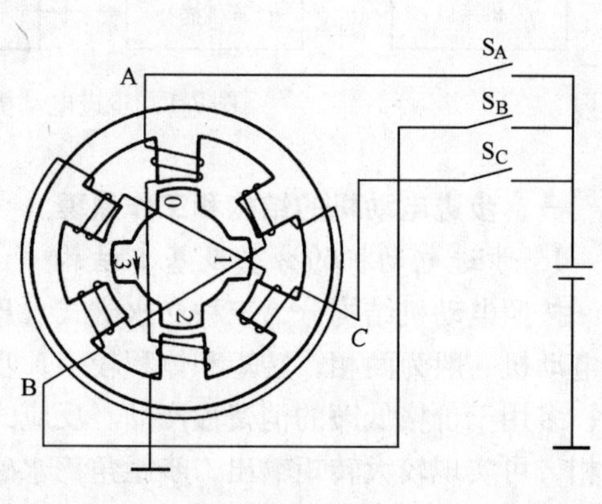

图 7-3 步进电动机的步进过程

表 7-1 步进电动机步进循环过程

通电相	对齐相	错齿相	转子转向
A 相（初始状态）	A 和 0、2	B、C 和 1、3	
B 相	B 和 1、3	A、C 和 0、2	逆转 1/2 齿
C 相	C 和 0、2	A、B 和 1、3	逆转 1 齿

设步进电动机的转子齿数为 N，则它的齿距角为

$$\theta_z = 2\pi / N \tag{7-1}$$

由于步进电动机运行 K 拍可使转子转动一个齿距角，所以每一拍的步距角 θ_s 可以表示为

$$\theta_s = 2\pi / (NK) = 360° / (NK) \tag{7-2}$$

式中 K——步进电动机的工作拍数；

N——转子的齿数。

对于转子有 40 齿并且采用三拍工作的步进电动机，其步距角为：$\theta_s = 360° / (40 \times 3) = 3°$。

3. 步进电动机的主要特性

（1）步距角和静态步距误差　由前面分析知道，通电一次，转子转过一个步距角，所以步进电动机在转动过程中无累积误差。但在每步中实际步距角和理论步距角之间有误差，把一转内各步距误差的最大值定为步距误差。步进电动机的静态步距误差通常为理论步距的 5% 左右。

（2）静态矩角特性　当步进电动机在某相通电时，转子处于不动状态。这时，在电动机轴上加一个负载转矩，转子就按一定方向转过一个角度 θ，此时转子所受的电磁转矩 T 称为静态转矩，角度 θ 称为失调角。T 和 θ 的关系叫矩角特性。如图 7-4 所示，该特性上的电磁转矩最大值 T_{max} 称为最大静转矩。在一定范围内，外加转矩越大，转子偏离稳定平衡的距离越远。在静态稳定区内，当外加转矩除去时，转子在电磁转矩作用下，仍能回到稳定平衡点位置。

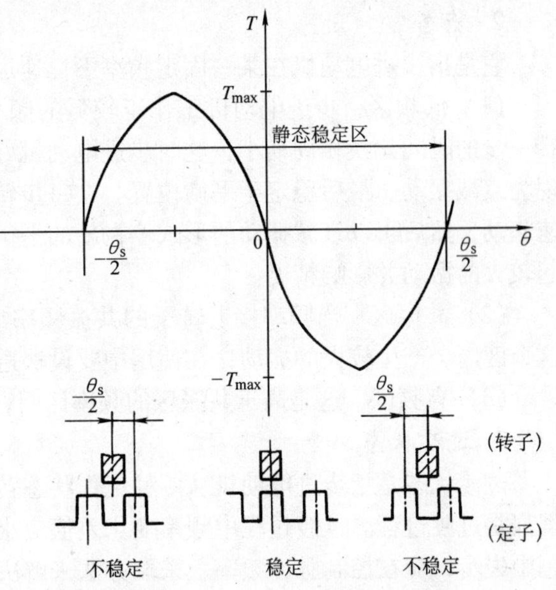

图 7-4 步进电动机静态矩角特性和静稳定区

(3) 起动频率 空载时，步进电动机由静止状态起动，达到不丢步的正常运行的最高频率，称为起动频率。起动时指令脉冲频率应小于起动频率，否则将产生失步。步进电动机在带负载下的起动频率比空载要低。每一种型号的步进电动机都有固定的空载起动频率。

(4) 连续运行频率 步进电动机起动后，不丢步工作的最高工作频率，称为连续运行频率。连续运行频率通常是起动频率的 4～10 倍。随着步进电动机的运行频率增加，其输出转矩相应下降，所以步进电动机的运行频率也受所带负载转矩的影响。对于某特定步进电动机，单拍工作频率要比双拍工作时低。一个好的驱动方式和功率驱动电源可以提高起动频率和运行频率。图 7-5 是 11BF003 和 70BF3-3 型三相步进电动机的频率特性。

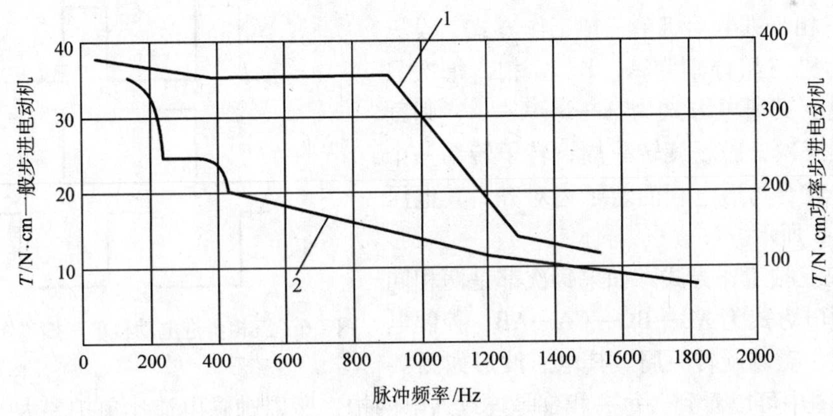

图 7-5 11BF003 和 70BF3-3 型三相步进电动机的频率特性

1—11BF003 型功率步进电动机 2—70BF3-3 型一般步进电动机

二、步进电动机的基本工作状态

步进电动机的基本工作状态可分为静态、稳态、过渡状态三种。

1. 静态

静态是指步进电动机某相通以恒定的电流，是转子处于固定位置的状态。在静态时，绕组中的电流最大，有时会产生发热现象。

2. 稳态

它是指步进电动机在某一固定频率下恒速运转状态，分为以下三个区：

(1) 低频区　步进电动机工作于较低的频率区内，在这个范围内，步进电动机转子每转一步的时间比换相周期小，这时步进电动机好像工作于单步状态。转子每转动一步往往表现为衰减振动，最后稳定于平衡位置。在每步转动的过程中，转子都是从零开始以较大的加速起动，然后再以衰减振动的形式停在新的平衡位置。所以在低频区工作的步进电动机会引起较大的振动并影响精度。

(2) 共振区　当频率接近转子的共振频率或在共振频率整数倍的区域称为共振区。在这个区内会产生较大的振动，在使用中要设法避免。

(3) 高频区　这是高于共振区的频率区间，在这个区间内步进电动机能正常工作。

3. 过渡状态

过渡状态是指步进电动机从一种工作状态转变到另一种工作状态。起动、制动、反转过程都是过渡过程。过渡过程中频率变化差值应小于起动频率。为了避免步进电动机在过渡状态中失步，应在控制脉冲频率上采取办法来解决。通常使用升降速控制。

三、步进电动机的基本控制方法

要使步进电动机产生运转，必须按规定的通电时序对步进电动机各相通电。所以步进电动机运转的控制方法的实质就是要解决各相的脉冲分配问题。

1. 步进电动机的工作方式

步进电动机的工作方式分为单拍工作、双拍工作和多拍工作。

(1) 三相步进电动机单三拍工作方式　设三相步进电动机三相分别为 A、B、C 相，每次只有一相通电。其通电方式为 A—B—C—A，则励磁电流切换三次，磁场旋转一周，转子转动一个齿距，转子就会与通电相的定子齿对齐。其电压波形如图 7-6 所示。

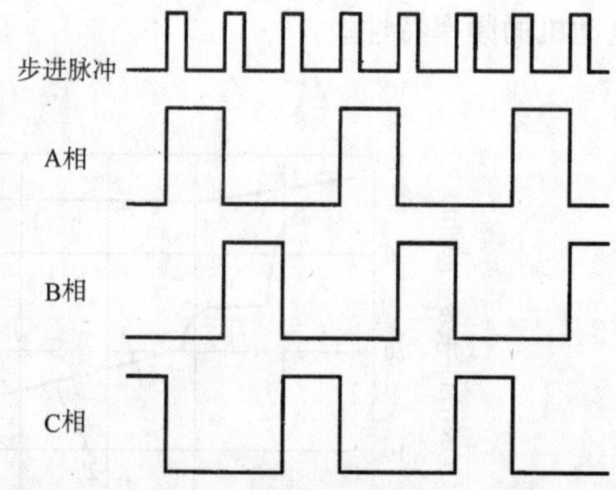

图 7-6　三相步进电动机单三拍工作电压波形

(2) 双三拍工作方式　如果每次都是两相同时通电，通电方式为 AB—BC—CA—AB，控制电流切换三次，磁场旋转一周。其电压波形如图 7-7 所示。从图中可以看到，每一相都是连续通电两拍，所以励磁电流比单拍要大，所产生的励磁转矩也较大。由于同时有两相通电，所以转子齿不能和这两相定子齿对齐，而是处于两定子齿的中间位置。其步距角和单三拍相同。

(3) 三相步进电动机六拍工作方式　如果把单三拍和双三拍的工作方式结合起来，就形成六拍工作方式。这时通电次序是：A—AB—B—BC—C—CA—A。在六拍工作方式中，控制电流切换六次，磁场转一周，转子转动一个齿距角。其齿距角 $\theta_s = 2\pi/(NK)$。由于这时的 K 是单拍工作的两倍，所以齿距角是单拍工作时的 1/2，每一相是连续三拍通电（图 7-8），这时相电流最大，且电磁转矩也最大。

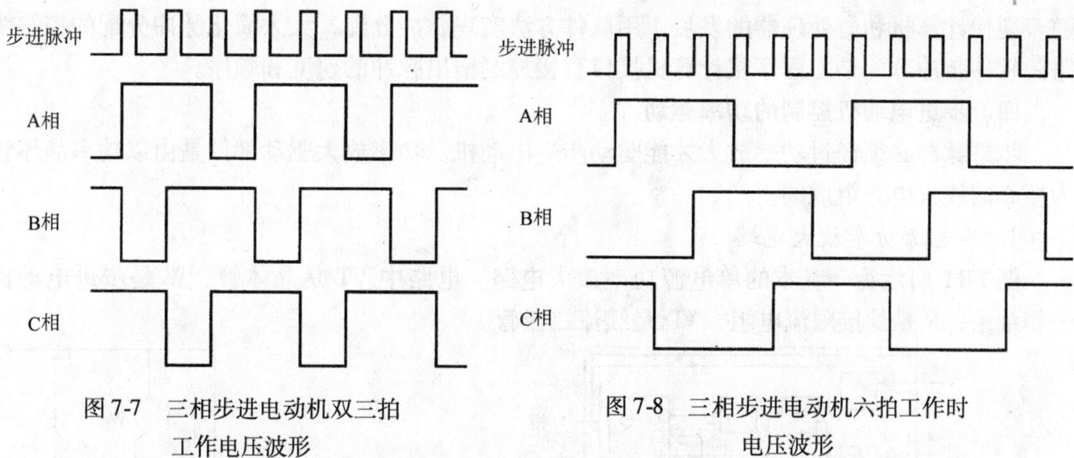

图 7-7　三相步进电动机双三拍工作电压波形

图 7-8　三相步进电动机六拍工作时电压波形

三相步进电动机三种工作方式的性能比较见表 7-2。

（4）四相步进电动机四拍工作方式　四相混合式步进电动机采用的工作方式有：A—B—C—D—A 单四拍工作方式，AB—BC—CD—DA—AB 双四拍工作方式和 A—AB—B—BC—C—CD—D—DA—A 四相八拍工作方式，其中，双四拍工作方式的电压波形如图 7-9 所示。控制电流切换四次，磁场转一周，转子转动一个齿距角。由于电动机在结构上使 A、C 两相有公共端（com），B、D 两相也有公共端（com），所以在这种方式下，A、C 两相不能同时通电，B、D 两相不能同时通电。从图 7-9 中看到 C 相是 A 相的反相信号，D 相是 B 相的反相信号（有时也把四相表示为 A、$\overline{A}$和 B、$\overline{B}$）。

表 7-2　三相步进电动机三种工作方式性能比较

工作方式	单三拍	双三拍	六拍
步进周期	T_w	T_w	T_w
每相通电时间	T_w	$2T_w$	$3T_w$
齿距周期	$3T_w$	$3T_w$	$6T_w$
相电流	小	较大	大
高频性能	差	一般	好
转矩	小	一般	大
电磁阻尼	差	较好	较好
振荡	多	少	较小
功耗	小	中	较大
起动频率	低	中	高

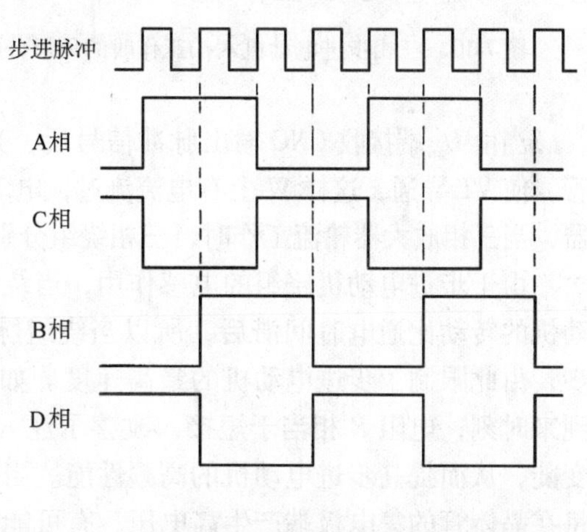

图 7-9　四相步进电动机四拍工作时电压波形

2. 步进电动机的驱动控制方法

在控制系统中要实现对步进电动机的控制，必须对其各相的通电进行分配，即所谓的脉冲分配。实现脉冲分配的方法有硬件法和软件法两种。硬件分配法是由环形分配器来实现的。图 7-10 是三相步进电动机六拍工作时的环形分配器。它由与非门和 JK 触发器组成，指令脉冲加到触发器的时钟端，控制脉冲输出速度。正反向控制端控制转向，高电平有效。电路结构较为复杂，在早期数控产品中使用较多。现在多使用专用集成电路来实现脉冲分配。

随着现代计算机和微处理器的发展，用软件方法实现脉冲分配，大大简化脉冲分配的控制线路。软件脉冲分配是由程序从计算机接口直接控制输出脉冲的速度和顺序。

四、步进电动机控制的功率驱动

步进脉冲必须经过功率放大才能驱动步进电动机。功率放大驱动部件是由以功率晶体管为核心的放大电路组成的。

1. 单电源功率放大电路

图 7-11 所示为一基本的单电源功率放大电路。电路中 VT 是晶体管。W 是步进电动机一相绕组，R 是外接限流电阻，VD 是续流二极管。

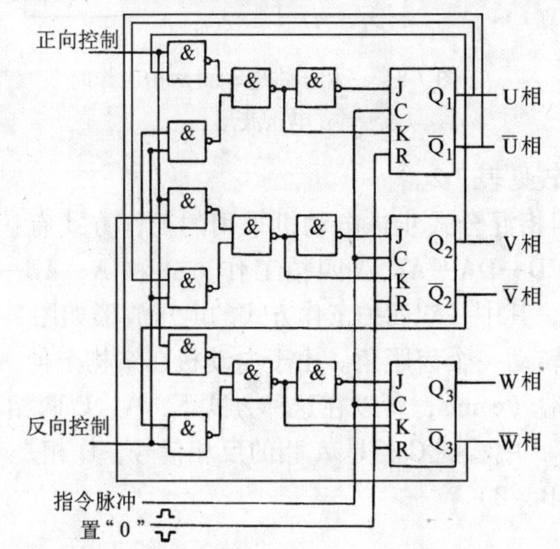

图 7-10 三相步进电动机六拍工作时的环形分配器

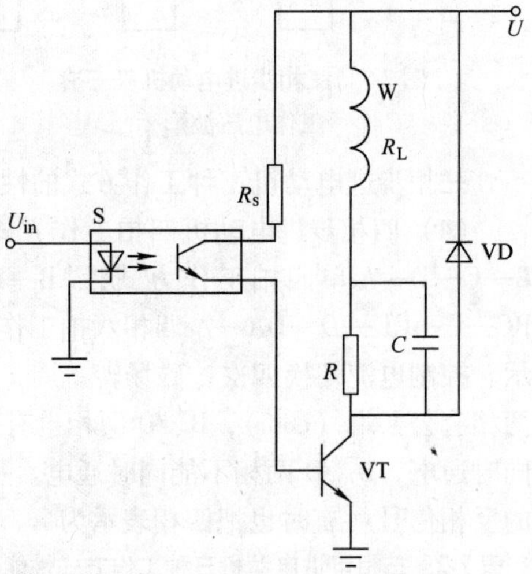

图 7-11 单电源功率放大电路

当由 U_{in} 端接收 CNC 输出脉冲信号后，光耦合器中发光二极管导通发光，触发光敏晶体管，使 VT 导通，这样 W 上有电流流过，电动机转动一步。由于步进电动机每相都有一个放大器，当三相放大器轮流工作时，三相绕组分别有电流通过，使三相步进电动机一步步转动。

由于步进电动机绕组的电感作用，当绕组通电时，绕组电流不能迅速上升到额定值。电动机的转动比通电时间滞后，所以当绕组脉冲频率过高时，转子跟不上电流的变化就会失步，由此限制了步进电动机的最高速度。如果在电路中将一个电容 C 并联到 R 上，在脉冲到来时刻，电阻 R 相当于短接，改善了注入电动机绕组电流的脉冲前沿，使电流前沿明显变陡，从而提高步进电动机的高频性能。当晶体管 VT 关断时，由于相绕组 W 上电感的作用将在晶体管的集电极端产生高电压，有可能将晶体管 VT 击穿。为了避免这种情况发生，电路中装有续流二极管 VD，给感应电流造成回路，以保护晶体管。

单电源功率放大器具有结构简单等优点，但由于限流电阻的作用，使其功耗较大，所以这种电路常用于功率较小并且要求不高的场合。

2. 双电源功率放大电路

由于绕组上电感的作用，注入绕组的电流常以指数规律上升。为提高电流的上升速度，改善步进电动机功率放大驱动性能，采用双电源功率放大电路，如图 7-12 所示。在绕组脉冲的前沿，同时打开 VT_1、VT_2，使高电压 U_1 经过 VT_1 加在绕组上，使绕组 W 的电流尽快达到额定值。达到额定值后 VT_1 关闭，低电压 U_2 经过 VD_1 二极管加在绕组上，保持额定电流。通常高电压 U_1 为 80V，低电压 U_2 为几伏到十几伏。称这种功率放大电路是高低压功率放大电路。由于采用高电压驱动，电流增长加快，绕组电流脉冲前沿变陡，使电动机的转矩和起动及运行频率得到提高，而且额定电流是由低电压维持，只需阻值较小的限流电阻，所以功放效率有所提高。

虽然采用高低电压方式改善了脉冲前沿，但在高低电压连接处出现较大的电流波动，引起转矩波动。为了改善电流波动，提高效率，采用了以下高效电路。

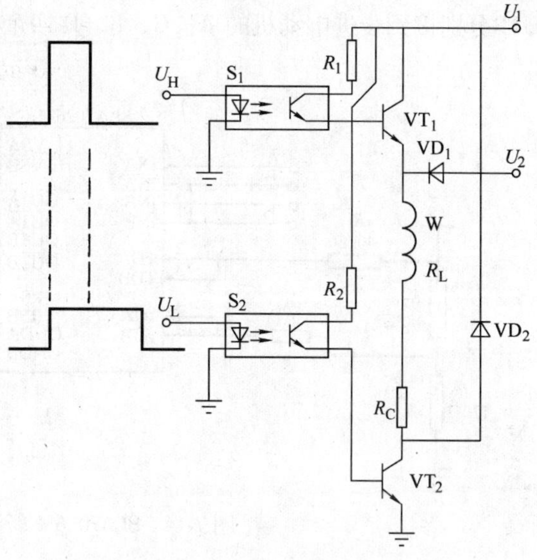

图 7-12　双电源功率放大电路

3. 斩波恒流功放电路

斩波恒流功放电路是利用斩波方法使电流限制在设定值以下。原理如图 7-13 所示。工作时 U_{in} 端输入步进方波信号：当 U_{in}为“0”电平时，由与门 A_2 输出的 U_b 也是“0”电平，功率管 VT 截止，绕组 W 无电流，采样电阻 R_3 上无反馈电压，A_1 放大器输出“高”电平；而当 U_{in}为“高”电平时，由与门 A_2 输出的 U_b 也是“高”电平，功率管 VT 导通，绕组 W 有电流，采样电阻 R_3 上出现反馈电压 U_f，由分压电阻 R_1、R_2 得到的电流设定电压 U_{ref}和反馈电压 U_f 相减，来决定 A_1 输出电平的高低，再由与门来控制 U_{in}信号是否通过。当 $U_{ref} > U_f$ 时，U_{in}信号通过与门，形成 U_b 正脉冲，打开功率管 VT；当 $U_{ref} < U_f$ 时，U_{in}信号被截止，无 U_b 脉冲，功率管 VT 截止。这样在一个 U_{in}脉冲内，功率管多次通断，使绕组电流在设定值上下波动。各点波形如图 7-13 所示。

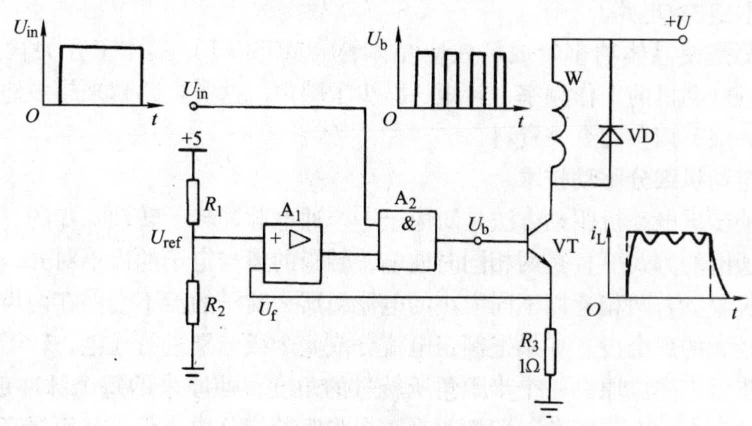

图 7-13　斩波恒流功放电路原理

在这种控制方法中，绕组电流的大小和外加电压 +U 大小无关，是一种恒流驱动方案，所以对电源要求较低。由于采样电阻 R_3 阻值较小（一般小于 1Ω），所以主回路电阻较小，系统的时间常数较小，反应较快。这种功放电路在实际中常用。

由图 7-13 原理构成的集成斩波恒流功放芯片之一是 SLA7026M。图 7-14 是一个 SLA7026M 斩波恒流功率驱动电路。其中 A、B、C、D 是四相控制信号输入端；分压电阻为 R_2、R_3，得到电流控制信号 U_{ref}，由芯片的 refA、refB 端输入；R_5、R_6 是绕组电流采样电阻（1Ω），分别接在 RSA、RSB 端上，控制绕组电流。功率输出端 OUTA、$\overline{\text{OUTA}}$、OUTB、$\overline{\text{OUTB}}$分别接到步进电动机的 A、C、B、D 四个极上。

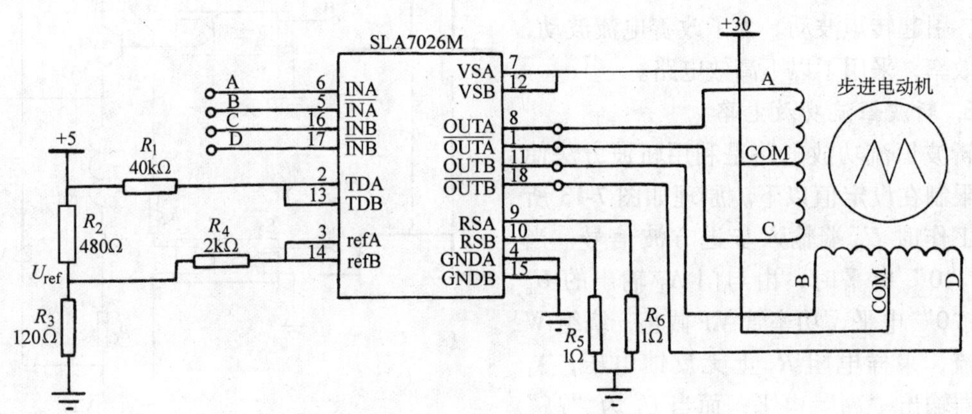

图 7-14 SLA7026M 斩波恒流功率驱动电路

该芯片的最大输出电流为 2A，可直接驱动小功率电动机。对于数控机床所用较大功率步进电动机，可在芯片输出端接大功率管，以扩展输出电流和功率。

除此之外，其他类型的功放电路还有：

1）斩波平滑功放电路。

2）恒频脉宽调制功放电路。

3）调频调压功放电路。

这些电路都是使晶体功率管或场效应晶体管（MOSFET）工作于开关状态，以提高效率，并提高步进电动机的工作频率、转矩，减少了噪声。这类电路越来越多地在实际中得到应用。具体有关细节请参阅有关资料。

五、步进电动机细分驱动技术

以上提出的步进电动机驱动方法是对应于一个通电脉冲转子转动一步的。在三相步进电动机的双三拍通电的方式下，是两相同时通电，转子的齿与定子的齿不对齐，而是停在两相定子齿的中间位置。若两相通以不同大小的电流，那么转子的齿不会停在两齿的中间，而是偏向通电电流较大的那个齿。如果把额定电流分成 n 个级分别进行通电，转子就以 n 个通电级别所决定的步数来完成原有一个步距角所转过的角度，使原来的每个脉冲走一个步距角，变成了每个脉冲走 $1/n$ 个步距角，即把原来一个步距角细分成 n 份，从而提高步进电动机的精度。这种控制方法称为步进电动机的细分控制。

图 7-15 是由图 7-13 发展而来。在图 7-13 中，在一个输入脉冲信号 U_{in} 的宽度内，绕组电流保持不变。在图 7-15 中，在原来一个输入脉冲信号 U_{in} 的宽度内，把电流按线性（或正弦规律）分成 n 份。由数字控制信号经 D/A 转换器转换得到绕组电流控制电压 U_{ref}。U_{ref} 波形如图 7-15 所示。它和采样电阻 R_e 上的电流反馈信号比较后控制 VT 的通断，保证绕组电

流值稳定在要求的级别上。在每个电流级别上，步进电动机就停在对应的角度上，实现对步进电动机的细分控制。U_b 的波形和绕组电流 i_L 的波形如图 7-15 所示。

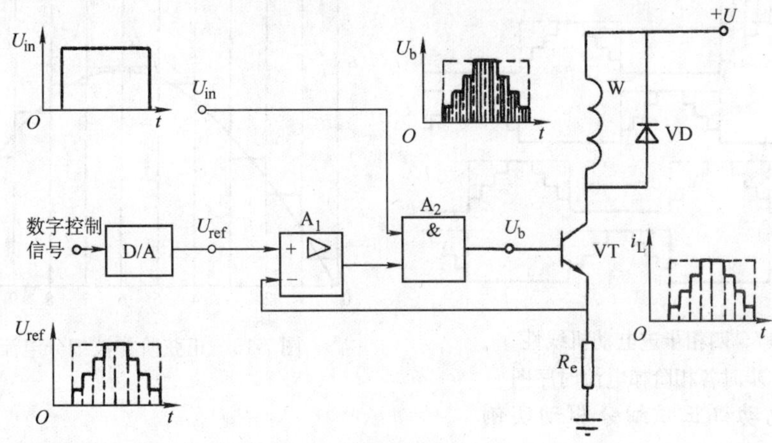

图 7-15 细分控制原理图

1. 细分驱动方案

细分方案是指阶梯电压或电流的规律。在简单的情况下绕组电流通常以线性变化，要求高时，应以正弦波规律变化。

图 7-16 是三相步进电动机线性细分 10 步的各相阶梯电流时序图。图 7-17 是四相步进电动机线性细分 8 步时各相阶梯电流时序图。原来一相的一个大脉冲由现在的 n 个阶梯脉冲替代。在这种线性细分的情况下，由于线性分配各相电流所得合成磁矢量幅值是变化的，使步进电动机转子的转角不是平均细分。而按正弦规律变化的相电流，得到的合成磁动势幅值保持不变，所以细分精确，使转子步距角实现了呈线性均匀细分。图 7-18 是正弦阶梯波细分电流波形图，阶梯波的包络线是正弦波。

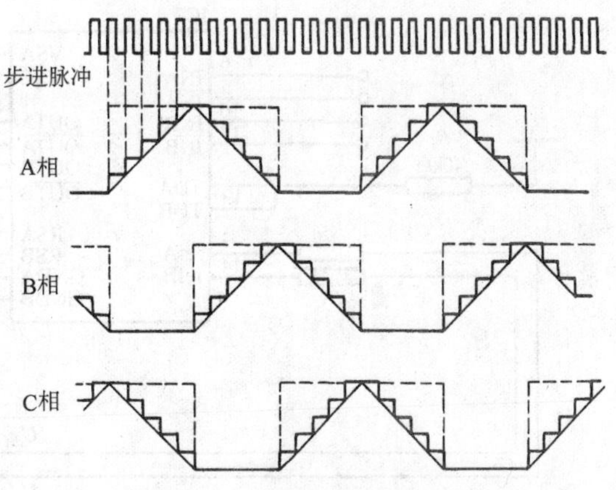

图 7-16 三相步进电动机线性细分 10 步的各相阶梯电流时序图

细分阶梯波的正弦逼近有以下几种方法：

1）正弦曲线是细分阶梯波的外包络线。

2）正弦曲线是细分阶梯波的内包络线。

3）正弦曲线是过每个细分阶梯波中间点的包络线。

4）各细分阶梯波的值是该细分点正弦值和后一点正弦值的平均值。

判断各种正弦逼近优劣的方法是：对其阶梯波的数学表达式进行傅里叶变换，根据正弦基波分量系数、余弦基波分量系数和高次谐波的系数来判断。较优良的正弦逼近应该是：正弦基波分量系数越大越好，而余弦基波分量系数和高次谐波的系数越小越好。方法 3）和 4）比较好，所以在实际系统中常用。

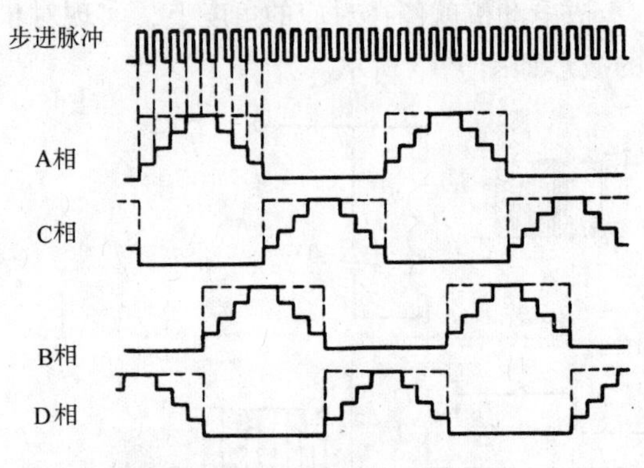

图 7-17 四相步进电动机线性细分 8 步时各相阶梯电流时序图

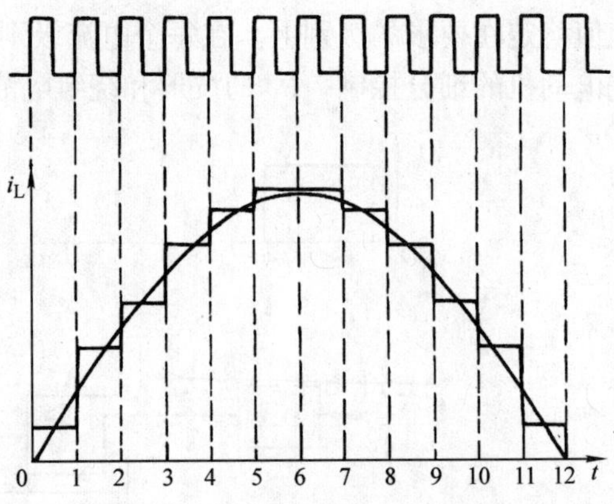

图 7-18 正弦阶梯波细分电流波形图

2. 步进电动机正弦细分驱动实例

图 7-19 是在图 7-14 的基础上，由 12 位四路 D/A 转换器 MAX526 来提供绕组电流控制电压 U_{ref}。图 7-19 的上部分和图 7-14 原理一样，是恒流驱动。图 7-19 的下部分是 MAX526 型 D/A 转换器。它的输入数据 D0 ~ D11 来自单片机的数据总线；A1、A0 是地址线，决定 D0 ~ D11 写到 A、B、C、D 四路中的哪一路输出寄存器中；由于数据总线是 8 位的，需要分时接收低 8 位和高 4 位数据，所以由 $\overline{CSLSB}$ 和 $\overline{CSMSB}$ 引脚的有效信号来决定数据写到输出

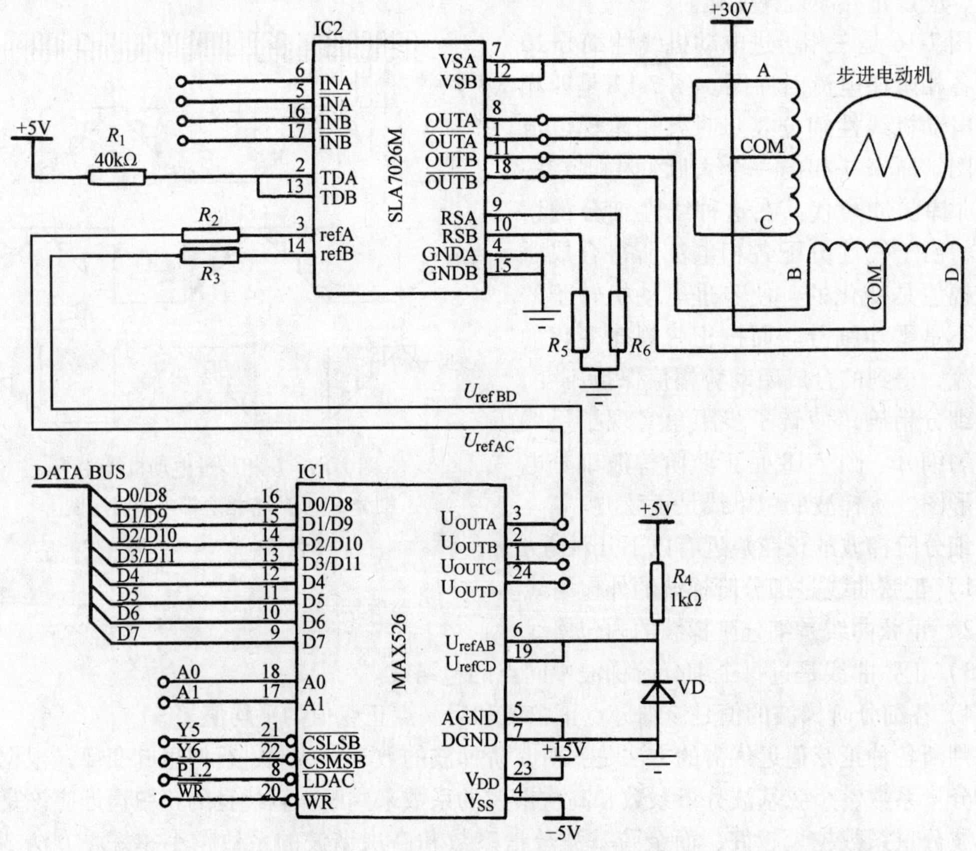

图 7-19 四相步进电动机正弦细分驱动电路

寄存器低 8 位和高 4 位上；$\overline{WR}$信号有效时把数据总线上的数据写到片内寄存器中；U_{OUTA}、U_{OUTB}、U_{OUTC}、U_{OUTD}是四路模拟信号输出端；U_{refAC}、U_{refBD}分别是 A、C 两路和 B、D 两路的 D/A 转换参考电压，它决定输出电压幅值的大小；如果输入的数字量为 M，则对应输出电压值为 $U_{OUT}=+U_{ref}\frac{M}{4096}$。此电路最大可实现步进电动机的 4096 步细分。图 7-20 是四相步进电动机正弦细分相电流时序图。图 7-21 是 SANYO DENKI 103—771—1242 型四相步进电动机 16 步细分转角精度实测曲线。由曲线可以看出，实测曲线与理想曲线基本吻合，但存在误差。这些误差可以用修正转子细分电流来补偿，从而进一步提高细分精度，达到较高的定位精度要求。

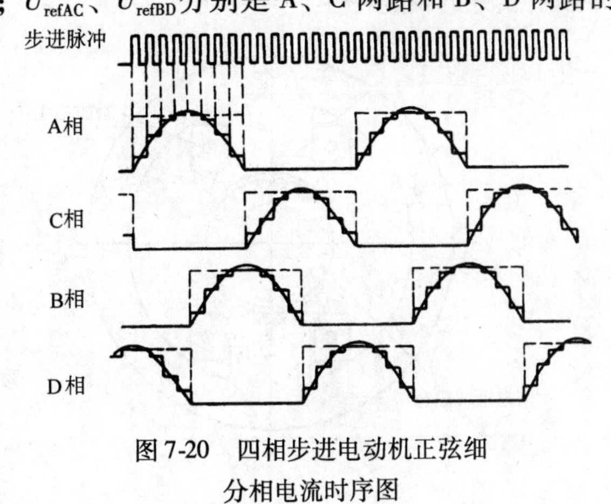

图 7-20　四相步进电动机正弦细分相电流时序图

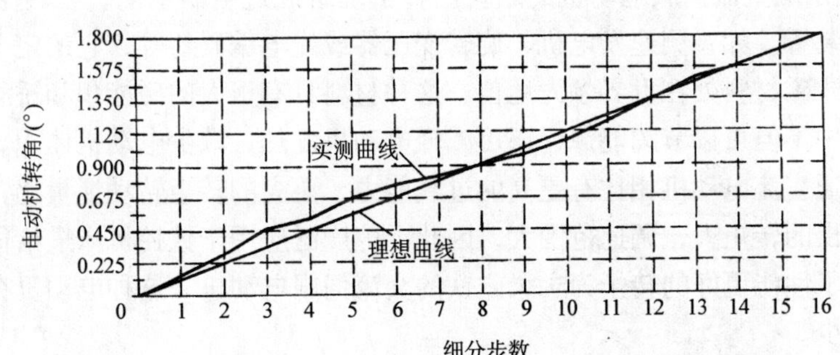

图 7-21　SANYO DENKI 103—771—1242 型四相步进电动机 16 步细分转角精度实测曲线

总之，步进电动机细分后，由 n 微步来完成原来一步距所转过的角度，所以在电动机和机械系统不变的情况下，通过细分驱动可得到更小的脉冲当量，因而提高定位精度。由于绕组电流均匀由小增到最大，或由最大均匀减到最小，避免了电流冲击，基本消除步进电动机低速振动，使步进电动机低速运转平稳，无噪声。步进电动机细分控制在实际中得到广泛应用。

第三节　直流伺服系统

一、直流伺服电动机的结构和工作原理

图 7-22a 是一般的直流电动机结构原理图，主要由定子、转子、电刷等几部分组成，在定子上有励磁绕组和补偿绕组，转子绕组通过电刷供电。由于转子磁场和定子磁场始终正交，因而产生转矩，使转子旋转。由图 7-22b 可知，定子励磁电流 i_f 产生定子磁动势 F_s，转子电枢电流 i_a 产生转子磁动势 F_r，F_s 与 F_r 垂直正交，补偿绕组与电枢绕组串联，电流 i_a 又

产生补偿磁动势 F_c，F_c 与 F_r 方向相反，它的作用是抵消电枢磁场对定子磁场的扭斜，使电动机有良好的调速特性。

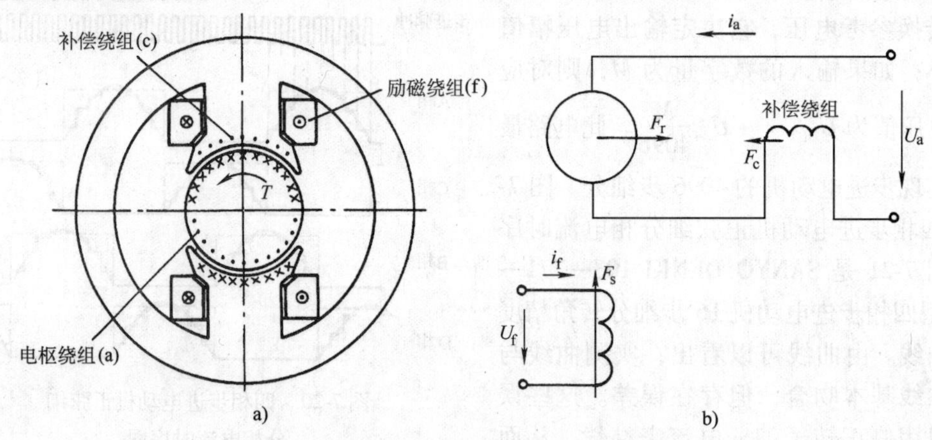

图 7-22 直流伺服电动机的结构和工作原理

图 7-23 是永磁直流伺服电动机的结构。转子绕组通过电刷供电，在转子的尾部装有位置、速度测量装置。如：测速发电机、旋转变压器或光电编码器等，它的定子磁极是永久磁铁。我国稀土永磁材料处在世界领先地位，这种材料具有很大的磁能积和矫顽力。把永磁材料用在电动机中不但可以节约能源，还可减轻电动机发热，减少电动机体积。永磁式直流伺服电动机与普通直流电动机相比有更高的过载能力，更大的转矩转动惯量比，加速度大，响应快，低速输出的转矩大，调速范围大，因此，曾广泛应用于数控机床进给伺服系统中。由于近年来出现了性能更好的转子为永久磁铁的交流伺服电动机，这种电动机在数控机床上的应用才越来越少。

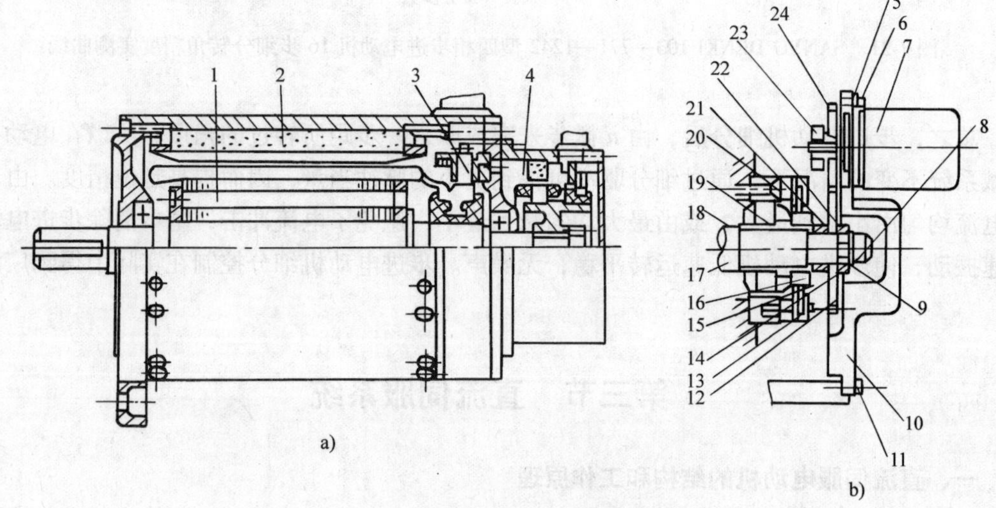

图 7-23 永磁直流伺服电动机的结构

1—转子 2—定子（永磁体） 3、15—电刷 4—低波纹测速机 5—旋变支承 6—内六方螺栓 M3 7—旋转变压器 8—内六方螺栓 M6 9—弹簧垫圈 10—安装平面 11—内六方螺钉 M4 12—齿轮 13—小平头螺钉 14—平垫圈 16—整流子 17—电动机轴 18、21、22—空隔圈 19—测速机 20—小埋头螺钉 23—夹紧螺母 24—小间隙齿轮

二、直流电动机的 PWM 调速原理

由电工学的知识可知：在转子磁场不饱和时，改变电枢电压可改变转子转速。由于电动机是电感组件，转子的重量也较大，有较大的电磁时间常数和机械时间常数，因此，电枢电压可用周期远小于电动机机械时间常数的方波的平均电压来代替。图 7-24 是用方波电压调速的原理图，利用大功率晶体管的开关作用，将直流电源电压转换成高频方波电压，加在直流电动机的电枢绕组上。通过对占空比的控制，来控制加到电枢绕组两端的平均电压，达到调速的目的。占空比是有效电平所占周期时间与整个周期时间的比值。图 7-24 中 K 代表大功率晶体管开关放大器，则电枢两端的平均电压 U_d 为

$$U_d = \frac{\tau}{T}U \tag{7-3}$$

式中　U——电源电压；

τ——每周期开关管 K 闭合时间；

T——开关周期，若开关频率为 2000Hz，则 $T = 0.005$s；

$\frac{\tau}{T}$——占空比，改变占空比可改变 U_d。

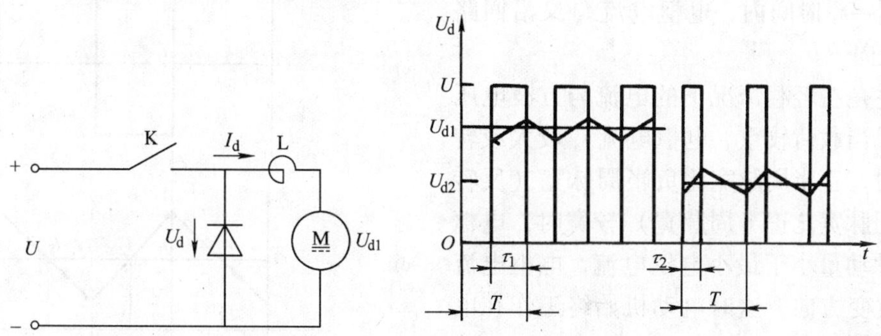

图 7-24　用方波电压调速的原理图

在电枢两端接有续流二极管，当 K 闭合时二极管不导通。当 K 断开时，电枢绕组产生的感应电流通过它构成闭合回路。PWM（Pulse Width Modulated）调速是在大功率开关晶体管的基极上，加上脉宽可调的方波电压，控制开关管的占空比 τ/T，达到调速的目的。

三、PWM 系统功率转换电路

PWM 系统功率转换电路有多种方式，这里仅以 H 形双极可逆功率转换电路为例说明其工作原理。如图 7-25 所示，它由四个大功率晶体管和四个续流二极管组成，四个大功率管分为两组，VT_1 和 VT_4 为一组，VT_2 和 VT_3 为另一组。同一组中的两个晶体管同时导通或同时关断。一组导通时另一组关断，两组交替导通和关断，不能同时导通。把一组控制方波加到一组大功率晶体管的基极上，同时把反向后的该组方波加到另一组的基极上，就能达到上述目的。图 7-26 是 H 形双极模式 PWM 电压电流

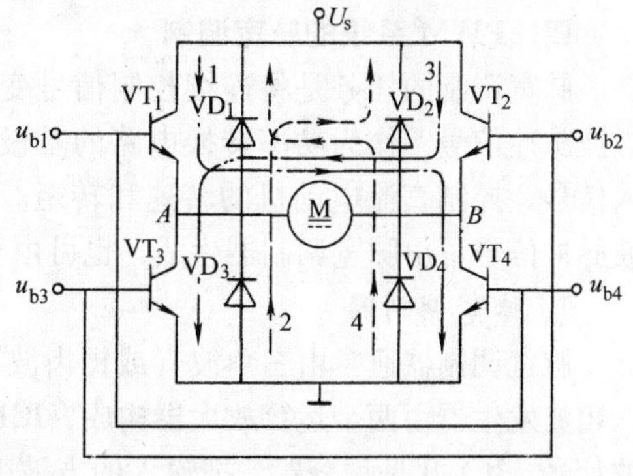

图 7-25　H 形双极可逆功率转换电路

波形。由图7-26可知，加在u_{b1}和u_{b4}上方波的正半波比负半波宽，因此加到电动机电枢两端的平均电压为正（设从A到B为正），电动机正转。在$0 \leqslant t < t_1$期间，u_{b1}、u_{b4}为正，晶体管VT_1和VT_4导通；u_{b2}、u_{b3}为负，VT_2、VT_3截止。当外加电压大于反电动势（$U_s > E_g$）时，电枢电流i_a从A流向B，电动机为正转。在$t_1 \leqslant t < T$期间，u_{b1}、u_{b4}为负，VT_1、VT_4截止。虽然u_{b2}、u_{b3}为正，但在电枢反电动势的作用下，在$t_1 \to t_2$期间，VT_2、VT_3不能导通，电流经VD_3、电动机、VD_2沿路线2流动，维持i_a从A流向B。在t_2点，i_a衰减到零，在$t_2 \to T$期间，VT_2、VT_3导通，电流经VT_2、VT_3沿回路3从B流向A。电动机工作在反接制动状态。在$T \to t_3$期间，u_{b1}、u_{b4}为正，VT_1、VT_4不能导通，电流经VD_1、VD_4沿路线4流动，维持i_a从B流向A。在电源电压U_s的作用下，使反向电流迅速衰减到零，在$t_3 \to t_4$时间内，电枢电流i_a又沿回路1从A流向B。

上述是在轻载情况下的电流与方波电压的关系。当载荷较重、电枢电流i_a较大或转速较高时，正半周脉宽比负半周脉宽（反转时负半周脉宽比正半周脉宽）较宽时，电枢电流的脉动量小于最小电枢电流，电枢电流i_a不会改变方向，这时电动机始终工作在电动机状态。

当方波电压的正、负宽度相等时，加到电枢的平均电压等于零，电动机不转，这时电枢回路中的电流没有断续，而是流过一个交变的电流，这个电流可使电动机发生高频颤动，有利于减小静摩擦。

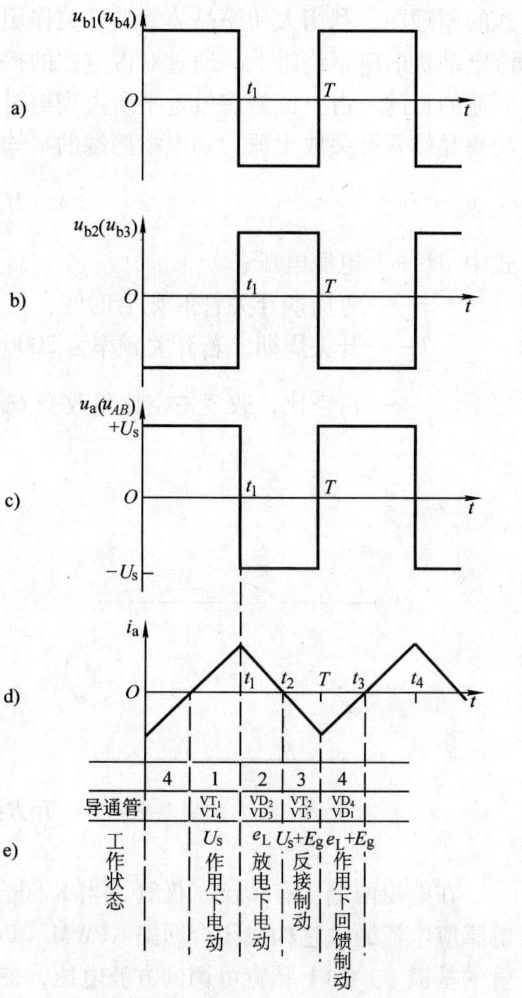

图7-26 H形双极模式PWM电压电流波形
a）VT_1、VT_4基极励磁电压 b）VT_2、VT_3基极励磁电压
c）电枢电压波形 d）电枢电流波形
e）工作状态表示

四、PWM系统的脉宽调制

脉宽调制的任务是将连续控制信号变成方波脉冲信号，作为功率转换电路的基极输入信号，控制直流电动机的转速和转矩。方波脉冲信号可由脉宽调制器生成，也可由全数字软件生成。

1. 脉宽调制器

脉宽调制器通常由三角波（或锯齿波）发生器和比较器组成，如图7-27所示。图中的三角波发生器由两个运算放大器构成，IC1-A是多谐振荡器，产生频率恒定且正负对称的方波信号，IC1-B是积分器，把输入的方波变成三角波信号U_t输出。三角波发生器输出的三角波应满足线性度高和频率稳定的要求。只有满足这两个要求才能保证调速精度。

三角波的频率对伺服电动机的运行有很大的影响。由于PWM功率放大器输出给直流电动机的电压是一个脉冲信号，有交流成分，这些不做功的交流成分会在电动机内引起功耗和发热，为减少这部分的损失，应提高脉冲频率，但脉冲频率又受功率组件开关频率的限制。目前脉冲频率通常在16～25kHz范围内，对于小功率的电动机，应采用较高的脉冲频率。脉冲频率是由三角波调制的。三角波频率等于控制脉冲频率。

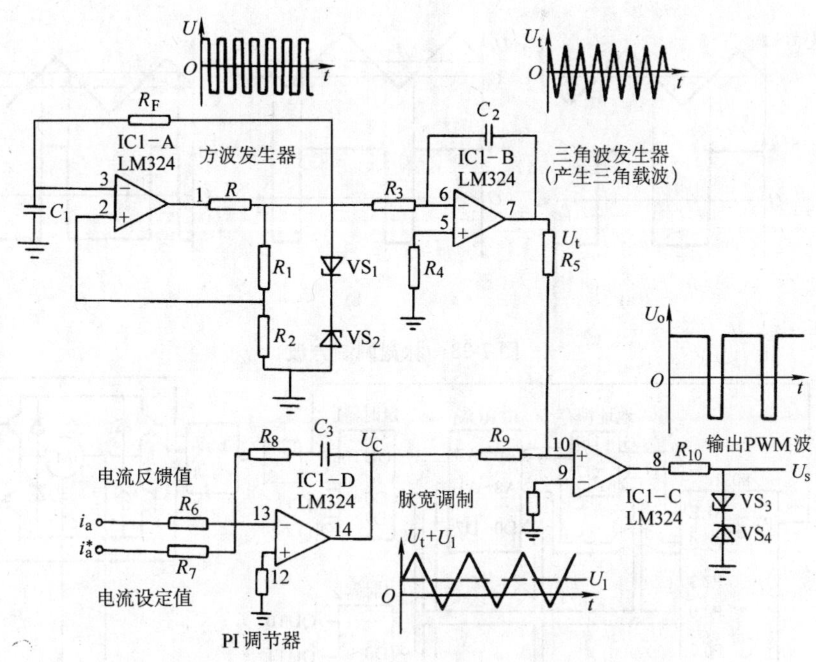

图7-27　三角波发生器及PWM（脉宽调制）原理图

比较器IC1-C的作用是把输入的三角波信号 U_t 和控制信号 U_C 相加，输出脉宽调制方波，如图7-28所示。当外部控制信号 $U_C=0$ 时，比较器的输出为正负对称的方波（图7-28a），分量为零。当 $U_C>0$ 时，U_C+U_t 对接地端是一个不对称三角波，平均值高于接地端，因此输出方波的正半周较宽，负半周较窄。U_C 越大，正半周的宽度越宽，直流分量也越大（图7-28b），所以电动机正向旋转越快。当控制信号 $U_C<0$ 时，U_C+U_t 的平均值低于接地端，IC1-C输出的方波正半周较窄，负半周较宽。U_C 越小，负半周越宽（图7-28c），因此电动机反转越快。

2. 计算机软件形成控制方波

在全数字的数控系统中可用定时器生成控制方波，有些单片机芯片内部设置了可产生PWM控制方波的定时器，用程序控制脉宽的变化。图7-29是用8031单片机控制的全数字系统，通过8031的P0口向定时器1和2送数据。当指令速度改变时，由P0口向定时器输送新的计数值，用来改变定时器输出的脉冲宽度。速度环和电流环的检测值经模数转换后的数字量也由P0口读入，经计算机处理后，再由P0口送给定时器，及时地改变脉冲宽度，控制电动机的转速和转矩。

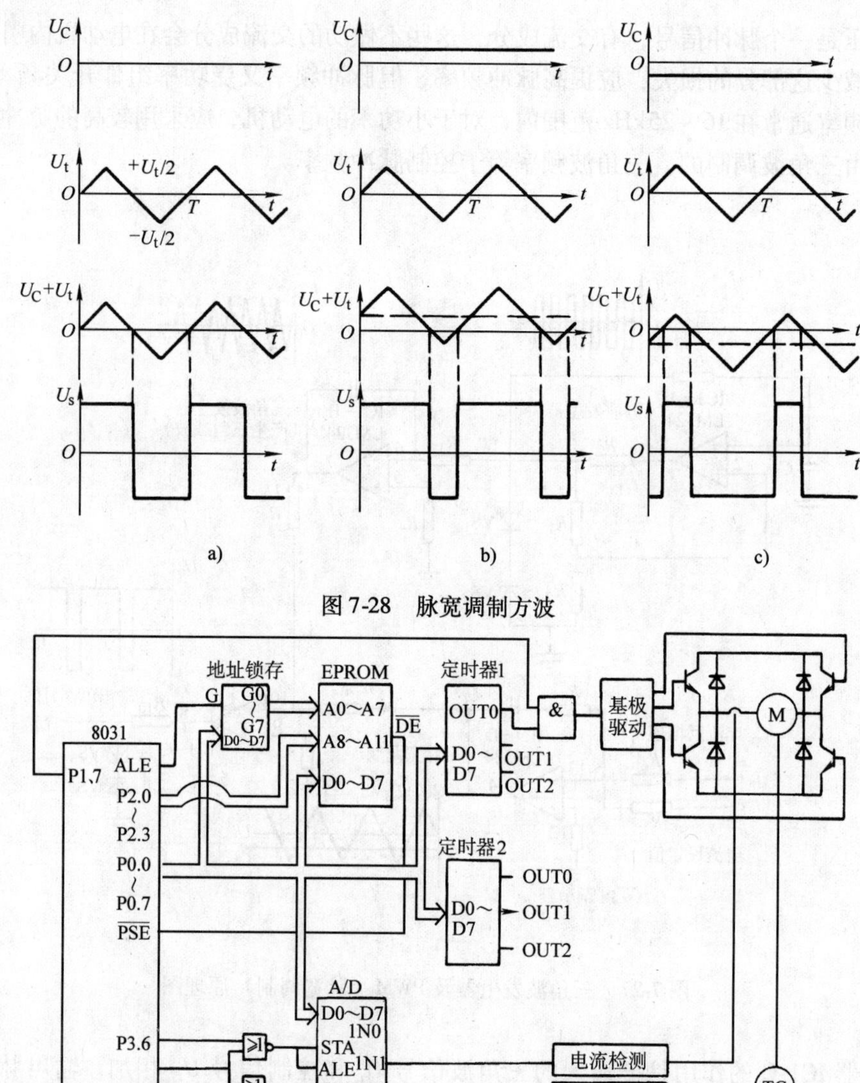

图 7-28 脉宽调制方波

图 7-29 用 8031 单片机控制的全数字系统

五、直流伺服电动机的调速

1. 直流电动机的特性

由电工学知：稳态时

$$U_a = E + i_a R_a \tag{7-4}$$

$$E = C_e \Phi n = K_E n \tag{7-5}$$

$$T_d = C_m \Phi i_a = K_T i_a \tag{7-6}$$

式中 U_a——电枢外加电压；

E——电枢反电动势；

i_a——电枢电流；

R_a——电枢绕组电阻；

C_e—— 电动势常数；

Φ——主磁极磁通；

n——转子转速；

T_d——电磁转矩；

C_m——转矩常数；

K_E——反电动势系数；

K_T——转矩系数。

由式（7-4）~式（7-6）可推导如下关系

$$n=\frac{U_a}{C_e\Phi}-\frac{R_a}{C_eC_m\Phi^2}T_d \tag{7-7}$$

令 $n_0=U_a/(C_e\Phi)$ 为理想空载转速，则

$$n=n_0-\frac{R_a}{C_eC_m\Phi^2}T_d \tag{7-8}$$

由式（7-7）和式（7-8）可知：改变电枢电压 U_a 可改变 n_0 值；当外载发生变化时，T_d 要随之变化，因而在 U_a 不变的情况下，n 也会发生变化，载荷越大 n 越低。对于他励直流电动机，在未达到磁饱和时，主磁通随励磁电流的大小而变化，减小励磁电流时，Φ 随之减小，因而使 n 值增大。由于数控机床进给伺服直流电动机的定子的磁极通常为永磁体，主磁通固定不变，因而只能在额定转速以下调速，图 7-30 是他励直流电动机的机械特性。

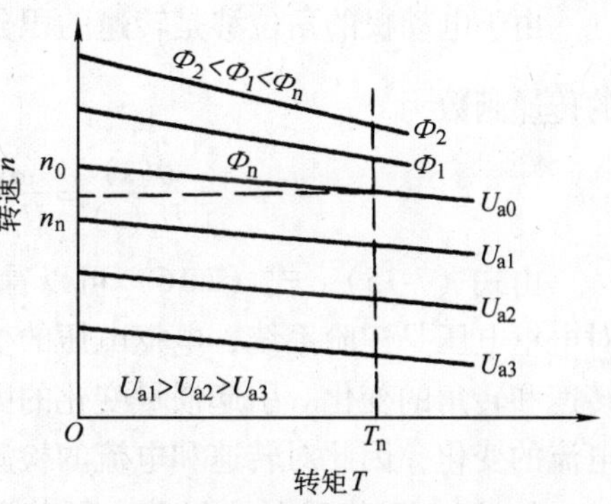

图 7-30　他励直流电动机的机械特性

以上是稳态特性。当电枢外加电压和外载突变时，电动机的响应过程是动态特性。电压和转矩的平衡方程为

$$U_a-E=i_aR_a+L_a\frac{di_a}{dt} \tag{7-9}$$

$$T_d-T_e=J\frac{d\omega}{dt} \tag{7-10}$$

式中　L_a——电枢电感；

T_e——负载转矩；

ω——转子角速度；

J——折算到电动机轴上的总转动惯量。

对式（7-9）、式（7-5）、式（7-10）、式（7-6）进行拉普拉斯变换得

$$U_a(s)-E(s)=R_ai_a(s)+L_asi_a(s) \tag{7-11}$$

$$E(s)=K_E\omega(s) \tag{7-12}$$

$$T_d(s)-T_e(s)=Js\omega(s) \tag{7-13}$$

$$T_d(s)=K_Ti_a(s) \tag{7-14}$$

据上式可画出传递函数框图，如图 7-31 所示。当 $T_e=0$ 时，由式(7-11)~式(7-14)得出

电动机转速对电枢电压的传递函数为

$$\frac{\omega(s)}{U_a(s)}=\frac{K_T}{L_aJs^2+R_aJs+K_EK_T} \tag{7-15}$$

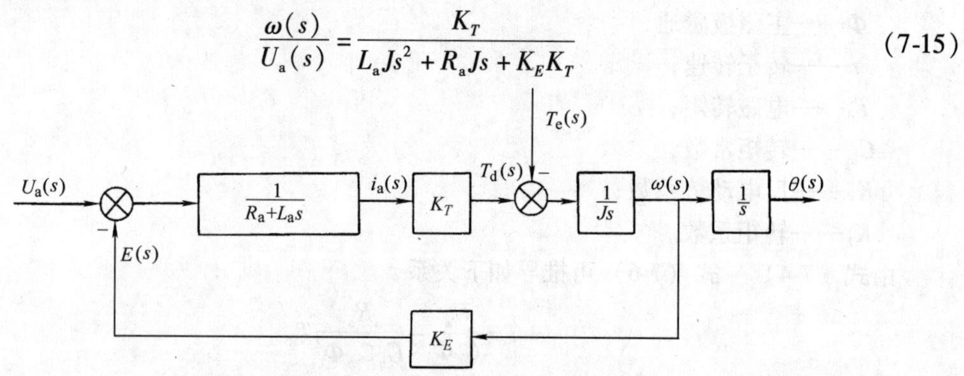

图 7-31　直流伺服电动机传递函数框图

由于电动机的角位移是转速的积分，即 $\theta(s)=\frac{1}{s}\omega(s)$，所以电动机角位移对电枢电压的传递函数为

$$\frac{\theta(s)}{U_a(s)}=\frac{\omega(s)}{U_a(s)s}=\frac{1}{s}\frac{K_T}{L_aJs^2+R_aJs+K_EK_T} \tag{7-16}$$

由式（7-15）、式（7-16）可以看出，电动机的角速度对电枢电压是二阶系统，角位移对电枢电压是三阶系统，电枢电压的变化会引起转速和转角的变化。惯量 J 的变化也会引起转速和转角的变化。引起惯量变化的因素主要是负载转矩，而负载转矩的变化又会引起电枢电流的变化，因此对转速和电流的检测可以测量电动机的速度是否稳定。

2. 积分调节器和比例积分调节器

（1）积分调节器和积分控制规律　图 7-32 为用运算放大器构成的积分调节器原理及特性，利用电容 C 充放电作用工作。由于 A 点为“虚”地，运算放大器的内阻为无穷大，则有

$$i=U_{in}/R_0 \tag{7-17}$$

$$U_{ex}=-\frac{1}{C}\int i\mathrm{d}t=-\frac{1}{R_0C}\int U_{in}\mathrm{d}t=-\frac{1}{\tau}\int U_{in}\mathrm{d}t \tag{7-18}$$

式中　τ——积分时间常数，$\tau=R_0C$。

上式表明，输出电压 U_{ex} 为输入电压 U_{in} 对时间的积分，负号表示它们在相位上是相反的。当输入信号由零阶跃到某一电压值时，电容将以近似恒流方式进行充电，输出电压与时间 t 成线性关系，这时有

$$U_{ex}=-\frac{U_{in}}{\tau}t \tag{7-19}$$

当 $t=\tau$ 时，$U_{ex}=-U_{in}$。

积分调节器有三个重要特性：

1）延缓性。由于电容充放电需要时间，因此，输入阶跃电压后，输出变化较缓慢，且成线性关系增长。

2）保持性。当输入的阶跃信号 U_{in} 变为零后，输出仍能保持在输入信号改变前的瞬时

值上。若信号在 $t<\tau$ 时消失，则 $U_{ex}=-U_{in}t/\tau$；若信号在 $t\geqslant\tau$ 时消失，则 $U_{ex}=-U_{in}$。

3）累加性。当输入一个阶跃信号后，再输入若干个阶跃信号，在输出端能把这些信号累加起来，若阶跃信号是上跳变则相加，下跳变则相减。若输入的阶跃信号分别是 U_{in1}、U_{in2}、U_{in3}、$-U_{in4}$，则输出为

$$U_{ex}=-U_{in1}t_1/\tau-U_{in}t_2/\tau-U_{in3}t_3/\tau+U_{in4}t_4/\tau \tag{7-20}$$

式中 t_1、t_2、t_3、t_4——各信号的维持时间。

图 7-32c 表示了积分调节器的保持性和累加性。由于输入端阶跃信号的跳变量不同，使各段斜线的斜率不同。

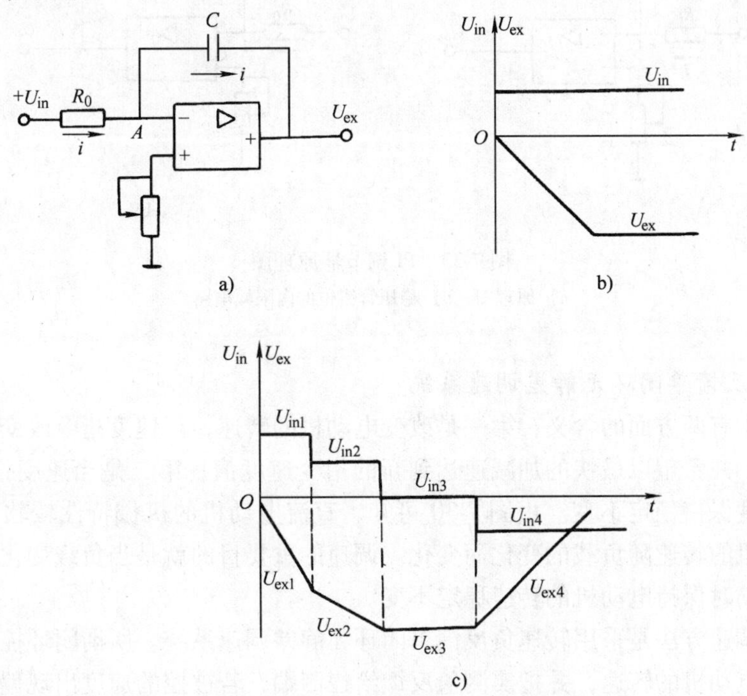

图 7-32 用运算放大器构成的积分调节器原理及特性

a）原理图 b）输入阶跃信号时输出特性 c）积分调节器的保持性和累加性

（2）比例积分（PI）调节器 图 7-33 是 PI 调节器原理图。由于运算放大器的内阻无穷大，A 点为“虚”地，因此 $i=U_{in}/R_0$，输出端电压为

$$U_{ex}=-iR_1-\frac{1}{C}\int i\mathrm{d}t=-\frac{R_1}{R_0}U_{in}-\frac{1}{R_0C}\int U_{in}\mathrm{d}t=-K_PU_{in}-\frac{1}{\tau}\int U_{in}\mathrm{d}t \tag{7-21}$$

输入阶跃信号时，有

$$U_{ex}=-K_PU_{in}-\frac{t}{\tau}U_{in} \tag{7-22}$$

由式（7-21）可知，PI 调节器的输出电压 U_{ex} 由比例和积分两部分组成，在输入端加入阶跃信号的瞬间，电容 C 相当于短路，相当于一个放大系数为 K_P 的比例环节，输出端的电压立即为 K_PU_{in}，此后，随着电容的充电，输出电压 U_{ex} 开始积分，其数值不断增长，直到稳态。达到稳态后，即使输入信号为零输出仍维持稳态值，只有输入信号变为负值才下降。比例部分的放大作用加快了系统的调节过程，积分部分发挥了保持性和累加性特征，可实现稳态无

静差调速。

图 7-33b 是稳压管钳位的内限幅电路，最简单的内限幅电路是利用两个对接的稳压管电路。当输出电压超过限幅值时，相应的稳压管反向击穿，产生较强的负反馈作用，使输出电压不能超过限幅值。限幅的作用是使输送到电动机电枢绕组中的最高电压和最大电流不超过电动机允许的最大值，以达到保护电气设备的目的。

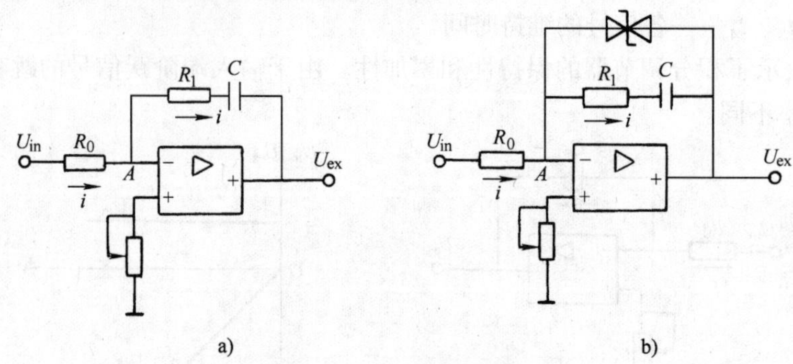

图 7-33 PI 调节器原理图

a）原理图 b）稳压管钳位的内限幅电路

3. 转速负反馈单闭环无静差调速系统

调速的概念有两方面的含义：第一是改变电动机的转速，当速度指令改变时，电动机的转速随着改变，并希望以最快的加减速达到新的指令速度值；第二是当速度指令值不变时，希望电动机速度保持稳定不变。由图 7-30 可知，直流电动机的机械特性较软，当外加电压不变时，电动机的转速随负载的变化而变化。调速的重要目的就是当负载变化时或电动机驱动电源电压波动时保持电动机的转速稳定不变。

最基本的调速方法是采用转速负反馈单闭环无静差调速系统。所谓闭环控制就是利用测量元件测量出电动机的转速，并把实测值反馈给控制端，若被控的速度出现偏差，系统就自动纠偏，保持速度稳定。所谓无静差调速是指稳定运行时，输入端的给定值与实测量的反馈值保持相等，相差为零，当电动机的速度变化时，反馈值与给定值才不相等，用两者的差值纠正速度偏差。用比例积分（PI）调节器可以实现闭环无静差调速，PI 调节器输入端输入给定值和反馈值，当两者之差不等于零时，比例部分能迅速响应控制作用，积分部分则最终消除稳态偏差。

图 7-34 是速度负反馈单闭环调速系统原理简图，它由 PI 调节器、PWM、基极驱动电路和功率转换电路组成。基极驱动电路有多种，这里采用了阻容延时电路，当 PWM 输出的脉冲在正半周时，经 R_2C_2 延时后由 A_3 输出高电平，使 VT_1、VT_4 导通，由于 VD_2 是导通的，正半周信号经 A_4 反向端输入，所以 A_4 的输出是负值，使 VT_2、VT_3 截止。当 PWM 输出脉冲的负半周时，经 R_3C_3 延时，由 A_4 输出高电平，使 VT_2、VT_3 导通，此时，A_3 输出低电平，VT_1、VT_4 截止。阻容延时电路用于防止电动机驱动的 H 桥直臂导通，当 PWM 输出的脉冲由正半周变为负半周时，由于二极管 VD_1 导通，使得 VT_1、VT_4 迅速截止，再经 R_3C_3 延时，才能使 A_4 输出高电平，使 VT_2、VT_3 导通。这样就使得 VT_1 先关断，再使 VT_3 导通。防止由于功率管关断时间的延迟，造成一只管子尚未关断，同一桥臂的另一只管子短路，而

烧毁管子的后果。当 PWM 输出的脉冲由负半周变为正半周时，道理相同。

当突加负载时，电动机转矩失去平衡，转速迅速下降，使实测值 U_n 小于给定值 U_n^*，$\Delta U_n = U_n^* - U_n \neq 0$，此偏差使 PI 调节器的输出 U_c 产生一个增量 ΔU_c，这个增量使 PWM 输出方波的占空比发生变化（此时，由于 $U_n < U_n^*$，ΔU_c 使 $-U_c$ 的绝对值增大），使电动机转速增加，直到 $U_n = U_n^*$ 为止，电动机转速恢复到加载前的值，这时 U_c 比加载前已增加了一个 ΔU_c 的值，即

$$\Delta U_c = K_P \Delta U_n + \frac{1}{\tau}\int \Delta U_n \mathrm{d}t \tag{7-23}$$

由于 ΔU_c 引起 PWM 输出方波占空比的变化，因而改变了电枢电流，使电动机产生的电磁转矩与外载平衡。稳态后转速恢复到加载前的数值，保持稳定不变。

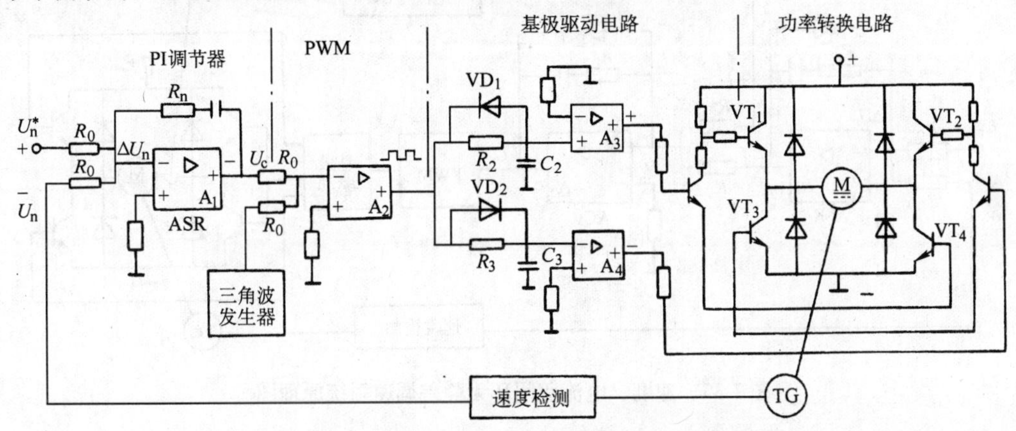

图 7-34　速度负反馈单闭环调速系统原理简图

当外载不变时，改变给定值 U_n^*，在突变的瞬间，检测值 U_n 与给定值 U_n^* 不相等，即 $\Delta U_n = U_n^* - U_n \neq 0$，因而使 PI 调节器的输出 U_c 发生变化，这个变化也会使 PWM 输出的方波占空比发生变化。由于外载不变，这个占空比的变化最终用来改变电动机的速度，而没有改变电枢电流。当电动机的速度达到给定值 U_n^* 时，检测值 U_n 与给定值 U_n^* 相等，电动机达到新的稳态。

在上述的速度负反馈单闭环调速系统中，可以保证在系统稳定时实现转速无静差，但动态响应过程不是很理想。最大的缺点是不能控制电枢电流的波形。在电动机升速的过程中，希望电枢电流一直保持恒定的最大允许值，使电动机处在最大转矩恒值下加速，这样就可以充分利用电动机的过载能力，获得最快的动态响应。

对于一般直流伺服电动机，电磁时间常数 T_i（受整个电枢回路的阻抗影响）的数值通常在 10～30ms，有的小于 1ms。而机械常数 T_m（受电动机转子及被拖动部分折算到电动机轴上的惯量影响）数值较大，从几毫秒到几秒。由于 T_i 和 T_m 相差较大，用一个调节器调节两个参数，很难达到良好的动态品质。

为克服上述单闭环系统的缺点，采用速度、电流双闭环调速系统更为理想。

4. 速度、电流双闭环调速系统

图 7-35 是速度、电流双闭环无静差调速系统原理图，在系统中设置了两个调节器，分

别调节转速和电流。电流调节器（ACR）在内环，速度调节器（ASR）在外环。速度调节器是主调节器，电流调节器是从调节器，内环的工作从属外环。两个调节器都可采用PI调节器。为限制输出电压过大，防止超过允许值，可采用带限幅的调节器。

（1）突加给定值时的起动过程　设起动前系统处于停车状态，此时 $U_n^*=0$，$U_n=0$，在突加给定信号 U_n^* 的瞬间，电动机转速 $n=0$，此时，$\Delta U_n=U_n^*-U_n\neq0$ 有最大值，若速度调节器（ASR）采用的是带限幅的PI调节器，则很大的 ΔU_n 使ASR的输出 i^* 迅速达到饱和值 i_m^*，并且一直持续到 ΔU_n 为负值时，即实测 U_n 略高于给定值 U_n^* 为止。这是因为PI调节器有积分作用，在 ΔU_n 为正时，ASR的输出有累加性，在达到饱和值以后，由于限幅电路的作用停止累加，只有在 ΔU_n 为负值时才能退出饱和状态。

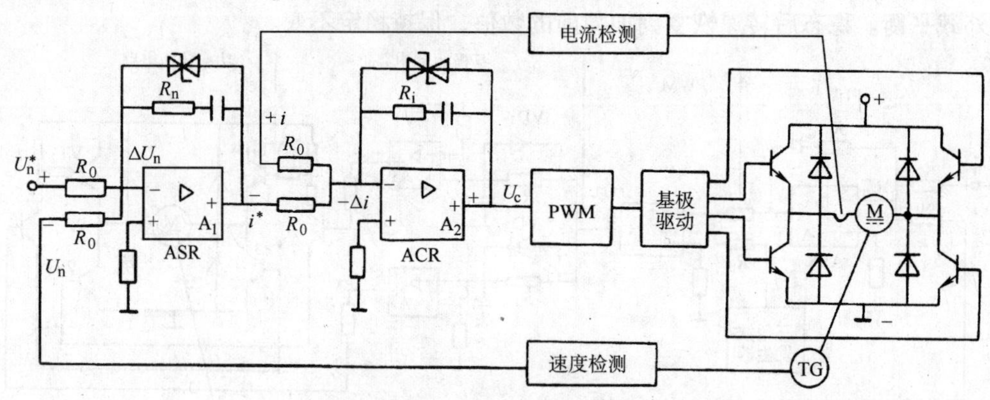

图7-35　速度、电流双闭环无静差调速系统原理图

在刚起动的瞬间，由于电动机电流的反馈值 $i=0$，在 $-i_m^*$ 作用下，电流调节器（ACR）的输入信号 $|-\Delta i|=|-i_m^*+i|$ 有最大值，在这个信号作用下，ACR的输出 U_c 迅速加大，因而使PWM输出的控制方波的脉宽发生变化，电枢电流迅速加大，电动机起动。当起动电流达到最大值时，电流反馈值 i 与最大电流给定值 i_m^* 几乎相等，ACR的输入信号 $-\Delta i=0$，它的输出信号 U_c 达到最大稳定值，这时电动机的电枢电流也稳定在最大值，电动机在最大转矩下迅速升速，直至达到给定转速。由于电磁时间常数 T_i 比机械常数 T_m 小得多，使电枢电流达到最大起动电流的时间比转子达到给定转速的时间小得多，从电枢达到最大电流到转子达到给定转速的时间内是最大转矩加速，这就使起动的动态响应时间最短。

在转速达到给定值的瞬间，ASR的反馈值 U_n 与给定值 U_n^* 相等，$\Delta U_n=0$，但它的输出仍为最大饱和值 $-i_m^*$。ACR也处在最大稳定值，电动机仍在加速，当 $U_n>U_n^*$ 时，ΔU_n 为负值，ASR退出饱和状态，它的输出值 $|-i^*|$ 开始减小，若电流反馈值 i 仍然是最大起动电流值，则 $-i^*+i$ 变为正值。由于PI调节器的反相作用，ACR的输出 U_c 减小，PWM输出的控制方波发生变化，使电动机降速，电枢电流减小，直到 $|U_n^*|=|U_n|$ 且 $|-i^*|=|-i|$，达到稳定状态。

（2）抗负载扰动过程　在速度给定电压 U_n^* 不变的情况下，电动机负载变化时，双环系统能很好地维持电动机的速度不变。其调节过程如下：负载加大时，电动机降速，U_n 减小，$\Delta U_n=U_n^*-U_n$ 增大，$|-i^*|$ 增大，在刚加载的瞬间 i 没变，因而使 $|-\Delta i|=|-i^*+i|$ 增大，进而使ACR的输出 U_c 增大，PWM输出方波的占空比变化，使电枢电流增大。此后，若

ΔU_n 大于零，在 PI 调节器的累加性作用下，$|-i^*|$就增大，并大于跟踪的电流反馈值 i，而使 $-\Delta i$ 不改变符号，U_c 继续增加，电枢电流继续加大，使电动机升速，直到 $\Delta U_n=0$ 且 $-\Delta i=0$、U_c 维持在新的稳定数值上，用来平衡变化后的外载，保持速度不变。

负载减小时的调节过程与上述变化相反。

（3）抗电网电压扰动的过程　当 PWM 输出的方波不变时，电网电压的波动首先引起电枢电流的变化，由于电枢电流的变化比电动机转子转速的变化快得多，因而在转速尚无明显变化时，电流反馈值 i 已发生变化，进而引起 $-\Delta i$ 和 U_c 的变化，最后引起 PWM 方波占空比的变化，来消除因电网电压波动而引起的电枢电流的变化。

由上述分析可知：负载的变化首先引起转速的变化，速度调节器 ASR 起主导作用；而电网电压的波动，首先引起的是电流变化，电流调节器 ACR 起主导作用。双环系统在两个调节器的协调工作下，使调速性能更为理想。

5. 全数字直流调速系统原理

除上述介绍的调速原理外，全数字调速系统是最先进的调速方法。数字伺服系统的最大特点是除功率放大组件和执行组件的输入信号与输出信号是模拟量外，其余的控制信号均为数字信号。由于计算机的计算速度很高，对速度检测值和电流检测值的处理时间也是很短的。计算机要在几毫秒时间内计算出速度环和电流环的输入输出数值及产生控制方波的数据，控制电动机的转速和转矩。

（1）采样周期　全数字控制的特点是按每个采样周期，间断地给出控制数据。采样周期受闭环系统频带宽度和时间常数影响，电流环的采样周期为 1～3.3ms，当电磁时间常数 T_i 很小时，采样时间应小于 1ms；速度环的采样时间可为 10～15ms。在每个采样周期内，计算机必须完成一次全部控制数据计算，输出一次控制数据，对电动机的速度和转矩控制一次。采样周期越短，控制得越及时，但采样时间越短，采样精度越难以精确。采样周期也受计算机的计算速度影响，计算机必须有充足的时间执行完全部程序，否则将不能给出控制数据。

（2）数字 PI 调节器　在全数字系统中，速度环和电流环不是靠 PI 调节器调节的，而是由计算机计算出的数据调节的。因计算公式的功能与 PI 调节器功能相同，因而称数字 PI 调节器。根据模拟 PI 调节器的工作原理，并按每一采样周期给出一次数据的离散化思想，求出速度环和电流环的差分方程，根据差分方程计算出每一采样周期的控制值。差分方程的形式如下

$$Y_n = K_1\Delta U_n + K_2\sum_{i=0}^{n}\Delta U_i \tag{7-24}$$

式中　K_1——放大系数，相当于式（7-21）中的 K_P；

K_2——相当于式（7-21）中的$\frac{1}{\tau}$；

ΔU_n——当前的给定值与前一次给定值之差；

ΔU_i——每个采样周期的采样值与给定值之差；

Y_n——每个采样时间输出的控制值。

上式可用于速度环和电流环。由于电流环的给定值就是速度环输出的控制值，因此电流环在每个速度环的采样周期内都获得新的给定值，式（7-24）用在电流环时 ΔU_n 随速度环

的采样周期而变化。但速度环的采样周期远大于电流环，因此在电流环内 ΔU_n 还是相对稳定的。对于速度环来说，给定值取决于前面的位置环给出的速度指令值，与采样周期比是长期不变的。ΔU_i 则随所在环的采样周期而变化。

第四节 交流伺服系统

上节了解到直流伺服电动机具有优良的调速性能，但由于它的电刷和换向器易磨损，有时产生火花，电动机的最高速度受到限制，且直流伺服电动机结构复杂，成本较高，所以在使用上受到一定限制。在某些场合下，直流伺服电动机已被交流伺服电动机代替。交流伺服电动机无电刷，结构简单，动态响应好，输出功率较大，因而在数控机床上被广泛应用。

交流伺服电动机分为永磁式交流伺服电动机和感应式交流伺服电动机。其中永磁式包括方波永磁同步电动机（无刷直流机 BDCM）和正弦波永磁同步电动机（PMSM），常用于进给系统；感应式相当于交流感应异步电动机，常用于主轴伺服系统。其电动机旋转机理都是由定子绕组产生旋转磁场使转子运转。不同点是交流永磁式伺服电动机的转速和外加电源频率存在严格的关系，所以电源频率不变时，它的转速是不变的；而交流感应式伺服电动机由于需要转速差才能在转子上产生感应磁场，所以电动机转速比其同步转速小，外加负载越大，转速差越大。旋转磁场的同步速度由交流电的频率来决定：频率低，转速慢；频率高，转速快。因而交流电动机可以用改变供电频率的方法来调速。

交流电动机速度控制可分为标量控制法和矢量控制法。标量控制法是开环控制，矢量控制法是闭环控制。对于简单的调速可使用标量控制法，对于要求较高的系统使用矢量控制法。无论何种控制法都要改变电动机的供电频率。

一、交流伺服系统的发展趋势

自 20 世纪 80 年代后期以来，随着现代工业的快速发展，对数控机床加工精度的要求越来越高，因而对伺服系统也提出了越来越高的要求，研究和发展高性能交流伺服系统成为当前国内外发展先进数控装置的关键技术之一。有些努力已经取得了很大的成果。在“硬形式”上，包括提高制作电动机材料的性能，改进电动机结构；采用高性能的永磁材料改进 PMSM 转子结构和性能，消除（削弱）因齿槽转矩所造成的 PMSM 转矩脉动对系统性能的影响；提高逆变器和检测组件性能、精度等方面的研究都有一定的成果。在“软形式”上，从控制策略的角度着手提高伺服系统性能，如采用“卡尔曼滤波法”估计转子转速和位置的“无速度传感器化”；采用基于现代控制理论的具有将强鲁棒性的滑模控制策略，以提高系统对参数摄动的自适应能力；在传统 PID 控制基础上融入非线性和自适应设计方法，以提高系统对非线性负载类的调节和自适应能力；采用基于智能控制的电机参数和模型识别，以及负载特性识别等。这些，对于发展高性能交流伺服系统很有好处。以“软形式”存在的控制策略具有较大的柔性。近年来随着控制理论的新发展，尤其智能控制的兴起和不断成熟，加之计算机技术、微电子技术的迅猛发展，使得基于智能控制的先进控制策略和基于传统控制理论的传统控制策略的“集成”得以实现，并为其实际应用奠定了基础。

伺服电机自身是具有一定的非线性、强耦合性以及时变性的“系统”，同时伺服对象也存在较强的不确定性和非线性，加之系统运行时受到不同程度的干扰，因此按常规控制策略很难满足高性能伺服系统的控制要求。为此，如何结合控制理论新的发展，引进一些先进的

“复合型控制策略”以改进“控制器”性能，是当前发展高性能交流伺服系统的一个主要“突破口”。

总的来说，伺服系统的发展趋势可以概括为以下几个方面：

1. 交流系统完全取代直流系统

伺服技术将继续迅速地由DC伺服系统转向AC伺服系统。从目前国际市场的情况看，几乎所有的新产品都是AC伺服系统。在工业发达国家，AC伺服电动机的市场占有率已经超过80%。在国内生产AC伺服电动机的厂家也越来越多，正在逐步地超过生产DC伺服电动机的厂家。可以预见，在不远的将来，除了在某些微型电动机领域之外，AC伺服电动机将完全取代DC伺服电动机。

2. 全数字化

采用新型高速微处理器和专用数字信号处理器（DSP）的伺服控制单元将全面代替以模拟电子器件为主的伺服控制单元，从而实现完全数字化的交流伺服系统。全数字化的实现，将原有的硬件伺服控制变成了软件伺服控制，从而使在交流伺服系统中应用现代控制理论的先进算法（如最优控制、人工智能、模糊控制、神经元网络等）成为可能。

3. 高度集成化

新的交流伺服系统产品改变了将伺服系统划分为速度伺服单元与位置伺服单元两个模块的做法，代之以单一的、高度集成化、多功能的控制单元。同一个控制单元，只要通过软件设置系统参数，就可以改变其性能，既可以使用电机本身配置的传感器构成半闭环调节系统，又可以通过接口与外部的位置、速度或力矩传感器构成高精度的全闭环调节系统。高度的集成化还显著地缩小了整个控制系统的体积，使得伺服系统的安装与调试工作都得到了简化。

4. 智能化

智能化是当前一切工业控制设备的流行趋势，交流伺服系统作为一种高级的工业控制装置当然也不例外。最新数字化的伺服控制单元通常都设计为智能型产品，它们的智能化特点表现在以下几个方面：首先它们都具有参数记忆功能，系统的所有运行参数都可以通过人机对话的方式由软件来设置，保存在伺服单元内部，通过通信接口，这些参数甚至可以在运行途中由上位计算机加以修改，应用起来十分方便；其次它们都具有故障自诊断与分析功能，无论什么时候，只要系统出现故障，就会将故障的类型以及可能引起故障的原因通过用户界面清楚地显示出来，这就简化了维修与调试的复杂性。除以上特点之外，有的伺服系统还具有参数自整定的功能。众所周知，闭环调节系统的参数整定是保证系统性能指标的重要环节，也是需要耗费较多时间与精力的工作。带有自整定功能的伺服单元可以通过几次试运行，自动将系统的参数整定出来，并自动实现其最优化。对于使用伺服单元的用户来说，这是新型伺服系统最具吸引力的特点之一。

5. 模块化和网络化

在国外，以现场总线技术为基础的工厂自动化（Factory Automation，FA）工程技术在最近十年来得到了长足的发展，并显示出良好的发展势头。为适应这一发展趋势，最新的伺服系统都配置了标准的串行通信接口（如RS232或RS-422接口等）和专用的总线接口（如西门子的PROFIBUS等）。这些接口的设置，显著地增强了伺服单元与其他控制设备间的互联能力，从而与CNC系统间的连接也由此变得十分简单，只需要一根电缆或光缆，就可以将数台、甚至数十台伺服单元与上位计算机连接成为整个控制系统；通过串行接口，也可以与可编程序控制器（PLC）的数控模块相连；有些更先进的伺服系统，可以通过 Internet 进行远程控制和远程诊断，工程技术人员不必到现场就可以通过网络完成大部分的操作。

综上所述，交流伺服系统将向两个方向发展：一个是满足一般工业应用要求，对性能指标要求不高的应用场合，追求低成本、少维护、使用简单等特点的驱动产品，如变频电机、变频器等；另一个就是代表着伺服系统发展水平的主导产品——伺服电动机、伺服控制器，追求高性能、高速度、数字化、智能型、网络化的驱动控制，以满足用户较高的应用要求。

二、交流伺服系统主回路与电力电子半导体器件

1. 主回路的结构

工业用电的频率是固定的 50Hz，必须采用变频的方法改变电动机供电频率。把某种固定频率的电能变换成另一种固定频率或可调频率的电能称为变频。常用的变频方法有两种：一种是先把交流变换成直流，然后再把直流变换成固定或可调频率的交流。这种通过中间直流环节的变频叫做间接变频，或称交-直-交变频；另一种是不通过中间直流环节而实现变频，叫做直接变频，或称交-交变频。

变频控制中主要涉及电力电子变流技术的部分知识，其具体详述，请参考相关资料。本书仅讲述一些基本内容。首先介绍几个名称：

整流器：其功能是把交流电变为固定的或可调电压的直流电。

逆变器：其功能是把固定的直流电变为固定或可调频率和电压的交流电。

斩波器：其功能是把固定的直流电变成可调电压的直流电。

图 7-36 是交-直-交变频的主要构成环节，按照不同的控制方式，它又可以分为图 7-37 中的三种。

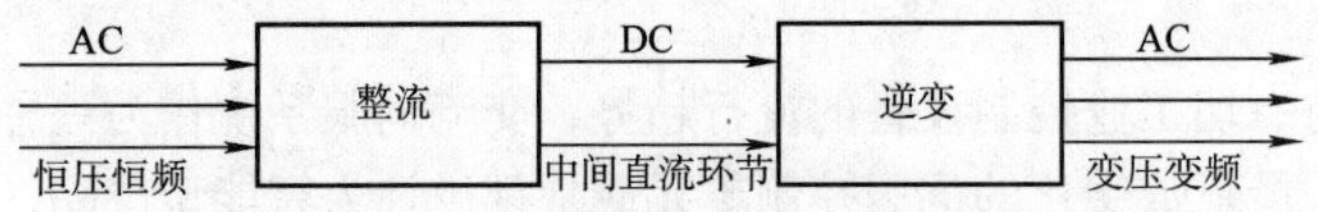

图 7-36 交-直-交变频的主要构成环节

图 7-37a 是用可控整流器变压、逆变器变频的变频装置，调压和调频分别在两个环节上进行，两者要在控制电路上协调配合。这种装置结构简单，控制方便。但是，由于输入环节采用可控整流器，当电压和频率调得较低时，电网端的功率因数较小；输出环节多用由晶闸管组成的三相六拍逆变器，输出的谐波较大。这是这类变频装置的主要缺点。

图 7-37b 是用不可控整流器、斩波器变压、逆变器变频的交-直-交变频装置，整流环节采用二极管不可控整流器，再增设斩波器，用脉宽调压。这样虽然多了一个环节，但输入功率因数较高，克服了图 7-37a 所示装置的第一个缺点。不过由于输出环节不变，谐波依然较大。

图 7-37c 是用不可控整流器整流、PWM 逆变器同时变压变频的交-直-交变频装置，不可控整流器提高了功率因数，PWM 逆变器则减少了谐波。谐波减少的程度取决于所采用电力电子器件的开关频率。只有采用可控关断的全控式器件以后，开关频率才得以大大提高，输出波形几乎可以得到非常逼真的正弦波。

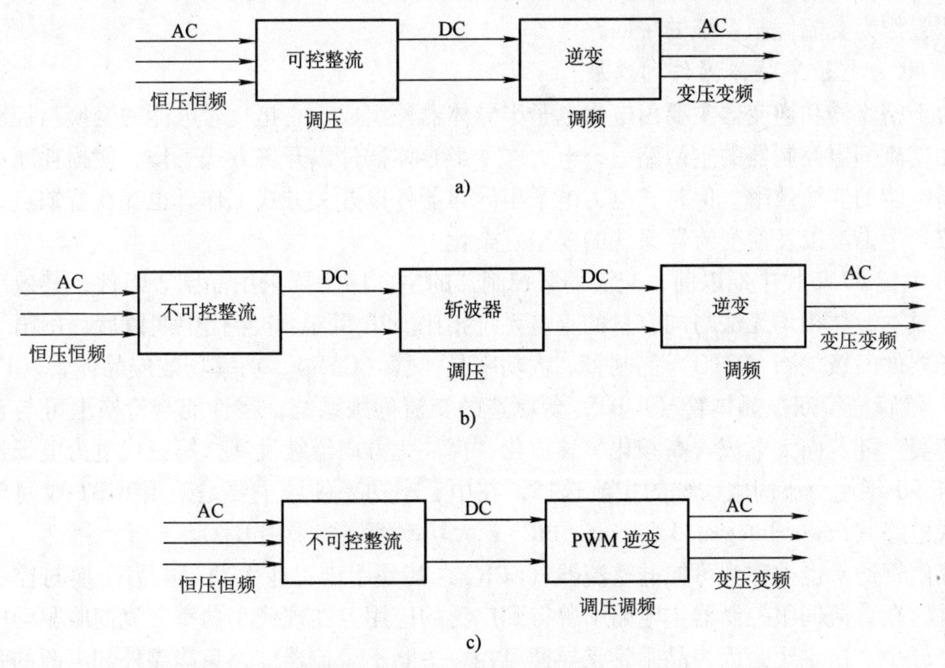

图 7-37　交-直-交变频的各种结构形式

a）可控整流器变压，六拍逆变器变频　b）不可控整流器、斩波器变压，六拍逆变器变频
c）不可控整流器、PWM 逆变器变压变频

对于交-直-交变频，当中间环节主要采用大电容滤波时，直流电压波形比较平直，在理想情况下相当于内阻为零的电压源，称为电压型逆变器；当中间环节采用大电感滤波时，直流回路中的电流波形比较平直，对负载来说相当于一个电流源，称为电流型逆变器。

交-交变频（图 7-38a）是用整流器直接把工频交流电直接变成频率较低的脉动交流电，正组输出正脉冲，反组输出负脉冲。这个脉动交流电的基波就是所需变频电压。但这种方法需要的组件数量较多，因为交-交变频输出的每一相都是用一个两组晶闸管整流装置反并联的可逆线路，这样，对于三相负载，如果每个整流器都用桥式电路，三相变频装置共享三套反并联电路，共需要 36 个晶闸管。此外，交-交变频的输出频率不能太高，否则输出波形会出现严重畸变，将影响变频调速系统的正常工作。因此，交-交变频一般只用于低转速、大容量的系统。

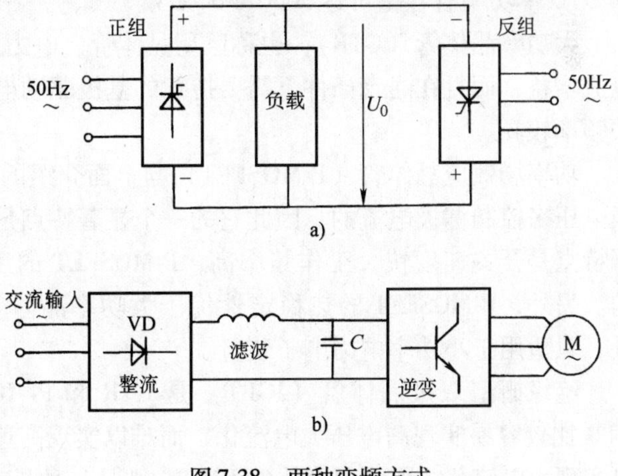

图 7-38　两种变频方式

a）交-交变频　b）交-直-交变频

因为交-直-交变频比交-交变频设备简单，输出频率较高，尤其是 PWM 逆变器在功率因数以及谐波抑制方面具有诸多优点，在数控机床中，经常采用基于 PWM 逆变器的交-直-交

变频装置作为交流伺服系统的主回路。

2. 电力电子半导体器件的发展

由于整流器和逆变器主要由电力电子半导体器件组成，它担负着电能的变换与控制的任务，在交流伺服控制器的主回路中，电力电子半导体器件以开关方式工作，使损耗减小，从而提高电能的变换效率。但是，电力电子半导体器件以开关方式工作，也存在着缺点，使功率电路产生谐波以及使变流器系统的模型复杂化。

20 世纪 80 年代中期以前，交流伺服控制器的主回路主要采用晶闸管组件，其效率、可靠性、成本、体积均无法与同容量的直流系统相比。20 世纪 80 年代中期以后，用第二代电力电子器件门极关断（GTO）晶闸管、大功率晶体管（GTR）、功率场效应晶体管（P-MOSFET）、绝缘栅型双极晶体管（IGBT）等制造的交流伺服系统，在性能与价格上可与直流系统相媲美。随着向大电流、高频化、集成化、模块化方向继续发展，第三代电力电子器件是 20 世纪 90 年代交流伺服系统的主流选择，在中、小功率领域主要是采用 IGBT 或简单的功率集成电路（Power Integrated Circuit，PIC），大功率领域多采用 GTO。

晶闸管通常也被称为可控硅整流器（SCR），其是用于工业大功率电力变换与控制的主要器件，在直流伺服控制器主电路中曾得到广泛的应用。在现代小功率交流伺服驱动中的应用越来越少。这主要是因为晶闸管是导通可控、关断不可控器件，只能靠外部电源的强迫换流来关断。由于换流线路往往庞大而复杂，且性能不高，导致开关工作频率不高，无法满足高性能交流伺服技术的要求。

门极关断（GTO）晶闸管是一种电流控制型的自关断双极器件，能像晶闸管那样用门极电流的单个脉冲开通，但它又具有在负门极脉冲电流作用下而关断的能力，从而可以省去像晶闸管逆变器中通常所需要的强迫换流电路，改善了变流器的性能。但这种器件的关断增益较低，而且对门极驱动电路有较高的要求。相对其他器件，GTO 的容量较大，先进水平的 GTO 单功率管容量可达 3000A/6000V。

大功率晶体管（GTR），也称巨型晶体管、电力晶体管或功率晶体管。GTR 具有较低的电流增益，而且在通态条件下需要持续的基极驱动电流，但它不需要强迫换流电路，而且开关频率较高。

功率场效应晶体管（P-MOSFET）与上面介绍的器件不同，属于单极型晶体管，是用栅极电压来控制漏极电流的。因此它的一个显著特点是驱动电路简单，驱动功率小。第二个显著特点是开关速度快，工作频率高，P-MOSFET 的工作频率在所有电力电子器件中是最高的。另外，P-MOSFET 的热稳定性优于大功率晶体管。但是 P-MOSFET 电流容量小，耐压低，只适用于小功率电力电子装置。

绝缘栅型双极晶体管（IGBT）是 GTR 和 P-MOSFET 的复合。根据当前的技术水平，GTR 比较容易实现高电压大电流化，而难以实现高速化；P-MOSFET 容易实现高速化，而难以实现大电流化。作为复合体的 IGBT，则是一种具有 GTR 的高电流密度、低饱和电压和 P-MOSFET 的高输入阻抗、高速特性的功率器件。如今耐压 3000V、电流达 1500A 的大功率 IGBT 已经商品化。

20 世纪 90 年代末以来，随着集成电路制造技术的进步，人们把一部分控制电路功能和功率开关器件集成在一个模块中，即智能功率模块（Intelligent Power Modules，IPM），也有人称为智能功率集成电路（Smart Power Integrated Circuit，SPIC）。它们都为第四代电力电子器件的模块化结构。如今，在中小功率交流伺服系统中，由于 IPM 的可靠、稳定、方便、灵活，已经取代大部分传统的分立器件，占据了市场的主导地位。

IPM 多由高速、低功耗的 IGBT 芯片和优化的门极驱动及保护电路构成，如图 7-39 所示。

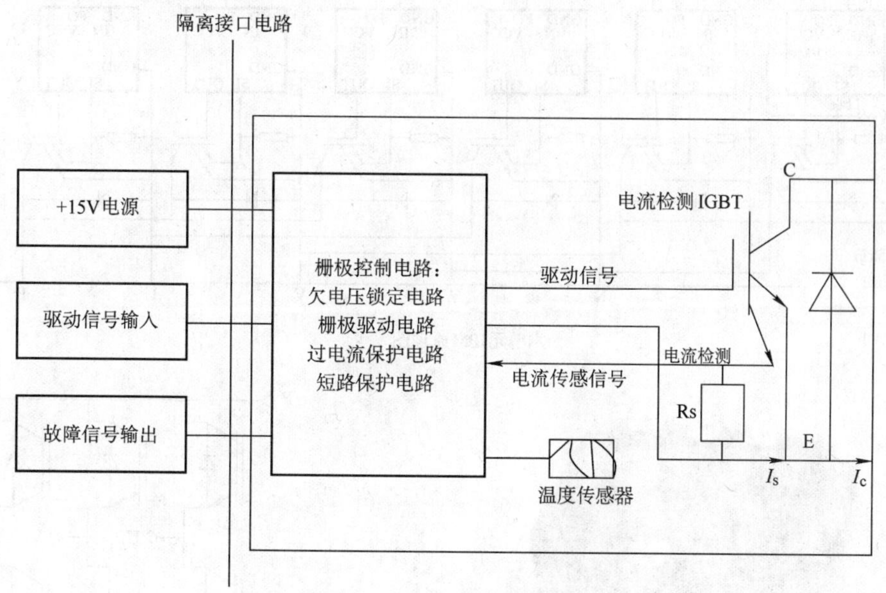

图 7-39　IPM 单管功能框图

由于 IPM 采用能连续监测功率器件电流的具有电流传感功能的 IGBT 芯片，从而实现了高效的过电流保护和短路保护功能，而且集成了过热和欠电压锁定保护电路，并可输出故障信号，使系统的可靠性得到了进一步提高。图 7-39 所示的 IPM 仅画有一路 IGBT，实际上 IPM 往往含有多个 IGBT，如图 7-40 所示为一六单元 IPM。由于其内部有多路 AC/DC 变换器，并采用单正电源 IGBT 物理近端栅极驱动技术，因此 IPM 只需要一个 +15V 电源即可驱动其内部的 IGBT。

国外某公司在 1991 年 11 月首次推出了第一代全系列 IPM，此后在功率芯片、封装和控制电路技术上不断改进，如今已推出第五代产品。经过 10 多年的努力，IPM 已经在中频（<20kHz）中功率范围内取得了应用上的成功。图 7-41 为某公司常见 IPM 器件的实物照片。

IPM 器件的优点可以总结为以下几点：

1）开关速度快：IPM 内的 IGBT 芯片都选用高速型，而且驱动电路紧靠 IGBT 芯片，驱动延时小，所以 IPM 开关速度快，损耗小。

2）低功耗：IPM 内部的 IGBT 导通压降低，开关速度快，故 IPM 功耗小。

3）保护功能全面：快速过电流保护，IPM 实时检测 IGBT 电流，当发生严重过载或直接短路时，IGBT 将被软关断，同时送出一个故障信号；过热保护，在靠近 IGBT 的绝缘基板上安装了一个温度传感器，当基板过热时，IPM 内部控制电路将截止栅极驱动，不响应输入控制信号；驱动电源欠电压保护，当低于驱动控制电源（一般为 11.0～12.5V）就会造成驱动能力不够，导致管子损坏。IPM 自动检测驱动电源，当低于一定值超过 10μs 时，将截止驱动信号。

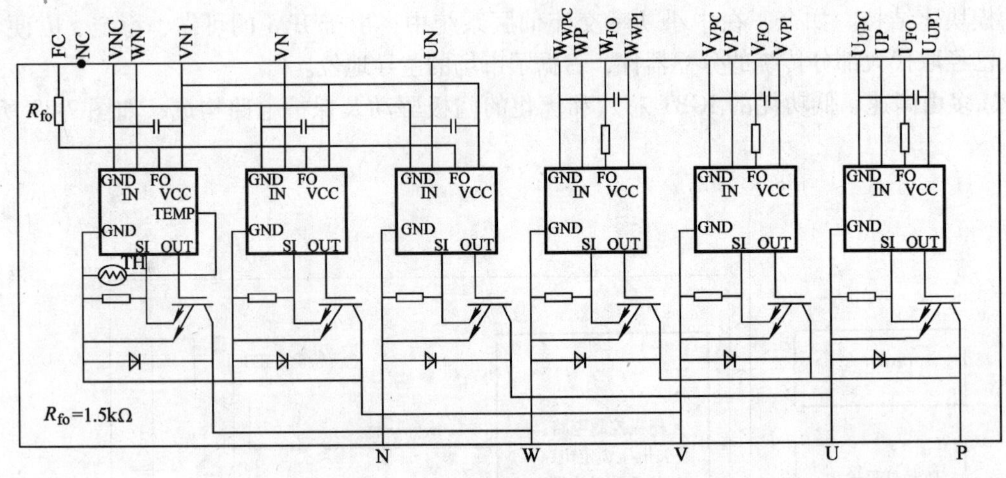

六单元IPM原理图

六单元IPM封装

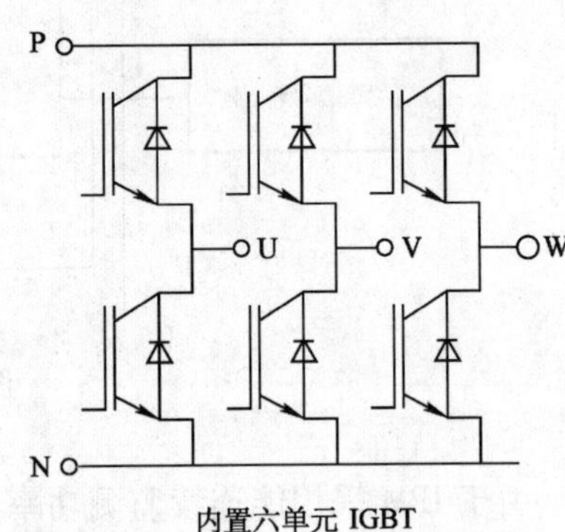

内置六单元 IGBT

图 7-40 六单元 IPM

4）桥臂对管互锁：在串联的桥臂上，上下桥臂的驱动信号互锁，有效防止上下臂同时导通。

5）抗干扰能力强：优化的门极驱动与 IGBT 集成，布局合理，无外部驱动线；无须采取防静电措施。

6）IPM 内藏相关的外围电路：缩短开发时间；同时大大减少了组件数目，使整体控制器体积相对减小。

三、PWM 逆变器

1. 正弦波脉宽调制（SPWM）逆变器

（1）SPWM 逆变器工作原理　在直流伺服系统一节中曾介绍过脉宽调制，其理论基础主要是基于采样控制理论中的一个重要的结论：冲量相等而形状不同的窄脉冲加在具有惯性的环节上时，其效果基本相同。冲量指窄脉冲的面积。这里说的效果基本相同，指环节的输出响应波形基本相同。

脉宽调制的原理主要是在变频电路中，对正弦波以等时距加以取样，如图 7-42a 所示，依照等面积法则，控制切换功率晶体管的导通与截止时间。在脉宽调制过程中，变频器的输出端获得一组等幅等时距而宽度不等的脉冲序列，如图 7-42b 所示，其脉宽基本上按傅里叶级数正弦分布，以此脉冲组合可获得等效的正弦电压波形。PWM 变频器就可依靠调节脉冲宽度来改变输出电压，并经由改变其调制周期来改变输出频率。

脉冲序列的宽度可以很严格地用计算方法求得，用于控制逆变器中各开关器件的通断。但较为实用的方法是引用通信技术中“调制”的概念，以所期望的波形（直流伺服中是直流电压的波形，这里则是正弦波）作为调制波，而受它调制的信号称为载波。在 SPWM 中常用等腰三角形作为载波，因为等腰三角形是上下宽度线性对称变化的波形，当与任何一个光滑曲线相交时，在交点时刻控制开关器件的通断，可得到一组等幅而脉冲宽度正比于该曲线函数值的矩形波，这就是 SPWM 调制。

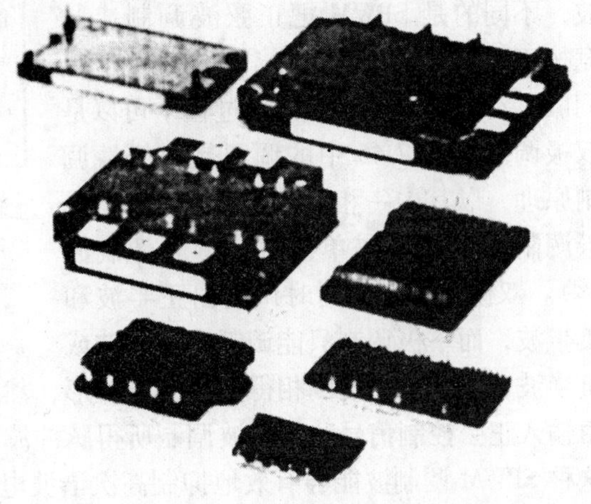

图 7-41　IPM 器件

图 7-43 为双极性 SPWM 逆变器的主回路，图左侧是三相桥式整流电路，将工频交流电变成直流电；右侧是逆变器，有 $VT_1 \sim VT_6$ 六个功率开关管（在这里画的是 GTR）和六个续流二极管 $VD_7 \sim VD_{12}$。续流二极管用来给电动机中的无功能量提供返回电源的通路。图 7-44 是它的控制电路，控制信号振荡器提供一组三相对称的正弦参考电压信号 U_a、U_b、U_c，其频率决定逆变器输出的基波频率，应在所要求的输出频率范围内可调。参考信号的幅值也可在一定的范围内变化，以决定输出电压的大小。三角波载波信号是共享的，分别与每相参考电压比较后，给出“高”或“低”的饱和输出电压 U_{0a}、U_{0b}、U_{0c}，产生 SPWM 脉冲序列，并与它们的反向电压 $\overline{U}_{0a}$、$\overline{U}_{0b}$、$\overline{U}_{0c}$ 控制 $VT_1 \sim VT_6$ 六个功率开关管的基极，作为逆变器功率开关的驱动控制信号。

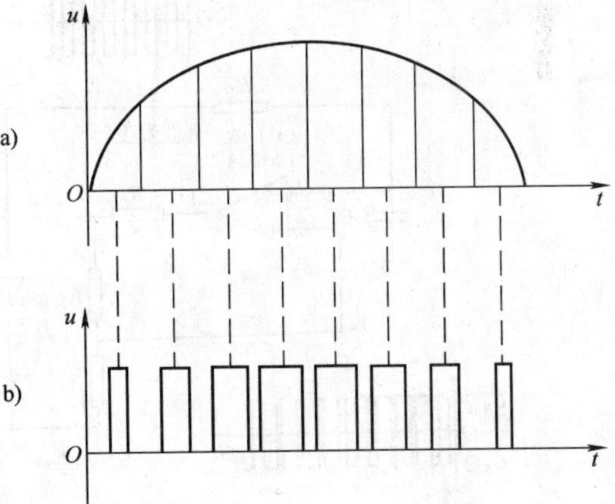

图 7-42　PWM 控制基本原理

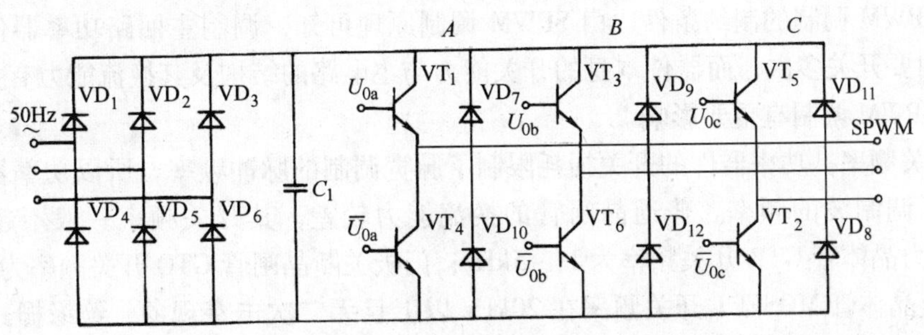

图 7-43　双极性 SPWM 逆变器的主回路

由图7-45和图7-27可知，SPWM的调制原理与直流电动机PWM的调制原理是相同的，都是三角波载波，调制后的波形都是方波，不同的是SPWM把正弦波调制成脉宽按正弦规律变化的方波，用来控制交流伺服电动机的速度。在调制过程中可以是双极调制（图7-45中的调制是双极性调制原理，以其中一相为例），也可以是单极调制（图7-46是单极性SPWM调制波形）。双极性调制能同时调制出正半波和负半波，而单极调制只能调制出正半波或负半波，再把调制波倒相得到另外半波形，然后相加得到一个完整的SPWM波。可以证明，由输入正弦控制信号和三角波调制所得脉冲波的基波是和输入正弦波等同的正弦输出信号。这种SPWM调制波能够有效地抑制高次谐波电压。

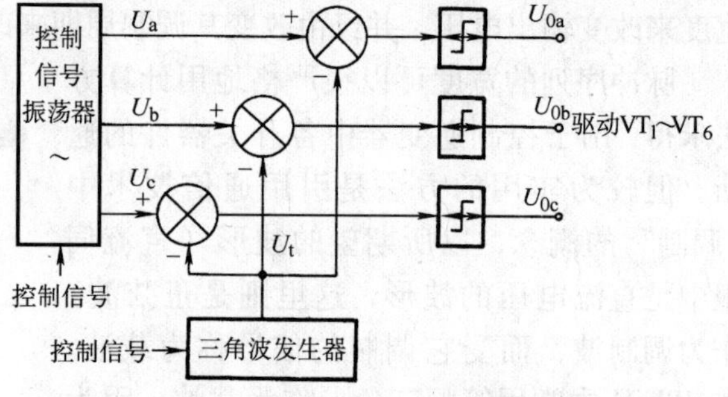

图7-44 三相SPWM波调制原理图

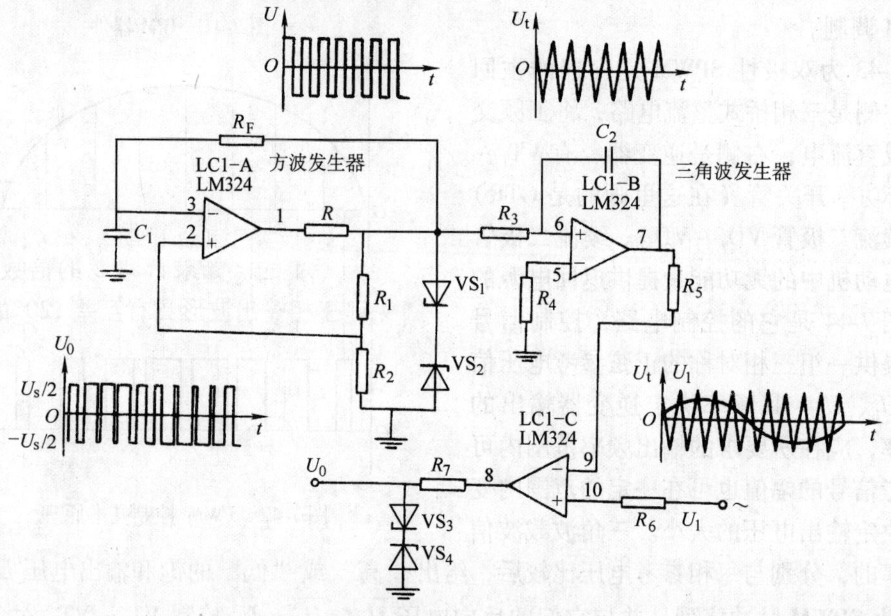

图7-45 双极性SPWM波调制原理（一相）

（2）SPWM调制的制约条件 由SPWM调制原理可知，调制主回路功率器件在输出电压的半周内要开关多次，而器件本身的开关能力与主电路的结构及其换流能力有关。所以以下两点对SPWM调制有重要影响。

1）开关频率：功率器件的开关损耗限制了脉宽调制的脉冲频率，所以功率器件的开关频率决定了调制波的频率。普通晶闸管的换流能力较差，其开关频率一般不超过300～500Hz，电力晶体管GTR开关频率为1～5kHz；门极关断晶闸管GTO开关频率为1～2kHz；功率场效应晶体管MOSFET开关频率在20kHz以上且无二次击穿现象；绝缘栅式双极晶体管IGBT有很好的高速开关特性（短开时间减少到0.15μs）和低饱和电压特性（饱和电压2.2V），是当今最引人注目的功率驱动电力电子器件。新型功率控制器件的应用使得SPWM

功率放大器性能大幅提高，因而对电动机的控制能力大大加强。

2）调制度：由于功率器件开关频率的限制，使所有调制的脉冲波有最小间隙的限制，以保证脉冲宽度大于开关器件的导通时间和关断时间。这就要求输入参考信号的幅值小于三角载波峰值。设调制系数 M 为

$$M = U_1 / U_t \tag{7-25}$$

式中 U_1——正弦控制电压的峰值；

U_t——三角波载波的峰值电压。

在理想情况下，M 可在 0 ~ 1 之间变化。实际上 M 总是小于 1 的值。当 M 接近 1 时，由三角波尖角处调制的方波时间间隙很小，若小于功率管的最小开关时间，则功率管不能正常工作。

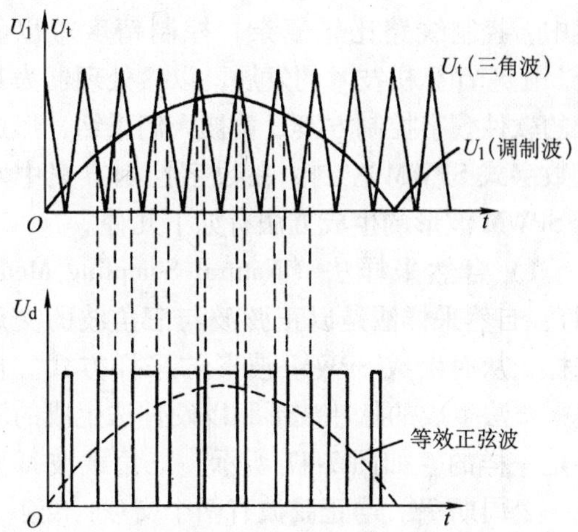

图 7-46 单极性 SPWM 波调制波形图（一相）

（3）SPWM 的同步调制和异步调制 三角载波频率 f_t 与正弦调制波频率 f_r 之比为载波比 N，即 $N = f_t / f_r$。N 通常是 3 的倍数，如 N = 15，18，21，30，36，42，60，72，84，120，144，168 等，或更大，以保证调制波的对称性。

1）同步调制：在同步调制中，N = 常数，变频时载波频率和调制波频率同步变化，因而在一个正弦调制波周期内输出的矩形脉冲数量是固定不变的。如果 N 取 3 的倍数，则在同步调制中能保证逆变器输出波形正负对称，并能保证三相输出波形具有互差 120°的关系。其缺点是：在低频段，由于相邻两脉冲的间距增大，谐波会显著增加，使电动机产生较大的脉动转矩和较大噪声。

2）异步调制：在异步调制中，N 是一个变数。只改变正弦调制波频率 f_r，保持三角载波频率 f_t 不变，在低频段时 SPWM 输出波在每一个正弦调制波周期内有较多的脉冲个数。频率越低，脉冲个数越多，这样减少了多次谐波和电动机转矩的波动及噪声。异步调制的优点是改善了低频工作特性。其缺点是在输出波变化时，会引起波形的不对称性和相位的变化，很难保证三相输出间的对称关系，因而引起电动机工作不平稳。这种情况在正弦调制波频率较高时比较明显。所以异步调制适于频率较低的条件下使用。

3）分段同步调制：分段同步调制是把整个频率范围分成几段，结合同步调制和异步调制的优点，在段内是同步调制，各段之间的 N 值不同。正弦调制波频率低时取 N 值大些，频率高时取 N 值小些。N 值一般按等比级数排列。表 7-3 列出某实际系统的分段同步调制的频段和载波比。

表 7-3 某实际系统的分段同步调制的频段和载波比

正弦调制波频率 f_r/Hz	载波比	三角载波频率 f_t/Hz
32 ~ 62	18	576 ~ 1116
16 ~ 31	36	576 ~ 1116
8 ~ 15	72	576 ~ 1080
4 ~ 7.5	144	576 ~ 1080

（4）SPWM 波形的数字采样　由分析知道，SPWM 调制的实质问题是根据三角载波与正弦调制波的交点来确定功率开关管的通断时刻。其实现方法可以用模拟电子电路（图 7-45）、数字电路或专用大规模集成电路等硬件实现，也可以用计算机或单片机通过软件生成 SPWM 波形。由硬件产生 SPWM 波的控制方案中，控制线路比较复杂，控制精度难以保证。随着计算机技术的发展，以微处理器为基础的软件数字控制方案日益被人们采纳，形成全数字式 SPWM 控制。在数字控制方案中对于 SPWM 波形的生成方法有如下几种。

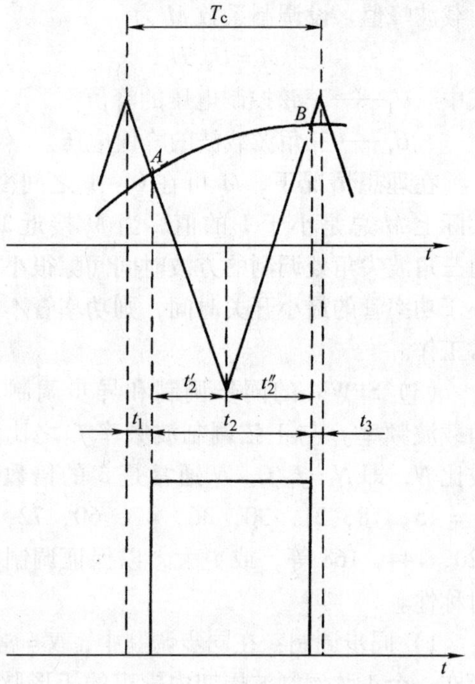

图 7-47　生成 SPWM 波形的自然采样法

1）自然采样法（Natural Sampling Method）：自然采样法是以正弦波与三角波的交点采样，从而生成 SPWM 波形的采样方式。自然采样法生成的脉冲波形和以硬件法生成的波形是一样的。如图 7-47 所示，三角载波每变化一个周期 T_c，与正弦波有两个交点：交点 A 是发生脉冲时刻，交点 B 是脉冲结束时刻。相应逆变功率管导通和关断各一次。要精确地生成这种 SPWM 波形，就得精确计算功率管的导通和关断时刻。功率管的导通工作区间 t_2 就是脉冲宽度。其余关断区就是脉冲的间隙时间，它在脉宽前后各有一段，分别为 t_1 和 t_3。这些区间的大小在正弦波的不同频段是不一样的。若用单位 1 表示三角波的幅值，则正弦控制波可写作

$$U_1 = M\sin\omega t \tag{7-26}$$

式中　M——调制度。

由于图 7-47 中 A、B 两点的不对称性，把脉宽时间 t_2 分成 t_2' 和 t_2'' 两部分分别求解。按相似直角三角形的几何关系得

$$\frac{2}{T_c/2} = \frac{1 + M\sin\omega t_A}{t_2'} \tag{7-27}$$

$$\frac{2}{T_c/2} = \frac{1 + M\sin\omega t_B}{t_2''} \tag{7-28}$$

整理得

$$t_2 = t_2' + t_2'' = \frac{T_c}{2}\left[1 + \frac{M}{2}\ (\sin\omega t_A + \sin\omega t_B)\right] \tag{7-29}$$

上式中 t_A 和 t_B 是未知数，是一超越方程，难于求解。另外，由于在 SPWM 波形中，交点相对于三角波的不对称性，$t_1 \neq t_3$，所以增加计算机上的困难，难以用于实时控制中。如果在数据处理上把事先计算出的数据存入计算机内，以查表方式进行控制，当调速范围变化较大、频段较多时，会占用大量的内存，所以此法适用于有限调速范围的场合。

2）规则采样法（Regular Sampling Method）：为了弥补自然采样法的不足，使用了规则

采样法（图 7-48）。它是用平行于横轴的直线代替自然采样法中的 A、B 两点间的正弦线。从三角波的负峰点向上作水平轴的垂线和正弦波交于 E 点（E 为采样电压值），过 E 点作水平线。这个水平线和三角波交于 A、B 两点，从而确定脉宽时间 t_2，得到新的 A、B 点，每个脉冲都与三角载波的中心线对称，使两侧间隙时间相同，即 $t_1 = t_3$，而不管在采样点上正弦波是否与三角载波相交。其特点是采样效果接近自然采样法，每个采样时刻都是确定的，并且计算时间少。根据图 7-48 可得到下面的计算公式，即

脉宽时间　$$t_2 = \frac{T_c}{2}(1 + M\sin\omega t_E) \tag{7-30}$$

间隙时间　$$t_1 = t_3 = \frac{1}{2}(T_c - t_2) \tag{7-31}$$

其缺点是产生一定误差，在采取某些措施后，在工程中能够达到要求的精度，所以常使用这种原理和算法用计算机实时产生 SPWM 波形。

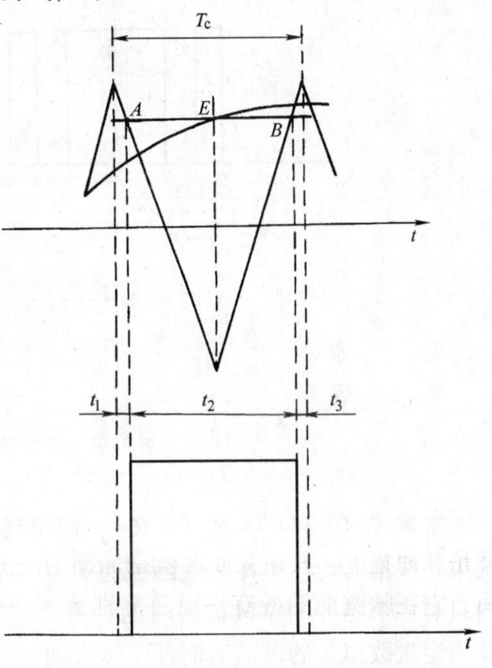

图 7-48　生成 SPWM 波形的规则采样法

3）指定谐波消除法（Harmonic Elimination Method）：以上两种方法都是基于以正弦波和三角载波相交产生的交点来产生调制波，而指定谐波消除法是用纯计算方式。在计算前先设定好每半个正弦周期用几个脉冲代替，然后以消除某些指定阶次谐波为出发点来求得功率组件的通断时刻。计算方式主要通过傅里叶变换方法。

图 7-49 是一个每半周期内只有三个脉冲的单极式 SPWM 波形（对于每半周期内有多个脉冲的 SPWM 波形也是一样的），要求逆变器输出电压的基波幅值是 U_{1m}，并要求消除 5 次和 7 次谐波（三相电动机中，3 次和 3 的倍数次谐波因其相互抵消可以忽略），因此需求出脉冲开关时刻 t_1、t_2 和 t_3。如图 7-49 中坐标零点取在 1/4 周期处，则 SPWM 电压波形的傅里叶变换为

$$u(\omega t) = \sum_{k=1}^{\infty} U_{km}\cos k\omega_1 t \tag{7-32}$$

式中　U_{km}——第 k 次谐波的幅值。

$$\begin{aligned} U_{km} &= \frac{2}{\pi}\int_0^{\pi} u(\omega t)\cos k\omega_1 t\mathrm{d}(\omega_1 t) = \frac{U_0}{\pi}\Big[\int_0^{1}\cos k\omega_1 t\mathrm{d}(\omega_1 t) + \int_2^{3}\cos k\omega_1 t\mathrm{d}(\omega_1 t)\Big] \\ &\quad - \int_{\pi-t_3}^{\pi-t_2}\cos k\omega_1 t\mathrm{d}(\omega_1 t) - \int_{\pi-t_1}^{\pi}\cos k\omega_1 t\mathrm{d}(\omega_1 t) = \frac{2U_0}{k\pi}(\sin kt_1 - \sin kt_2 + \sin kt_3) \end{aligned} \tag{7-33}$$

由于波形对称，不存在偶次谐波，所以式（7-33）中 k 为奇数。根据条件 U_{1m}为已知，$U_{5m} = 0$，$U_{7m} = 0$，所以

$$U_{1m} = \frac{2U_0}{\pi}(\sin t_1 - \sin t_2 + \sin t_3) \tag{7-34}$$

$$U_{5m}=\frac{2U_0}{5\pi}(\sin5t_1-\sin5t_2+\sin5t_3)=0 \tag{7-35}$$

$$U_{7m}=\frac{2U_0}{7\pi}(\sin7t_1-\sin7t_2+\sin7t_3)=0 \tag{7-36}$$

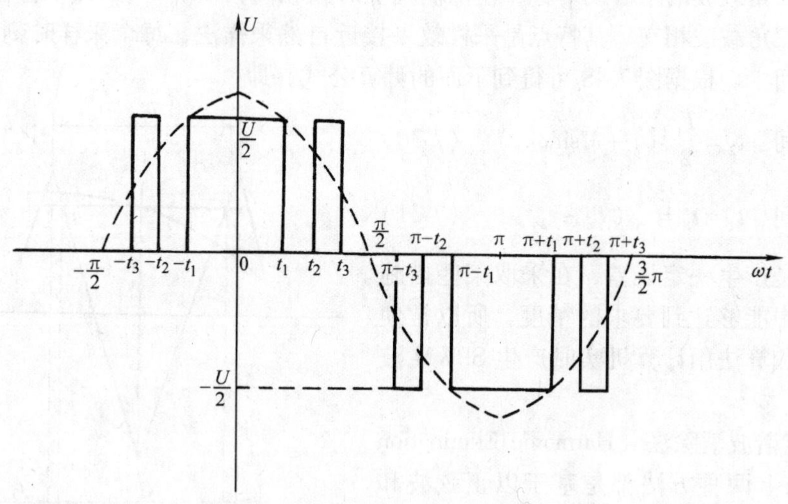

图 7-49 三脉冲波的单极式 SPWM 波形

求解式（7-34）~式（7-36），即可得到脉冲波开关时刻 t_1、t_2 和 t_3。在计算机控制系统中，根据 t_1、t_2 和 t_3 来关断或打开功率管，产生 SPWM 波。这种方法可用于当每半周期内只有多个脉冲 SPWM 波形时的计算。这种方法的特点是能有效地消除某阶次的谐波，但在指定次数以外的谐波有时不一定减小，不过那些属于高次谐波，对电动机的工作影响不大。在数字控制中用计算机实时产生 SPWM 波形正是基于上述采样原理和计算公式。一般可以离线先在通用计算机上算出相应的脉宽后写入 ROM 中，然后由控制系统通过查表和加减运算求出各相脉宽时间和间隙时间，这就是所谓的查表法。也可以在 ROM 中存储正弦函数和 $T_c/2$ 值，控制时先取出正弦值与所需的调制度 M 作乘法运算，再根据给定的载波频率取出相对应的 $T_c/2$ 值，与 $M\sin\omega_1 t_E$ 作加、减、移位即可算出脉宽时间和间隙时间，此即所谓的实时计算法。按查表法或实时计算法所得的脉冲数据都送入定时器，利用定时中断向接口电路送出相应的高、低电平，以实时产生 SPWM 波形的一系列脉冲。

电动机工作时，负载转矩可能经常发生变化，电动机的速度也要经常调整，这就要求正弦波的幅值能够随负载的变化而变化，频率也能随时调整。SPWM 通过改变矩形脉冲的宽度来控制逆变器输出交流波的幅值，通过改变调制周期控制其输出频率。正弦波脉宽调制的主要特点是功率放大主回路的直流电源电压是不变的。逆变器在调频的同时实现调压，而与中间的直流环节的组件参数无关。能够更好地抑制和消除低次谐波，使负载电动机可在近似正弦波的电压下运行，转矩脉动小。

2. 空间矢量脉宽调制（SVPWM）逆变器

近年来，一种新的脉宽调制技术，即空间矢量脉宽调制 SVPWM 技术在交流驱动系统中得到了广泛的应用，相应的数字计算方法形成的空间矢量脉宽调制信号与传统的三角波-正弦波获得的脉宽调制 PWM 信号相比，有更多优点。

对于图7-50所示的三相电压型逆变器，由3组、6个开关（T_1、T_2、T_3、T_4、T_5、T_6）组成。由于T_1与T_4、T_3与T_6、T_2与T_5之间互为反相，即一个导通，另一个必须断开，所以实际上只有3个独立开关。3组开关共有$2^3=8$种开关组合，所以有8种工作状态。

开关T_1、T_4是A相开关，用T_A表示；T_3、T_6是B相开关，用T_B表示；T_2、T_5是C相开关，用T_C表示。规定：A、B、C三相负载的某一相与直流电源正极接通时，该相的开关状态为“1”；反之，与负极接通时，该相的开关状态为“0”。如T_1、T_2、T_3导通，则为（1，1，0），表示为$U(1,1,0)$。

逆变器输出的相电压依赖于它所对应的桥臂上、下功率开关的状态。将这8种工作状态用空间矢量的概念来表示，如图7-50、图7-51所示。从图7-51中可以看出，状态矢量$\boldsymbol{U}_1(1,0,0)$、$\boldsymbol{U}_2(1,1,0)$、$\boldsymbol{U}_3(0,1,0)$、$\boldsymbol{U}_4(0,1,1)$、$\boldsymbol{U}_5(0,0,1)$、$\boldsymbol{U}_6(1,0,1)$是非零矢量，为工作状态，6个空间矢量幅值相等，相位互差$\pi/3$电角度，状态矢量$\boldsymbol{U}_7(1,1,1)$、$\boldsymbol{U}_0(0,0,0)$为零矢量。

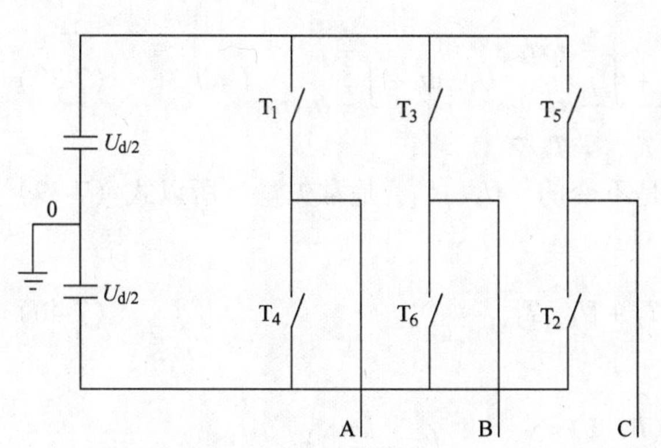

图7-50　状态矢量的开关状态结构图

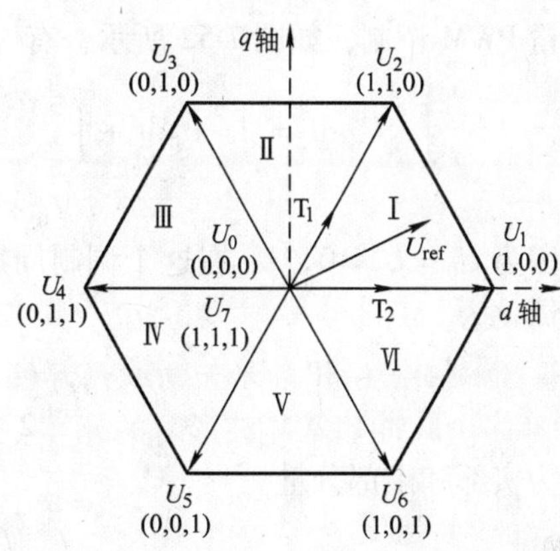

图7-51　三相电压型逆变器的空间矢量图

根据三相系统向两相系统变换保持幅值不变的原则，定子电压空间矢量为

$$U_d = U_\alpha + U_\beta = \frac{2}{3}(U_{A0}\alpha^0 + U_{B0}\alpha^1 + U_{C0}\alpha^2) \tag{7-37}$$

其中

$$\alpha = e^{j\frac{2\pi}{3}}$$

8个空间矢量的大小可以表示为

$$U_k = \begin{cases} \frac{2}{3}U_m e^{j(k-1)\frac{\pi}{3}} & k=1,2,\cdots,6 \\ 0 & k=0,7 \end{cases} \tag{7-38}$$

式中　U_m——直流母线电压。

在图7-51中，假设一个PWM调制周期足够小，在这个周期的平均电压空间矢量可以认为近似不变，所以在6个非零空间矢量所组成的六边形内，任一矢量都可以用与它相邻的两个满足逆变器工作状态的矢量和两个零矢量合成，这就是连续空间矢量调制的基础。为了得到优化的谐波

性能和最少的开关次数，在一个调制周期内，应适当安排状态的转换顺序，作每一次转换，只有一个桥臂的开关管执行切换。例如：如果需合成一个在 U_1、U_2 之间即区间Ⅰ的矢量，状态序列为 $U_0U_1U_2U_7U_2U_1U_0$；如需合成一个在区间Ⅳ的矢量，状态序列为 $U_0U_5U_4U_7U_4U_5U_0$。具体地，实现最少开关次数的方法是在奇数区间内状态序列为 $U_0U_kU_{k+1}U_7U_{k+1}U_kU_0$，在偶数区间内状态序列为 $U_0U_{k+1}U_kU_7U_kU_{k+1}U_0$。

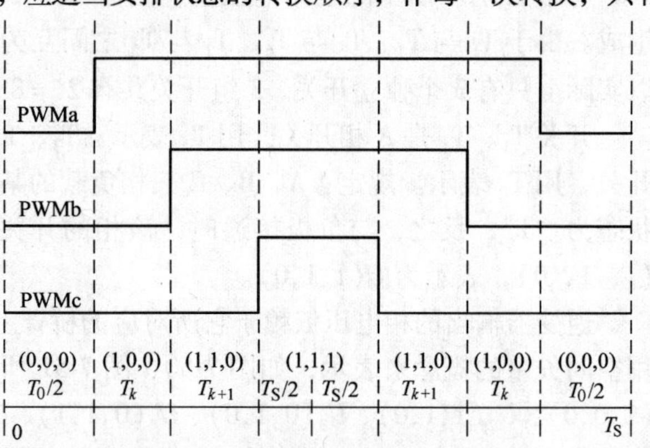

图 7-52 参考矢量 U_{ref} 位于区间 k 的空间矢量脉宽调制的逆变器开关信号

空间矢量脉宽调制的核心问题就是计算每一个调制周期内的非零矢量和零矢量的作用时间。以下分析在区间 k 的参考矢量 $\boldsymbol{U}_{ref}$ 的合成方法和如何产生空间矢量 PWM 调制，如图 7-52 所示，有

$$\int_0^{\frac{T_S}{2}} U_{ref}\mathrm{d}t = \int_0^{\frac{T_0}{2}} U_0\mathrm{d}t + \int_{\frac{T_0}{2}}^{\frac{T_0}{2}+T_k} U_k\mathrm{d}t + \int_{\frac{T_0}{2}+T_k}^{\frac{T_0}{2}+T_k+T_{k+1}} U_{k+1}\mathrm{d}t + \int_{\frac{T_0}{2}+T_k+T_{k+1}}^{\frac{T_S}{2}} U_7\mathrm{d}t \tag{7-39}$$

其中

$$T_0 + T_k + T_{k+1} = T_S/2$$

因为 $U_0 = U_7 \equiv 0$，U_{ref}在这个调制周期内是不变的，U_k、U_{k+1}是常矢量，所以式（7-39）可以简化为

$$U_{ref}\frac{T_S}{2} = U_kT_k + U_{k+1}T_{k+1} \tag{7-40}$$

分解为实部和虚部分量

$$\begin{pmatrix} U_\alpha \\ U_\beta \end{pmatrix}\frac{T_S}{2} = \frac{2}{3}U_d\left(T_k\begin{pmatrix} \cos\frac{(k-1)\pi}{3} \\ \sin\frac{(k-1)\pi}{3} \end{pmatrix} + T_{k+1}\begin{pmatrix} \cos\frac{k\pi}{3} \\ \sin\frac{k\pi}{3} \end{pmatrix}\right)$$

$$= \frac{2}{3}U_d\begin{pmatrix} \cos\frac{(k-1)\pi}{3} & \cos\frac{k\pi}{3} \\ \sin\frac{(k-1)\pi}{3} & \sin\frac{k\pi}{3} \end{pmatrix}\begin{pmatrix} T_k \\ T_{k+1} \end{pmatrix} \tag{7-41}$$

其中，k 由下式决定

$$\frac{(k-1)\pi}{3} \leqslant \alpha \leqslant \frac{k\pi}{3}$$

$$\alpha = \arg\begin{pmatrix} U_\alpha \\ U_\beta \end{pmatrix}$$

解方程式（7-41）得

$$\begin{pmatrix} T_k \\ T_{k+1} \end{pmatrix} = \frac{\sqrt{3}}{2}\frac{T_S}{U_d}\begin{pmatrix} \sin\frac{k\pi}{3} & -\cos\frac{k\pi}{3} \\ -\sin\frac{(k-1)\pi}{3} & \cos\frac{(k-1)\pi}{3} \end{pmatrix}\begin{pmatrix} U_\alpha \\ U_\beta \end{pmatrix} \tag{7-42}$$

两个零状态矢量的作用时间可以任意分配，但两段时间的总和为 T_0。一般情况下可选择两段时间相等。

为了产生对称的三相正弦电压，要求所产生的空间矢量的轨迹是一个圆，所以 U_{ref} 满足下式

$$U_{ref}=|U_{ref}|e^{j\omega t}=|U_{ref}|(\cos\omega t+j\sin\omega t) \tag{7-43}$$

则由式（7-42）得

$$\begin{pmatrix}T_k\\T_{k+1}\end{pmatrix}=\frac{\sqrt{3}}{2}\frac{|U_{ref}|T_S}{U_d}\begin{pmatrix}\sin\dfrac{k\pi}{3} & -\cos\dfrac{k\pi}{3}\\ -\sin\dfrac{(k-1)\pi}{3} & \cos\dfrac{(k-1)\pi}{3}\end{pmatrix}\begin{pmatrix}\cos\omega t\\ \sin\omega t\end{pmatrix} \tag{7-44}$$

从图 7-52、图 7-50 和式（7-44）得到逆变器的各输出端 A、B、C 相对于其直流侧中点的电压。当 U_{ref} 位于区间Ⅰ时，$k=1$，则式（7-44）为

$$\begin{pmatrix}T_k\\T_{k+1}\end{pmatrix}=\frac{\sqrt{3}}{2}\frac{|U_{ref}|T_S}{U_d}\begin{pmatrix}\sin\left(\dfrac{\pi}{3}-\omega t\right)\\ \sin\omega t\end{pmatrix} \tag{7-45}$$

当 $k=1$ 时，一个开关周期内逆变器的输出相电压为

$$U_{A0}(\omega t)=\frac{U_d}{2T_S}\left(-\frac{T_0}{2}+T_1+T_2+T_0+T_2+T_1-\frac{T_0}{2}\right)=\frac{\sqrt{3}}{2}\frac{|U_{ref}|}{U_d}U_d\cos\left(\omega t-\frac{\pi}{6}\right)$$

$$U_{B0}(\omega t)=\frac{U_d}{2T_S}\left(-\frac{T_0}{2}-T_1+T_2+T_0+T_2-T_1-\frac{T_0}{2}\right)=\frac{\sqrt{3}}{2}\frac{|U_{ref}|}{U_d}U_d\sin\left(\omega t-\frac{\pi}{6}\right)$$

$$U_{C0}(\omega t)=-U_{A0}(\omega t)$$

按上述方法，可以经计算得 U_{ref} 位于其他区间的结果。

$$U_{A0}(\omega t)=\begin{cases}\dfrac{\sqrt{3}}{2}|U_{ref}|\cos\left(\omega t-\dfrac{\pi}{6}\right) & 0\leqslant\omega t\leqslant\dfrac{\pi}{3}\\ \dfrac{3}{2}|U_{ref}|\cos\omega t & \dfrac{\pi}{3}\leqslant\omega t\leqslant\dfrac{2\pi}{3}\\ \dfrac{\sqrt{3}}{2}|U_{ref}|\cos\left(\omega t+\dfrac{\pi}{6}\right) & \dfrac{2\pi}{3}\leqslant\omega t\leqslant\pi\\ \dfrac{\sqrt{3}}{2}|U_{ref}|\cos\left(\omega t-\dfrac{\pi}{6}\right) & \pi\leqslant\omega t\leqslant\dfrac{4\pi}{3}\\ \dfrac{3}{2}|U_{ref}|\cos\omega t & \dfrac{4\pi}{3}\leqslant\omega t\leqslant\dfrac{5\pi}{3}\\ \dfrac{\sqrt{3}}{2}|U_{ref}|\cos\left(\omega t+\dfrac{\pi}{6}\right) & \dfrac{5\pi}{3}\leqslant\omega t\leqslant 2\pi\end{cases} \tag{7-46}$$

$$U_{B0}(\omega t)=U_{A0}\left(\omega t-\frac{2\pi}{3}\right) \tag{7-47}$$

$$U_{C0}(\omega t)=U_{A0}\left(\omega t-\frac{4\pi}{3}\right) \tag{7-48}$$

$U_{A0}(\omega t)$的曲线如图 7-53 所示。

从式（7-46）可以得出线电压为

$$\begin{cases} U_{AB}(\omega t) = U_{A0}(\omega t) - U_{B0}(\omega t) = \sqrt{3}\,|U_{ref}|\sin\left(\omega t + \dfrac{\pi}{3}\right) \\ U_{BC}(\omega t) = U_{AB}\left(\omega t - \dfrac{2\pi}{3}\right) \\ U_{CA}(\omega t) = U_{AB}\left(\omega t - \dfrac{4\pi}{3}\right) \end{cases} \quad 0 \leqslant \omega t \leqslant 2\pi \tag{7-49}$$

由式（7-49）可见，空间矢量脉宽调制逆变器输出的线电压为正弦波。

图 7-51 所示的六边形表示了电压空间矢量可以达到的范围。使用空间矢量调制可以得到位于此六边形内的任意电压空间矢量。对于给定的直流侧电压，使逆变器工作于图 7-54 所示的六拍阶梯波的情况下，可以得到相电压基波的最大值。用傅里叶变换分解，可得到六拍阶梯波基波的最大值

$$U_{max,six} = \frac{2U_d}{\pi} \tag{7-50}$$

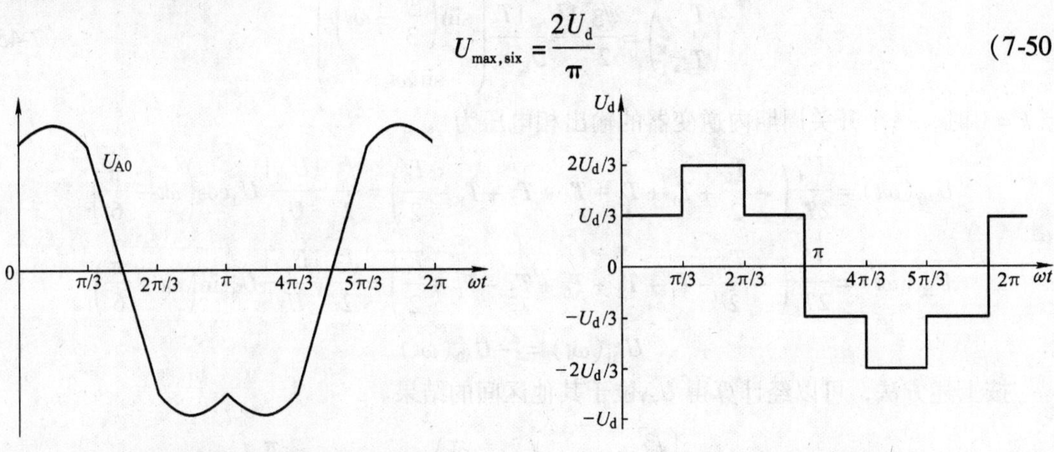

图 7-53　空间矢量脉宽调制逆变器的相电压

图 7-54　六拍阶梯波

从图 7-50 和 SPWM 原理可知，SPWM 控制可以得到的最大基波幅值是

$$U_{max,sin} = U_d/2 \tag{7-51}$$

因此，用 SPWM 控制的逆变器的能力只用了 78.5%。

如果用空间矢量调制产生一个幅值为 U_{ref}、角频率为 ω 的三相平衡电压，则

$$\begin{cases} U_{AN} = U_{ref}\cos\omega t \\ U_{BN} = U_{ref}\cos\left(\omega t - \dfrac{2\pi}{3}\right) \\ U_{CN} = U_{ref}\cos\left(\omega t - \dfrac{4\pi}{3}\right) \end{cases} \tag{7-52}$$

$$U_{ref} = |U_{ref}|(\cos\omega t + j\sin\omega t) = |U_{ref}|e^{j\omega t} \tag{7-53}$$

定义调制比为

$$m = \frac{|U_{ref}|}{U_{max,six}} = \frac{\pi}{2}\frac{|U_{ref}|}{U_d} \tag{7-54}$$

对于空间矢量调制，由于参考空间矢量在复平面上是一个以 ω 为角速度、半径为 U_{ref} 的圆轨迹（显然，最大的圆是图7-51六边形的内切圆），所以最大相电压基波的最大值为

$$|U_{ref}|_{max}=\frac{2}{3}U_d\frac{\sqrt{3}}{2}=\frac{1}{\sqrt{3}}U_d \tag{7-55}$$

所以

$$\frac{|U_{ref}|_{max}}{U_{max,six}}=\frac{U_d/\sqrt{3}}{2U_d/\pi}=\frac{\pi}{2\sqrt{3}}=0.9069 \tag{7-56}$$

空间矢量控制的逆变器能力为90.7%，比用一般的SPWM控制提高了15%，再加上它开、关次数较少，因而它优于一般的SPWM控制的逆变器。

由式（7-49）得最大输出线电压的幅值为

$$U_{AB,max}=\sqrt{3}|U_{ref}|_{max}=U_d \tag{7-57}$$

由式（7-54）和式（7-44）得

$$\begin{pmatrix}T_k\\T_{k+1}\end{pmatrix}=m\frac{\sqrt{3}}{\pi}T_S\begin{pmatrix}\sin\frac{k\pi}{3} & -\cos\frac{k\pi}{3}\\ -\sin\frac{(k-1)\pi}{3} & \cos\frac{(k-1)\pi}{3}\end{pmatrix}\begin{pmatrix}\cos\omega t\\ \sin\omega t\end{pmatrix} \tag{7-58}$$

当 $m=1$ 时，逆变器运行于六拍阶梯波情况下。当 $m=0.9069$ 时，由式（7-58）可以算出，当 $\omega t=\pi/6+(k-1)\pi/3$ 时，$T_k+T_{k+1}=T_S/2$，$T_0=0$，T_0 最小；当 $\omega t=(k-1)\pi/3$ 时，$T_k+T_{k+1}=0.433T_S$，$T_0=0.067T_S$。

四、交流电动机变频调速特性

每一台电动机都有额定值，如额定转速、额定电压（电流）、额定频率。国产电动机通常的额定电压是220V或380V，额定频率为50Hz。电动机在额定值运行时，材料达到充分地利用，定子铁心达到磁饱和，电动机温升在允许值之内，可以长期运行。当某些参数发生变化时，可能破坏电动机内部的平衡状态，严重时会损坏电动机。

由电工学可知

$$U_1\approx E_1=4.44f_1N_1K_1\Phi_m \tag{7-59}$$

$$\Phi_m\approx\frac{1}{4.44N_1K_1}\frac{U_1}{f_1} \tag{7-60}$$

式中 f_1——定子供电频率；

N_1——定子绕组匝数；

K_1——定子绕组系数；

U_1——相电压；

E_1——定子绕组感应电动势；

Φ_m——每极气隙磁通量。

N_1K_1 为常数，当 U_1 和 f_1 为额定值时，Φ_m 达到饱和状态。以额定值为界限，供电频率低于额定值时叫基频以下调速，高于额定值时叫基频以上调速。

1. 基频以下调速

由式（7-60）知，当 Φ_m 处在饱和值不变时，降低 f_1，必须减小 U_1，以保持 U_1/f_1 为常

数。若不减小 U_1，将使定子铁心处在过饱和供电状态，这时不但不能增加 Φ_m，反而会烧坏电动机。

在基频以下调速时，保持 Φ_m 不变，即保持绕组电流不变，转矩不变，为恒转矩调速。

2. 基频以上调速

在基频以上调速时，频率从额定值向上升高，受电动机供电电压的限制，相电压不能升高，只能保持额定电压值；在电动机定子内，因供电的频率升高，使感抗增加，相电流降低，磁通 Φ_{ml} 减小，因而输出转矩也减小，但因转速升高而使输出的功率保持不变，这时为恒功率调速。

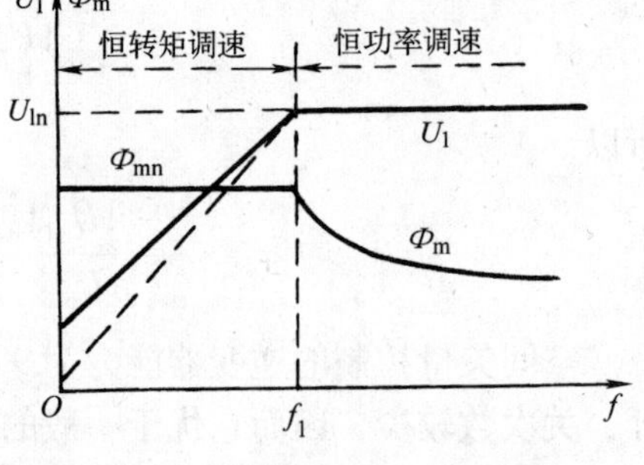

图 7-55　交流电动机变频调速特性曲线

图 7-55 是上述两种情况下的特性曲线。

第五节　交流伺服电动机的矢量控制

矢量控制（Vector Control）是把交流电动机模拟成直流电动机，用对直流电动机的控制方法来控制交流电动机。其方法是以交流电动机转子磁场定向，把定子电流矢量分解成与转子磁场方向相平行的磁化电流分量 i_d 和相垂直的转矩电流分量 i_q，分别使其对应直流电动机中的励磁电流 i_f 和电枢电流 i_a。在转子旋转坐标系中，分别对磁化电流分量 i_d 和转矩电流分量 i_q 进行控制，以达到对实际交流电动机控制的目的。用矢量变换方法可以实现对交流电动机的转矩和磁链控制的完全解耦。

在实际控制中需要先选择基准旋转坐标系，即所谓的定向。选择电动机某一旋转磁场轴作为基准旋转坐标系，即称为磁场定向。顾名思义，矢量控制系统也称为磁场定向控制系统。

对于交流伺服电动机的磁场定向轴的选择有三种，即转子磁场定向、气隙磁场定向、定子磁场定向。

一、交流感应伺服电动机的矢量控制

所有拖动控制系统都服从于基本运动方程式，即

$$M - M_Z = \frac{GD^2}{375}\frac{dn}{dt} \tag{7-61}$$

式中　M——电动机的电磁转矩，单位为 N · m；

M_Z——负载转矩，单位为 N · m；

GD^2——整个运动部分的飞轮惯量，单位为 N · m²。

由此可以看出，提高感应电动机调速动态性能的关键在于对电动机瞬态电磁转矩的控制。由于他励直流电动机的电磁转矩为

$$M = C_m \Phi i_a \tag{7-62}$$

可以方便地通过调节励磁电流 i_f 或电枢电流 i_a 来控制电磁转矩。而感应电动机电磁转矩的控制就要复杂得多。感应电动机的电磁转矩为

$$M = C_m \Phi I_2 \cos\varphi_2 \tag{7-63}$$

气隙磁通 Φ、转子电流 I_2、功率因数 $\cos\varphi_2$ 都是转差率的函数，都难以直接控制。比较容易控制的是电动机的定子电流 I_1，它是转子电流 I_2 与励磁电流 I_0 的矢量和，因此要准确地控制感应电动机的电磁转矩，显然是很困难的。

1. 感应电动机动态数学模型

感应电动机是一个多输入、多输出系统，其电压、电流、频率、磁通和转速是相互影响的，所以其数学模型是一个高阶、强耦合、非线性的多变量系统。

假设，磁路是线性的，忽略铁心损耗，三相绕组产生的气隙磁动势按正弦分布，则三相感应电动机的动态数学模型由电压方程、转矩方程和运动方程组成。

电压方程

$$\begin{pmatrix} \boldsymbol{u}_s \\ \boldsymbol{u}_r \end{pmatrix} = \begin{pmatrix} \boldsymbol{R}_s & \boldsymbol{0} \\ \boldsymbol{0} & \boldsymbol{R}_r \end{pmatrix} \begin{pmatrix} \boldsymbol{i}_s \\ \boldsymbol{i}_r \end{pmatrix} + p \begin{pmatrix} \boldsymbol{L}_s & \boldsymbol{M}_{sr} \\ \boldsymbol{M}_{rs} & \boldsymbol{L}_r \end{pmatrix} \begin{pmatrix} \boldsymbol{i}_s \\ \boldsymbol{i}_r \end{pmatrix} \tag{7-64}$$

式中　$\boldsymbol{u}_s$、$\boldsymbol{u}_r$——定子和转子的端电压矩阵，$\boldsymbol{u}_s = \begin{pmatrix} u_A \\ u_B \\ u_C \end{pmatrix}$，$\boldsymbol{u}_r = \begin{pmatrix} u_a \\ u_b \\ u_c \end{pmatrix}$；

$\boldsymbol{i}_s$、$\boldsymbol{i}_r$——定子和转子的电流矩阵，$\boldsymbol{i}_s = \begin{pmatrix} i_A \\ i_B \\ i_C \end{pmatrix}$，$\boldsymbol{i}_r = \begin{pmatrix} i_a \\ i_b \\ i_c \end{pmatrix}$；

$\boldsymbol{R}_s$、$\boldsymbol{R}_r$——定子和转子的电阻矩阵，$\boldsymbol{R}_s = \begin{pmatrix} R_1 & 0 & 0 \\ 0 & R_1 & 0 \\ 0 & 0 & R_1 \end{pmatrix}$，$\boldsymbol{R}_r = \begin{pmatrix} R_2 & 0 & 0 \\ 0 & R_2 & 0 \\ 0 & 0 & R_2 \end{pmatrix}$；

$\boldsymbol{L}_s$、$\boldsymbol{L}_r$——定子和转子的电感矩阵，$\boldsymbol{L}_s = \begin{pmatrix} L_A & -M_1 & -M_1 \\ -M_1 & L_A & -M_1 \\ -M_1 & -M_1 & L_A \end{pmatrix}$，$\boldsymbol{L}_r = \begin{pmatrix} L_a & -M_2 & -M_2 \\ -M_2 & L_a & -M_2 \\ -M_2 & -M_2 & L_a \end{pmatrix}$；

$\boldsymbol{M}_{sr}$、$\boldsymbol{M}_{rs}$——定子和转子绕组间的互感矩阵，忽略谐波磁场，各互感系数均是定子绕组与相对应的转子绕组之间夹角 θ 的余弦函数，$\boldsymbol{M}_{sr} = \boldsymbol{M}_{rs} = M_{Aa} \begin{pmatrix} \cos\theta & \cos(\theta+120°) & \cos(\theta-120°) \\ \cos(\theta-120°) & \cos\theta & \cos(\theta+120°) \\ \cos(\theta+120°) & \cos(\theta-120°) & \cos\theta \end{pmatrix}$；

p——微分算子，$p = \mathrm{d}/\mathrm{d}t$。

转矩方程

$$T_e = \frac{p_0}{2} \boldsymbol{i}_t \frac{\partial \boldsymbol{L}}{\partial \theta} \boldsymbol{i} = \frac{p_0}{2} (\boldsymbol{i}_s \quad \boldsymbol{i}_r) \begin{pmatrix} \dfrac{\partial \boldsymbol{L}_s}{\partial \theta} & \dfrac{\partial \boldsymbol{M}_{sr}}{\partial \theta} \\ \dfrac{\partial \boldsymbol{M}_{rs}}{\partial \theta} & \dfrac{\partial \boldsymbol{L}_r}{\partial \theta} \end{pmatrix} \begin{pmatrix} \boldsymbol{i}_s \\ \boldsymbol{i}_r \end{pmatrix} \tag{7-65}$$

式中 p_0——电动机的极对数；

T_e——电动机的电磁转矩。

运动方程

$$T_e = T_L + R_\Omega \Omega + J\frac{d\Omega}{dt} \tag{7-66}$$

式中 T_L——负载转矩；

J——运动系统的转动惯量；

R_Ω——粘滞摩擦因数；

Ω——机械角速度。

2. 坐标变换

从以上感应电动机的动态数学模型可以看出，这是一组多变量、强耦合、非线性的微分方程，要分析和求解此方程是非常困难的，在实际应用中必须设法简化，坐标变换就是简化的基本方法。

(1) 三相/两相变换（Clarke 变换） 图 7-56a、b 是三相/两相矢量变换的原理图。图 7-56a 为三相电动机，在三相绕组 A、B、C 中通以相位差 120°的三相交流电，相电流分别是 i_A、i_B、i_C，因而产生同步角度为 ω_0 的旋转磁通 Φ，将其转换成两相交流电动机（图 7-56b）。两相绕组 α、β 互相垂直。在两相绕组 α、β 中分别通以相位差为 90°的等效交流电 i_α、i_β，使它所产生的旋转磁通 Φ 与三相绕组一致，角速度也为 ω_0，则这个两相电动机和三相电动机是等效的。图 7-56c 是一直流电动机，d 绕组相当于励磁绕组，q 绕组相当于电枢绕组。若在 d、q 两绕组中通以等效的直流电 i_d、i_q，使之产生磁通 Φ，并使两绕组均以 ω_0 的角速度旋转，则这个直流电动机与上述的两相、三相交流电动机等效，这样就可用矢量变换方法进行三相/两相变换和静止/旋转变换。

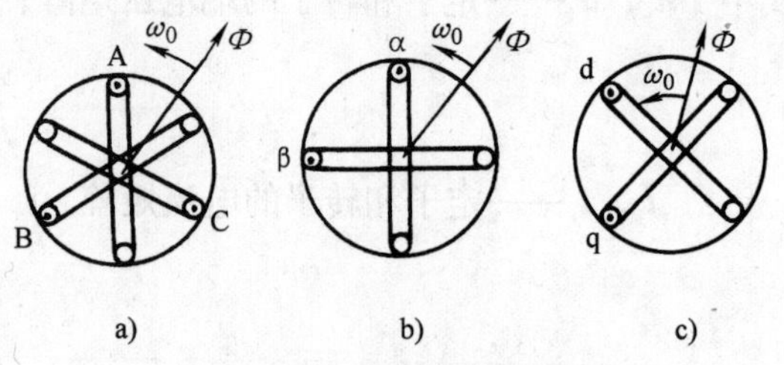

图 7-56 矢量变换原理图

图 7-57 是矢量变换关系图。图 7-57a 是三相/两相变换关系图。i_a、i_B、i_C 与 i_α、i_β 产生相同的磁通 Φ，则

$$i_\alpha = i_A - i_B\cos60° - i_C\cos60° = i_A - \frac{1}{2}i_B - \frac{1}{2}i_C \tag{7-67}$$

$$i_\beta = i_B\sin60° - i_C\sin60° = \frac{\sqrt{3}}{2}i_B - \frac{\sqrt{3}}{2}i_C \tag{7-68}$$

写成矩阵形式

$$\begin{pmatrix} i_\alpha \\ i_\beta \end{pmatrix} = \begin{pmatrix} 1 & -\frac{1}{2} & -\frac{1}{2} \\ 0 & \frac{\sqrt{3}}{2} & -\frac{\sqrt{3}}{2} \end{pmatrix} \begin{pmatrix} i_A \\ i_B \\ i_C \end{pmatrix} \tag{7-69}$$

考虑变换前后功率不变，在变换矩阵上应乘以 $\sqrt{2/3}$（证明从略），则

$$\begin{pmatrix} i_\alpha \\ i_\beta \end{pmatrix} = \sqrt{\frac{2}{3}} \begin{pmatrix} 1 & -\frac{1}{2} & -\frac{1}{2} \\ 0 & \frac{\sqrt{3}}{2} & -\frac{\sqrt{3}}{2} \end{pmatrix} \begin{pmatrix} i_A \\ i_B \\ i_C \end{pmatrix} \tag{7-70}$$

三相/两相变换矩阵和逆矩阵为（具体计算方法见其他参考书）

$$C_{3/2} = \sqrt{\frac{2}{3}} \begin{pmatrix} 1 & -\frac{1}{2} & -\frac{1}{2} \\ 0 & \frac{\sqrt{3}}{2} & -\frac{\sqrt{3}}{2} \end{pmatrix}, \quad C_{2/3} = C_{3/2}^{-1} = \sqrt{\frac{2}{3}} \begin{pmatrix} 1 & 0 \\ -\frac{1}{2} & \frac{\sqrt{3}}{2} \\ -\frac{1}{2} & -\frac{\sqrt{3}}{2} \end{pmatrix}$$

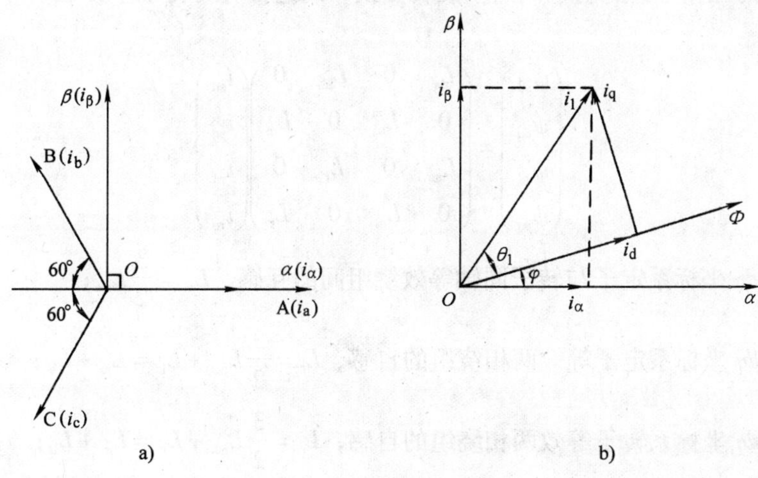

图 7-57　矢量变换关系图

（2）静止/旋转（两相/直流）变换（Park 变换）　图 7-57b 是静止/旋转变换矢量图，静止坐标系的两相交流电 i_α、i_β 和两个直流电 i_d、i_q 产生同样的磁通，并以同样的速度旋转，由于 i_d、i_q 大小不变，磁通 Φ 与 α 轴的夹角 φ 是随时间而变化的，因此 i_d、i_q 在 α、β 轴上的分量 i_α、i_β 也随时间变化。由图 7-57b 可知

$$\left.\begin{aligned} i_\alpha &= i_d\cos\varphi - i_q\sin\varphi \\ i_\beta &= i_d\sin\varphi + i_q\cos\varphi \end{aligned}\right\} \tag{7-71}$$

$$\left.\begin{aligned} i_d &= i_\alpha\cos\varphi + i_\beta\sin\varphi \\ i_q &= -i_\alpha\sin\varphi + i_\beta\cos\varphi \end{aligned}\right\} \tag{7-72}$$

$$\begin{pmatrix} i_\alpha \\ i_\beta \end{pmatrix} = \begin{pmatrix} \cos\varphi & -\sin\varphi \\ \sin\varphi & \cos\varphi \end{pmatrix} \begin{pmatrix} i_d \\ i_q \end{pmatrix} = C_{2r/2s} \begin{pmatrix} i_d \\ i_q \end{pmatrix} \tag{7-73}$$

其逆变换矩阵

$$C_{2s/2r} = \begin{pmatrix} \cos\varphi & \sin\varphi \\ -\sin\varphi & \cos\varphi \end{pmatrix}$$

（3）直角坐标/极坐标变换（K/P 变换）　由 i_d 和 i_q 求它们的合矢量 i_1 及合矢量与 i_d 的夹角 θ_1，这就是直角坐标/极坐标变换。由图 7-57b 知

$$i_1=\sqrt{i_d^2+i_q^2} \tag{7-74}$$

$$\tan\theta_1=\frac{i_q}{i_d} \tag{7-75}$$

$$\theta_1=\arctan\frac{i_q}{i_d} \tag{7-76}$$

由于 i_d/i_q 的变化范围是 $0\sim\infty$，变化幅度太大，计算误差大，在实际中常用下式计算，即

$$\theta_1=2\arctan\frac{i_q}{i_1+i_d} \tag{7-77}$$

3. 感应电动机在两相同步旋转坐标系中的动态数学模型

利用以上的三相/两相变换和静止/旋转变换，经过计算可得以下方程，即

磁链方程

$$\begin{pmatrix}\psi_{sd}\\ \psi_{sq}\\ \psi_{rd}\\ \psi_{rq}\end{pmatrix}=\begin{pmatrix}L_s & 0 & L_m & 0\\ 0 & L_s & 0 & L_m\\ L_m & 0 & L_r & 0\\ 0 & L_m & 0 & L_r\end{pmatrix}\begin{pmatrix}i_{sd}\\ i_{sq}\\ i_{rd}\\ i_{rq}\end{pmatrix} \tag{7-78}$$

式中 L_m——dq 坐标系定子与转子同轴等效绕组间的互感，$L_m=\frac{3}{2}L_{ms}$；

L_s——dq 坐标系定子等效两相绕组的自感，$L_s=\frac{3}{2}L_{ms}+L_{ls}=L_m+L_{ls}$；

L_r——dq 坐标系转子等效两相绕组的自感，$L_r=\frac{3}{2}L_{ms}+L_{lr}=L_m+L_{lr}$；

ψ_{sd}——定子 d 轴绕组磁链；

ψ_{sq}——定子 q 轴绕组磁链；

ψ_{rd}——转子 d 轴绕组磁链；

ψ_{rq}——转子 q 轴绕组磁链；

i_{sd}——定子 d 轴绕组电流；

i_{sq}——定子 q 轴绕组电流；

i_{rd}——转子 d 轴绕组电流；

i_{rq}——转子 q 轴绕组电流。

电压方程

$$\begin{pmatrix}u_{sd}\\ u_{sq}\\ u_{rd}\\ u_{rq}\end{pmatrix}=\begin{pmatrix}R_s+L_sp & -\omega_1L_s & L_mp & -\omega_1L_m\\ \omega_1L_s & R_s+L_sp & \omega_1L_m & L_mp\\ L_mp & -\omega_sL_m & R_r+L_rp & -\omega_sL_r\\ \omega_sL_m & L_mp & \omega_sL_r & R_r+L_rp\end{pmatrix}\begin{pmatrix}i_{sd}\\ i_{sq}\\ i_{rd}\\ i_{rq}\end{pmatrix} \tag{7-79}$$

转矩方程

$$T_e=n_pL_m(i_{sq}i_{rd}-i_{sd}i_{rq})=\frac{n_pL_m}{L_r}(i_{sq}\psi_{rd}-i_{sd}\psi_{rq}) \tag{7-80}$$

运动方程

$$T_e = T_L + R_{\Omega}\Omega + J\frac{d\Omega}{dt} \tag{7-81}$$

4. 按转子磁链定向的矢量控制系统

在以上的两相同步旋转变换中，如果选取 d 轴沿着转子磁通矢量 ψ_r 方向，称之为 M 轴，q 轴则称之为 T 轴，这样的两相旋转坐标系就称为 MT 坐标系，也就是按照转子磁场定向的旋转坐标系。

其电压方程为

$$\begin{pmatrix} u_{sm} \\ u_{st} \\ u_{rm} \\ u_{rt} \end{pmatrix} = \begin{pmatrix} R_s + L_s p & -\omega_1 L_s & L_m p & -\omega_1 L_m \\ \omega_1 L_s & R_s + L_s p & \omega_1 L_m & L_m p \\ L_m p & -\omega_s L_m & R_r + L_r p & -\omega_s L_r \\ \omega_s L_m & L_m p & \omega_s L_r & R_r + L_r p \end{pmatrix} \begin{pmatrix} i_{sm} \\ i_{st} \\ i_{rm} \\ i_{rt} \end{pmatrix} \tag{7-82}$$

由于选取 d 轴沿着转子磁通矢量 ψ_r 方向，则 $\psi_{rd} = \psi_{rm} = \psi_r$，$\psi_{rq} = \psi_{rt} = 0$。由于转子为短路，则 $u_{rm} = 0$，$u_{rt} = 0$，经过推导整理得以下矢量控制基本方程式

$$T_e = \frac{n_p L_m}{L_r} i_{st} \psi_r \tag{7-83}$$

$$\omega_1 - \omega = \omega_s = \frac{L_m i_{st}}{T_r \psi_r} \tag{7-84}$$

$$\psi_r = \frac{L_m}{T_r p + 1} i_{sm} \tag{7-85}$$

上述方程式表明，转子磁链 ψ_r 是由定子电流励磁分量 i_{sm} 产生的，与转矩分量 i_{st} 无关。而且 ψ_r 与 i_{sm} 之间的传递函数是一阶惯性环节。当定子电流励磁分量 i_{sm} 改变时，转子磁链 ψ_r 不能突变。

图 7-58 是异步电动机矢量系统结构框图，系统采用的是带速度传感器的基于转子磁场定向的矢量控制理论，控制结构上采用速度和电流双闭环控制系统。控制系统根据转子磁链观测器进行转子磁链的观测，通过检测定子电流，并经过三相坐标系到转子磁场定向的两相同步旋转坐标系的变换，得到在 d-q 坐标系上电动机定子电流的转矩分量和励磁分量。定子电流的转矩分量和励磁分量通过各自的控制器输出，并通过两相同步旋转坐标系变换到两相静止坐标系，再利用电压空间矢量法（SVPWM）来控制脉宽并驱动逆变器进行工作。

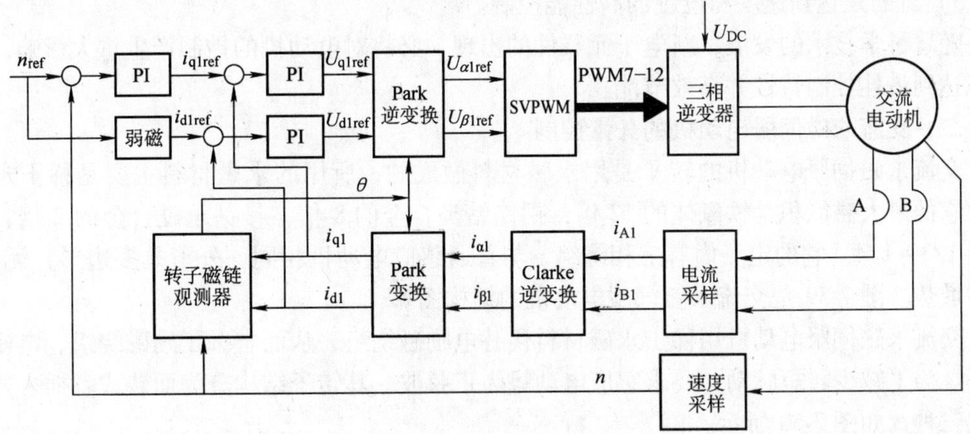

图 7-58　异步电动机矢量系统结构框图

反馈通道主要是定子电流反馈和转子速度反馈。电流反馈用于反映负载的状况，速度反馈用于测量拖动系统的实际转速。交流电动机的 A 相和 B 相定子电流采样值经 Clarke 变换和 Park 变换得到两相旋转坐标系下的转矩分量 i_{q1} 和励磁分量 i_{d1}，并结合转子磁链观测器得到转子磁链位置角 θ，这三个量用于控制系统前向通道的控制。

前向通道是反馈通道的逆变换，由两相旋转坐标系回到两相静止坐标系下。n_{ref} 是系统给定速度，经过速度 PI 控制器和弱磁控制环节分别得到电流的转矩分量参考值 i_{q1ref} 和励磁分量参考值 i_{d1ref}，两者经过各自的电流 PI 控制器得到各自电压的参考值 U_{q1ref} 和 U_{d1ref}，再经过 Park 逆变换得到 $U_{\alpha1ref}$ 和 $U_{\beta1ref}$，利用空间矢量调制（SVPWM）算法，对逆变器进行控制。

系统中有四个主要的控制环节：三个 PI 调节器和一个弱磁控制环节。PI 调节器包括一个速度调节器和两个电流调节器。弱磁控制环节用于超过额定转速时的控制。

该系统的特点是：

1）可以使电动机四象限运行。

2）可以连续正反启动（从 $-n_{max} \sim +n_{max}$ 或反之）。

3）转矩对电流快速响应，转矩上升时间小于 10ms，电动机速度响应很快，无振荡现象发生。

4）低速运行平稳。

5）零速时也能达到最大转矩。

6）在低于额定转速时，电动机是恒转矩调速；高于额定转速时，电动机是恒功率调速。

综上所述，主轴伺服电动机矢量控制系统的特点是：将三相交流电动机的控制量转化为与之等效的直流电动机的控制量，即相互独立的等效定子励磁电流和转子电枢电流，用对等效直流电动机的控制来达到对交流电动机的控制。用矢量控制法使交流电动机获得了与直流电动机相同的控制特性，满足了机床主轴驱动高性能调速要求。

总之，伺服电动机的驱动控制是这样的控制系统：

1）控制基本原理是转子磁场定向（直流电动机由机械结构保证转子、定子电流正交，可以看作磁场定向的特例；交流电动机由矢量变换保证转子、定子电流正交）的控制。

2）实现手段是以微处理器为核心的 PWM 控制器。

3）目的是达到速度和位置的高性能控制。

随着科学技术的发展，新电子元器件的出现，必将对电动机的控制产生重大影响，使电动机达到最佳控制特性并高效节能。

二、交流永磁伺服电动机的矢量控制

交流永磁伺服电动机的转子是用永磁材料做成的，所用的永磁材料主要是稀土永磁合金，它的最大磁能积是铁氧体的 12 倍，铝镍钴类合金的 8 倍，钐钴永磁合金的 2 倍，且价格低 1/3 ~ 1/4。它的定子内有三相绕组，与普通感应电动机相同，外形是多边形，无外壳，易于散热。图 7-59 是交流永磁伺服电动机的结构图。

交流永磁伺服电动机用稀土永磁材料代替电励磁绕组，从而省去了励磁绕组、电刷和集电环。为了减少转矩脉动，要求感应电动势为正弦波。其转子结构分为面装式、插入式和内装式三种，如图 7-60 所示。

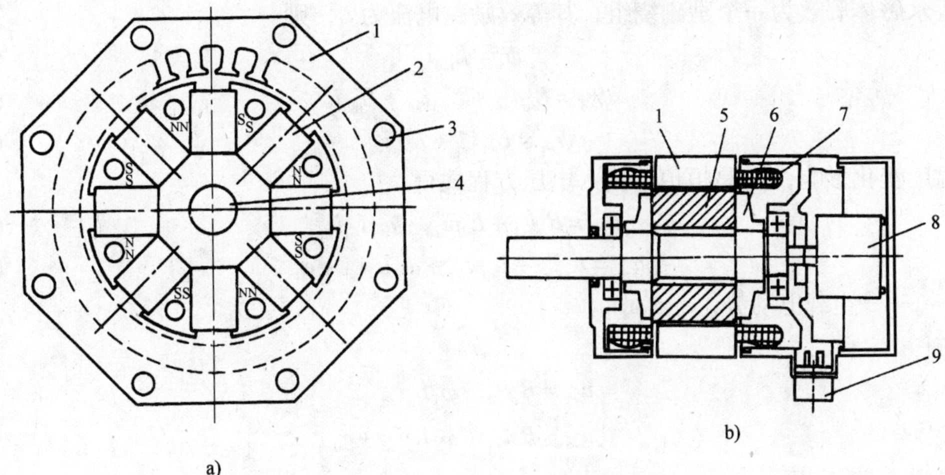

图 7-59　交流永磁伺服电动机的结构图

a）交流永磁伺服电动机横剖面　b）交流永磁伺服电动机纵剖面

1—定子　2—永磁铁　3—轴向通风孔　4—转轴　5—转子　6—压板

7—定子三相绕组　8—脉冲编码器　9—出线盒

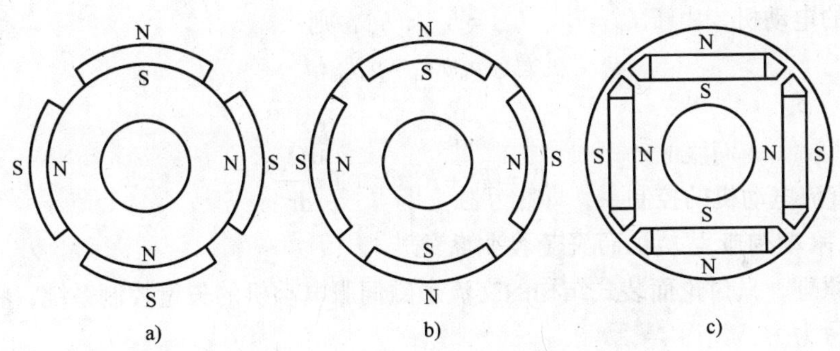

图 7-60　交流永磁伺服电动机转子结构

a）面装式转子结构　b）插入式转子结构　c）内装式转子结构

1. 交流永磁伺服电动机的数学模型

为建立交流永磁伺服电动机的 Odq 坐标系数学模型，假设永磁材料的电导率为零，铁心不饱和，忽略磁滞和涡流损耗，相绕组的感应电动势为正弦波。

电压方程

$$\left.\begin{aligned} u_{sd} &= R_s i_{sd} + p\psi_{sd} - \omega_1 \psi_{sq} \\ u_{sq} &= R_s i_{sq} + p\psi_{sq} + \omega_1 \psi_{sd} \end{aligned}\right\} \tag{7-86}$$

磁链方程

$$\left.\begin{aligned} \psi_{sd} &= L_d i_{sd} + \psi_f \\ \psi_{sq} &= L_q i_{sq} \end{aligned}\right\} \tag{7-87}$$

式中　L_d、L_q——d、q 绕组的自感，$L_d = L_{s\sigma} + L_{md}$，$L_q = L_{s\sigma} + L_{mq}$，$L_{s\sigma}$是 d、q 绕组的漏感，$L_{md}$、$L_{mq}$分别是 d、q 绕组的励磁电感；

ψ_f——永磁体产生的磁链。

将永磁体等效为一个励磁绕组，其等效励磁电流为 i_f，则

$$\psi_f = L_{md} i_f \tag{7-88}$$

$$\psi_{sd} = L_{s\sigma} i_{sd} + L_{md} i_{sd} + L_{md} i_f \tag{7-89}$$

$$\psi_{sq} = L_{s\sigma} i_{sq} + L_{mq} i_{sq} \tag{7-90}$$

不计温度变化影响，ψ_f 是恒值，代入电压方程式得

$$u_{sd} = R_s i_{sd} + L_d p i_{sd} - \omega_1 L_q i_{sq} \tag{7-91}$$

$$u_{sq} = R_s i_{sq} + L_q p i_{sq} + \omega_1 L_d i_{sd} + e_0 \tag{7-92}$$

式中　e_0——空载电动势，$e_0 = \omega_1 i_f$。

稳态时

$$\begin{cases} u_{sd} = R_s i_{sd} - \omega_1 L_q i_{sq} \\ u_{sq} = R_s i_{sq} + \omega_1 L_d i_{sd} + e_0 \end{cases} \tag{7-93}$$

转矩方程

dq 轴系的转矩方程为

$$T_e = p_n(\psi_d i_q - \psi_q i_d) \tag{7-94}$$

将磁链方程代入

$$T_e = p_n[(L_d - L_q) i_d i_q + \psi_f i_q] \tag{7-95}$$

对于面装式的电动机，由于 $L_d = L_q$、$L_{md} = L_{mq} = L_m$，则

$$T_e = p_n \psi_f i_q = p_n L_m i_f i_q \tag{7-96}$$

运动方程

$$T_e = T_L + R_\Omega \Omega_1 + J \frac{d\Omega_1}{dt} \tag{7-97}$$

2. 交流永磁伺服电动机的矢量控制系统

为说明原理，只讨论面装式结构的交流永磁伺服电动机的矢量控制系统，将前面的稳态电压方程改写为

$$u_{sd} = R_s i_{sd} + j^2 \omega_1 L_q i_{sq}$$

$$j u_{sq} = R_s j i_{sq} + j\omega_1 L_d i_{sd} + j e_0$$

则

$$U_s = R_s \dot{I}_s + j\omega_1 L_d \dot{I}_{sd} + j\omega_1 L_q \dot{I}_{sq} + j\dot{E}_0$$

以 d 轴为参考轴，得出矢量图，如图 7-61 所示。对于面装式结构，如果控制 $i_d = 0$，则得到定子电流全部为转矩电流。交流永磁伺服电动机矢量控制系统的原理框图如图 7-62 所示。

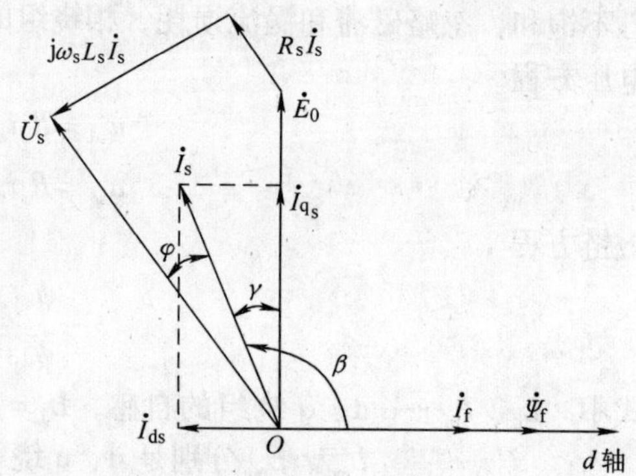

图 7-61　面装式交流永磁伺服电动机矢量图

图 7-62 是交流永磁伺服电动机位置、速度、电流矢量控制系统的原理框图。位置给定值 θ_{ref} 与实际值 θ 比较后，其差作为位置调节器的输入，其输出是速度给定值 n_{ref}。速度实际值 n 与给定值 n_{ref} 比较后，其差作为速度调节器的输入，其输出是交轴电流给定值 i_{sqref}。经坐标变换得到的交轴电流实际值 i_{sq} 与其给定值 i_{sqref} 比较后，其差作为交轴电流调节器的输入，其输出

是所需要的交轴电压 U_{sqref}。直轴电流给定值 i_{sdref} 可以根据运行情况的具体要求确定，如果不考虑弱磁，则 $i_{sdref}=0$。经坐标变换得到的直轴电流实际值 i_{sd} 与其给定值 i_{sdref} 比较后，其差作为直轴电流调节器的输入，其输出是所需要的直轴电压 U_{sdref}。经过 Park 逆变换和 SVPWM 算法，得到所需要的给功率变换器的开关信号。

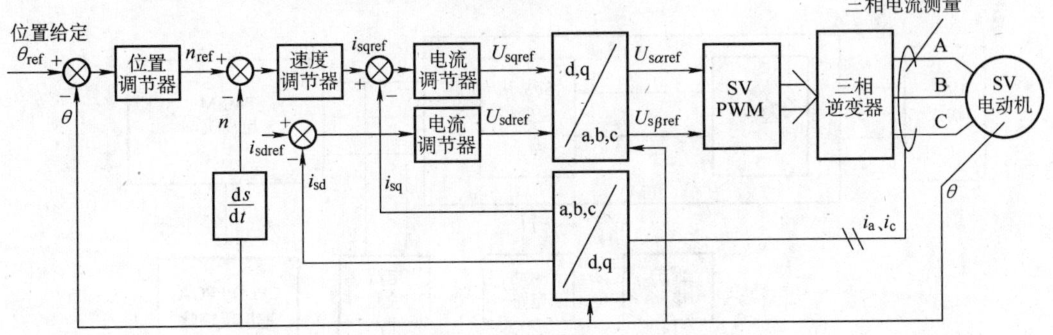

图 7-62　交流永磁伺服电动机矢量控制系统的原理框图

以上是面装式交流永磁伺服电动机矢量控制原理的简单介绍，是实际工作中最常用的方法。对插入式和内装式的交流永磁伺服电动机矢量控制原理，可参看其他参考书。

第六节　交流伺服系统举例

近年来，随着微电子技术和电力电子技术的飞速发展，在交流伺服系统中开始采用各种新颖的器件，如数字信号处理器（DSP）、智能功率模块等，使伺服系统从模拟控制转向数字控制，克服了传统模拟式伺服系统中存在的零漂、低可靠性以及生产一致性差等问题。研究如何进一步提高系统的通用性，简化设计，如何从应用系统需求出发，依一定原则与算法对软硬件功能进行分析及合理分配，以实现系统柔性重构，成为研究热点之一。

下面以某公司产品为例，介绍一种基于 DSP + CPLD/FPGA 的开放式全数字交流伺服驱动器的设计。

该驱动器主要用于 6 极三相 Y 接的交流永磁同步电动机控制，电动机参数如下：

定子每相电感　2. 4mH　　定子每相电阻　1. 55Ω

极对数　3　　额定转矩 T_n　2. 2N · m

额定转速　3000r/min　　额定功率 P_n　690W

机械时间常数　1. 5ms　　电时间常数　2. 3ms

转矩常数　0. 76N · m/A　　每千转反电动势　65V/kr · min^{-1}

并且内嵌 1024 线增量式光电编码器作为速度控制的反馈测量传感器。

一、系统总体结构

图 7-63 所示为控制系统总体结构图。控制系统的软硬件主要由两大部分实现：TMS320LF2407A 组成伺服平台的核心部分，主要任务是采集电流信号，完成控制算法，发出 PWM 驱动信号，同时利用其外设为平台提供专用接口；CPLD/FPGA 组成平台的扩展部分，主要任务是协助核心部分完成各种扩展接口的设计并处理平台的所有逻辑信号。一个开

放式系统应该在某个应用领域具备灵活性、多样性和可移植性。设计中尽量减少对核心器件某些单元的专门占用，以 CPLD/FPGA 来代替，利用 CPLD/FPGA 的系统可编程能力实现系统的开放性。主回路的设计主要采用了高性能 IPM 实现；速度和电流反馈采用了光电编码器和霍尔电流传感器。

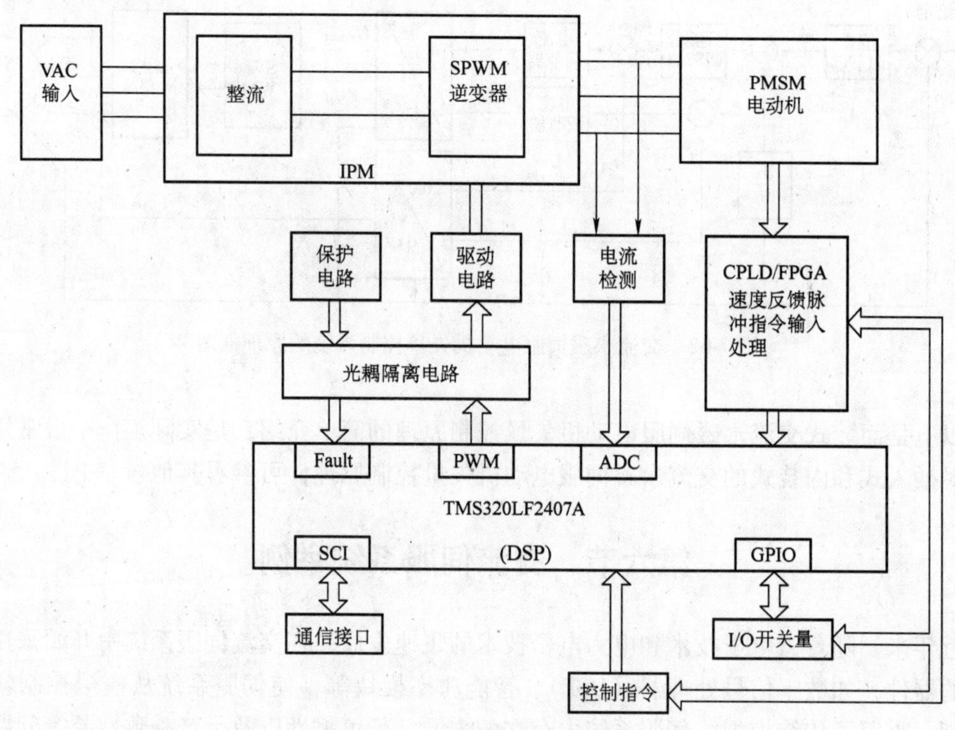

图 7-63 控制系统总体结构图

二、DSP 子系统

由上文所述，TMS320LF2407A 构成系统的控制核心。TMS320LF2407A 是 TI 公司开发的面向电动机控制的 DSP 处理器，采用 16 位定点 C2XX 的内核，并将实时处理能力和控制器的外设功能集于单片机之中。其主要特点有：

1）与 TMS320C2XX 兼容，指令执行速度最快为 40MIPS（25ns），内核与 I/O 接口的工作电压均为 3.3V，功耗小，性价比高。

2）存储器结构为 32KB×16 位具有可编程保密位的片内 FLASH，2.5KB×16 位的片内 RAM，16 位数据总线和 16 位地址总线，可以外扩 192KB×16 位的存储空间（64KB 程序存储器空间，64KB 数据存储器空间，64KB I/O 存储器空间）；具有自动程序加载能力，在 DSP 复位过程中，可以通过 SCI 或 SPI 将外部存储器中的程序和数据加载到片内程序存储器空间的 RAM。

3）片内集成了 16 路 10 位的 A/D 转换器，可以编程为两组 8 路 ADC（模/数转换器），转换速度最快为 375ns，可由内部 PWM 同步信号或外部引脚信号启动转换。

4）片内集成两组事件管理器（EVM），每个事件管理器配备两个 16 位定时器：可编程设定定时时间，或用作计数器；三相 PWM 发生器：以定时器的定时周期为载波周期，可编程死区时间，可实时产生对称或非对称的 PWM 波形；正交解码电路：在内部进行倍频、辨向，可与光电码盘连接，检测电动机转速；三个捕获单元：捕获引脚的电平跳变，在永磁同步电动机控制中，可用于捕获转子的“零点”位置；功率保护中断：当 PDPINT 引脚被置为低电平时，PWM 发生器输出高阻态并且操作禁止，事件管理器可以产生 PDPINT 中断，用于过电压、过电流和温升过快等故障的保护；另外还集成可编程的 8 位 SCI，16 位 SPI，16 位 CAN 模块。

TMS320LF2407A 是整个伺服系统的核心，具有高速的运算能力，较高的采样精度，外设配置性能和功能较强，能胜任实时性要求高的伺服控制任务。本平台用它来实现位置控制、速度控制和转矩控制的功能。

平台复用 SCI 接口，通过跳线选择实现 RS232 和 RS485 通信，收发器为 MAX232、MAX485。CAN 总线收发器为 PCA82C250。使用 74HC257 对 SPI 接口复用，一组用于串行 EEPROM 的操作，另一组用于串行 D/A。由于上述收发器都是 5V CMOS 电平，所以在与 3.3V 的 TMS320LF2407A 接口时需要作电平转换的处理。

三、CPLD/FPGA 子系统

由于 CPLD/FPGA 在系统中是可编程的，因此平台具有灵活的开放性能。CPLD/FPGA 包括的单元电路有：测速单元、数控接口单元、故障综合单元、扩展接口单元和地址译码单元。

1. 测速单元

在以光电编码器构成的测速系统中，常用的测速方法有三种，即 T 法、M 法和 M/T 法。T 法是通过编码器两个相邻脉冲的时间间隔来确定转速，该方法适合转速比较低的场合；M 法是利用一段固定时间间隔内的编码器脉冲数来确定转速，其性能特点刚好与 T 法相反，适合于高速场合；M/T 法是前两种方法的综合，从而在整个速度范围内都有较好的准确性。

利用 M/T 法可获得较高的检测精度，但是对于低速，该方法需要较长的检测时间才能保证结果的准确性，因而无法满足一定的快速动态响应指标。这里介绍一种改进的脉冲数/脉冲周期（改进的 M/T）测速法。该方法中，被测脉冲信号的频率 f_m 和检测时间 T 都随着电动机转速的不同而变化，检测时间 T 始终等于两次采样期间被测脉冲信号的 M_p 个脉冲周期之和，如图 7-64 所示。

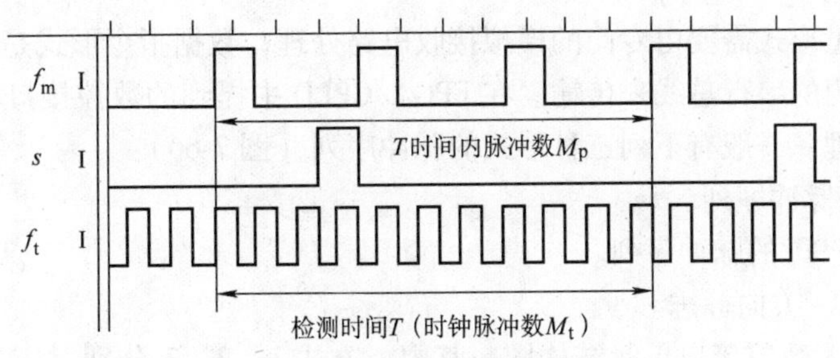

图 7-64　改进的 M/T 法测速原理

在图 7-64 中，f_m 为被测脉冲频率；M_p 为 T 时间内被测脉冲数；s 为采样信号；f_t 为时钟脉冲频率；M_t 为 T 时间内时钟脉冲数。

由图7-64可知，根据两次采样脉冲之间得到的检测时间 T 和被测脉冲个数 M_p，即可按相应的计算公式确定电动机转速。

CPLD中的电路包括采样信号产生电路、转子轴位置计数器、码盘脉冲计数器、时间脉冲计数器、溢出标志寄存器、输出三态缓冲器，其结构如图7-65所示。其中，各计数器均为16位。转子轴位置计数器为可逆计数器，记录码盘信号四倍频后的脉冲数，每达到某一规定值便清零，DSP通过读取该值检测转子的转角。采样信号产生电路综合DSP的采样信号和四倍频脉冲信号，定时产生采样脉冲，控制各计数器和寄存器的锁存、清零等逻辑操作。当电动机低速运行时，可能会造成测速部分时间计数器的溢出，因此，设立溢出标志寄存器供DSP的读取判断。为使DSP读取的数据稳定可靠，在DSP的数据总线和计数器间设计了具有三态缓冲作用的电路，以免读取到乱码或产生竞争逻辑。该三态缓冲器的门控信号由DSP的读信号、存储空间选通信号以及片选信号等组合得到，以确保不与DSP其他的读操作产生冲突。

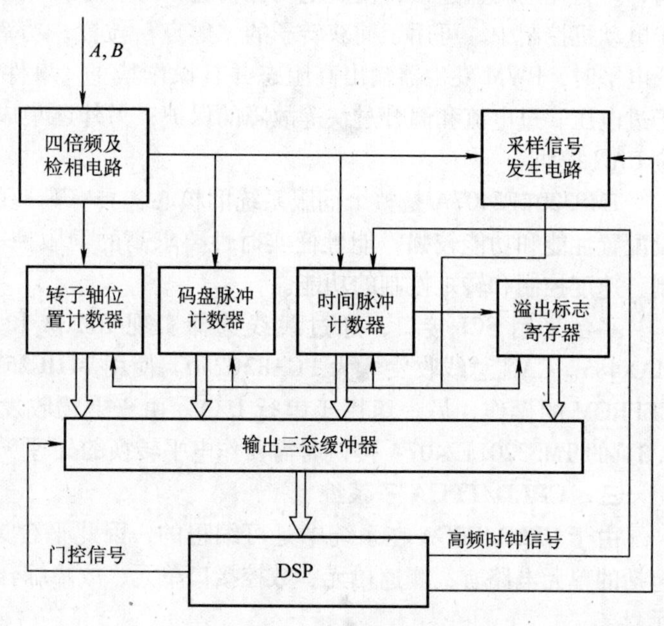

图7-65　测速单元结构图

2. 数控接口单元

该单元用来接收数控机床的脉冲指令。在伺服应用系统中，位置指令的给出主要有以下几种形式：

1）±10V模拟量。

2）脉冲序列。

3）数据指令。

其中，模拟量形式需要由专门的模拟接收电路处理；数据指令形式是最近几年才出现的方式，需要用专门的串行总线来传输。在FPGA/CPLD中提到的数控接口单元主要是指对脉冲序列方式的处理。一般有下列三种形式的脉冲序列（图7-66）：

1）正反两路脉冲序列。

2）两路相差90°的脉冲序列。

3）脉冲序列+方向标志。

图7-67所示为数控接口单元结构图，其中，方式1、2、3分别对应三种形式脉冲的处理方式，三种形式的输入脉冲，最终都处理成两路脉冲——正向、反向计数脉冲。根据实际应用情况，通过引脚CS［1］、CS［0］的不同组合，选择经过正确方式处理的脉冲进行计数。计数器为16位的可逆计数器，和测速单元的可逆计数器工作机制完全一样。

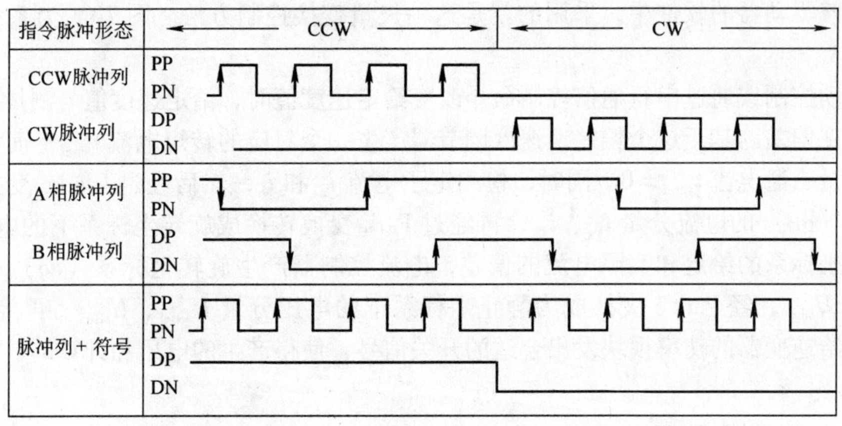

图 7-66 脉冲序列的三种形式

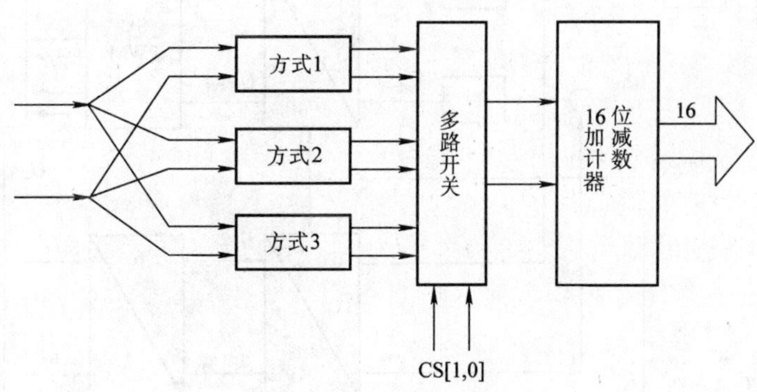

图 7-67 数控接口单元结构

四、信号检测及主回路

伺服系统的主回路功率器件采用 IPM 模块，该模块最大耐压为 400V，输出最大电流 10A，内嵌 IGBT 的开关频率可以达到 20kHz。其内部集成了整流和逆变驱动电路，并有过电压、过电流、过热、欠电压等故障检测保护电路。在系统故障保护环节中，设置了主回路过电压、欠电压、过载、制动异常、光电编码器反馈断线等保护。故障信号由软硬件配合检测，一旦出现保护信号，通过软件或硬件逻辑立刻封锁 PWM 驱动信号。PWM 驱动信号经高速光耦隔离后驱动 IPM 中的功率器件。系统采用霍尔电流传感器采样两相电流反馈 i_a、i_b，获得实时的电流信息。霍尔组件用 +/-15V 电源供电，最大输出电流为 +/-10A，通过运放变换为 2.5V 电压输出。系统的控制电源采用开关电源供电，开关电源功率开关器件选用的是三端集成电源模块 TOP224，开关频率为 100kHz。

五、软件组织

通过前面的介绍知道，永磁同步伺服电动机是一种非线性的控制对象，且 d 轴电流分量 i_d 和 q 轴电流分量 i_q 之间存在耦合作用。为使永磁同步电动机具有和直流电动机一样的控制性能，通常采用 $i_d \equiv 0$ 的线性化解耦控制，即在初始定向 U 相绕组和 d 轴重合之后，始终控制电枢电流矢量位于 q 轴上，和转子磁链矢量正交，这就是详细介绍过的一种矢量变换控制方法。在该驱动器的软件中，采用的就是这种矢量变换控制方法。图 7-68 为系统控制的结构图。

当手动控制或通过串行通信控制命令改变给定速度值时，给定速度值与测量速度值相比将产生速度偏差。基于这个偏差，速度调节器产生一个对应的转矩电流 i_{sqref}，而定子电流的另一个分量磁通电流 $i_{sdref}=0$。同时，检测定子电流 i_a 和 i_b，然后经过 Clarke 变换转换成静止坐标系（$\alpha\beta$）的电流分量 $i_{s\alpha}$、$i_{s\beta}$，再经过 Park 变换转换成旋转坐标系下的电流 i_{sd}、i_{sq}。基于旋转坐标系的给定和实际电流的偏差，电流控制器产生旋转坐标系（dq）中的输出电压 U_{sqref} 和 U_{sdref}，经 $Park^{-1}$ 变换成为静止坐标系下的电压分量 $U_{s\alpha ref}$、$U_{s\beta ref}$，再经过 SVPWM 计算后，给逆变器的功率模块发出合适的开关信号，使得产生的电压和计算的数值一样。

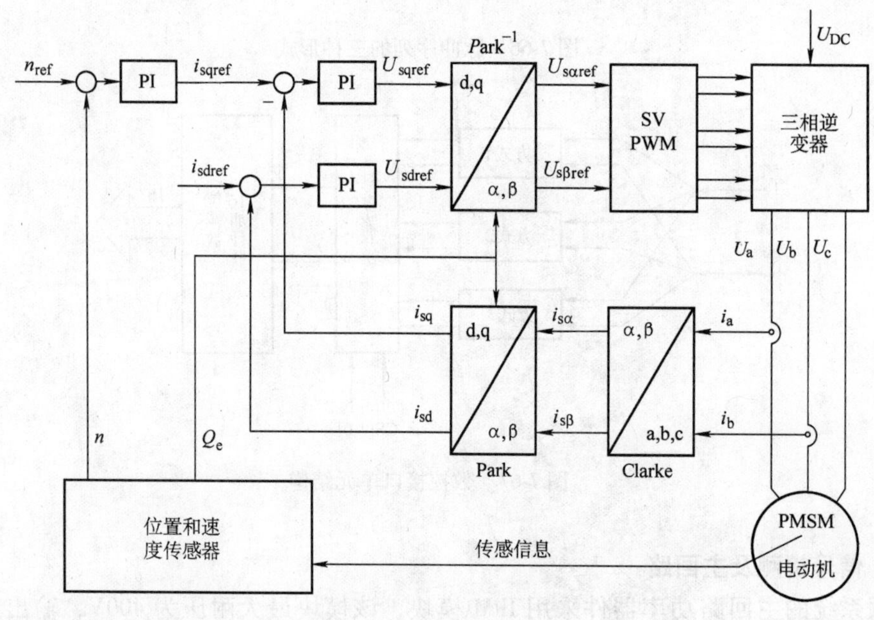

图 7-68 系统控制的结构图

伺服运动控制软件可以分为两组程序模块，其一是初始化模块，其二是任务中断模块。

1. 初始化模块

系统上电，DSP 复位完成后，由初始化程序完成下列任务：

1）外围硬件初始化：复位看门狗，设置系统时钟，初始化 ADC、SCI、GPIO 以及 EVM 等。

2）软件各变量初始化：将程序中用到的所有变量设为初始值。

3）转子定位并设置初始角。

4）设定各中断源的优先级并使能中断控制。

5）进入循环等待，查询 I/O，进行故障监控，等待中断任务触发。

软件要寻找并设置初始角，且对转子进行初始定位，这是因为：

1）内嵌编码器为增量式而不是绝对位置编码器，当上电时并不能给出转子的绝对位置信息，通过它只能给出相对于某一个位置的增量值。

2）这里采用的是磁场定向矢量控制。所谓“磁场定向”就是使电枢（定子）磁动势与励磁磁场间的角度为90°（正交）。通过磁场定向，可以获得良好的去耦特性，使每安培电枢电流产生的电磁转矩最大。这种方法需要转子初始定位。

图7-69是初始化模块流程图。

2. 任务中断模块

任务中断模块处理所有的矢量控制算法。算法以PWM的周期中断为依据，周期性执行运算控制。PWM的频率在功率器件开关频率能保证的情况下，要根据电动机的电常数 *L/R* 来决定。如果PWM频率选取较低，电动机就会产生音频噪声。在通常的应用中，都将该频率取在20kHz范围内。这里介绍的驱动器选用了16kHz。

如图7-70所示，60μs（16kHz）的采样周期 *T* 是通过设置DSP的定时器周期T1PER为600（PWMPRD＝600＊50ns＝30μs）建立的。中断的产生则是利用定时器T1设置为加减计数模式时的下溢事件。

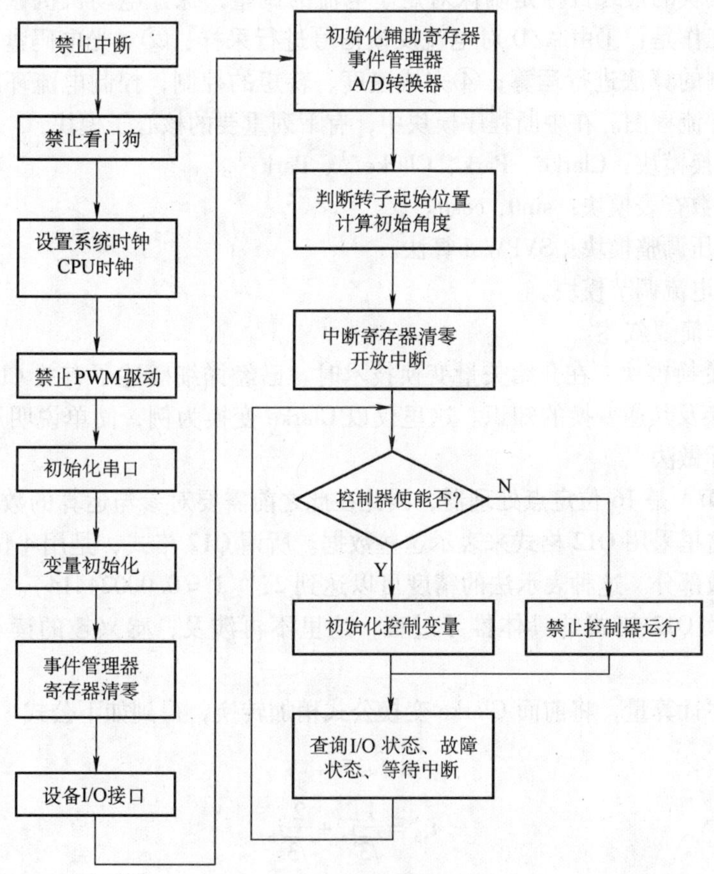

图7-69　初始化模块流程图

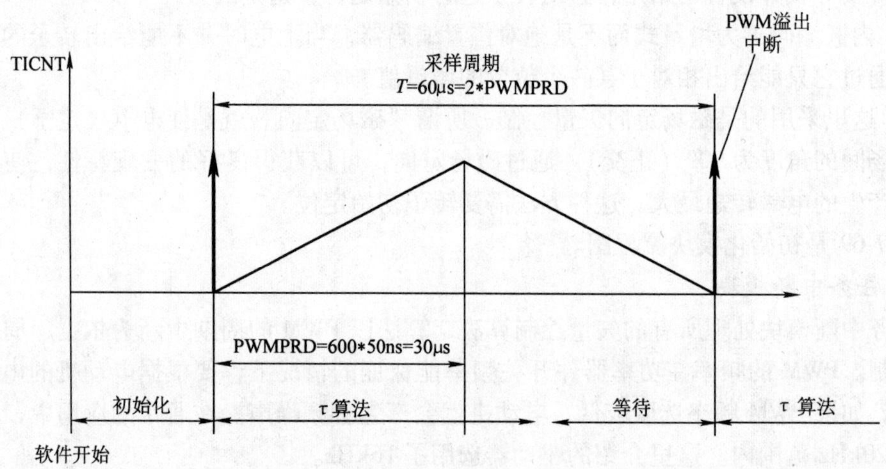

图 7-70 任务中断模块

任务中断模块的最终目标是确保对定子电流的调整，保证电动机机械速度满足控制要求。最基本的工作是：①由 A/D 对电流反馈信号进行采样；②对光电码盘进行处理；③根据磁场定向控制的算法进行运算；④完成速度、转矩的控制，控制电流环的运算。图 7-71 是中断模块软件流程图。在中断程序模块中，有下列重要的核心子模块：

1）坐标变换模块：Clarke、Park、Clarke^{-1}、Park^{-1}。

2）三角函数查表模块：sinθ，cosθ。

3）定子电压调整模块：SVPWM 算法。

4）速度及电流调节模块。

下面分别作简要叙述。

（1）坐标变换模块 在介绍矢量变换技术时，已经详细阐述了有关 Clarke 变换及其逆变换、Park 变换及其逆变换的知识。这里仅以 Clarke 变换为例，简单说明用 LF2407A 实现坐标变换的实际做法。

由于 LF2407A 是 16 位定点处理器，因此在此之前需要对参与运算的数据进行到定点表示法的转换，这里采用 Q12 格式来表示这些数据。所谓 Q12 格式，是用 4 位表示整数部分，用 1 位表示小数部分。这种表示法的精度可以达到 2^{-12}（=0.00024414）。至于浮点数到定点数的转换以及 Q12 格式的具体推导过程，这里不再涉及，感兴趣的读者请参考相关资料。

为减少程序计算量，将前面 Clarke 变换公式稍加转换，得到如下公式

$$i_{s\alpha}=i_a$$

$$i_{s\beta}=\frac{1}{\sqrt{3}}i_a+\frac{2}{\sqrt{3}}i_b$$

$$i_a+i_b+i_c=0$$

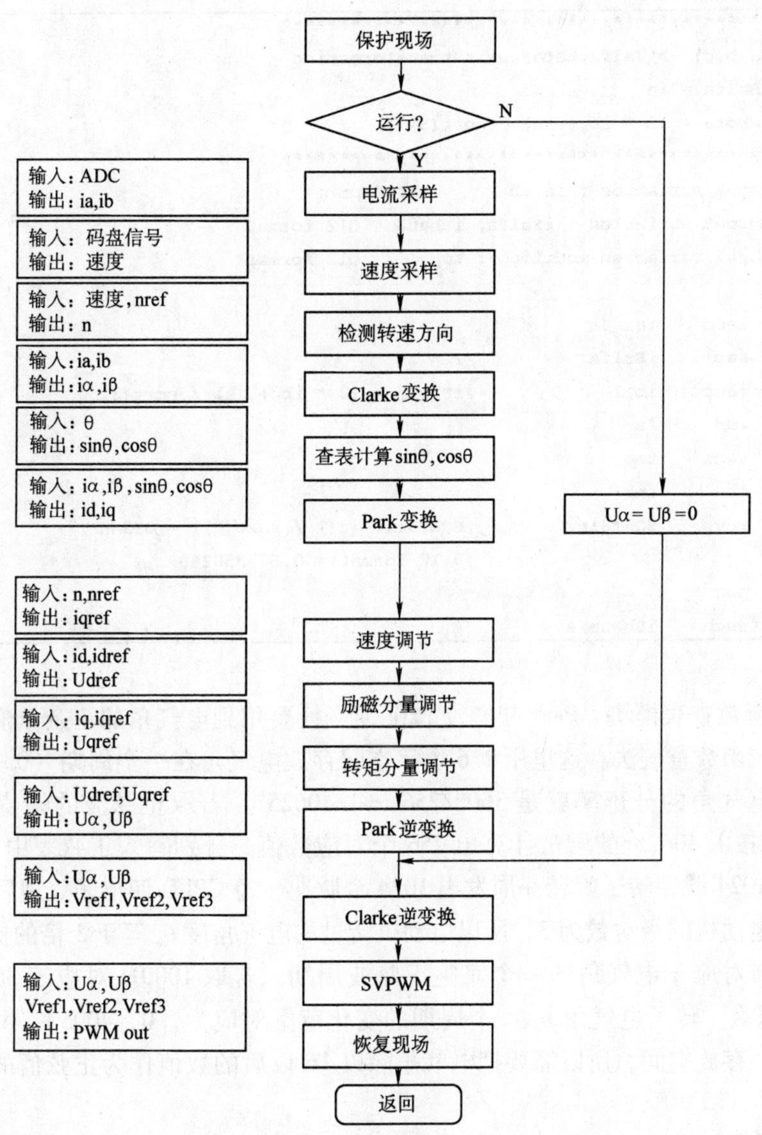

图 7-71　中断模块软件流程图

表7-4是用LF2407A的汇编代码实现Clarke变换。这段代码给出了Q12格式数值乘法运算的典型实例。很容易看出，$\frac{1}{\sqrt{3}}$的小数格式与Q12格式的转换是通过乘以因子2^{12}（=4096）实现的：0.577350269×4096≈2365→093dh。

这段Clarke变换程序需要9个字的ROM空间，5个字的RAM空间。Clarke逆变换、Park变换及Park逆变换的实现代码就不再给出，读者可以自己思考编写。

表 7-4 用 LF2407A 的汇编代码实现 Clarke 变换

```
****************************************************
* (a,b,c) -> (alfa,beta) axis transformation
* iSalfa = ia
* iSbeta = (2 * ib + ia) / sqrt(3)
****************************************************
* Input variables : ia,ib          Q12 format
* Output variables : iSalfa, iSbeta    Q12 format
* Local variables modified : tmp       Q12 format

    lacc    ia
    sacl    iSalfa
    lacc    ib,1            ;iSbeta = (2 * ib + ia) / sqrt(3)
    add     ia
    sacl    tmp
    lt      tmp
    mpy     SQRT3inv        ;SQRT3inv = (1 / sqrt(3)) = 093dh
                            ;4.12 format = 0.577350269
    pac
    sach    iSbeta,4
```

（2）三角函数查表模块　Park 变换及 Park 逆变换要用到电气角的正余弦值，一种常用的方法就是正弦函数查表法。这里用 256 个字空间存放电气角在一个周期（0～360°）内的正弦值，所以电气角的分辨率就是 360°/256 ＝1.40625°。若取正弦波的幅值空间为［0，4095］，则可以按 1.40625°的增量计算出 256 个对应数值，分别写入正弦表中的对应位置。因为编码器为 1024 线，转子旋转一周发出 1024 个脉冲，经 CPLD 四倍频处理后共输出 4096 个脉冲。因为电动机的极对数为 3，所以电动机转过的电气角度 θ_e 等于 3 倍的机械角度，即转子转过 1/3 转对应于电气角的一个完整正弦波周期。若取 1000H 对应于 360°机械角度（图 7-72a），那么，转子电气角 θ_e 一个周期的变化范围对应为［0，4095］，共 4096 个数，由于只有 256 个存放空间，所以需要把电气角除以 16 以后的数值作为正弦值的地址选择信号。

注意到余弦与正弦互余，将正弦函数平移 90°后即可得到余弦函数值，只需将选择地址增加 64（256/4）即可得到余弦函数值，因此，只需保存一张正弦函数表就可以了（图 7-72b）。

（3）定子电压调整模块　对 SVPWM 波形的产生方法，前面已经作了详细推导，这里不再赘述。在 DSP 的实际应用中，因为已经集成了相关的硬件资源，软件设计方面主要是对硬件的初始化及寄存器设置工作，针对不同的硬件平台，其侧重点也不尽相同。不过其原理都是一样的，具体实现方法，可以参照前面介绍过的推导过程、控制结构图以及其他相关资料。

（4）速度及电流调节模块　PID 调节是连续系统中技术最成熟、应用最为广泛的一种调节方式。PID 调节的实质是根据输入的偏差值，按比例、积分、微分的函数关系进行运算，其结果用以输出控制。在实际应用中，根据被控对象的特性和控制要求，可灵活地改变 PID

的结构，取其中的一部分环节构成控制规律，如比例（P）调节、比例积分（PI）调节、比例微分（PD）调节等。特别是在数字控制系统中，更可以灵活应用，充分发挥数字控制的优点。在速度调节模块和电流调节模块中，就采用了数字PI调节。有关这方面论述的著作较多，感兴趣的读者可以参考。

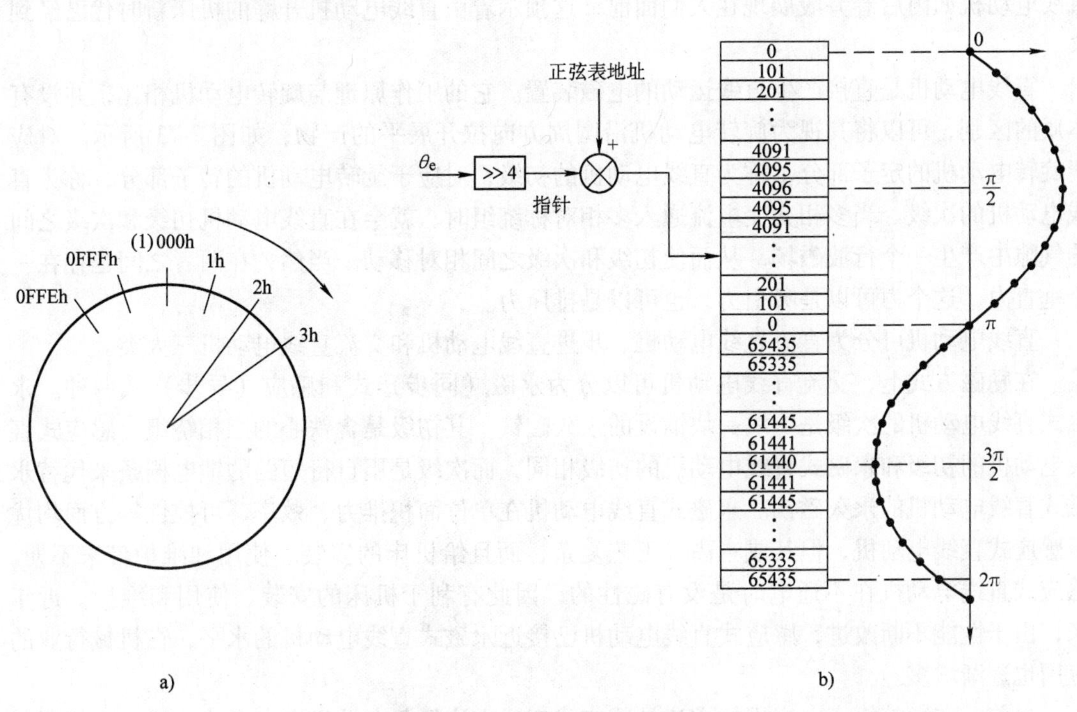

图7-72　正弦函数查表示意图

a）0000→0FFF对应的角度　b）三角函数查表方法

上面结合实际产品，对交流数字伺服系统的软硬件作了简单描述。其实，一个完整而实用的控制系统远远不止这些内容，这里所介绍的只不过是其中最基本的原理，是这一类系统中普遍共存的基本结构。随着知识的日新月异，针对不同的工作场合，将会有更多的新技术、新器件应用到交流伺服系统中，会更进一步提高系统的性能和控制精度，从而满足不同层次的需要。

第七节　直线交流伺服系统简介

直线电动机是指可以直接产生直线运动的电动机，可作为进给驱动系统，其雏形早在世界上出现旋转电动机不久就出现了，但由于受制造技术水平和应用的限制，一直未能在制造业领域作为驱动电动机来使用。近年来随着超高速加工技术的发展，滚珠丝杠机构已不能满足高速度和高加速度的要求，直线电动机才得以进一步发展。特别是大功率电子器件、新型交流变频调速技术、微型计算机数控技术和现代控制理论的发展，为直线电动机在高速数控机床中的应用提供了条件。

世界上第一台使用直线电动机驱动工作台的高速加工中心是由德国Ex-Cell-O公司于

1993 年生产的，它采用了德国 Indrament 公司开发的感应式直线电动机。同时，美国 Ingersoll 公司和 Ford 汽车公司合作，在 HVM800 型卧式加工中心上采用了美国 Anorad 公司生产的永磁式直线电动机。日本的 FANUC 公司于 1994 年购买了 Anorad 公司的专利权，并开始在亚洲市场销售直线电动机。在 1996 年 9 月的芝加哥国际制造技术博览会（MTS′96）上，直线电动机如雨后春笋般展现在人们面前，这预示着由直线电动机开辟的机床新时代已经到来。

直线电动机是直接产生直线运动的电磁装置。它的工作原理与旋转电动机相比，并没有本质的区别，可以将其视为旋转电动机沿圆周方向拉开展平的产物，如图 7-73 所示。对应于旋转电动机的定子部分，称为直线电动机的初级；对应于旋转电动机的转子部分，称为直线电动机的次级。当多相交变电流通入多相对称绕组时，就会在直线电动机初级和次级之间的气隙中产生一个行波磁场，从而使初级和次级之间相对移动。当然，在两者之间也存在一个垂直力，这个力可以是吸引力，也可以是排斥力。

直线电动机可分为直流直线电动机、步进直线电动机和交流直线电动机三大类。

在励磁方式上，交流直线电动机可以分为永磁（同步）式和感应（异步）式两种。永磁式直线电动机的次级是一块一块铺设的永久磁铁，其初级是含铁心的三相绕组。感应式直线电动机的初级和永磁式直线电动机的初级相同，而次级是用自行短路的馈电栅条来代替永磁式直线电动机的永久磁铁。永磁式直线电动机在单位面积推力、效率、可控性等方面均优于感应式直线电动机，但其成本高，工艺复杂，而且给机床的安装、使用和维护带来不便。感应式直线电动机在不通电时是没有磁性的，因此有利于机床的安装、使用和维护。近年来，由于性能不断改进，感应式直线电动机已接近永磁式直线电动机的水平，在机械行业的应用也逐渐增多。

目前，在数控机床上应用的主流是感应式直线交流伺服电动机和永磁式直线交流伺服电动机。

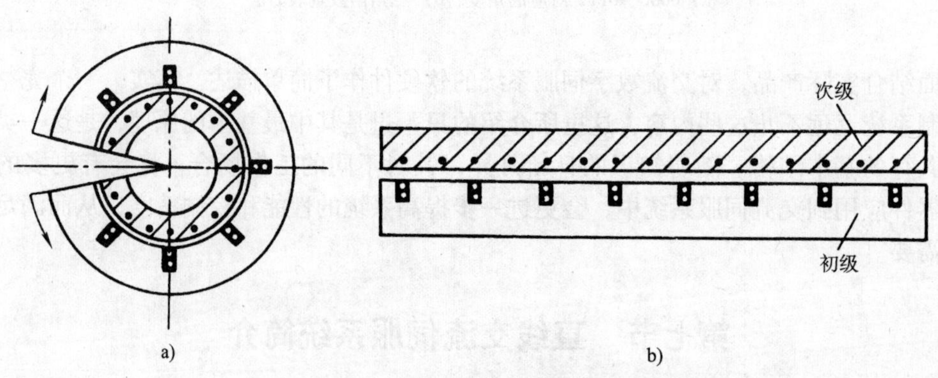

图 7-73 旋转电动机展平为直线电动机的原理

a）旋转电动机 b）直线电动机

一、直线电动机的优缺点

1）在传统的“旋转电动机 + 滚珠丝杠”伺服进给方式中，电动机的旋转运动要经过联轴器、滚珠丝杠、滚珠螺母等一系列中间传动环节。因此，使传动系统的刚度降低，产生了弹性变形环节。弹性变形会引起数控机床产生机械振动，同时也增加了运动体的惯量，使系统的速度、位移响应变慢。由于制造精度的限制，中间传动环节不可避免地影响传动精度。使用直线伺服电动机，电磁力直接作用于运动体（工作台）上，而不用机械连接，就没有机械滞后或齿轮传动周期误差，其精度完全取决于反馈系统的检测精度。

2）直线电动机上装有全数字伺服系统，可以达到极好的伺服性能。由于电动机和工作台之间无机械连接件，工作台对位置指令几乎是立即反应（电气时间常数约为1ms），从而使得跟随误差减至最小而达到较高的精度。并且，在任何速度下都能实现非常平稳的进给运动。

3）直线电动机系统在动力传动中由于没有低效率的中介传动部件而能达到很高的效率，可获得很好的动态刚度（动态刚度即为在脉冲负荷作用下，伺服系统保持其位置的能力）。

4）直线电动机驱动系统由于无机械零件相互接触，因此无机械磨损，也就无需定期维护，不用像滚珠丝杠那样有行程限制，使用多段拼接技术可以满足超长行程机床的要求。

5）由于直线电动机的动子（初级）已和机床工作台合为一体，因此，与滚珠丝杠进给单元不同，直线电动机进给单元只能采用全闭环控制系统。

直线电动机的进给速度可达60～200m/min，加速度达到（2～10）g。

直线电动机在机床上应用时也存在一些问题，包括：

1）没有机械连接或啮合，对于垂直轴需要外加一个平衡块或制动器。

2）当负荷变化大时，需要重新整定系统。目前，大多数现代控制装置具有自动整定功能，能够快速调机。

3）磁铁（或线圈）对电动机部件的吸引力很大，应注意选择导轨和设计滑架结构，并注意解决磁铁吸引金属颗粒的问题。

表7-5列出了滚珠丝杠与直线电动机的性能对比。

表7-5　滚珠丝杠与直线电动机的性能对比

特　性	滚珠丝杠	直线电动机
最高速度	0.5m/s（取决于螺距）	2.0m/s（可达3～4m/s）
最高加速度	（0.5～1）g	（2～10）g
静态刚度	90～180N/μm	70～270N/μm
动态刚度	90～180N/μm	160～210N/μm
稳定时间	100ms	10～20ms
最大作用力	26 700N	9 000N
可靠性	6 000～10 000h	50 000h

二、直线电动机简介

1. 直线电动机的原理和分类

按照旋转电动机的机种分类方法，直线电动机可分为直线感应电动机、直线同步电动机、直线直流电动机和直线步进电动机等。旋转电动机的定子和转子在直线电动机中称为初级和次级。

直线电动机按结构分类可分为平板形、管形、弧形和盘形。平板形是最基本的结构，应用也最广泛。管形结构（图 7-74）的优点是没有绕组端部，不存在横向边缘效应，次级的支撑也比较方便。缺点是铁心必须沿周向叠片，才能阻挡由交变磁通在铁心中感应的涡流，其工艺复杂，散热条件也比较差。

对于平板形和盘形结构，又分单边结构和双边结构。前者是只在次级的一侧安放初级（图 7-75），而后者则在次级的两侧各安放一个初级（图 7-76）。双边结构可以消除单边磁拉力（初级和次级都具有铁心时），次级的材料利用率也较高。直线电动机按初级与次级之间的相对长度可分为短初级和短次级，按初级运动或次级运动可分为动初级和动次级。

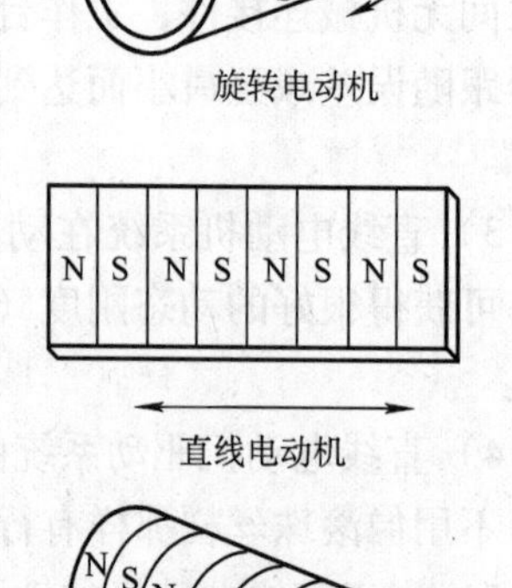

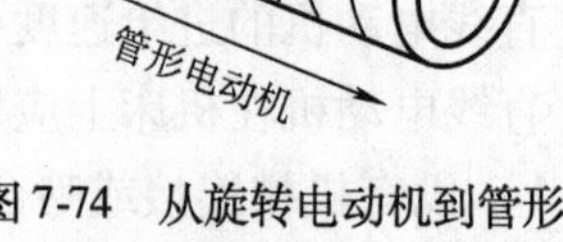

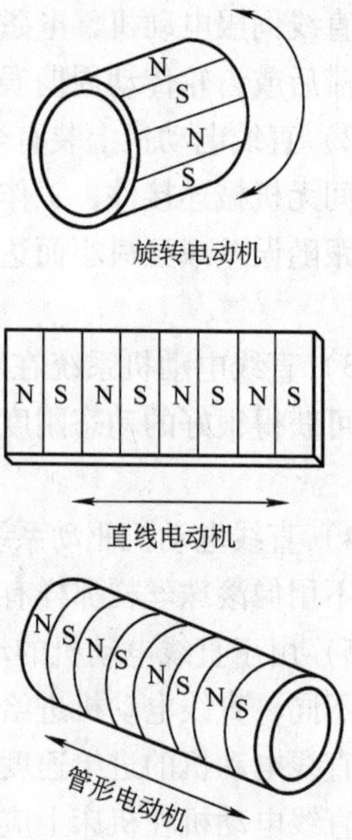

图 7-74 从旋转电动机到管形直线电动机的变化

2. 直线永磁同步电动机

随着永磁材料性能的不断提高和应用技术的发展，直线永磁同步电动机以其高可靠性和高效率等优势逐渐受到青睐。它在推力、速度、定位精度、效率等方面比直线感应电动机和直线脉冲电动机等具有更多的优点，是一种比较合适的直线伺服电动机。

直线永磁同步电动机是在定子（即次级）沿全行程方向的一条直线上，交替安装 N、S 永磁体（如钕铁硼），如图 7-77 所示。而在动子（即初级）下方的全长上，对应地安装含铁心的通电绕组（永磁同步旋转电动机则是在转子上装永磁体，而定子中有电枢绕组），图 7-78 是它的横向断面图。

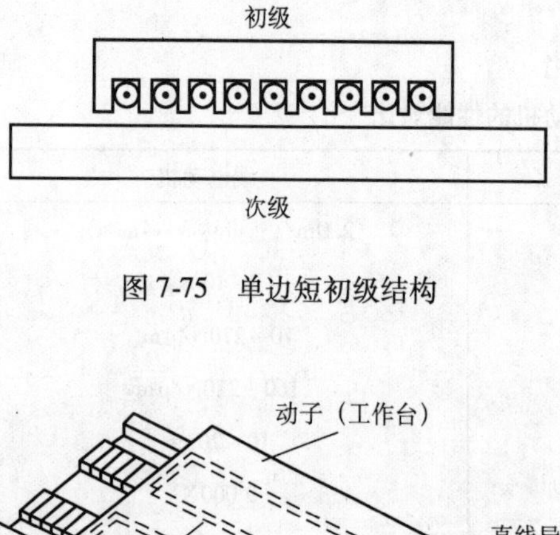

初级

次级

图 7-75 单边短初级结构

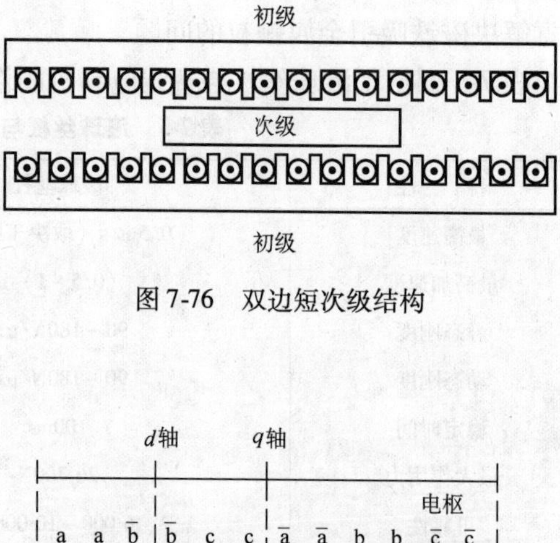

初级

次级

初级

图 7-76 双边短次级结构

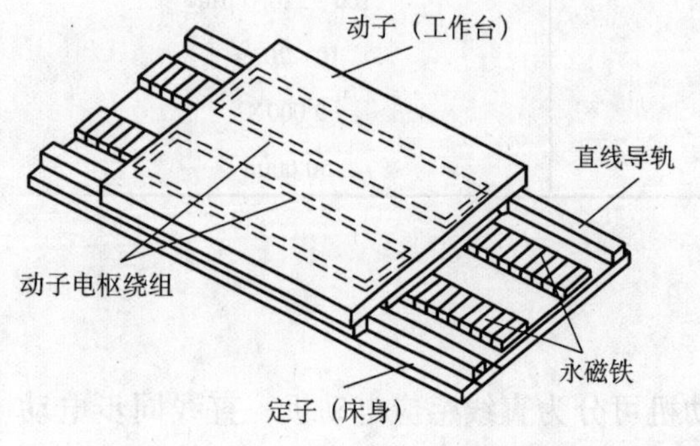

图 7-77 直线永磁同步电动机结构

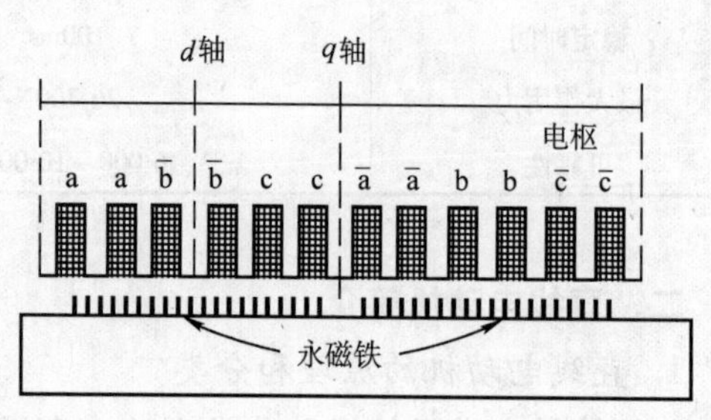

图 7-78 直线永磁同步电动机的横向断面图

直线永磁同步电动机的工作原理与旋转电动机是类似的。图 7-79 是直线永磁同步电动机工作原理示意图。在动子的三相绕组中通入三相对称正弦电流，同样会产生气隙磁场。当忽略由于铁心两端开断引起的纵向端部效应时，这个气隙磁场的分布情况与旋转电动机相似，即沿展开的直线方向呈正弦分布。当三相电流随时间变化时，气隙磁场将按 A、B、C 的相序沿直线运动。这个原理与旋转电动机相似，但两者的区别是：直线电动机的气隙磁场是沿直线方向平移的，而不是旋转，因此该磁场称为行波磁场。行波磁场的移动速度与旋转磁场在定子内圆表面的线速度 v_s（即同步速度）是一样的。直线永磁同步电动机永磁体的励磁磁场与行波磁场相互作用便会产生电磁推力。在这个推力的作用下，动子（即初级）就会沿行波磁场运动的反方向作速度为 v_r 的直线运动。

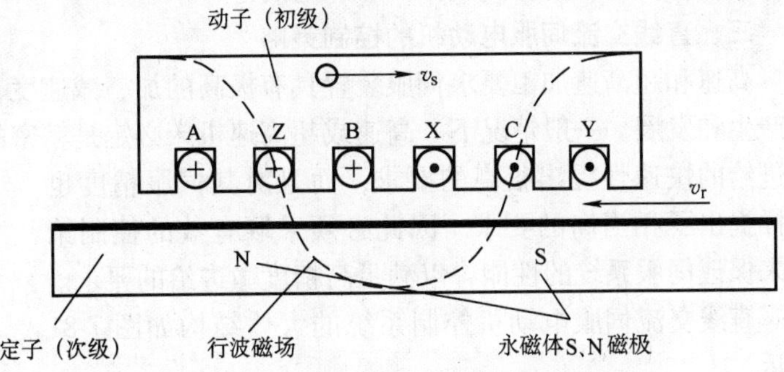

图 7-79　永磁直线同步电动机工作原理

3. 短初级感应式直线电动机的简要动力分析

直线电动机的数学模型比较复杂，这里只以短初级感应式直线电动机为例作简要分析。

当感应式直线电动机初级的三相绕组通入三相对称电流以后，就会产生沿直线方向移动的行波磁场，其移动速度称为同步速度 v_n，可表示为

$$v_n = 2\tau f$$

式中　f——电源频率，单位为 Hz；

　　　τ——极距，单位为 m。

在电磁推力作用下，若次级固定不动，则初级就沿着与行波磁场相反的方向作直线运动，其速度小于同步速度 v_n，以 v 来表示。定义转差率为

$$S = 1 - v/v_n$$

调节电源频率 f 或更换次级的任意两相电源线，就可以控制直线电动机的移动速度和方向。

将直线电动机的模型转换为等效电路后，可由下式表示其推力

$$F = \frac{3U^2}{2\tau f R_2} \frac{G^2 S}{G^2\ (\sigma_1^2 + \sigma_2^2)\ S^2 + 2\sigma_1 G^2 S + \sigma_1^2 + \ (\sigma_2 + G)^2}$$

式中　U——电压；

　　　f——电源频率；

　　　τ——极距；

　　　S——转差率；

　　　G——品质因数，$G = X_m/R_2$，$\sigma_1 = R_1/R_2$，$\sigma_2 = X_1/R_2$；

　　　R_1——初级电阻；

　　　R_2——次级电阻；

　　　X_1——初级绕组漏电抗；

　　　X_m——初级绕组励磁电抗。

最大推力 F_{max} 及此时的转差率 S_{fm} 分别为

$$F_{\max}=\frac{3U^2}{2\tau fR_2}\,\frac{G}{2\left\{\sqrt{\left[\sigma_1^2+(\sigma_2+G)^2\right]\left(\sigma_1^2+\sigma_2^2\right)}+\sigma_1 G\right\}}$$

$$S_{\mathrm{fm}}=\frac{1}{G}\sqrt{\frac{\sigma_1^2+(\sigma_2+G)^2}{\sigma_1^2+\sigma_2^2}}$$

推力和转差率特性曲线如图 7-80 所示。

三、直线交流伺服电动机的控制策略

高速和超高速加工要求伺服装置具有极高的加、减速度，从而促进了直线交流伺服系统的产生和发展。一般情况下，高速或超高速机床必定是精密的数控机床，这样不但对交流伺服进给的快速性提出很高的要求，而且对其伺服精度也同样提出了相当高的要求。因此必须采取有效的控制策略来保证伺服系统的性能，以满足高精度微进给的要求。

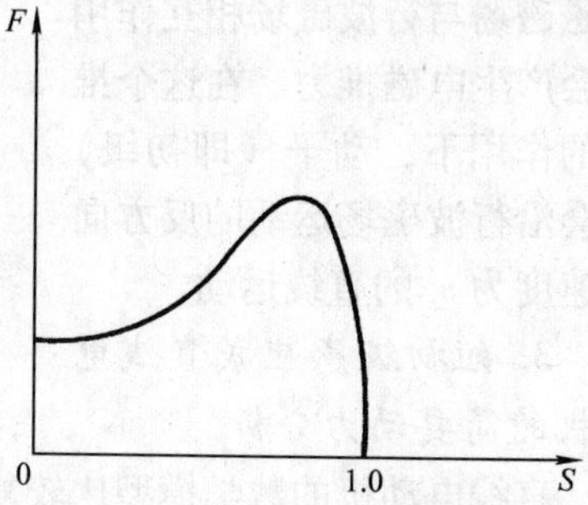

图 7-80 推力和转差率特性曲线

直线交流伺服电动机控制系统的大体结构如图 7-81 所示。

在直线交流伺服系统中应用的控制策略大致有下列几种。

1. 传统控制策略

传统的控制策略如 PID 反馈控制、解耦控制等，在交流伺服系统中得到广泛的应用。其中 PID 控制算法是交流伺服系统中最基本的控制形式，蕴含了动态控制过程中的过去、现在和将来的信息，而其配置几乎为最优，具有较强的鲁棒性，在实际应用中最为广泛，并与其他新型控制思想相结合，形成了许多有价值的控制策略。Smith 预估计器与控制器并联，可以使控制对象的时间滞后得到完全补偿，对解决伺服系统中逆变器电力传输延迟和速度测量滞后所造成的速度反馈滞后影响是十分有效的，再结合其他控制算法，可以形成更加有效的控制策略。直线交流伺服系统是多变量、强耦合的系统，为了提高控制效果，经常采用矢量控制技术，把电流分解成两个独立的分量，以实现单

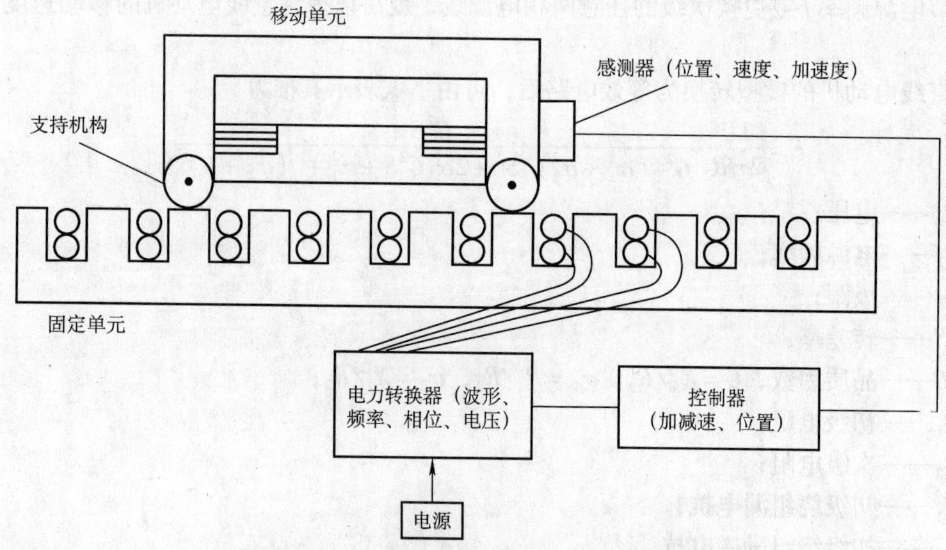

图 7-81 直线交流伺服电动机控制系统的大体结构

独控制。对于电流与速度的耦合作用，在动态过程中可以采用解耦控制算法加以解决，使各变量间的耦合减小到最低限度，简化控制。

2. 现代控制策略

在线性定常系统，以及操作条件、运行环境不变的条件下，采取传统控制策略是简单有效的。但在高精度、微进给的高性能场合，必须考虑对象的结构与参数变化、各种非线性的影响以及环境改变的干扰等时变和不确定因素，才能得到满意的控制效果。因此现代控制策略在直线交流伺服系统控制的研究中引起了很大的重视。

（1）自适应控制　对于直线伺服电动机特性参数的缓慢变化这一类扰动及其他外界干扰对系统伺服性能的影响，可以采用自适应控制策略加以降低或消除。自适应控制大体可分为模型参考自适应控制和自校正控制两种类型。模型参考自适应控制的基本思想，是在控制器外建立一个由参考模型和自适应机构组成的附加调节电路。自适应机构的输出可以改变控制器的参数或对控制对象产生附加的控制作用，使伺服电动机的输出和参考模型的输出保持一致。自校正控制的附加调节回路由辨识器和控制器设计机构组成。辨识器根据对象的输入和输出信号，在线估计对象的参数，以对象参数的估算值作为对象的真值送入控制器的设计机构，按设计好的规律进行计算，计算结果送入可调控制器，形成新的控制输出，以补偿对象的特性变化。

（2）鲁棒控制　针对控制对象模型的不确定性（包括模型的不确定性、降阶近似、非线性的线性化、参数与特性时变、漂移、工作环境与外界扰动等），设法保持系统的稳定鲁棒性和品质鲁棒性。主要方法有代数方法和频域方法。频域方法是从系统的传递函数矩阵出发设计系统，H^∞ 控制是其中较为成熟的方法，其实质是通过使系统由扰动至偏差的传递函数矩阵的 H^∞ 范数取极小或小于某一给定值，来设计控制器，对抑制扰动具有良好的效果。

（3）变结构控制　变结构控制本质上是一类特殊的非线性控制，其非线性表现为控制的不连续性。由于滑动模态可以进行设计，且与控制对象参数及扰动无关，这就使得变结构控制具有快速响应、对参数及扰动变化不敏感、无需在线辨识与设计等优点，因而在伺服系统中得到成功的应用。但抖振问题限制了它在某些场合的应用。

除上述控制策略以外，还有许多其他的现代控制方法，如预见控制等，这里不再介绍。

3. 智能控制策略

对控制对象、环境、任务复杂的系统宜采用智能控制方法。模糊逻辑控制、神经网络和专家控制是当前三种比较典型的智能控制策略。其中模糊逻辑控制器专用芯片已经商品化，因其实时性好、控制精度高，在伺服系统中已有应用。神经网络从理论上讲具有很强的信息综合能力，在计算速度能够保证的情况下，可以解决任意复杂的控制问题，但目前缺乏相应的神经网络计算机的硬件支持，其在直线伺服中的应用有待于神经网络集成电路芯片生产的成熟。专家控制一般用于复杂的过程控制中，在伺服系统中的研究较少。可以预计，在不久的将来，智能控制策略必将成为直线交流伺服系统中重要的控制方法之一。

直线交流伺服系统具有很多的优点，但也必须清醒地看到存在的缺点。由于采用直线电动机直接驱动，系统参数变动、负载扰动等不确定因素的影响直接反映到直线电动机的运动控制中，增加了控制上的困难。此外，因为散热条件差，它还要求具有强冷却系统以及防铁屑与尘埃措施等，这些都增加了装置的成本，给推广应用带来了不利影响。由于旋转电动机的驱动技术在不断改进，其快速行进和控制精度也在不断提高，加上巨大的价格优势，在今后相当长的时期内，旋转电动机与滚珠丝杠相结合的传统方式还会被大量应用。

习 题

1. 数控系统对伺服电动机的基本要求有哪些？模拟控制和数字控制的区别是什么？
2. 根据图 7-2、图 7-3 说明步进电动机的工作原理。
3. 步进电动机的主要特征是什么？其基本工作状态是怎样的？
4. 步进电动机的工作方式有哪些？三相六拍是怎样工作的？
5. 步进电动机的功率驱动有哪几种方法？画出各种方法的电路图。
6. 试述步进电动机的细分原理、目的。正弦细分的方法有什么好处？
7. 试述直流电动机的工作原理。
8. 由图 7-25、图 7-26 说明 PWM 调速原理。
9. 由图 7-27、图 7-28 说明 PWM 调速过程。
10. 试述积分调节器和比例积分调节器（PI）的工作原理。
11. 由图 7-34 说明速度负反馈单闭环调速系统的工作过程。
12. 由图 7-35 说明速度、电流双闭环无静差调速系统的工作过程。
13. 试述全数字直流调速原理。
14. 试述交流伺服系统的发展趋势。
15. 交流伺服系统的主回路有哪几种变频方式？
16. 试述 IPM 的特点和功能。
17. 试述 SPWM 逆变器的工作原理。
18. 由图 7-43、图 7-44 说明 SPWM 的调制过程和工作原理。
19. 试述 SPWM 调制的制约条件，同步、异步、分段调制的特点。
20. 试述 SPWM 波形数字采样的几种方法。
21. 试述空间矢量脉宽调制（SVPWM）逆变器的工作原理。
22. 试述空间矢量脉宽调制（SVPWM）逆变器的优点。
23. 由图 7-56、图 7-57 和公式说明 Clarke（三相/两相）变换、Clarke^{-1}（两相/三相）变换、Park（静止/旋转）变换、K/P（直角坐标/极坐标）变换原理。
24. 试述交流永磁伺服电动机矢量控制原理和相电流计算公式。
25. 由图 7-58 说明异步电动机转子磁场定向的矢量控制原理。
26. 由图 7-62 叙述永磁交流伺服电动机的矢量控制原理。
27. 由图 7-63 说明开放式全数字交流伺服驱动器的组成和作用。
28. 由图 7-64、图 7-65 说明测速单元工作原理。
29. 由图 7-68 说明全数字数控系统的工作概况。
30. 由图 7-69 说明初始化模块完成哪些任务。
31. 有哪些模块的工作需要中断？由图 7-71 说明中断过程。
32. 由图 7-72 试述正弦函数的查表过程。
33. 试述变频调速时，在调频的同时为什么要调节电压？
34. 试述直线电动机的优缺点。
35. 试述直线电动机的分类和它们的工作原理。
36. 试述直线交流伺服电动机的控制策略。

第八章　可编程序控制器与梯形图

第一节　概　　述

一、可编程序控制器的发展史

1968年，美国通用汽车公司改造汽车生产线时提出，在调整和更新设备时，尽可能减少重新设计电气控制系统的工作量，尽可能不改动或少改动设备控制电路的接线，从而达到降低产品更新成本，缩短制造周期的目的。

通用汽车公司期望研制的控制装置称为“可编程序控制器”。根据生产现场使用要求，可编程序控制器应将计算机的完备功能和继电器控制系统的顺序控制技术结合起来，成为一种具有用户程序存储器、可与管理计算机交换数据、可在现场修改程序、程序语言简单易懂、功能易于扩展、体积小、可靠性高和维护方便的通用性的控制装置。

1969年，美国DEC公司研制出世界第一台型号为“PDP-14”的可编程序控制器，在通用汽车公司的自动生产线上使用，并获得成功。由于最初研制的可编程序控制器只是为了解决生产设备在运行中开关量信号的逻辑控制问题，因此这种控制装置在当时称为“可编程序逻辑控制器”（Programmable Logic Controller），简称PLC。1980年，美国电气制造商协会NEMA（National Electrical Manufacturers Association）正式将这类装置命名为“Programmable Controller”，简称PC。1987年2月，国际电工技术委员会（IEC）在颁布的可编程序控制器国际标准草案中，对PC作了如下规定：

“可编程序控制器是一种数字运算电子系统，专为在工业环境下运用而设计。它采用可编程序的存储器，用于存储执行逻辑运算、顺序控制、定时、计数和算术运算等特定功能的用户指令，并通过数字式或模拟式的输入和输出，控制各种类型的机械或生产过程。可编程序控制器及其辅助设备都应按易于构成一个工业控制系统，且它们所具有的全部功能易于应用的原则设计。”

第一台PC的出现和应用，及其展现出的技术和经济效益，引起各主要工业国家的重视。20世纪70年代初，国外许多大公司竞相对PC进行研究开发。各种系列和性能的PC装置不断涌入市场，应用范围很快扩大到包括数控机床在内的各个工业领域。20世纪70年代中期，在数控机床上采用PC主要用来代替传统的继电器控制电路，以实现机床的顺序控制功能。20世纪80年代以后，PC已经成为各种高性能数控设备和生产制造系统不可缺少的控制装置。现在，PC的应用已深入FA、CIM领域。PC与CAD/CAM和工业机器人一起已成为实现工业自动化的三大支柱。

二、PC与RLC在数控机床上的应用比较

在数控机床出现之前，顺序控制技术在工业生产中已经得到广泛应用。许多机械设备的工作过程都需要遵循一定的步骤或顺序。顺序控制即是以机械设备的运行状态和时间为依据，使其按预先规定好的动作次序，顺序地进行工作的一种控制方式。

数控机床所使用的顺序控制装置（或系统）主要有两种。一种是传统的“继电器逻辑电路”，简称 RLC（Relay Logic Circuit）；另一种是“可编程序控制器”，即 PC，但是也有生产厂家称其为 PLC（Programmable Logic Control）可编逻辑控制器。FANUC 公司因其主要研制机床控制器，所以它将其起名为 PMC（Programmable Machine Controller）可编机床控制器。

RLC 是将继电器、接触器、按钮、开关等机电式控制器件用导线连接而成的、以实现规定的顺序控制功能的电路。在实际应用中，RLC 存在一些难以克服的缺点，如只能解决开关量的简单逻辑运算，以及定时、计数等有限几种功能控制，难以实现复杂的逻辑运算、算术运算、数据处理，以及数控机床所需要的许多特殊控制功能；修改控制逻辑，需要增减控制元件和重新布线，安装和调整周期长，工作量大；继电器、接触器等器件体积庞大，每个器件工作触点有限。当机床受控对象较多，或控制动作顺序较复杂时需要采用大量的器件，因而使整个 RLC 体积庞大，且功耗高、易发热、可靠性差。由于 RLC 存在上述缺点，因此只能用于一般的工业设备和数控车床、数控钻床、数控镗床等控制逻辑较为简单的数控机床。

与 RLC 比较，PC 是一种工作原理完全不同的顺序控制装置。它具有如下特点：

1）PC 是由计算机简化而来的。为适应顺序控制的要求，PC 省去了计算机的一些数字运算功能，而强化了逻辑运算控制功能，是一种功能介于继电器控制和计算机控制之间的自动控制装置。PC 具有与计算机类似的一些功能器件和单元，它们包括 CPU、用于存储系统控制程序和用户程序的存储器、与外围设备进行数据通信的接口及工作电源等。为与外部机器和过程实现信号传送，PC 还具有输入、输出信号接口。PC 有了这些功能器件和单元，即可完成各种指定的控制任务。PC 系统的基本功能结构框图如图 8-1 所示。

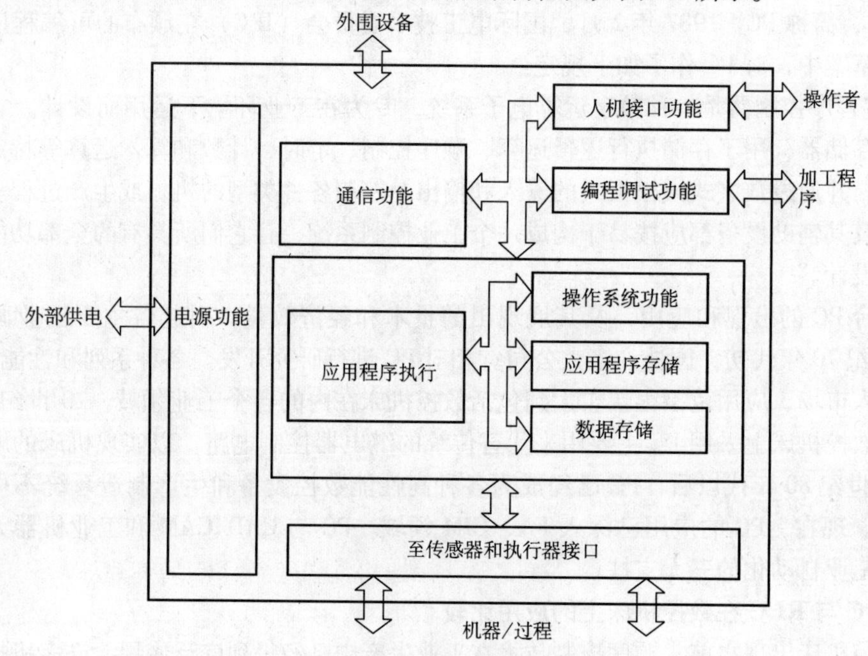

图 8-1　PC 系统结构框图

2）具有面向用户的指令和专用于存储用户程序的存储器。用户控制逻辑可用软件实现。PC 适用于控制对象动作复杂、控制逻辑需要灵活变更的场合。

3）用户程序多采用图形符号和逻辑顺序关系与继电器电路十分近似的“梯形图”编辑。梯形图形象、直观，工作原理易于理解和掌握。

4）PC 可与专用编程机、编程器，甚至个人计算机等设备连接，可以很方便地实现程序的显示、编辑、诊断、存储和传送等操作。

5）PC 没有继电器那种接触不良、触点熔焊和线圈烧断等故障。运行中无振动、无噪声，且具有较强的抗干扰能力，可以在环境较差（如粉尘、高温、潮湿等）的条件下稳定、可靠地工作。

6）PC 结构紧凑，体积小，容易装入机床内部或电器箱内，以便于实现数控机床的机电一体化。

PC 的开发利用为数控机床提供了一种新型的顺序控制装置，并很快在实际应用中显示出强大的生命力。现在 PC 已成为数控机床的一种基本控制装置。与 RLC 比较，采用 PC 的数控机床，结构更紧凑，功能更丰富，工作更可靠。对于车削中心、加工中心、组合机床自动线、FMC、FMS 等机械运动复杂、自动化程度高的加工设备和生产制造系统，PC 则是不可缺少的控制装置。

三、数控机床用 PC

数控机床用 PC 可分为两类。一类是专为实现数控机床顺序控制而设计制造的“内装型”(Built-in Type)PC；另一类是那些输入/输出信号接口技术规范、输入/输出点数、程序存储容量以及运算和控制功能等均能满足数控机床控制要求的“独立型”(Stand-alone Type)PC。

1.“内装型” PC

“内装型” PC（或称内含型、集成式 PC）从属于 CNC 装置，PC 与 NC 间的信号传送在 CNC 装置内部即可实现。PC 与 MT 间则通过 CNC 输入/输出接口电路实现信号传送（图 8-2）。

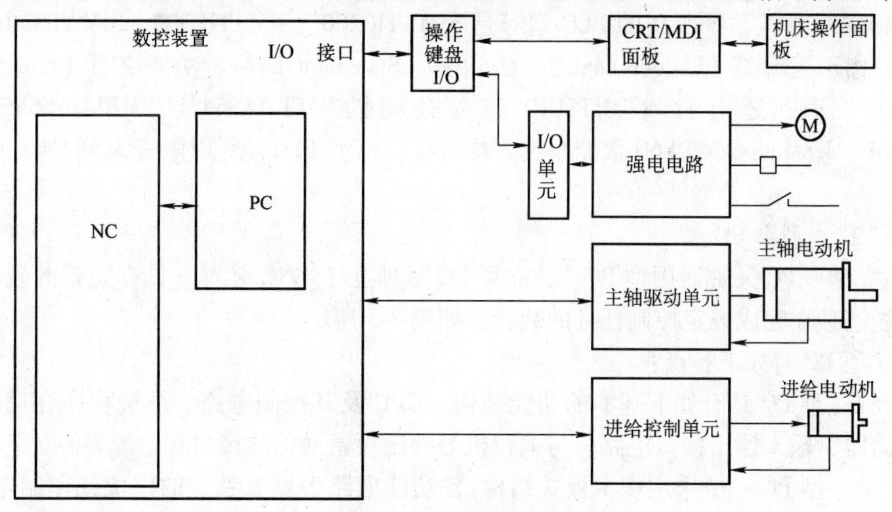

图 8-2　内装型 PC 的数控机床系统框图

内装型 PC 有如下特点：

1）内装型 PC 实际上是 CNC 装置带有的 PC 功能，一般作为一种基本的或可选择的功能提供给用户。

2）内装型 PC 的性能指标（如输入/输出点数、程序最大步数、每步执行时间、程序扫描周期、功能指令数目等）是根据所从属CNC系统的规格、性能、适用机床的类型等确定的。其硬件和软件部分是作为CNC系统的基本功能或附加功能与CNC系统其他功能一起统一设计、制造的。因此，系统硬件和软件整体结构十分紧凑，且PC所具有的功能针对性强，技术指标也较合理、实用，尤其适用于单机数控设备的应用场合。

3）在系统的具体结构上，内装型PC可与CNC共用CPU，也可以单独使用CPU（现代内装型PC为了追求高性能，大都采用独立的CPU）；硬件控制电路可与CNC其他电路制作在同一块印制电路板上，也可以单独制成一块附加板，当CNC装置需要附加PC功能时，再将此附加板插装到CNC装置上；内装PC一般不单独配置输入/输出接口电路，而是使用CNC系统本身的输入/输出电路；PC控制电路及部分输入/输出电路（一般为输入电路）所用电源由CNC装置提供，不需另备电源。

4）采用内装型PC结构，CNC系统可以具有某些高级的控制功能，如梯形图编辑和传送功能；在CNC内部直接处理NC窗口的大量信息等（PC访问NC的功能）。

自20世纪70年代末以来，世界上著名的CNC厂家在其生产的CNC产品中，大多开发了内装型PC功能。随着超大规模集成电路的开发利用，带与不带PC功能，CNC装置的外形尺寸已没有明显的变化。一般来说，采用内装型PC，省去了PC与NC间的连线，具有结构紧凑、可靠性高、安装和操作方便等优点，与在拥有CNC装置后，又另外配购一台通用型PC作控制器的情况比较，无论在技术上，还是在经济上对用户都是有利的。

目前在国内常见的、外国公司生产的数控系统，如日本FANUC公司的0i、16i/160i/160iS、18i/180i/180iS、21i/210i/210iS，所用的一体型PMC（Programmable Machine Controller）可编机床控制器是PMC-SA1/RA1、PMC-SA3/RA3、PMC-SA5/RA5、PMC-SB3/RB3、PMC-SB4/RB4、PMC-SB5/RB5、PMC-SB6/RB6、PMC-SB7、PMC-SC3/RC3、PMC-SC4/RC4等。它们目前都使用FAPT-LADDER编程语言。德国SIEMENS公司的810D、802D，以及840D/840Di等数控系统所用的PLC型号是SIMATIC200、SIMATIC300、SIMATIC400等，编程语言有梯形逻辑图（Ladder Logic）、语句表（Statement List）、功能块图（Function Block Diagram）三种。还有日本MITSUBI三菱公司的MELDAS64SL、MELDAS65SL、MELDAS600SL、EZMotion-NC E60数控系统，均带有一体型PLC，所用语言为PLC4B或GX Developer。

2. "独立型"PC

"独立型"PC又称通用型PC。独立型PC是独立于CNC装置，具有完备的硬件和软件功能，能够独立完成规定控制任务的装置，如图8-3所示。

独立型PC有如下特点：

1）独立型PC具有如下基本的功能结构：CPU及其控制电路、系统程序存储器、用户程序存储器、输入输出接口电路、与编程机等外围设备通信的接口和电源等。

2）独立型PC一般采用积木板式结构，各功能电路多做成独立的模块或印制电路板，具有安装方便、功能易于扩展和变更等优点。例如，可采用通信模块与外部输入输出设备、编程设备、上位机、下位机等进行数据交换；采用D/A模块可以对外部伺服装置直接进行控制；采用计数模块可以对加工工件数量、刀具使用次数、回转体回转分度数等进行检测和控制；采用定位模块可以直接对诸如刀库、转台、直线运动轴等机械运动部件或装置进行控制。

3）独立型PC的输入、输出点数可以通过I/O模块或插板的增减灵活配置。有的独立型 PC 还可以通过多个远程终端连接器构成有大量输入、输出点的网络，以实现大范围的集中控制。

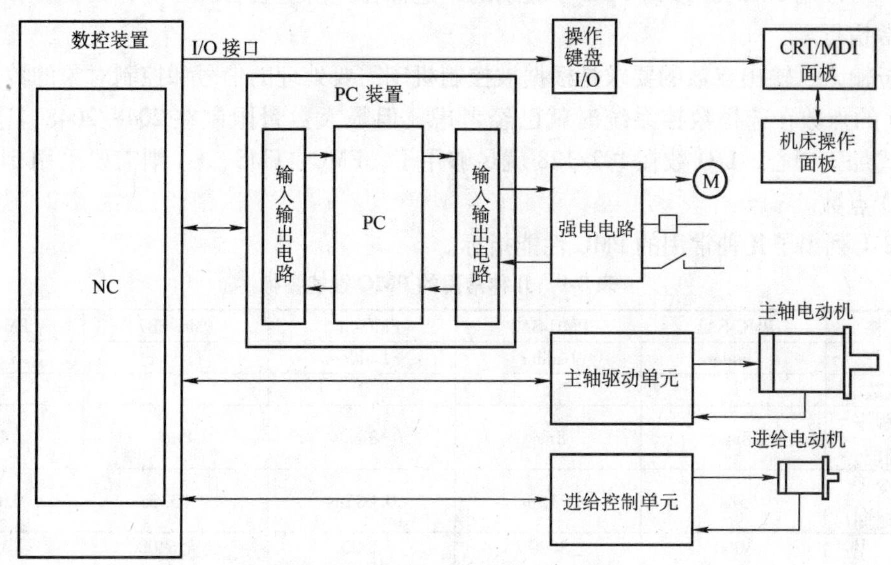

图 8-3　独立型 PC 的数控机床系统框图

在独立型 PC 中，那些专为用于 FMS、FA 而开发的独立型 PC 具有强大的数据处理、通信和诊断功能，主要用作“单元控制器”，是现代自动化生产制造系统重要的控制装置。独立型 PC 也用于单机控制。国外有些数控机床制造厂家，或是为了展示自己长期形成的技术特色，或是为了保守某些技术诀窍，或纯粹是因管理上的需要，在购进的 CNC 系统中，舍弃了 PC 功能，而采用外购或自行开发的独立型 PC 作控制器。这种情况在从日本、欧美引进的数控机床中屡见不鲜。

国内已引进应用的独立型 PC 有：SIEMENS 公司的 SIMATIC S7 系列产品、FANUC 公司的 PMC-J，以及三菱、松下、富士、欧姆龙的 PLC 等。

四、PC 的主要技术指标

日本 FANUC 公司的数控系统在全球范围内得到了广泛的应用。在米兰举办的国际机床展览会 EMO（2003 年 10 月 21—28 日）上，根据现场统计：在展出的 1294 台数控机床中，使用 FANUC 数控系统的数控机床为 466 台，占有总数的 36%。在国内实际运用中，FANUC 系统的占有率远远超过上述统计。为此，将以 FANUC 公司的 PMC 为例，叙述可编程序控制器。

使用 PMC 首先需要确定的是其程序存储器的容量，被控制机床的动作越复杂，安全保护功能越强，控制程序的逻辑关系式就越多，相应地必须有足够的存储空间。在 PMC 中程序容量是以“步数”来衡量的。通常把基本逻辑关系指令，如读（RD）、写（WRT）、与（AND）、或（OR）、非（NOT）等，定为一“步”。复杂的功能如定时器（TMR）指令大约需 18 步，译码（DEC）指令大约需 24 步，旋转（ROT）指令大约需 85 步。现在常用的 PMC 容量有 2000 步、3000 步、4000 步，最大的为 64000 步。

还有一个重要的指标是执行一步程序所需要的时间。不同型号的 PMC 运行一步的时间是不同的。其标准的有两种，它们是 5μs/步和 0.15μs/步。还有速度更快的，每步仅需 0.085μs。因为机床控制程序的执行是按照顺序从头到尾连续重复扫描的，总是希望快一些。

一般情况下执行的程序如果达到8000步以上，最好用0.085μs/步这一级别的；程序在5000步以下，可以用0.15μs/步或5μs/步级别的，这样在经济上会合理一些，又不会影响机床动作的正常执行。

对于输入、输出点数的要求是根据被控制机床需要处理的信号和控制对象的数量来决定的。I/O的点数在选择数控系统时就已经考虑，但最大数量限制在2048/2048上。普通的立、卧式加工中心，I/O数在192/128就足够用了，FMC、FMS、FA则需要采用512/512以上的I/O点数。

表8-1列出了几种常用的PMC性能指标。

表8-1 几种常用的PMC性能指标

规　　格	PMC-SA1	PMC-SA3	PMC-SB5	PMC-SB7	PMC-NB6
编程语言	Ladder	Ladder	Ladder	Ladder	Ladder
程序级数	2	2	2	3	3
第一级程序执行周期	8ms	8ms	8ms	8ms	8ms
基本指令平均处理时间	5ns	0.15ns	0.085ns	0.033ns	0.085ns
程序容量梯形图（步）①	3000 5000 8000 12000	3000 5000 8000 12000	3000 5000 8000 12000 最大24000	最大64000	最大32000
信号名称注释①	1～128KB	1～128KB	1～128KB	不超总容量	1～128KB
信息①	0.1～64KB	0.1～64KB	0.1～64KB	不超总容量	0.1～64KB
基本指令	12种	14种	14种	14种	14种
功能指令	48种	66种	66种	69种	64种
内部继电器（R）	1100B	1118B	1618B	8500B	3200B
信息显示请求位（A）	25B	25B	25B	500B	125B
可变定时器（T）①	80B	80B	80B	10000B	300B
计数器（C）①	80B	80B	80B	400B	200B
保持性继电器（K）①	20B	20B	20B	120B	50B
数据表（D）①	1860B	3000B	1860B	10000B	8000B
子程序（P）	——	512Programs	512Programs	2000Programs	2000Programs
标号（L）	——	9999Labels	9999Labels	9999Labels	9999Labels
固定定时器	100	100	100	500	100
I/O I/Olink①	1024/1024	1024/1024	1024/1024	2048/2048	1024/1024
I/O卡①	96/72	96/72	96/72	——	——
顺序程序存储介质	Flash ROM 128KB 256KB	Flash ROM 128KB 256KB	Flash ROM 128KB 256KB	Flash ROM 128KB 256KB 384KB 512KB 768KB	Flash ROM 128KB 256KB 384KB

① 所示的容量可以扩展。

第二节　PMC与数控系统和数控机床的接口信号

一、NC侧与MT侧的概念

数控机床作为自动化控制设备，是在自动控制下进行的。数控机床所受控制可分为两类：一类是最终实现对各坐标轴运动进行的“数字控制”。如对CNC车床 X 轴和 Z 轴、Y 轴、C 轴，CNC铣床 X 轴、Y 轴、Z 轴以及 A 轴、B 轴的移动距离，旋转角度和运动轨迹进行的插补、补偿等的控制即为“数字控制”。另一类是“顺序控制”。对数控机床来说，“顺序控制”就是在数控机床运行过程中，以CNC内部和机床各行程开关、传感器、按钮、继电器等的开关量信号状态为条件，并按照预先规定的逻辑顺序对诸如主轴的起停、换向，刀具的选择和交换，工件的夹紧、松开，液压、冷却、润滑系统的运行等进行的控制。与“数字控制”比较，“顺序控制”的信息主要是开关量信号。

在讨论PMC、数控系统和机床各机械部件、机床辅助装置、强电线路之间的关系时，常把数控机床分为“NC侧”（数控系统侧）和“MT侧”（机床侧）两大部分。“NC侧”包括CNC系统的硬件和软件、与CNC系统连接的外部设备。“MT侧”则包括机床机械部分及其液压、气动、冷却、润滑、排屑等辅助装置，机床操作面板、继电器线路、机床强电线路等。PMC处于NC与MT之间，对NC和MT的输入、输出信号进行处理（图8-4）。

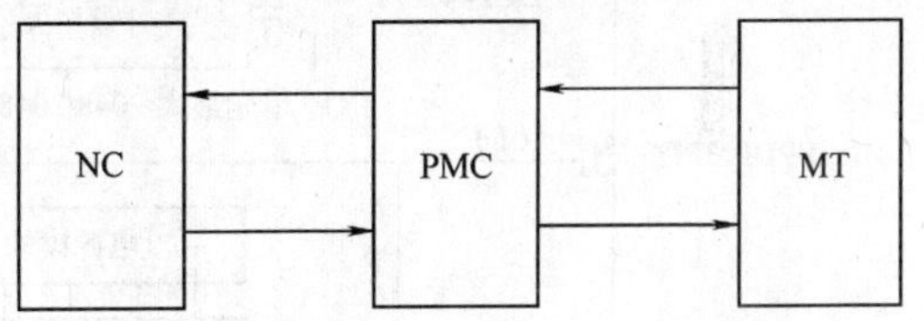

图8-4　数控机床中PMC信号流向图

MT侧顺序控制的最终对象随数控机床的类型、结构、辅助装置等的不同而有很大差别。机床结构越复杂，辅助装置越多，最终受控对象也越多。一般来说，最终受控对象的数量和控制顺序的复杂程度是依CNC车床、CNC铣床、车削中心、加工中心、车铣复合中心、FMC和FMS的顺序递增的。

二、数控机床接口

数控机床“接口”是指数控装置与机床及机床电气设备之间的电气连接部分（图8-5）。根据国际标准ISO4336—1981（E）《机床数字控制——数控装置和数控机床电气设备之间的接口规范》的规定，接口分为四种类型。

第Ⅰ类：数字化总线、光缆等，与驱动命令有关的连接电路。

第Ⅱ类：数控装置与测量系统和测量传感器间的连接电路。

第Ⅲ类：电源及保护电路。

第Ⅳ类：通/断信号和代码信号连接电路。

第Ⅰ、Ⅱ类连接电路传送的信息是数控装置与伺服单元、伺服电动机、位置检测和速度检测器件之间的控制信息。它们属于数字控制、伺服及其检测器件之间的控制信息。伺服控制及其检测技术的范畴不属于本章所讨论的范围。

第Ⅲ类电源及保护电路由数控机床强电线路中的电源控制电路构成。强电线路由电源变压器、控制变压器、各种断路器、保护开关、接触器、功率继电器、熔断器等连接而成，以便为辅助交流电动机、电磁阀等功率执行元件供电。强电线路不能与在低电压下工作的控制电路或弱电线路直接连接，也就是说不能与在DC24V、DC15V、DC5V等电压下工作的RLC

和数控系统信号接口电路连接，只能通过断路器、热动开关、中间继电器等器件转换成在直流低电压下工作的触点的开合动作，才能成为 RLC 或 PMC 可以接收的电信号。反之，由 RLC 或 PMC 来的控制信号，也必须经中间继电器转换成连接到强电线路的触点信号，再由强电线路去驱动功率执行元件工作。

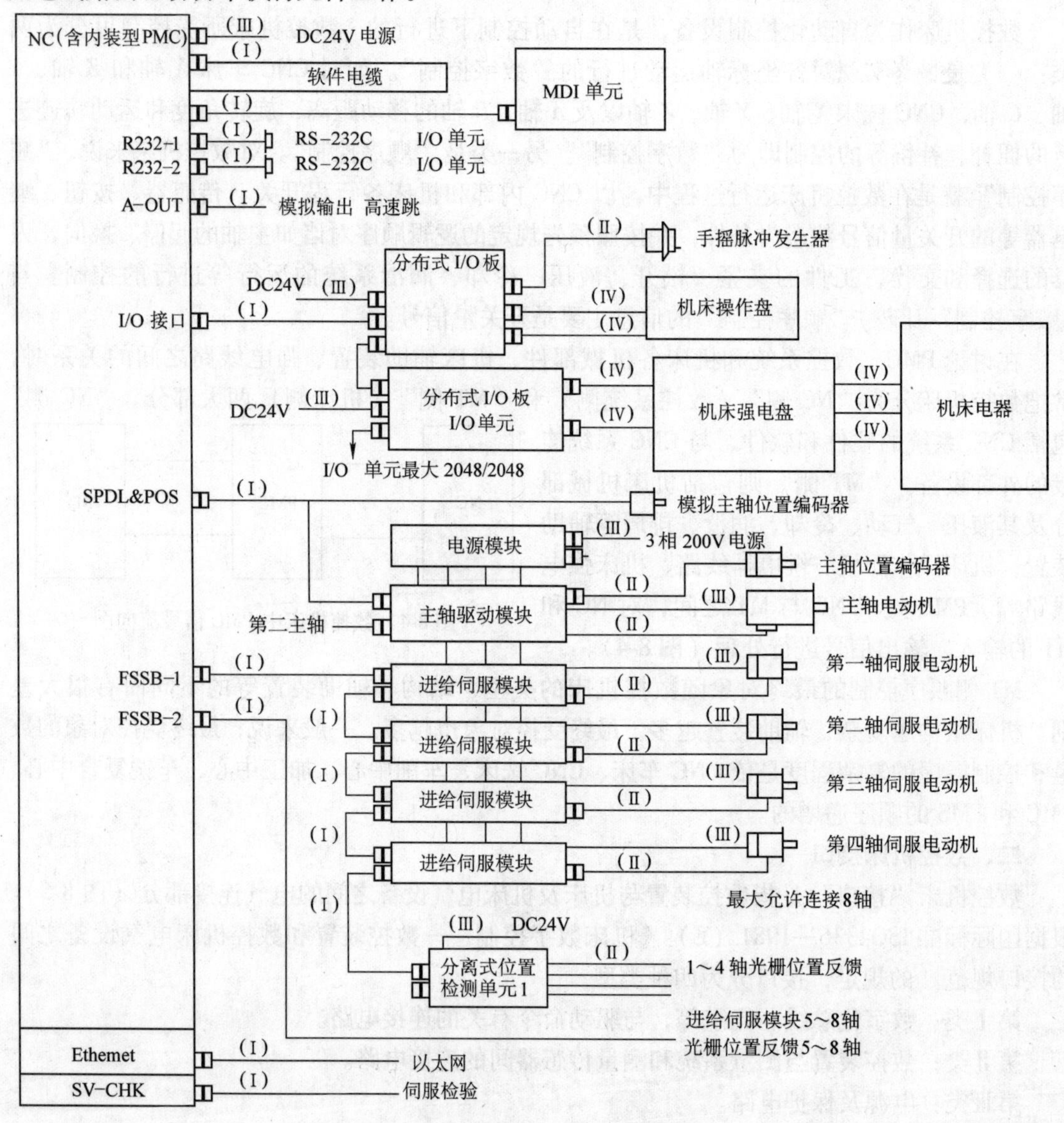

图 8-5 数控系统与机床电气连接图

第Ⅳ类中的通/断信号和代码信号是数控装置与外部传送的输入、输出控制信号。当数控机床不带 PMC 时，这些信号直接在 NC 侧和 MT 侧之间传送。当数控机床带有 PMC 时，这些信号除极少数高速信号外，均需通过 PMC。

三、输入、输出信号规范

对 CNC 装置来说，由 MT 向 CNC 传送的信号称为输入信号；由 CNC 向 MT 传送的信号称为输出信号。

1. 数控系统及配套PMC装置的输入、输出信号的类型

（1）直流输入信号　如无隔离直流输入信号、光电隔离直流输入信号等。

（2）直流输出信号　如晶体管直流输出信号，采用干簧继电器的、有触点直流输出信号等。

（3）直流模拟输入/输出信号。

（4）交流输入/输出信号。

（5）数字化接口信号。

在上述信号中，用得最多、最普遍的是直流输入、输出信号。直流模拟信号用于伺服控制或其他接收、发送模拟量信号的设备。当代的CNC系统在伺服控制上已经全部实现了数字化，不管是开关量信号还是模拟量信号的传送，都是通过标准接口硬件（如CECOS等），加上开发的通信协议软件进行的。交流信号用于直接控制功率执行器件。接收或发出模拟信号和交流信号需要有相应的接口电路。在实际应用中，一般需要配置专门的接口模块或插板才能实现。

2. 输入、输出信号接口器件或接插座的几种配置形式

对于内装型PMC：

1）机床操作面板单元模块输入/输出信号插座。

2）I/O单元输入/输出信号电缆插座。

3）I/O单元扩展模块信号电缆插座。

4）CNC外接I/O单元的输入、输出模块信号插座或信号接线端子。

3. 接口原理图

直流输入、输出信号接口原理图的表示方法，在不同CNC和机床厂家的说明书及技术资料中虽有很大差别，但均需满足如下要求：

1）表明信号发生器件和信号接收器件的位置。

2）表明信号工作电压的来源和数值。

3）注明信号插座或连接端子的编号。

有的接口原理图还注明输入、输出信号的名称，在PMC中的地址等。下面以FANUC数控系统内装式PMC为例，介绍几种直流输入、输出信号接口图的技术规范。

4. 直流输入信号

一种典型的直流输入信号接口如图8-6a所示。图中，RV（Receiver）为信号接收器。根据被处理信号的要求，RV可以是无隔离的滤波和电平转换电路，也可以是光耦合转换电路。X0.5为输入信号地址，CB104/B4表示CB104插座的第B4号脚。直流输入信号是由机床侧的开关、按钮、继电器触点、检测传感器等采集的闭合/断开状态信号。这些状态信号经上述接口电路处理，才能变成PMC或NC能够接收的信号。典型输入电路如图8-6b所示。在此典型电路中，信号工作电压由CNC内部提供，当MT侧触点闭合时，+24V电压加到接收器电路上，经滤波和电平转换处理后输出至NC内部，成为内部电子线路可以接收和处理的信号。

5. 直流输出信号

一种典型的直流输出信号接口如图8-7所示。图中DV（Drive）为信号驱动器，Y3.6为输出信号地址，CB105/A23表示CB105插座的第A23号脚。直流输出信号是来自NC或

PMC，经驱动电路送至MT侧，以驱动继电器线圈、指示灯等的信号。

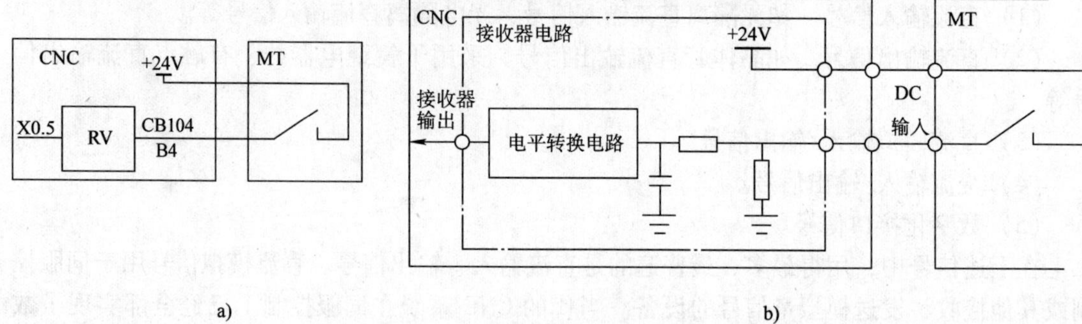

图 8-6 直流输入信号典型电路

a）典型的直流输入信号接口 b）典型输入电路

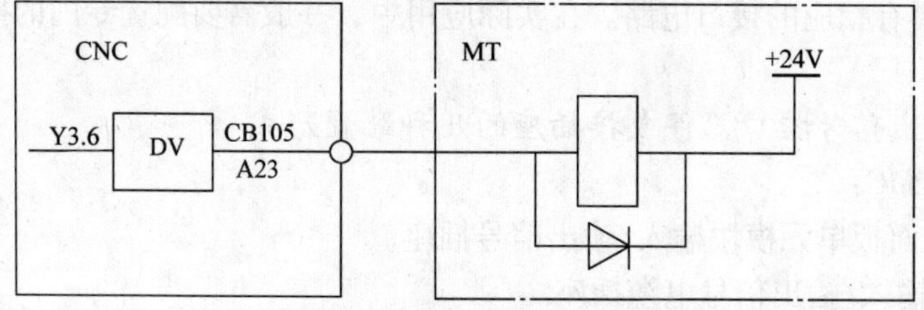

图 8-7 直流输出信号接口

1）负载为指示灯的典型信号输出电路如图 8-8 所示。

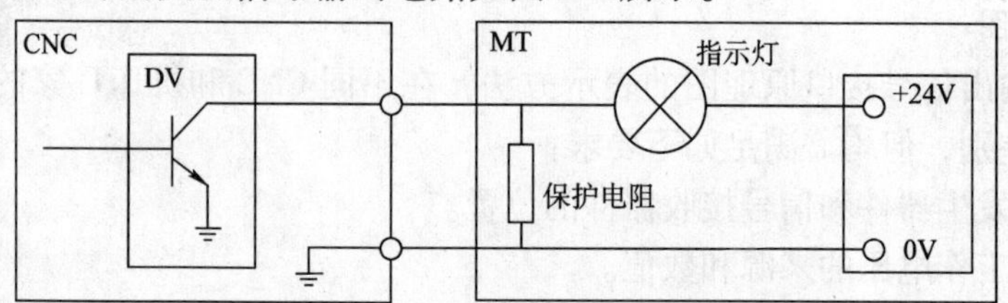

图 8-8 负载为指示灯的典型信号输出电路

2）负载为继电器线圈的典型信号输出电路如图 8-9 所示。

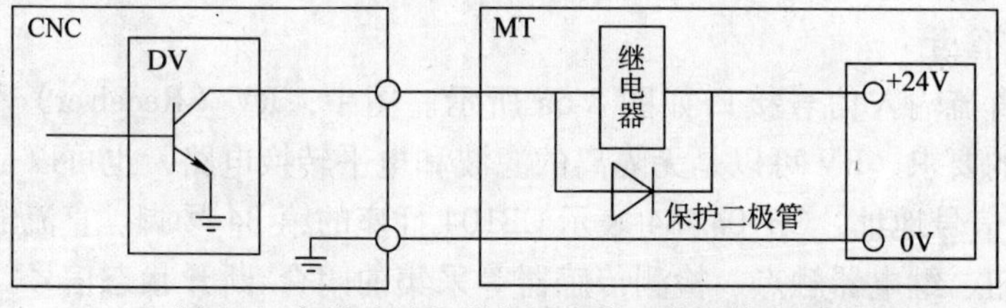

图 8-9 负载为继电器线圈的典型信号输出电路

当NC有信号输出时，基极为高电平，晶体管导通。此时输出信号状态为“1”，足够的电流将流过指示灯和继电器线圈，使指示灯点亮，继电器动作。当NC无信号输出时，基极为低电平，晶体管不导通，输出信号状态为“0”，不能驱动负载。在输出电路中往往需要注意对驱动电路和负载器件的保护。

3）对于继电器这类电感性负载，必须安装火花抑制器。

4）对于容性负载，应在信号输出负载线路中串联限流电阻。电阻阻值应确保负载承受的瞬间电流和电压被限制在额定值内。

5）用晶体管输出直接驱动指示灯时，冲击电流可能损坏晶体管。为此应设置保护电阻，以防晶体管被击穿。

6）被驱动负载是电磁开关、电磁离合器、电磁阀线圈等交流负载，或虽是直流负载，但工作电压或工作电流超过输出信号的工作范围时，应先用输出信号驱动小型中间继电器（一般工作电压 +24V），然后用它们的触点接通强电线路的功率继电器或直接去激励这些负载（图 8-10）。当然，如果所用 PMC 装置本身具有交流输入、输出信号接口，或有用于直流大负载驱动的专用接口时，输出信号就不必经中间继电器过渡，即可以直接驱动负载器件。

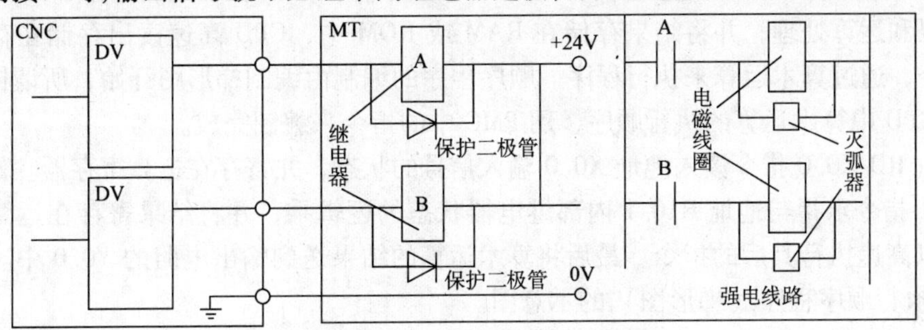

图 8-10　大负载驱动控制原理图

第三节　梯形图工作原理

与 PMC 有关的程序包括两类：一类是面向 PMC 内部的程序，即管理程序和编译程序（或解释程序），这些程序由 PMC 厂家设计并固化到存储器中；另一类是面向用户或面向生产过程的“应用程序”（Application Program），也称“PMC 程序”（PMC Program）或“用户程序”（User Program）。在本节中所要讨论的是面向外部，即面向生产过程的程序。

到目前为止，在所有“应用程序”中，以“梯形图”的应用最为广泛。梯形图程序采用类似继电器触点、线圈的图形符号，很容易为从事电气设计制造的技术人员所理解和掌握。图 8-11 中，S_1 和 S_3、S_2 和 S_4 分别为相距甚远的两个操作台上的电动机起、停按钮。K 为起动电动机的接触器线圈。当任一起动按钮（S_1 或 S_2）被按下时，接触器 K 得电，并通过其触点 K 闭合自保，电动机进入运转状态。当任一停止按钮（S_3 或 S_4）被按下时，接触器 K 失电，其触点 K 断开，电动机停止运转。这样，两个操作台均可独立地对电动机起、停进行控制。

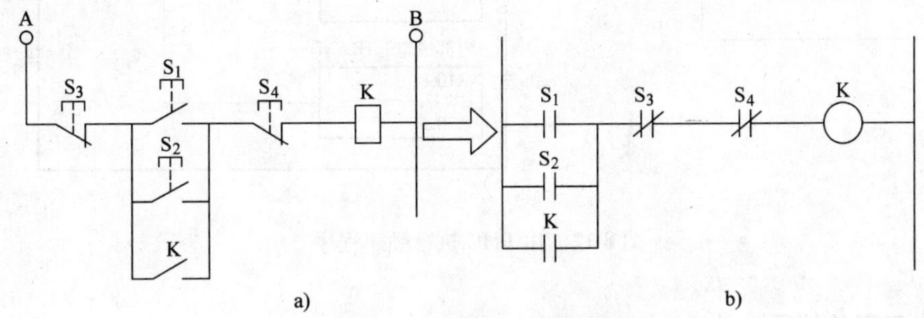

图 8-11　电动机起、停两地控制
a）继电器控制　b）梯形图控制

在图 8-11 中，当 S_1 或 S_2 节点闭合时，K 线圈输出，并通过节点 K 闭合自保。当 S_3 或 S_4 节点断开时，K 线圈无输出，节点 K 也断开。

由上例可见，梯形图控制的控制逻辑结构及工作原理与继电器逻辑电路是十分接近的。以后，将以 FANUC 公司的 0i、16i、18i、21i 数控系统所使用的内装型 PMC 为例，讨论数控机床用梯形图的一般原理、PMC 的指令、PMC 程序的调试及应用举例。

一、梯形图的概念

梯形图是采用图形符号表达数控机床各种不同动作逻辑顺序关系的图形，用梯形图可编制控制软件。在 PMC 中执行时，顺序程序被转换成某种格式（机器语言）后，CPU 即可对其进行译码和运算处理，并将结果存储在 RAM 或 ROM 中，CPU 高速读出存储在存储器中的每条指令，通过算术运算来执行程序。顺序程序的编制由编制梯形图开始，所谓梯形图也可理解为 CPU 中算术运算的执行顺序，用 PMC 中的指令来编制完成。

CPU 由 RD X0.0 指令读入地址 X0.0 输入信号的状态，并寄存在运算寄存器。然后依据 AND R10.1 指令求得与地址 R10.1 内部继电器状态的逻辑乘，并将结果寄存在运算寄存器中。CPU 以高速执行其后的指令，最后将算术运算的结果送到输出电路的 Y0.0 中。图 8-12 是由 PMC 执行顺序程序（梯形图）的示意图。

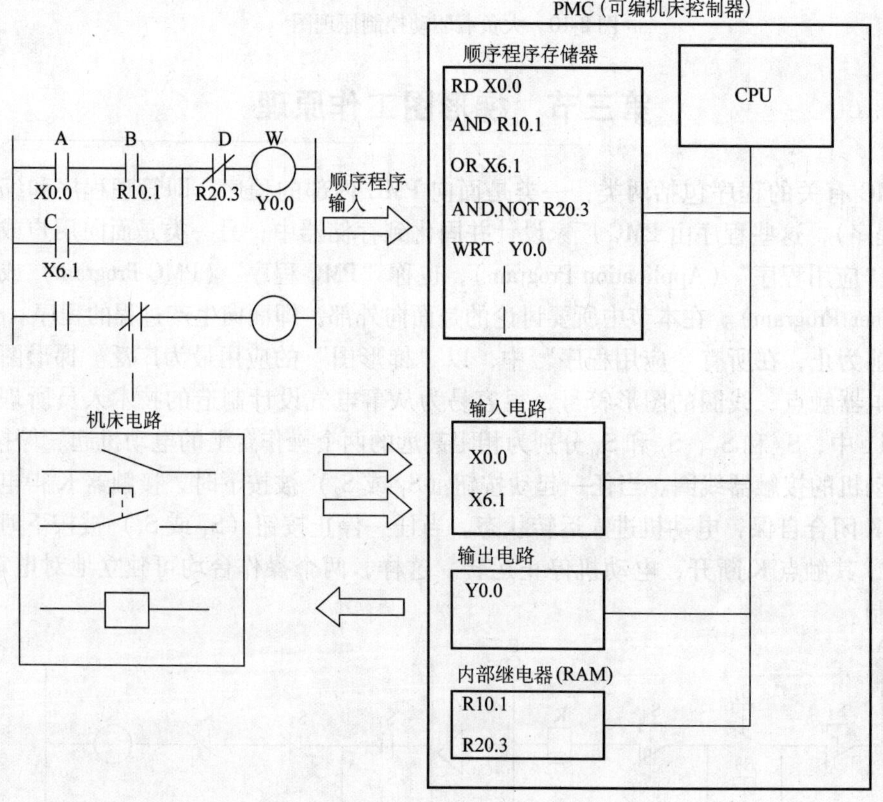

图 8-12 由 PMC 执行顺序程序

二、梯形图的符号和地址

梯形图是数控机床电气技术人员之间进行交流的语言，也是电气技术人员通过 PMC 向数控机床表达控制思想的工具。为了让“人”和“机器”都能理解，懂得语言的含义，就必须规定一种“共同”的符号语言，这也就是下面所介绍的 FANUC PMC 梯形图符号和地址。

1. 符号

梯形图符号见表 8-2。

表 8-2 梯形图符号

符号（Symbol）	名称	说明（Explanation）
 ─┤├─	A 型触点	为 PMC 中继电器的开关，用作机床侧和 CNC 而来的输入
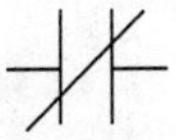 ─┤/├─	B 型触点	
 （粗实线 A 型触点）	A 型触点	为由 CNC 而来的输入信号
（粗实线 B 型触点）	B 型触点	
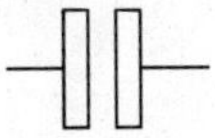 （空心框 A 型触点）	A 型触点	为由机床侧而来的输入信号（包括机床操作面板）
（空心框 B 型触点）	B 型触点	
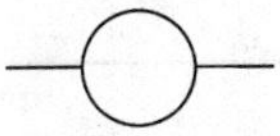 ─○─	线圈	为继电器线圈，其触点仅在 PMC 中使用
 （粗圆环线圈）	线圈	为继电器线圈，其触点输出到 CNC
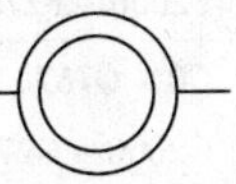 （双圆线圈）	线圈	为继电器线圈，其触点输出到机床侧
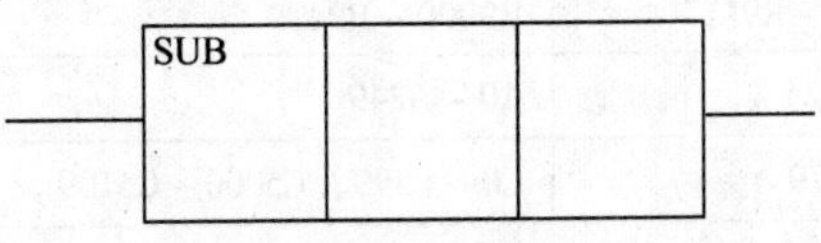 SUB	子程序	为功能指令，实际形式根据指令而有所变动

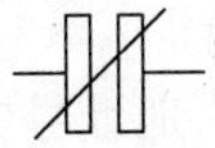

2. 地址

地址用来区分信号。不同的地址分别对应机床侧的输入、输出信号，CNC侧的输入、输出信号，内部继电器、计数器、保持型继电器和数据表（PMC参数）。每个地址由地址号（一个字母后跟四位数字）和位号（小数点后跟0到7一位数）组成。表明信号名称和地址关系的信号表、编制PMC程序时所需的四种类型地址如图8-13所示。

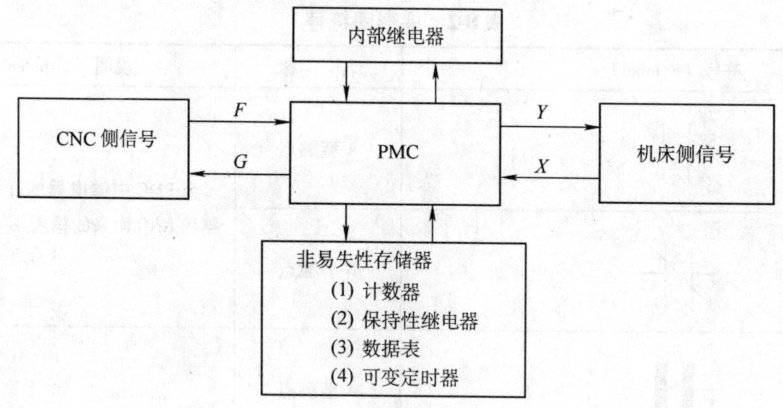

图8-13 PMC相关地址

地址的格式：

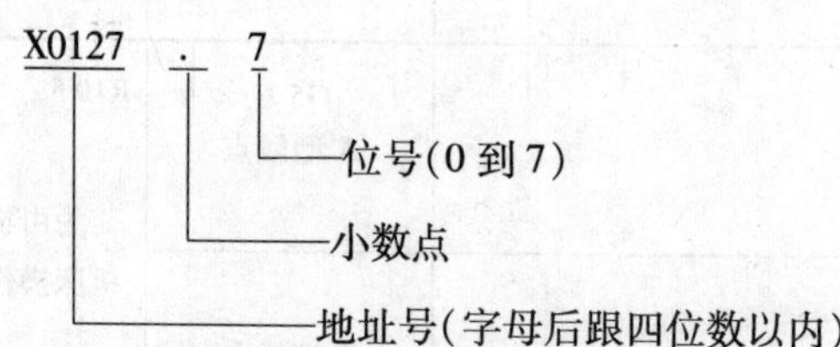

在地址的开头必须指定一个字母用来表示所列的信号类型。地址号中的字符表见表8-3。

表8-3 地址号中的字符表

字母	信号类型	PMC—SA1	PMC—SA3	PMC—SB7
X	来自机床侧的输入信号 (MT—→PMC)	X0 ~ X127 X1000 ~ X1011	X0 ~ X127 X1000 ~ X1011	X0 ~ X127，X200 ~ X327 X1000 ~ X1127
Y	由PMC输出到机床侧信号 (PMC—→MT)	Y0 ~ Y127 Y1000 ~ Y1008	Y0 ~ Y127 Y1000 ~ Y1008	Y0 ~ Y127，Y200 ~ Y327 Y1000 ~ Y1127
F	来自NC侧的输入信号 (NC—→PMC)	F0 ~ F255 F1000 ~ F1255	F0 ~ F255 F1000 ~ F1255	F0 ~ F767，F1000 ~ F1127 F2000 ~ F2767，F3000 ~ F3767
G	由PMC输出到NC侧信号 (PMC—→NC)	G0 ~ G225 G1000 ~ G1255	G0 ~ G225 G1000 ~ G1255	G0 ~ G767，G1000 ~ G1767 G2000 ~ G2767，G3000 ~ G3767
R	内部继电器	R0 ~ R1999 R9000 ~ R9099	R0 ~ R1499 R9000 ~ R9117	R0 ~ R7999 R9000 ~ R9499
A	信息显示请求信号	A0 ~ A24	A0 ~ A24	A0 ~ A249
C	计数器	C0 ~ C79	C0 ~ C79	C0 ~ C399，C5000 ~ C5199
K	保持型继电器	K0 ~ K19	K0 ~ K19	K0 ~ K99，K900 ~ K919

（续）

字母	信号类型	PMC—SA1	PMC—SA3	PMC—SB7
D	数据表	D0 ~ D1859	D0 ~ D1859	D0 ~ D9999
T	可变定时器	T0 ~ T79	T0 ~ T79	T0 ~ T499，T9000 ~ T9499
L	标号	—	L1 ~ L9999	L1 ~ L9999
P	子程序号	—	P1 ~ P512	P1 ~ P2000

三、梯形图的结构

图 8-14 是一段用“梯形图”表示的简单 PMC 程序。左右两条竖直线称为“电力轨”(Power Rail)。梯形图是由电力轨和夹在电力轨间的“节点”（或称触点)、“线圈”（或称继电器线圈)、“功能块”（功能指令）等构成的一个或多个“网络”。在左右电力轨间的梯形图的一个网络且包括电力轨称为一个“梯级”（Rung)。每个梯级由一“行”或数“行”构成。例如图 8-15 的梯形图由两个梯级构成。上一个梯级只有一“行”，含有三个“节点”和一个线圈。下一个梯级由三“行”构成，含有四个“节点”和一个“线圈”。

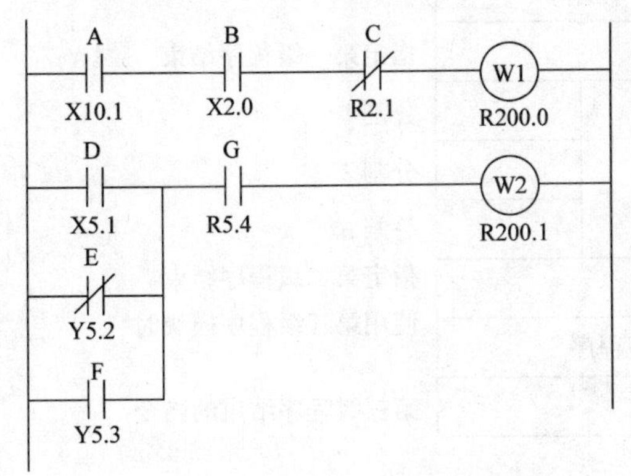

图 8-14　RD 指令梯形图

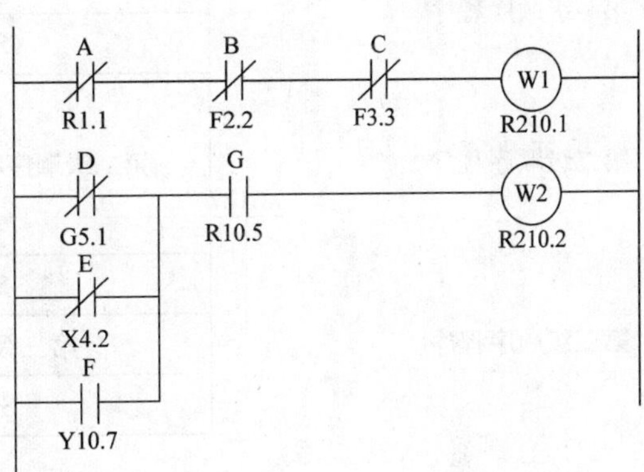

图 8-15　RD. NOT 指令梯形图

四、梯形图与继电器逻辑电路在运行时的差别

梯形图使用与继电器逻辑电路相似的控制逻辑，但其工作顺序与继电器逻辑电路是不同的。

若图 8-16a、b 是“继电器逻辑电路（RLC)”，当继电器触点 A 接通时，电流流过线圈 B 和 C。而 C 接通，又使 B 断开。因此图 8-16a 和图 8-16b 电路的操作结果相同。若图 8-16a、b 是 PMC 程序，则图 8-16a 与继电器逻辑电路一样，接通 A 时，B 和 C 被接通，程序经过一个循环之后，断开 B。但在图 8-16b 中，接通 A，则接通 C，而不接通 B。

由此可见，在 RLC 中，逻辑控制的结果取决于继电器线圈、触点和其他机电式器件动作的时间。而梯形图则是从上到下、从左到右，一个梯级一个梯级顺序地进行工作。梯形图是按指定的顺序（指令表顺序）从梯形图开头（指令开始）至结束（指令结束）顺序执行。当执行至顺序程序结束时，又返回开头重复执行。

从梯形图开始至结束的执行时间称为循环处理周期（Sequence Processing Time)，又称

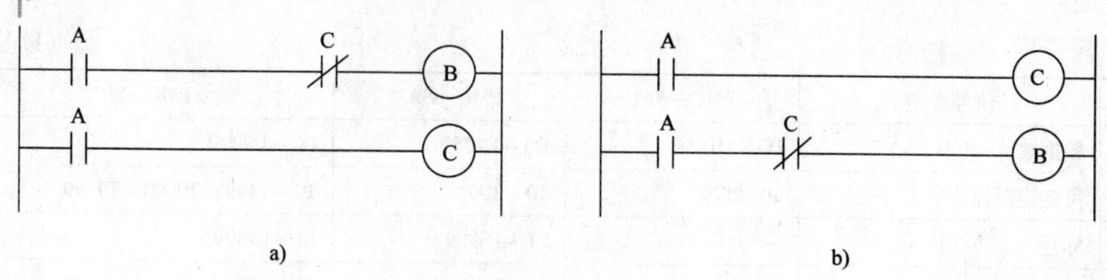

图 8-16 梯形图与 RLC 工作顺序比较

“扫描周期”或“循环周期”。处理时间随第一级程序和第二及第三级程序的步数而变化。步数越少，则处理时间越短，信号响应越快。

五、第一级顺序程序和第二、三级顺序程序

一台数控机床完整的梯形图（顺序控制程序）包括三部分：第一级顺序程序，第二级顺序程序和第三级顺序程序（根据用户的需求），图示如下。

	顺序程序	
第一级顺序程序	第一级顺序程序	
	SUB1	指定第一级程序结束
第二级顺序程序	第二级顺序程序	分割 1 分割 2 分割 n
	SUB2	指定第二级程序结束
第三级顺序程序	第三级顺序程序	使用第三级程序模块时
	SUB48	第三级程序结束的指令

第一级和第三级顺序程序每 8ms 运行一次。如果第一级程序较长，那么总的执行时间（包括二级程序）就会延长。因而编制第一级程序时应使其尽可能短。第二级程序每 $8\times n$ ms 执行一次，n 为第二级程序的分割数。程序编制完成后，在向 CNC 的 RAM 中传送时，第二级程序被自动分割。如果使用个人计算机编程软件，编程结束后画面上会显示一个循环所用的时间。

1. 第二级程序

第二级程序的分割是为了执行第一级程序和第三级程序。分割数为 n 时，程序执行的过程如图 8-17 所示。

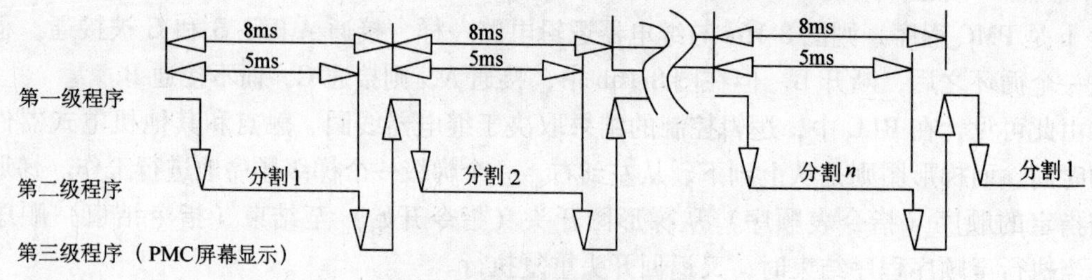

图 8-17 程序执行的过程

当最后（分割数为 n）的第二级程序和第三级程序部分执行完后，程序又从头开始执行。这样当分割数为 n 时，一个循环的执行时间为 $8n$ms。第一级程序每 8ms 执行一次，第二级程序每 $8n$ms 执行一次，第三级程序也是每 $8n$ms 执行一次。如果第一级程序的步数增加，5ms 所剩余的时间（用来执行第一、二级程序）就会减少，这点时间执行第二级程序的步数就会减少，那么第二级程序的分割数 n 就增加，整个程序处理的时间变长。因此第一级程序应尽可能地短。

在 PMC-PA1/SA1/SA3 中（没有第三级程序），8ms 当中的 1.25ms 用于执行第一和第二级程序，剩余时间由 NC 使用。

在 PMC-SC 中，8ms 中的 5ms 被分配执行第一和第二级程序（系统参数 Ladder Exec = 100%），剩余的时间被分配用于第三级顺序程序。

2. 第一级程序

第一级程序仅处理短脉冲信号。这些信号包括急停、各轴的超程、返回参考点减速、外部减速、跳步、到达测量位置和进给暂停信号。

3. 第三级程序

第三级程序的作用是执行一些不直接和机床控制系统相关的过程显示或控制状态的监控，如操作信息、机床故障显示等。

第二级的程序可以和机床控制系统相联，通过传送前者的程序到第三级，这样可缩短 PMC 的执行时间。

在 PMC-SC 中如果不使用第三级顺序程序，那么在第二级程序结束指令 SUB2 的后面必须跟上一个 SUB48（END3）指令。

4. 分割系统和不分割系统

PMC 运行的模式可以设为分割系统，也可以设为不分割系统使用。当作为分割系统使用，梯形图程序中的所有功能指令的起动条件都具备时，梯形图程序在运行前就被分割了，如图 8-18a 所示。

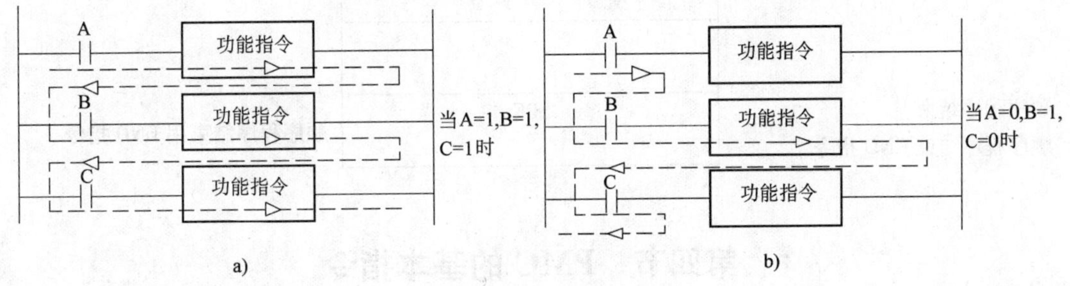

图 8-18 梯形图的执行

实际上一个真正运行的梯形图程序中所有的功能指令在一个扫描周期中不可能都运行，因此 PMC 不能有效地分割梯形图程序。

PMC 执行梯形图程序到结束的一个周期时间是执行实际运行的梯形图程序（无分割系统）的时间，和有分割系统的时间完全一样。这个时间包含梯形图程序里执行了“跳转”功能指令的时间。

因为梯形图程序里使用许多功能指令，将会占用很多时间，所以一般都被指定为无分割系统，这样会使 PMC 工作更有效，如图 8-18b 所示。

对运行在无分割系统的 PMC，要将系统参数 IGNORE DIVIDE CODE 设为 YES。当 PMC 的系统模式仅仅是无分割方式时，它总是运行在无分割模式下，改动系统参数 IGNORE DIVIDE CODE 也不能改变系统运行的模式。

5. 梯形图程序使用子程序时的结构

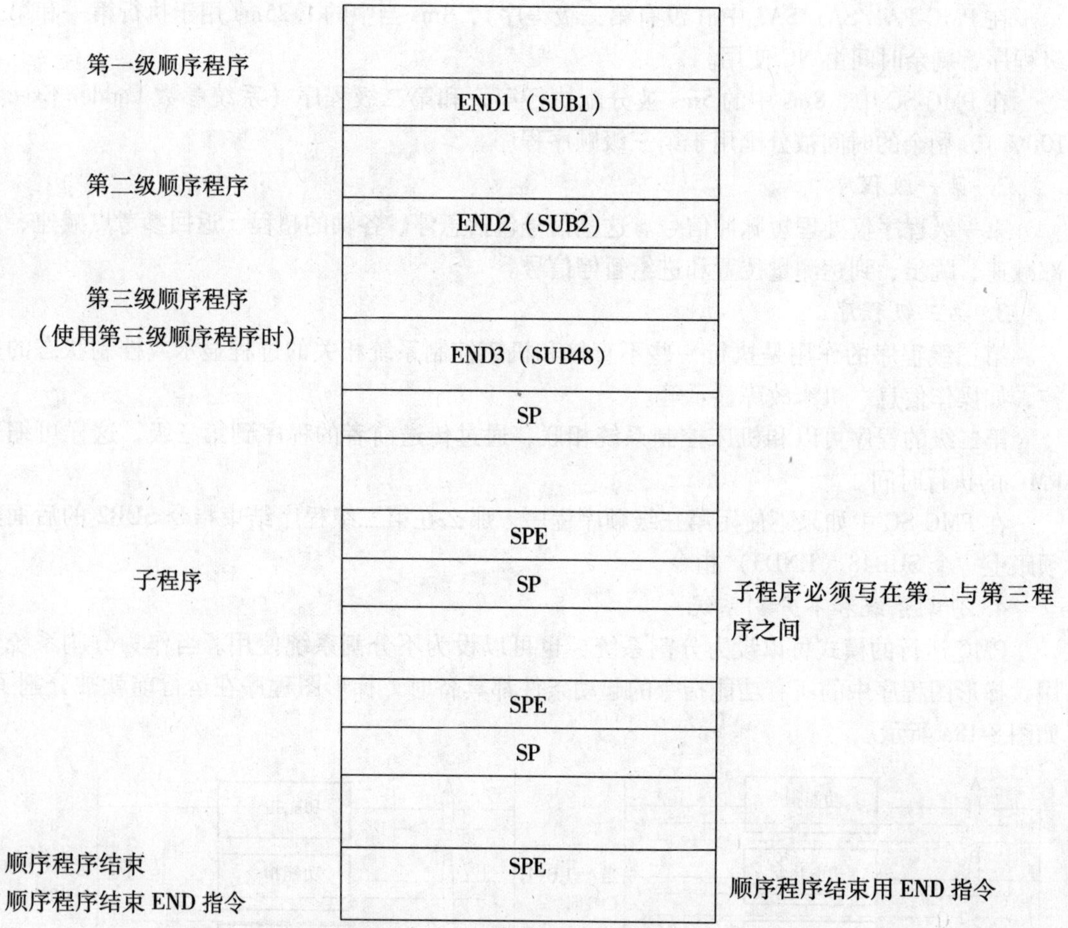

第一级顺序程序		
	END1（SUB1）	
第二级顺序程序		
	END2（SUB2）	
第三级顺序程序（使用第三级顺序程序时）		
	END3（SUB48）	
	SP	
子程序	SPE	
	SP	子程序必须写在第二与第三程序之间
	SPE	
	SP	
顺序程序结束 顺序程序结束 END 指令	SPE	顺序程序结束用 END 指令

第四节 PMC 的基本指令

设计顺序程序就是编制梯形图。而梯形图由继电器触点、开关符号和功能指令代码构成。梯形图中所表示的逻辑关系构成顺序程序。输入顺序程序的方法有两种：一种输入方法是使用助记符语言（RD、AND、OR 等 PMC 指令）。另一种方法是使用继电器符号。通过使用相应的继电器触点、符号和功能指令符号输入顺序程序。在使用继电器符号方法时，可以使用梯形图格式，并且不用理解 PMC 指令（基本指令如 RD、AND 和 OR）即可编程。

实际上，即使顺序程序由继电器符号方法输入，在系统内部也被转换成相应的 PMC 指令。当顺序程序由穿孔纸带输入时，必须使用 PMC 指令方法编程。

一、信号地址

梯形图中的继电器线圈和触点都被赋予一个地址，地址由地址号和位号组成（图 8-19），前零可忽略。

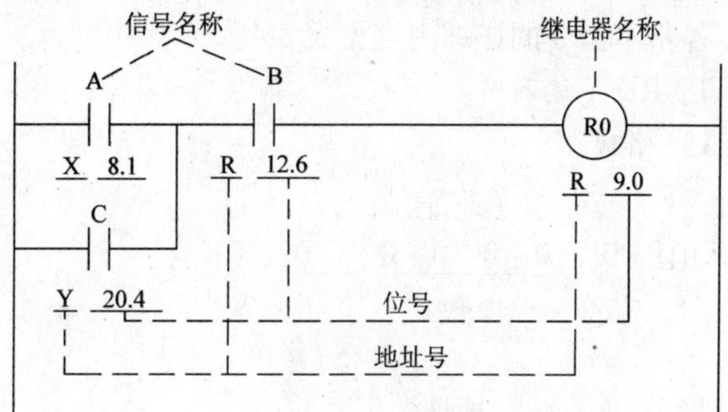

图 8-19　信号地址

二、存储逻辑运算结果

在执行顺序程序时逻辑运算的中间结果存储在一个寄存器中，这个寄存器由 9 位组成（图 8-20）。

执行指令（RD. STK 等）暂存运算中间结果时，如图 8-20 所示，将当前存储的状态向左移动压栈。相反，执行指令（AND. STK 等）右移取出压栈信号。最后压入的信号首先被取出。

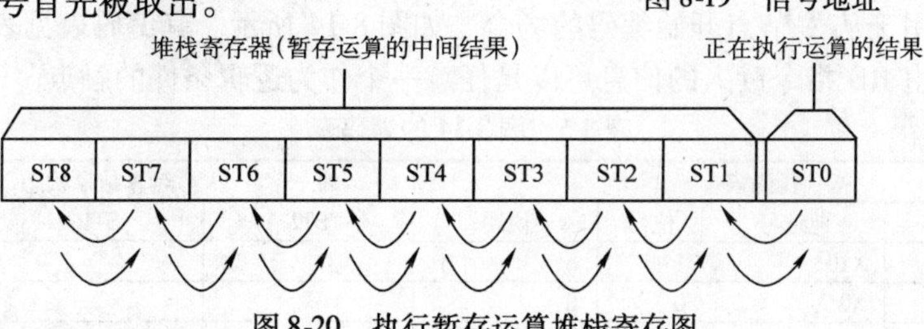

图 8-20　执行暂存运算堆栈寄存图

三、基本指令

基本指令功能表见表 8-4。

表 8-4　基本指令功能表

序号	指令		功　能
	代码（格式 1）	LADDER 键盘（格式 2）	
1	RD	R	读入指定的信号状态并设置在 ST0 中
2	RD. NOT	RN	将读入的指定信号的逻辑状态取非后设到 ST0
3	WRT	W	将逻辑运算结果（ST0 的状态）输出到指定地址
4	WRT. NOT	WN	将逻辑运算结果（ST0 的状态）取非后，输出到指定地址
5	AND	A	逻辑与
6	AND. NOT	AN	将指定的信号状态取非后逻辑与
7	OR	O	逻辑或
8	OR. NOT	ON	将指定的信号状态取非后逻辑或
9	RD. STK	RS	将寄存器的内容左移 1 位，把指定地址的信号状态设到 ST0
10	RD. NOT. STK	RNS	将寄存器的内容左移 1 位，把指定地址的信号取非后设到 ST0
11	AND. STK	AS	ST0 和 ST1 逻辑与后，堆栈寄存器右移一位
12	OR. STK	OS	ST0 和 ST1 逻辑或后，堆栈寄存器右移一位
13	SET	SET	ST0 和指定地址中的信号逻辑或后，将结果返回指定地址
14	RST	RST	ST0 的状态取反后和指定地址中的信号逻辑与，将结果返回到指定的地址中

指令格式 1：在代码表中书写指令，穿孔到纸带时使用这种格式。

指令格式2：通过编程器输入指令时使用这种格式。这种格式减化了输入操作。例如：RN 即表示 RD. NOT，用“R”和“N”两个键来输入。

各基本指令的详细内容见表8-4。

1. RD（读入）

1）格式：

（地址）
RD 0 0 0 0 0. 0
字符 数 位

指令 地址

2）作用：读出指定地址的信号状态（1 或 0）并设到 ST0。

3）用法：用于从 A 节点开始编码的场合，如图 8-14 所示。其编码表见表 8-5。

4）说明：由 RD 指令读入的信息可以是任意一个作为逻辑条件的触点。

表 8-5 图 8-14 的编码表

指令代码表					运算结果状态		
序号	指令	地址号	位号	说明	ST2	ST1	ST0
1	RD	X10.	1	A			A
2	AND	X2.	0	B			AB
3	AND. NOT	R2.	1	C			$AB\overline{C}$
4	WRT	R200.	0	W1 输出			$AB\overline{C}$
5	RD	X5.	1	D			D
6	OR. NOT	Y5.	2	E			$D+\overline{E}$
7	OR	Y5.	3	F			$D+\overline{E}+F$
8	AND	R5.	4	G			$(D+\overline{E}+F)\ G$
9	WRT	R200.	1	W2 输出			$(D+\overline{E}+F)\ G$

2. RD. NOT

1）格式：

（地址）
RD. NOT 0 0 0 0 0. 0
字符 数 位

指令 地址

2）将指定地址的信号状态取非后设到 ST0。

3）用于从 B 触点开始译码的场合。关于指令 RD. NOT 的使用举例如图 8-15 所示。其编码表见表 8-6。

4）由 RD. NOT 指令读入的信号可以是任意一个作为逻辑条件的 B 触点。

表 8-6 图 8-15 的编码表

指令代码表					运算结果状态		
序号	指令	地址号	位号	说明	ST2	ST1	ST0
1	RD. NOT	R1.	1	A			$\overline{A}$
2	AND. NOT	F2.	2	B			$\overline{A}\,\overline{B}$

（续）

指令代码表					运算结果状态		
序号	指令	地址号	位号	说明	ST2	ST1	ST0
3	AND. NOT	F3.	3	C			$\overline{A}\,\overline{B}\,\overline{C}$
4	WRT	R210.	1	W1 输出			$\overline{A}\,\overline{B}\,\overline{C}$
5	RD. NOT	G5.	1	D			$\overline{D}$
6	OR. NOT	X4.	2	E			$\overline{D}+\overline{E}$
7	OR	Y10.	7	F			$\overline{D}+\overline{E}+F$
8	AND	R10.	5	G			$(\overline{D}+\overline{E}+F)\ G$
9	WRT	R210.	2	W2 输出			$(\overline{D}+\overline{E}+F)\ G$

3. WRT

1）格式：

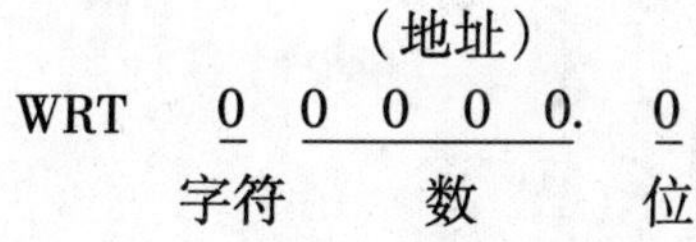

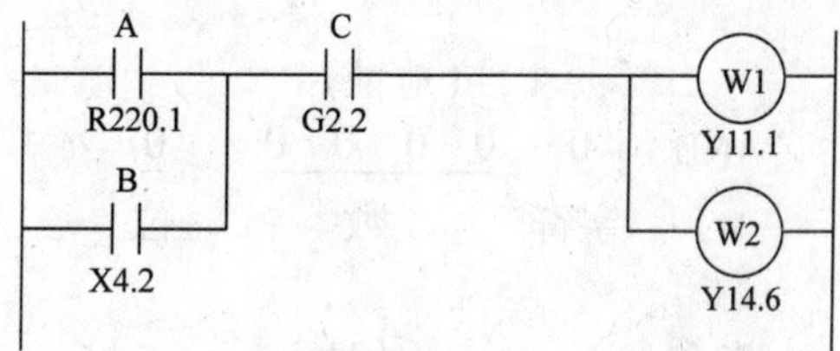

图 8-21　WRT 指令的梯形图

2）将逻辑运算的结果，即 ST0 的状态输出到指定的地址。

3）可以把一个逻辑运算结果输出到两个以上的地址。此时使用 WRT 指令的举例如图 8-21 所示，其编码表见表 8-7。

表 8-7　图 8-21 的编码表

指令代码表					运算结果状态		
序号	指令	地址号	位号	说明	ST2	ST1	ST0
1	RD	R220.	1	A			A
2	OR	X4.	2	B			A + B
3	AND	G2.	2	C			(A + B) C
4	WRT	Y11.	1	W1 输出			(A + B) C
5	WRT	Y14.	6	W2 输出			(A + B) C

4. WRT. NOT

1）格式：

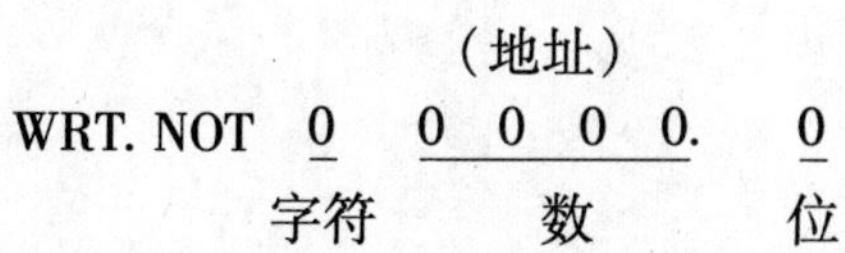

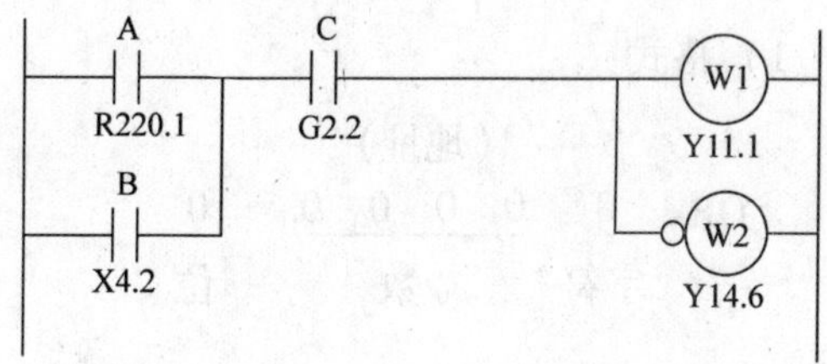

图 8-22　WRT. NOT 的梯形图

2）把逻辑运算结果即 ST0 的状态取反后输出到指定地址。WRT. NOT 指令的使用举例如图 8-22 所示，其编码表见表 8-8。

表 8-8 图 8-22 的编码表

指令代码表					运算结果状态		
序号	指令	地址号	位号	说明	ST2	ST1	ST0
1	RD	R220.	1	A			A
2	OR	X4.	2	B			A + B
3	AND	G2.	2	C			(A + B) C
4	WRT	Y11.	1	W1 输出			(A + B) C
5	WRT. NOT	Y14.	6	W2 输出			$\overline{(A+B)\ C}$

5. AND

1）格式：

（地址）

AND 0 0 0 0 0. 0

字符 数 位

指令 地址

2）逻辑与。

3）关于指令 AND 的使用举例见表 8-5。

6. AND. NOT

1）格式：

（地址）

AND. NOT 0 0 0 0 0. 0

字符 数 位

指令 地址

2）将指定地址的信号状态取反后进行逻辑与。

3）指令 AND. NOT 的使用举例见表 8-6。

7. OR

1）格式：

（地址）

OR 0 0 0 0 0. 0

字符 数 位

指令 地址

2）逻辑或。

3）指令 OR 的使用举例见表 8-6。

8. OR. NOT

1）格式：

（地址）

OR. NOT　0　0 0 0 0.　0

字符　　数　　位

指令　　地址

2）将指定地址的信号状态取反后进行逻辑或。

3）指令 OR. NOT 的使用举例见表 8-6。

9. RD. STK

1）格式：

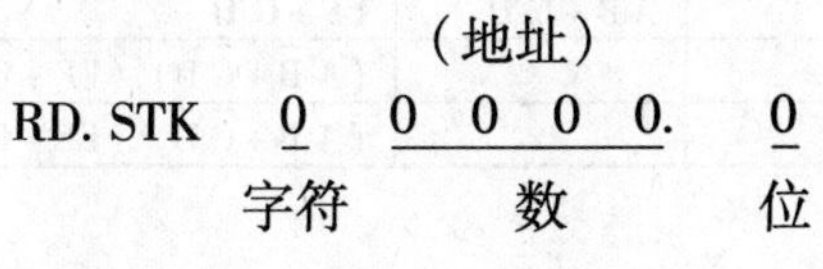

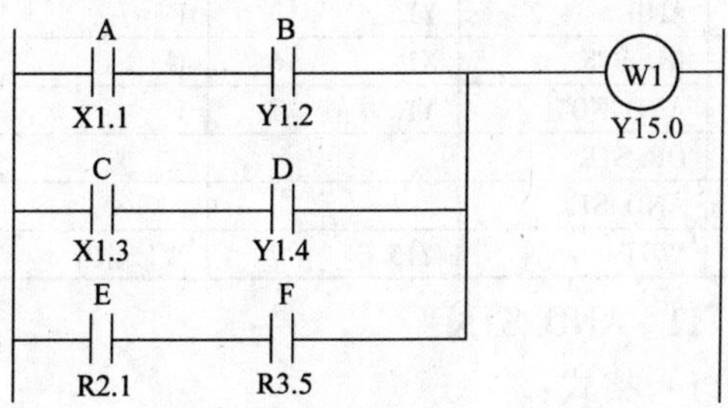

图 8-23　RD. STK 指令的梯形图

2）将逻辑运算中间结果堆栈。把寄存器的内容向左移一位之后，将指定地址的信号状态设置到 ST0。

3）在指定信号为 A 触点时使用。

4）RD. STK 指令的使用举例如图 8-23 所示，其编码表见表 8-9。

表 8-9　图 8-23 的编码表

指令代码表					运算结果状态		
序号	指令	地址号	位号	说明	ST2	ST1	ST0
1	RD	X1.	1	A			A
2	AND	Y1.	2	B			AB
3	RD. STK	X1.	3	C		AB	C
4	AND	Y1.	4	D		AB	CD
5	OR. STK						AB + CD
6	RD. STK	R2.	1	E		AB + CD	E
7	AND	R3.	5	F		AB + CD	EF
8	OR. STK						AB + CD + EF
9	WRT	Y15.	0	W1 输出			AB + CD + EF

10. RD. NOT. STK

1）格式：

（地址）

RD. NOT. STK　0　0 0 0 0.　0

字符　　数　　位

指令　　地址

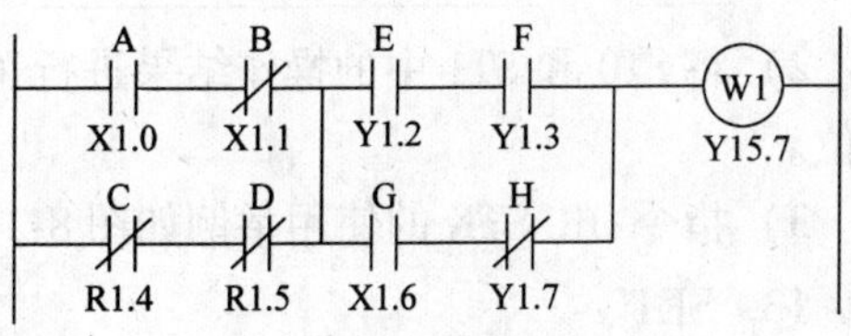

图 8-24　RD. NOT. STK 的梯形图

2）把逻辑操作的中间结果存入堆栈，将堆栈寄存器向左移一位，而后将给定地址的信号取反置于 ST0。

3）当给定信号为 B 型触点时使用。

4）关于指令 RD. NOT. STK 的使用举例如图 8-24 所示，其编码表见表 8-10。

表 8-10 图 8-24 的编码表

指令代码表					运算结果状态		
序号	指令	地址号	位号	说明	ST2	ST1	ST0
1	RD	X1.	0	A			A
2	AND. NOT	X1.	1	B			$A\overline{B}$
3	RD. NOT. STK	R1.	4	C		$A\overline{B}$	$\overline{C}$
4	AND. NOT	R1.	5	D		$A\overline{B}$	$\overline{C}\,\overline{D}$
5	OR. STK						$A\overline{B}+\overline{C}\,\overline{D}$
6	RD. STK	Y1.	2	E		$A\overline{B}+\overline{C}\,\overline{D}$	E
7	AND	Y1.	3	F		$AB+CD$	EF
8	RD. STK	X1.	6	G	$A\overline{B}+\overline{C}\,\overline{D}$	EF	G
9	AND. NOT	Y1.	7	H	$A\overline{B}+\overline{C}\,\overline{D}$	EF	$G\overline{H}$
10	OR. STK					$A\overline{B}+\overline{C}\,\overline{D}$	$EF+G\overline{H}$
11	AND. STK						$(A\overline{B}+\overline{C}\,\overline{D})(EF+G\overline{H})$
12	WRT	Y15.	7	W1 输出			$(A\overline{B}+\overline{C}\,\overline{D})(EF+G\overline{H})$

11. AND. STK

1）格式：

（地址）

AND. STK 0 0 0 0 0. 0

字符 数 位

指令 地址

2）将 ST0 和 ST1 中的操作结果进行逻辑乘运算，结果送至 ST1，将堆栈寄存器右移一位。

3）图 8-24 和表 8-10 给出了一个使用 AND. STK 指令的例子。

12. OR. STK

1）格式：

（地址）

OR. STK 0 0 0 0 0. 0

字符 数 位

指令 地址

2）将 ST0 和 ST1 中的操作结果进行逻辑和运算，结果送至 ST1，将堆栈寄存器向右移一位。

3）指令 OR. STK 的使用举例如图 8-24 所示，其编码表见表 8-10。

13. SET

1）格式：

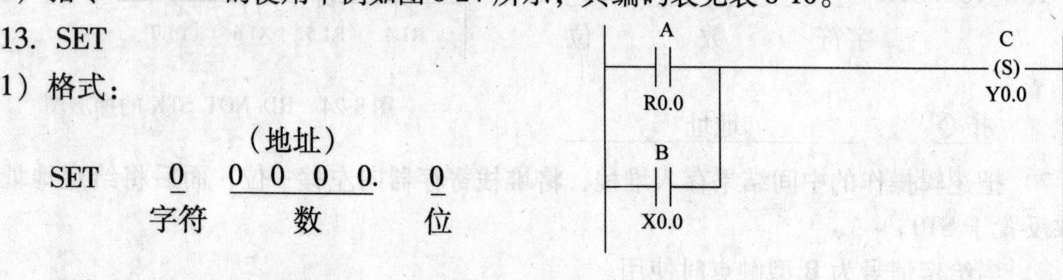

（地址）

SET 0 0 0 0 0. 0

字符 数 位

指令 地址

图 8-25 SET 指令的梯形图

2）将逻辑操作结果 ST0 与所指这地址的内容进行逻辑和，并将结果输出至相同地址。

3）使用举例如图 8-25 所示，其编码表见表 8-11。

表 8-11 图 8-25 的编码表

指令代码表					运算结果状态		
序号	指令	地址号	位号	说明	ST2	ST1	ST0
1	RD	R0.	0	A			A
2	OR	X0.	0	B			A + B
3	SET	Y0.	0	Y0.0 输出			(A + B) + C

4）注释：当 SET 指令编置在 COM 与 COME 指令之间时，若 COM 的状态为 ON（ACT = 1），则 SET 指令按正常情况动作；若 COM 的状态为 OFF（ACT = 0），则 SET 指令不动作。

14. RST

1）格式：

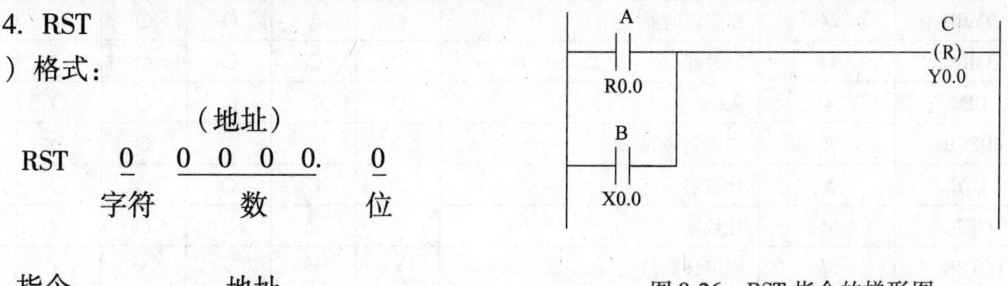

图 8-26 RST 指令的梯形图

2）将逻辑操作结果 ST0 取反与所指定地址的内容进行逻辑和，并将结果输出至相同地址。

3）使用举例如图 8-26 所示，其编码表见表 8-12。

表 8-12 图 8-26 的编码表

指令代码表					运算结果状态		
序号	指令	地址号	位号	说明	ST2	ST1	ST0
1	RD	R0.	0	A		A	C
2	OR	X0.	0	B		A + B	C
3	RST	Y0.	0	Y0.0 输出			$\overline{(A+B)}+C$

4）注释：当 RST 指令编置在 COM 与 COME 指令之间时，若 COM 的状态为 ON（ACT = 1），则 RST 指令按正常情况动作；若 COM 的状态为 OFF（ACT = 0），则 RST 指令不动作。

第五节 PMC 的功能指令

数控机床用 PMC 的指令必须满足数控机床信息处理和动作控制的特殊要求，例如，由 NC 输出的 M、S、T 代码信号的译码，机械部件运动状态或液压、气动系统动作状态的延时确认，加工零件计数，刀库、分度工作台沿更短路径方向的旋转和现在位置至目标位置步数的计算等。

在为数控机床编辑顺序程序时，对于上述译码、定时、计数、最短路径选择以及比较，检索、转移、代码转换、数据四则运算、信息显示等控制功能，仅用执行一位操作的基本指令编程，实现起来将会十分困难。因此，就需要增加一些具有专门控制功能的指令来解决基本指令无法处理的那些控制问题。这些专门指令就是“功能指令”。有了这些功能指令后，PMC 就可以解决数控机床对信息处理和动作的特殊要求，使顺序程序的编制更简单、更方便。

一、功能指令的种类及处理过程

功能指令的种类及处理过程见表 8-13。

表 8-13 功能指令的种类及处理过程

指　令	子程序号	处理过程	型　号					
			SA1	SA3	SA5	SC4	SB5	SB7
END1	1	第一级程序结束	○	○	○	○	○	○
END2	2	第二级程序结束	○	○	○	○	○	○
END3	48	第三级程序结束	×	×	×	○	×	○
TMR	3	定时器	○	○	○	○	○	○
TMRB	24	固定定时器	○	○	○	○	○	○
TMRC	54	定时器	○	○	○	○	○	○
DEC	4	译码	○	○	○	○	○	○
DECB	25	二进制译码	○	○	○	○	○	○
CTR	5	计数器	○	○	○	○	○	○
CTRC	55	计数器	○	○	○	○	○	○
CTRB	56	固定计数器	×	×	×	×	×	○
ROT	6	旋转控制	○	○	○	○	○	○
ROTB	26	二进制旋转控制	○	○	○	○	○	○
COD	7	代码转换	○	○	○	○	○	○
CODB	27	二进制代码转换	○	○	○	○	○	○
MOVE	8	逻辑乘后的数据传送	○	○	○	○	○	○
MOVOR	28	逻辑或后的数据传送	○	○	○	○	○	○
MOVB	43	字节数据传送	×	○	○	○	○	○
MOVW	44	字数据传送	×	○	○	○	○	○
MOVN	45	块数据传送	×	○	○	○	○	○
COM	9	公共线控制	○	○	○	○	○	○
COME	29	公共线控制结束	○	○	○	○	○	○
JMP	10	跳转	○	○	○	○	○	○
JMPE	30	跳转结束	○	○	○	○	○	○
JMPB	68	标号 1 跳转	×	×	○	○	○	○
JMPC	73	标号 2 跳转	×	×	○	○	○	○
LBL	69	标号	×	×	○	○	○	○
PARI	11	奇偶校验	○	○	○	○	○	○
DCNV	14	数据转换	○	○	○	○	○	○
DCNVB	31	扩展数据转换	○	○	○	○	○	○
COMP	15	比较	○	○	○	○	○	○
COMPB	32	二进制数比较	○	○	○	○	○	○
COIN	16	一致性比较	○	○	○	○	○	○
SFT	33	寄存器移位	○	○	○	○	○	○
DSCH	17	数据搜索	○	○	○	○	○	○

（续）

指　令	子程序号	处理过程	型号					
			SA1	SA3	SA5	SC4	SB5	SB7
DSCHB	34	二进制数据搜索	○	○	○	○	○	○
XMOV	18	变址数据传送	○	○	○	○	○	○
XMOVB	35	二进制变址数据	○	○	○	○	○	○
ADD	19	加法	○	○	○	○	○	○
ADDB	36	二进制加法	○	○	○	○	○	○
SUB	20	减法	○	○	○	○	○	○
SUBB	37	二进制减法	○	○	○	○	○	○
MUL	21	乘法	○	○	○	○	○	○
MULB	38	二进制乘法	○	○	○	○	○	○
DIV	22	除法	○	○	○	○	○	○
DIVB	39	二进制除法	○	○	○	○	○	○
NUME	23	常数定义	○	○	○	○	○	○
NUMEB	40	二进制常数定义	○	○	○	○	○	○
DISPB	41	扩展信息显示	○	○	○	○	○	○
DISP	49	信息显示	×	×	×	○	○	○
EXIN	42	外部数据输入	○	○	○	○	○	○
SPCNT	46	主轴控制	×	×	×	×	×	○
AXCTL	53	PMC 轴控制	○	○	○	○	○	○
WINDR	51	读窗口数据	○	○	○	○	○	○
WINDW	52	写窗口数据	○	○	○	○	○	○
MMC3R	88	读 MMC3 窗口数据	×	×	×	○	×	×
MMC3W	89	写 MMC3 窗口数据	×	×	×	○	×	×
MMCWR	98	读 MMC2 窗口数据	○	○	○	○	○	○
MMCWW	99	写 MMC2 窗口数据	○	○	○	○	○	○
DIFU	57	上升沿检测	×	○	○	○	○	○
DIFD	58	下降沿检测	×	○	○	○	○	○
EOR	59	异或	×	○	○	○	○	○
AND	60	逻辑乘	×	○	○	○	○	○
OR	61	逻辑或	×	○	○	○	○	○
NOT	62	逻辑非	×	○	○	○	○	○
END	64	程序结束	×	○	○	○	○	○
CALL	65	条件子程序调用	×	○	○	○	○	○
CALLU	66	无条件子程序调用	×	○	○	○	○	○
SP	71	子程序	×	○	○	○	○	○
SPE	72	子程序结束	×	○	○	○	○	○
NOP	70	空运行	○	○	○	○	○	○

注：表中○为有，×为无。

二、功能指令的要素

1. 格式

因为功能指令不能用继电器的符号表示，所以必须使用如图 8-27 所示的格式。此格式包括：控制条件、指令、参数和输出 W1、R9000 ~ R9005（功能指令操作结果寄存器）几个部分。图 8-27 的编码表和运算结果状态见表 8-14。

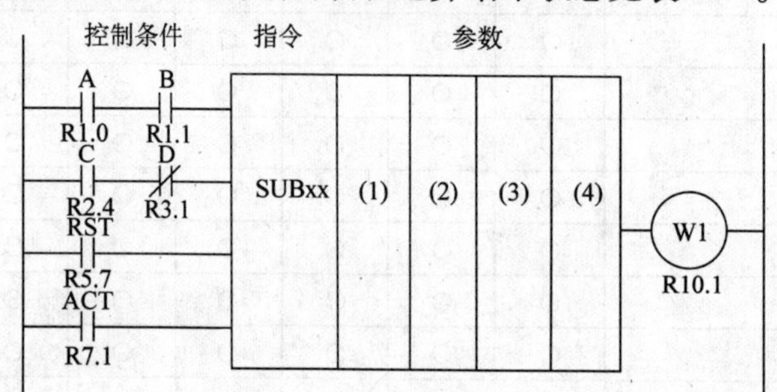

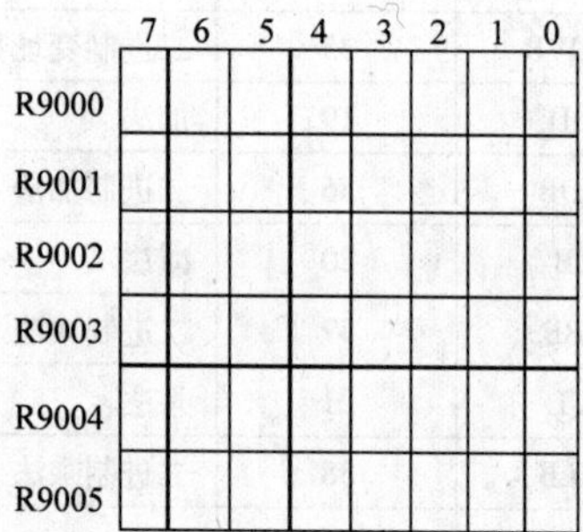

图 8-27 功能指令格式

表 8-14 图 8-27 的编码表和运算结果状态

编码表					运算结果状态			
步序	指令	地址号	位号	说明	ST3	ST2	ST1	ST0
1	RD	R1.	0	A				A
2	AND	R1.	1	B				AB
3	RD. STK	R2.	4	C			AB	C
4	AND. NOT	R3.	1	D			AB	C $\overline{D}$
5	RD. STK	R5.	7	RST		AB	C $\overline{D}$	RST
6	RD. STK	R7.	1	ACT	AB	C $\overline{D}$	RST	ACT
7	SUB	00		指令	AB	C $\overline{D}$	RST	ACT
8	（PRM）（注 2）	0000		参数 1	AB	C $\overline{D}$	RST	ACT
9	（PRM）	0000		参数 2	AB	C $\overline{D}$	RST	ACT
10	（PRM）	0000		参数 3	AB	C $\overline{D}$	RST	ACT
11	（PRM）	0000		参数 4	AB	C $\overline{D}$	RST	ACT
12	WRT	R10.	1	W1 输出	AB	C $\overline{D}$	RST	ACT

注：1. 控制条件下括号中的数表明了在寄存器中存储的位置。

2. 指令里 8 到 11 步的（PRM）意味着从编程器中输入参数时，P 必须被输入。

2. 控制条件

控制条件的数目和意义在不同的功能指令中是不一样的。控制条件存于堆栈寄存器中。控制条件以及指令、参数和输出（W）必须无一遗漏地按固定的编码顺序编写。

3. 指令和输入方式

在 FANUC 数控系统里，PMC 的顺序程序指令有梯形图和语句表两种表达形式。

指令有下列三种输入编辑方式：

1）直接在数控机床上输入编辑：目前在采用 FANUC 系统的数控机床上，利用数控系统的操作键盘以及 PMC 的编辑界面和相应的梯形图符号指令键就可以直接手动输入编辑梯形图。这对于已经有原始梯形图的 PMC 来讲，那是很方便的，特别是在机床的调试现场不需要其他的设备就可以直接修改梯形图调试 PMC。调试完成后，可以把正确的顺序程序通过 PCMCIA 卡接口存储在 FLASH（闪存）卡上，在以后调试同类机床时，只需插上此卡输入顺序程序即可。

2）专用编程机：另一种方式是，在较早的专用编程机上，输入时用了简化指令，TMR 和 DEC 指令分别用编程机的 T 和 D 键输入，其他指令用 SUB 键和对应于 SUB 后面的数字键输入，顺序程序只能用语句表显示。而在后期的专用编程机上增加了顺序程序的指令，用符号键可以输入梯形图的功能，既能显示语句表，又可显示梯形图。在专用编程机上编辑好的顺序程序通过穿孔机以代码的形式装载在穿孔纸带上，向数控系统的 PMC 输入时必须用读带机输入（RS232C 接口）。在专用编程机上编辑的顺序程序还能写入 RAM 或固化在 EPROM 存储块中，再安装到 PMC 上。但现代数控系统的 PMC 已经很少采用这种方式了。

3）装有 FAPT LADDER 软件的个人计算机：这是第三种方式，也是当前最普遍、最常用的方法。在个人计算机上装入由 FANUC 公司提供的 FAPT LADDER 软件就可以在个人机上输入和编辑梯形图了。如果你设计开发的数控机床是全新的，没有可以搬照和借鉴的梯形图，一切都要从头来，用这种方法是最科学的。在个人机上编制好梯形图，用专用电缆通过 RS232C 接口连接到数控系统上，就可以把梯形图传送到 PMC 里。同时还可以利用 FAPT LADDER 的在线调试功能监测梯形图的运行状态，及时发现和找出错误，完成 PMC 的调试。

4. 参数

与基本指令不同，功能指令可以处理数字值。包含在数据中的参考数据和地址可通过参数来输入，数目和意义随功能指令变化。在编程器中使用 P 键来输入参数。

5. W1

当功能指令的操作结果为 1 位二进制数时（1 或 0），将其输出至 W1，其地址由编程者自由决定。其意义根据功能指令的不同而变动，请注意有些功能指令没有 W1。

6. 要处理的数据

功能指令处理的数据为二—十进制（BCD）数或二进制代码。

7. 数字数据示例

1）BCD 代码数据：以 BCD 代码形式处理的数据有 1B（0 至 99）或 2B（0 至 9999）。BCD4 位数据输入到如下所示的连续地址的两个字节中。

示例：BCD 代码数据 1234 存储在地址 R250 和 R251 中。

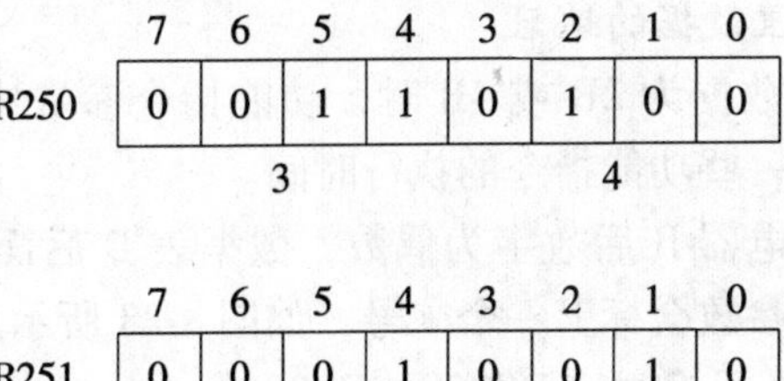

由功能指令指定小的地址 R250。

注：低位数位输入到小的地址中。

2）二进制代码数据：处理的二进制代码数据有 1B（－128 到＋128），2B（－32768 到＋32767）和 4B（－99999999 到＋99999999）。存储在 R200、R201、R202、R203 的数据如下所示：

1 字节数据（－128 到＋128）

	7	6	5	4	3	2	1	0
R200	+ −	2^6	2^5	2^4	2^3	2^2	2^1	2^0

2 字节数据（－32768 到＋32767）

	7	6	5	4	3	2	1	0
R200	2^7	2^6	2^5	2^4	2^3	2^2	2^1	2^0

	7	6	5	4	3	2	1	0
R201	+ −	2^{14}	2^{13}	2^{12}	2^{11}	2^{10}	2^9	2^8

4 字节数据（－99999999 到＋99999999）

	7	6	5	4	3	2	1	0
R200	2^7	2^6	2^5	2^4	2^3	2^2	2^1	2^0

	7	6	5	4	3	2	1	0
R201	2^{15}	2^{14}	2^{13}	2^{12}	2^{11}	2^{10}	2^9	2^8

	7	6	5	4	3	2	1	0
R202	2^{23}	2^{22}	2^{21}	2^{20}	2^{19}	2^{18}	2^{17}	2^{16}

	7	6	5	4	3	2	1	0
R203	+ −	2^{30}	2^{29}	2^{28}	2^{27}	2^{26}	2^{25}	2^{24}

8. 功能指令中所处理数据的地址

当功能指令中所处理数据为 2B 或 4B 时，功能指令参数中给出的地址最好为偶地址，偶地址的使用会略微减小一些功能指令的执行时间。

在偶地址中，内部继电器 R 后数字为偶数，数据表 D 后面的数据也为偶数。主要处理二进制数据的功能指令的参数会标上一个＊号，如图 8-28 所示。

9. 功能指令计算结果寄存器（R9000～R9005）

功能指令的计算结果设置在这些寄存器中。这些寄存器一般用于功能指令。就是说，功

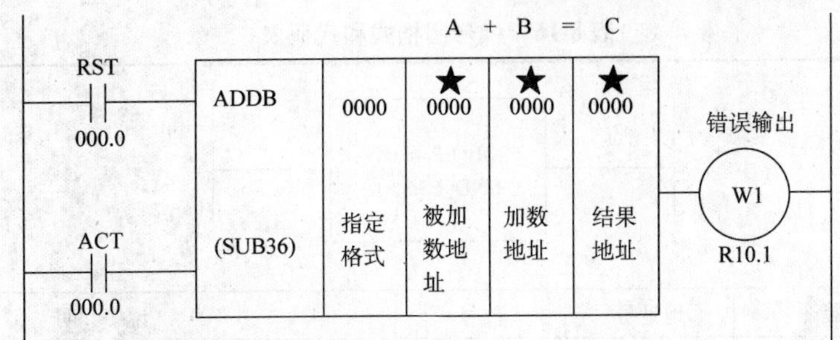

处理2字节或4字节数据时，标★的地址分配偶地址时可以减少执行功能指令所需时间。

图 8-28 二进制加法指令

能指令执行完毕后应立即查看寄存器的信息，否则，在下一功能指令执行完毕后，前一信息会丢失。寄存器的计算信息不能在顺序程序的不同级别中传送。比如，当减法指令（SUBB）在第一级程序中执行后，在第二级程序中，不可能通过查看 R9000 ~ R9005 的寄存器获得这些信息。寄存器的计算结果可保存到同一级程序中的下一功能指令执行完毕止。设在其中的信息根据功能指令的不同而有所区别。它可被顺序程序读出，但不可被写入。

表 8-15 为 6 字节寄存器（R9000 ~ R9005），其中的数据可按 1bit 或 1B 为单位查看。当读取 R9000 第一位数据时，给出 RD. R9000. 1 指令。

表 8-15 6 字节寄存器

	7	6	5	4	3	2	1	0
R9000								
R9001								
R9002								
R9003								
R9004								
R9005								

三、PMC 部分功能指令说明

1. 程序结束指令（END1、END2、END3、END）

END1（SUB1）：高级程序结束指令；在顺序程序中必须指定一次，其位置在高级程序的末尾；当顺序程序中没有高级程序时，应在低级程序的开头指定，也称为第一级程序。

END2（SUB2）：低级程序结束指令；在低级程序的末尾指定，还称为第二级程序。

END3（SUB48）：在低级程序之后如果还有需要执行的程序，称为第三级程序，在其结束的末尾指定 END3。

END（SUB64）：子程序的结束指令；在含有子程序的顺序程序里，最后一个子程序的结尾应指定 END。

梯形图格式和代码见表 8-16。

表 8-16　梯形图格式和代码表

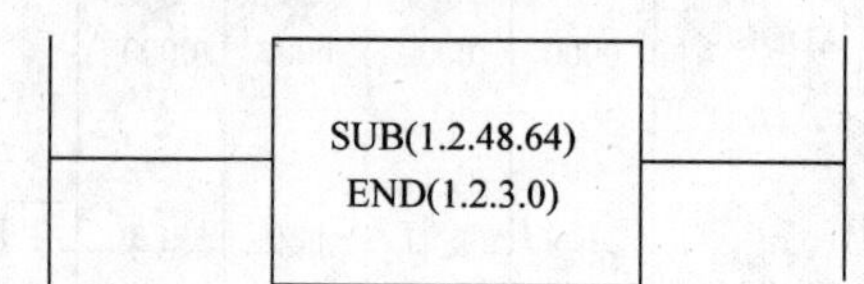

步号	指令	地址号	位号	说　明
1	SUB	1（2，48，64）		第一（二，三）级程序结束（子程序结束）

2. 定时器指令（TMR、TMRB、TMRC）

在数控机床顺序程序梯形图的编制中，由于机械动作的完成或稳定状态的形成都需要有一定的时间才能确认，例如主轴，卡盘，转台，夹具的气、液动夹紧/松开等，还有机床液压、气动、润滑、冷却、冲洗、排屑、刀具交换、工件托盘的交换工作中状态延时涉及的油缸、气缸、电磁阀、压力、流量等动作的完成确认，都需要使用定时器指令。使用较多的还有在梯形图中由于逻辑顺序的需要而建立的各种信号的时序关系，也需要定时器指令。

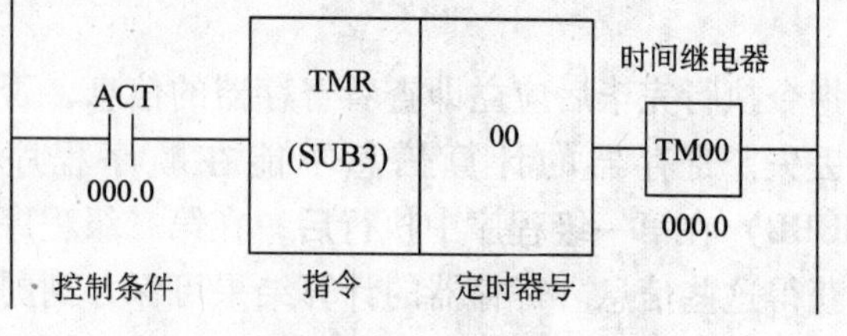

图 8-29　定时器指令

1）TMR：延时导通定时器（固定地址）。梯形图格式如图 8-29 所示，其代码表见表 8-17。

表 8-17　图 8-29 代码表

步　号	指　令	地址号	位　号	说　明
1	RD	000.	0	ACT
2	SUB	3		指令
3	PRM	00		定时器编号
4	WRT	000.	0	TM00

2）TMRB：时间固定的延时导通定时器。梯形图格式如图 8-30 所示，其代码表见表 8-18。

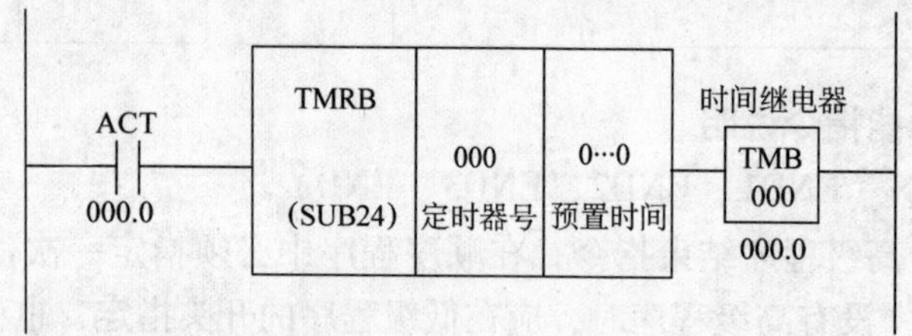

图 8-30　固定定时器指令

表 8-18　图 8-30 代码表

步　号	指　令	地址号	位　号	说　明
1	RD	000.	0	ACT

（续）

步 号	指 令	地址号	位 号	说 明
2	SUB		24	指令
3	PRM	000		定时器编号
4	PRM	0…0		预置时间
5	WRT	000.	0	TM000

3）TMRC：延时导通定时器（地址任选固定/可变）。梯形图格式如图8-31所示，其代码表见表8-19。

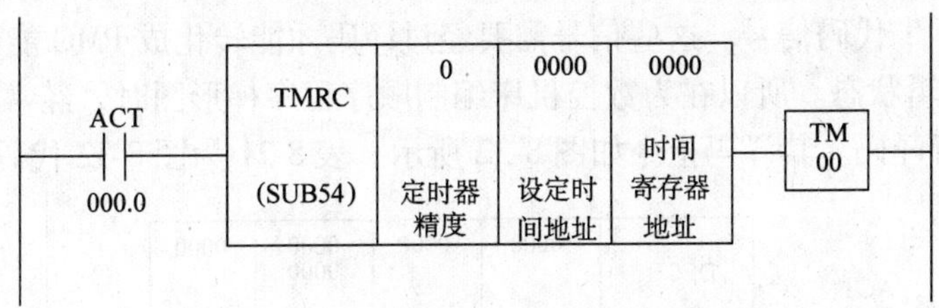

图8-31 延时导通定时器指令

表8-19 图8-31代码表

步 号	指 令	地址号	位 号	说 明
1	RD	000.	0	ACT
2	SUB	54		指令
3	(PRM)	0		定时器精度
4	(PRM)	0000		时间设定地址
5	(PRM)	0000		定时器寄存器地址
6	WRT	000.	0	TM00

控制条件：

ACT＝0：关闭定时器（TM00）。

ACT＝1：起动定时器。

定时器精度见表8-20。

表8-20 定时器精度表

定时器精度	设定值	设定时间	误 差
8ms	0	1～262136ms	0～8ms
48ms	1	1～1572816ms	0～48ms
1s	2	1～32767s	0～1s
10s	3	1～327670s	0～10s
1min	4	1～32767min	0～1min

定时器设定时间地址：设定定时器时间区域的首地址。

定时器设定时间区域需要连续的2字节空间。

D 地址区域通常用于设定定时器的延迟时间。

定时器寄存器地址：设定定时器寄存器区域的首地址。

定时器寄存器区域应分配在自设定地址起始的连续4个字节。一般在R地址内选择一个区域可用作定时器寄存器，若此区域被分配用于定时器寄存器，就不能再重复使用。

3. 二进制译码指令（DECB）

数控机床在执行加工程序的运行中，除各坐标轴要按程序指令运行外，还要执行程序指令规定的M（辅助）机能、S（主轴速度）机能和T（刀具选择）机能。数控系统以二进制的形式输出M、S、T代码信号。这些信号需要经过译码才能转化成PMC能够识别和相对应功能含义的一位逻辑状态。所以在为数控机床编制顺序程序梯形图时，经常要用DECB指令对M和T机能进行译码。其译码指令如图8-32所示。表8-21为图8-32代码表。

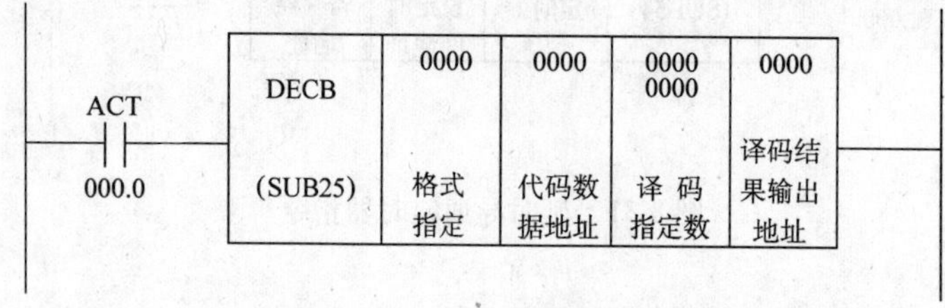

图8-32 二进制译码指令

表8-21 图8-32代码表

步 号	指 令	地址号	位 号	说 明
1	RD	000.	0	ACT
2	SUB	25		指令
3	（PRM）	0000		格式指定
4	（PRM）	0000		被译代码数据地址
5	（PRM）	0000 0000		译码指定数
6	（PRM）	0000		译码结果输出地址

控制条件：

ACT＝0：将输出位复位。

ACT＝1：进行数据译码，处理结果设置在输出数据地址中。

参数：

1）格式指定：在参数的第一位数据设定代码数据的大小。

0001：代码数据为1B的二进制代码数据。

0002：代码数据为2B的二进制代码数据。

0004：代码数据为4B的二进制代码数据。

2）代码数据地址：给定一存储代码数据的地址。

3）译码指定数：给定要译码的8个连续数字的第一位。

4）译码结果输出地址：给定一个输出译码结果的地址。

存储区必须有1B的区域提供给输出。

4. CTR计数器指令

数控机床中对刀库刀位的计数、转台分度的计数以及多工作台交换等都需要在梯形图程序里进行控制，有了CTR计数器指令不仅能完成上述工作，还能对刀位转台分度等的现在位置进行记忆，即使停电关闭机床，记忆仍然保持。

CTR计数器指令的梯形图格式如图8-33所示。其代码表见表8-22。

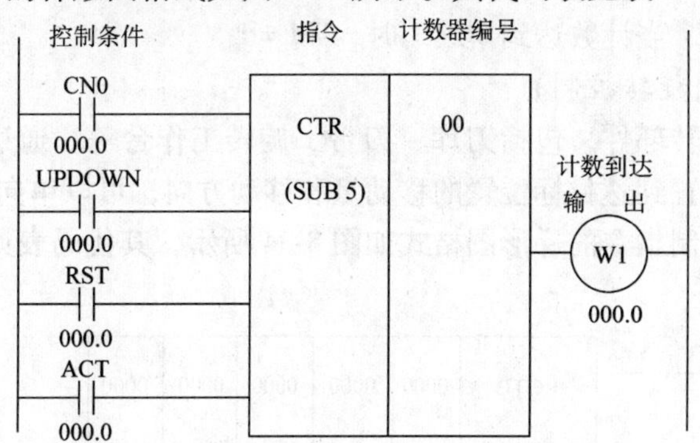

图8-33　计数器指令

表8-22　图8-33代码表

步　号	指　令	地址号	位　号	说　明
1	RD	000.	0	CN0
2	RD. STK	000.	0	UPDOWN
3	RD. STK	000.	0	RST
4	RD. STK	000.	0	ACT
5	SUB	5		CTR 指令
6	(PRM)	00		计数器编号
7	WRT	000.	0	W1 输出地址

控制条件：

1）指定初始值（CN0）：

CN0 = 0：计数器值由0开始计数（0，1，2，3 ~ n）。

CN0 = 1：计数器值由1开始计数（1，2，3 ~ n）。

2）指定加计数或减计数：

UPDOWN = 0：加计数。

UPDOWN = 1：减计数。

3）复位（RST）：

RST = 0：解除复位。

RST = 1：复位。当W1 = 1时，计数器复位为初始值。

4）计数信号（ACT）：

ACT = 0：计数器不动作，W1不会变化。

ACT = 1：在 ACT 上升沿时计数。

参数：

计数器编号：1～20。

计数到达输出（W1）：

当计数达到预置值时，W1 = 1。W1 的地址可任意决定。

当计数达到设定值时，W1 = 1。

当计数达到 0 或 1 时，W1 = 1。

5. ROTB（二进制旋转控制）

此指令用于控制旋转部件，包括刀库、刀台、旋转工作台等。通过 ROTB 指令的运算，可以得到从目前所在位置到达目标位置的移动量和移动方向，可以单向或双向就最短路径方向选择。二进制旋转控制指令的梯形图格式如图 8-34 所示，其代码表见表 8-23。

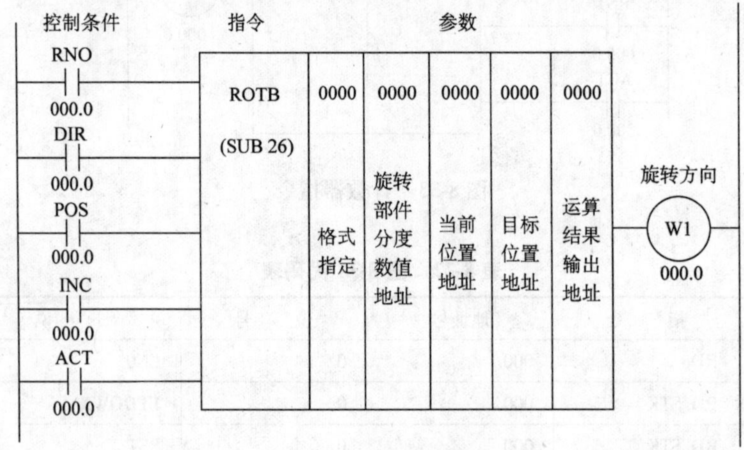

图 8-34 二进制旋转控制指令

表 8-23 图 8-34 代码表

步号	指令	地址号	位号	说明
1	RD	000.	0	RNO
2	RD. STK	000.	0	DIR
3	RD. STK	000.	0	POS
4	RD. STK	000.	0	INC
5	RD. STK	000.	0	ACT
6	SUB	26		ROTB 指令
7	（PRM）	0000		格式指定
8	（PRM）	0000		旋转部件分度数值地址
9	（PRM）	0000		当前位置地址
10	（PRM）	0000		目标位置地址
11	（PRM）	0000		运算结果输出地址
12	WRT	000.	0	旋转方向输出 W1

控制条件：

1）指定转台的起始位置号：　RNO＝0：转台的位置号由0开始。
　　　　　　　　　　　　　RNO＝1：转台的位置号由1开始。

2）短路径选择旋转方向：　DIR＝0：旋转方向仅为正向。
　　　　　　　　　　　　DIR＝1：双向选择最近方向。

3）操作要求：　POS＝0：计算目标位置。
　　　　　　　POS＝1：计算目标前一位的位置。

4）计算位置数或步差：　INC＝0：计算位置数。
　　　　　　　　　　　INC＝1：计算步差数。

5）执行指令：　ACT＝0：不执行ROTB指令。
　　　　　　　ACT＝1：执行ROTB指令。

参数：

1）数据格式：指定数据长度　1：1B
　　　　　　　　　　　　　2：2B
　　　　　　　　　　　　　4：4B。

所有数字数据均为二进制格式。

2）旋转部件分度位置数值地址：指定包含有旋转部件分度位置的地址。

3）当前位置地址：指定存储当前位置的地址。

4）目标位置地址：指定存储目标位置的地址（或指令值）。如存储数控系统输出的T代码地址。

5）运算结果输出地址：计算旋转部件要旋转的步数、到达目标位置或前一位位置的步数。当使用计算结果时，总要检测ACT是否为1。

旋转方向的输出（W1）：

经由短路径旋转的方向输出至W1，当W1＝0时，方向为正向（FOR）；W1＝1时，为反向（REV）。

ROTB指令使用举例：

图8-35列出了控制一个12位的转台沿最短路径旋转且在目标前一位置进行减速的梯形图。

注：1）目标位置是由数控系统32位二进制代码指定的（F26～F29）。

2）当前位置使用二进制代码信号（地址X41）从机床输入。

3）目标前一位置的计算结果输出至地址R230（工作区域）。

4）操作从数控系统输出TF（地址F7.3）开始。

5）一致性检测指令（COIN）用来检测减速和停止位置。

6）梯形图行标号从N00014开始，至N00023结束。

6. CODB二进制代码转换

该指令能将二进制格式的数据转换成为1B、2B、4B格式的二进制数据。转换数据地址、转换表、转换数据输出地址对于数据转换指令是必需的。CODB指令可处理1B、2B或4B的二进制格式数据，而且转换表的容量最大可控制到256B。二进制代码转换指令梯形图格式如图8-36所示。其代码表见表8-24。

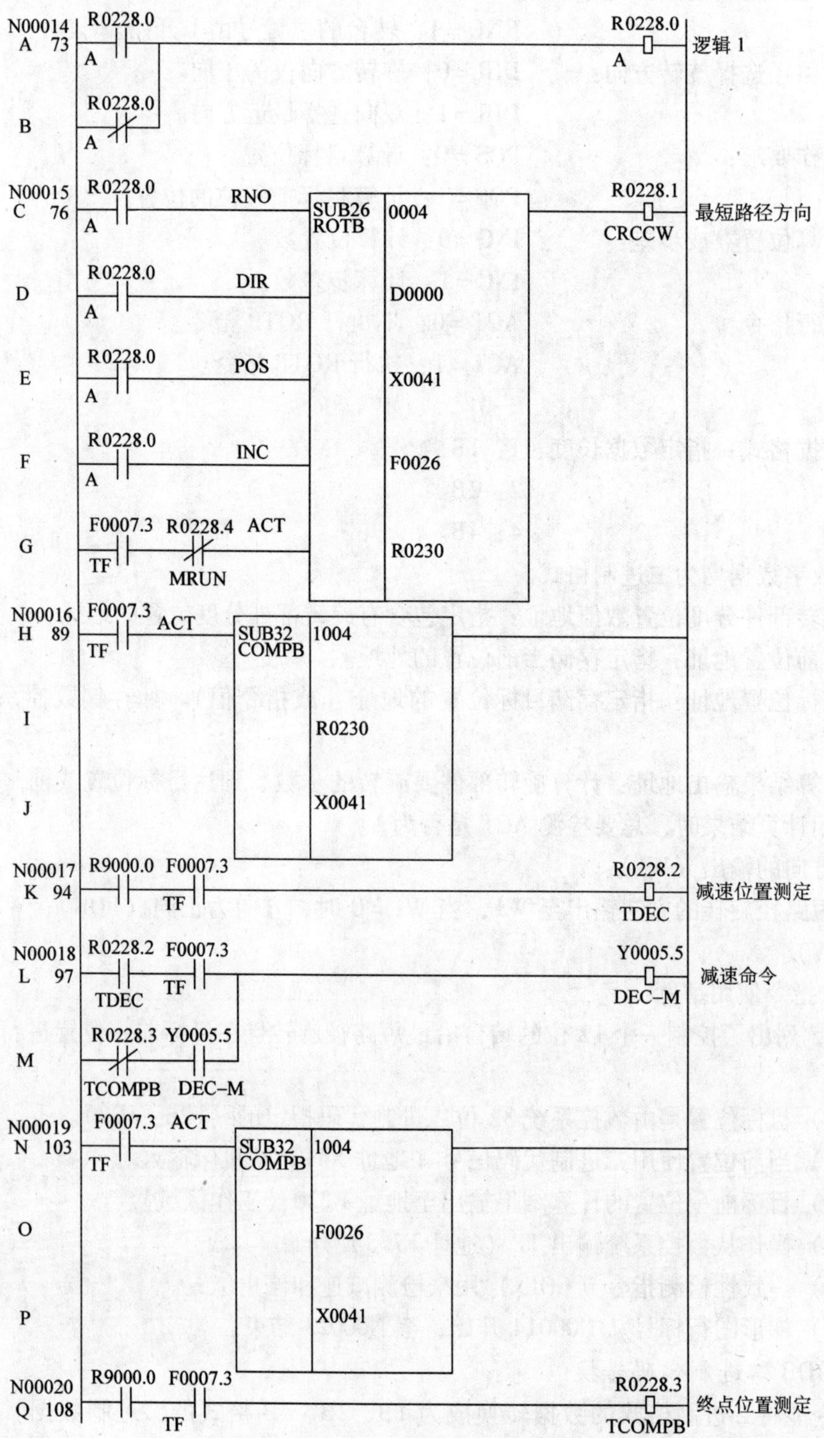

图 8-35 ROTB 指令使用梯形图

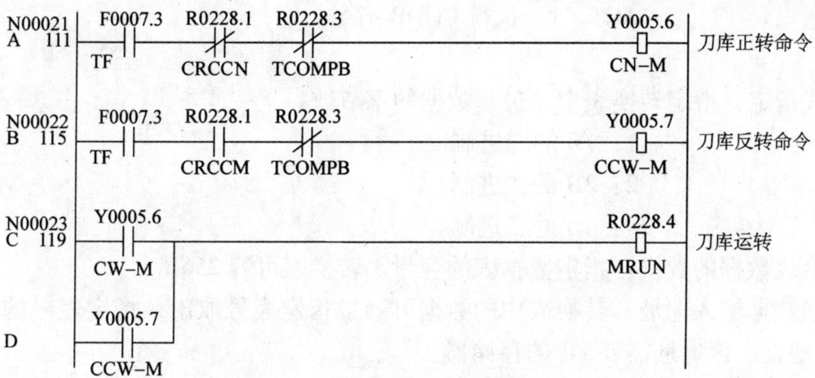

图 8-35　ROTB 指令使用梯形图（续）

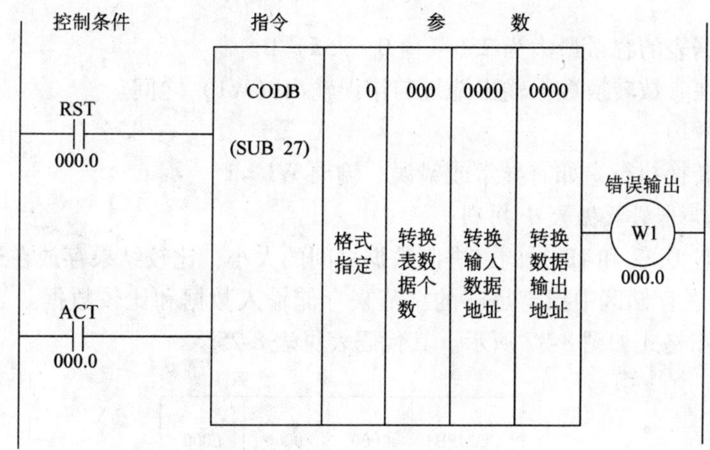

图 8-36　二进制代码转换指令

表 8-24　图 8-36 代码表

步　号	指　令	地址号	位　号	说　明
1	RD	000.	0	RST
2	RD. STK	000.	0	ACT
3	SUB	27		CODB 指令
4	(PRM)	0		格式指定
5	(PRM)	000		转换表数据个数
6	(PRM)	0000		被转换数据地址
7	(PRM)	0000		转换后数据输出地址
8	WRT	000.	0	转换错误输出 W1

控制条件：

1）复位：　RST = 0：不复位。

　　　　　RST = 1：将错误输出 W1 复位。

2）工作指令（ACT）：

　　　　　ACT = 0：不执行 CODB 指令。

ACT =1：执行 CODB 指令。

参数：

1）格式指定：指定转换表中二进制数据的字节数。

1：1B 的二进制。

2：2B 的二进制。

4：4B 的二进制。

2）转换表数据的数量：指定数据表的容量。转换表可容 256B。

3）转换数据输入地址：转换表中的数据可通过指定表号取出，指定表号的地址称为转换数据输入地址。该地址需要 1B 的存储器。

4）转换数据输出地址：存储表中输出的数据地址称为转换数据输出地址。以指定地址开始在格式中指定的存储器的字节数。

转换数据表：

转换数据表的容量最大为 256（由 0～255）B。

该表编在参数转换数据输出地址与错误输出（W1）之间。

错误输出（W1）：

在数据转换执行中如有异常或错误，输出 W1 =1。

7. COMPB 二进制数据大小判别

该指令可比较1、2 和4B 长的二进制数据之间的大小，比较结果存放在运算结果寄存器（R9000）中。需在存储区中指定足够的字节来存储输入数据和比较数据。二进制数据大小判别指令的梯形图格式如图 8-37 所示。其代码表见表 8-25。

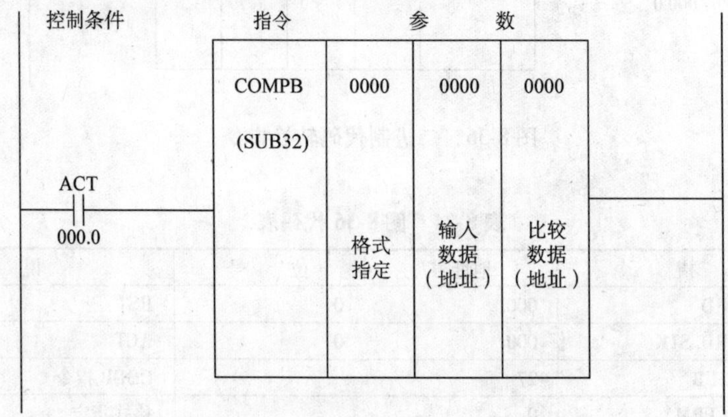

图 8-37 二进制数据大小判别指令

表 8-25 图 8-37 代码表

步 号	指 令	地址号	位 号	说 明
1	RD	000.	0	ACT
2	SUB	32		COMPB 指令
3	（PRM）	0000		格式指定
4	（PRM）	0000		输入数据（地址）
5	（PRM）	0000		比较数据（地址）

控制条件：

指令（ACT）：ACT = 0：不执行 COMPB 指令。

ACT = 1：执行 COMPB 指令。

参数：

1）格式指定：指定数据长度（1B、2B 或 4B）和输入数据的指定形式（常数指定或地址指定）。

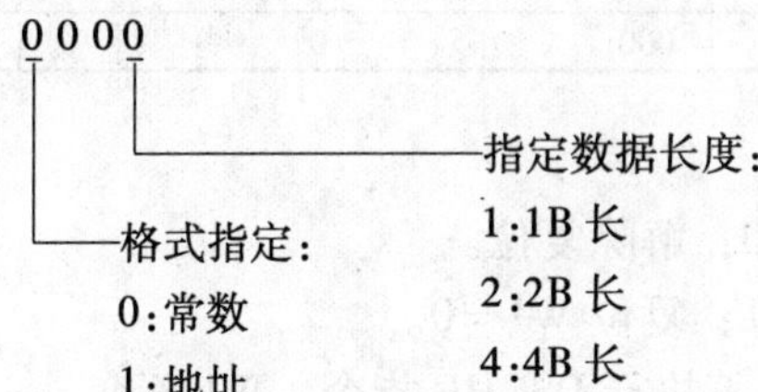

2）输入数据（地址）：输入数据的形式取决于 1）的指定。

3）比较数据（地址）：指定存放比较数据的地址。

运算结果寄存器（R9000）

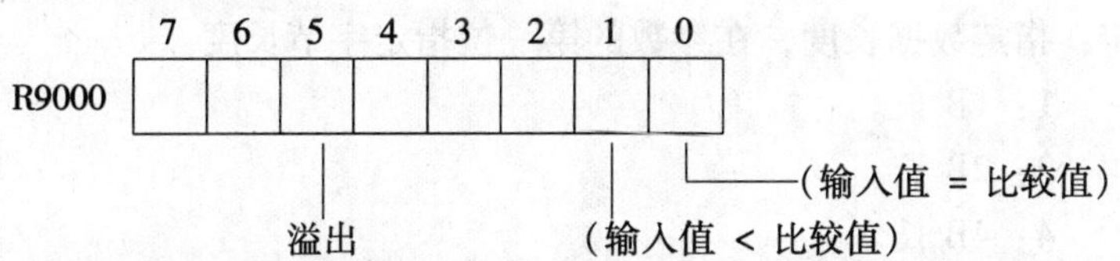

8. DSCHB 二进制数据检索指令

该功能指令主要用于检索数据表中的数据。数据表中的数据个数（表容量）可以用地址指定，这样即使在程序写入（固化）ROM 后依然可以改变表容量。

二进制数据检索指令的梯形图格式如图 8-38 所示。其代码表见表 8-26。

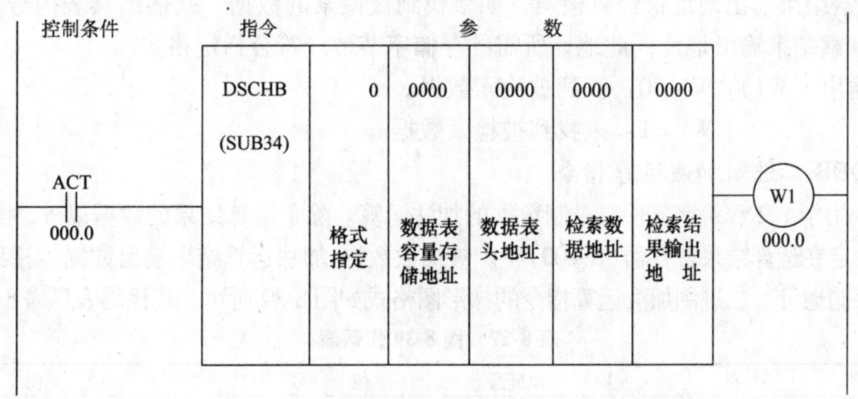

图 8-38　二进制数据检索指令

表 8-26　图 8-38 代码表

步　号	指　令	地址号	位　号	说　明
1	RD	000.	0	RST
2	RD. STK	000.	0	ACT

（续）

步　号	指　令	地址号	位　号	说　明
3	SUB	34		DSCHB 指令
4	（PRM）	0		格式指定
5	（PRM）	0000		数据表容量存储地址
6	（PRM）	0000		数据表头地址
7	（PRM）	0000		检索数据地址
8	（PRM）	0000		检索结果输出地址
9	WRT	000.	0	检索错误输出 W1

控制条件：

1）复位（RST）：RST＝0：解除复位。

RST＝1：复位 W1＝0。

2）执行指令：ACT＝0：不执行 DSCHB 指令，W1 不变。

ACT＝1：执行 DSCHB 指令。如果找到被检索数据，输出其表内号，如果没有找到，置 W1＝1。

参数：

1）格式指定：指定数据长度，在参数的第一位指定字节长度。

1：1B 长。

2：2B 长。

4：4B 长。

2）数据表容量存储地址：指定存储数据表容量的地址，根据指定的字节长度分配所需字节数的存储区域。数据表数据个数为 $n+1$（表头为 0，表尾为 n）。

3）数据表头地址：设定数据表表头地址。

4）检索数据地址：设定检索数据输入地址。

5）检索结果输出地址：经过检索，如果找到被检索的数据，就输出其表内号，表内号被输出到检索结果输出地址，此地址所需的存储字节数应符合指定格式。

检索输出（W1）：W1＝0：找到被检索数据。

W1＝1：未找到被检索数据。

9. ADDB 二进制加法运算指令

本指令用于1、2 和 4 字节长二进制数据的加法运算。除了运算结果的数据以外，相关的运算信息可以设定在运算结果寄存器（R9000）中。被加数数据，加法运算结果输出数据，需要设定相应字节长的存储地址。二进制加法运算指令的梯形图格式如图 8-39 所示。其代码表见表 8-27。

表 8-27　图 8-39 代码表

步　号	指　令	地址号	位　号	说　明
1	RD	000.	0	RST
2	RD. STK	000.	0	ACT
3	SUB	36		ADDB 指令
4	（PRM）	0000		格式指定
5	（PRM）	0000		被加数地址
6	（PRM）	0000		加数地址或常数
7	（PRM）	0000		运算结果输出地址
8	WRT	000.	0	运算错误输出 W1

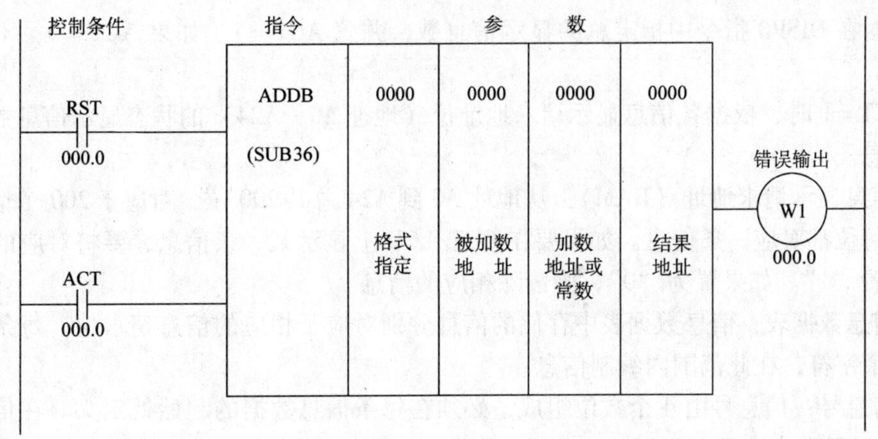

图 8-39　二进制加法运算指令

控制条件：

1）复位（RST）：RST =0：解除复位。

RST =1：复位 W1 =1。

2）执行命令（ACT）：ACT =0：不执行 ADDB 指令，W1 不变。

ACT =1：执行 ADDB 指令。

参数：

1）格式指定：指定数据长度（1B、2B 和 4B）和加数的指定方法（常数或地址）。

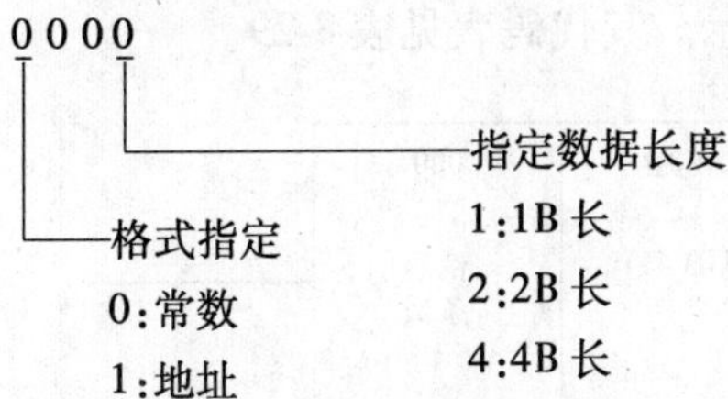

2）被加数地址：指定存储被加数的地址。

3）加数（地址）：加数的指定方法取决于 1）中的规定。

4）运算结果输出地址：指定输出运算结果的地址。

错误输出（W1）：W1 =0：运算正常。

W1 =1：运算异常。运算结果超数据长度时，W1 =1。

运算结果寄存器（R9000）：设定运算信息。各位的含义如下。

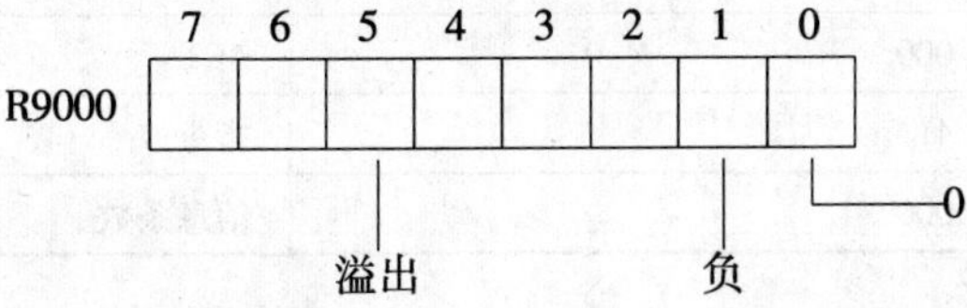

10. DISPB 信息显示指令

该指令用在 CRT/LCD 上显示外部信息。可以通过指定信息号编制相应的报警。最多可编制 200 条信息。在选择相应的信息地址后显示对应的信息。

编程时在 DISPB 指令中指定总的显示信息数，并置 ACT = 1。如果 ACT = 0，不显示任何信息。

当 ACT = 1 时，依据各信息显示请求地址位（地址 A0 ~ A24）的状态显示信息数据表中设定的信息。

1）信息显示请求地址（RAM）：从地址 A0 到 A24 总共 200 位，对应于 200 个信息显示请求位，每位都对应一条信息。如果要在 CRT/LCD 上显示某一条信息，要将对应的信息显示请求位置“1”。如果置为“0”，则清除相应的信息。

2）信息数据表：信息数据表中存储的信息分别对应于相应的信息请求位。每条信息最多为 255 个字符，在此范围内编制信息。

3）信息号：信息号由 4 个数位组成，必须在每条信息数据的起始处定义。在信息号后 CRT/LCD 的显示内容见表 8-28。

表 8-28 显示内容表

信息号	CNC 屏幕	显示内容
1000 ~ 1999	报警信息屏幕	报警信息 * CNC 转到报警状态
2000 ~ 2099	操作信息屏幕	操作信息
2100 ~ 2900		操作信息（无信息号） * 只显示信息数据，不显示信息号

注：DPL/MDI（手动数据输入键盘及显示器）的报警屏幕上，可同时显示的信息数最大为 3 个。
DPL/MDI 的操作信息屏幕上，所显示操作信息的字符数最多为 32 个，由第 33 个字符开始的信息数据不被显示。
DPL/MDI 目前显示的报警文本有日文、英文。

4）在输入信息数据时，不需要使用数字键。编程时，键入字符来组成信息。DISPB 信息显示指令的梯形图格式如图 8-40 所示。其代码表见表 8-29。

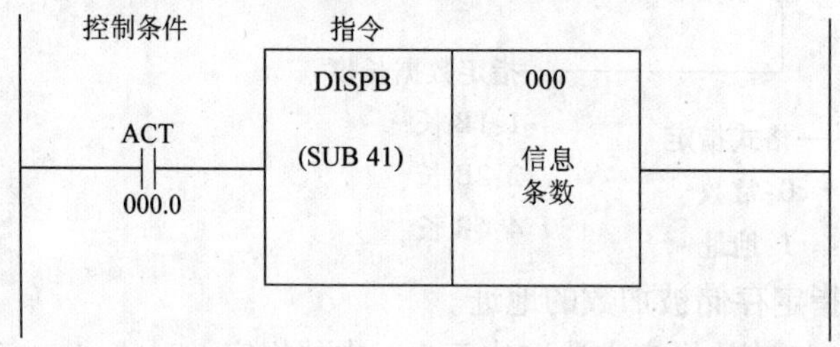

图 8-40 信息显示指令

表 8-29 图 8-40 代码表

步 号	指 令	地址号	位 号	说 明
1	RD	000.	0	ACT
2	SUB	41		指令
3	(PRM)	000		信息条数

控制条件：ACT = 0：不在显示屏幕上显示信息。

ACT = 1：在显示屏幕上显示信息。

参数：

信息数：指定总信息数可达 200 个。对 SB6、SC4、NB2、NB5 型号的 PMC 为 1000 个。SB7 型号的 PMC 指定信息可达 2000 个。

11. WINDR 读 CNC 窗口数据指令

在 PMC 中通过 WINDR 读 CNC 窗口数据指令可以访问 CNC，读取 CNC 中的多种数据项。WINDR 分为两类：一类在一段扫描时间内完成读取数据；另一类在几段扫描时间内完成读取数据。前者称为高速响应功能，而后者称为低速响应功能。

WINDR 读 CNC 窗口数据指令的梯形图格式如图 8-41 所示。其代码表见表 8-30。

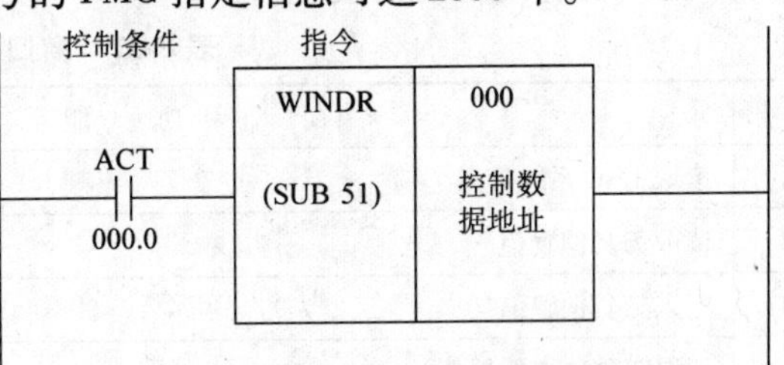

图 8-41　读 CNC 窗口指令

表 8-30　图 8-41 代码表

步　号	指　令	地址号	位　号	说　明
1	RD	000.	0	ACT
2	SUB	51		指令
3	(PRM)	000		控制数据地址

控制条件：

ACT＝0：不执行 WINDR 功能。

ACT＝1：执行 WINDR 功能。使用高速响应功能，有可能通过一直保持 ACT 接通来连续读取数据。然而在使用低速响应功能时，一旦读取一个数据结束后应立即将“ACT”复位一次（ACT＝0）。

参数：

控制数据地址：用 PMC 字节地址来指定存储控制数据的区域。

控制数据：

地址	内容	说明
CTL＋0 CTL＋1	功能代码	在执行“WINDR”或“WINDW”之前由顺序程序设定控制数据区。
CTL＋2 CTL＋3	结束代码	
CTL＋4 CTL＋5	数据长度	
CTL＋6 CTL＋7	数据号	
CTL＋8 CTL＋9	数据属性	通常只需“CTL＋10”后面的读数据区的容量。
CTL＋10 CTL＋11 … CTL＋n	读数据	

(1) 窗口功能代码

1) 窗口功能代码表见表8-31。

表8-31 窗口功能代码表

序号	功能	功能代码	R/W
1	读取CNC系统信息	0	R
2	读取刀具偏置值	13	R
3	写入刀具偏置值 低速响应	14	W
4	读取工件原点偏置值 PM	15	R
5	写入工件原点偏置值 PM 低速响应	16	W
6	读取参数 低速响应	17	R
7	写入参数 低速响应	18	W
8	读取设定数据 低速响应	19	R
9	写入设定数据 低速响应	20	W
10	读取宏变量 低速响应	21	R
11	写入宏变量 低速响应	22	W
12	读取CNC报警信息	23	R
13	读取当前程序号	24	R
14	读取当前顺序号	25	R
15	读取各轴的实际速度	26	R
16	读取各轴的绝对位置(绝对坐标值)	27	R
17	读取各轴的机械位置(机械坐标值)	28	R
18	读取各轴(G31)跳步操作时的停止位置(坐标值)	29	R
19	读取伺服延时量	30	R
20	读取各轴的加/减速延时量	31	R
21	读取模态数据	32	R
22	读取诊断数据 低速响应	33	R
23	读取伺服电动机负载电流值(A/D变换数据)	34	R
24	读取刀具寿命管理数据(刀具组号) PM	38	R
25	读取刀具寿命管理数据(刀具组数) PM	39	R
26	读取刀具寿命管理数据(刀具数) PM	40	R
27	读取刀具寿命管理数据(可用刀具寿命) PM	41	R
28	读取刀具寿命管理数据(刀具使用计数器) PM	42	R
29	读取刀具寿命管理数据(刀具长度补偿号(1):刀具号) PM	43	R
30	读取刀具寿命管理数据(刀具长度补偿号(2):刀具序号) PM	44	R
31	读取刀具寿命管理数据(刀尖补偿号(1):刀具号) PM	45	R
32	读取刀具寿命管理数据(刀尖补偿号(2):刀具序号) PM	46	R
33	读取刀具寿命管理数据(刀具信息(1):刀具号) PM	47	R
34	读取刀具寿命管理数据(刀具信息(2):刀具序号) PM	48	R

（续）

序号	功　能		功能代码	R/W
35	读取刀具寿命管理数据（刀具号）	PM	49	R
36	读取主轴实际速度		50	R
37	写入程序检测画面数据	低速响应　PM	150	W
38	读取时钟数据（日期和时间）		151	R
39	写入伺服电动机转矩限制数据	低速响应　PM	152	W
40	读取主轴电动机（串行接口）负载信息		153	R
41	读取参数	PM	154	R
42	读取设定数据	PM	155	R
43	读取诊断数据	PM	156	R
44	读取在缓冲存储器中执行的 CNC 程序中的字符串		157	R
45	读取各轴的相对位置		74	R
46	读取剩余移动量		75	R
47	读取 CNC 状态信息		76	R
48	读取 P 代码宏变量的数值	低速响应	59	R
49	改写 P 代码宏变量的数值	低速响应	60	W
50	读取刀具寿命管理数据（刀具寿命计数类型）		160	R
51	读取刀具寿命管理数据（刀具组）	低速响应	163	W
52	读取刀具寿命管理数据（刀具寿命）	低速响应	164	W
53	读取刀具寿命管理数据（刀具寿命计数器）	低速响应	165	W
54	读取刀具寿命管理数据（刀具寿命计数类型）	低速响应	166	W
55	读取刀具寿命管理数据（刀具长度偏置（1）：刀具号）	低速响应	167	W
56	读取刀具寿命管理数据（刀具长度偏置（2）：刀具使用序号）	低速响应	168	W
57	读取刀具寿命管理数据（刀尖补偿号（1）：刀具号）	低速响应	169	W
58	读取刀具寿命管理数据（刀尖补偿号（2）：刀具使用序号）	低速响应	170	W
59	读取刀具寿命管理数据（刀具状态（1）：刀具号）	低速响应	171	W
60	读取刀具寿命管理数据（刀具状态（2）：刀具使用序号）	低速响应	172	W
61	改写刀具寿命管理数据（刀具数）	低速响应	173	W
62	读取预测扰动转矩值		211	R
63	读取当前程序号（8 位程序号）	PM	90	R
64	读取刀具寿命管理数据（刀具组数）	PM	200	R
65	读取刀具寿命管理数据（刀具长度偏置号 1）	PM	227	R
66	读取刀具寿命管理数据（刀尖半径偏置号 1）	PM	228	R
67	读取刀具寿命管理数据（刀具信息 1）	PM	201	R
68	改写刀具寿命管理数据（刀具组数）	低速响应	202	R
69	改写刀具寿命管理数据（刀具长度偏置号）	低速响应	229	W
70	改写刀具寿命管理数据（刀具半径偏置号）	低速响应	230	W

（续）

序号	功　能		功能代码	R/W
71	改写刀具寿命管理数据（刀具信息1）	低速响应	231	W
72	读取主轴实际速度		138	R
73	读取精确的转矩感测值（静态计算结果）		226	R
74	读取精确的转矩感测值（存储数据）		232	R
75	指定用于 I/O Link 的程序数		194	W

注：1. 在 R/W 栏中标注 R 的功能代码由 WINDR 功能指令指定为窗口读取功能。
在 R/W 栏中标注 W 的功能代码由 WINDW 功能指令指定为窗口写入功能。
2. 标有低速响应的窗口功能，例如读、写参数，设定数据，诊断数据等，在 PMC 接收到来自 CNC 对于读、写的请求响应后才开始传送。相反，别的窗口功能在 PMC 接收到请求后即开始读、写数据。
3. 标有 PM 的功能不适用于 Power Mate 0。

2）控制数据的格式和内容：在解释窗口功能时，在数据结构区的“—”符号表示所在项可不设定或所在项的输出数据无意义。

除非另有指定，所有的数据均为二进制数据。

所有的数据块长度和数据长度都用字节数指定。

只有在窗口功能正常结束时，输出的数据才有效。

在输出的数据项中有表 8-32 中的结束代码，但并非每一功能都有结束代码。

表 8-32　结束代码

结束代码	含　义	结束代码	含　义
0	正常结束	4	错误（数据属性无效）
1	错误（功能代码无效）	5	错误（数据无效）
2	错误（数据块长度无效）	6	错误（不具备相应的功能）
3	错误（数据数无效）	7	错误（写保护状态）

输入和输出控制数据的构成如下：

地址	内容	说明
首地址 +0 1	功能代码	这些在输入数据时设定的数据在输出数据时保持不变。
2 3	结束代码	
4 5	数据长度（M） 数据区字节长	
6 7	数据表	
8 9	数据属性	
10	数据区	数据长度，取决于相应的功能。

（2）应用举例 加工中心机床某些动作（换刀或交换工作台）的执行需要工作台或 X、Y、Z 轴运动到某一个特定的地方，可以在加工程序中编制指令，令其运动到达目标位置。为了确保目标位置的到达，必须要将现在的位置在 PMC 中使用 WINDR 读 CNC 窗口数据读出来进行确认，只有确认位置后才能发出某些动作的起动命令，保证动作的可靠和安全。

1）首先要选择 WINDR（功能代码 27）读 CNC 窗口数据指令。

2）选择控制数据的地址。如果选择 D 地址，那么所有的控制数据和读出的数据都会被保存，即使停电也不会丢失。如果选择 R 地址，在不停电时所有数据也被保存，停电则会丢失数据。一般选择 D 地址（没被其他指令占用的一块区域），如首地址为 D1000，尾地址由功能指令自行确定。

3）根据要求读取当前机床的绝对坐标值，其功能代码是 27，对应地址是 D1000。

4）完成代码不需设定，对应地址为 D1002。

5）数据长度不需设定，对应地址为 D1004。

6）数据数为 0，对应地址为 D1006。

7）数据属性（需要读出坐标的轴号）M：对应地址为 D1008。

M = 1 第一轴（X）
M = 2 第二轴（Y）
M = 3 第三轴（Z）
M = 4 第四轴（4）
M = 5 第五轴（5）
M = n 第 n 轴
M = -1 该机床的所有轴。

8）读出数据的存放地址为 D1010 ~ D1042，当机床控制的轴数是 4，D1008 机床属性 M 设定为 -1 时：

D1010 ~ D1013 4B 是读出的当前第一（X）轴绝对坐标值。

D1014 ~ D1017 4B 是读出的当前第二（Y）轴绝对坐标值。

D1018 ~ D1021 4B 是读出的当前第三（Z）轴绝对坐标值。

D1022 ~ D1025 4B 是读出的当前第四（4）轴绝对坐标值。

WINDR 功能指令控制数据的构成如下：

地址	控制数据
首地址D1000	（功能代码）
D1001	27
D1002	（结束代码）
D1003	——
D1004	（数据长度）
D1005	——
D1006	（数据表）
D1007	0
D1008	（数据属性）
D1009	-1
D1010	

这些在输入数据时设定的数据在输出数据时保持不变。

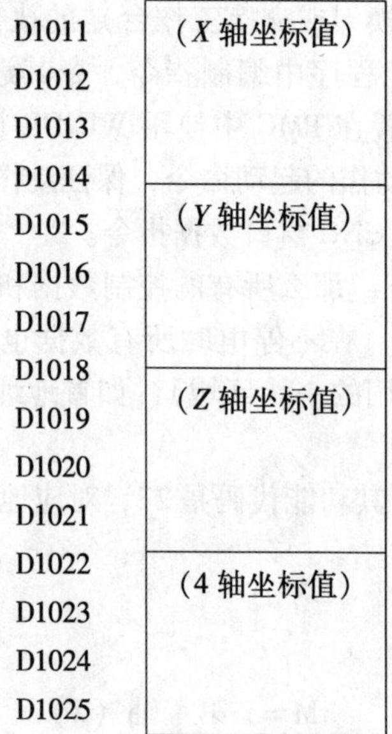

数据长度，取决于相应的功能。

第六节　数控机床梯形图的设计

一、确定机床数控系统的功能配置

数控机床的种类有很多，但根据其主要的加工性能可分为：

1）数控车床类包括经济型数控车床、全机能数控车床、车削中心、车铣中心等。

2）数控镗、铣、钻床和立、卧式加工中心类。

3）数控磨床类有内、外圆数控磨床，万能数控磨床等。

4）数控冲压机床类。

5）数控专用机床类。

根据数控机床的类型选配适用的数控系统。数控系统在其型号的标识里一般用 T（TURN）表示车床系列，用 M（MILLING）表示镗铣钻和加工中心系列，而用 G（GRINDING）表示磨床系列。例如 SIEMENS 公司生产的用于车床系列 810D-T、840D-T，和镗铣钻、加工中心系列的 810D-M、840D-M 数控系统。FANUC 公司生产的用于镗铣钻、加工中心系列的 0i-M、18i-M、160i-M 数控系统，及用于车床系列的 0i-T、18i-T、160i-T 数控系统等。此外要配置主轴驱动装置和电动机，轴的进给伺服和电动机，如果需要分度转台或刀库等伺服控制，还应添加 PMC 轴的控制功能。在功能的选配上要根据数控机床的性能指标。数控系统的众多功能中有的属于基本功能，即在选定的系统中原已具备的功能。有些属于选择功能，只有当用户特定选择了这些功能之后，才能提供的。数控系统生产厂家对系统的定价往往是具备基本功能的系统较便宜，而具备选择功能的较贵。所以，对选择功能一定要根据机床性能需要来选择，如果不加分析地都要，许多功能就用不上，也会大幅度地增加成本。由于 PMC 属于数控系统的一部分，所以在选择数控系统的同时也要对 PMC 的指标进行合理地选定，重点考虑的是 I/O，即输入/输出点数。

输入点数是与机床侧被控对象有关的按钮、开关、继电器和接触器触点等连接的输入信号，以及由机床侧直接连接到 NC 的输入信号接口（如回零减速信号、跳过信号等）。

输出点包括向机床侧继电器、指示灯等输出信号的接口。设计者对被控对象的上述 I/O 信号要逐个确认，并分别计算出总的需要数量。选用的 PMC 所具有的 I/O 点数应比计算出的 I/O 点数稍多一些，以备可能追加和变更控制性能的需要。对一般的加工中心机床，PMC 的程序容量在 2000 ~ 5000 步就已足够用。

二、根据选定的数控系统及相关的技术规格，设计和编制技术文件

模块地址分配表、电气控制原理图、信号（符号）地址表、PMC 参数（数据表、定时器、计数器、保持性存储器 K）等，上述文件是制作 PMC 梯形图顺序程序不可缺少的技术资料，梯形图中所用到的所有内部和外部信号、信号地址、符号名称、传输方向、与功能指令有关的设定数据、与信号有关的电气元件等都反映在这些文件中。编制文件的设计员除需要掌握所用 CNC 装置和 PMC 控制器的技术性能外，还需要具备一定的电气设计知识。

1. 模块地址分配表

FANUC 的数控系统采用 I/O Link 串行接口把 CNC、伺服单元控制器、分布式 I/O、机床操作面板等模块连接起来，并在各设备间高速传送 I/O 信号（位数据）。当连接多个设备时，FANUC I/O Link 将一个设备认作主单元，其他设备作为子单元。子单元的输入信号每隔一定周期送到主单元，主单元的输出信号也隔一定周期送至子单元。每一个单元传送、接收信号时都安排了一些存储空间，一旦用 I/O Link 连接起来后需要将每个模块的存储空间用地址号编排定义好，这些地址主要是为输入/输出使用的，整个 I/O Link 的 I/O 点数不能超过 1024/1024 位。以 FANUC 0i 数控系统的 SB7 内置 PMC 为例，其内置 I/O 卡模块分配的地址是 X0 ~ X11、Y0 ~ Y7（96 个输入点，64 个输出点）。标准机床操作面板模块分配在 X16 ~ X24、Y8 ~ Y16（64 个输入点，64 个输出点）。如果还有 PMC 轴控制的伺服模块等，还可以继续向下安排至 X128、Y128。

2. 电气控制原理图

与 PMC 梯形图编程有关的内容主要有：

1）与输入信号有关的器件名称、位置。如操作面板按钮、工作台行程限位开关、主轴准停传感器、电动机热继电器等。

2）输出信号执行元件名称、位置。如操作面板指示灯、中间继电器线圈等。

3）输入输出信号插座和插脚编号，或连接端子编号，及信号名称和在 PMC 中的地址。

4）输入输出信号接线和工作电源。

5）地址定义表：信号地址表有四类（以 FANUC 0i-MB 为例）。

MT→PMC 地址表（内装 I/O）

从机床侧向 PMC 输入的各类开关、按钮、检测传感器等输入信号，通过 NC 插座分配的地址 CB104（X0.0 ~ X2.7）24 点，CB105（X3.0 ~ X3.7，X8.0 ~ X9.7）24 点，CB106（X4.0 ~ X6.7）24 点，CB107（X7.0 ~ X7.7，X10.0 ~ X11.7）24 点，每一插座的脚号对应一个信号地址并确定一个信号名称（符号）。除 X4.0 ~ X4.7 已被系统定义为 SKIP 跳步信号，X8.4 为 * ESP 急停信号和 X9.0 ~ X9.7 为 * DEC1 ~ 8 回参考点减速信号外，还有 79 个点可供设计者分配定义。

PMC→MT 地址表（内装 I/O）

由 PMC 向机床侧输出的指示灯、继电器驱动等信号，也是通过 NC 插座分配的地址 CB104（Y0.0～Y1.7）16 点，CB105（Y2.0～Y3.7）16 点，CB106（Y4.0～Y5.7）16 点，CB107（Y6.0～Y7.7）16 点。这 64 个输出点由设计者根据机床的需要，在其对应的插座插脚和地址上安排向机床输出的有关（名称符号）信号。

PMC→NC 地址表

这些地址是从 PMC 向 NC 侧传送信号的接口地址，在 PMC 内部使用。例如当机床需要执行手动机床 X 正向移动的命令时，要从 PMC 向 NC 的 G 地址发出手动连续工作方式命令（MD1 G43.0＝1，MD4 G43.2＝1），X 轴正向移动（＋J1 G100.0＝1）。这些地址所对应的信号名称及含义已经由数控系统生产厂家定义，通过向 G 地址发送相关的信号去命令 NC 做需要的工作。

NC→PMC 地址表

该表中所有的地址均为 F 字符打头，每位 F 地址位代表一个含义，如 ORAR F45.7，当其为 1 时，定义为定向完成信号。这些地址定义的信号都是由 NC 发出传送到 PMC，PMC 读取这些地址的状态就可以知道 NC 工作的状态。

3. 设计数控机床动作逻辑框图

在电气设计任务书中（由机床主管提出），对机床的液压、气动、润滑、冷却、排屑、选刀、换刀、转台分度、工作台交换、工件传送等动作都会有详细的说明，并且会有动作的分步顺序和各动作相互间的互联锁关系。依据这些把机床动作分解成可执行的单元，把它们按顺序串接起来就构成了机床某种动作的逻辑框图。

下面介绍立式加工中心 VDF850 悬挂式刀库选刀的逻辑框图。因为该立式加工中心在换刀中没有机械手，所以采用了悬挂式刀库，换刀方式也只能为半任意式。所谓半任意式换刀主要是指刀库中的刀位号就是刀号，刀具的识别以刀位为准。在换刀的过程中，当刀具还回刀库时必须要将刀具还回原来的刀位，否则刀号就会发生错误。其选刀的逻辑框图如图 8-42 所示。

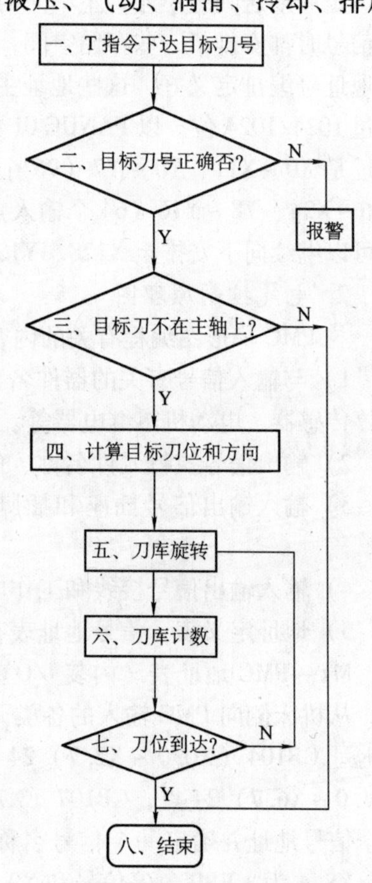

图 8-42 选刀的逻辑框图

4. 绘制梯形图

有了前三项的准备工作就可以手工绘制梯形图了。设计员把每一个逻辑单元框中的动作用梯形图语言，即用基本指令或功能指令组织成梯形图，并编入各种条件信号和互联锁信号的关系，就构筑成了基本的梯形图框架。

在梯形图中，要用大量的输入触点符号，因此应该搞清楚输入信号与“1”和“0”状态的关系。若外部信号触点是常开触点，当触点动作时（闭合），则输入信号为“1”；若信号触点是常闭触点，当触点动作时（打开），则输入信号为“0”。

一台数控机床，只要能满足控制要求，对梯形图的结构、规模并没有硬性规定，允许用各种不同的思路和逻辑方案编制梯形图。但在满足控制的基本要求下，步数越少、执行周期最短是最佳梯形图评价的原则。

梯形图与传统的继电器控制电路原理图十分相似，这样就非常便于电气设计人员看懂和理解。手工绘制的梯形图框架由于人的因素会有很多错误，仔细审查就能纠正，但是这个梯形图需要送到真正的机床上“真刀实枪”运行起来才是检验梯形图的唯一标准。图 8-43 所示为选刀控制梯形图。

5. 从梯形图分析数控机床的动作顺序

一般地说，用上述方法设计并绘制出的梯形图是能够正确执行设计者的意图，满足数控机床动作要求的。但是由于某些动作关系复杂，或者对梯形图指令理解的原因会产生错误。为了减少这些失误，从已绘制出的梯形图分析反推机床的动作就可以找出漏洞给以修正。多次反复可将错误减少到最少。下面就以图 8-43 选刀控制梯形图为例进行分析。

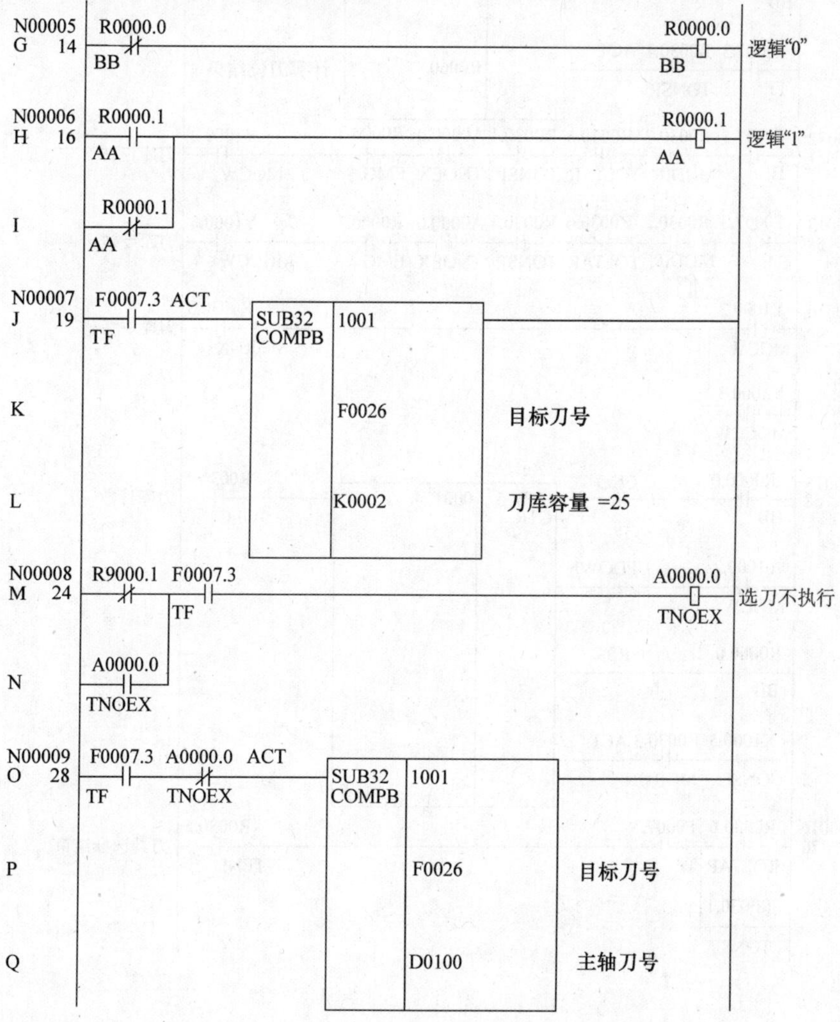

图 8-43 选刀控制梯形图

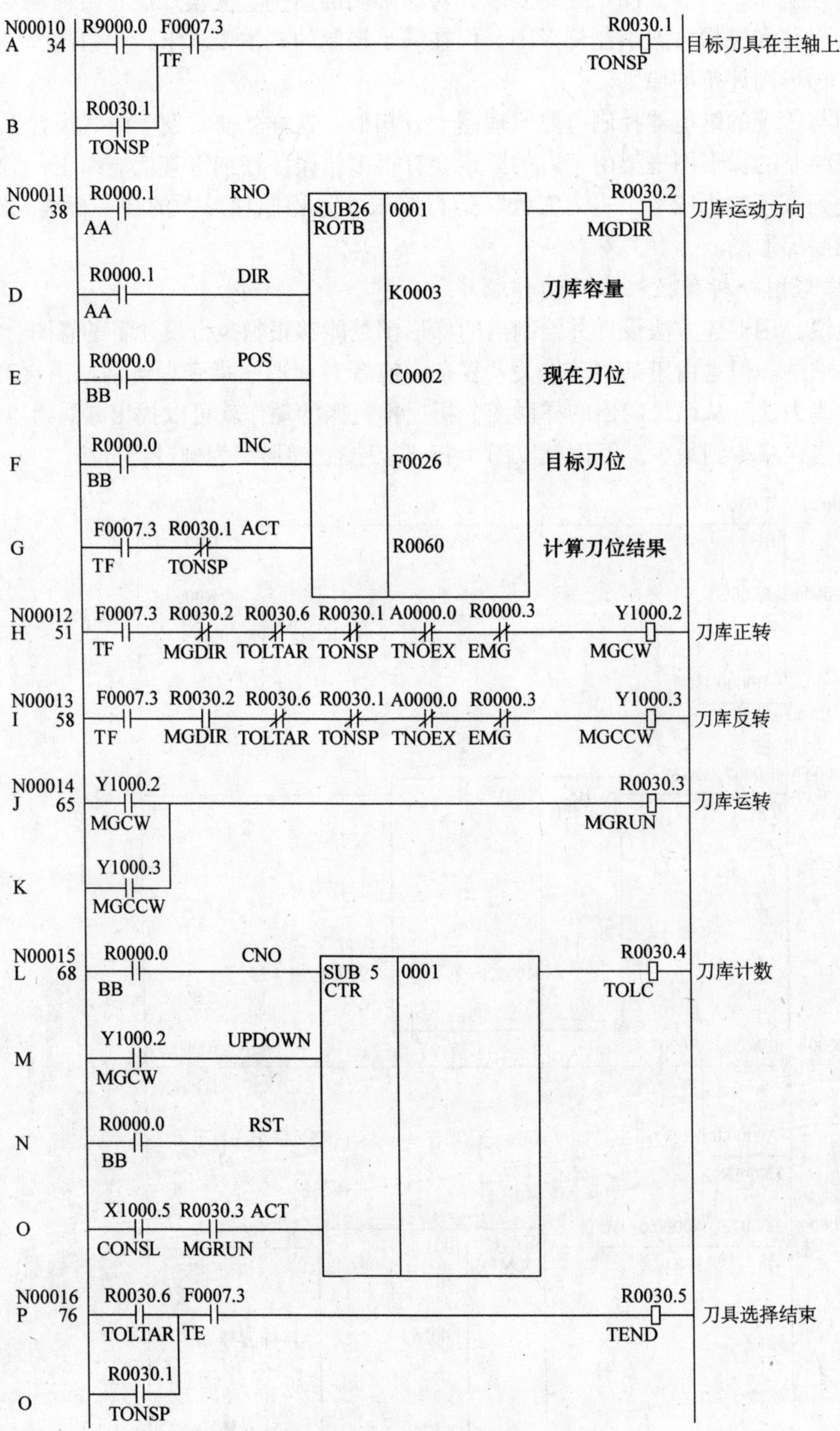

图 8-43 选刀控制梯形图（续）

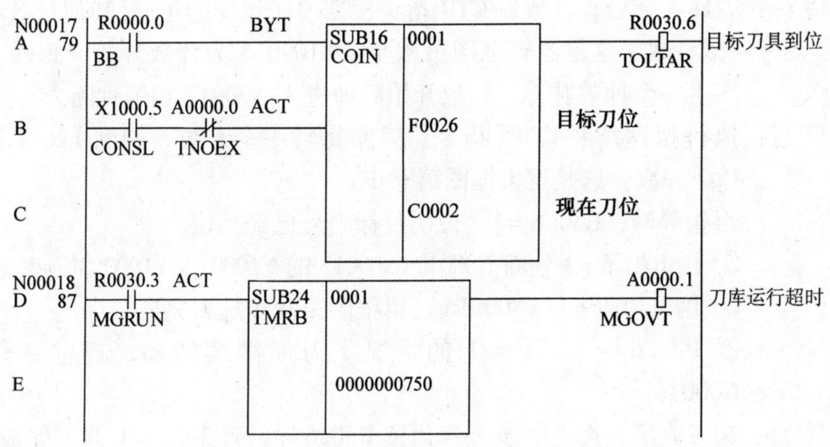

图 8-43 选刀控制梯形图（续）

1）选择刀具 T× ×指令的下达 TF（F7.3）：

当数控系统读到加工程序或手动数据输入的刀具选择 T× ×指令后，将向 PMC 发出 T 选通（TF，F7.3 =1）命令，并将 T× ×刀号通过 F26 送给 PMC。这是 PMC 有关刀具选择梯形图开始起动执行逻辑框图的第一步。

2）梯形图从起始行 N00005 顺序向下运行：

N00005、N00006 行：两行是常“0”和常“1”设置。

N00007 行：PMC 接收到 TF ，F7.3 =1，T 选通信号后，执行比较大小指令 COMPB，F26（目标刀号）与 K2（刀库容刀量 25）比较，比较结果→N00008。

N00008 行：① 当 F26 < K2 时，说明目标刀号在刀库内，A0.0 =0→N00009。

② 当 F26≥K2 时，说明目标刀号不存在，A0.0 =1→报警提示。

这两行执行的是逻辑框图第二步。

3）N00009 行：在 TF =1，A0.0 =0 第二步执行结果的基础上，再执行比较大小指令 COMPB，F26（目标刀号）与 D100（主轴刀号）比较，这是第三步逻辑框图。

①当 F26 = D100→R9000.0 =1→N00010 R30.1 =1，说明目标刀已在主轴上不需要换刀→N00011 封锁刀位及方向运算→封锁 N00012/N00013 刀库正/反转驱动，并产生 N00016 选刀完成信号。

②当 F26 = D100→R9000.0 =0→N00010 R30.1 =0，说明目标刀在刀库中→N00011 执行第四步逻辑框图。

4）N00011 行：执行目标刀位及刀库运动方向运算 ROTB 指令，这是第四步逻辑框图。K03 =24（刀库有 24 个刀位），C02 当前换刀位，F26 目标刀位，R60 运算结果。R30.2 =0/1 刀库正转/反转→N00012/N00013。

5）N00012/N00013 行：在第四步产生的 R30.2 刀库运动方向引导下执行刀库正/反转 Y1000.2/Y1000.3 = 1，这是逻辑框图第五步。刀库正/反转起动后→

N00014 R30.3 =1 刀库运转信号→N00015 刀库计数。

6）N00015 行：刀库运转后，计数器 CTR 指令根据刀库运动的正/反转使计数器执行加/减计数，这是逻辑框图第六步。X1000.5 为计数开关，每转一个刀位产生一个计数脉冲。计数开始后即进入 N00017 相等判断。

7）N00017 行：执行相等判断 COIN 指令。刀库每转一个刀位，判断 F26（目标）= C02 一次。这是逻辑框图第七步。

当相等时，R30.6 =1，说明目标刀号已经到位。

① 用 R30.6 =1 切断 N00012/N00013 的 Y1000.2/Y1000.3 刀库正/反转。

② 用 R30.6 =1→N00016 逻辑框图第八步选刀完成。

③ R30.6 ≠1，TF =1 的情况下刀库继续转动，超过一分钟报警 N00018。

8）N00016 行：选刀完成。由上一步刀号到位 R30.6 =1→R30.5 =1 选刀完成。（用该信号去产生 FIN G4.3 完成信号给 CNC，再由 CNC 撤销 TF、F7.3 T 选通命令。）

第七节　梯形图的调试

一、联机调试

把数控机床、CNC 装置、PMC 和装有 FAPT LADDER Ⅲ软件的个人计算机联接起来进行整机机电运行调试称为“联机调试”。通过“联机调试”可以发现和纠正梯形图顺序程序的错误；可以检查机床和电气线路的设计、制造、装配以及机电元器件品质可能存在的问题。“联机调试”工作在车间装配现场由该机床梯形图设计者主持进行。在确认 CNC 系统 PMC 连接、伺服系统、强电柜元器件及机床各元部件的安装和连接无误后，才可接通电源，将梯形图顺序程序送至 PMC。传送有两种方法。

1. 在 CNC 系统的操作键盘上手工键入

如果手工绘制的梯形图还停留在纸面上，那么在送电正常后，可以打开 PMC 的编辑界面，利用 CNC 系统的梯形图符号键盘把梯形图键入。对于 FANUC 的 0iA 系列，CNC 系统需要插上“编辑卡”，而对于 0iC、0iD、16/16i/160、18/18i/180 则不需要。

2. 通过装有 FAPT LADDER Ⅲ软件的个人计算机传送

如果手工绘制梯形图是在个人计算机上进行的，也就是说梯形图已经存在于装有 FAPT LADDER Ⅲ软件的个人计算机里，那么只需将该机与 CNC 系统联接，就可将梯形图传送给 PMC。

当 PMC 中有了梯形图并让它运行起来，就可通过对各种功能的验证检查出错误，梯形图的动态显示使人们可以观察到机床动作每一步执行时逻辑关系演变的顺序和信号地址的变化，一旦动作执行出错或中断，都能够从动态显示的梯形图中找到原因。还有，通过对各地址监控诊断的界面，把 PMC 中使用的信号状态都显示出来，有利于分析外围设备的问题。

FAPT LADDER Ⅲ梯形图软件还提供了更方便、更有力的在线调试工具，使用这个工具在个人机屏幕上可同步显示正在运行的动态梯形图。

二、调试项目

以大连机床集团生产的 VDL1000A 立式加工中心为例，有如下项目需要调试：

1）PMC 参数的设定。

2）CNC 系统参数设定（伺服、主轴参数初始化）。

3）紧急停止、进给保持按钮功能。

4）绝对位置编码器参考点的确定。

5）坐标行程极限设定。

6）轴运动参数设定。

7）手动连续进给（JOG）方式。

8）手轮方式。

9）手动示教。

10）手动数据输入（MDI）。

11）存储器方式（MEM）。

12）DNC 方式。

13）编辑方式。

14）自动运行起动。

15）单程序段运行。

16）程序停止。

17）试运行。

18）机床闭锁。

19）辅助功能闭锁。

20）程序保护锁。

21）伺服参数设定。

22）手动进给倍率。

23）自动进给倍率。

24）快速倍率。

25）手轮倍率。

26）手动轴选择。

27）手动轴方向选择。

28）各种辅助参数设定。

29）M 代码译码控制。

30）S 代码译码控制。

31）T 代码译码控制。

32）B 代码译码控制。

33）手动主轴正/反转，停止控制。

34）自动主轴正/反转，停止控制。

35）主轴运行参数设定。

36）刚性攻螺纹参数设定。

37）刚性攻螺纹控制。

38）主轴速度倍率。

39）主轴手动/自动定向。

40）手动/自动主轴刀具松开/夹紧及指示。

41）刀库手动返回参考点。

42）手动刀库正/反转计数。

43）刀库自动选刀控制。

44）手动机械手步进控制。

45）自动换刀控制。

46）随机换刀刀号调整。

47）分度工作台回参考点。

48）分度工作台夹紧/松开控制。

49）分度工作台自动/手动分度控制。

50）冷却和排屑系统控制。

51）润滑系统控制。

52）机床设置的报警提示测试。

三、梯形图的固化和保存

以上与梯形图关联的项目要多次反复调试，当梯形图某处修改后，除了要验证本处关联的功能，还要将其间接涉及已经检测过的功能再次测试，以确保所有功能正确无误。梯形图调试完成后要注意保存。按下急停按钮，把 CNC 的界面打到 PMC I/O PROGRAM 上，按 F-ROM（闪存）软键，再按 WRITE（写入）键，最后按 EXEC（执行）键，即可将调试好的梯形图存入闪存寄存器中，关断电源也不会丢失。新设计的梯形图需要较长时间的调试，中途若要关断电源，一定要用上述方法进行保存操作后再断电，否则调试中的梯形图就会丢失。

数控机床由于动作复杂，特别是加工中心类数控机床的梯形图调试需要较长的时间，花费调试者大量心血，正确的梯形图来之不易。为了在今后生产同类型的数控机床时不要再重复浪费调试时间，可以通过在数控系统的 PCMCIA 卡插槽上插入快闪 ATA 卡，起动数控机床并使其进入操作引导界面，在显示的菜单画面中选择 SYSTEM DATA SAVE（系统数据保存），然后按照画面提示操作，即可将数控机床内已经调试好的梯形图存储在快闪 ATA 卡上。当同样型号的机床装配调试时，只需把存有梯形图的快闪 ATA 卡插上，起动引导界面，选择菜单的 SYSTEM DATA LOADING（系统数据装载），同样在画面的提示下即可完成正确的梯形图送入工作，只需几分钟，免去了调试梯形图的工作。

还有，可利用装有 FAPT LADDER Ⅲ软件的个人计算机与数控系统 RS232C 接口相连接，把数控机床内的正确梯形图传送到计算机的硬盘上保存，也可反过来把保存在硬盘上的梯形图传送给数控机床。

习　题

1. PC 可编程序控制器与 RLC 继电器逻辑电路相比较有何特点？
2. PMC 的主要性能指标有哪些？
3. 梯形图在机床控制中有什么作用？

4. PMC 的指令有几类？举例说明。
5. PMC 的功能指令要素是什么？
6. 功能指令计算结果寄存器中的信息为什么不能在顺序程序的不同级别中传送？
7. 梯形图设计前要做好哪些准备工作？
8. 梯形图调试主要进行哪些项目？
9. 为什么一定要做好梯形图的固化和保存工作？

第九章　数控机床的结构设计

第一节　数控机床总体结构设计

一、对数控机床总体设计的要求

1. 对机床性能的要求

（1）机床工艺范围　指机床适应不同生产要求的能力，包括：机床可完成工序种类，加工零件的类型、材料和尺寸范围，毛坯种类等。数控机床可在一次装夹下完成多种工序的加工，重新调整机床很方便，故适用于中小批生产。近年来，已开始用于汽车制造等行业的大批大量生产。从单件到大批量都可以充分发挥数控机床的高生产率、低废品率、减少半成品储备、缩短生产周期、便于调整等优点。

数控机床已经从简单的数控车床、数控镗铣床等向工序更加广泛、更为集中的数控车削加工中心、数控镗铣加工中心等进一步发展。在很多情况下，工序内容包括车、铣、钻、镗、攻螺纹、铰、磨、挤压、测量等。随着生产的发展，机床品种会越来越多，工艺范围会更加广泛。数控技术在齿轮机床、磨床、电加工机床、锻压机床上的应用，使它们在加工精度、生产率、产品质量上都有很大的提高。

（2）加工精度　机床加工精度是指尺寸、形状和位置精度。数控机床本身的精度主要是几何精度、运动精度和定位精度。几何精度是指机床在不运动或运动速度较低时的精度，它是由机床各主要部件的几何精度和它们之间的相对位置与相对运动轨迹的精度决定的；运动精度是指机床的主要部件以工作状态的速度运动时的精度；定位精度是指机床主要部件在运动终点所达到的实际位置的精度。数控机床各坐标轴的进给运动精度主要是运动精度和定位精度。开环系统的进给精度主要取决于传动件的精度、伺服系统的分辨率、导轨的导向精度等。在闭环和半闭环系统中，由于检测元件的反馈作用，使进给运动的定位精度和运动精度大幅度提高。低档数控系统的分辨率为10μm，中档为1μm，高档为0.1μm。所谓分辨率是最小输入单元，在理想的情况下定位精度应等于分辨率。但由于存在进给传动误差、加减速惯性、热变形、刚度、振动、摩擦等因素的影响，使定位精度低于分辨率。

低速运动的平稳性也是影响精度的重要因素，由于数控机床的定位精度要求高，有时需要单步微量运动，因而坐标轴运动部件不能产生爬行现象。为减少爬行，数控机床常采用动静摩擦系数近乎相等的贴塑导轨、滚动导轨、液体静压导轨、气浮导轨和气压卸荷导轨等。

2. 满足机床刚度和抗震性的要求

机床在切削加工中，它的零、部件应具有一定的抵抗外载荷及其变化的能力，以保证在受力条件下各主要零、部件之间保持正确的相对位置。这就要求机床具有一定的刚度。机床的抗震性包括两个方面：抵抗受迫振动的能力和抵抗自激振动的能力。如果振源的频率与机床某主要部件（例如主轴组件、床身）的某一振型（如弯曲振动、扭转振动）的固有频率重合时，将发生共振。这时振幅大增，加工表面粗糙度将会大大地增加。切削自激振动产生于切削过程之中，如果切削不稳定，则切过的表面，其波纹度将越来越大，振动也越来越剧烈，将严重影响加工表面的质量。

3. 减少热变形要求

机床由于受到内、外热源的影响，以及各部件间的热量不均衡，都会产生热变形，破坏机床的原始精度，造成工件与刀具之间的相对运动关系失常，从而影响零件的加工精度，为此应采取如下措施：

(1) 减少热源的发热　尽可能将热源从主机中分离出去。目前多数数控机床的电动机、主轴箱、液压系统、油箱等都已外置。此外为减少发热，应减少摩擦损耗，提高运动件的精度。

(2) 采取必要的散热措施　对高速、快速进给的机床应采用强制的冷却措施；对刀具切削热采用大流量冷却液冲洗切削部位进行冷却；对高速主轴及轴承发热，采用主轴内冷或带有冷却套筒结构进行循环冷却；对轴承的润滑可采用油气润滑、喷注润滑或突入滚道润滑等方式，使之减少发热，加快散热，降低温升；对高速进给系统中的滚珠丝杠副应采用中空的丝杠，使冷却液从中间孔通过，带走热量，也可在螺母内钻孔，形成冷却循环通道，对螺母进行强制冷却。

(3) 采取均热措施　若能使有关部件间热量均衡，热变形相等，也可抵消因热变形产生的误差。如设计成对称式结构，可使两部分所产生的变形相等，双立柱加工中心就是其中一例。

4. 对机床可靠性的要求

机床工作的可靠性是一项重要的技术经济指标。数控机床是机电一体化设备，包括计算机、电子器件、液压元件和机械构件等，在自动加工中不允许出现任何差错。尤其是在加工系统中，例如柔性制造系统、无人的自动化工厂等，对机床可靠性要求更高，因为一台机床的故障会造成全线停产，其损失是巨大的，是不允许的。

5. 对速度的要求

机床的速度包括主轴转速、进给速度、换刀时间等，速度是效率指标。为缩短制造周期，提高效率，适应高速切削的要求，数控机床的速度越来越高，有些机床主轴转速的$D_m n$值（前轴承的中径和转速的乘积）已达到$1\times10^6 \sim 1.5\times10^6$m/min；进给速度达到100m/min以上，有的达到240m/min，换刀时间缩短为0.5s。高速促进了新技术的发展，高性能主轴组件、大导程高速滚珠丝杠、直线导轨、直线电动机等都是适应高速要求而发展起来的。

6. 经济效益

在保证实现机床性能要求的同时，还必须使机床具有相应的经济效益。不仅要考虑机床设计和生产的经济效益，更主要的是从用户出发，提高机床使用厂的经济效益。机床成本要低，生产效率要高，用于大批量生产的数控机床，由于不要求很高的万能性，因而坐标轴数也可少些；由于所需刀具数量少，刀库可小些，可不用机械手采用直接换刀方式，这样不但能大幅度降低成本，并可提高生产率。当要求万能性较大时，可在一台机床上完成不同类型零件的加工，把镗、铣、钻、车甚至更多工序在同一台机床上实现，虽然单台机床价格高，但因其生产效益高，总的经济效益还是高的。有些零件，普通机床的加工无法完成设计要求

(例如螺旋桨)，而数控机床则能很好地满足要求，能够带来明显的效益。

7. 人机关系要求

机床应操纵方便、省力、容易掌握、不易发生操作错误和故障。这样不仅能减少工人的疲劳，保证工人和机床的安全，还能提高机床的生产率。防止机床对周围环境的污染，是对机床设计和制造提出的一项主要要求。噪声要低，不仅噪声声级要在规定值以下，而且不能对人耳有强烈的不适感。渗、漏油必须避免。如果采用油雾润滑，必须保证油雾不得逸散到周围环境中去，以防对人体的危害。机床造型要美观大方，色调和谐，使操作者在一个舒适的环境中工作。

对于上述各项技术经济指标，在设计机床时应进行综合考虑，并应根据不同的需要，有所侧重。

二、数控机床的总体布局

数控机床的布局，用于解决机床各部件间的相对运动和相对位置的关系。数控机床由普通机床发展而来，因此，有的仍然保持普通机床的基本布局形式。大多数的数控机床和加工中心，由于采用数控技术、伺服系统和增设了刀库和机械手，使机床的布局形式发生了很大的变化。

在数控机床和加工中心中，由于运动部件是由伺服电动机单独驱动的，各运动部件的坐标位置是由数控系统控制的，因而各坐标方向的运动可以精确地联系起来，根据控制软件的数学模型不同，可有两坐标轴联动、三坐标轴联动、四坐标轴联动、五坐标轴联动或更多坐标轴联动的数控机床，这是普通机床不能实现的，这也使数控机床的布局有很大的变化。

由于对数控机床（加工中心）的生产率和万能性的要求不同及所需刀具的数量的不同，因而，对刀库的大小、刀库的位置、换刀方式、有无机械手等都有影响，也影响了机床的布局形式。有些机床需要更换工作台，也有些机床要求更换主轴箱和刀匣，也使机床有相应的布局形式。

总之，数控机床的布局，是根据需要来设计的，是一种总体的优化设计，下面仅就某些机床的布局思想作一简单介绍。

1. 满足多刀加工的布局

图 9-1 是具有可编程尾座的双刀架数控车床，床身为倾斜形状，后侧有两个数控回转刀架，可实现多刀加工，尾座可实现编程运动，也可安装刀具加工。

2. 十字工作台结构的布局

有些数控机床是在普通机床结构的基础上发展而来的，其布局也与普通机床类似，十字工作台结构类似于普通铣床的布局。由于加工中心都带有刀库，刀库的形式和布局也影响机床的布局，因此带有十字工作台结构的加工中心有多种布局形式。图 9-2 是一种立式加工中心，刀库位于机床侧面。立柱、底座

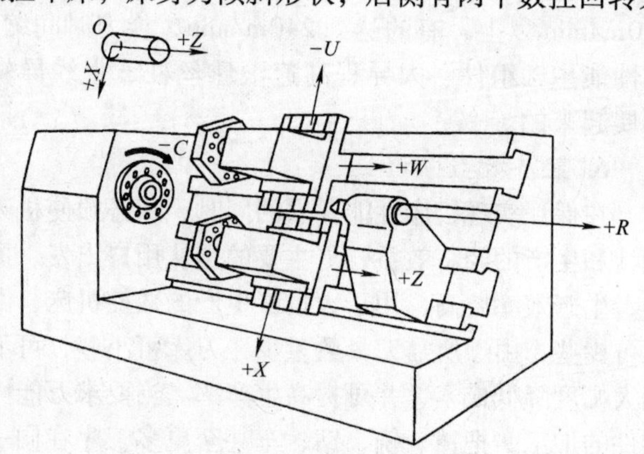

图 9-1 具有可编程尾座的双刀架车床

和工作台、主轴箱的布局与普通机床区别不大。图 9-3 是刀库安装在立柱顶部的卧式加工中心，盘式刀库，工作台和立柱与普通机床类同。

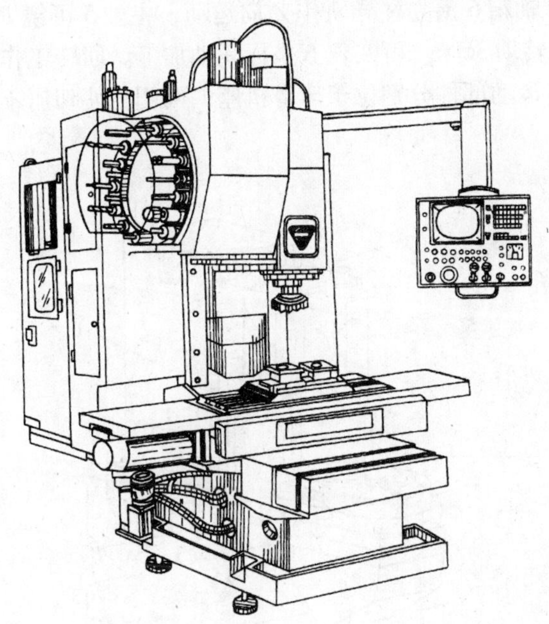

图 9-2 刀库装在侧面的立式加工中心

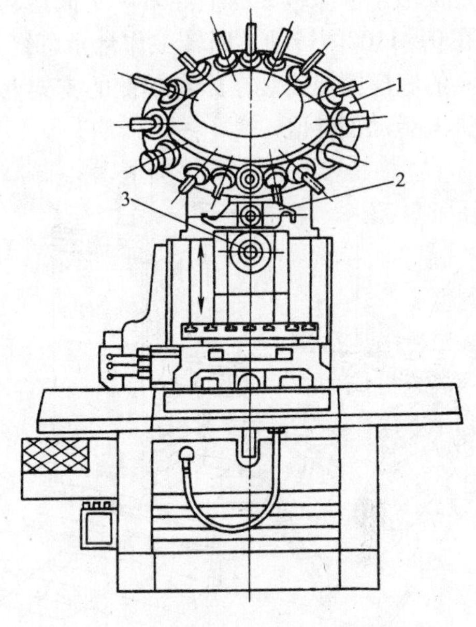

图 9-3 刀库安装在立柱顶部的卧式加工中心
1—刀库 2—机械手 3—主轴

3. 满足多坐标联动要求的布局

一般数控车床都可以实现 X、Z 方向的联动。镗铣加工中心都有 X、Y、Z 三个方向的坐标运动。有些还有 U、V、W、A、B、C 中的一个、两个或多个坐标运动，通常可分别实现 X、Y、Z、U、V、W、A、B、C 任何方向的三坐标、四坐标、五坐标轴联动，甚至可实现更多坐标轴联动。图 9-4 是五坐标轴联动的加工中心，有立、卧两个主轴，交替地进行加工，卧式加工时立式主轴退回，立式加工时卧式主轴先退回，然后立式主轴前移进行加工。工作台不但可以上下、左右移动，还可以在两个坐标方向上转动。多盘式刀库位于立柱的侧面。该机床在一次装夹工件时可完成五个面的加工，适用于模具、壳体、箱体、叶轮和叶片等复杂零件加工。图 9-5 为五轴联动的加工中心，立柱作 Z 向和 X 向移动，主轴沿立柱导轨作 Y 向移动，工作台可绕 A、B 两个坐标轴方向转动，实现五轴联动。除装夹面外，可对其他各面（包括任

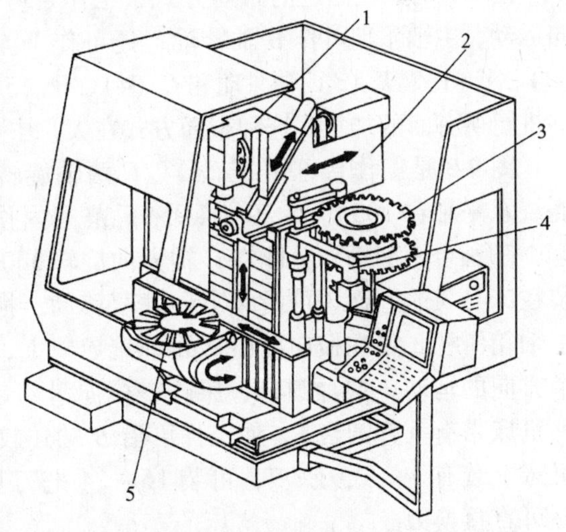

图 9-4 有立、卧两主轴的五坐标联动加工中心
1—立轴主轴箱 2—卧轴主轴箱 3—刀库
4—机械手 5—工作台

意斜面）进行加工。

图 9-6 的布局特点是立柱可移动方式，十字床鞍 2 在倾斜 30°的床身 3 上作 *X* 向运动，立柱 1 沿十字床鞍 2 的上导轨作 *Y* 向运动，主轴箱 6 沿立柱导轨作 *Z* 向运动，主轴 5 可绕 *B* 轴在 0 ~ 110°内转动，回转工作台 4 可绕 *C* 轴转动 360°。可实现五坐标联动加工。回转工作台 4 的底座固定安装在床身前侧的支架上，与运动部件分别位于床身机座的两侧，使切屑不能进入运动部件区。

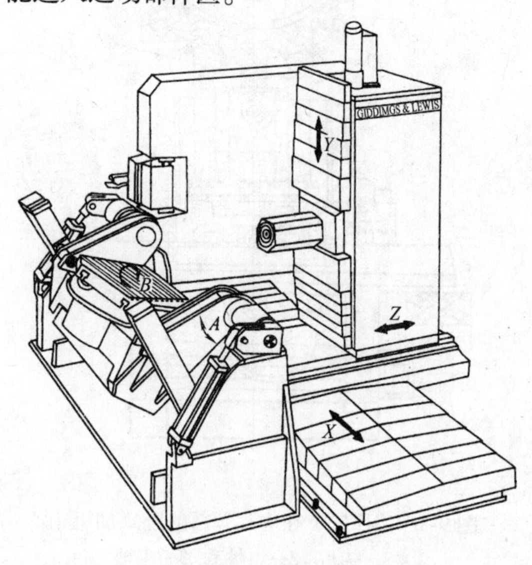

图 9-5 工作台可作 *A*、*B* 轴旋转的五轴联动加工中心

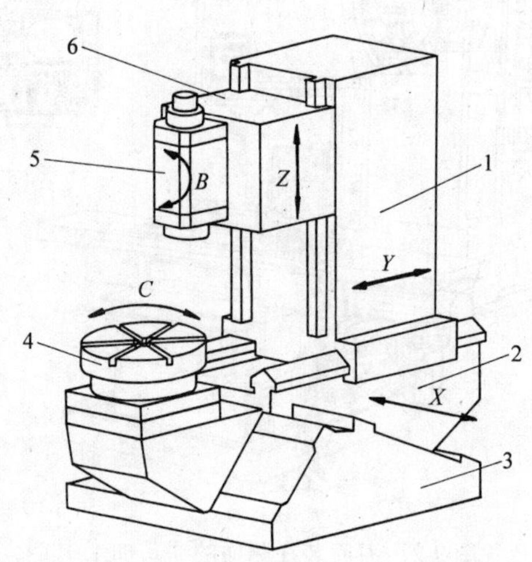

图 9-6 十字床鞍移动立柱结构的加工中心

1—立柱 2—十字床鞍 3—床身

4—回转工作台 5—主轴 6—主轴箱

图 9-7 是立柱固定的布局方式，工作台可作 *X*、*Y*、*C* 轴运动，主轴箱沿立柱导轨作 *Z* 向运动，主轴不但可作 *B* 轴转动，还可作 *W* 轴移动。可实现 3 ~ 6 轴联动控制，能实现 *X*（2）、*Y*（1）、*Z*（3）轴联动和 *C*（4）、*W*（5）、*B*（6）轴的数控定位控制，除夹紧面外能够进行所有面的加工。这种布局方式在大、中、小型机床上都有应用。

图 9-8 是工作台可作 *B*（*A*）、*C* 两轴旋转的五坐标加工中心，圆台 5 装在床身 3 上，能绕水平轴在 105°（ - 10°/ + 95°）范围内作 *B* 轴方向摆动。工作台 4 装在圆台 5 的下部，随圆台 5 摆动，并能在 *C* 轴方向旋转 360°，台面上有 T 形槽，用来固定工件。床鞍 2 装在床身 3 的上面，可沿 *X* 方向往复移动，横向滑座 1 装在床鞍 2 的上面，沿 *Y* 向移动。主轴箱滑枕 8 装在横向滑座 1 的垂直导轨上，作 *Z* 向运动。这样，主轴 6 有 *X*、*Y*、*Z* 三个方向的运动。这种圆台、床鞍、横向滑座串联布局方式，适用于中小型机床。由于这种机床带有垂直圆台 5，使工件可沿 *B* 轴转较大的角度，用于加工五面体工件较为方便。机床上装有斗笠式刀库 7，可装 16 ~ 24 把刀具。这种刀库可不用机械手，主轴移近刀库便可直接换刀。

4. 适应快速换刀要求的布局

图 9-9 所示的加工中心无机械手，换刀时刀库移向主轴，直接换刀。刀具轴线与主轴轴线平行。不用机械手可减少换刀时间，提高生产率。图 9-10 是转塔主轴箱的布局形式，转

塔头上装有两把刀，主轴轴线成45°，当水平方向的主轴加工时，待换刀具的主轴换刀，换刀时间和加工时间重合。转塔回转180°，换上的刀具就可工作。可有效地提高生产率。

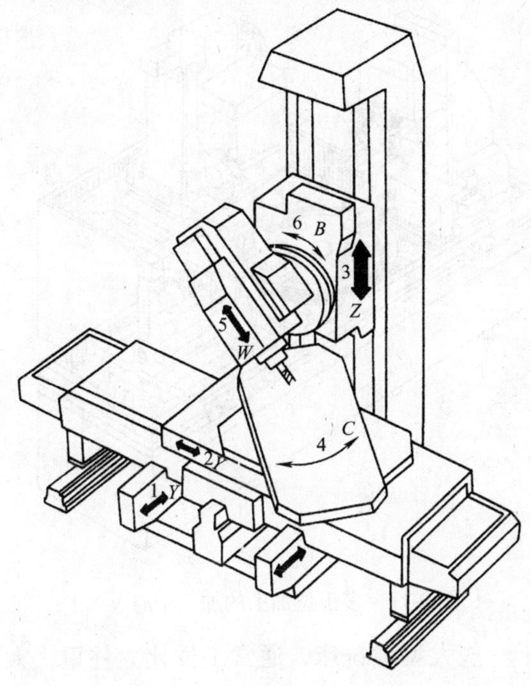

图 9-7　立柱固定结构的加工中心

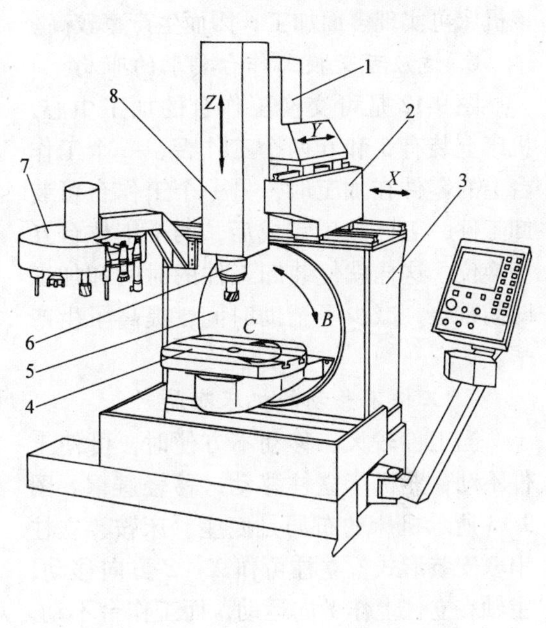

图 9-8　有 B (A)、C 轴的加工中心

1—横向滑座　2—床鞍　3—床身　4—工作台

5—圆台　6—主轴　7—刀库　8—主轴箱滑枕

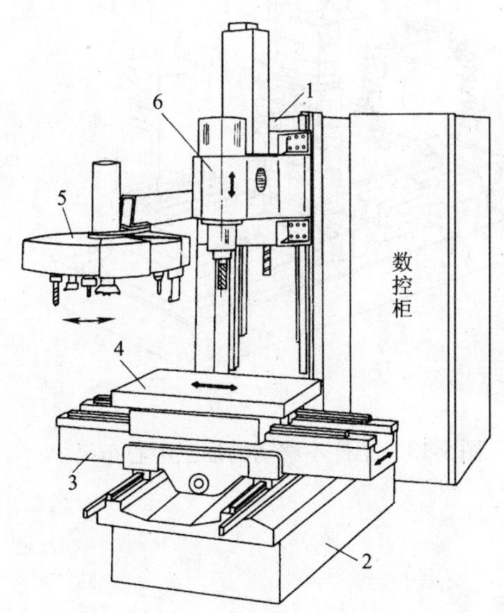

图 9-9　无机械手直接换刀的加工中心

1—立柱　2—底座　3—横向工作台

4—纵向工作台　5—刀库　6—主轴箱

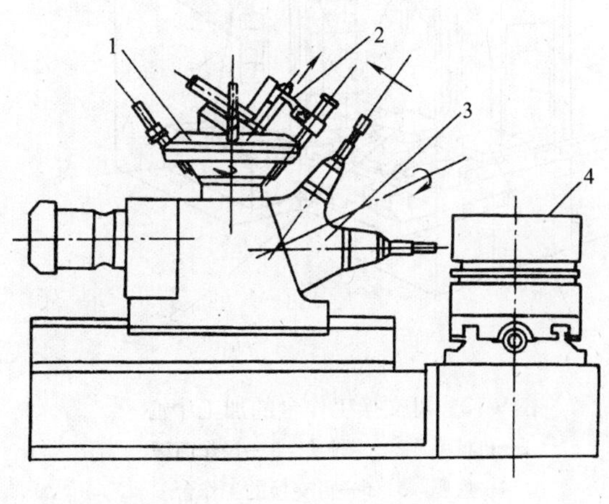

图 9-10　带转塔的加工中心

1—刀库　2—机械手

3—转塔头　4—工作台

5. 适应多工位加工要求的布局

图 9-11 所示的机床为多工位加工的加工中心，它有一个四工位回转工作台，三个工位为加工工位，一个工位为装卸工件工位，该机床可实现多面加工，因而生产率较高。

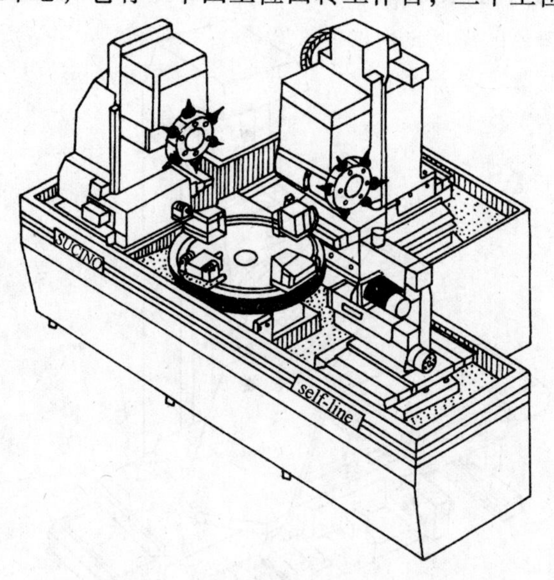

图 9-11 多工位加工的加工中心

6. 适应可交换工作台要求的布局

图 9-12 是可交换工作台的加工中心，机床上装有 5 和 6 两个工作台，一个工作台上的零件在加工时，另一个工作台可装卸工件，工件加工完成后，两个工作台互相换位，这样就使装卸工件的时间和加工时间重合，减少了辅助时间，提高了生产率。

7. 工件不移动的机床布局

当工件较大、移动不方便时，可使工件不动，让机床立柱移动，移轻避重。图 9-13 所示机床的布局是底座、床鞍、立柱串联安装形式，立柱可作 X、Z 方向移动，主轴在立柱上作 Y 向运动，而工作台不动。对于一些大型镗铣床，通常工件比立柱重，大多采用这种布局方式。

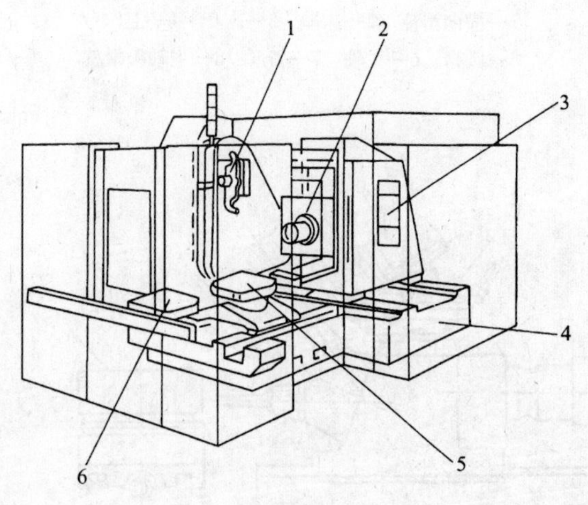

图 9-12 可交换工作台的加工中心

1—机械手 2—主轴头 3—操作面板

4—底座 5、6—可交换的工作台

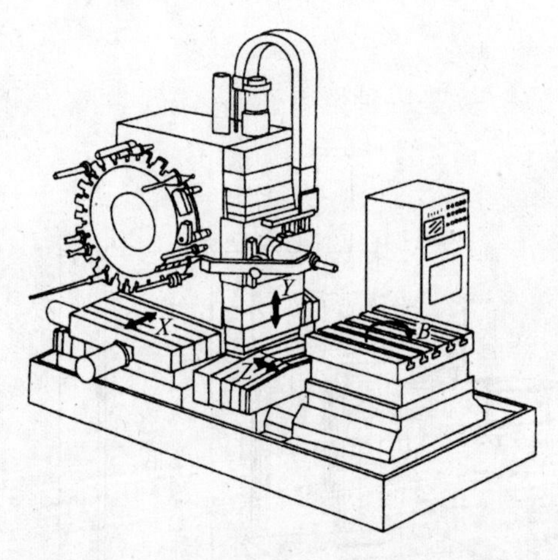

图 9-13 工件不移动的加工中心布局

8. 为提高刚度减小热变形要求的布局

卧式加工中心多采用框架式立柱，结构刚性好，受力变形小，抗震性能好。图 9-14 的双立柱框架结构，主轴位于两立柱之间，可上下移动，当主轴发热时，两立柱的温升相同，因而热变形也相同，对称的热变形可使主轴的位置保持不变，因而提高了精度。图 9-15 为框中框结构，双立柱框架7固定在底座上，它的导轨是水平方向的，活动框架6沿框架7的导轨作 X 方向运动，主轴箱5在活动框架6上作 Y 向运动，工作台3既可作 B 向转动，也可作 Z 向运动。由框架6和框架7构成的框中框结构，结构刚性好，运动平稳，因而机床的加工精度较高。

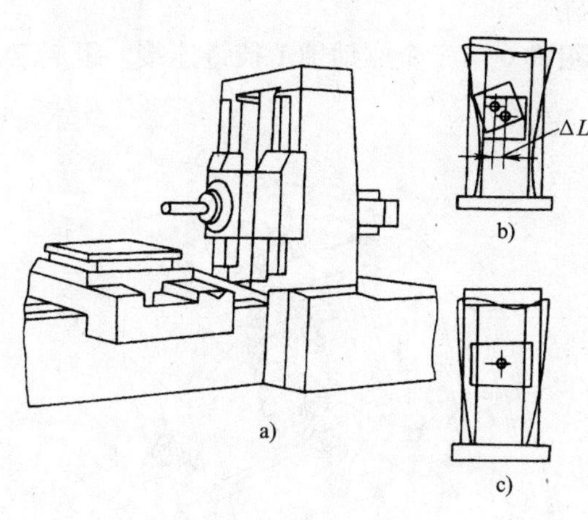

图9-14 框式立柱的加工中心
a）卧式加工中心 b）主轴箱以左立柱侧面定位
c）主轴箱以左右两立柱侧面定位

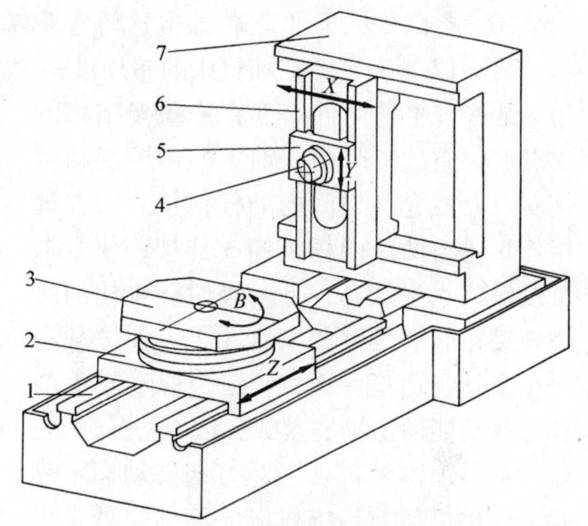

图9-15 框中框结构加工中心的布局
1—底座 2—滑座 3—工作台 4—主轴
5—主轴箱 6—活动框架 7—双立柱框架

9. 倒置式车削中心的布局

图9-16是一种倒置式车削中心的布局形式，主轴套筒3和内置电动机定子1固定在一起，主轴和电动机的中心线重合。主轴套筒3的外径和电动机定子1的外径又作为滑动面可在滚珠丝杠2的驱动下沿支座8内的圆导轨上下移动。支座8的下底面有导轨，在滚珠丝杠9的驱动下沿床身支架上的导轨作 X 方向运动。在回转刀盘5上装有多把刀具，有的刀具有独立动力驱动装置。对工件4进行车削、钻孔、镗孔和铣削；有的还能进行磨削、齿轮和激光加工，并可进行动平衡。这种机床主要用于盘类零件加工。为提高生产率，实现全自动加工，机床装有自动上下料机构6，盘类零件7在上下料机构6上按生产节拍移动。

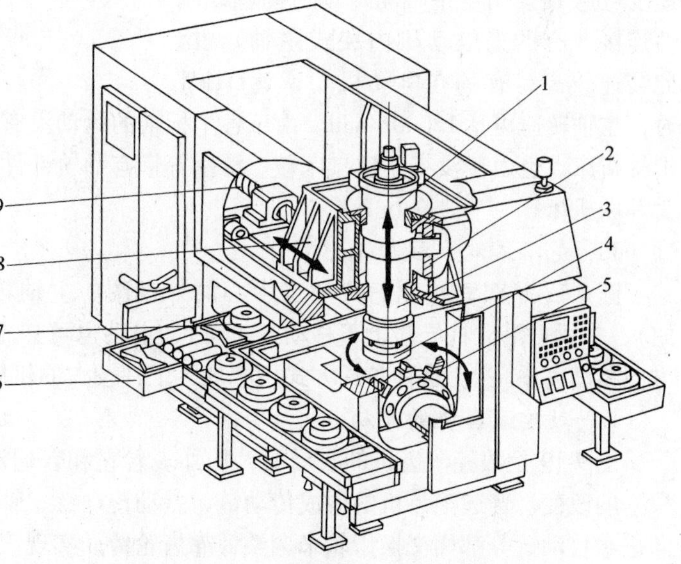

图9-16 倒置式车削中心的布局
1—电动机定子 2、9—滚珠丝杠 3—主轴套筒 4—工件
5—回转刀盘 6—上下料机构 7—盘类零件 8—支座

开始时主轴在上下料工位下移夹紧工件，再上移并移动到加工工位，进行加工。加工完后，主轴移到上下料工位将工件卸下，然后机构6推动工件移动，使待加工零件移至上下料工位，处在主轴的下面，这样就完成了一个工件的加工循环。这种机床加工集成性好，改善了工件的加工质量，加工成本较低。

10. 虚拟轴机床（并联机床）的布局特点

图9-17是一种虚拟轴机床的布局形式，主轴组件6与三个驱动轴1铰链连接，组成三角架结构，主轴组件6处在三角架结构的支点上，通过三个驱动轴1的伸缩联动可使支点处在允许空间内的任何位置。主轴组件6还与两级四杆机构3连接，使主轴轴线保持水平状态，下一级四杆机构的底面连接在能够摆动的支座4上，使主轴有一个平移自由度。因此，三个驱动轴1的伸缩联动能使主轴实现X、Y、Z方向的三轴联动。工作台5只作B方向转动而不移动。这种机床与传统机床的不同之处是它没有X、Y、Z等坐标方向的导轨，所以也就没有支承导轨的构件，如：立柱、床鞍、滑座等。这种机床结构简单，零部件少，重量轻，刚性好，装配及维修方便，故障率也较低。由于移动部件重量轻，因此坐标运动速度较高，有的可达100m/min，加速度可达1g。由于主轴与电动机同轴线刚性连接（有的是电动机内装式主轴），因此转速较高，有的在电动机功率达31kW时，主轴转速可达15000r/min。由于各坐标轴的运动没有导轨的约束，因此称这类机床为虚拟轴机床。也由于没有立柱、床鞍、滑座等带有导轨部件的层叠串联安装机构，所以，也称为并联机床。

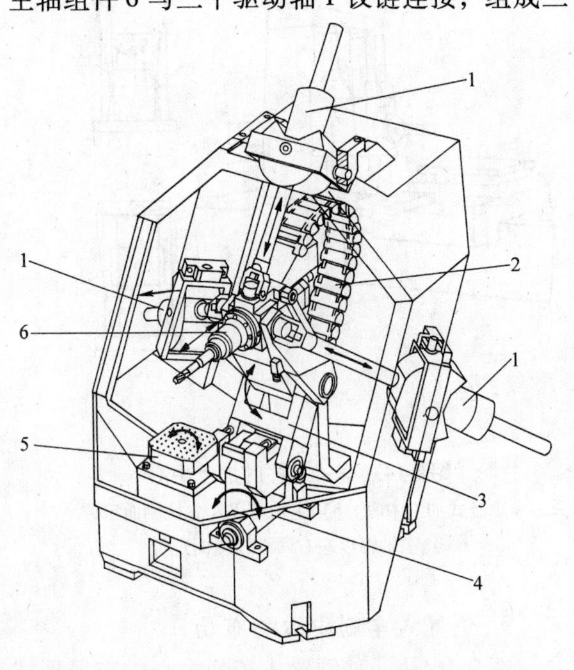

图9-17 虚拟轴机床（并联机床）的布局特点

1—驱动轴 2—管线链盒 3—四杆机构

4—支座 5—工作台 6—主轴组件

11. 龙门式双立柱加工中心

图9-18是双立柱龙门式加工中心的外观图。主轴箱可沿横梁上的导轨左右移动（Y向），横梁可沿立柱导轨上下移动（Z向），主轴也可作上下（W向）移动，工作台作前后方向移动（X向）。这种布局方式用于加工工件较大的机床，刚性好，热变形小。

12. 数控滚齿机的布局

图9-19是数控滚齿机的布局图，从外表看它和普通滚齿机很相似，但其传动方式有了根本的改变。普通滚齿机的展成传动链、差动传动链、轴向进给传动链、主运动传动链、切向进给传动链等都用交换齿轮来调整，靠齿轮传动实现滚切齿轮时所需的运动联系；滚刀轴线的角度也是手动调整实现的。而数控滚齿机的这些运动都由数控系统控制的伺服电动机实现的。从图9-19中可以看出：主运动传动链（外联系传动）是伺服电动机7经过两级齿轮降速后带动滚刀主轴9转动，有些机床刀具主轴的最高转速可达1200r/min。伺服电动机2

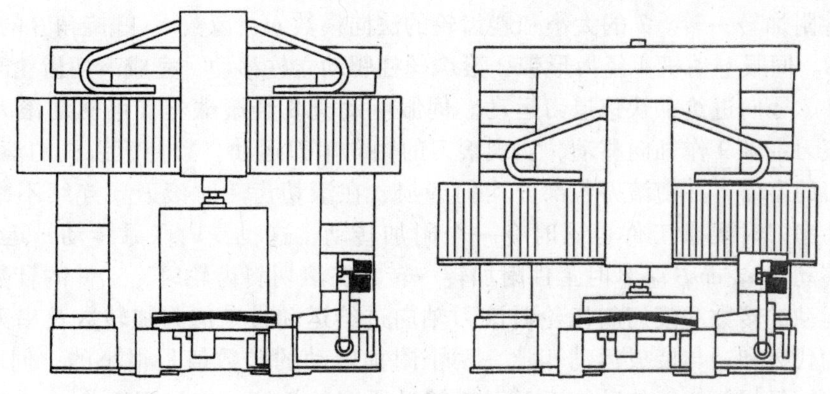

图 9-18　双立柱龙门式加工中心

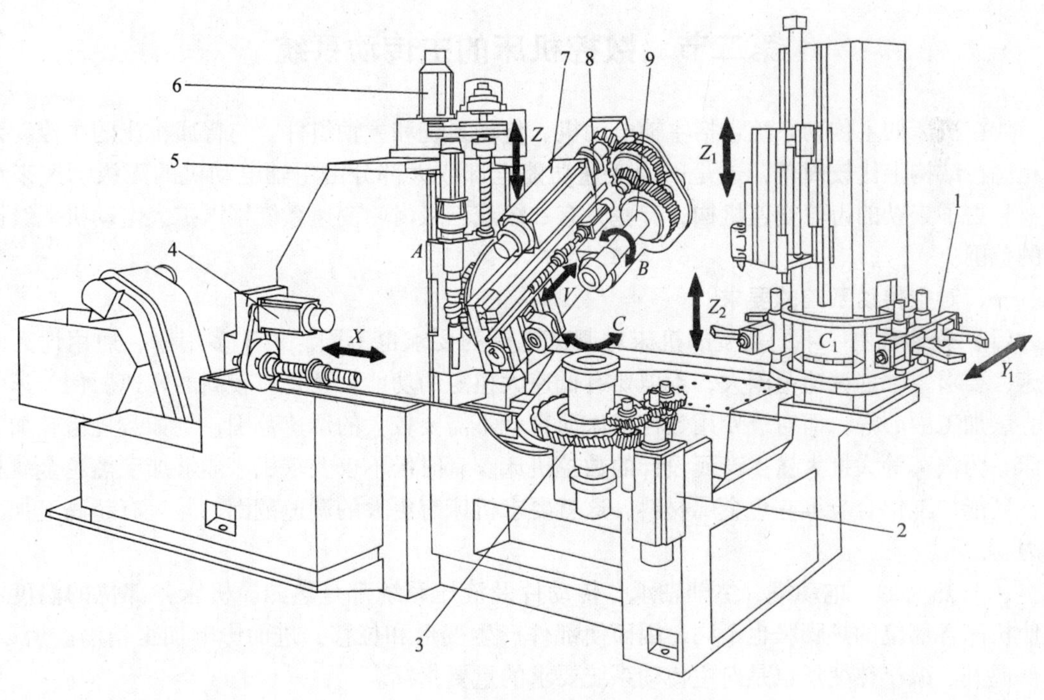

图 9-19　数控滚齿机的布局

1—机械手　2、4、5、6、7、8—伺服电动机　3—大齿轮　9—滚刀主轴

经过两对降速齿轮驱动安装在工作台下面的大齿轮 3 转动，使装在工作台上的工件（被切齿轮）产生旋转运动，有些机床工作台的最高转速可达 200r/min。完成滚切齿轮的展成运动（内联系传动）是由伺服电动机 2 和 7 实现的，根据被加工齿轮的齿数和滚刀头数的不同，由程序来精确地控制滚刀和工件间的运动联系，滚刀旋转和工件旋转的运动关系为：滚刀旋转 z/K（z 为工件齿数，K 为滚刀头数）转时，工件（工作台）转过一转。伺服电动机 6 经齿形带、滚珠丝杠驱动滚刀刀架作轴向运动，实现轴向进给（外联系传动）。滚切斜齿轮时，随着滚刀的轴向进给移动，工件要有一个附加转动，也是内联系传动。运动联系是由程序控制的，运动关系为：刀架移动 T 毫米（工件斜齿螺旋线导

程）时工件附加转一转。T 的大小和斜齿轮的法向模数 m、齿数 z、螺旋角 β 的关系为：$T=\pi mz/\sin\beta$。伺服电动机 4 经齿形带、滚珠丝杠驱动立柱移动，完成滚切齿轮时的快速径向移近工件、径向进给和快速退刀运动。伺服电动机 8 经滚珠丝杠可驱动滚刀主轴刀架移动，使滚刀主轴 9 作轴向移动，实现滚刀的轴向串刀运动。数控滚齿机的滚刀都较长，为提高滚刀的寿命，并使滚刀各部分均匀磨损，在滚切齿轮时滚刀要连续不断地作轴向串刀运动，串刀时要求工件也同时有一个附加转动，这也是内联系传动，运动关系为：滚刀串刀移动 $\pi mz/\cos\beta$ 毫米时工件附加转一转。在滚切斜齿轮时，工件的转数应精确地等于展成运动的转数和滚切斜齿轮时滚刀轴向进给运动带来的附加转数及串刀运动时的附加转数的代数和。与展成运动相比，两个附加转动的转数值是很小的。伺服电动机 5 和蜗杆相连，经蜗杆蜗轮传动使滚刀刀架转过所需的角度，使滚刀刀齿圆周速度的方向与工件的齿向相同。机械手 1 用于工件的自动上下料。

第二节　数控机床的主传动系统

数控机床的主传动系统包括主轴电动机、传动系统和主轴组件。与普通机床的主传动系统相比在结构上比较简单，这是因为变速功能全部或大部分由主轴电动机的无级调速来承担，省去了繁杂的齿轮变速机构，有些只有二级或三级齿轮变速系统用以扩大电动机无级调速的范围。

一、对主传动系统的要求

（1）调速范围　不同类型的机床对调速范围的要求也不同。对于多用途、通用性大的机床，要求主轴的调速范围大，不但要有低速大扭矩的功能，还要有较高的转速。例如车削中心、加工中心等。而对于专用数控机床而言就不需要较大的调速范围，例如数控齿轮加工机床、为汽车等大批大量生产而设计的数控机床。有时候不仅要求机床能够加工黑色金属材料，还能加工铝合金等有色金属材料，这就要求机床有更大的调速范围，并且有超高速加工能力。

（2）热变形　电动机、主轴轴承、传动件及液压系统都是热源。机床各部位的温度不同使机床各部位的热膨胀也不同，因而使部件产生变形和位移，进而影响加工精度。所以，降低温升、减小热变形也是对主传动系统要求的重要指标。

（3）主轴的旋转精度和运动精度

1）主轴的旋转精度是指在无载荷、低速转动条件下测量主轴前端和在 300mm 处的径向和轴向圆跳动值。

2）主轴在工作速度旋转时所测量的上述两项精度称为运动精度。

3）数控机床要求有高的旋转精度和运动精度。

（4）主轴的静刚度和抗震性　由于数控机床加工精度较高，主轴的转速又很高，因此对主轴的静刚度和抗震性要求较高。主轴的轴颈尺寸、轴承类型及配置方式、轴承预紧量大小、主轴组件的重量分布是否均匀及主轴组件的阻尼等对主轴组件的静刚度和抗震性都会产生影响。

（5）主轴组件的耐磨性　主轴组件必须有足够的耐磨性，使之能够长期保持精度。凡有机械摩擦的部位，如轴承、锥孔等都应有足够高的硬度，轴承处还应有良好的润滑。

二、数控机床主轴的调速方法

数控机床的调速是按照控制指令自动进行的，因此变速机构必须适应自动操作要求，在主传动系统中，目前多采用交流主轴电动机、交流伺服电动机和直流主轴电动机的无级调速系统，为扩大调速范围，适应低速大扭矩的要求，多用齿轮有级调速和电动机无级调速相结合的调速方式。

数控机床主传动系统主要有四种配置方式，如图 9-20 所示。

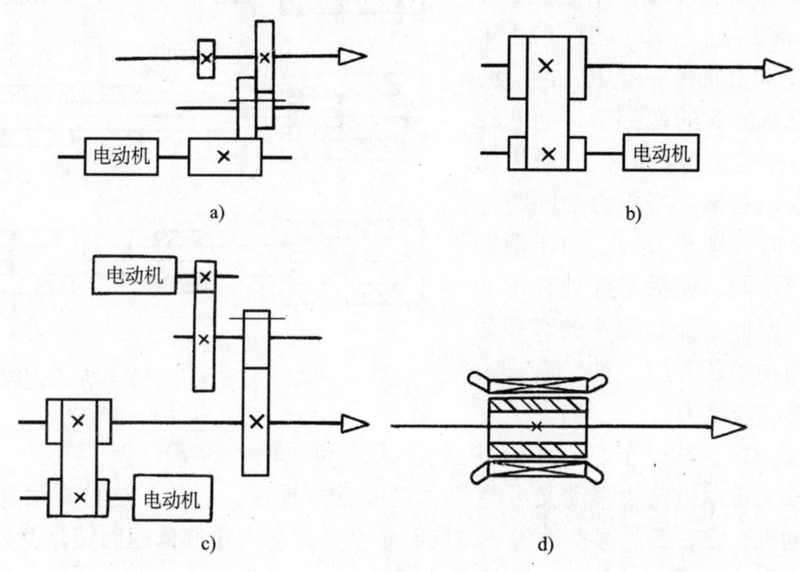

图 9-20　数控机床主传动的四种配置方式

a）变速齿轮　b）带传动　c）两个电动机分别驱动　d）内装电动机主轴传动

（1）带有变速齿轮的主传动（图 9-20a）　这是大中型数控机床较常采用的配置方式，由于电动机在额定转速以上的恒功率调速范围为 2～5，当需要扩大这个调速范围时，常用变速滑移齿轮传动的办法来实现。为获得主轴低速大扭矩的性能要求，常用齿轮降速的办法。滑动齿轮的移位大都采用液压拨叉或直接由液压缸带动齿轮来实现。

（2）通过带传动的主传动（图 9-20b）　这种传动主要用在转速较高、变速范围不大、低速转矩要求不高的机床上。电动机本身的调速范围能够满足要求。不用齿轮变速，可以避免由齿轮传动时所引起的振动和噪声。常用的传动带有 V 带和同步齿形带。

（3）用两个电动机分别驱动主轴（图 9-20c）　是上述两种方式的混合传动，具有上述两种性能。高速时由一个电动机通过带传动；低速时，由另一个电动机通过齿轮传动，齿轮起到降速和扩大变速范围的作用，这样就使恒功率区增大，扩大了变速范围，避免了低速时转矩不够且电动机功率不能充分利用的问题。但两个电动机不能同时工作，也是一种浪费。

（4）内装电动机主轴传动结构（图 9-20d）　主轴和电动机转子装到一起，省去了电动机和主轴间的传动件，主轴只承受转矩而没有弯矩，用电动机的变速来实现主轴的变速，低速时为恒转矩变速，功率随转速的降低而减小。主要用于高速主轴，但电动机发热对主轴的影响较大，需专设一套主轴冷却装置。

在带有滑移齿轮传动的主传动系统中，齿轮的换挡主要靠液压拨叉来完成，图9-21是三位液压拨叉的原理图。通过改变不同的通油方式，使三联齿轮块获得三个不同的变速位置。该机构除液压缸和活塞杆外，还增加了套筒4。当液压缸1通入压力油，而液压缸5卸压时（图9-21a），活塞杆2便带动拨叉3向左移动到极限位置，此时拨叉带动三联齿轮块移动到左端。当液压缸5通压力油，而液压缸1卸压时（图9-21b），活塞杆2和套筒4一起向右移动，在套筒4碰到液压缸5的端部后，活塞杆2继续右移到极限位置，此时，三联齿轮块被拨叉3移动到右端。当压力油同时进入液压缸1和5时（图9-21c），由于活塞杆2的两端直径不同，使活塞杆处在中间位置。在设计活塞杆2和套筒4的直径截面时，应使套筒4的圆环面上的向右推力大于活塞杆2的向左推力。

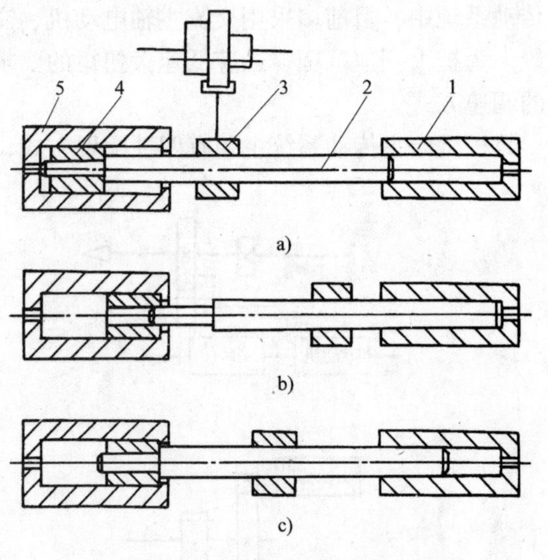

图9-21 三位液压拨叉作用原理图

a）左位 b）右位 c）中位

1、5—液压缸 2—活塞杆 3—拨叉 4—套筒

液压拨叉换挡在主轴停车之后才能进行，但停车时拨叉带动齿轮块移动又可能产生“顶齿”现象，因此在这种主运动系统中通常设一台微电动机，它在拨叉移动齿轮块的同时带动各传动齿轮作低速回转，使齿轮能够顺利啮合。

三、主轴部件及主轴箱

1. 主轴轴承的配置

数控机床的主轴轴承的配置形式主要有两种：高刚度型和高速型，如图9-22所示。

（1）高速型 前后轴承都采用高精度角接触球轴承（图9-22a），该轴承具有良好的高速性能，主轴的 $d_m n$ 值可达 1×10^6 m/min，但是它的承载能力小，因而适用于高速、轻载和精密的数控机床主轴中。

（2）高刚度型 前支承采用双列短圆柱滚子轴承和60°角接触双向推力球轴承的组合，后支承采用短圆柱滚子轴承（图9-22b），此配置形式大幅度提高了主轴的综合刚度，可实现强力切削，但因60°角接触双向推力球轴承的转速限制，因此多应用于中低速的数控机床主轴上。有的机床采用两个接触角较大的角接触球轴承来承受轴向力（图9-22c），而不用60°角接触双向推力球轴承，可提高主轴的转速，但轴向力承载能力有所降低。

上述两种轴承都要有相应的预紧。预紧可提高主轴的静刚度，但预紧量要合适，过大的预紧量会增加功率的消耗和引起发热，过小则会降低主轴刚度。

2. 主轴的润滑与冷却

主轴轴承的润滑和冷却是保证主轴正常工作的必要手段。为了尽可能地减少主轴部件温升引起的热变形对机床工作精度的影响，通常利用流动循环的润滑油把主轴部件的热量带走，使主轴部件与箱体保持较恒定的温度。在某些数控机床上，采用专用的冷却装置，控制主轴箱温升。有些主轴轴承内填充高级润滑油脂，每加一次油脂可以使用7～10年。有些主

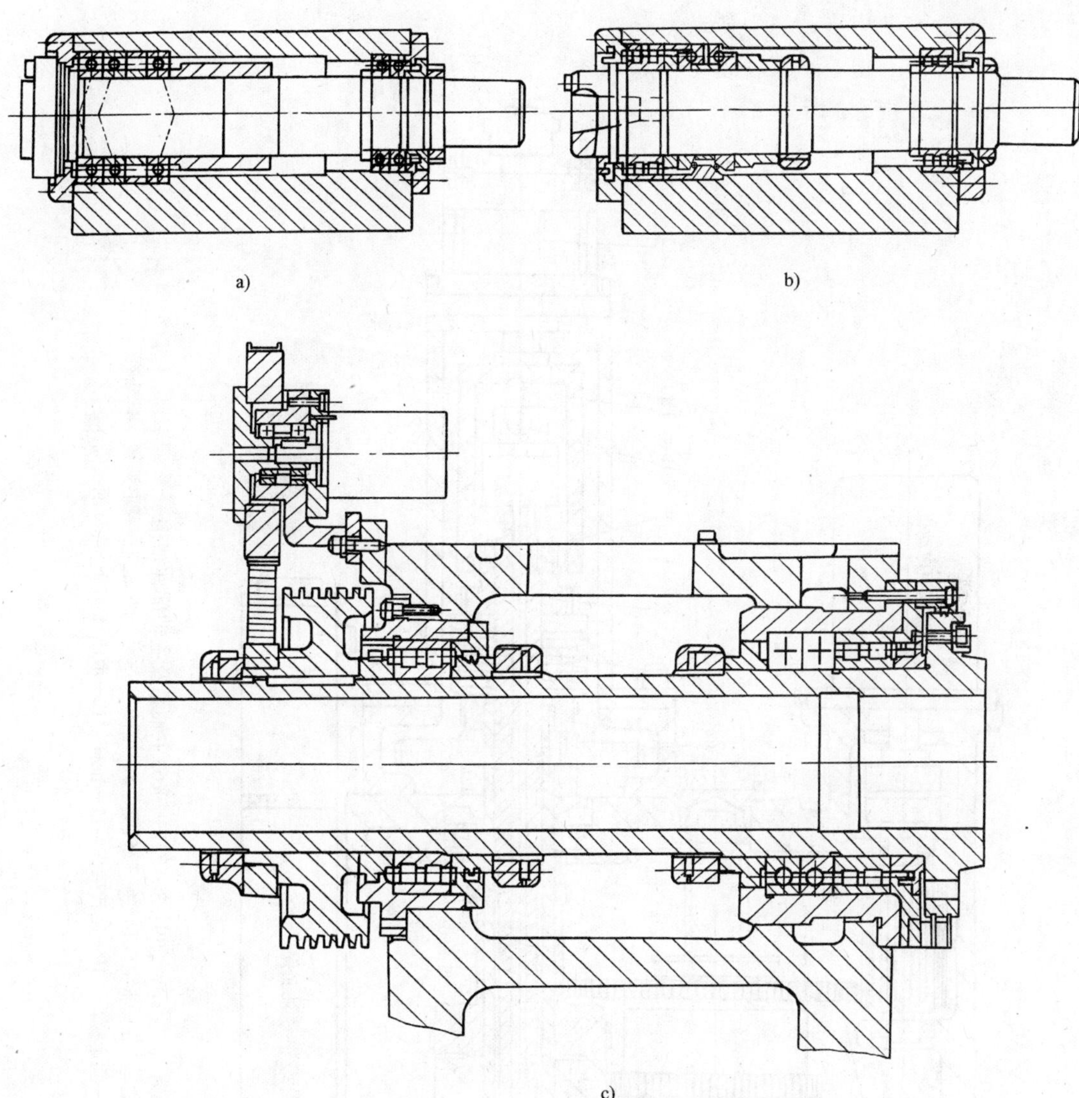

图 9-22　采用滚动轴承的主轴单元

a）高速型　b）高刚度型　c）MJ-50 数控车床主轴箱结构简图

轴采用油气润滑、喷注润滑和突入滚道润滑等措施，以保证在高速时的正常冷却和润滑的效果，详见高速主轴设计部分中的冷却润滑技术的研究。

3. ZHS—K63 的主轴箱

ZHS—K63 的主轴箱及主轴部件结构如图 9-23 所示。主轴箱中有个三联换挡齿轮，通过变速液压缸的移位进行有级变速。ZHS—K63 是一台卧式加工中心，刀库中的刀具通过机械手在主轴上进行自动换刀。装在主轴上的刀具，由碟形弹簧 7 的弹力，使拉杆 5 通过弹性卡爪 3，拉住装在刀柄尾部的拉钉 1，把刀具拉紧在主轴 2 上，以 7∶24 国际通用的锥面进行定位。换刀时，由电控系统对液压系统发出指令，将压力油通入液压缸 12 的右腔，使推杆 11 左移并通过轴套 8 推动拉杆 5 左移。当拉杆 5 左端的弹性卡爪 3 进入较大的空间后，便自动

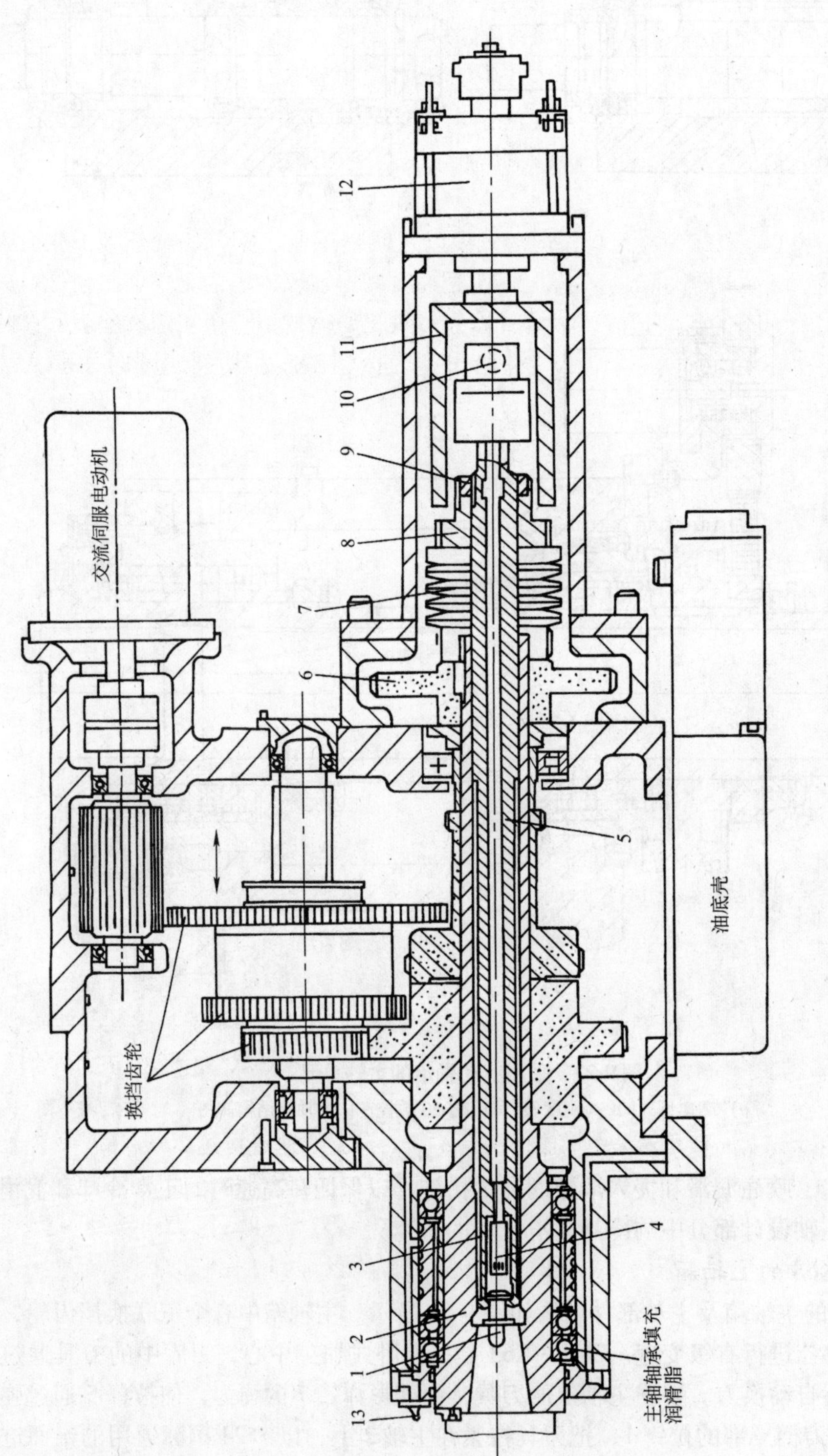

图9-23 ZHS—K63主轴箱及主轴部件结构

1—拉钉 2—主轴 3—弹性卡爪 4—喷气嘴 5—拉杆 6—定位凸轮 7—碟形弹簧 8—轴套 9—固定螺母 10—旋转接头 11—推杆 12—液压缸 13—冷却液喷嘴

张开而放松拉钉1。当拉杆5继续左移时，由喷气嘴4的左端推松刀具。这时，机械手把刀具从主轴上取下。随后，经旋转接头10进入的压缩空气从喷气嘴4喷出，将主轴2上的7:24锥孔表面吹干净。当机械手将另一把刀具装入主轴后，液压系统接受指令，使压力油通入液压缸12的左腔，推杆11随之右移回到原位。碟形弹簧7使拉杆5右移，由弹性卡爪3拉住刀具上的拉钉1。碟形弹簧7的拉力由固定螺母9调节，保持以20kN的拉力把刀具拉紧在主轴上。当切削加工需要冷却时，由喷嘴13喷出冷却液进行冷却。

四、高速主轴的设计

20世纪80年代以来，随着刀具材料的发展以及航空工业、家电、汽车等工业追求机械零件的轻量化而普遍采用铝合金零件后，促使数控机床、加工中心的主轴向高速化发展。切削加工铝合金要求更高的切削速度，根据日本大限铁工所做的铝合金切削试验表明：随着速度的提高，表面粗糙度 *Ra* 值有所降低，并给出了表面粗糙度和切削速度的关系表（见表9-1）。

表9-1 铝合金在切削试验中切削速度和表面粗糙度的关系

转速/(r/min)	进给量/(mm/min)	切削速度/(m/min)	*Ra*/μm
10000	1000	785	0.56
20000	2000	1570	0.46
30000	3000	2356	0.32
40000	4000	3142	0.32

主轴高速化首要解决的技术问题有三个方面。

1）高速电动机的控制技术。

2）高速轴承的开发：①陶瓷轴承：这种轴承的滚动体是用陶瓷材料制成的，而内、外圈仍用轴承钢制造。陶瓷材料为 Si_3N_4，其优点是重量轻，为轴承钢的40%；热膨胀系数小，是轴承钢的25%；弹性模量大，是轴承钢的1.5倍。采用陶瓷滚动体，可大大减小离心力和惯性滑移，有利于提高主轴转速。目前的问题是陶瓷价格昂贵，且有关寿命、可靠性试验数据尚不充分，需进一步试验和完善。②磁悬浮轴承（图9-24）：它是靠电磁力将转子悬浮在中心位置，由于轴心的位置是靠电子反馈控制系统进行自动调解，因此其刚度值可以设定得很高，主轴的轴向尺寸变化也很小，这种轴承温升低，回转精度很高（可达0.1μm）。由于转子和定子不接触，因此没有磨损，无需润滑，转速高，寿命很长。多用于高速电动机主轴，其 $d_m n$ 值可高出滚动轴承1~4倍，最高线速度可达200m/s（陶瓷轴承为80m/s），是一种很有前途的轴承。③流体动静压轴承：有的公司称他们自制的这种轴承与滚动轴承比较，其寿命长，刚度高出5~6倍，主轴功率为57kW时最高转速可达20000r/min。④小球球轴承：它是球轴承的一种，因其滚珠直径较小，而使它的极限转速比普通球轴承高。

3）冷却润滑技术的研究：滚动轴承的冷却润滑对轴承的寿命和降低温升是十分必要的，过去，加工中心机床主轴轴承大都采用油脂润滑方式，为了适应主轴转速向更高速化发展的需要，新的润滑冷却方式相继开发出来，表9-2给出了不同时期为减小轴承温升，进而减小轴承内外圈的温差，以及为解决高速主轴轴承滚道处进油困难所开发的各种润滑冷却方式和相应的主轴转速。

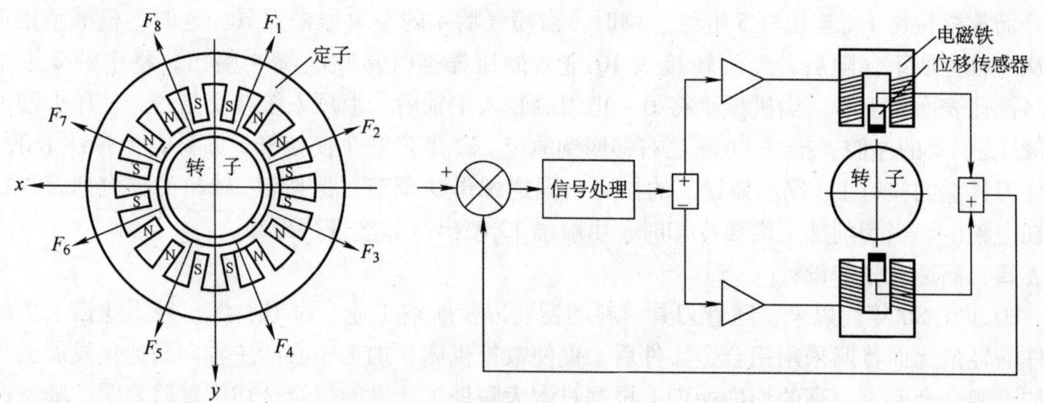

图 9-24 磁悬浮轴承的工作原理图

表 9-2 主轴转速变迁表

年 代	转速/(r/min)	润 滑 方 式	备 注
1980	5000	油脂	
1984	7000	油气	
1986	10000	油脂	
	15000	油气	陶瓷轴承(滚动体)
1988	20000	喷注	陶瓷轴承(滚动体)
1990	2.5 万~3 万	喷注	全陶瓷轴承

①油气润滑方式。这种润滑方式不同于油雾润滑方式，油气润滑是用压缩空气把小油滴送进轴承空隙中，油量大小可达最佳值，压缩空气有散热作用，润滑油可回收，不污染周围空气。图 9-25 是油气润滑原理图。

根据轴承供油量的要求，调节定时器的循环时间可从 1~99min 定时，每次定时时间到，二位二通气阀开通一次，压缩空气进入注油器，把少量油带入混合室；经节流阀的压缩空气，也进入混合室，并把混合室内的油带进塑料管道内，油液沿管道壁被压缩空气吹过喷嘴，形成小油滴，进入轴承内。

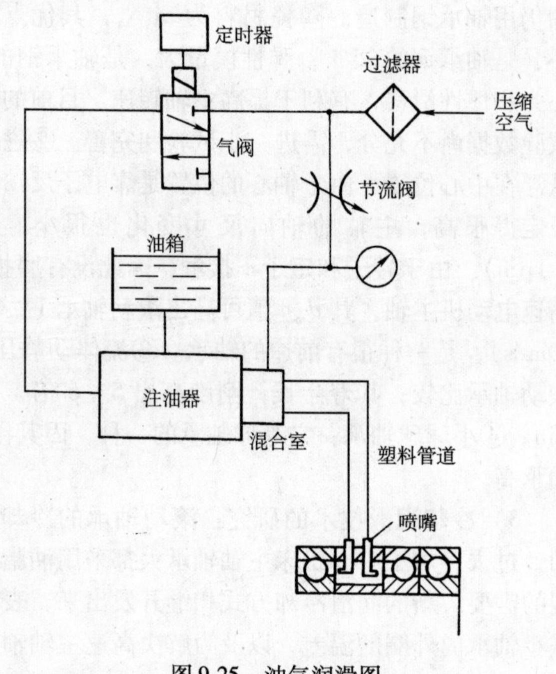

图 9-25 油气润滑图

②喷注润滑方式。这是最近开始采用的一种新型润滑方式。其原理如图 9-26 所示。它用较大流量的恒温油（每个轴承 3~4L/min）喷注到主轴轴承，以达到冷却润滑的目的。回油则不是自然回流，而是用两台排油泵强制排油。

③突入滚道式润滑方式。内径为 100mm 的轴承以 20000r/min 的速度旋转

时，线速度为 100m/s 以上，轴承周围的空气也伴随流动，流速可达 50m/s。要使润滑油突破这层旋转气流很不容易，采用突入滚道式润滑方式则能够可靠地将油送到轴承滚道处。

图 9-27 所示为适应该要求而设计的特殊轴承。润滑油的进油口应在内滚道附近，利用高速轴承的泵效应，把润滑油吸入滚道。若进油口较高，则泵效应差，当进油口接近外滚道时则成为排放口，油液则不能进入轴承内部。

4）电动机内装式主轴：电动机转子装在主轴上，主轴也是电动机轴，多用在中小型加工中心机床上。这也是近年来高速加工中心主轴发展的一种趋势。图 9-28 所示为电动机内装式主轴结构示意图以及冷却油经过的路线。

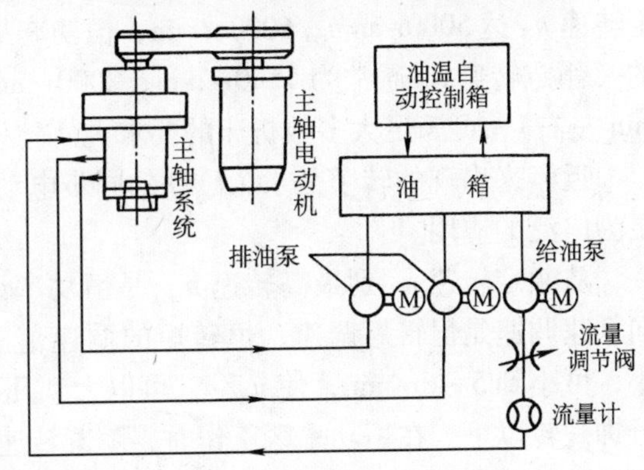

图 9-26　喷注润滑系统图

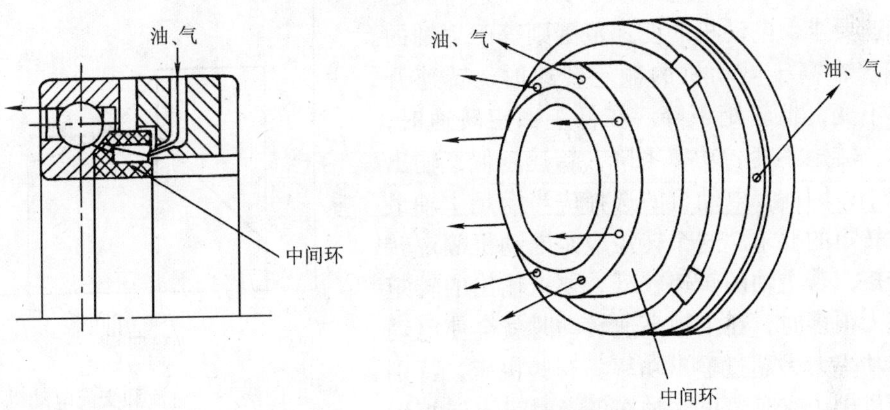

图 9-27　突入滚道润滑用特种轴承

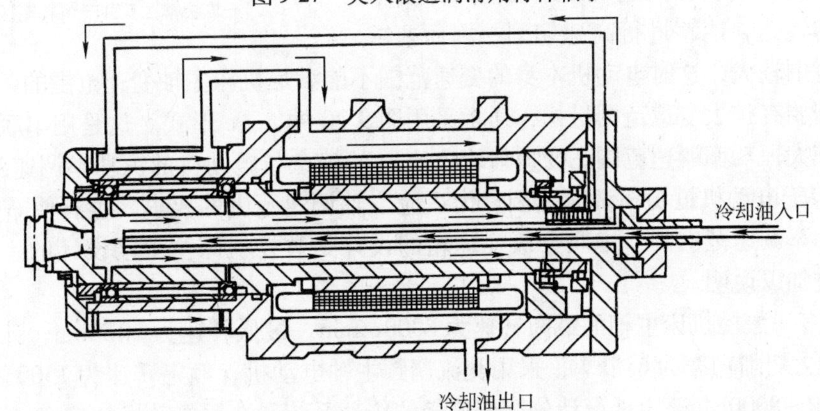

图 9-28　电动机内装式主轴

五、无级变速传动链的设计

目前数控机床上采用的主轴电动机主要是调频变速笼型感应电动机，由于主轴转速、功率、转矩、传动方式等要求的不同，可供选择的电动机有多种，有低速大转矩的（额定转速 n_d 多在 400 ~ 750r/min 范围内，恒功率最高转速 n_{max} 在 6000r/min 以下）；有高速的（额定转速 n_d 达 5000r/min、6000r/min；恒功率最高转速 n_{max} 达 20000r/min）；更多的是普通型的（额定转速 n_d 通常为 1500r/min、2000r/min，恒功率最高转速 n_{max} 在 6000r/min、8000r/min 左右），可满足大多数机床的要求。

近年来出现的转子是永久磁铁的同步电动机是性能更好的主轴电动机，相信将来会得到更为广泛的应用。

从额定转速 n_d 到最高转速 n_{max} 是恒功率调速，调速范围为 $n_{max}/n_d \leq 5 \sim 6$，从额定转速向低速调速是恒转矩调速，恒转矩的调速范围为 n_d/n_{min}，由于恒转矩最低转速 n_{min} 可以很小，可小到 5 ~ 6r/min，使 n_d/n_{min} 可以大到几百以上。当主轴作为 C 轴使用时，可慢到几十分钟一转以下。在恒功率区工作时，随着转速的升高，转矩变小，功率不变。在恒转矩区工作时，随着转速的下降，功率减小，转矩不变，如图 9-29 所示。

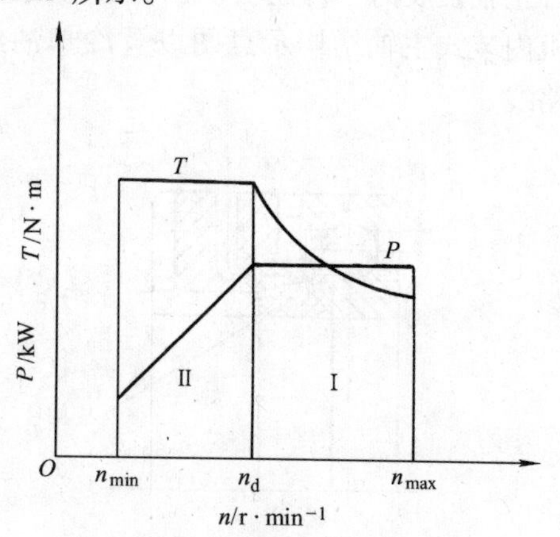

图 9-29 直流和交流电动机的功率-转矩特性
Ⅰ—恒功率区 Ⅱ—恒转矩区

有些机床主要用于高速加工，主传动系统通常采用图 9-20b、d 形式，用电动机本身的变速来满足主轴的变速要求，电动机的变速范围则等于主轴的变速范围。在高于电动机的额定转速时，转速升高，功率不变，但转矩下降。在低于额定转速时，转速下降，转矩不变，功率下降，转速越低，输出的功率越小，因此，电动机的选择应当满足主轴最低转速时转矩的要求。这个转矩应是电动机额定转速时的转矩，若主轴的转速较低，要求输出的转矩又比高速大很多时，在主轴高速转动时就会使电动机的额定功率大大超过输出功率。有些机床，特别是中大型机床，有时要求主轴在低速时可大转矩切削加工，要求机床主轴有低速大转矩功能，又要求主轴有较高的转速，能够进行高速切削，因而要求主轴的变速范围较大，这时电动机本身的变速范围不能满足机床主轴变速范围的要求，电动机到主轴之间要有扩大变速范围机构，通常采用图 9-20 中 a、c 形式。这是用串联分级变速箱的办法来扩大恒功率调速范围。变速齿轮公比 ϕ 的确定与电动机的恒功率调速范围有关，原则上使 ϕ 等于电动机恒功率调速范围。为适应主轴调速范围的要求，也有使 ϕ 大于或小于电动机恒功率调速范围的。串联分级变速箱的设计是数控机床主传动设计的一个重要部分，下面举例加以说明。

例 9-1 有一数控机床主轴的最高转速为 8000r/min，最低转速为 20r/min，计算转速为 125r/min，最大切削功率为 6.5kW，采用交流调频主轴电动机，额定转速为 1500r/min，最高转速为 6000 ~ 8000r/min。试设计分级变速箱的传动系统和选用电动机的功率。

解 主轴的恒功率调速范围

$$R_n = 8000/125 = 64$$

电动机的恒功率调速范围

$R_p = 6000/1500 = 4$（由于电动机型号未定，取最高转速的低限 6000r/min）

由于 $R_n > R_p$，必须配以分级变速箱。

如果取变速齿轮的公比 $\phi = R_p = 4$，由于电动机本身的无级变速范围与公比相等，应作为基本组，变速齿轮应作为扩大组。变速级数 Z 应满足下式：

$$R_n = \phi^{Z-1} R_p = \phi^Z$$

$$Z = \lg R_n / \lg \phi = \lg 64 / \lg 4 = 3$$

为简化变速箱及便于自动变速，希望用双速变速箱，这时双联齿轮作为扩大组的变速范围 R_K 应为

$$R_n = R_K R_p$$

$$R_K = R_n / R_p = 64/4 = 16$$

由于结构尺寸的限制，齿轮传动时，升速比不应大于 2，降速比不应小于 1/4（级数少时还可小些）。因此双联齿轮的变速范围 R_K 最好不超过 8，若 R_K 取 8 而不取 16，就使主轴的恒功率调速范围减小。为满足主轴的调速范围要求，不得不降低电动机的恒功率计算转速，即把低于额定转速部分的恒转矩区视为恒功率区进行计算，若扩大后的电动机调速范围为 R_F，这时公比 $\phi_F = R_F$，则

$$\lg\phi_F = \lg R_n / Z = \lg 64/2 = 0.903$$

$$\phi_F = 8$$

因此，选取电动机恒功率的计算转速为（6000/8）r/min = 750r/min。由于选取的电动机的计算转速比额定转速（1500r/min）低，选取的计算转速到额定转速区间实际上是恒转矩调速，因而使电动机功率图产生缺口，并使电动机功率增加，造成浪费。图 9-30 是双联变速齿轮作为扩大组的变速范围 $R_K = 8$ 时的传动系统图、转速图和电动机功率图。

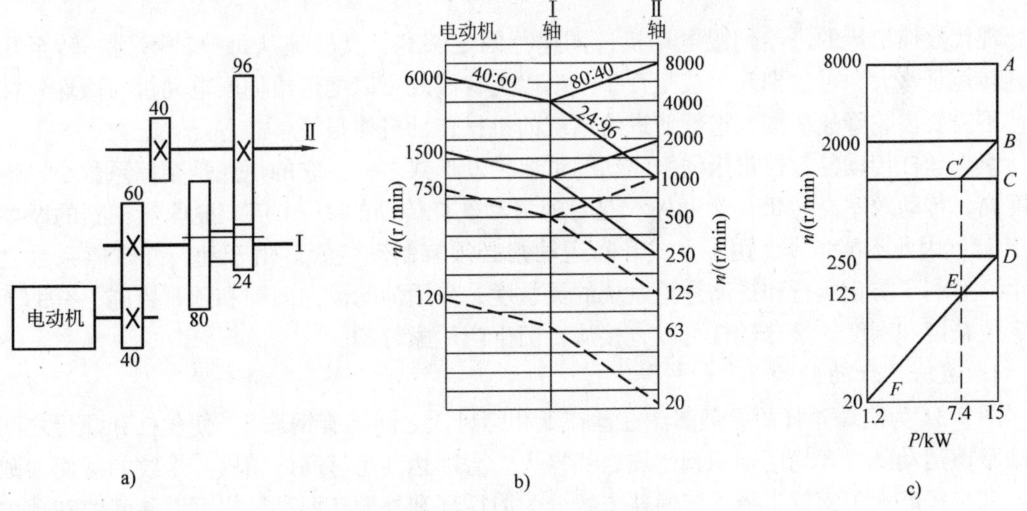

图 9-30　无级调速主传动链

a）传动系统图　b）转速图　c）电动机功率图

由图 9-30 可知，主轴恒功率调速范围是 2000 ~ 8000r/min 和 250 ~ 1000r/min 的两个范围。当电动机为额定转速 1500r/min 时，经齿数为 40∶60 和 80∶40 两对齿轮使主轴获得

2000r/min 的转速。当电动机向高速调到 6000r/min 时，主轴可升至 8000r/min，这是恒功率调速区。当电动机经 40:60 和 24:96 两对齿轮驱动主轴，电动机转速为额定转速 1500r/min 时，主轴转速为 250r/min。当电动机升速到 6000r/min 时，主轴转速为 1000r/min，这也是恒功率调速区。当主轴从 2000r/min 降至 1000r/min 及 250r/min 降至 125r/min 时，其转速是电动机从 1500r/min 降至 750r/min 得到的，这是恒转矩区，随转速的降低，电动机能够输出的功率减小，在电动机功率图中产生缺口。由图 9-30c 可以看出：*AB* 段、*CD* 段为恒功率区，*BC′* 段、*DE* 段为恒转矩区。为满足主轴 6.5kW 切削功率的要求，考虑到传动系统的总效率 η，电动机必须在 750r/min 时能够提供 6.5kW 的切削功率。从图 9-30a 可知，电动机到主轴应有八个轴承、两对啮合齿轮。

因而

$$\eta = 0.99^8 \times 0.98^2 = 0.88$$

当主轴转速为计算转速 125r/min 时（即图 9-30c 中的 *E* 点），电动机应输出的功率为

$$6.5\text{kW}/\eta = 7.4\text{kW}$$

所以选择的电动机功率应为

$$P_N = (6.5/0.88) \times 1500/750\text{kW} = 14.8\text{kW}$$

发那科（FANUC）交流主轴电动机 α15/7000i、α15/10000i、α15/7000HVi 额定输出功率为 15kW，$n_d = 1500$r/min，$n_{max} = 6000$r/min；西门子公司 1PH6 135—4NF0 和 1PH6 135—4NF4 型交流主轴电动机，$P_N = 15$kW，$n_d = 1500$r/min，$n_{max} = 8000$r/min。

上述两种电动机都是可选的。

第三节 数控机床的进给传动系统

现代数控机床的进给伺服电动机，调速范围足够宽，其转速从每分钟不到一转至几千转；转矩足够大，可达到几十甚至百牛·米以上，因此可以把进给伺服电动机与滚珠丝杠直连，不需要齿轮降速机构，这就使进给系统的机械传动机构很简单。

滚珠丝杠传动是数控机床伺服驱动的重要传动形式之一。它的优点是摩擦系数小，传动精度高，传动效率高达 85% ~98%，是普通滑动丝杠传动的 2 ~4 倍。滚珠丝杠副的摩擦角小于 1°，因此不能自锁，用于立式升降运动则必须有制动装置。由于动、静摩擦系数之差很小，有利于防止爬行和提高进给系统的灵敏度；采用消除反向间隙和预紧措施，有助于提高定位精度和刚度。滚珠丝杠可以直接从专门生产厂家订购。

1. 滚珠丝杠的结构

图 9-31 为滚珠丝杠的原理图。在丝杠 1 和螺母 3 之间装有钢珠 2，使丝杠和螺母之间为滚动摩擦运动。三者均用轴承钢制成，经淬火、磨削达到足够高的精度。螺纹的截面为圆弧形，其半径略大于钢球半径。依回珠方式分为内循环和外循环两种。根据消除间隙和预加载荷的方法不同，又分为单螺母法和双螺母法，如图 9-32 所示。

2. 滚珠丝杠副的消除间隙和预加载荷

滚珠丝杠的传动不允许存在轴向间隙，不仅因为它会造成反向冲击，更主要的是会产生定位误差，影响机床的精度稳定性。为了提高进给系统的刚度，应使滚珠丝杠在过盈条件下工作，即进行预加载荷或称为预紧。

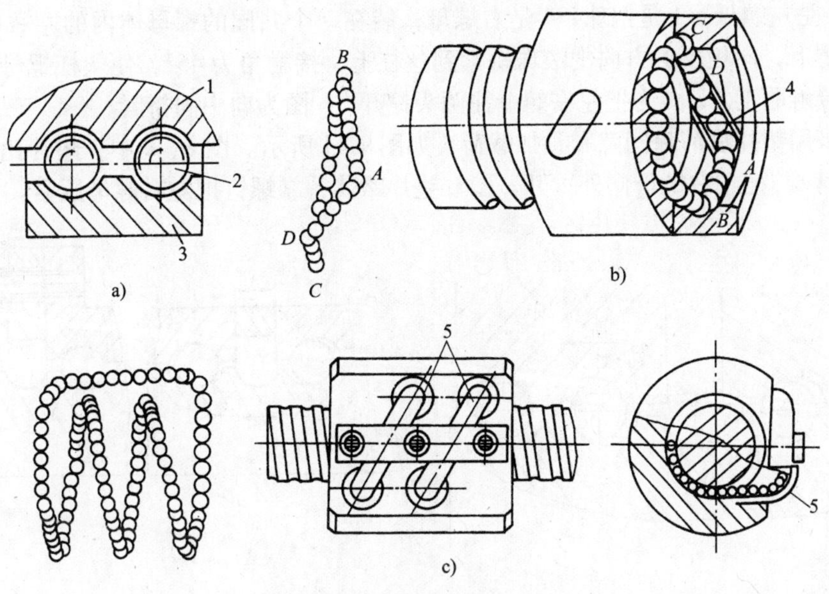

图 9-31　滚珠丝杠原理

a）局部剖面　b）滚道剖面　c）外形

1—丝杠　2—钢珠　3—螺母　4—内回珠器　5—外回珠器

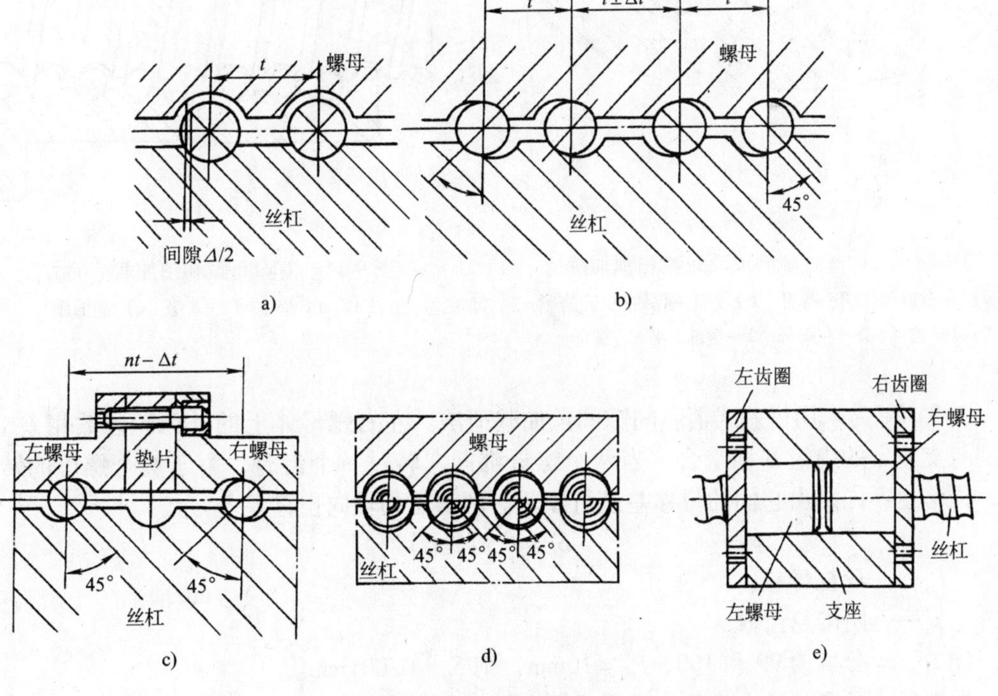

图 9-32　预加负载方式

a）单螺母无预紧　b）单螺母变位导程预紧　c）双螺母垫片式预紧

d）单螺母加大钢球径向预紧　e）齿差可调预紧

消除间隙和预紧的方法有多种。机床上常用双螺母法预加载荷。如图9-33所示。图中1是丝杠，2是左螺母，3是钢珠，4是右螺母，装在一个共同的螺母体内的左右螺母，在F_0的预加载荷下，向相反的方向把滚珠挤紧到丝杠上，接触角为45°，使丝杠螺母处于过盈状态而提高接触刚度。a图为把左右螺母往两头撑开，b图为向中间挤紧。

还有采用垫片法消除间隙和预加载荷，如图9-34所示。图a、c中，垫片比两螺母端面间的距离厚δ，把左右螺母向外撑开。图b垫片略薄，靠螺钉把左右螺母压紧。

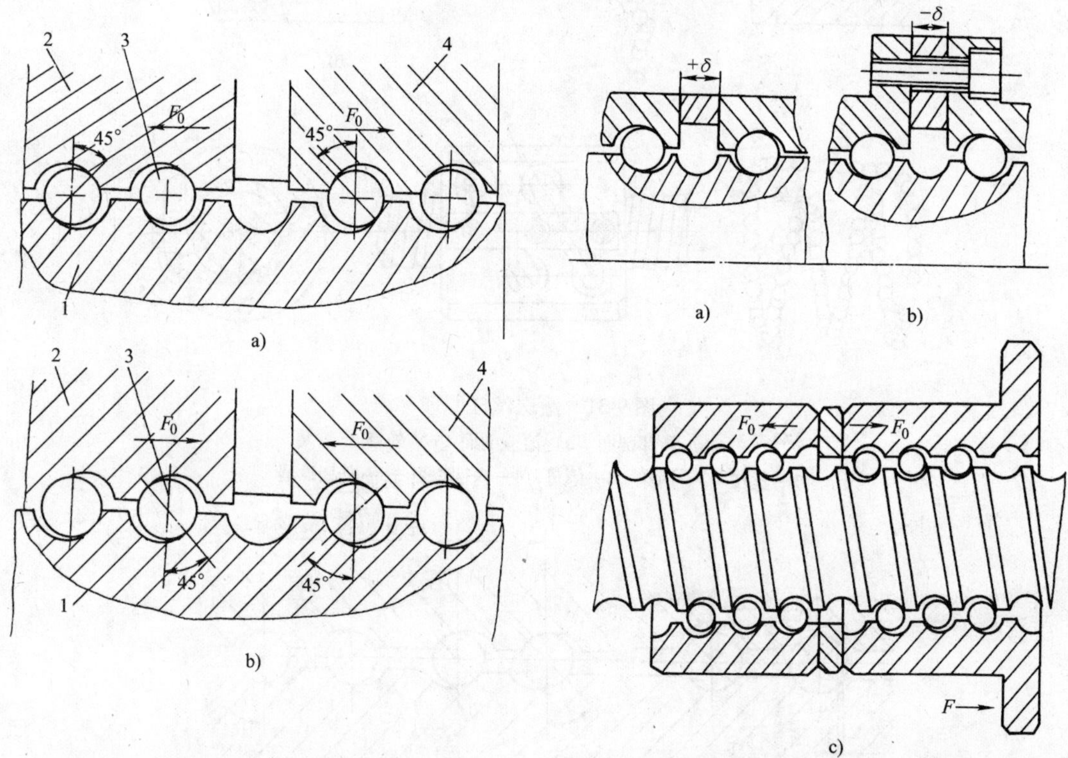

图9-33　滚珠丝杠副的消除间隙和预加载荷

a）左右螺母往两头撑开　b）左右螺母往中间挤紧

1—丝杠　2—左螺母　3—钢珠　4—右螺母

图9-34　消除间隙和预加载荷的方法

a）$+\delta$垫　b）$-\delta$垫　c）剖面图

图9-32e为采用齿差式消除间隙和预加载荷法。左右螺母体上的外齿轮齿数相差1，并分别与支座上的内齿圈相啮合。当两个螺母都同向转过一个齿时，由于两个螺母的转角不同，位移也不同，由它们的位移差进行预紧。两螺母的轴向位移差S_0为

$$S_0 = P_n/(z_1 z_2)$$

式中　P_n——丝杠导程；

z_1、z_2——两齿轮齿数。

如z_1、z_2分别为99和100，$P_n=10\text{mm}$，则$S_0\approx 0.001\text{mm}$。

根据所需预紧量的大小确定两螺母同向转过的角度。一般滚珠丝杠的预加载荷F_0应不低于丝杠最大轴向载荷F的1/3。预紧后的刚度可提高到无预紧时的两倍。

3. 滚珠丝杠的预拉伸

滚珠丝杠在工作时会发热，其温度高于床身。丝杠的热膨胀将使导程加大，影响定位精

度。为了补偿热膨胀，可将丝杠预拉伸。预拉伸量应略大于热膨胀量。发热后，热膨胀量由部分预拉伸量抵消，使丝杠内的拉应力下降，但长度却没有变化。需进行预拉伸的丝杠在制造时应使其目标行程（螺纹部分在常温下的长度）等于公称行程（螺纹部分的理论长度，等于公称导程乘以丝杠上的螺纹圈数）减去预拉伸量。拉伸后为公称行程值。减去的预拉伸量也称为“行程补偿值”。

例 9-2　如有一丝杠，螺纹部分长 $L_1 = 1100\text{mm}$，跨距（两端轴承间的距离）$L = 1300\text{mm}$。工作时丝杠温度预计比床身高 $\Delta t = 3℃$，求预拉伸量。

解　热膨胀量 ΔL_1 为

$$\Delta L_1 = \alpha_1 L_1 \Delta t$$

式中　α_1——线膨胀系数，钢 $\alpha_1 = 11 \times 10^{-6}$。

故　$$\Delta L_1 = 11 \times 10^{-6} \times 1100 \times 3\text{mm} = 0.036\text{mm}$$

预拉伸量应略大于 ΔL_1。若选螺纹部分预拉伸量为 0.06mm，则温度升 3℃ 后还有 0.024mm 的剩余拉伸量。预拉伸力有所下降，但并未完全消失。螺纹长度不变，故补偿了热膨胀。在向丝杠厂订货时，应说明行程补偿值为 $C = -0.06\text{mm}$。装配时应按跨距拉伸，拉伸量为

$$CL/L_1 = (0.06 \times 1300/1100)\text{mm} = 0.071\text{mm}$$

图 9-35 是丝杠预拉伸的一种结构图。丝杠两端有推力轴承 3、6 和滚针轴承支承，拉伸力通过螺母 8、套、推力轴承 6、静圈 5、调整套 4 作用到支座上，当丝杠装到两个支座 1、7 上之后，拧紧螺母 8 使 3 靠在丝杠的台肩上，再压紧压盖 9，使调整套 4 两端顶紧在支座 7 和静圈 5 上，用螺钉和销子将支座 1、7 定位在床身上，然后卸下支座 1、7，取出调整套 4，把 4 换上加厚的调整套，加厚量等于预拉伸量，再照样装好，固定在床身上。

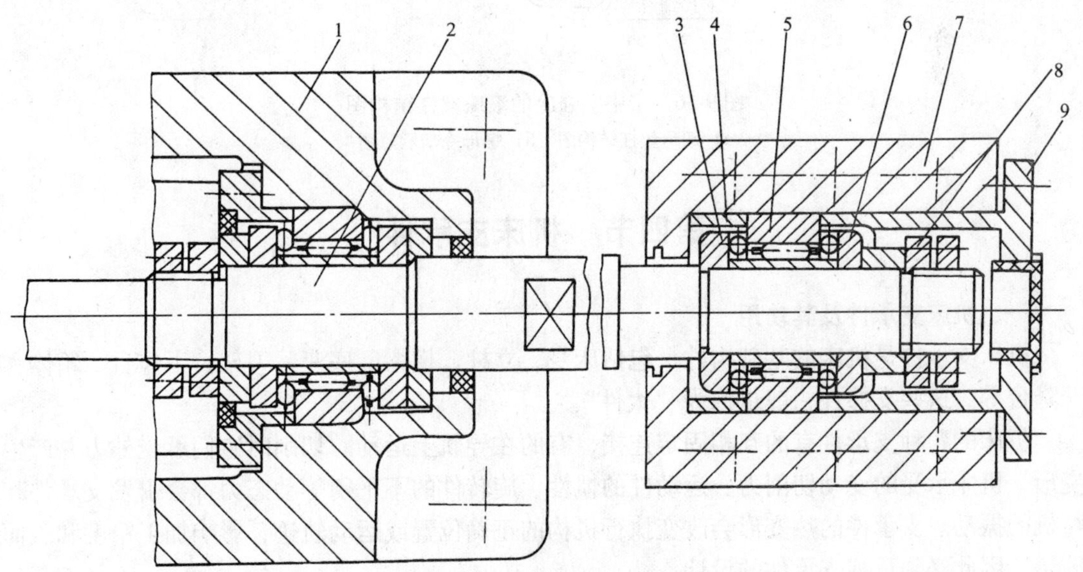

图 9-35　丝杠的预拉伸

1、7—支座　2—轴　3、6—推力轴承和滚针轴承　4—调整套　5—静圈　8—螺母　9—压盖

4. 中空强冷滚珠丝杠

将丝杠制成空心，通入冷却液强行冷却可以有效地散发丝杠传动中的热量，对保证定位精度大有益处，由此可提高进给速度。目前国外的空心强冷滚珠丝杠的进给速度已经达到60～120m/min，这在一般的滚珠丝杠传动中是难以达到的。图9-36所示为带中空强冷的滚珠丝杠结构图。为了减少滚珠丝杠的受热变形，从丝杠左端通入恒温油，经丝杠的空心，从右端出口流出。循环冷却可以保持丝杠在恒温状态下工作。由于螺母的温升也影响丝杠的进给速度和加工精度，目前国际上出现了螺母冷却技术，在螺母内部钻孔，形成冷却循环通道，通入恒温冷却液，进行循环冷却。图9-36b是螺母冷却示意图。

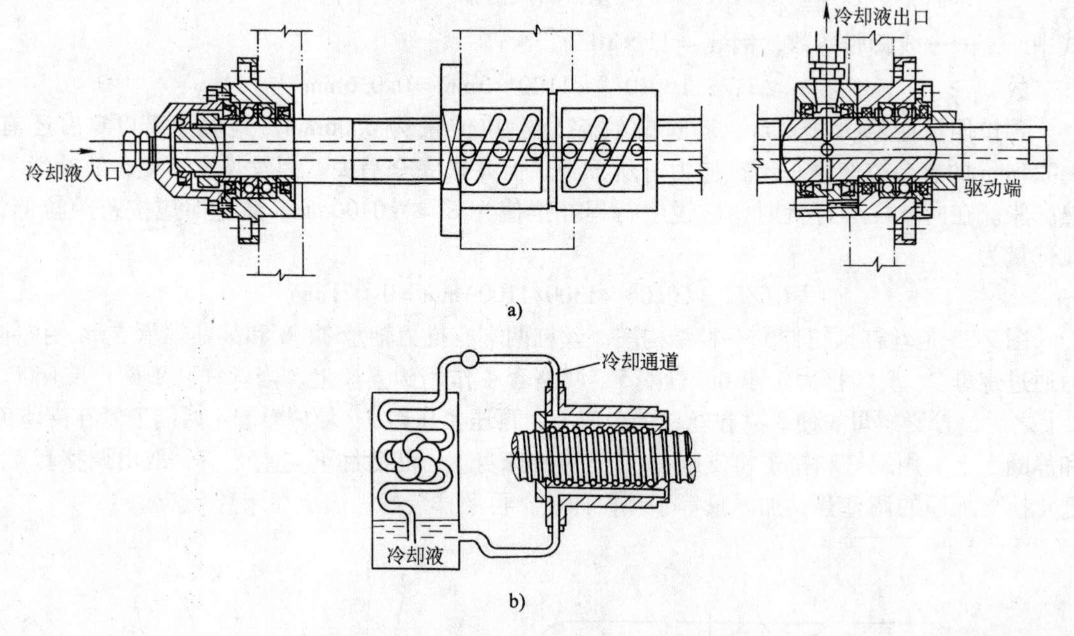

图9-36 带中空强冷的滚珠丝杠结构图
a）滚珠丝杠结构图 b）螺母冷却示意图

第四节 机床支承件

一、机床支承件及其功用

机床支承件是机床的基础构件，包括床身、立柱、横梁、底座、刀架、工作台、箱体和升降台等。这些支撑件一般也称为“大件”。

机床的各种支承件有的互相固定连接，有的在导轨上运动。切削时它们承受外力并产生变形。机床承受的变动切削力、运动件的惯性、旋转件的不平衡等动态力都会引发支承件和整机的振动。支承件的热变形会改变执行机构的正确位置或运动轨迹，影响加工精度和表面质量。因此必须重视支承件的设计。

二、直线电动机进给系统

直线电动机是使动子产生直线运动的电动机，用于机床的进给系统，可以达到很高的进给速度。详细内容参见本书第七章第七节。

三、对机床支承件的基本要求

1）应具有足够的静刚度和较高的刚度-重量比。后者在很大程度上反映了设计的合理性。设计时应力求在满足刚度的基础上，减轻机床重量，以节约原材料，降低机床造价。

2）应有较好的动态特性。这包括有较大的动刚度和阻尼；与其他部件相配合，使整机的各阶固有频率不与激振频率重合而防止产生共振；不发生薄壁振动而产生噪声等。

3）应具有较好的热变形特性。使整机的热变形较小或热变形对加工精度、表面质量的影响较小。

4）应考虑到便于排屑、清砂，吊运安全，合理地布置液压、电气等器件，并具有良好的工艺性，便于制造和装配。

四、数控机床支承件结构的一些特点

1. 支承件的形状选择原则

支承件的变形，特别是弯曲和扭转变形与截面惯性矩密切相关。由表 9-3 可以看出：

表 9-3　截面形状与惯性矩的关系

序　号		1	2	3	4
截面形状		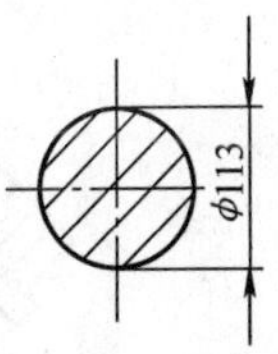 实心圆 φ113	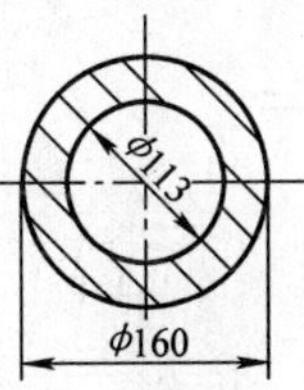 空心圆 外φ160，内φ113	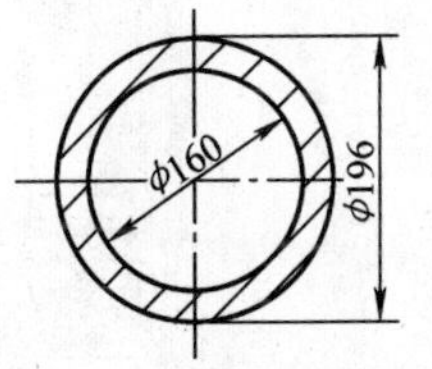 空心圆 外φ196，内φ160	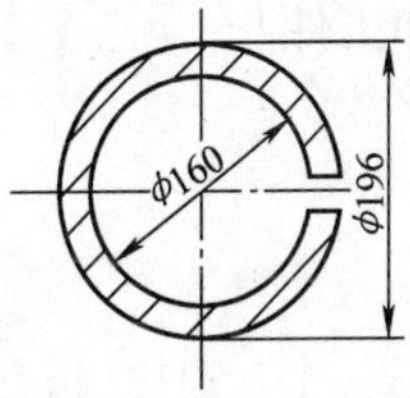 开口空心圆 外φ196，内φ160
抗　弯惯性矩	cm^4	800	2416	4027	—
	%	100	302	503	—
抗　扭惯性矩	cm^4	1600	4832	8054	108
	%	100	302	503	7
序　号		5	6	7	8
截面形状		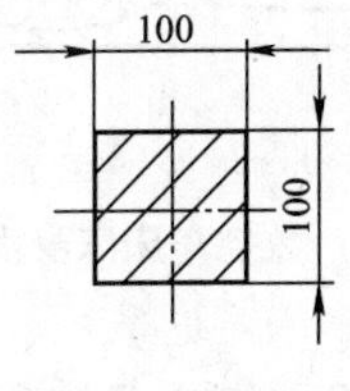 实心方 100×100	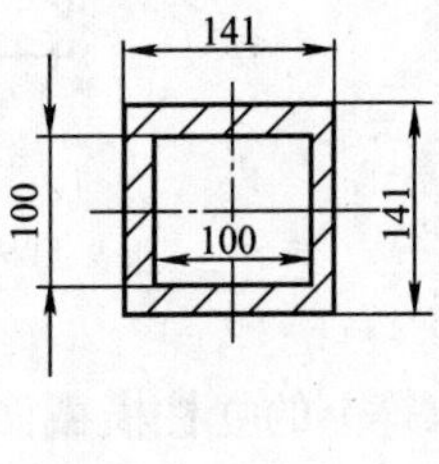 空心方 外141×141，内100×100	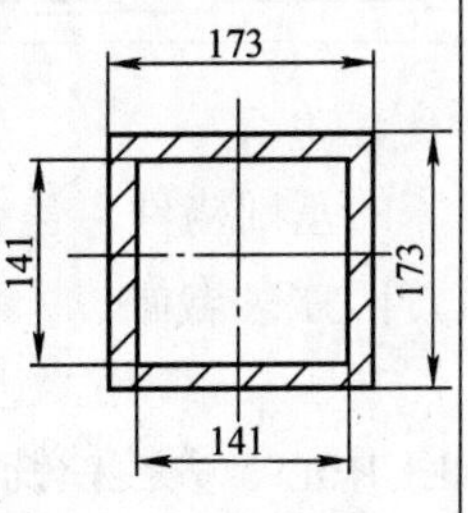 空心方 外173×173，内141×141	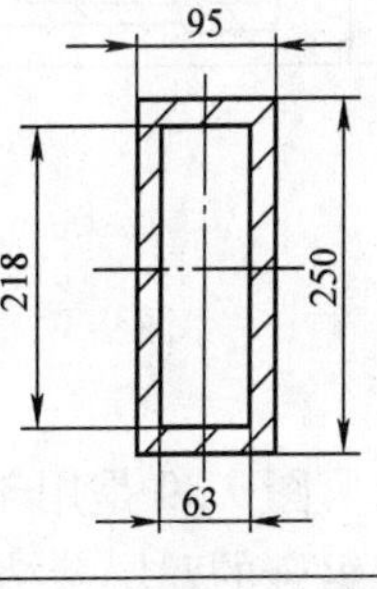 空心矩形 外95×250，内63×218
抗　弯惯性矩	cm^4	833	2460	4170	6930
	%	104	308	521	866
抗　扭惯性矩	cm^4	1406	4151	7037	5590
	%	88	259	440	350

1）在截面面积相同的情况下，比较1、2、3或5、6、7可以看出：空心截面的惯性矩比实心的大，加大轮廓尺寸，减小壁厚，可以大大提高刚度。因此，设计支承件时总是使壁厚在工艺可能的前提下尽量薄一些。尽量不用增加壁厚的办法来提高自身刚度。

2）截面相同时，方形截面的抗弯刚度比圆形的大，而抗扭刚度则较低。因此，如果支承件所承受的主要是弯矩，则截面形状以方形和矩形为佳。比较表9-3中7和8可以看出：矩形截面在较长方向的抗弯刚度比方形截面的高，但抗扭刚度则较低。因此，以承受一个方向的弯矩为主的支承件，其截面形状常取为矩形，以其较长方向作为受弯方向。如果弯矩和扭矩都相当大，则截面形状可取正方形或圆形。

3）不封闭的截面与封闭的截面相比（表9-3中的3与4），刚度显著下降，特别是抗扭刚度下降更多。因此，在可能条件下，应尽量把支承件的截面做成封闭的框形。但是实际上，由于排屑、清砂、安装电器件、液压件和传动件等，往往很难做到四面全封闭。

2. 结构特点

为提高静刚度和抗震性，应合理地设计横截面的形状尺寸，合理地布置肋板结构。图9-37所示的结构是用于某一加工中心的床身，在箱形床身的内部增加两条斜肋支承导轨，形成三个三角形框架，具有较好的静刚度和抗震性。图9-38是数控车床床身横截面，采用封闭的箱形结构，内部又有加强肋，具有很高的刚度。床身呈倾斜状，便于排屑和装卸工件。

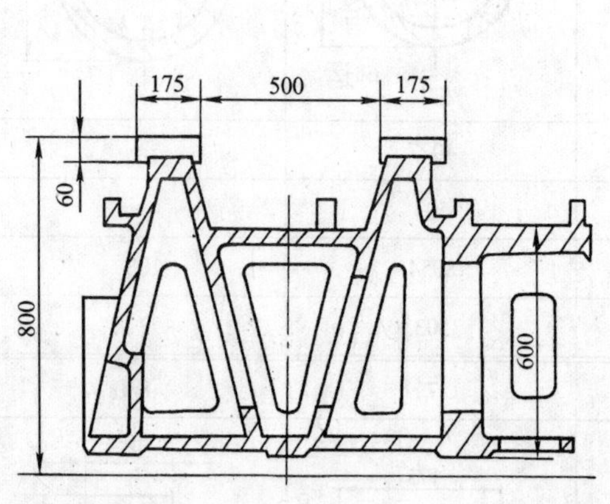

图9-37 加工中心床身截面

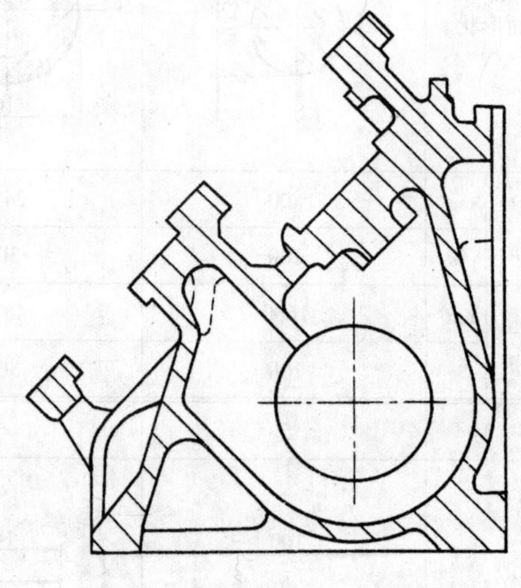
图9-38 数控车床床身横截面

图9-39是用于加工中心、数控镗铣床等上的立柱横截面，图9-39a是矩形外壁与菱形内壁组合的双层壁结构，图9-39b是矩形外壁内用对角线加强肋组成多个三角形的箱形结构，两者的抗弯、抗扭刚度都很高。

图9-40是在大件腔内用填充泥芯2的办法来增加阻尼，减少振动。在底座1内填充混凝土，使之具有较高的抗震性。床身四面封闭，在它的纵向，每隔250mm有一横隔板，可提高床身刚度。封闭床身内充满泥芯，不仅刚度高，且抗震性能也好。

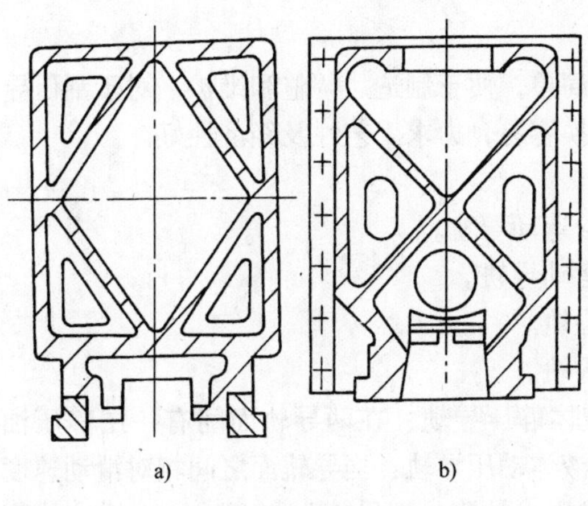

图 9-39　立柱横截面

a) XK—716 型立式加工中心用

b) STAMA—MC118 型立式加工中心用

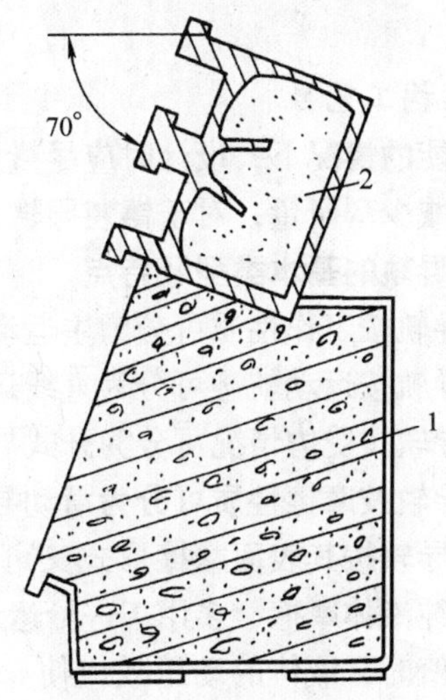

图 9-40　底座和床身示意图

1—实心混凝土底座　2—内封泥芯的铸铁床身

第五节　数控机床导轨

一、机床导轨的功用

机床导轨的功用是起导向和支承作用，即保证运动部件在外力（运动部件本身的重量、工件重量、切削力及牵引力等）的作用下能准确地沿着某一方向运动。在导轨副中，与运动部件连成一体的运动一方叫做动导轨，与支承件连成一体固定不动的一方叫做支承导轨，动导轨对于支承导轨通常是只有一个自由度的直线运动或回转运动。

二、导轨应满足的基本要求

1. 导向精度

导向精度是指运动导轨沿支承导轨运动时，直线运动导轨的直线性及圆周运动导轨的真圆性，以及导轨同其他运动件之间相互位置的准确性。影响导向精度的主要因素有：导轨的几何精度、导轨的接触精度及导轨的结构形式、导轨和基础件的结构刚度和热变形、动压导轨和静压导轨的油膜刚度，以及导轨的装配质量等。

2. 刚度

导轨的刚度也是机床工作质量的重要指标，它是指导轨在承受动、静载荷下抵抗变形的能力，若刚度不足，则直接影响部件之间的相对位置精度和导向精度，还会使得导轨面上的比压分布不均，加重导轨的磨损，因此导轨必须具有足够的刚度。

3. 耐磨性

导轨的不均匀磨损，破坏导轨的导向精度而影响机床的加工精度。导轨的耐磨性与导轨的材料、导轨面的摩擦性质、导轨受力情况以及两导轨相对运动速度有关。

4. 低速平稳性

当运动导轨作低速运动或微量移动时，应保证导轨运动平稳，不产生爬行现象。机床的爬行现象将影响被加工零件的粗糙度和加工精度，特别是对高精度机床来说，必须引起足够的重视。

5. 结构工艺性

在可能的情况下，设计时应尽量使导轨结构简单，便于制造、调整和维护。对于刮研导轨应尽量减少刮研量；对于镶装导轨，应做到更换容易，力求工艺性及经济性好。

三、导轨的基本类型及特点

1）导轨按工作性质可分为主运动导轨和进给运动导轨。

2）导轨按运动轨迹可分为直线运动和圆周运动导轨。

3）导轨按受力情况可分为开式导轨和闭式导轨。

4）导轨按摩擦性质可分为滑动导轨和滚动导轨。

滑动导轨按其表面摩擦形式又可分为：①液体静压导轨：在两导轨面间有一层静压油膜，属于纯液体摩擦，多用于进给运动导轨。②液体动压导轨：当导轨面之间相对滑动速度达到一定值时，液体的动压效应使导轨面间形成压力油膜，把导轨面隔开，形成纯液体摩擦，多用于速度较高的主运动导轨。③混合摩擦导轨：这种导轨在导向面间有一定的动压效应，但相对滑动速度还不足以形成完全的压力油楔，导轨面仍处于直接接触状态，介于液体摩擦和干摩擦（边界摩擦）之间的状态，大部分进给运动导轨属于此类型。

滚动导轨是两导轨面之间为滚动摩擦，导轨间采用滚珠、滚柱或滚针等为滚动体，目前它在进给运动中用得较多。

四、数控机床常用的滑动导轨

数控机床常用的直线运动滑动导轨的截面形状组合形式主要有：三角形—矩形（图 9-41）和矩形—矩形（图 9-42）。这两种导轨的刚度高，承载能力强，加工、检验和维修方便。为提高低速性能，减少爬行，提高导轨寿命，在动导轨面上都贴有塑料软带。数控机床

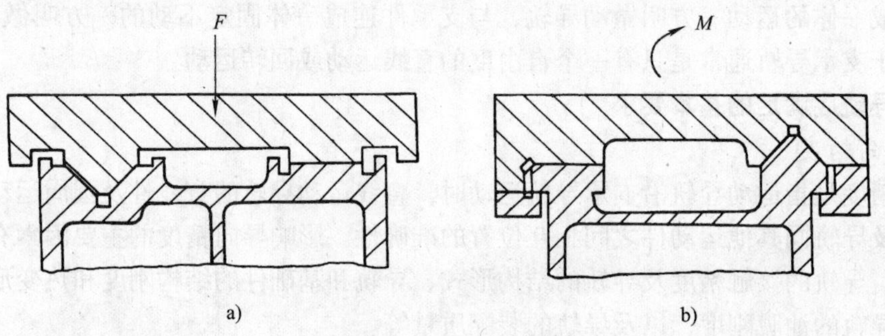

图 9-41 常用导轨形式

a）开式 b）闭式

图 9-42 宽式和窄式导轨

a）开式窄导向 b）闭式宽导向

少用不贴塑的摩擦滑动导轨。图 9-41a 为开式，没有压板，不能承受较大的翻转力矩，图 9-41b 是闭式，有压板，可以承受翻转力矩。图 9-42a 为开式窄导向，工作台由一条导轨的两侧导向；图 9-42b 为闭式宽导向，由两条导轨的内侧导向，两个导向面的距离较大，热膨胀时变形量大，需留较大的侧向间隙，因而导向性能不如开式窄导向好。

贴塑导轨副是一种金属对塑料的摩擦形式，属滑动摩擦导轨，它是在动导轨的摩擦表面上贴上一层由塑料和其他材料组成的塑料薄膜软带，而支承导轨则是淬火钢。贴塑导轨的优点是：摩擦系数低，在 0.03 ~ 0.05 范围内，动静摩擦系数接近，不易产生爬行现象；接合面抗咬合磨损能力强，减振性好；耐磨性高，与铸铁—铸铁摩擦副比可提高 1 ~ 2 倍；化学稳定性好，耐水、耐油；可加工性能好，工艺简单，成本低；当有硬粒落入导轨面上时也可挤入塑料内部，避免了磨粒磨损和撕伤导轨。塑料软带是以聚四氟乙烯为基体，并与青铜料、铅粉等填料经混合、模压、烧结等工艺，最终形成实际需要尺寸的软带，如图 9-43 所示。

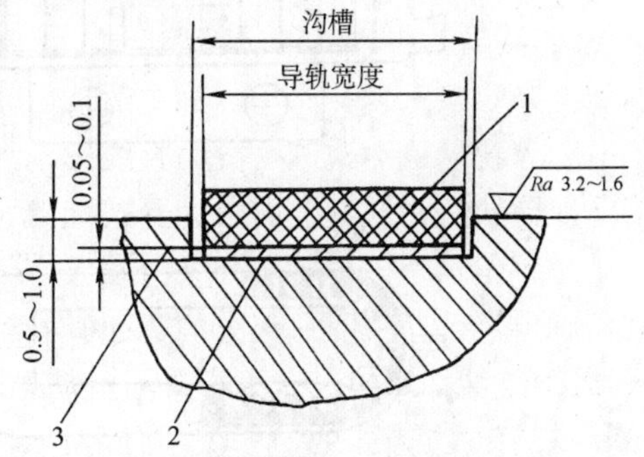

图 9-43　贴塑导轨的粘接
1—导轨软带　2—粘接材料
3—粘接层厚度

五、滚动导轨

1. 滚动导轨块

（1）滚动导轨块结构特点　图 9-44 和图 9-45 所示为一种标准导轨块，在导轨块内装有许多滚柱，作为一个滚动单元安装在移动部件上。当部件运动时，导轨块中的滚柱在其内部作循环运动。它可以用螺钉固定在移动工作台或其他移动部件上，装卸容易，运动平稳，承载能力大，且润滑、维修、调整都简便，因此已广泛应用于各类数控机床和加工中心机床上，有许多专门的厂家生产。

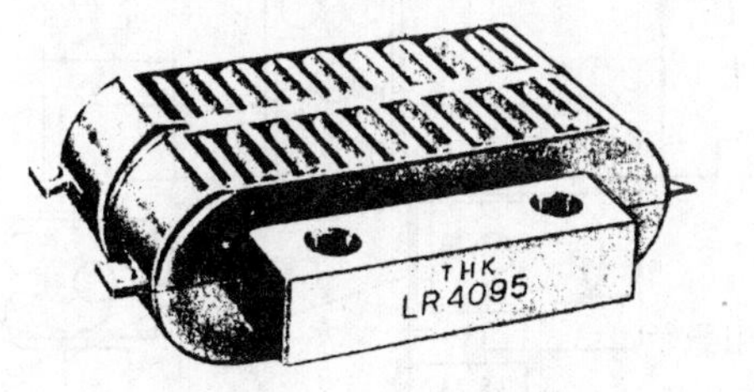

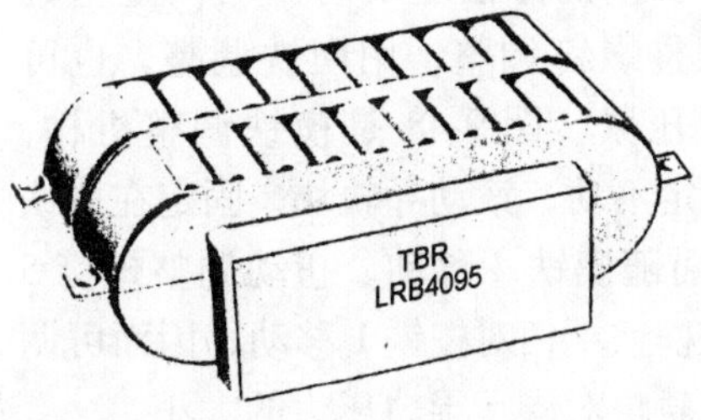

图 9-44　滚动导轨块外形

（2）滚动导轨块的安装　数控机床和加工中心的支承导轨一般采用镶钢导轨，装在动导轨上的滚动导轨块在镶钢导轨条上滚动。由于钢导轨热处理后硬度很高，可大幅度提高耐磨性，且有较大的承载能力。镶钢导轨条一般采用正方形或长方形两种，为便于热处理和减少变形，把钢导轨条分段装在床身上。图 9-46a 为应用滚动导轨块和镶钢导轨的结构形式之一，是闭式安装，窄式导向，各面都用滚动导轨块。图 9-46b 是滚动导轨块的另一种安装形式，两侧面和上面用滚动导轨块，起支承和导向作用，下面用贴塑压板来承受翻转力矩。

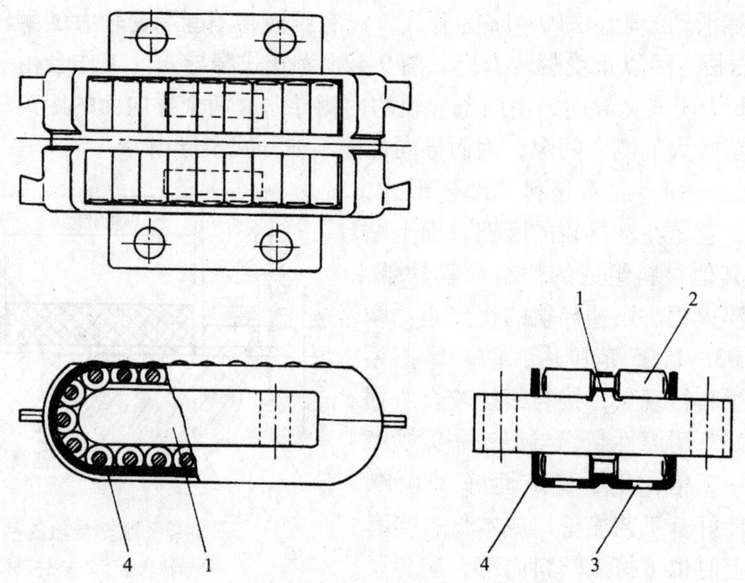

图 9-45 滚动导轨块结构

1—中间导向 2—滚柱 3—油孔 4—保持器

图 9-47 所示的是闭式导轨，宽式导向，上下左右都用滚动导轨块，图中 1、2 是弹簧垫或调整垫，用来调节滚子和支承导轨间的预压力。

(3) 滚动导轨块的调整 为保证导轨的导向精度和有足够的刚度，滚动导轨块和支承导轨间不仅不能有间隙，还要有适当的预压力，故在安装滚动导轨块时应进行调整，调整的方法主要有：用调整垫调整，用调整螺钉调整，用楔铁调整，也可用弹簧垫压紧。图 9-48 是楔铁调整机构，楔铁 1 固定不动，滚动导轨块 2 固定在楔铁 4 上，并可随楔铁 4 移动，扭动调整螺钉 5 和 7 可使楔铁 4 相对楔铁 1 移动，因而可调节滚动导轨块对支承导轨压力的大小。

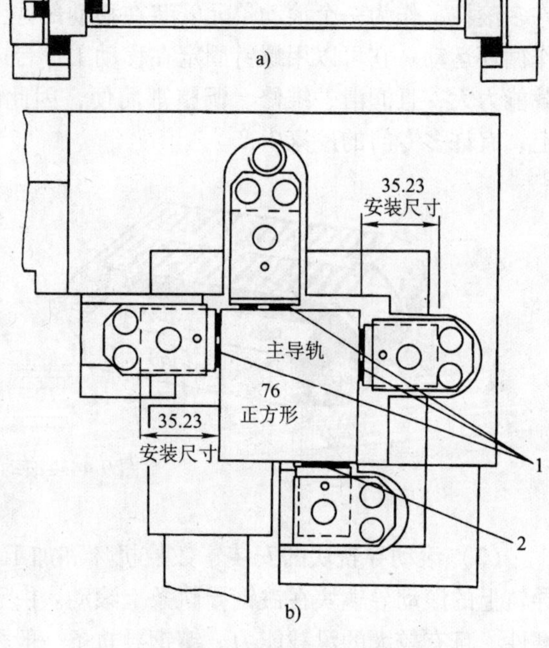

图 9-46 滚动导轨块的窄式安装

a) 导轨块的配置 b) 支承主导轨

1—滚动导轨支承块 2—贴塑导轨板

2. 直线滚动导轨

(1) 直线滚动导轨的特点 直线滚动导轨副是由一根长导轨轴和一个或几个滑块组成，滑块内有四组滚珠或滚柱，如图 9-49 和图 9-50 所示。在图 9-49 中，1 与 2、3 与 4、5 与 6、7 与 8 各自为一组，其中 2、3、6、7 为负载滚珠或滚柱，1、4、5、8 为回珠（回柱）。当滑块相对导轨轴移动时，每一组滚珠（滚柱）都在各自的滚道内循环运动，循环承受载荷，承受载荷形式与轴承类似。四组滚珠（滚柱）可承受除轴向力以外的任何方向的力和力矩。滑块两端装有防尘密封垫。

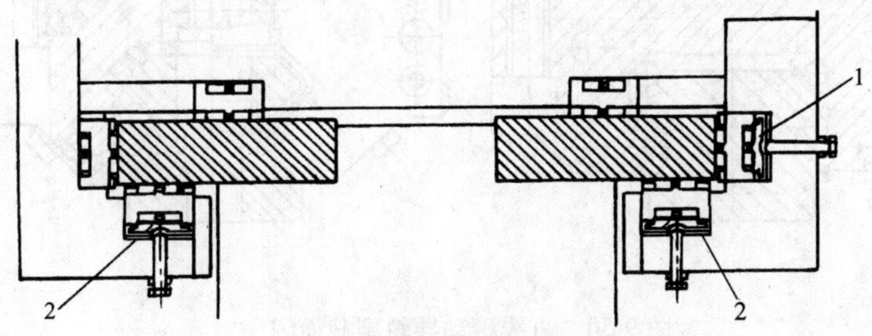

图 9-47　滚动导轨块的宽式安装

1、2—弹簧垫或调整垫

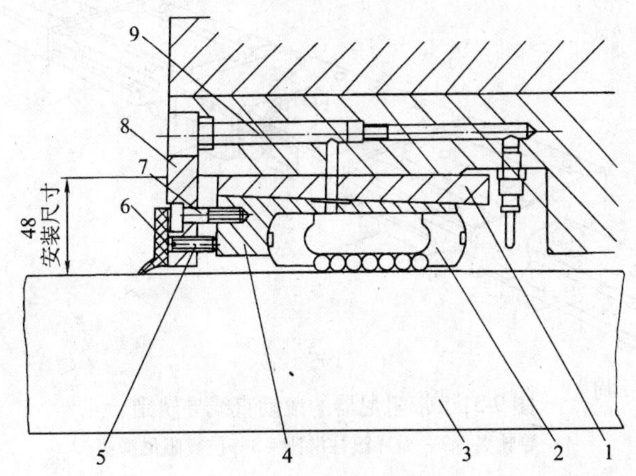

图 9-48　楔铁调整机构

1、4—楔铁　2—滚动导轨块　3—支承导轨　5、7—调整螺钉

6—刮屑板　8—楔铁调整板　9—润滑油孔

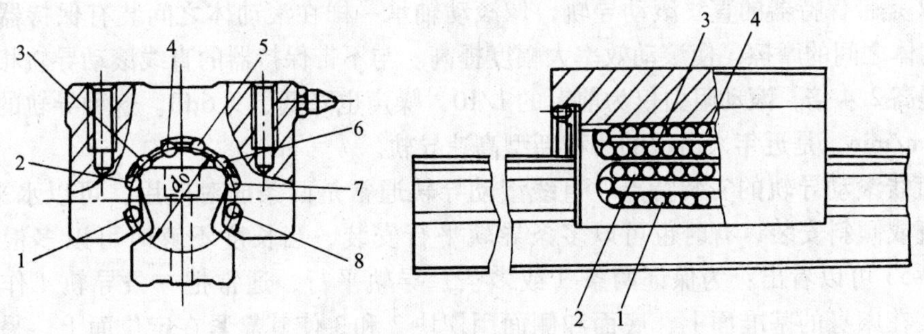

图 9-49　直线滚动导轨副

1、4、5、8—回珠（回柱）　2、3、6、7—负载滚珠或滚柱

直线滚动导轨摩擦系数小，精度高，安装和维修都很方便，由于它是一个独立部件，对机床支承导轨部分的要求不高，既不需要淬硬也不需磨削或刮研，只要精铣或精刨。由于这种导轨可以预紧，因而刚度高，承载能力大，但不如滑动导轨。抗震性也不如滑动导轨。为

提高抗震性，有时装有抗震阻尼滑座（图 9-51）。有过大的振动和冲击载荷的机床仍不宜应用直线导轨副。

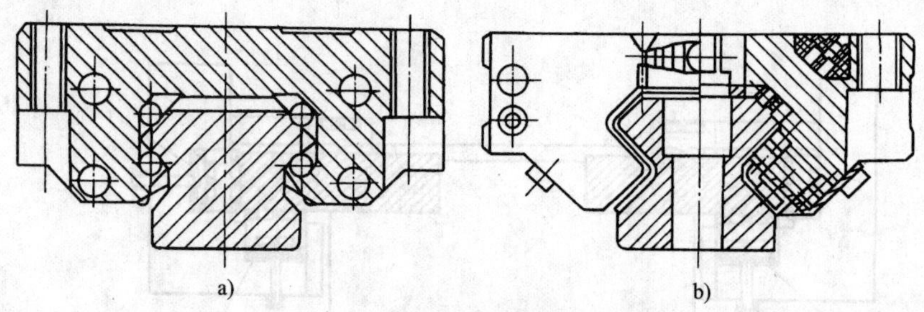

图 9-50 直线滚动导轨副截面图

a）滚珠循环型 b）滚柱循环型

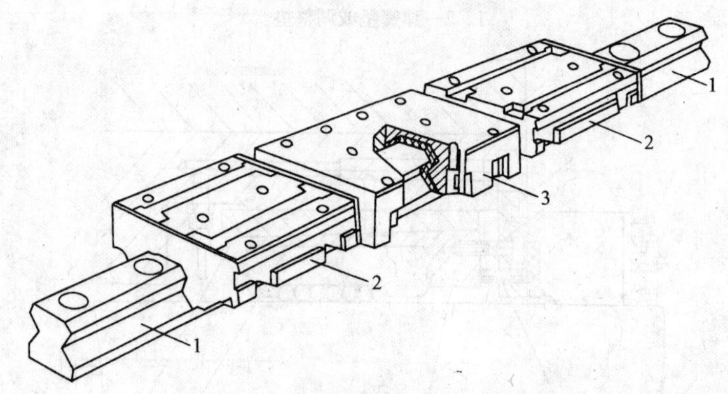

图 9-51 带阻尼器的滚动直线导轨副

1—导轨条 2—循环滚柱滑座 3—抗震阻尼滑座

直线运动导轨副的移动速度可以达到 60m/min，在数控机床和加工中心上得到广泛应用。

图 9-52 是带保持器的直线滚动导轨，像滚动轴承一样在滚动体之间装有保持器，因而消除了滚动体之间的摩擦，使滚动效率大幅度提高。与不带保持器的直线滚动导轨相比，它的寿命可提高 2.4 倍，滚动阻力仅为前者的 1/10，噪声也降低了 9.6dB。这种导轨的移动速度可达 300m/min，是近年来出现的一种新型高速导轨。

（2）直线滚动导轨的安装特点 直线滚动导轨通常是两条成对使用，可以水平安装，也可以竖直或倾斜安装，有时也可以多条导轨平行安装，当长度不够时可以多根接长安装。从图 9-53 可以看出：为保证两条（或多条）导轨平行，通常把一条导轨 4 作为基准导轨，安装在床身的基准面上，底面和侧面用楔块 2 和 3 使其靠紧在定位面上。另一条导轨 5 为非基准导轨，床身上没有侧向定位面，固定时以基准导轨为定位面固定。这种安装形式称单导轨定位。单导轨定位易于安装，容易保证平行，没有床身上有两个侧向定位面平行的要求。

当振动和冲击较大、精度要求较高时，两条导轨的侧面都要定位，称双导轨定位，如图 9-54 所示。双导轨定位对两条导轨间定位面的平行度要求高。当用调整垫调整时，调整垫的加工精度也要求较高，调整难度较大。

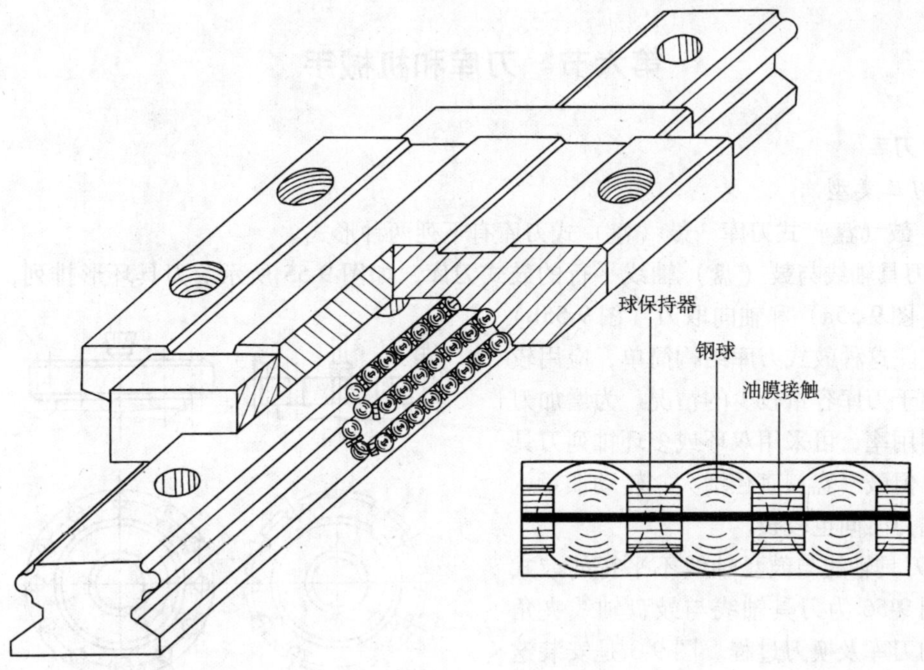

图 9-52　带保持器的直线滚动导轨

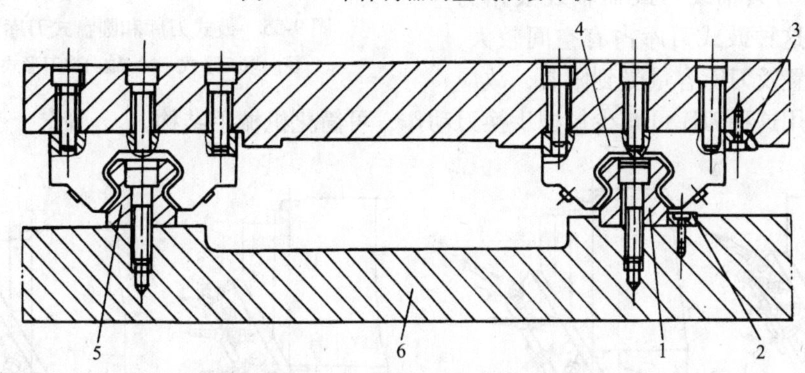

图 9-53　单导轨定位的安装形式

1—基准侧的导轨条　2、3—楔块　4—导轨　5—非基准导轨　6—床身

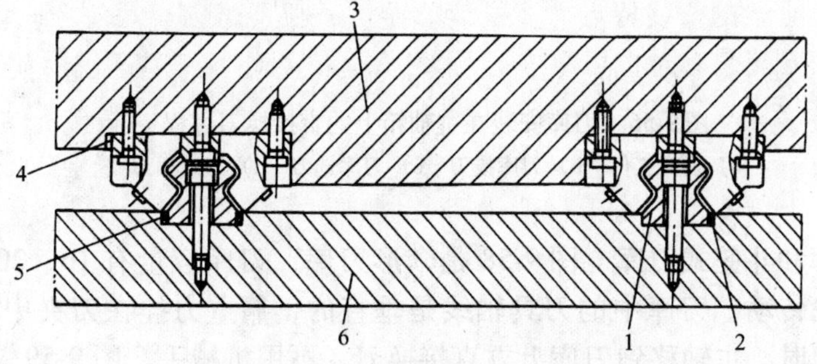

图 9-54　双导轨定位的安装形式

1—基准侧的导轨条　2、4、5—调整垫　3—工作台　6—床身

第六节 刀库和机械手

一、刀库

1. 刀库类型

(1) 鼓(盘)式刀库 鼓(盘)式刀库有下列两种形式。

1) 刀具轴线与鼓(盘)轴线平行的鼓式刀库，如图9-55所示。刀具环形排列，分径向取刀(图9-55a)和轴向取刀(图9-55b)两种形式。这种鼓式刀库结构简单，应用较多，适用于刀库容量较少的情况。为增加刀库空间利用率，可采用双环或多环排列刀具的形式。但鼓(盘)直径增大，转动惯量就增加，选刀时间也较长。

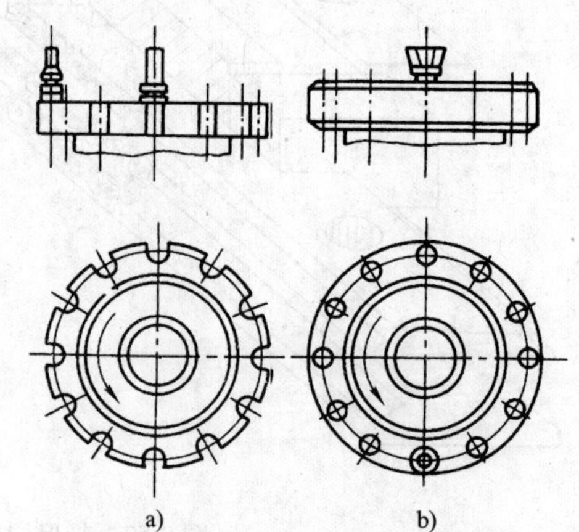

图9-55 鼓式刀库和圆盘式刀库
a) 径向取刀形式 b) 轴向取刀形式

2) 刀具轴线与鼓盘轴线不平行的鼓式刀库，图9-56为刀具轴线与鼓盘轴线夹角为锐角的刀库及换刀过程。图9-3是安装这种刀库的机床外观图。

图9-57为刀具轴线与鼓盘轴线夹角为直角的刀库。这种鼓式刀库占有空间较大，使刀库安装位置及刀库容量受到限制，故应用较少。但应用这种刀库可减少机械手换刀动作，可简化机械手结构。

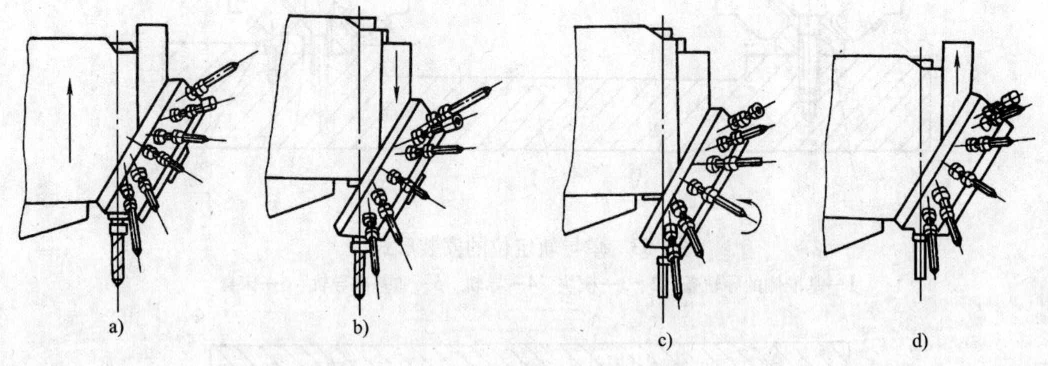

图9-56 刀库安装在主轴箱上的直接换刀过程
a) 退离工件 b) 刀库拔刀 c) 刀库选刀 d) 刀库插刀

(2) 伞形刀库和斗笠式刀库 图9-58是伞形刀库，刀库容量有16、20和24把等几种，采用电动凸轮传动。刀库中的刀具轴线是垂直的，靠重力挂在刀夹中，常用于立式加工中心上。换刀时，主轴移到刀库上方直接换刀，不用机械手。图9-59是斗笠式刀库，刀库容量、挂刀方法、换刀方式及传动都与伞形刀库类似。图9-8所示的机床采用的就是这种刀库。

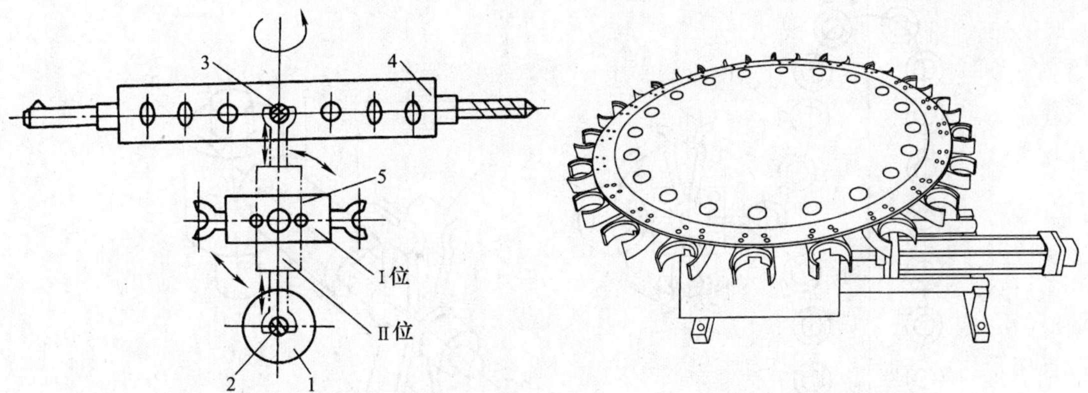

图 9-57　两手伸缩的回转式单臂双手机械手

1—机床主轴　2—主轴中刀具　3—刀库中刀具　4—刀库　5—机械手

图 9-58　伞形刀库

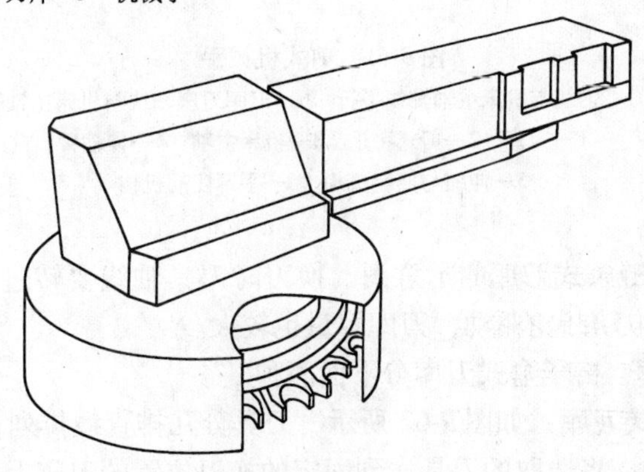

图 9-59　斗笠式刀库

（3）链式刀库　图 9-60 所示为链式刀库，它的结构较紧凑。通常采用轴向取刀。刀库容量较大，链环可根据机床的布局配置成各种形状，如图 9-60a、b 所示。也可将换刀位置的刀座突出，以利换刀，如图 9-61a 所示。一般刀具数量在 30 ~ 120 把时，可采用链式刀库。

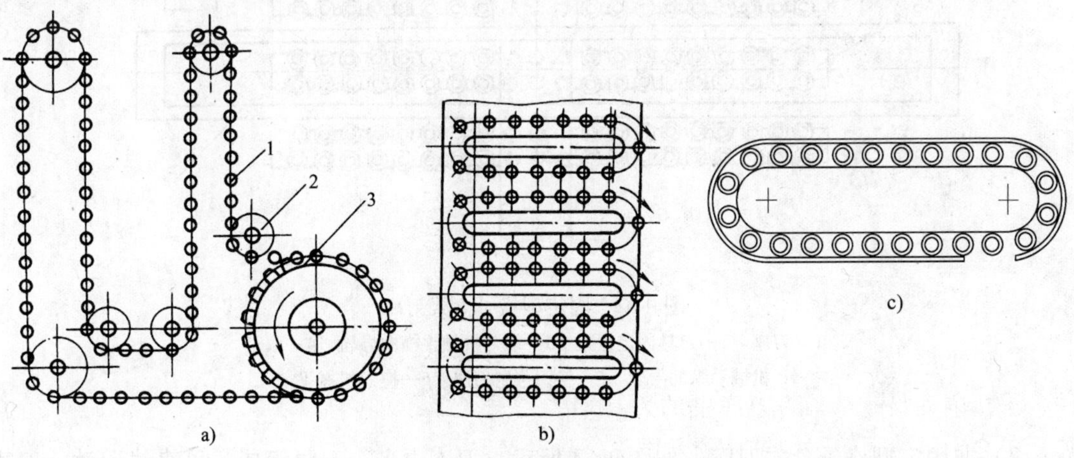

图 9-60　链式刀库

a）单环链刀库　b）多环链刀库　c）链条式刀库

1—刀座　2—滚轮　3—主动链轮

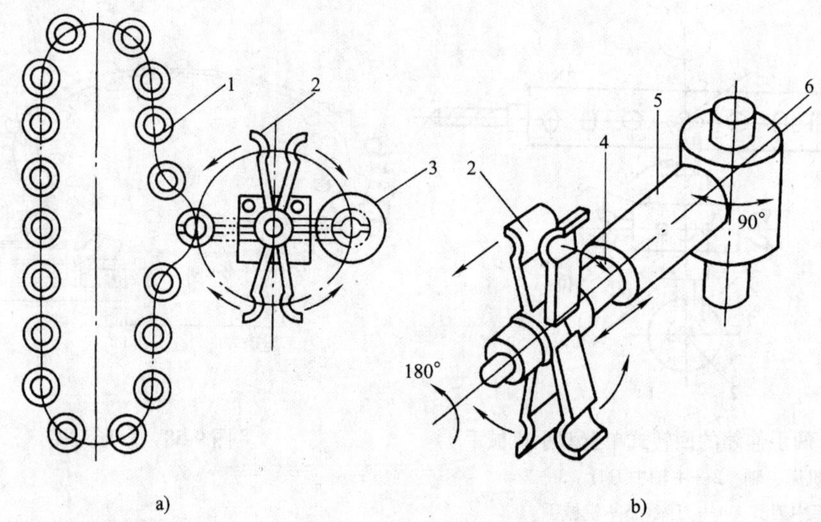

图 9-61 剪式机械手

a）刀库刀座轴线与机床主轴轴线平行 b）刀库刀座轴线与机床主轴轴线垂直

1—刀库 2—剪式手爪 3—机床主轴 4—伸缩臂

5—伸缩与回转机构 6—手臂摆动机构

图 9-60c 是另一种链条式刀库的示意图。换刀时刀具轴线要转过 90°，刀对刀的换刀时间为 1.8 ~2.5s，采用电动凸轮驱动，刀库容量也较大。

（4）格子盒式刀库 格子盒式刀库分下面两种。

1）固定型格子盒式刀库：如图 9-62 所示，刀具分几排直线排列，由纵、横向移动的取刀机械手完成选刀动作，将选取的刀具送到固定的换刀位置的刀座上，由换刀机械手交换刀具。由于刀具排列密集，空间利用率高，刀库容量大。

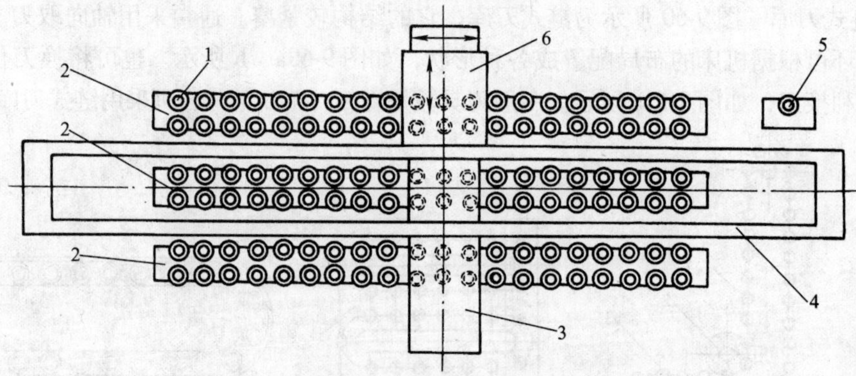

图 9-62 固定型格子盒式刀库

1—刀座 2—刀具固定板架 3—取刀机械手横向导轨 4—取刀机械手纵向导轨 5—换刀位置刀座 6—换刀机械手

2）非固定型格子盒式刀库：如图 9-63 所示，刀库由多个刀匣组成，可直线运动，刀匣可以从刀库中垂向提出。

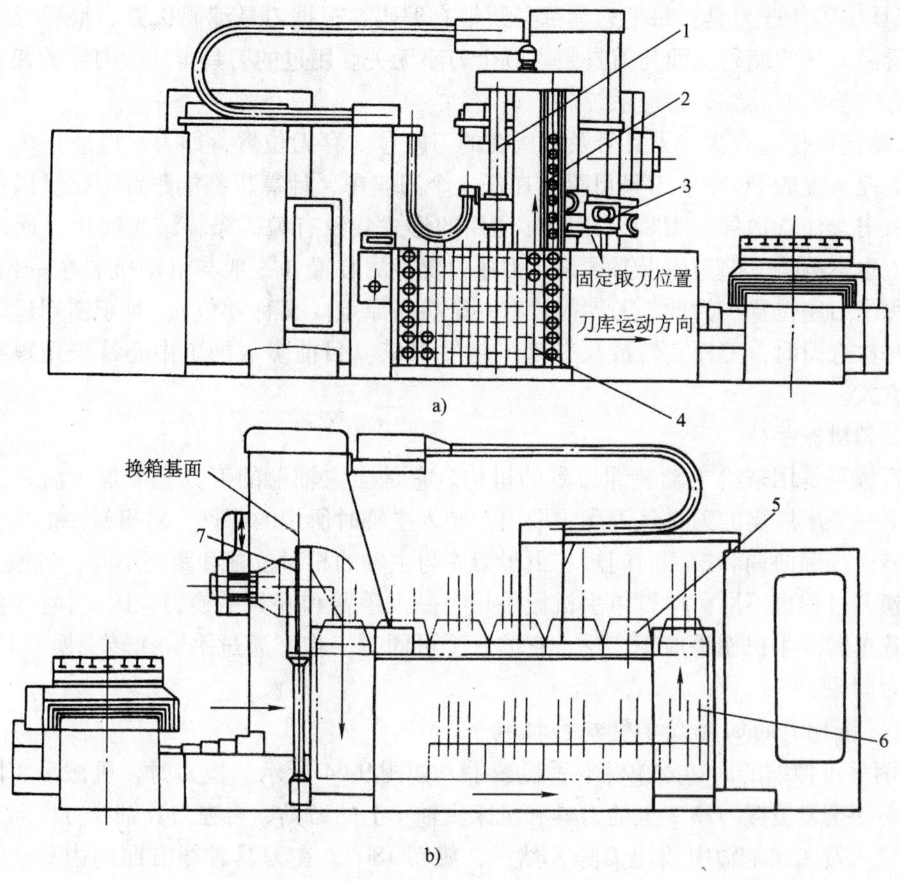

图 9-63　可换主轴箱的加工中心

a）机床左视图（自动换刀装置）　b）机床右视图（自动换箱装置）

1—导向柱　2—刀匣提升机构　3—机械手　4—格子盒式刀库

5—主轴箱库　6—主轴箱提升机构　7—换箱翻板

2. 选刀方式

选刀方式是将所需刀具从刀库中准确调出的方法，常用的有顺序选刀和任意选刀两种。

（1）顺序选刀方式　按照工艺顺序的要求依次将所用刀具插入刀库刀座中，需要时按规定的顺序取刀。更换不同的工件时必须重新排列刀库中的刀具顺序，因而操作烦琐。顺序选刀方式适用于工件品种数较少、加工批量较大、刀具数量较少的加工中心，以及刀库与主轴之间直接换刀的加工中心和有成套刀库可自动更换刀库的加工中心。

（2）任意选刀方式　由于加工中心采用的数控系统大多数都具有刀具任选功能，因此，多数加工中心都采用任意选刀方式。它可分为刀座编码、刀具编码和跟踪记忆等方式。

1）刀座编码任选刀具：刀具没有编码，而当刀具装入刀座后就具有该刀座的编码。在编程时要规定每一工序所需刀具要装入的刀座编码，加工时靠刀座编码识别装置选取所需的刀具。刀具送还刀库时也必须还回到原来所占用的刀座。因此，与顺序选刀方式相比，选刀、还刀的时间较长，刀库运动及控制也较复杂。它适用于选刀、还刀运动与机床加工时间重合的场合，可存放占用特有刀座的大直径刀具。

2）刀具编码任选刀具：每把刀具都必须带有编码，根据刀具编码选刀。编程时只规定每一工序所需刀具的编码，而与刀具装入哪个刀座无关。用过的刀具可还入刀库的任意空刀座中。应有完善的刀具编码管理系统。

3）跟踪记忆任选刀具：刀具号及其所在的刀座号（存刀位置，即刀具地址）一一对应的记忆在数控系统的PC中。刀具可存放在任一个刀座中，计算机都能跟踪记忆。因此，刀具可任意取出，任意送回。刀柄采用国际通用的形式，没有编码条，结构简单，通用性能好。刀座上也不编码，但刀库上必须设有刀座位置检测装置（一般与电动机装在一起），以便检测出每个刀座位置。为此，刀库需设有一个机械原点（又称零位）。对于圆周运动选刀的刀库，每次选刀时，刀库正转或反转都不超过180°。目前多数加工中心都采用跟踪记忆任选刀具方式。

二、装刀机械手

装刀机械手是用来给主轴装卸刀具的机构。它是当主轴上的刀具完成加工后要送回刀库，再把下一工序所需的刀具从刀库中取出，装入主轴时所用的部件。对机械手的要求是动作迅速可靠、准确协调和换刀时间短。由于刀库与主轴的相对位置和距离不同，机械手的结构不同，换刀过程也不同。单臂单手机械手只有一个手臂和一只手换刀，因此换刀时间长。各种回转式单臂双手机械手应用广泛，它的双手可同时工作，通过手臂回转交换刀具位置，因此换刀时间短。

1. 两手成180°的回转式单臂双手机械手

（1）两手不伸缩的回转式单臂双手机械手　如图9-64所示，换刀时，机械手3同时抓住刀库1中的换刀位置刀座2上的刀具和机床主轴4上的刀具，再在刀具轴线方向向外移动一段距离，从刀夹和主轴中拔出刀具，然后，旋转180°，在刀具轴线方向向内移动，把刀具装入刀库和主轴上。这种刀库适用于刀库中刀座轴线与主轴轴线平行的自动换刀装置，机械手回转时不得与换刀位置刀座相邻的刀具干涉。手臂的回转由蜗杆凸轮机构传动，快速可靠，换刀时间在2s以内。

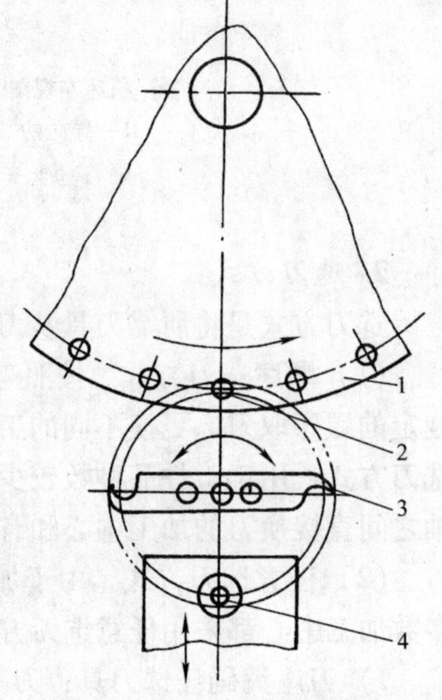

图9-64　两手不伸缩的回转式单臂双手机械手

1—刀库　2—换刀位置刀座　3—机械手　4—机床主轴

（2）两手伸缩的回转式单臂双手机械手　如图9-57所示，换刀时，机械手先旋转90°，然后，两手伸出，抓住刀具，在刀具轴线方向向外拔出刀具，再旋转180°，之后，机械手在刀具轴线方向向内移动，把刀具装到主轴和刀库中，再缩回两手，回转90°。这种刀库也适用于刀库中刀座轴线与主轴轴线平行的自动换刀装置。由于两手可伸缩，缩回后回转，可避免与刀库中其他刀具干涉。由于增加了两手伸缩动作，换刀时间较长。

（3）剪式手爪的回转式单臂双手机械手　其特点是用两组剪式手爪夹持刀柄，又称剪式机械手。图9-61a所示为刀库刀座轴线与机床主轴轴线平行时用的剪式机械手示意图。换刀时，四个手爪2分别按箭头方向旋转一个角度，夹住刀库中和主轴上的刀具并一同向外拔出，再旋转180°，一同向内移动，把刀具装到主轴和刀库中，最后，四个手爪 2 转回到初始位置。

图 9-61b 所示为刀库刀座轴线与机床主轴轴线垂直时用的剪式机械手示意图。与上述剪式机械手不同的是四个手爪 2 分两组，两组剪式手爪分别动作。首先，一组两个手爪 2 先夹住刀库中的刀具，伸缩臂 4 伸出取出刀具，然后，伸缩与回转机构 5 旋转 90°，伸缩臂 4 缩回，另一组两个手爪抓住主轴上的刀具，伸缩臂 4 伸出拔出刀具，之后，两组抓住刀具的手爪以伸缩臂 4 的轴线为中心旋转 180°，伸缩臂 4 缩回把刀具装到主轴上，该组手爪松开，再后，伸缩与回转机构 5 转回 90°，把换回的刀具装到刀库中，四个手爪 2 回到原位。这种换刀方式换刀时间较长。

2. 两手互相垂直的回转式单臂双手机械手

图 9-65 所示的机械手用于刀库刀座轴线与机床主轴轴线垂直，刀库为径向存取刀具形式的自动换刀装置。机械手有伸缩、回转和抓刀、松刀等动作。伸缩动作：液压缸（图中未示出）带动手臂托架 5 沿主轴轴向移动。回转动作：液压缸活塞驱动齿条 2 使与机械手相连的齿轮 3 旋转。抓刀动作：液压驱动抓刀活塞 4 移动，通过活塞杆末端的齿条转动两个小齿轮 10。再分别通过小齿条 14、小齿轮 12、小齿条 13，移动两个手部中的抓刀动块 7，抓刀动块上的销子 8 插入刀具颈部后法兰上的对应孔中，抓刀动块 7 与抓刀定块 9 撑紧在刀具颈部两法兰之间。换刀后在弹簧 11 的作用下，抓刀动块松开及销子 8 退出。这种夹持刀具的方法必须用特殊的刀柄（德国 DIN 标准）。

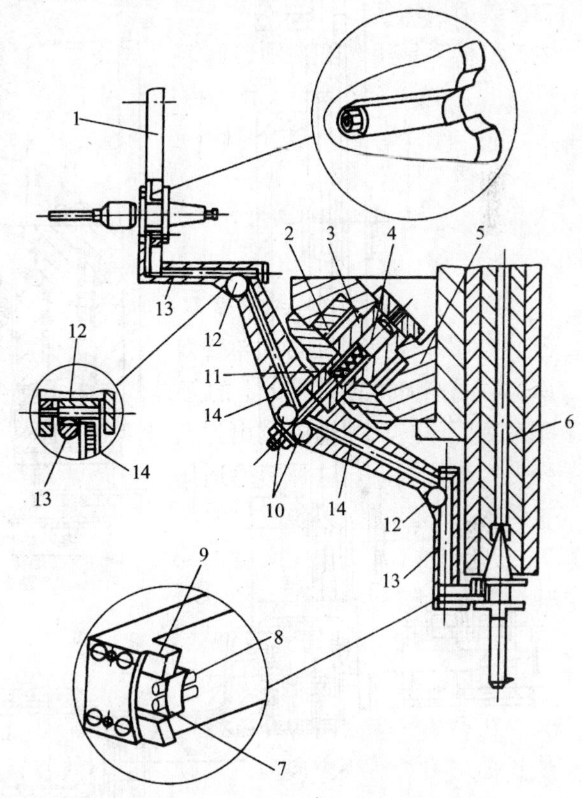

图 9-65　两手互相垂直的回转式单臂双手机械手

1—刀库　2—齿条　3—齿轮　4—抓刀活塞　5—手臂托架　6—机床主轴　7—抓刀动块　8—销子　9—抓刀定块　10、12—小齿轮　11—弹簧　13、14—小齿条

3. 两手平行的回转式单臂双手机械手

两手平行的回转式单臂双手机械手如图 9-66 和图 9-67 所示，机械手有两对手爪，如图 9-67 所示，分别由液压缸 1 驱动夹紧和松开。液压缸 1 驱动手爪外伸时（见图 9-67 中上部手爪），支架上的导向槽 2 拨动销子 3，使这对手爪绕销轴 4 摆动，手爪合拢实现抓刀动作。液压缸将手爪缩回时（见图 9-67 中下部手爪），支架上的导向槽 2 使该对手爪放开，实现松刀动作。由于刀库中刀具的轴线与机床主轴轴线相垂直，故机械手不但有在刀库和主轴中的拔刀和装刀动作、绕水平轴旋转 180°（S_2 向）的动作，还需有绕垂直轴作 90°摆动（S_1 向）的动作。机械手换刀动作的分解程序如图 9-68 所示：一是机械手夹住刀库中的刀具并把它拔出；二是单臂绕垂直轴作 90°

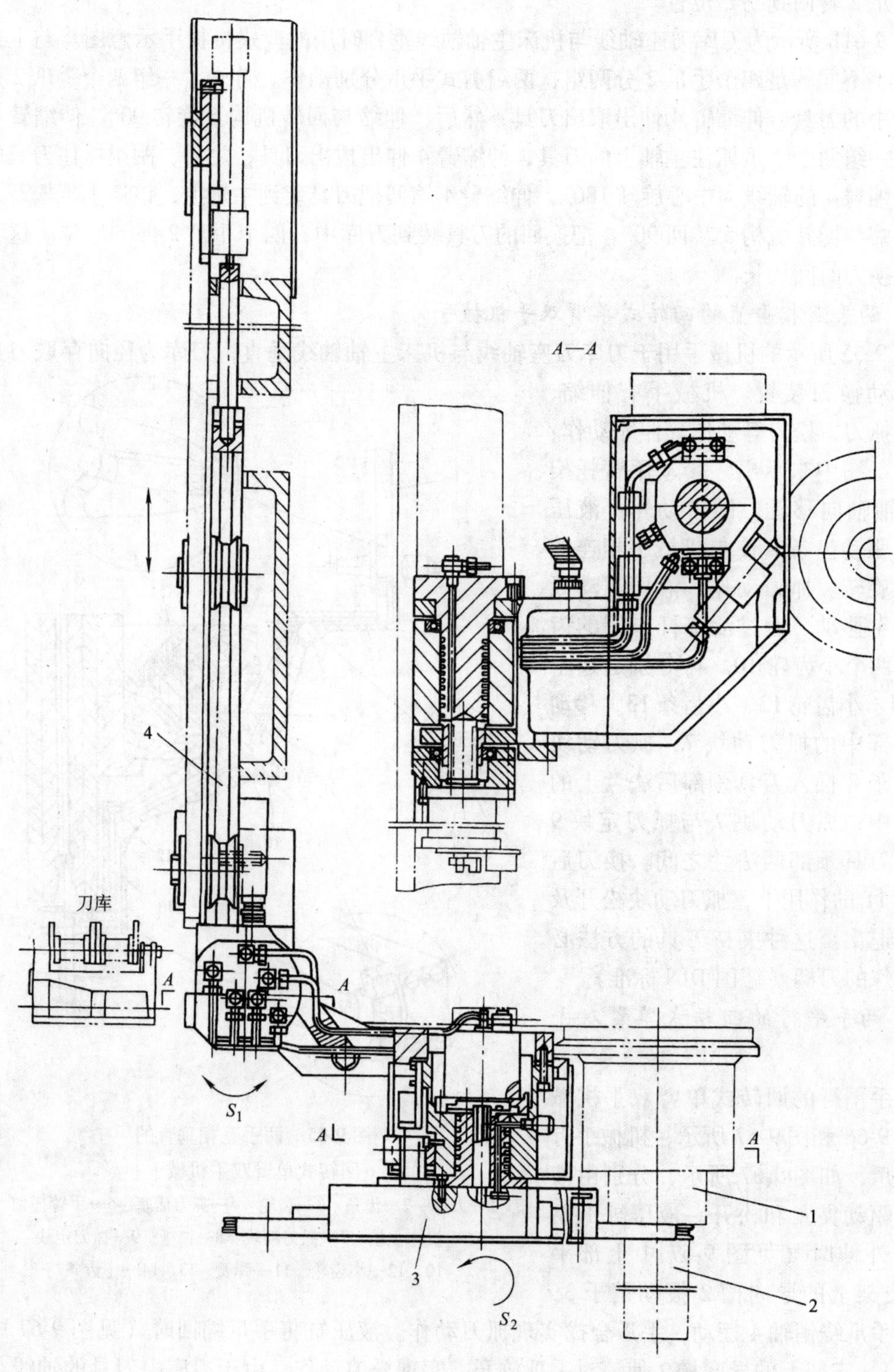

图9-66 机械手

1—主轴 2—刀具 3—机械手 4—刀库链

摆动，空手手爪对准主轴上的刀具并夹住刀具；三是从主轴上拔出刀具；四是手爪旋转180°，使待装的刀具对准主轴；五是单臂收缩（在主轴轴线方向），把刀具装到主轴上；六是主轴的装刀手爪缩回，单臂伸出，同时回转90°，单臂缩回把刀具装到刀库中，手爪缩回；七是刀库转过一个角度，把下一次要装的刀具转到换刀位置。经过一至七的运动环节，完成换刀循环。

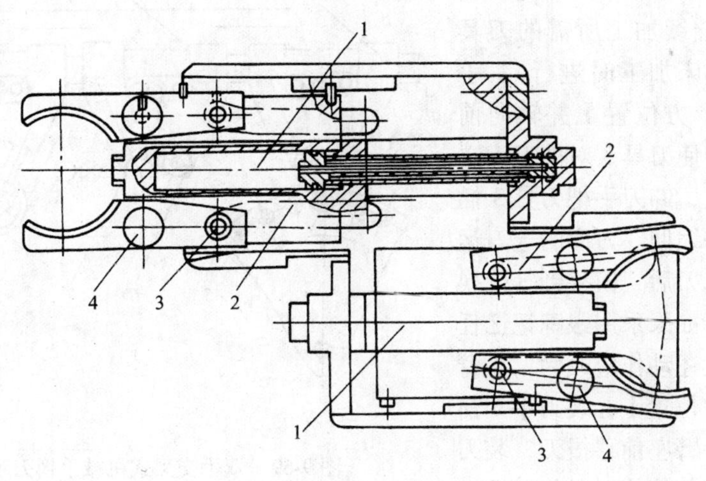

图 9-67　机械手手爪结构

1—液压缸　2—导向槽　3—销子　4—销轴

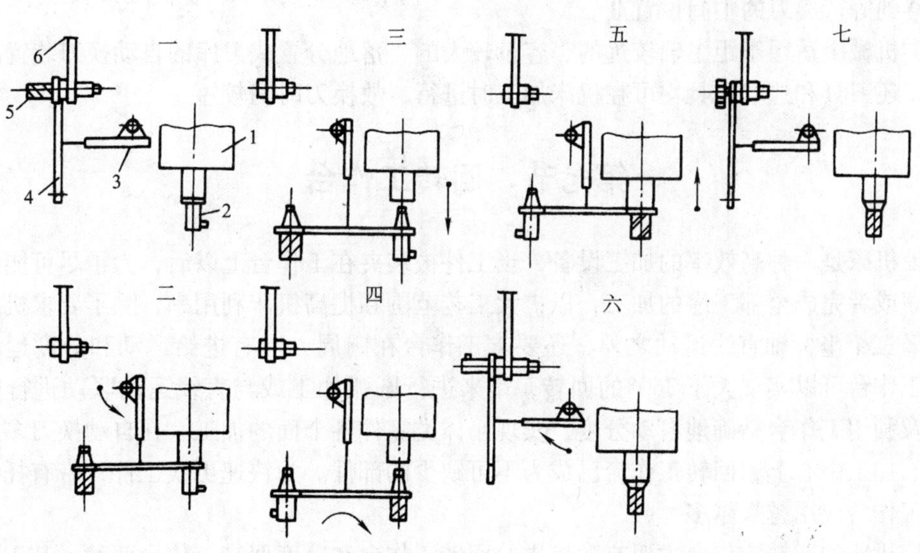

图 9-68　换刀动作分解图

1—主轴　2—待卸刀具　3—转臂　4—机械手　5—待装刀具　6—刀库

4. 双手交叉式机械手

图9-69所示为手臂座移动的双手交叉式机械手换刀示意图。其换刀动作循环如下：

1）机械手移动到机床主轴（图9-69中位置Ⅲ）处卸、装刀具：卸刀手7伸出，抓住主轴中的刀具3，手臂座4沿主轴轴向前移，拔出刀具3；卸刀手7缩回；装刀手6带着刀具2前伸到对准主轴；手臂座4沿主轴轴向后退，装刀手把刀具2插入主轴；装刀手缩回。

2）机械手移动到刀库处，送回卸下的刀具并选取继续加工所需的刀具（这些动作可在机床加工时进行）：手臂座横移至刀库上方位置Ⅰ并轴向前移，卸刀手7前伸使刀具3对准刀库空刀座，手臂座后退，卸刀手把刀具3插入空刀座，卸刀手缩回。刀库的选刀运动与上述相同，选刀后，横移到等待换刀的中间位置Ⅱ。如果采用跟踪记忆任选刀具方式，则上述动作应改为：手臂座横移至刀库上方位置Ⅰ，装刀手6前伸抓住新刀具，手臂座前移拔刀，装刀手缩回，卸刀手7前伸使刀具3对准空刀座，手臂座后退，卸刀手把刀具3插入空刀座，卸刀手缩回，刀库选刀运动使继续加工所需刀具转至换刀位置，手臂座横移到等待换刀的中间位置Ⅱ。

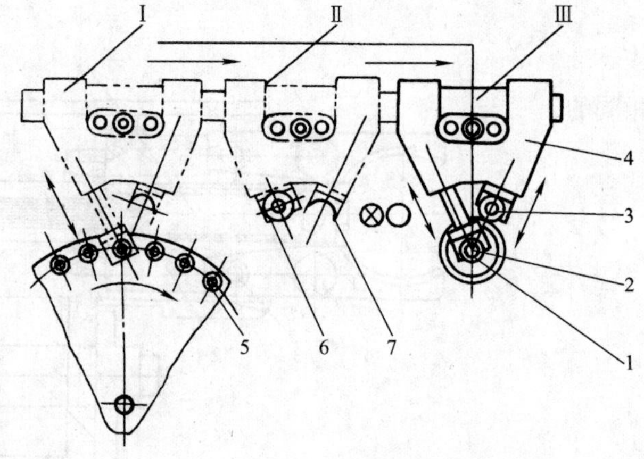

图9-69 双手交叉式机械手换刀示意图
Ⅰ—向刀库归还用过的刀具并选取下一个工序要使用的刀具 Ⅱ—等待与主轴交换刀具 Ⅲ—完成主轴的刀具交换
1—主轴 2—装上的刀具 3—卸下的刀具 4—手臂座 5—刀库 6—装刀手 7—卸刀手

这类机械手适用于距主轴较远的、容量较大的、落地分置式刀库的自动换刀装置。由于向刀库归还刀具和选取刀具均可在机床加工时进行，故换刀时间较短。

第七节 回转工作台

数控机床是一种高效率的加工设备，当工件被装夹在工作台上以后，为了尽可能地完成较多工序或者完成全部工序的加工，以扩大工艺范围和提高机床利用率，除了要求机床有沿X、Y、Z三个坐标轴直线运动之外，还要求工作台在圆周方向有进给运动和分度运动。通常回转工作台可以实现大于360°的回转，用来进行圆弧加工或与直线运动联动进行曲面加工，以及利用工作台精确地自动分度，实现箱体类零件各个面的加工。在自动换刀多工序数控机床、加工中心上，回转工作台已成为不可缺少的部件。为快速更换工件，带有托板交换装置的工作台应用越来越多。

数控机床的回转工作台主要有数控进给回转工作台和分度回转工作台两种，其工作台面的形式又有带托板交换装置和不带托板交换装置两种。

一、数控回转工作台

数控回转工作台的主要功能有两个：一是工作台进给分度运动，即在非切削时，装有工件的工作台在整个圆周360°范围内进行分度旋转；二是工作台作圆周方向进给运动，即在进行切削时，与 X、Y、Z 三个坐标轴（或更多坐标轴）联动，加工复杂的空间曲面。

图 9-70 所示数控回转工作台由传动系统、间隙消除装置和蜗轮夹紧装置等组成。回转工作台由电动机 1 驱动，经齿轮 2 和 4 带动蜗杆 9 转动，通过蜗轮 10 带动工作台回转。为了消除齿轮 2 和 4 的反向间隙和传动间隙，通过调整偏心环 3 来改变齿轮 2、4 的中心距，使齿轮总是无侧隙啮合。齿轮 4 和蜗杆 9 靠楔形拉紧圆柱销 5（A—A 剖面）来连接，以消除轴与套的配合间隙。蜗杆 9 是齿厚渐厚螺杆，轴向移动蜗杆可消除它与蜗轮的间隙。这种蜗杆的左右两侧具有不同的螺距，因此蜗杆齿厚从头到尾逐渐增加，但由于同一侧的螺距是相同的，所以仍能保持正确的啮合。调整时先松开螺母 7 上的锁紧螺钉 8，使压板 6 与调整套松开，再松开楔形圆柱销 5，然后转动调整套 11 带动蜗杆 9 作轴向转动，调整后锁紧调整套 11 和楔形圆柱销 5。

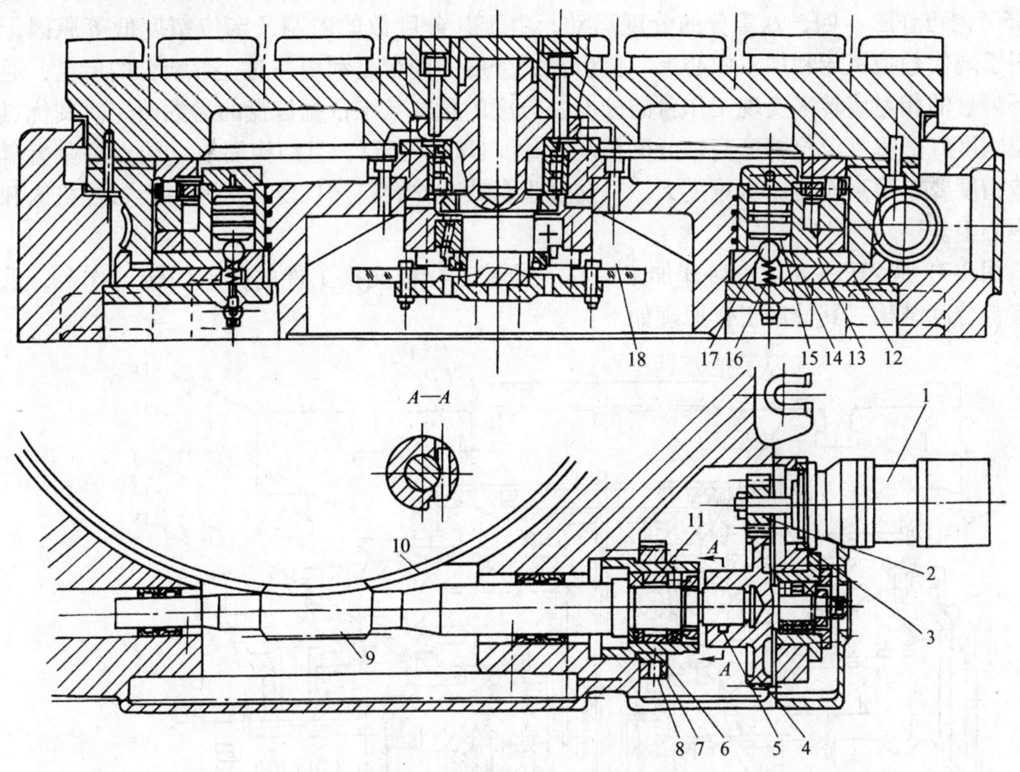

图 9-70 数控回转工作台

1—电动机 2、4—齿轮 3—调整偏心环 5—圆柱销 6—压板 7—螺母 8—锁紧螺钉 9—蜗杆 10—蜗轮 11—调整套 12、13—夹紧块 14—液压缸 15—活塞 16—弹簧 17—钢球 18—光栅

当工作台静止时，必须处于锁紧状态。为此，在蜗轮底部装有八对夹紧块 12 及 13，并在底座上均布着八个小液压缸 14，当液压缸 14 的上腔通入压力油时，活塞 15 向下运动，通过钢球 17 撑开夹紧块 12 及 13，将蜗轮 10 夹紧。当工作台需要回转时，数控系统发出指令，液压缸 14 通回油，钢球 17 在弹簧 16 的作用下向上抬起，使夹紧块 12 与 13 松开，此时蜗轮 10 和回转工作台可按照控制系统的指令作回转运动。

数控回转工作台设有零点，当它作回零运动时，首先使装在蜗轮上的挡块碰撞限位开关，使工作台减速，然后通过光栅18使工作台准确地停在零点位置上。利用光栅还可作任意角度的回转分度，并可达到很高的分度精度。

数控回转工作台主要应用于铣床等，特别是在加工复杂的空间曲面（如航空发动机叶片、船用螺旋桨等）时，由于回转工作台具有圆周进给运动，易于实现与 X、Y、Z 三坐标的联动，但需与高性能的数控系统相配套。

二、分度工作台

数控机床的分度工作台与回转工作台的区别在于它根据加工要求将工件回转至所需的角度，以达到加工不同面的目的。它不能实现圆周进给运动，故而结构上两者有所差异。

分度工作台主要有两种形式：定位销式分度工作台和鼠齿盘式分度工作台。前者的定位分度主要靠工作台的定位销和定位孔实现，分度数取决于定位孔在圆周上分布的数量，通常在360°内可作二、四、八等分的分度运动，由于其分度数的限制及定位精度低等原因，很少用于现代数控机床和加工中心上。鼠齿盘式分度工作台是利用一对上下啮合的齿盘，通过上下齿盘的相对旋转来实现工作台的分度，分度的角度范围依据齿盘的齿数而定。其优点是定位刚度好，重复定位精度高，分度精度可达 ±(0.5″~3″)，且结构简单。缺点是鼠齿盘的制造精度要求很高而使制造难度大，目前鼠齿盘式工作台已经广泛应用于各类数控机床和加工中心上。

图9-71是ZHS—K63型卧式加工中心上的带有托板交换工件的分度回转工作台，采用鼠齿盘分度结构。其分度工作原理如下：

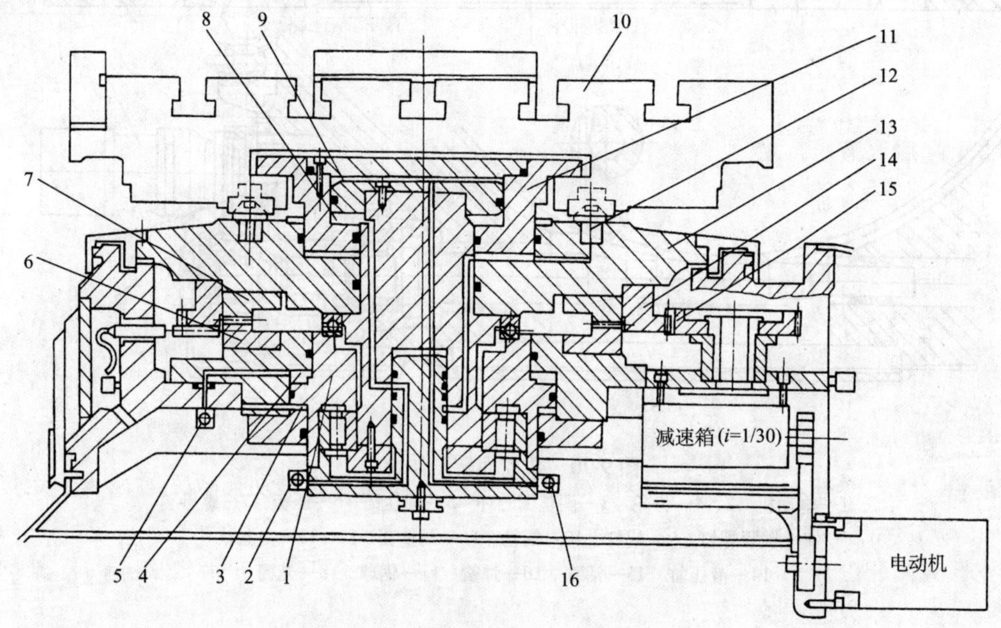

图9-71 带有托板交换工件的分度回转工作台

1—活塞体 2、5、16—液压阀 3、4、8、9—液压腔 6、7—鼠齿盘 10—托板 11—液压缸 12—定位销 13—工作台台体 14—齿圈 15—齿轮

当回转工作台不转位时，上鼠齿盘7和下鼠齿盘6总是啮合在一起，当控制系统给出分度指令后，电磁铁控制换向阀运动（图中未画出），使压力油进入液压腔3，活塞体1向上

移动，并通过滚珠轴承带动整个工作台台体 13 向上移动，台体 13 的上移使得鼠齿盘 6 与 7 脱开。装在工作台台体 13 上的齿圈 14 与驱动齿轮 15 保持啮合状态，电动机通过皮带和降速比 $i=1/30$ 的减速箱带动齿轮 15 和齿圈 14 转动，当控制系统给出转动指令时，驱动电动机旋转并带动上鼠齿盘 7 旋转进行分度，当转过所需角度后，驱动电动机停止，压力油通过液压阀 5 进入液压腔 4，使活塞体 1 向下移动并带动整个工作台台体 13 下移，使上下鼠齿盘相啮合，可准确地定位，从而实现了工作台的分度回转。

驱动齿轮 15 上装有剪断销（图中未画出），如果分度工作台发生超载或碰撞等现象，剪断销将自动切断，从而避免了机械部分的损坏。

分度工作台根据编程命令可以正转，也可以反转，由于该齿盘有 360 个齿，故最小分度单位为一度。

分度工作台上的两个托板是用来交换工件的，托板规格为 ϕ630mm。托板台面上有 7 个 T 形槽，两个边缘定位块用来定位夹紧，托板台面利用 T 形槽可安装夹具和零件，托板是靠四个精磨的圆锥定位销 12 在分度工作台上定位，由液压夹紧。托板的交换过程如下：

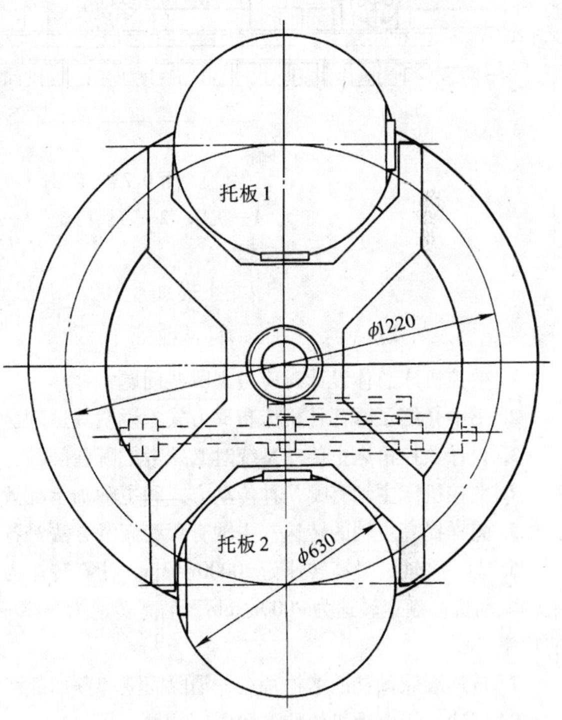

图 9-72　托板交换装置

当需要更换托板时，控制系统发出指令，使分度工作台返回零位，此时液压阀 16 接通，使压力油进入液压腔 9，液压缸 11 向上移动，托板则脱开定位销 12。当托板被顶起后，液压缸带动齿条（见图 9-72 中的虚线部分）向左移动，从而带动与其相啮合的齿轮旋转并使整个托板装置旋转，使托板沿着滑动轨道旋转 180°，从而达到托板交换的目的。当新的托板到达分度工作台上面时，空气阀接通，压缩空气经管路从托板定位销 12 中间吹出，清除托板定位销孔中的杂物。同时，电磁液压阀 2 接通，压力油进入液压腔 8，迫使液压缸 11 向下移动，并带动托板夹紧在 4 个定位销 12 中，完成整个托板的交换过程。

托板夹紧和松开一般不单独操作，而是在托板交换时自动进行。图 9-72 所示的是两托板交换装置。作为选件也有四托板交换装置（图略）。

三、具有托板交换工作站的加工系统

随着科学技术的不断发展，产品的更新换代加速，单一的数控机床、加工中心已满足不了产品的加工要求。为了进一步提高机床的利用率，节省各种辅助时间，近几年出现了带托板交换工作站的加工系统。图 9-73 是在七五期间由大连组合机床研究所研究开发的柔性制造系统（FMS），该系统由 4 台 ZHS—K63 加工中心组成。托板输送工作站是一个有轨输送车（RGV）加上若干个托板站和装卸工位组成。最基本的调度是由 PLC 来实现的。整个

FMS控制系统由中央计算机来承担。它将加工中心、托板运输车和各个装卸工位连接到一起，以机床的请求和优先级的原则安排调度，使各机床负荷均衡，进一步提高加工中心的利用率。通过在托板站存放的托板上装满足够的待加工零件，就可实现第二、第三班或者假日的无人看管的加工要求。

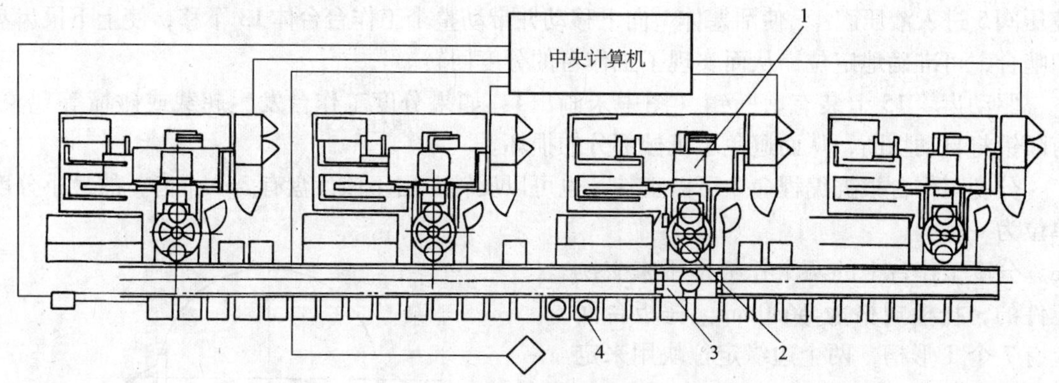

图9-73 FMS（柔性制造系统）
1—机床 2—可换托板 3—托板运输车 4—托板站

习 题

1. 数控机床总体设计时应考虑哪些问题？
2. 书中介绍了哪几种机床布局方式？说明其道理。
3. 设计数控机床主传动系统时必须考虑哪些问题？
4. 数控机床主轴有哪几种传动方式和主轴轴承配置方式？
5. 怎样提高主轴的转速？主轴有哪些润滑方法？各有什么特点？
6. 有一主轴，最高转速为10000r/min，计算转速为160r/min，最大切削功率为5.5kW，采用交流调频主轴电动机，额定转速为2000r/min，最高转速为8000r/min。试设计分级变速箱的传动系统和选择电动机的功率。
7. 试述滚珠丝杠的结构特点、消除间隙和预加载荷的方法。拉伸量怎样计算？
8. 试述直线电动机的特点和应用前景。
9. 设计机床支承件时应考虑哪些问题？怎样提高支承件的刚度和抗震性？
10. 数控机床的导轨应满足哪些基本要求？试述常用导轨的类型和特点。
11. 试述数控机床滑动导轨形式及贴塑导轨的特点。
12. 试述滚动导轨块和直线导轨的结构和应用特点及带有保持器直线导轨的优点。
13. 刀库有哪几种类型？各有什么特点？各种选刀方式有哪些不同？
14. 书中介绍了哪几种装刀机械手？叙述各自的工作过程。
15. 数控回转工作台和分度工作台在运动和结构上有什么区别？各用在什么机床中？
16. 试述托板交换的工作过程。

参考文献

[1] 毕承恩，丁乃建，等. 现代数控机床[M]. 北京：机械工业出版社，1991.

[2] 林奕鸿. 机床数控技术及其应用[M]. 北京：机械工业出版社，1994.

[3] 彭炎午. 计算机数控(CNC)系统[M]. 西安：西北工业大学出版社，1988.

[4] 于华. 数控机床的编程及实例[M]. 北京：机械工业出版社，1996.

[5] 刘雄伟. 数控加工理论与编程技术[M]. 北京：机械工业出版社，1994.

[6] 廖效果，朱启逑. 数字控制机床[M]. 武汉：华中理工大学出版社，1992.

[7] 高钟毓，王永梁. 机电控制工程[M]. 北京：清华大学出版社，1994.

[8] 李诚人. 机床计算机数控[M]. 西安：西北工业大学出版社，1988.

[9] 吴祖育，秦鹏飞. 数控机床[M]. 上海：上海科学技术出版社，1990.

[10] 全国数控培训网络天津分中心. 数控编程[M]. 北京：机械工业出版社，1997.

[11] 全国数控培训网络天津分中心. 数控机床[M]. 北京：机械工业出版社，1997.

[12] 全国数控培训网络天津分中心. 数控原理[M]. 北京：机械工业出版社，1997.

[13] 刘文信，孙学礼. 机床数控技术[M]. 北京：机械工业出版社，1995.

[14] 李福生，等. 实用数控机床技术手册[M]. 北京：北京出版社，1993.

[15] 龚浦泉，陈远龄，等. 机床电气自动控制[M]. 重庆：重庆大学出版社，1988.

[16] 裴仁清，华卫平. 机床的微机控制技术[M]. 上海：上海科学技术文献出版社，1990.

[17] 戴曙. 金属切削机床[M]. 北京：机械工业出版社，1994.

[18] 王文熙. 机床数字调节技术[M]. 北京：中国科学技术出版社，1992.

[19] 王润孝，秦孝生. 机床数控原理与系统[M]. 西安：西北工业大学出版社，1989.

[20] 竺钦尧，尉忠信，王润孝，等. 机床数字控制[M]. 北京：航空工业出版社，1993.

[21] 李谋. 位置检测与数显技术[M]. 北京：机械工业出版社，1993.

[22] 秦继荣，沈安俊，等. 现代直流伺服控制技术及其系统设计[M]. 北京：机械工业出版社，1993.

[23] 李志民，张遇杰. 同步电动机调速系统[M]. 北京：机械工业出版社，1996.

[24] 马小亮. 大功率交-交变频调速及矢量控制技术[M]. 北京：机械工业出版社，1996.

[25] 藏英杰，吴守箴. 交流电机的变频调速[M]. 北京：中国铁道出版社，1984.

[26] 机械工程手册电机工程手册编辑委员会. 机械工程手册：第8卷机械制造工艺及设备[M]. 2版. 北京：机械工业出版社，1997.

[27] 丁志刚. 直线步进电机的原理控制和应用[M]. 北京：机械工业出版社，1994.

[28] 余永权，等. 单片机应用系统的功率接口技术[M]. 北京：北京航空航天大学出版社，1992.

[29] 赵启光，等. 间接场定向交流电机电梯调速系统[J]. 中国电梯. 1996(9)：4-7.

[30] 陈伯时. 电力拖动自动控制系统[M]. 北京：机械工业出版社，1991.

[31] 倪忠远. 直流调速系统[M]. 北京：机械工业出版社，1996.

[32] 周绍英，储方杰，等. 交流调速系统[M]. 北京：机械工业出版社，1996.

[33] 高景德，王样珩，李发海，等. 交流电机及其系统的分析[M]. 北京：清华大学出版社，1993.

[34] 陈伯时. 自动控制系统[M]. 北京：机械工业出版社，1980.

[35] 杨有君. 微型计算机原理与应用[M]. 北京：机械工业出版社，1996.

[36] 王耀德. 交直流电力拖动控制系统[M]. 北京：机械工业出版社，1992.

[37] 李清新，等. 伺服系统与机床电气控制[M]. 北京：机械工业出版社，1994.

[38] 薛彦成. 数控原理与编程[M]. 北京：机械工业出版社，1994.

[39] 刘又午，杜君文. 数字控制机床[M]. 北京：机械工业出版社，1997.
[40] 韩至骏，李德庆，等. 机床数控技术[M]. 北京：机械工程师进修大学出版社，1987.
[41] 严烈. Mastercam 8 模具设计超级宝典[M]. 北京：冶金工业出版社，2000.
[42] 邓奕，苏先辉，肖调生. Mastercam 数控加工技术[M]. 北京：清华大学出版社，2004.
[43] 王睿. Mastercam 9 实用教程[M]. 北京：人民邮电出版社，2003.
[44] 杨有君. 数字控制技术与数控机床[M]. 北京：机械工业出版社，1999.
[45] 黄俊，王兆安. 电力电子变流技术[M]. 北京：机械工业出版社，1997.
[46] 郭庆鼎，王成元，周美文，等. 直线交流伺服系统的精密控制技术[M]. 北京：机械工业出版社，2000.
[47] 金雍，羊彦，毕强. 利用单片机实现空间矢量调制算法[J]. 电机与控制学报，2001，5(1)：47-51.
[48] 杨贵杰，孙力，等. 空间矢量脉宽调制方法的研究[J]. 中国电机工程学报，2001，21(10)：79-83.

《数 控 技 术》

第 2 版

杨有君 主编

读者信息反馈表

尊敬的老师：

您好！感谢您多年来对机械工业出版社的支持和厚爱！为了进一步提高我社教材的出版质量，更好地为我国高等教育发展服务，欢迎您对我社的教材多提宝贵意见和建议。另外，如果您在教学中选用了本书，欢迎您对本书提出修改建议和意见。

机械工业出版社教材服务网网址：http://www.cmpedu.com

一、基本信息

姓名：__________ 性别：________ 职称：____________ 职务：________________

邮编：__________ 地址：____

任教课程：________________ 电话：______—___________（H）____________（O）

电子邮件：____ 手机：______________

二、您对本书的意见和建议

（欢迎您指出本书的疏误之处）

三、您对我们的其他意见和建议

请与我们联系：

100037 机械工业出版社 · 高等教育分社 刘小慧 收

Tel：010—88379712，88379715，68994030（Fax）

E-mail：lxh9592@126.com